国家卫生和计划生育委员会“十三五”规划教材
全国高等医药教材建设研究会“十三五”规划教材

全国高等学校药学类专业第八轮规划教材
供药学类专业用

物理学

第7版

主　编　武　宏　章新友

副主编　丘翠环　洪　洋　王晨光

编　者（以姓氏笔画为序）

王晨光（哈尔滨医科大学）
王章金（华中科技大学物理学院）
仇　惠（牡丹江医学院）
石继飞（包头医学院）
丘翠环（广东药科大学）
刘凤芹（山东大学物理学院）
孙宝良（沈阳药科大学）
张　燕（广西医科大学）
陈　曙（中国药科大学）
武　宏（山东大学物理学院）
洪　洋（中国医科大学）
章新友（江西中医药大学）
盖立平（大连医科大学）

人民卫生出版社

图书在版编目（CIP）数据

物理学/武宏，章新友主编.—7版.—北京：人民卫生出版社，2016

ISBN 978-7-117-22150-4

Ⅰ.①物… Ⅱ.①武…②章… Ⅲ.①物理学-医学院校-教材 Ⅳ.①04

中国版本图书馆CIP数据核字（2016）第036077号

物 理 学

第7版

主　　编：武　宏　章新友
出版发行：人民卫生出版社（中继线 010-59780011）
地　　址：北京市朝阳区潘家园南里19号
邮　　编：100021
E - mail：pmph @ pmph.com
购书热线：010-59787592　010-59787584　010-65264830
印　　刷：三河市潮河印业有限公司
经　　销：新华书店
开　　本：850×1168　1/16　**印张**：25
字　　数：688千字
版　　次：1999年8月第1版　2016年2月第7版
2021年3月第7版第6次印刷（总第42次印刷）
标准书号：ISBN 978-7-117-22150-4/R · 22151
定　　价：56.00元

出版说明

全国高等学校药学类专业本科国家卫生和计划生育委员会规划教材是我国最权威的药学类专业教材，于1979年出版第1版，1987—2011年进行了6次修订，并于2011年出版了第七轮规划教材。第七轮规划教材主干教材31种，全部为原卫生部“十二五”规划教材，其中29种为“十二五”普通高等教育本科国家级规划教材；配套教材21种，全部为原卫生部“十二五”规划教材。本次修订出版的第八轮规划教材中主干教材共34种，其中修订第七轮规划教材31种；新编教材3种，《药学信息检索与利用》《药学服务概论》《医药市场营销学》；配套教材29种，其中修订24种，新编5种。同时，为满足院校双语教学的需求，本轮新编双语教材2种，《药理学》《药剂学》。全国高等学校药学类专业第八轮规划教材及其配套教材均为国家卫生和计划生育委员会“十三五”规划教材、全国高等医药教材建设研究会“十三五”规划教材，具体品种详见出版说明所附书目。

该套教材曾为全国高等学校药学类专业唯一一套统编教材，后更名为规划教材，具有较高的权威性和较强的影响力，为我国高等教育培养大批的药学类专业人才发挥了重要作用。随着我国高等教育体制改革的不断深入发展，药学类专业办学规模不断扩大，办学形式、专业种类、教学方式亦呈多样化发展，我国高等药学教育进入了一个新的时期。同时，随着药学行业相关法规政策、标准等的出台，以及2015年版《中华人民共和国药典》的颁布等，高等药学教育面临着新的要求和任务。为跟上时代发展的步伐，适应新时期我国高等药学教育改革和发展的要求，培养合格的药学专门人才，进一步做好药学类专业本科教材的组织规划和质量保障工作，全国高等学校药学类专业第五届教材评审委员会围绕药学类专业第七轮教材使用情况、药学教育现状、新时期药学人才培养模式等多个主题，进行了广泛、深入的调研，并对调研结果进行了反复、细致的分析论证。根据药学类专业教材评审委员会的意见和调研、论证的结果，全国高等医药教材建设研究会、人民卫生出版社决定组织全国专家对第七轮教材进行修订，并根据教学需要组织编写了部分新教材。

药学类专业第八轮规划教材的修订编写，坚持紧紧围绕全国高等学校药学类专业本科教育和人才培养目标要求，突出药学类专业特色，对接国家执业药师资格考试，按照国家卫生和计划生育委员会等相关部门及行业用人要求，在继承和巩固前七轮教材建设工作成果的基础上，提出了“继承创新”“医教协同”“教考融合”“理实结合”“纸数同步”的编写原则，使得本轮教材更加契合当前药学类专业人才培养的目标和需求，更加适应现阶段高等学校本科药学类人才的培养模式，从而进一步提升了教材的整体质量和水平。

为满足广大师生对教学内容数字化的需求，积极探索传统媒体与新媒体融合发展的新型整体教学解决方案，本轮教材同步启动了网络增值服务和数字教材的编写工作。34种主干教材都将在纸质教材内容的基础上，集合视频、音频、动画、图片、拓展文本等多媒介、多形态、多用途、多层次的数字素材，完成教材数字化的转型升级。

需要特别说明的是，随着教育教学改革的发展和专家队伍的发展变化，根据教材建设工作的需要，在修订编写本轮规划教材之初，全国高等医药教材建设研究会、人民卫生出版社对第四届教材评审委员会进行了改选换届，成立了第五届教材评审委员会。无论新老评审委员，都为本轮教材建设做出了重要贡献，在此向他们表示衷心的谢意！

众多学术水平一流和教学经验丰富的专家教授以高度负责的态度积极踊跃和严谨认真地参与了本套教材的编写工作，付出了诸多心血，从而使教材的质量得到不断完善和提高，在此我们对长期支持本套教材修订编写的专家和教师及同学们表示诚挚的感谢！

本轮教材出版后，各位教师、学生在使用过程中，如发现问题请反馈给我们（renweiyaoxue@163.com），以便及时更正和修订完善。

全国高等医药教材建设研究会

人民卫生出版社

2016年1月

国家卫生和计划生育委员会“十三五”规划教材
全国高等学校药学类专业第八轮规划教材书目

序号	教材名称	主编	单位
1	药学导论(第 4 版)	毕开顺	沈阳药科大学
2	高等数学(第 6 版)	顾作林	河北医科大学
	高等数学学习指导与习题集(第 3 版)	顾作林	河北医科大学
3	医药数理统计方法(第 6 版)	高祖新	中国药科大学
	医药数理统计方法学习指导与习题集(第 2 版)	高祖新	中国药科大学
4	物理学(第 7 版)	武　宏	山东大学物理学院
		章新友	江西中医药大学
	物理学学习指导与习题集(第 3 版)	武　宏	山东大学物理学院
	物理学实验指导***	王晨光	哈尔滨医科大学
		武　宏	山东大学物理学院
5	物理化学(第 8 版)	李三鸣	沈阳药科大学
	物理化学学习指导与习题集(第 4 版)	李三鸣	沈阳药科大学
	物理化学实验指导(第 2 版)(双语)	崔黎丽	第二军医大学
6	无机化学(第 7 版)	张天蓝	北京大学药学院
		姜凤超	华中科技大学同济药学院
	无机化学学习指导与习题集(第 4 版)	姜凤超	华中科技大学同济药学院
7	分析化学(第 8 版)	柴逸峰	第二军医大学
		邸　欣	沈阳药科大学
	分析化学学习指导与习题集(第 4 版)	柴逸峰	第二军医大学
	分析化学实验指导(第 4 版)	邸　欣	沈阳药科大学
8	有机化学(第 8 版)	陆　涛	中国药科大学
	有机化学学习指导与习题集(第 4 版)	陆　涛	中国药科大学
9	人体解剖生理学(第 7 版)	周　华	四川大学华西基础医学与法医学院
		崔慧先	河北医科大学
10	微生物学与免疫学(第 8 版)	沈关心	华中科技大学同济医学院
		徐　威	沈阳药科大学
	微生物学与免疫学学习指导与习题集***	苏　昕	沈阳药科大学
		尹丙姣	华中科技大学同济医学院
11	生物化学(第 8 版)	姚文兵	中国药科大学
	生物化学学习指导与习题集(第 2 版)	杨　红	广东药科大学

续表

序号	教材名称	主编	单位
12	药理学（第8版）	朱依谆	复旦大学药学院
		殷　明	上海交通大学药学院
	药理学（双语）★★	朱依谆	复旦大学药学院
		殷　明	上海交通大学药学院
	药理学学习指导与习题集（第3版）	程能能	复旦大学药学院
13	药物分析（第8版）	杭太俊	中国药科大学
	药物分析学习指导与习题集（第2版）	于治国	沈阳药科大学
	药物分析实验指导（第2版）	范国荣	第二军医大学
14	药用植物学（第7版）	黄宝康	第二军医大学
	药用植物学实践与学习指导（第2版）	黄宝康	第二军医大学
15	生药学（第7版）	蔡少青	北京大学药学院
		秦路平	第二军医大学
	生药学学习指导与习题集★★★	姬生国	广东药科大学
	生药学实验指导（第3版）	陈随清	河南中医药大学
16	药物毒理学（第4版）	楼宜嘉	浙江大学药学院
17	临床药物治疗学（第4版）	姜远英	第二军医大学
		文爱东	第四军医大学
18	药物化学（第8版）	尤启冬	中国药科大学
	药物化学学习指导与习题集（第3版）	孙铁民	沈阳药科大学
19	药剂学（第8版）	方　亮	沈阳药科大学
	药剂学（双语）★★	毛世瑞	沈阳药科大学
	药剂学学习指导与习题集（第3版）	王东凯	沈阳药科大学
	药剂学实验指导（第4版）	杨　丽	沈阳药科大学
20	天然药物化学（第7版）	裴月湖	沈阳药科大学
		娄红祥	山东大学药学院
	天然药物化学学习指导与习题集（第4版）	裴月湖	沈阳药科大学
	天然药物化学实验指导（第4版）	裴月湖	沈阳药科大学
21	中医药学概论（第8版）	王　建	成都中医药大学
22	药事管理学（第6版）	杨世民	西安交通大学药学院
	药事管理学学习指导与习题集（第3版）	杨世民	西安交通大学药学院
23	药学分子生物学（第5版）	张景海	沈阳药科大学
	药学分子生物学学习指导与习题集★★★	宋永波	沈阳药科大学
24	生物药剂学与药物动力学（第5版）	刘建平	中国药科大学
	生物药剂学与药物动力学学习指导与习题集（第3版）	张　娜	山东大学药学院

续表

序号	教材名称	主编	单位
25	药学英语(上册、下册)(第5版)	史志祥	中国药科大学
	药学英语学习指导(第3版)	史志祥	中国药科大学
26	药物设计学(第3版)	方　浩	山东大学药学院
	药物设计学学习指导与习题集(第2版)	杨晓虹	吉林大学药学院
27	制药工程原理与设备(第3版)	王志祥	中国药科大学
28	生物制药工艺学(第2版)	夏焕章	沈阳药科大学
29	生物技术制药(第3版)	王凤山	山东大学药学院
		邹全明	第三军医大学
	生物技术制药实验指导***	邹全明	第三军医大学
30	临床医学概论(第2版)	于　锋	中国药科大学
		闻德亮	中国医科大学
31	波谱解析(第2版)	孔令义	中国药科大学
32	药学信息检索与利用*	何　华	中国药科大学
33	药学服务概论*	丁选胜	中国药科大学
34	医药市场营销学*	陈玉文	沈阳药科大学

注:*为第八轮新编主干教材;**为第八轮新编双语教材;***为第八轮新编配套教材。

全国高等学校药学类专业第五届教材评审委员会名单

前　言

依据全国高等医药教材建设研究会关于全国高等学校药学类专业第八轮教材修订意见，我们在《物理学》第 6 版的基础上对全书进行了修订。

本版继承了原教材的基本风格并加以发扬光大和创新。在行文方式和内容基本不变的前提下重点修订了部分章节。对上版针对药学类专业新增的“光谱的物理基础”一章，据 4 年多教学实践反馈的意见，进行了重点修改，使之更加完善。本版对重要的概念、定义、定理、定律、公式等采用双色印刷，使重点更突出、醒目，便于学生对重点知识的掌握。每章后新增“拓展阅读”栏目，使学生可获取到更多物理知识与药学紧密结合的现代科技信息，有助于拓宽学生的知识面，开拓学生思维，提高学生的科学素养。

参加本版教材编写的院校有：山东大学、华中科技大学、中国药科大学、沈阳药科大学、中国医科大学、广东药科大学、江西中医药大学、哈尔滨医科大学、广西医科大学、大连医科大学、包头医学院、牡丹江医学院十二所院校。

为了减少学生自学时的困难，本版教材将配套出版辅导教材——《物理学学习指导与习题集》及《物理学实验指导》。其中《物理学学习指导与习题集》包括学习重点、基本概念与公式、例题解析、本书内的全部习题解答步骤及一定数量的复习题，并配有一些院校的考试试卷样本。《物理学实验指导》包括“基础实验”“综合性实验”“设计性实验”三部分。通过实验教学，更好地培养学生科学实验素养，进一步提高学生独立实验能力。

本版另配数字教材，把文字、图片、音频、视频、3D 动画等素材有机组合在一起，进一步拓展了教学内容和功能，提升了教学的活力和创新力。

本书在编写过程中得到各位编者所在学校领导的关心和支持，我们在这里表示衷心的感谢。

本书错误和不妥之处，恳请读者批评指正。

编者

2016 年 1 月

目　录

绪　论

一、物理学的研究对象

物理学是研究物质内部结构和物质的最基本、最普遍的运动规律的一门基础科学，包括力学、热学、电磁学、光学、理论物理、近代物理等。各种不同的物质运动形式既服从普遍规律，又有自己的独特规律。物理学研究的目的在于认识物质运动的客观规律及其原因。

我们周围存在着的客观实体，从粒子、原子、分子到宇宙天体，从蛋白质、细胞到人体是物质；从引力场、电磁场到核力场也是物质。所有物质都在不停地运动和变化之中，自然界的各种现象就是这些物质运动的表现，因而运动是物质的固有属性。

物理学研究的领域非常宽广，在空间尺度上从小到质子半径 10^{-15} m，到目前可以观测到的最远的类星体的距离 10^{26} m；在时间尺度上从短到 10^{-25} s 的最不稳定粒子的寿命，直到可达 10^{39} s 的质子寿命。

由于物理学所研究的物质运动规律具有普遍性，就使得物理学成为研究包括药学在内的其他自然科学和技术的重要基础。物理学的基本概念和技术被应用到了所有的自然科学，并在这些自然科学与物理学之间形成了一系列新的分支学科和交叉学科。例如，物理学和化学相互结合而形成了物理化学、仪器分析、量子化学等边缘学科。物理学的理论和实验方法使化学科学得以深入发展。再如，物理学与生物学相结合形成了生物物理学。近五十年来，在两学科的交叉点上取得了一系列成就，如 DNA 双螺旋结构的发现，以及分子生物学、量子生物学、遗传工程的建立等，都是与近代物理学的成就密切相关的。可以预料，生命科学的发展必定是在与物理学更加密切的结合中而实现。

二、物理学与技术进步、生产实践的关系

历史事实证明，物理学的研究成果不仅促进了物理学和其他自然科学的发展，还成为推动生产实践、改善人类生存条件的强有力的工具。

18 世纪中叶，出现了蒸汽机和其他工业机械，第一次工业革命使人类进入了机械化时代。19 世纪，在法拉第和麦克斯韦的电磁理论推动下，人们制造了电机、电器和各种电信设备，使人类进入了应用电能的时代，这是第二次工业革命。20 世纪以来，由于相对论、量子力学的建立，人类对自然界的认识开始从宏观领域到微观领域。对原子、原子核的认识愈加深入，从而实现了原子核能和放射性同位素的应用。近几十年来，在量子力学理论的推动下，直接促成了半导体、激光、核磁共振以及计算机等新技术的发明和应用。

物理学的发展、科学技术的进步，对药学的进展同样起到了巨大的推动作用。除建立了一些交叉学科，增强理论基础外，新型的精密仪器，如 X 射线衍射仪、各类分光光度计、质谱仪、核磁共振波谱仪等的使用，已经成为对药物进行分析和研究的重要手段。

21 世纪，人类已进入了信息技术、生物技术、新材料技术、新能源技术、空间技术为主要内容的新技术时代，物理学取得的各项成就必将为新世纪的科学技术带来巨大的进步。

三、物理学的学习方法

由于物理学是一门基础课，因此本书中介绍的主要内容大部分是物理学中成熟的经典理论。这些基本原理和基本知识不仅是学习现代物理学新理论的基础，也是其他学科发展的基础，在药学领域也有着广泛的应用。

笔记

物理学的知识经过几千年特别是近三百年的积累,已经很丰富了,但在有限的学时内,不可能全面地讲授,只能按需要有所侧重。学生在学习过程中,主要应了解物理学中各种物质运动的现象、理解并掌握其基本原理和规律。也要了解人们发现这些规律的过程和方法,更好地体现物理学的研究方法,从而增强逻辑推理的能力。同时还应认识到物理学是一门实验科学,它的理论是通过实践-理论-实践的考验,经过各种手段,从多方面进行检验而建立起来的。因此,必须重视物理实验,学会正确使用基本测量仪器、掌握物理实验的方法以及正确处理数据的原则和方法。值得指出的是,作为一门成熟的自然科学,物理学与数学有着极其密切的联系,大家要学会用数学的语言表达物理规律;学会用数学工具处理物理问题,得出结论。此外,为了学好物理学,进一步提高独立工作的能力,学习时不要局限于一本教材,还应阅读必要的参考书。

物理学是药学专业的一门重要的基础课。我们深信,同学们通过物理课的严格训练和坚持不懈的努力,不仅可以学好物理学,而且可以为后续药学专业课程的学习打下基础,为发展我国的药学事业发挥积极的作用。

（武 宏）

笔记

第一章 力学基本规律

学习要求

1. 掌握　功能原理、机械能守恒定律、动量守恒定律、转动定律和角动量守恒定律。
2. 熟悉　应力和应变、弹性模量。
3. 了解　骨骼的力学性质。

力学(mechanics)是研究物质的**机械运动**(mechanical motion)规律及其应用的科学。机械运动是物体间或物体各部分之间相对位置变化的运动,是物质运动最简单的形式,它普遍存在于所有其他运动形式中。本章在高中物理课的基础上,有重点地讨论一些动力学的基本概念和规律,为以后的学习奠定基础。

第一节　牛顿运动定律

动力学(dynamics)是研究物体的运动与物体间相互作用的联系和规律,其基本内容是**牛顿运动定律**(Newton laws of motion)。牛顿运动定律一般是对质点而言的,但由此出发可以导出刚体、流体等的运动定律,从而建立起以它为主要组成部分的**经典力学**(classical mechanics)。因此,牛顿运动定律不仅是质点力学的基础,而且是整个经典力学的基础。

一、物理学的理想模型

在物理学的研究中,为了突出所研究的对象或问题,以便更容易地研究自然界的基本规律,人们常常在不影响研究对象或问题的基本规律的前提下,把所研究的对象或问题加以简化,使之抽象成为理想的模型,这种模型称为物理学的**理想模型**(ideal model)。物理学的理想模型必须保留实际物体的主要特征,次要的因素或条件可以忽略或暂时不予考虑。例如质点、刚体、理想气体和黑体等都是物理学的理想模型。

一般情况下,物体在运动过程中的形状、大小都有可能会发生变化,这样研究其运动就比较困难。为了给研究带来方便,当物体的形状、大小在运动中可以忽略不计时,则这一物体就可看成是一个**质点**(particle)。质点是作为在运动中可以忽略其线度大小的物体,是将这一物体近似看作是一个质点的理想模型。质点不同于几何上的点,它是一个有**质量**(mass)的"点",质点保留了物体的质量和物体的空间位置的物征。有了质点作为物体的理想模型后,在经典力学中研究宏观物理的运动就方便简单,而且还能够以此为起点,进一步研究复杂的力学问题。如:当研究物体的平动时,由于物体内各点具有相同的速度和加速度,这时就可以把物体作为一个质点来研究其运动。通常把物体的质心作为该物体的质点位置,把物体的质量看作是集中在这一点上。同样,当物体的运动空间的大小与物体本身的尺寸大小大很多时,这时也可以把物体看作一个质点来研究其运动。如研究地球绕太阳公转时,就可以忽略地球的大小和自身的转动,将庞大的地球看作是一个质点。

人们在研究自然界的基本规律时,总是先将客观对象理想化、简单化,构造一个理想模型后,再加以研究其主要特征,然后再把这种认识向客观实际逼近,使人们对自然界的基本规律认识得更加全面和真实。在物理学的每个领域都提出了物理学的理想模型。除平动中的质点外,

笔记

还有转动中的刚体、振动学中的谐振子、热机的卡诺循环、电学中的电荷、几何光学中的光线和物质结构的原子模型等。

二、牛顿运动定律

牛顿在总结前人成就的基础上,于1687年发表了《自然哲学的数学原理》,提出了3条运动定律,现表述如下。

牛顿第一定律(Newton first law):任何物体都保持其静止或匀速直线运动状态,直到其他物体的作用迫使它改变这种状态为止。

牛顿第二定律(Newton second law):物体受到外力作用时,所获得的加速度的大小与合外力的大小成正比,与物体的质量成反比;加速度的方向与合外力的方向相同。

牛顿第三定律(Newton third law):当甲物体有力作用于乙物体时,乙物体也必然同时有力作用于甲物体,这两个力在同一直线上,大小相等而方向相反。

牛顿第一定律表明,任何物体都有保持其原有运动状态不变,即保持其速度不变的特性。这一特性称为物体的**惯性**(inertia),因此牛顿第一定律也称为**惯性定律**(law of inertia)。牛顿第一定律还表明,物体受到其他物体作用时,就会改变运动状态,即产生加速度。物体间的这种作用称为**力**(force)。由此可见,力和**加速度**(acceleration)有关。力不是维持速度的原因,而是改变速度的原因。

在相互联系、相互制约的物质世界中,不受其他物体作用而孤立存在的物体是不存在的,因此第一定律无法用实验直接验证。但是,第一定律是通过无数事实的研究而作出的正确推断,依据它所得出的关于力学问题的结论也是完全符合实际的,因此第一定律是客观规律。

牛顿第二定律指出,质量为 m 的物体,在合外力 $\boldsymbol{f}$ 作用下,如果获得的加速度为 $\boldsymbol{a}$,则

$$\boldsymbol{f}=km\boldsymbol{a} \tag{1-1}$$

式(1-1)中,k 为比例系数。在国际单位制中,质量的单位为千克(符号 kg),加速度的单位为米/秒^2(符号 m/s^2),力的单位为牛顿(符号 N)。1N 的力,就是作用于质量为 1kg 的物体,可使其获得 $1m/s^2$ 的加速度的力。在国际单位制中,比例系数 $k=1$。这时,式(1-1)可写成

$$\boldsymbol{f}=m\boldsymbol{a} \tag{1-2}$$

这就是通常所用的牛顿第二定律的数学表达式。

牛顿第二定律表明,在同样大小的力的作用下,质量越大的物体获得的加速度越小,即质量越大的物体的运动状态越不容易改变,其惯性也越大。可见**质量是物体惯性的量度**。

应该指出,牛顿第二定律是瞬时关系。某时刻物体的加速度和该时刻所受的合外力成正比;合外力的方向和加速度方向一致,即合外力沿加速度方向而不是速度方向;质量和加速度的乘积在数值和方向上与合外力一致,但 $m\boldsymbol{a}$ 本身不是一个力。

式(1-2)是矢量式,解题时常用其分量式。如果物体运动轨道是一平面曲线,则在该平面直角坐标系中,式(1-2)分量式为

$$\begin{cases} f_x=ma_x \\ f_y=ma_y \end{cases} \tag{1-3}$$

式(1-3)中,f_x、f_y 分别表示物体所受的诸力沿 x 轴、y 轴方向分量的代数和,a_x、a_y 为物体加速度沿 x 轴、y 轴方向的分量。

当物体作圆周运动或曲线运动时,既有**法向加速度**(normal acceleration)a_n,还可能有**切向加速度**(tangential acceleration)a_t。这时常根据轨道的自然情况,采用法向和切向分量式

笔记

$$\begin{cases} f_n = ma_n = m\dfrac{v^2}{r} \\ f_t = ma_t = m\dfrac{\mathrm{d}v}{\mathrm{d}t} \end{cases} \qquad (1\text{-}4)$$

式(1-4)中，f_n、f_t 分别表示物体所受法向合力和切向合力，v 为物体在该时刻的速率，r 为物体所作圆周运动的半径或作曲线运动时所在点的曲率半径，$\frac{\mathrm{d}v}{\mathrm{d}t}$是该时刻物体速率的变化率，即物体的切向加速度。

牛顿第三定律表明，作用力和反作用力必定分别作用在相互作用着的两个物体上。作用力和反作用力还必定是属于同一性质的力，如同属万有引力、弹性力、摩擦力等。

必须指出，牛顿的这三条定律是不可分割的整体。牛顿第一定律和牛顿第二定律分别定性和定量地说明了物体运动状态的变化和其他物体对它作用的力之间的关系。牛顿第三定律则是重要的补充，进一步说明了力的相互作用性质及相互作用的力之间的定量关系。

为了描述物体的机械运动，总要选择另一物体或几个相对静止的物体作为**参考系**(reference frame)。在不同的参考系中，对同一物体的运动会有不同的描述。但从运动的描述来说，参考系可以任意选择。那么应用牛顿定律时，参考系能否可以任意选择呢？例如，放在火车站站台上的物体，从站在站台上的人看来，物体受的合力为零，加速度也为零，牛顿定律成立；可是从站在加速行驶的车厢中的人看来，物体受的合力仍为零，而加速度则不为零，牛顿定律不成立。这是因为在不同的参考系中，即使物体所受的力相同，而加速度则有可能不同。

凡是牛顿定律成立的参考系称为**惯性参考系**，简称**惯性系**(inertial system)。从天体运动的研究知道，以太阳为参考系，太阳中心为原点，指向任一恒星的直线为坐标轴，就构成惯性系。实验还表明，相对于上述惯性系作匀速直线运动的参考系都是惯性系，作变速运动的参考系称为**非惯性系**(non-inertial system)。

地球相对于上述惯性系有公转还有自转，因而有加速度，严格来讲是非惯性系。然而计算表明，地球的公转与自转的加速度极小，分别为 5.9×10^{-3} 及 $3.4\times10^{-2}\,\mathrm{m/s^2}$，因此可以近似看成是惯性系。事实上，我们研究地面物体的运动，就是常以地面为惯性参考系的。但是在研究有些现象，如人造卫星的运动，则必须考虑地球自转的影响。

三、单位和量纲

各物理量之间常常通过定义或定律建立一定的联系。速度和加速度通过定义与长度及时间相联系，力、质量和加速度则通过牛顿第二定律联系在一起。一般常选几个物理量作为**基本量**(fundamental quantity)，其他物理量及其他单位就可通过定义或定律由基本量及单位导出。从基本量导出的物理量称为**导出量**(derived quantity)，它们的单位称为**导出单位**(derived unit)。

本书采用的**国际单位制**(system of international unit)中，选定长度、质量和时间为力学基本量，米、千克和秒也为力学基本单位，力学中的其他各物理量都是导出量。例如力就是导出量，其单位牛顿所代表的基本单位的关系式为 $\mathrm{kg\cdot m/s^2}$。

任何物理量都可以用基本量的某种组合表示出来。在国际单位制中，以 L、M 和 T 分别表示长度、质量和时间这三个力学基本量，力学的其他物理量 Q 都可以按下列形式表示出来

$$[Q] = M^{\alpha}L^{\beta}T^{\gamma}$$

上式称为物理量 Q 的**量纲**(dimension)，M、L、T 分别为质量、长度、时间的量纲，指数 α、β、γ 分别称为物理量 Q 对质量、长度、时间的**量纲指数**。这样，加速度的量纲$[a]=LT^{-2}$，力的量纲为$[f]=[m][a]=MLT^{-2}$。

除了表示导出量和基本量的关系之外，量纲还有一些其他应用。例如，一个方程两端量纲

笔记

必须相同，相加、减的各项量纲必须相同。由此可借助量纲检验一个等式是否正确，确定方程中系数的单位，并可推测某些规律。例如匀变速直线运动方程为

$$s=v_0t+\frac{1}{2}at^2$$

其中各项量纲均为L，可见是正确的。但是式中各项系数是否正确，不能通过量纲检验出来。又如万有引力定律

$$f=G\frac{m_1m_2}{r^2}$$

中，引力常数G的量纲为

$$[G]=\frac{[f][r^2]}{[m_1][m_2]}=\frac{MLT^{-2}\cdot L^2}{M^2}=M^{-1}L^3T^{-2}$$

在国际单位制中相应的单位为$m^3/(kg\cdot s^2)$。再如，自由落体运动的速度和重力加速度及下落高度有关，具体关系可由量纲初步推断。

$$v=kg^{n_1}h^{n_2}$$

式中，k为比例系数。两端量纲分别为

$$LT^{-1}=(LT^{-2})^{n_1}\cdot L^{n_1}$$

由此可知

$$n_1=\frac{1}{2},n_2=\frac{1}{2}$$

因此有

$$v=k\sqrt{gh}$$

事实上，自由落体运动的速度为$v=\sqrt{2gh}$。由此可见，熟悉量纲并常用于检验方程等，将给我们带来方便。

第二节 功和能、能量守恒定律

一个物体的运动总和别的物体的运动有联系。通过力的作用，机械运动可以从一个物体转移到另一个物体，也可以和别的运动形式相互转化，例如摩擦生热就是机械运动转化为热运动。功和能量是研究运动形式相互转化问题的重要物理量。

一、功

1. **恒力的功** 物体在恒力$\boldsymbol{f}$作用下作直线运动时(图1-1)，力f在作用点P的位移s方向的分量和作用点位移大小的乘积，就是力f对物体所作的功(work)，即

$$A=(f\cos\theta)s=\boldsymbol{f}\cdot\boldsymbol{s} \quad (1\text{-}5)$$

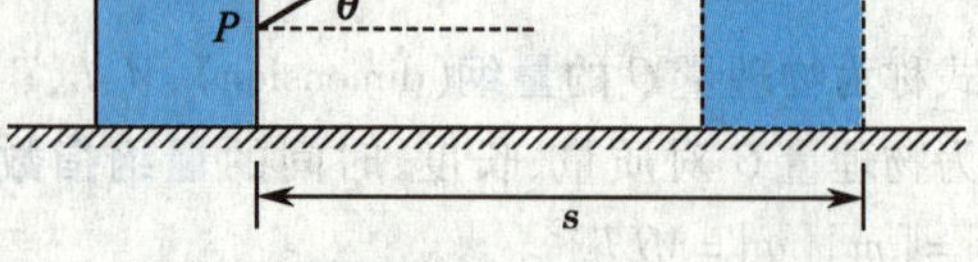

图1-1 恒力的功

式(1-5)中，θ为力和位移的夹角。功只有大小、正负而没有方向，是个标量。功反映了力的空间累积效应。由式(1-5)可见，$\theta<\pi/2$时，力做正功；$\theta=\pi/2$时，力不做功；$\theta>\pi/2$时，力做负功，即物体克服力f做正功。如果没有特

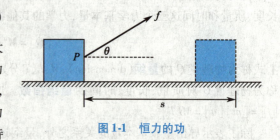

笔记

别指明，都是指力对物体做功。

作用在物体上的摩擦力一般做负功；然而两物体叠放在一起时，拉动下面的物体可带动上面的物体运动，上面物体所受摩擦力就做正功而使之运动；置于匀速转动的转台上的物体必受法向摩擦力，以使该物体作匀速圆周运动。法向摩擦力的功显然为零。可见功的正、负不能由力的性质来判断，而要由有无位移及力和位移夹角 θ 的大小来判断。

在国际单位制中，功的单位是焦耳（符号 J），即力在位移方向的分量为 1N，力的作用点的位移为 1m 时，所做的功为 1J。功的量纲为 ML^2T^{-2}。

2. **变力的功**　物体在变力 $\boldsymbol{f}$ 的作用下，由 P_1 沿曲线轨道运动到 P_2 过程（图 1-2）中，为了研究力 $\boldsymbol{f}$ 的功，可将轨道分为若干小段。只要每一小段分得足够小，就可看成是直线，而且在这一小段上的力也可看成是恒力。这样，力在任一小段的位移 Δs_i 上的元功为

$$\Delta A_i = f_i \cos\theta_i \Delta s_i = \boldsymbol{f}_i \cdot \Delta \boldsymbol{s}_i \tag{1-6a}$$

总功 A 就是各元功之和在每一小段都趋于零时的极限值

$$A = \lim_{\Delta s_i \to 0} \sum_i \Delta A_i = \lim_{\Delta s_i \to 0} \sum_i (f_i \cos\theta \Delta s_i) = \int_{s_1}^{s_2} f\cos\theta \mathrm{d}s = \int_{s_1}^{s_2} \boldsymbol{f} \cdot \mathrm{d}\boldsymbol{s} \tag{1-6b}$$

式（1-6b）中，s_1、s_2 分别为 P_1、P_2 在路程曲线上的位置坐标。

如果物体受到若干个力 $\boldsymbol{f}_1$、$\boldsymbol{f}_2$、…、$\boldsymbol{f}_i$ 的作用，式（1-6b）中的 $\boldsymbol{f}$ 就是它们的合力。由于合力任一方向的分量等于分力在同一方向上的分量的代数和，因此合力的功为

$$\begin{aligned} A &= \int_{s_1}^{s_2} f\cos\theta \mathrm{d}s = \int_{s_1}^{s_2} (f_1\cos\theta_1 + f_2\cos\theta_2 + \cdots + f_i\cos\theta_i)\mathrm{d}s \\ &= \int_{s_1}^{s_2} f_1\cos\theta_1 \mathrm{d}s + \int_{s_1}^{s_2} f_2\cos\theta_2 \mathrm{d}s + \cdots + \int_{s_1}^{s_2} f_i\cos\theta_i \mathrm{d}s \end{aligned}$$

即

$$A = A_1 + A_2 + \cdots + A_i \tag{1-7}$$

合力的功等于各分力的功的代数和。这比求各分力的矢量和再求功要方便得多（图 1-2）。

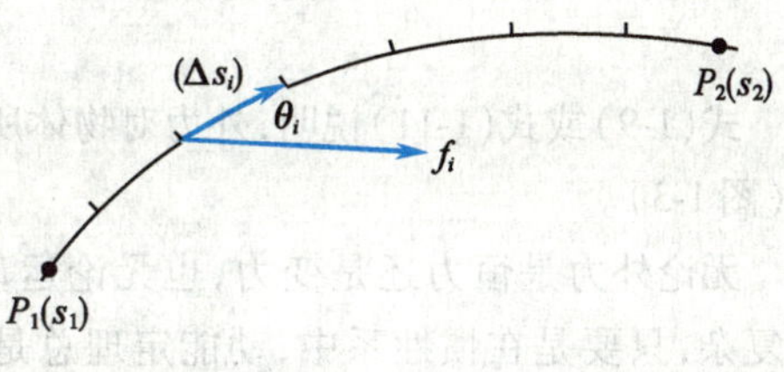

图 1-2　变力的功

3. **功率**　实际问题中，往往不仅要知道力的功的值，而且要知道完成功的快慢，为此引入功率的概念。设时间 Δt 内完成的功为 ΔA，则这段时间的平均功率

$$\overline{P} = \frac{\Delta A}{\Delta t}$$

当 Δt 趋近于零时，得时刻 t 的瞬时功率（简称功率）

$$P = \lim_{\Delta t \to 0} \frac{\Delta A}{\Delta t} = \frac{\mathrm{d}A}{\mathrm{d}t} \tag{1-8}$$

由式（1-6a），有

$$P = \lim_{\Delta t \to 0}\left(f\cos\theta \frac{\Delta s}{\Delta t}\right) = f\cos\theta \lim_{\Delta t \to 0} \frac{\Delta s}{\Delta t} = f\cos\theta v = \boldsymbol{f} \cdot \boldsymbol{v}$$

式中，当 Δt 趋近于零时，f、θ 可认为不变；θ 是 $\boldsymbol{f}$ 和 $\Delta \boldsymbol{s}$ 的夹角，Δt 趋近于零时，也就是 $\boldsymbol{f}$ 和 $\boldsymbol{v}$ 的夹角。因此，功率（power）等于力在速度方向的分量和速度大小的乘积。

功率的量纲为 ML^2T^{-3}。在国际单位制中，功率的单位为焦耳/秒，称为瓦特（符号 W）。

笔记

二、动能、势能

一个物体如果具有做功的能力，这个物体就具有能量。每一种运动形式都具有相应的能量。机械运动的范围内，物体的能量有动能和势能两种形式。物体由于运动，即由于有速度而具有的能量称为**动能**(kinetic energy)；由于相互作用着的物体之间或同一物体各部分之间相对位置的改变而具有的能量称为**势能**(potential energy)。由于相互作用力性质的不同，势能相应地分为重力势能、万有引力势能、弹性势能等。

1. **动能** 物体动能的大小应由具有一定速度的物体能对外做多少功来衡量。考察质量为 m 的物体在外力作用下的运动(图 1-3)，物体位移为 ds 时，力的元功为

$$(f\cos\theta)\mathrm{d}s=(ma\cos\theta)\mathrm{d}s=ma_t\mathrm{d}s$$

$$=m\frac{\mathrm{d}v}{\mathrm{d}t}\mathrm{d}s=mv\mathrm{d}v$$

式中，θ 为力 $\boldsymbol{f}$ 和位移 ds 的夹角，也就是加速度 $\boldsymbol{a}$ 和位移 ds 的夹角；a_t 为物体的切向加速度，等于物体速率的变化率。因此物体从 P_1 运动到 P_2 的过程中，力 f 的功为

$$A=\int_{s_1}^{s_2}(f\cos\theta)\mathrm{d}s=\int_{v_1}^{v_2}mv\mathrm{d}v=\frac{1}{2}mv_2^2-\frac{1}{2}mv_1^2 \tag{1-9}$$

式(1-9)中，v_1、v_2 分别表示物体在点 P_1、P_2 时的速率。

如果 $v_2=0$，即物体由 P_1 点以速度 v_1 开始运动，在力 $\boldsymbol{f}$ 作用下，到 P_2 静止，这一过程中力 $\boldsymbol{f}$ 的功为 $-\frac{1}{2}mv_1^2$，或者说这一过程中物体克服外力做功为 $\frac{1}{2}mv_1^2$。这说明质量为 m 的物体，速度为 v 时能对外做功，即具有的动能为

$$E_k=\frac{1}{2}mv^2 \tag{1-10}$$

这样，式(1-9)可写为

$$A=E_{k_2}-E_{k_1} \tag{1-11}$$

式(1-9)或式(1-11)说明，外力对物体所做的功等于物体动能的增量，这一规律称为动能定理(图 1-3)。

无论外力是恒力还是变力，也无论运动过程如何复杂，只要是在惯性系中，动能定理总是成立的。应用动能定理，仅由始末状态的动能，就可求出过程量的功，而不必研究过程细节。因此在解决某些力学问题时，应用动能定理要比应用牛顿第二定律方便得多。

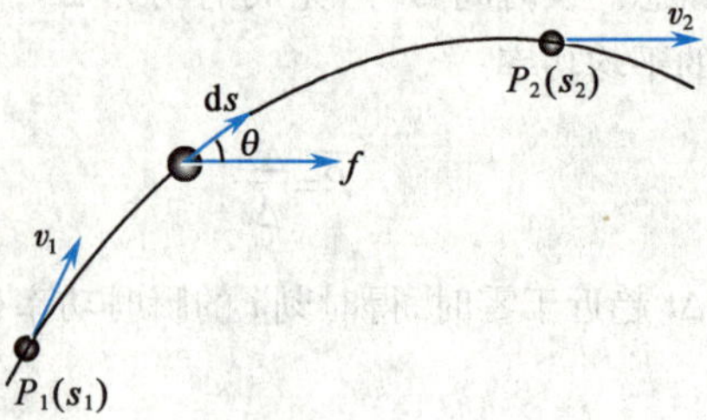

图 1-3 动能定理

动能和功一样，都是标量，量纲和单位也与功相同。但是应该指出，动能是状态量，功是过程量，它们是两个不同的物理量，不能混为一谈。

应用动能定理时应该注意，对物体做功的外力是指作用在物体上的所有外力，包括重力。

2. **势能** 它和动能相似，物体势能的大小也要通过外力对物体做功来考察。

(1) 重力势能：地面物体必受重力。物体位置改变时，重力要做功。设质量为 m 的物体由 P_1 沿某一路径 L_1 运动到 P_2(图 1-4)，在位移 ds 段上重力的元功

$$\mathrm{d}A=(G\cos\theta)\mathrm{d}s=mg(-\cos\varphi)\mathrm{d}s=-mg\mathrm{d}h$$

物体由 P_1 运动到 P_2 过程中，重力所做的总功

笔记

$$A=\int_{h_1}^{h_2}(-mg)\mathrm{d}h=mgh_1-mgh_2 \tag{1-12}$$

如果物体 m 由 P_1 沿另一条路径 L_2 运动到 P_2，这一过程中重力所做的功仍如式(1-12)。这就是说，重力的功只与运动物体的始末位置(h_1 和 h_2)有关，而与运动物体所经过的路径无关。因此如果以 O 为势能零点，可将 mgh 称为物体在高度 h 处的重力势能

$$E_p=mgh \tag{1-13}$$

这样有

$$A=E_{p1}-E_{p2}=-(E_{p2}-E_{p1}) \tag{1-14}$$

式(1-14)表明，**重力对物体所做的功，等于物体重力势能增量的负值**。由式(1-12)或式(1-14)计算重力的功比由积分计算方便得多。

应该指出，重力势能的功与路径无关，而仅和运动物体的始末位置有关，因此才能引进重力势能。否则便不能对每一位置规定一定的能量，并由此来计算功。

重力的功这一特点也可表述为：**物体沿着任意闭合路径**(例如图1-4 中 $P_1L_1P_2L_2P_1$)**绕行1周时，重力所做的功为零**。这是因为物体逆 L_2 运动时位移相反，重力的功正好与沿 $P_1L_1P_2$ 的重力功等量，并且符号相反。

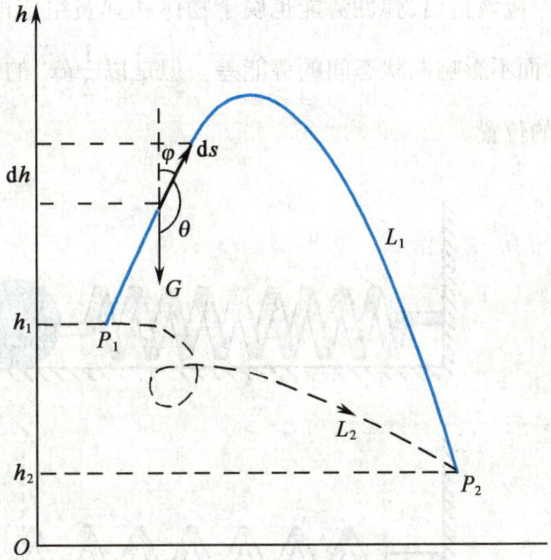

图1-4　重力的功

一种力，如果它对沿任一闭合路径绕行一周的物体所做的功为零，这种力称为**保守力**(conservative force)，否则称为非保守力。重力及下面要讨论的弹性力，还有万有引力等都是保守力。对保守力都可引入相应的势能用于计算功。保守力的功等于势能增量的负值。

值得注意的是，并不是所有的力都是保守力，摩擦力就是非保守力。

必须指出，没有地球和物体的相互作用，就谈不上重力做功和重力势能，因此**重力势能是属于物体和地球所组成的系统**。为简单起见，也可说成是**物体的重力势能**。

高度 h 没有绝对意义，总是相对某一标准的，相应地**重力势能的量值也是相对的**，随势能零点选择的不同而异。但不论势能零点如何选择，某两点间物体的势能差总是一定的。实际问题中所需要的正是势能差，因此势能零点可以任意选择。为方便起见，常选地面为重力势能零点。

(2) 弹性势能：如图1-5所示，弹簧一端固定，另一端连接一个物体，该物体只能在光滑水平面上运动，即物体不受摩擦力的作用，重力对物体的运动也没有影响。O 点是弹簧没有形变时物体的位置，称为**平衡位置**。如果弹簧伸长量为 x，根据胡克定律，在弹性限度内，弹簧的弹性力为

$$\boldsymbol{f}=-kx \tag{1-15}$$

这里 f 实际上是弹性力 $\boldsymbol{f}$ 在 x 轴上的分量 f_x，而不是 $\boldsymbol{f}$ 的大小。式中负号表示 $\boldsymbol{f}$ 永远指向平衡位置 O。k 称为弹簧的劲度系数，简称劲度，曾称为倔强系数。

在物体由 P_1 沿 x 轴运动到 P_2 过程中，弹性力的功为

$$A=\int_{x_1}^{x_2}f_x\mathrm{d}x=-\int_{x_1}^{x_2}kx\mathrm{d}x=\frac{1}{2}kx_1^2-\frac{1}{2}kx_2^2 \tag{1-16}$$

笔记

如果物体由 P_1 先向左运动，然后再转向右运动，最后到达 P_2 点，整个过程中弹性力的功仍然如式(1-16)。这就是说弹性力的功也只与运动物体的始末位置有关，而与路径无关。弹性力是保守力，可引入相应势能用于计算弹性力的功。如果以平衡位置 O 为势能零点，可将 $\frac{1}{2}kx^2$ 称为物体 x 处的弹性势能

$$E_p=\frac{1}{2}kx^2 \tag{1-17}$$

这样，式(1-16)可写成

$$A=E_{p_1}-E_{p_2}=-(E_{p_2}-E_{p_1}) \tag{1-18}$$

因此，保守力的功都等于系统势能增量的负值。

应该指出，弹性势能也属于物体和弹簧组成的系统；弹性势能的零点原则上也可以任意选择，而不影响两状态间的势能差。但是以 $\frac{1}{2}kx^2$ 的形式表示的弹性势能，其零点已选定在弹簧原长的位置。

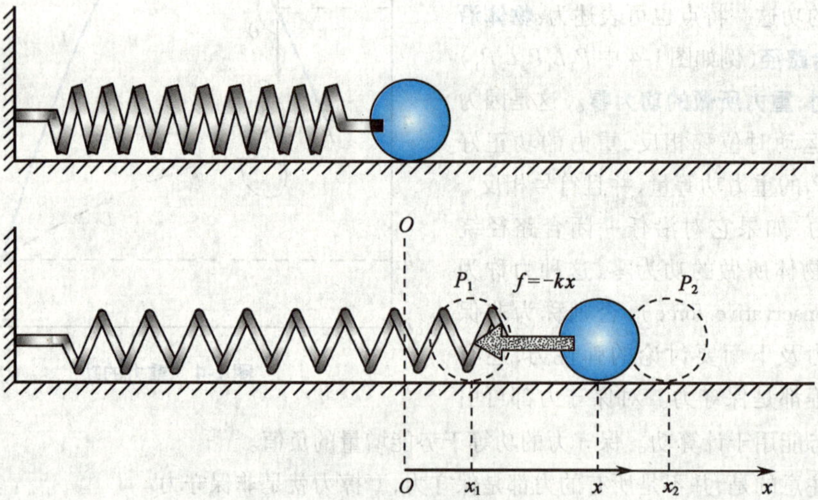

图 1-5　弹性力的功

三、功能原理

势能是属于系统的。重力势能属于物体和地球系统，弹性势能属于物体和弹簧系统。现以系统为对象研究功能关系。

系统由若干个相互作用的物体组成。当系统经历某一过程时，对系统内每一个物体都可以列出如式(1-11)那样的动能定理，叠加后可得系统的动能定理

$$A=E_{k_2}-E_{k_1} \tag{1-19}$$

形式仍和式(1-11)相同。其中 E_{k_1}、E_{k_2} 分别表示系统始末状态的动能，A 为作用在系统内所有物体上所有的力所做功的总和。

系统内所有物体所受的力可分为两类：一是系统外物体对系统内物体的作用力，称为**外力**；二是系统内物体之间或物体各部分之间的相互作用力，称为**内力**(internal force)。根据相互作用的性质，内力又可分为**保守内力**(conservative internal force)和**非保守内力**(non-conservative internal force)。因此，对系统所做的总功应该包含外力的功 $A_{外}$、保守内力的功 $A_{保内}$ 及非保守内力的功 $A_{非保内}$。这样，式(1-19)可写为

笔记

$$A_{外}+A_{保内}+A_{非保内}=E_{k_2}-E_{k_1}$$

由于保守内力的功可由系统势能增量的负值计算，即

$$A_{保内}=-(E_{p2}-E_{p1})$$

这样，前式变为

$$A_{外}+A_{非保内}-(E_{p_2}-E_{p_1})=E_{k_2}-E_{k_1}$$

即

$$A_{外}+A_{非保内}=(E_{k_2}+E_{p_2})-(E_{k_1}+E_{p_1})=E_2-E_1 \tag{1-20}$$

这一规律称为**系统的功能原理**。式中

$$E=E_k+E_p \tag{1-21}$$

称为**系统的机械能**（mechanical energy）。系统的功能原理表明，**系统外力的功和非保守内力的功的代数和等于系统机械能的增量。**

应当指出，习惯上常将对所研究物体施以保守力的物体（如对物体施以重力的地球）也包括在所研究的系统内，因此只有保守内力而没有“保守外力”。

四、机械能守恒定律

如果系统外力的功和非保守内力的功的代数和为零，则由式（1-20）可得

$$E_{k_2}+E_{p_2}=E_{k_1}+E_{p_1} \tag{1-22a}$$

即

$$E_2=E_1 \tag{1-22b}$$

这表明，**一个系统只有保守内力做功，其他非保守内力和一切外力都不做功或它们的总功为零，则系统内各物体的动能和各种势能之间虽然可以相互转化，但系统的机械能保持不变。**这一结论称为**机械能守恒定律**（law of conservation of mechanical energy）。

实际问题中，运动物体常受空气阻力、摩擦力等的作用，它们的功不等于零。但是如果它们的功比保守力的功小得多时，可以忽略不计，仍可认为系统的机械能守恒。例如物体自由下落时，忽略空气阻力，则随着重力势能的减少，物体动能增加，但其总和不变。

动能定理、功能原理和机械能守恒定律都是研究过程的功能关系的。前两条还将过程量-功和状态量-能量联系起来，但是功和能量是两个不同的概念，不能混为一谈。

动能定理的研究对象是物体或系统，能量仅指动能，功是指所有力的功，包括保守力的功。功能原理和机械能守恒定律的研究对象是系统，包含了所有相互间有保守力作用和物体；能量是指机械能，包括动能和各种势能；功则不包括保守内力（特别注意重力）的功。保守内力的功已由势能增量的负值所代替，运用更为方便。

应用功能原理和机械能守恒定律时，仍要分析过程中各物体所受的力，特别要注意系统中非保守内力的存在。例如人站在水平地面上推墙时，人受到重力和光滑地面的支承力的作用，但因它们和位移垂直而不做功；人还受到墙的反作用力，但因力的作用点的位移为零，也不做功。可是人却动起来了，机械能增加了。这是因为人推墙过程中，随着人的逐渐离墙，人臂的肌肉做了正功，系统非保守内力的功使系统机械能增加了。其他如炮弹爆炸过程，汽车加速过程等，也都是系统非保守内力做正功，增加系统机械能的例子。过程中系统内物体间摩擦内力做功则往往是减少系统机械能的例子。

功能原理和机械能守恒定律的成立是有条件的。用功能关系解决实际问题时，通常先确定研究对象并分析其受力。如果没有保守力的作用，可用动能定理；如果有保守力的作用，就可将其施力物体包括在系统内，使保守力变为保守内力，应用功能原理；如果这时外力的功和非保守内力的功的代数和为零，就可用机械能守恒定律。

笔记

五、能量守恒定律

机械能守恒定律表明，一个系统只有保守内力做功，其他非保守内力和一切外力都不做功或它们的总功为零，则系统内各物体的动能和各种势能之间虽然可以相互转化，但系统的机械能保持不变。如果系统内除了保守内力外，还有非保守内力做功，如摩擦力做功、炮弹爆炸等，系统的机械能将改变。然而事实证明，只要系统和外界没有能量交换，则在系统机械能减少或增加的同时，必有等量的其他形式能量的增加或减少，而系统的机械能和其他形式能量的总和仍然不变。如摩擦力做功时，随着机械能的减少，增加了等量的热能；炮弹爆炸时，随着机械能的增加，减少了等量的化学能。这就是说，**能量既不能产生，也不能消灭，只能从一种形式转化为另一种形式。**这一结论称为**能量守恒定律。**对于一个和外界没有能量交换的系统，不论系统内发生何种变化过程，各种形式的能量可以相互转化，但能量的总量保持不变。

如果某系统和外界有能量交换，只要将参与能量交换的物体也包括到新的系统中，对新系统来说，能量还是守恒的。当然，各种运动形式，不论是机械的、热的、电磁的、原子和原子核内的运动，还是化学的、生物的运动等，都应包括在内。这一规律在物体作高速运动时或在微观领域都仍然是正确的。因此，这是自然界最普遍的规律之一。

这一规律的实质反映了物质不同形式的运动之间可以相互转化，然而运动总量不变。**能量是运动的量度，机械能是机械运动的量度。**在一定状态下，系统具有一定的能量，**能量是状态的单值函数。**

外力做功或非保守内力做功会使系统机械能改变，同时必然有其他能量相应的改变。因此做功过程实质上是能量转化的过程。功能原理表明，外力或非保守内力对系统做了多少功，同时就有相应的其他能量转化为机械能。**功是能量转化的量度，功是和过程联系在一起的量。**

第三节 动量守恒定律

牛顿第二定律指出，在外力作用下，质点的运动状态要发生改变，获得加速度。然而力不仅作用于质点，而且更普遍地说是作用于质点系。另外，力作用于质点或质点系往往还有一段持续时间，或者持续一段距离，这就是力对时间的累积作用和力对空间的累积作用。在这两种累积作用中，质点或质点系的动量、动能或能量将发生变化或转移。本节讨论机械运动从一个物体转移到另一物体的问题，总结出力对时间累积的作用规律。动量和冲量是研究机械运动转移问题的重要物理量。

一、动量、冲量、动量定理

1. **动量** 牛顿定律建立以前，人们已经对冲击、碰撞等问题进行了一定的研究，认识到物体对其他物体的冲击效果和该物体的质量和速度都有关系。如汽锤下落，速度虽然不大，但由于其巨大的质量，可产生巨大的冲击力；子弹质量虽然不大，但由于其极高的速度，也可以产生很大的冲击力。进一步还发现冲击过程中**物体的质量和速度的乘积**遵循一定的规律，因此将这一乘积称为物体的**动量**（momentum），即

$$\boldsymbol{p}=m\boldsymbol{v} \tag{1-23}$$

动量是一矢量，其方向和速度的方向相同，它是描述物体运动状态的物理量。动量的量纲为 MLT^{-1}，在国际单位制中的单位为 kg·m/s。

其实，牛顿开始提出的第二定律就是用动量表述的，即

$$f=\frac{\mathrm{d}\boldsymbol{p}}{\mathrm{d}t}=\frac{\mathrm{d}(m\boldsymbol{v})}{\mathrm{d}t} \tag{1-24}$$

笔记

这就是说，任一时刻，物体动量对时间的变化率，大小等于该时刻作用在物体上的合外力的大小，方向也和合外力方向一致。在经典力学中，物体的质量是不随时间改变的，式(1-24)可变为通常所用的牛顿第二定律的数学表达式

$$\boldsymbol{f}=m\boldsymbol{a}$$

当物体以接近光速的速度运动时，物体的质量是会改变的。这时，式(1-24)和式(1-2)不再等同。相对论的研究表明，这时式(1-2)不再成立，而式(1-24)则仍然有效。

2. **冲量、动量定理**　在冲击、碰撞等问题中，物体相互作用时间极短，仅百分之几秒、千分之几秒甚至更短。在这极短的时间里，力还在不断地变化着，而且随时间是如何变化的又不易测定。因此要用反映瞬时关系的牛顿第二定律研究过程的细节是不方便的，只能研究过程的总效果。

质量为 m 的物体，在变力 $\boldsymbol{f}$ 的作用下由时刻 t_1 运动到 t_2，相应地速度由 v_1 变为 v_2。在极短时间(如果是冲击、碰撞等问题，应该比全过程时间还要短得多)$\mathrm{d}t$ 内，力可看成恒力。由式(1-24)，有

$$f\mathrm{d}t=\mathrm{d}p$$

对全过程，有

$$\int_{t_1}^{t_2} f\mathrm{d}t=\int_{p_1}^{p_2}\mathrm{d}p=p_2-p_1$$

令

$$I=\int_{t_1}^{t_2} f\mathrm{d}t \tag{1-25}$$

则

$$I=p_2-p_1 \tag{1-26a}$$

即

$$\int_{t_1}^{t_2} f\mathrm{d}t=mv_2-mv_1 \tag{1-26b}$$

$\boldsymbol{I}$ 称为**力在 t_1 到 t_2 时间内的冲量**(impulse)。冲量也是矢量，其量纲和动量相同，在国际单位制中的单位为 N·s。

式(1-26a)、式(1-26b)表明，**物体在运动过程中，所受合外力的冲量等于该物体动量的增量**。这一规律称为**动量定理**。由动量定理可知，要使物体的速度发生一定的改变，不但要有力的作用，而且要作用一段时间。速度改变的情况取决于力和时间的乘积。例如行驶中的自行车要想停下，可以滑行，外力小，费时长；也可以刹车，外力大，需时短。冲量反映了力的时间累积效应。

这里要注意，动量和冲量都是矢量。在力的方向不变或时间极短的情况下，冲量和力的方向一致。但在力的方向改变时，一段时间内冲量的方向就不能由某一时间外力的方向确定，而要由动量定理决定。由动量定理关系可见，冲量方向既不沿初动量方向，也不沿着末动量方向，而是沿动量增量的方向。

动量定理是一个可由牛顿定律直接得到的和过程有关的规律。只要在惯性系中，动量定理总是成立的。动量定理是一个矢量关系，也可用其分量式

$$\begin{cases} I_x=p_{2x}-p_{1x} \\ I_y=p_{2y}-p_{1y} \end{cases} \tag{1-27a}$$

笔记

即

$$\begin{cases}\int_{t_1}^{t_2} f_x \mathrm{d}t = mv_{2x} - mv_{1x} \\ \int_{t_1}^{t_2} f_y \mathrm{d}t = mv_{2y} - mv_{1y}\end{cases} \tag{1-27b}$$

这就是说，任一方向上力的冲量的分量，等于该方向上物体动量的增量。这种形式在力的方向也发生改变时特别有用。由于这时用冲量的定义来计算冲量就很麻烦甚至不可能，但可由动量分量的变化，用式(1-27b)求出冲量的分量，进而求出冲量。

动量定理的应用并不限于时间极短的过程，但在这一类问题中特别有用。这类问题中要确定每一瞬时的力是困难的，实际问题中也往往只要确定过程平均力。例如某冲床能否对某型号的钢板进行加工，就和冲压过程的平均力有关。这时可由动量定理，由过程始末动量求出冲量，然后确定平均力的大小。

$$\begin{cases}\int_{t_1}^{t_2} f_x \mathrm{d}t = \bar{f}_x(t_2 - t_1) = mv_{2x} - mv_{1x} \\ \int_{t_1}^{t_2} f_y \mathrm{d}t = \bar{f}_y(t_2 - t_1) = mv_{2y} - mv_{1y}\end{cases} \tag{1-27c}$$

例题 1-1 如图 1-6 所示，质量为 $m=0.02\text{kg}$ 的弹性球，以 $v_1=5\text{m/s}$ 的速率与桌面发生碰撞，跳起时速率 $v_2=v_1$，碰撞前后运动方向和桌面法线方向夹角都是 $\alpha(\alpha=60°)$。设碰撞时间 $\Delta t=0.05\text{s}$，求球对桌面的平均作用力。

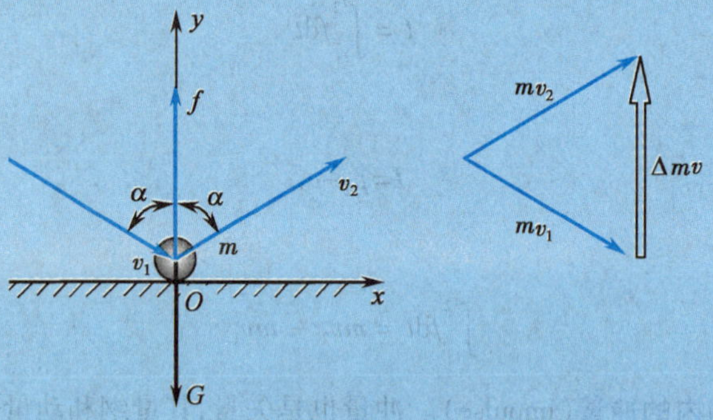

图 1-6 例题 1-1 图

解 以弹性球为研究对象，它在和桌面碰撞过程中，受到桌面的作用力 $\boldsymbol{f}$ 和重力 $\boldsymbol{G}$。选如图坐标系，对碰撞过程列出动量定理分量式

$$f_x\Delta t = mv_2\sin\alpha - mv_1\sin\alpha = 0$$

$$(f_y - G)\Delta t = mv_2\cos\alpha + mv_1\cos\alpha = 2mv_1\cos\alpha$$

所以

$$f_x = 0$$

$$f = f_y = \frac{2mv_1\cos\alpha}{\Delta t} + mg = \frac{2\times0.02\times5\times\cos60°}{0.05} + 0.02\times9.8 = 2.20\text{N}$$

由牛顿第三定理可得，弹性球对桌面的平均作用力也是 2.20N，方向和 y 轴相反。

笔记

由例题 1-1 可见，弹性球和桌面的平均作用力既不是沿初速度方向，也不沿末速度方向，而沿法向。当然沿法向并不是普遍结论，只适用于桌面光滑的情况。但是相互作用力的冲量方向沿动量增量的方向则是普遍成立的。

例题1-1中重力的影响不能忽略。经计算，它占相互作用力的近1/10。但是如果碰撞前后速度更大，或作用时间更短，例如0.01s，重力的影响在相互作用力中所占比例就更小，重力影响就可忽略。

二、动量守恒定律

某物体受到其他物体作用时，动量要改变；同时，其他物体受到它的反作用，动量也要改变。对每一个物体可分别用动量定理讨论。然而这几个相互作用的物体运动状态的改变之间有什么联系呢？这就要将它们作为一个系统来加以考察。

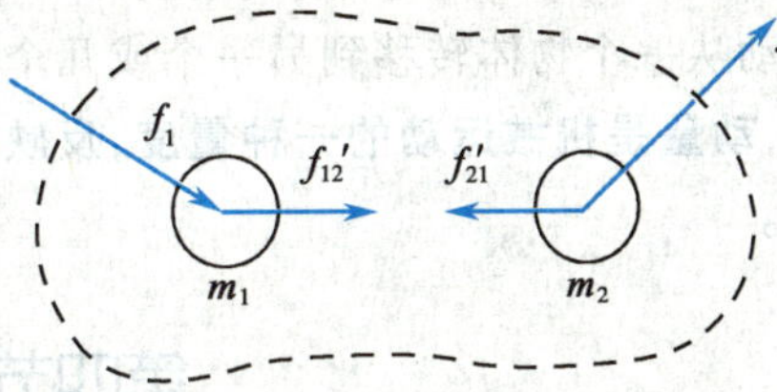

图1-7　系统的内力和外力

设系统内有两个物体，质量分别为 m_1 和 m_2，所受内力分别为 $\boldsymbol{f}'_{12}$ 和 $\boldsymbol{f}'_{21}$，所受外力分别为 $\boldsymbol{f}_1$ 和 $\boldsymbol{f}_2$，如图1-7所示。由牛顿第三定律，显然有

$$\boldsymbol{f}'_{12}=-\boldsymbol{f}'_{21}$$

由牛顿第二定律，分别有

$$\frac{\mathrm{d}(m_1\boldsymbol{v}_1)}{\mathrm{d}t}=\boldsymbol{f}_1+\boldsymbol{f}'_{12}$$

$$\frac{\mathrm{d}(m_2\boldsymbol{v}_2)}{\mathrm{d}t}=\boldsymbol{f}_2+\boldsymbol{f}'_{21}$$

合并两式，并将前式代入，有

$$\frac{\mathrm{d}}{\mathrm{d}t}(m_1\boldsymbol{v}_1+m_2\boldsymbol{v}_2)=\boldsymbol{f}_1+\boldsymbol{f}'_{12}+\boldsymbol{f}_2+\boldsymbol{f}'_{21}=\boldsymbol{f}_1+\boldsymbol{f}_2$$

这一关系在系统内有两个以上物体时也成立，因为内力总是成对出现的。由此可见，当系统所受合外力为零，即 $\sum_i f_i=0$ 时，有

$$m_1v_1+m_2v_2=\text{恒矢量} \tag{1-28a}$$

或

$$m_1v_1+m_2v_2=m_1v_{10}+m_2v_{20} \tag{1-28b}$$

式(1-28b)中，v_{10} 和 v_{20} 分别表示 m_1、m_2 的初速度，v_1、v_2 分别表示 m_1、m_2 在任一时刻的速度。式(1-28b)表明，**系统不受外力或所受合外力为零时，系统总动量保持不变**。这一结论称为**动量守恒定律**(law of conservation of momentum)。

动量守恒定律是一个有条件的关于系统经历一个过程的规律。这是对全过程而言的，不仅是始末状态总动量相等。相应地，必须系统所受合外力为零时动量才守恒；过程的冲量为零，动量不一定守恒。例如将小球平抛，小球落下与地面作完全弹性碰撞后，又作斜抛，当小球到达最高点时，速度的大小方向和起始时相同，即始末动量相等，过程总冲量为零。但整个过程中，除落地相碰时还受地面作用外，小球都受重力这一不为零的外力作用，不能认为过程动量守恒。应用动量守恒定律时，首先应确定系统，明确过程，分析系统在这一过程中所受合外力是否为零。但当外力比内力小得多，以致可以忽略时，才可用动量守恒定律近似求解。

与动量定理相类似，在经典力学范围内动量守恒定律也可从牛顿定律得到，也只在惯性系中成立。

动量守恒定律是一个矢量关系，应用时常用它的分量式

$$\begin{cases}\sum_i f_{ix}=0\text{ 时},m_1v_{1x}+m_2v_{2x}=m_1v_{10x}+m_2v_{20x}\\ \sum_i f_{iy}=0\text{ 时},m_1v_{1y}+m_2v_{2y}=m_1v_{10y}+m_2v_{20y}\end{cases} \tag{1-29}$$

笔记

系统合外力不为零时，系统动量不守恒，但**合外力在某个方向分量为零时，系统动量在该方向分量守恒**。

动量守恒定律虽然是可以从牛顿定律得来的有条件的规律，然而随着人们的认识深入到高速和微观领域，发现牛顿定律已不再适用，而动量守恒定律仍然成立。因此和能量守恒定律类似，动量守恒定律也是自然界最普遍的规律之一。

动量守恒定律表明，一个物体获得动量的同时，必然有另一个物体或几个物体损失和它相等的动量。这就是说，内力虽然不会改变系统的总动量，但正是通过内力的作用，使机械运动从一个物体转移到另一个或几个物体的；而机械运动转移的量是以动量来量度的。因此，**动量是机械运动的一种量度，反映了机械运动保持其运动形式不变而在物体间转移的量**。

第四节 刚体的转动

在第一节中讲到，物体在运动过程中的形状、大小会发生变化，为了简化研究物体的运动，当物体的形状、大小在运动中可以忽略不计时，则可以将这一物体看成是一个质点。对于固体而言，在外力作用下其形变也并不十分显著，虽然有时不能看成是一个质点，但可看成是一个没有形变的理想物体，这一物体称为**刚体**（rigid body）。显然，刚体是为了简化对物体运动的研究而提出的又一个物理学的理想模型。本节主要讨论刚体的运动。

一、刚体的定轴转动

刚体运动过程中，如果刚体内任一直线的方向始终保持不变（图 1-8），这种运动称为刚体的**平动**（translation）。显然，刚体平动时，刚体上各质点在同一时间内的位移相同，可用任一质点的运动表示整个刚体的运动。因此，刚体的平动问题可以用质点运动的规律来解决。

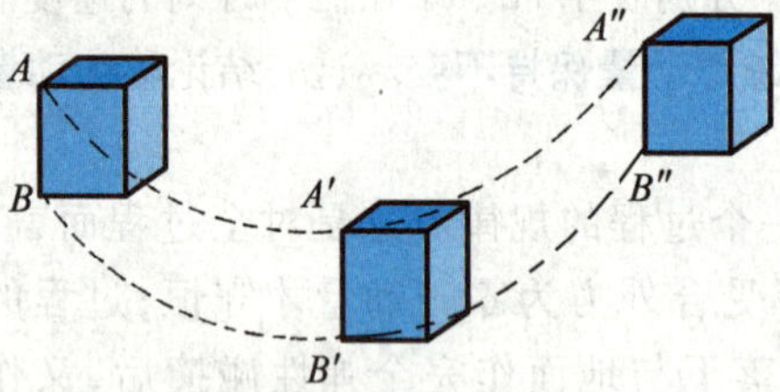

图 1-8 刚体的平动

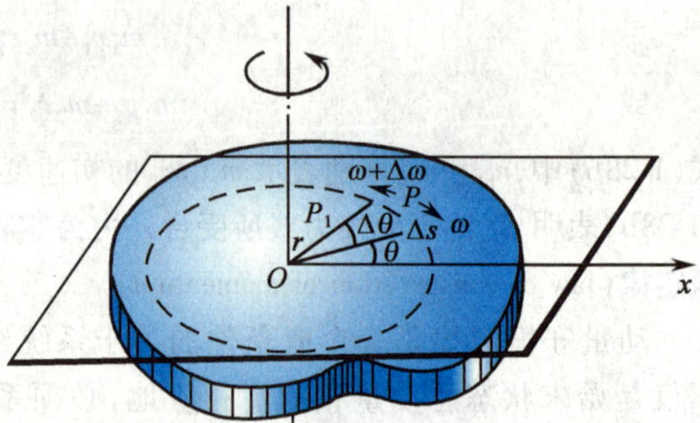

图 1-9 刚体的定轴转动

刚体运动时，如果各质点都绕同一直线作圆周运动，这种运动称为**刚体的转动**（rotation），该直线称为**转轴**（axis of rotation）。如果转轴固定不动，这种运动就称为**定轴转动**（图 1-9）。

刚体的一般运动虽然比较复杂，但是可以看成是平动和转动的叠加。例如车轮的滚动，可以看成是绕轴的转动加上随轴一起平动。因此讨论刚体的运动，关键在于学好刚体转动的有关规律。本书主要讨论刚体的定轴转动。

1. 描述刚体转动的物理量 刚体作定轴转动时，任一质点都在垂直于转轴的平面内作圆周运动。这一平面称为**转动平面**。当然不同质点的转动平面可能不同。描述质点的圆周运动可以用速度、加速度等**线量**；也可用角速度、角加速度等**角量**。对作定轴转动的刚体来说，由于各质点到转轴的距离不尽相同，各质点的线量也就可能不同。但各质点到转轴

笔记

的半径线 OP 在同一时间内转过的角 $\Delta\theta$ 则都相同。因此，总是以角量来描述作定轴转动刚体的运动状态。

任选一半径线 OP，以它经绕转轴的转动表示刚体的转动。设半径线 OP 在 Δt 时间内转过角度 $\Delta\theta$，$\Delta\theta$ 称为刚体在 Δt 时间内的**角位移**。一般规定，刚体沿逆时针方向转动时，角位移取正值；沿顺时针方向转动时，角位移取负值。

角位移 $\Delta\theta$ 与时间 Δt 的比值，称为刚体在 Δt 时间内的**平均角速度**

$$\bar{\omega}=\frac{\Delta\theta}{\Delta t}$$

当 Δt 趋近于零时，平均角速度的极限值称为刚体在 t 时刻的**瞬时角速度**，简称**角速度**（angular velocity）

$$\omega=\lim_{\Delta t\to 0}\frac{\Delta\theta}{\Delta t}=\frac{\mathrm{d}\theta}{\mathrm{d}t} \tag{1-30}$$

刚体作匀速转动时，角速度就是一个恒量。角速度的量纲为 T^{-1}，单位是 rad/s。

如果刚体作变速转动，半径线 OP 在时刻 t 的角速度为 ω，时刻 $t+\Delta t$ 的角速度为 $\omega+\Delta\omega$，则角速度的增量 $\Delta\omega$ 与时间 Δt 的比值，称为刚体在 Δt 时间内的**平均角加速度**

$$\bar{\beta}=\frac{\Delta\omega}{\Delta t}$$

当 Δt 趋近于零时，平均角加速度的极限值称为刚体在 t 时刻的**瞬时角加速度**，简称**角加速度**（angular acceleration）

$$\beta=\lim_{\Delta t\to 0}\frac{\Delta\omega}{\Delta t}=\frac{\mathrm{d}\omega}{\mathrm{d}t}=\frac{\mathrm{d}^2\theta}{\mathrm{d}t^2} \tag{1-31}$$

刚体作匀变速转动时，角加速度就是一个恒量。角加速度的量纲为 T^{-2}，单位是 $\mathrm{rad/s^2}$。

刚体作匀速或匀变速转动时，其运动方程与匀速或匀变速直线运动的运动方程相似。匀速转动的运动方程为

$$\theta=\omega t \tag{1-32}$$

匀变速转动的运动方程为

$$\begin{cases}\omega=\omega_0+\beta t\\ \theta=\omega_0 t+\dfrac{1}{2}\beta t^2\\ \omega^2=\omega_0^2+2\beta\theta\end{cases} \tag{1-33}$$

式(1-33)中，θ、ω、ω_0 和 β 分别表示角位移、角速度、初角速度和角加速度。

2. **线量和角量的关系**　如上所述，刚体作定轴转动时，刚体上各质点的角量相同，线量则不尽相同，但线量和角量间是有联系的（图 1-9）。

如图 1-9 所示，质点 P 所作圆周运动的半径为 r，在 Δt 时间内的角位移为 $\Delta\theta$，相应位移为 pp_1。由于时间 Δt 极短，弦长 pp_1 和弧长 Δs 近似相等。因此有

$$|pp_1|\approx\Delta s=r\Delta\theta$$

两端除以 Δt，并取 Δt 趋近于零时的极限值，则得

$$v=r\omega \tag{1-34}$$

设质点 P 在 Δt 时间内速率的增量为 Δv，角速度的增量为 $\Delta\omega$，由式(1-34)可得

$$\Delta v=r\Delta\omega$$

笔记

两端除以 Δt，并取 Δt 趋近于零时的极限值，则得切向加速度

$$a_t = r\beta \tag{1-35}$$

如果将式(1-34)代入法向加速度的关系式，则有

$$a_n = \frac{v^2}{r} = r\omega^2 \tag{1-36}$$

3. **角速度矢量和角加速度矢量** 为了充分反映刚体转动的情况，不仅要反映转动的快慢，同时还要反映转动的方向，常以矢量表示角速度。角速度矢量沿转轴，矢量长度表示角速度的大小，矢量方向和转动方向关系符合右手螺旋定则，即弯曲的四指和转动方向一致时，伸直的拇指所指的方向就是角速度矢量的方向（图 1-10）。

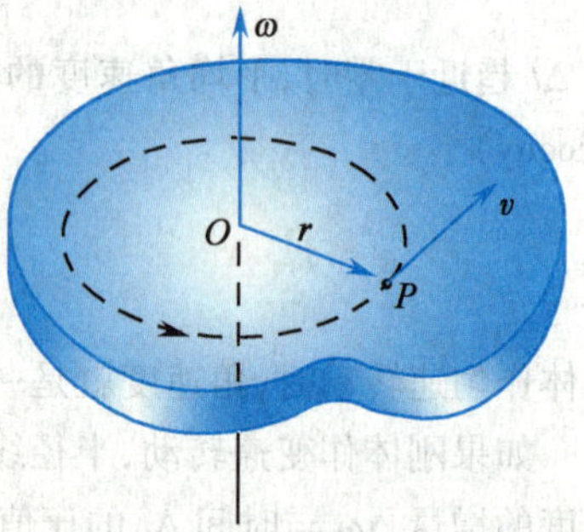

图 1-10 角速度矢量和线速度的关系

这样，刚体上任一点 P 的线速度可用两矢量的矢积表示

$$\boldsymbol{v} = \boldsymbol{\omega} \times \boldsymbol{r} \tag{1-37}$$

式(1-37)中，$\boldsymbol{r}$ 为 P 点的径矢。上式同时反映了 $\boldsymbol{v}$ 和 $\boldsymbol{\omega}$ 间的数值和方向上的关系。数值上，因为 $\boldsymbol{\omega}$ 和 $\boldsymbol{r}$ 互相垂直，$v = r\omega$；方向上，反映了角速度矢量和转动方向（线速度）间的右螺旋关系。

由于角速度矢量总是沿着转轴作定轴转动，如果规定沿转轴的某一方向为正方向，就可用正、负表示角速度的方向。这一点也和直线运动类似。

与角速度矢量相对应，角加速度也是矢量。角加速度矢量和角速度矢量同方向时作加速转动；反方向时作减速转动。刚体作定轴转动时也可用正、负反映角加速度的方向。

例题 1-2 一飞轮在 5s 内，转速由 1000r/min（转/分）均匀地减少到 400r/min。求角加速度和 5s 内的总转数；并求还要多长时间，飞轮才能停止。

解 飞轮作匀变速转动，角加速度

$$\beta = \frac{\omega - \omega_0}{t} = \frac{2\pi(n - n_0)}{t}$$

$$= \frac{2\pi \times (400 - 1000)}{60 \times 5} = -12.6\text{rad/s}^2$$

设 5s 内总转数为 N，则角位移 $\theta = 2\pi N$。故

$$N = \frac{\theta}{2\pi} = \frac{1}{2\pi}\left(\omega_0 t + \frac{1}{2}\beta t^2\right)$$

$$= \frac{1}{2\pi}\left(\frac{1000 \times 2\pi \times 5}{60} - \frac{126 \times 5^2}{2}\right) = 58.3\text{r}$$

如果再过 t_1 时间飞轮停止转动，即 $\omega_1 = 0$，则

$$\omega_1 = \omega_0 + \beta(t + t_1) = 0$$

$$t_1 = -\frac{\omega_0}{\beta} - t = -\frac{2\pi \times 1000}{60 \times (-126)} - 5 = 3.3\text{s}$$

笔记

例题 1-3 一飞轮作匀变速转动，3s 内转过 234rad，角速度在 3s 末达到 108rad/s。求角加速度和初角速度。

解 由匀变速转动运动方程

$$\theta=\omega_0 t+\frac{1}{2}\beta t^2$$

和

$$\omega=\omega_0+\beta t$$

消去 ω_0，并代入数字，可得角加速度

$$\beta=\frac{2(\omega t-\theta)}{t^2}=\frac{2\times(108\times 3-234)}{3^2}=20\text{rad/s}^2$$

进而可得初角速度

$$\omega_0=\omega-\beta t=108-20\times 3=48\text{rad/s}$$

二、力矩、转动定律、转动惯量

通过上面的学习我们知道了什么是刚体的定轴转动，以及描述刚体定轴转动的物理量，下面研究刚体作定轴转动时所遵循的规律。

1. 力矩 要改变刚体的转动状态，就要有力的作用。但力的作用效果不仅和力的大小及方向有关，而且和力的作用点有关。例如想把门推开，如果外力的作用线通过转轴或与转轴平行，那么就不能把门推开；即使是可将门推开方向的力，也是力离转轴越远，就越容易把门推开。为此，应定义一个物理量能反映力的三要素对转动的影响。

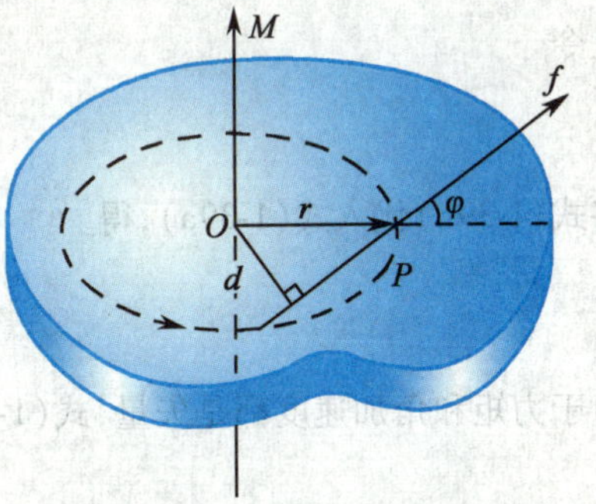

图 1-11 转动平面内的力和力矩

在图 1-11 中，设力 $\boldsymbol{f}$ 的作用线位于转动平面内，与转轴的距离为 d，d 称为力对该转轴的**力臂**（force arm），力的大小和力臂的乘积，称为力 $\boldsymbol{f}$ 对该转轴的**力矩**（moment of force）。

$$M=fd=fr\sin\varphi \tag{1-38a}$$

式(1-38a)中，φ 为力 $\boldsymbol{f}$ 和径矢 $\boldsymbol{r}$ 的夹角。显然，当 $\varphi=0$，即力的作用线和转轴相交（通过转轴）时，力矩为零。

力矩是一个矢量，可用径矢 $\boldsymbol{r}$ 和力 $\boldsymbol{f}$ 的矢积表示

$$\boldsymbol{M}=\boldsymbol{r}\times\boldsymbol{f} \tag{1-38b}$$

刚体作定轴转动时，力矩沿转轴，方向按右手螺旋定则确定：当右手四指由径矢 r 的方向经过小于 180°的角度转到力 f 的方向时，拇指的指向就是力矩 $\boldsymbol{M}$ 的方向。力矩 $\boldsymbol{M}$ 的方向和刚体角速度 $\boldsymbol{\omega}$ 的方向不一定一致。定轴转动时也可用正、负来表示力矩 $\boldsymbol{M}$ 的方向：以角速度 $\boldsymbol{\omega}$ 的方向为准，$\boldsymbol{M}$ 和 $\boldsymbol{\omega}$ 一致时 $\boldsymbol{M}$ 为正，刚体作加速转动；相反时 $\boldsymbol{M}$ 为负，刚体作减速转动。

如果刚体所受的力不在转动平面内，可将它分解为在转动平面内的分力和垂直于转动平面的分力。垂直于转动平面的分力平行于转轴，对转动没有影响。因此，力 f 的力矩就是它在该力作用点的转动平面内的分力力矩。

刚体作定轴转动时，如果有几个力同时作用在刚体上，它们的合力矩就是各力力矩的矢量和或代数和。

力矩的量纲为 ML^2T^{-2}，在国际单位制中的单位为 N·m，但不能写成 J，以免与功或能量的

笔 记

单位相混淆。

2. **转动定律** 对于任一个刚体，都可看成是由许多质点组成的。从分析质点运动入手，就可得到整个刚体的转动规律。

图 1-12 中刚体作定轴转动，设某时刻的角速度为 ω，角加速度为 β。考察刚体上任一质点 P，其质量为 Δm，到转轴距离为 r_i；作用在该质点上的外力为 F_i，内力为 f_i，它们和径矢 r 的夹角分别为 φ_i 和 θ_i。这里内力是指所有其他质点对质点 P 所作用的合力。为简单起见，设 F_i 和 f_i 都在转动平面内。

由牛顿第二定律，其切向分量式为

$$F_i\sin\varphi_i+f_i\sin\theta_i=(\Delta m_i)a_{it}=(\Delta m_i)r_i\beta$$

上式中 a_{it} 为切向加速度。在上式两端同乘以 r_i，左端就是力矩

$$F_ir_i\sin\varphi_i+f_ir_i\sin\theta_i=(\Delta m_i)r_i^2\beta$$

对于同一刚体上的所有质点，都有类似上式的关系。对同一刚体求其总和，得

$$\sum_i F_ir_i\sin\varphi_i+f_ir_i\sin\theta_i=\left(\sum_i r_i^2\Delta m_i\right)\beta \tag{1-39a}$$

因为同一刚体上任意一对质点间的相互作用的内力都是等值而反向，且力臂又相同，它的力矩之和必为零，因此式(1-39a)左端第二项为零；第一项就是作用在刚体上的合外力矩，用 $\boldsymbol{M}$ 表示，且令

$$J=\sum_i r_i^2\Delta m_i \tag{1-39b}$$

将式(1-39b)代入式(1-39a)，得

$$M=J\beta=J\frac{\mathrm{d}\omega}{\mathrm{d}t} \tag{1-39c}$$

由于力矩和角加速度都是矢量，式(1-39c)的矢量式为

$$\boldsymbol{M}=J\boldsymbol{\beta}=J\frac{\mathrm{d}\boldsymbol{\omega}}{\mathrm{d}t} \tag{1-39d}$$

式(1-39d)中，J 是由刚体本身性质决定的物理量，称为刚体对给定转轴的**转动惯量**(moment of inertia)。式(1-39c)和式(1-39d)表明，**刚体在外力矩作用下，获得的角加速度的大小与合外力矩的大小成正比，和刚体对给定转轴的转动惯量成反比，角加速度的方向与合外力矩的方向相同**。这称为**刚体的转动定律**(law of rotation)。**转动定律**是刚体作定轴转动时所必须遵循的规律(图 1-12)。

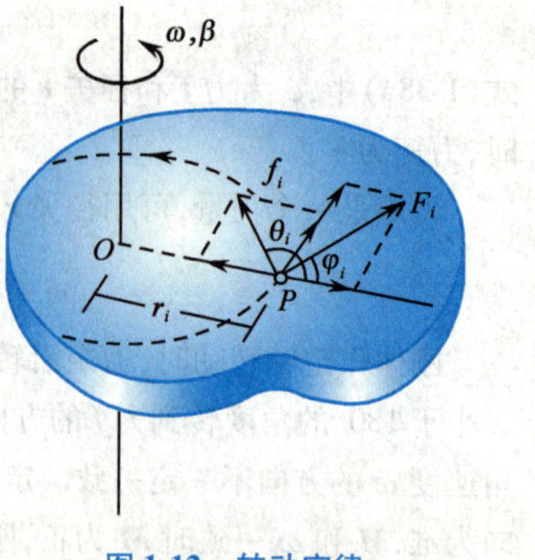

图 1-12 转动定律

3. **转动惯量** 将转动定律 $\boldsymbol{M}=J\boldsymbol{\beta}$ 和牛顿第二定律 $\boldsymbol{f}=m\boldsymbol{a}$ 相比较，可见外力矩 $\boldsymbol{M}$ 与外力 $\boldsymbol{f}$ 相当，角加速度 $\boldsymbol{\beta}$ 和加速度 $\boldsymbol{a}$ 相当，转动惯量 J 和质量 m 相当。**刚体的转动惯量是刚体转动时惯性的量度**。由转动惯量的定义式(1-39b)，对质点系有

$$J=\sum_i m_ir_i^2 \tag{1-40a}$$

对刚体，可分成很多小质点，取其和的极限

$$J=\lim_{\Delta m_i\to 0}\sum_i r_i^2\Delta m_i=\int_m r^2\mathrm{d}m=\int_V r^2\rho\mathrm{d}V \tag{1-40b}$$

笔记

式(1-40b)中,dV是质量为 dm 的质量元的体积,ρ 是该质量元的密度。

转动惯量的量纲为 ML^2,在国际单位制中的单位为 $kg \cdot m^2$。

转动惯量具有相加性。一些形状简单、密度均匀的刚体的转动惯量可由式(1-40b)求得。表 1-1 列出了一些常见刚体的转动惯量。

表 1-1　一些刚体的转动惯量

物体和转轴		转动惯量
细棒 (质量 m、长 l) 通过中心与棒垂直的轴	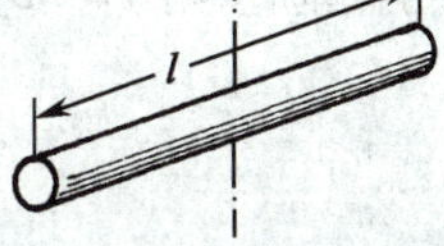	$J=\frac{1}{12}ml^2$
细棒 (质量 m、长 l) 通过一端与棒垂直的轴	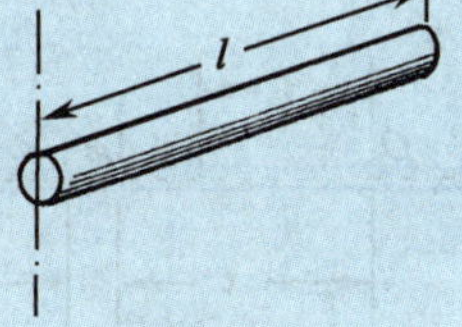	$J=\frac{1}{3}ml^2$
细圆环 (质量 m、半径 R) 通过中心与环面垂直的轴	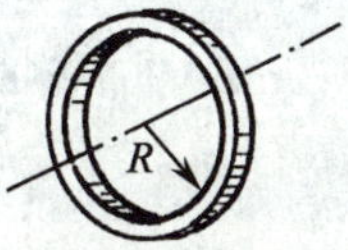	$J=mR^2$
薄圆盘 (质量 m、半径 R) 通过中心与盘面垂直的轴	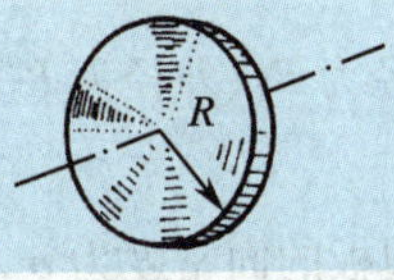	$J=\frac{1}{2}mR^2$
薄圆盘 (质量 m、半径 R) 以任一直径为轴	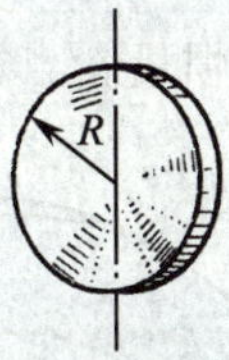	$J=\frac{1}{4}mR^2$
球体 (质量 m、半径 R) 通过球心的任一直径为轴	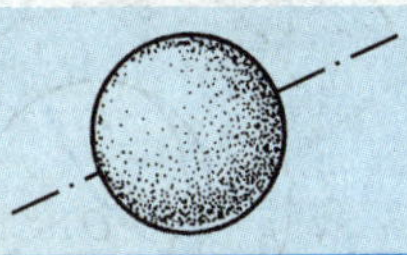	$J=\frac{2}{5}mR^2$

由转动惯量的定义及表 1-1 可见,刚体的转动惯量取决于 3 个因素:①刚体的总质量;②刚体质量的分布情况,即刚体的形状、大小及各部分的密度,例如质量和半径都相同的圆环和圆盘的转动惯量不同;③转轴的位置,例如质量相同的均匀细棒对通过中心及通过一端的垂直轴的转动惯量不同。因此给出刚体的转动惯量必须明确指明是对于哪一转轴的转动惯量。

例题 1-4　求质量为 m、长为 l 的均匀细棒对与棒垂直,且通过离中心 M 为 h 的棒上一点 O 的转轴的转动惯量。

解　如图 1-13 所示,沿细棒取坐轴 Ox,使原点位于转轴处。在细棒上任取一长为 dx 的质元,其坐标为 x,质量为 $dm=\lambda dx$。其中 $\lambda=\frac{m}{l}$ 为细棒的质量线密度。根据定义,细棒对 O 处垂直轴的转动惯量为

笔记

$$J=\int_{-\frac{l}{2}+h}^{\frac{l}{2}+h}x^2\lambda\,\mathrm{d}x=\frac{1}{3}\lambda\left(\frac{l}{2}+h\right)^3-\frac{1}{3}\lambda\left(-\frac{1}{2}+h\right)^3$$
$$=\frac{\lambda l^3}{12}+\lambda lh^2=\frac{ml^2}{12}+mh^2$$

如果转轴通过棒的中心且与棒垂直，则 $h=0, J=\frac{ml^2}{12}$。

如果转轴通过棒的一端且与棒垂直，则 $h=l/2, J=\frac{ml^2}{3}$。这两种情况最常遇到，已列于表1-1 中。

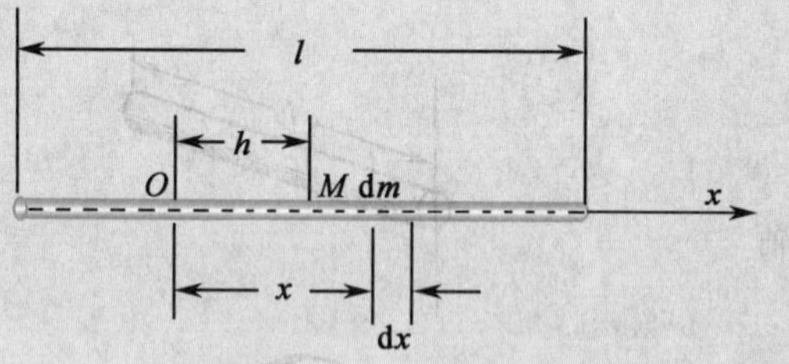

图 1-13 例题 1-4 图

例题 1-5 求质量为 m，内径为 R_1、外径为 R_2 的均匀空心薄圆板对通过中心的垂直轴的转动惯量。

解 如图 1-14 所示，设薄圆板的面密度为 σ，则总质量为 $m=\pi(R_2^2-R_1^2)\sigma$。现以两种解法求空心薄圆板对给定转轴的转动惯量。

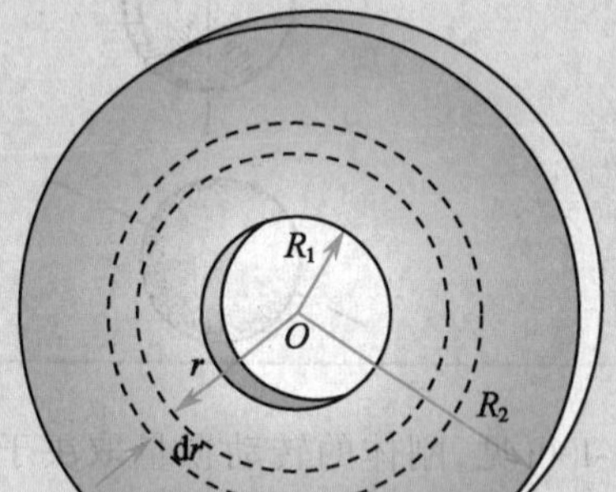

图 1-14 例题 1-5 图

解法一 根据转动惯量的定义求解。先将空心薄圆板分成一系列同心细圆环。对其中任一半径为 r、宽为 $\mathrm{d}r$ 的细圆环，其质量为 $\mathrm{d}m=\sigma\cdot 2\pi r\mathrm{d}r$。因此，空心薄圆板的转动惯量为

$$J=\int_{R_1}^{R_2}2\pi\sigma r^3\mathrm{d}r=\frac{1}{2}\pi\sigma(R_2^4-R_1^4)$$
$$=\frac{1}{2}\pi\sigma(R_2^2-R_1^2)(R_2^2+R_1^2)=\frac{1}{2}m(R_2^2+R_1^2)$$

解法二 根据转动惯量具有相加性求解。半径为 R_2 的薄圆板的转动惯量是半径为 R_1 的薄圆板和内径为 R_1、外径为 R_2 的空心薄圆板的转动惯量之和。由表 1-1 得，半径为 R、质

笔记

量为 m 的薄圆盘对通过中心的垂直轴的转动惯量为$\frac{1}{2}mR^2$。因此所求的转动惯量为

$$J=\frac{1}{2}\pi R_2^2\sigma \cdot R_2^2-\frac{1}{2}\pi R_1^2\sigma \cdot R_1^2$$
$$=\frac{1}{2}\pi\sigma(R_2^2-R_1^2)(R_2^2+R_1^2)=\frac{1}{2}m(R_2^2+R_1^2)$$

对于空心圆柱体,可以看成由许多空心薄圆板组成,因此它对于轴线的转动惯量公式与上式相同。

例题 1-6 质量为 m、半径为 r 的圆盘状滑轮,挂有质量分别为 m_1、$m_2(m_2>m_1)$ 的物体(图 1-15)。若滑轮转动时受到的摩擦力矩为 $\boldsymbol{M}$,求物体加速度 $\boldsymbol{a}$ 的大小及绳中张力 $\boldsymbol{T}_1$、$\boldsymbol{T}_2$ 的大小。

解 考虑到滑轮既有质量又有摩擦力矩,滑轮两侧张力 $\boldsymbol{T}_1$ 和 $\boldsymbol{T}_2$ 不等。滑轮和两物体所受的力如图 1-15 所示。又因 $m_2>m_1$,物体加速度及滑轮角加速度方向如图 1-15 所示。对物体及滑轮分别用牛顿第二定律及转动定律,有

$$T_1-m_1g=m_1a \tag{1}$$

$$m_2g-T_2=m_2a \tag{2}$$

$$T_2'r-T_1'r-M_r=J\beta \tag{3}$$

另有
$$J=\frac{1}{2}mr^2 \tag{4}$$

$$a=a_t=r\beta \tag{5}$$

$$T_1'=T_1 \quad T_2'=T_2 \tag{6}$$

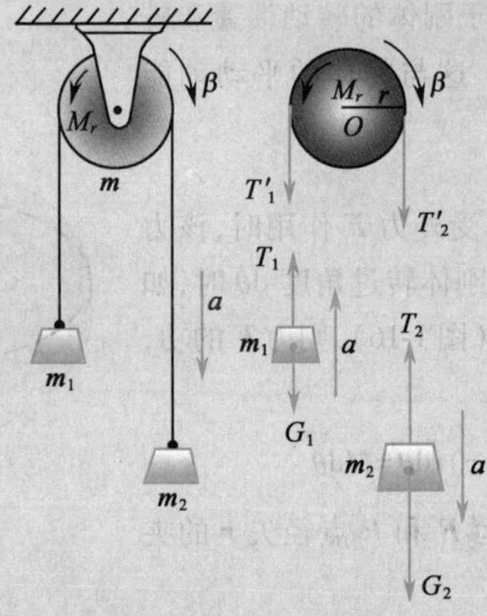

图 1-15 例题 1-6 图

式(4)是因为滑轮是圆盘状的,圆盘状刚体对于过盘心的垂直轴的转动惯量,由表 1-1 可得;滑轮边缘处绳子的线加速度大小为 $\boldsymbol{a}$,故式(5)成立。将式(4)、式(5)和式(6)代入式(3),再除以 r,并和式(1)、式(2)相加,可得

笔记

$$a=\frac{(m_2-m_1)g-\frac{M_r}{r}}{m_1+m_2+\frac{m}{2}}$$

代入式(1)、式(2),可得

$$T_1=m_1(g+a)=m_1\frac{\left(2m_2+\frac{m}{2}\right)g-\frac{M_r}{r}}{m_1+m_2+\frac{m}{2}}$$

$$T_2=m_2(g-a)=m_2\frac{\left(2m_1+\frac{m}{2}\right)g-\frac{M_r}{r}}{m_1+m_2+\frac{m}{2}}$$

由此可见,当 $m=0$(滑轮质量可以忽略),$M_r=0$(滑轮摩擦力的力矩可以忽略)时,$T_1=T_2$。这就是在研究质点动力学问题时,常常要说明"绳的质量、滑轮的质量以及滑轮的转动摩擦可忽略"的原因。

三、转动动能、力矩的功

1. 转动动能 刚体作定轴转动时,组成刚体的各质点都在作圆周运动,都有动能。设刚体的角速度为 ω,任一质点的质量为 Δm_i,其线速度大小为 v_i,则其动能为$\frac{1}{2}(\Delta m_i)v_i^2$。刚体的转动动能就是各质点动能的总和。

$$E_k=\lim_{\Delta m_i\to 0}\sum_i \frac{1}{2}(\Delta m_i)v_i^2=\int_m \frac{1}{2}r^2\omega^2\mathrm{d}m$$
$$=\frac{1}{2}\left(\int_m r^2\mathrm{d}m\right)\omega^2=\frac{1}{2}J\omega^2 \quad (1\text{-}41)$$

刚体绕定轴转动的转动动能等于刚体的转动惯量和转动角速度平方的乘积的一半。这与物体的平动动能 $E_k=\frac{1}{2}mv^2$ 在形式上相似。

2. 力矩的功和功率 刚体受外力 $\boldsymbol{F}$ 作用时,该力的力矩的功就是力 $\boldsymbol{F}$ 的功。当刚体转过角度 $\mathrm{d}\theta$ 时,如果力 $\boldsymbol{F}$ 的作用点 P 的位移为 $\mathrm{d}s$(图 1-16),则力 $\boldsymbol{F}$ 的功,即力矩 $\boldsymbol{M}$ 的功为

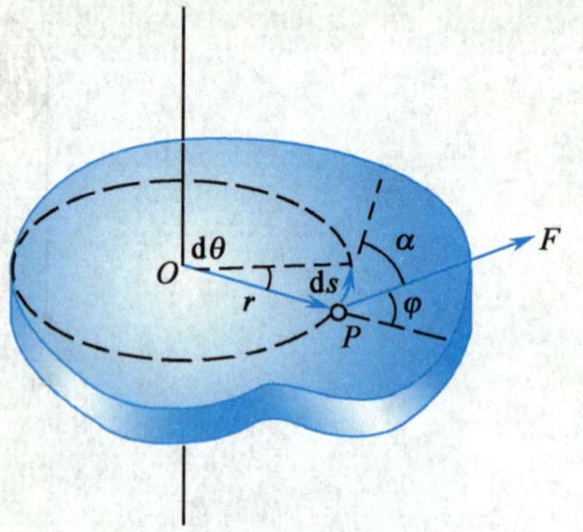

图 1-16 力矩的功

$$\mathrm{d}A=F\cos\alpha\mathrm{d}s=F(\sin\varphi)r\mathrm{d}\theta=M\mathrm{d}\theta$$

式中,α 为 $\boldsymbol{F}$ 和 $\mathrm{d}s$ 的夹角,φ 为 $\boldsymbol{F}$ 和 P 点径矢 $\boldsymbol{r}$ 的夹角,两者互为余角。

在恒力矩作用下,刚体转过 θ 时力矩 M 的功

$$A=M\theta \quad (1\text{-}42a)$$

恒力矩的功等于力矩和角位移的乘积。对于变力矩的功,则要用积分计算

$$A=\int_{\theta_1}^{\theta_2}M\mathrm{d}\theta \quad (1\text{-}42b)$$

笔记

这就是刚体由角位置 θ_1 转到 θ_2 过程中，力矩所做的功。

力矩的功率为

$$P=\frac{\mathrm{d}A}{\mathrm{d}t}=M\frac{\mathrm{d}\theta}{\mathrm{d}t}=M\omega \tag{1-43}$$

当力矩和角速度方向相同时，力矩的功和功率为正值；相反时，力矩的功和功率为负值，这时的力矩常称为阻力矩。

3. **刚体作定轴转动时的动能定理**　转动惯量为 J 的刚体在力矩 $\boldsymbol{M}$ 的作用下作定轴转动，在时刻 t_1 到时刻 t_2 的过程中，角位置由 θ_1 变为 θ_2，角速度由 ω_1 变为 ω_2。由力矩的功的关系，将转动定律代入，有

$$A=\int_{\theta_1}^{\theta_2}M\mathrm{d}\theta=\int_{t_1}^{t_2}J\frac{\mathrm{d}\omega}{\mathrm{d}t}\cdot\omega\mathrm{d}t=\int_{\omega_1}^{\omega_2}J\omega\mathrm{d}\omega$$

$$A=\frac{1}{2}J\omega_2^2-\frac{1}{2}J\omega_1^2 \tag{1-44}$$

合外力矩对定轴转动的刚体所做的功，等于刚体转动动能的增量。这个关系，称为**刚体定轴转动时的动能定理**。

这里没有涉及内力矩的功。如前所述，是因为刚体的合内力矩为零，其功也为零。但对非刚体来说，转动过程中转动惯量会有变化，内力或内力矩的功可能不为零，这就要用系统的动能定理进行具体分析。

与质点运动相类似，对包括转动问题在内的系统，保守内力的功可以用相应的势能增量的负值代替；也有机械能，系统机械能包括系统势能，系统内各物体的平动动能和转动动能；当系统外力和非保守内力的功为零时，系统机械能守恒。

例题 1-7　质量为 m、长为 l 的均匀细棒 AB，可绕一水平光滑轴在竖直平面内转动，轴 O 离 A 端 1/3（图 1-17）。今使棒由静止开始从水平位置绕 O 轴转动，求起动时的角加速度 β_0 及转到竖直位置时点 A 的速度和加速度。

解法一　按例题 1-4，本题 $h=\frac{l}{2}-\frac{l}{3}=\frac{l}{6}$，因此：

$$J=\frac{ml^2}{12}+m\left(\frac{l}{6}\right)^2=\frac{1}{9}ml^2$$

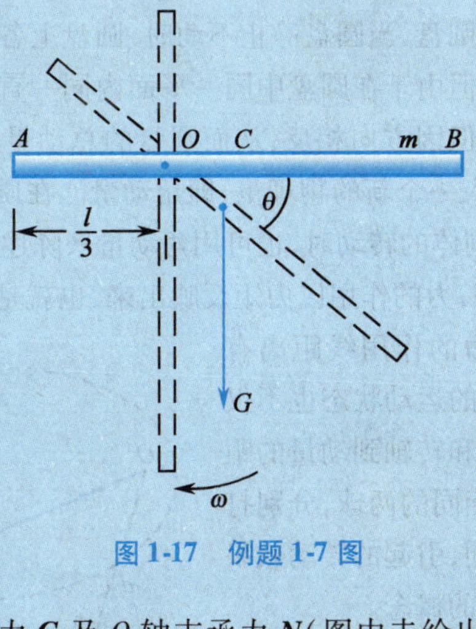

图 1-17　例题 1-7 图

细棒在转动过程中受重力 $\boldsymbol{G}$ 及 O 轴支承力 $\boldsymbol{N}$（图中未绘出），$\boldsymbol{N}$ 的力矩为零。因此，起动时的角加速度为

笔记

$$\beta_0=\frac{M_0}{J}=\frac{mgl/6}{ml^2/9}=\frac{3g}{2l}$$

细棒在转动过程中，只有重力矩做功。当细棒转过任一角 θ 时，重力矩为 $mgl\cos\theta/6$。

设转到竖直位置时角速度为 ω，由刚体定轴转动时的动能定理，有 $\frac{1}{2}J\omega^2=\int_0^{\pi/2}mg\frac{l}{6}\cos\theta\mathrm{d}\theta=mgl/6$，以 $J=ml^2/9$ 代入，可得

$$\omega=\sqrt{\frac{mgl}{3J}}=\sqrt{\frac{3g}{l}}$$

细棒在竖直位置时的角加速度仍可由转动定律得出

$$\beta=\frac{M}{J}=0$$

这样，转到竖直位置时，A 点的速度和加速度分别为

$$v_A=\omega r_A=\frac{1}{3}\sqrt{3gl}\qquad\text{方向向右}$$

$$\alpha_{tA}=\beta r_A=0$$

$$\alpha_A=\alpha_n A=\omega^2 r_A=g\qquad\text{方向向下}$$

解法二 考虑到细棒下摆过程中只有重力做功，细棒和地球组成的系统机械能守恒。以棒在竖直位置时，棒的重心 C 的位置为重力势能零点，由机械能守恒定律，可直接写出

$$\frac{1}{2}J\omega^2=mg\frac{l}{6}\tag{1-45}$$

求得

$$\omega=\sqrt{\frac{mgl}{3J}}=\sqrt{\frac{3g}{l}}$$

显然，比求重力矩的功要方便得多。

四、角动量守恒定律

动量是描述物体平动状态的物理量，不能用它来描述物体的转动状态。例如，一个绕通过中心并垂直于盘面转轴转动的圆盘，当圆盘静止不动时，圆盘上各个质点的动量都等于零；当圆盘转动时，各个质点都有动量，但由于在圆盘中同一平面内同一直径上距圆心相等的左、右两质点，尽管它们的动量大小相等，但因方向相反，从而圆盘的总动量仍然为零，显然动量不能描述物体的转动状态，因此必须引入一个新的物理量，即角动量。在质点动力学中，曾用动量来陈述牛顿第二定律。同样，在讨论刚体的转动时，也可用角动量来陈述转动定律。

1. **角动量** 在转动问题中，力的作用以力矩反映出来，也就是说，力的作用效果不仅和力的大小、方向有关，还和转轴到力的作用线距离有关。同样，在转动问题中，物体的运动状态也不仅和动量的大小、方向有关，而且和转轴到动量的距离有关。例如质量相等、速度相同的两球，分别打到门上，由于和转轴的距离不同，引起的转动效果也就不同。因此应引入角动量的概念。

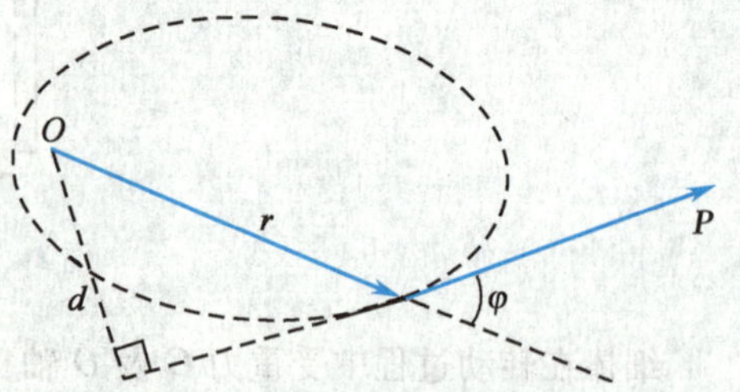

图 1-18 质点的角动量

笔记

如图 1-18 所示，设质点绕 O 运动，某时刻动量为 $\boldsymbol{P}$，径矢为 $\boldsymbol{r}$，P 和 O 间的距离为 d，则该时刻

质点对 O 的**角动量**(angular momentum)为

$$L=pd=pr\sin\varphi$$

角动量也是一个矢量,可写成

$$\boldsymbol{L}=\boldsymbol{r}\times\boldsymbol{p}$$

角动量的量纲为 ML^2T^{-1},在国际单位制中的单位是 kg·m²/s。

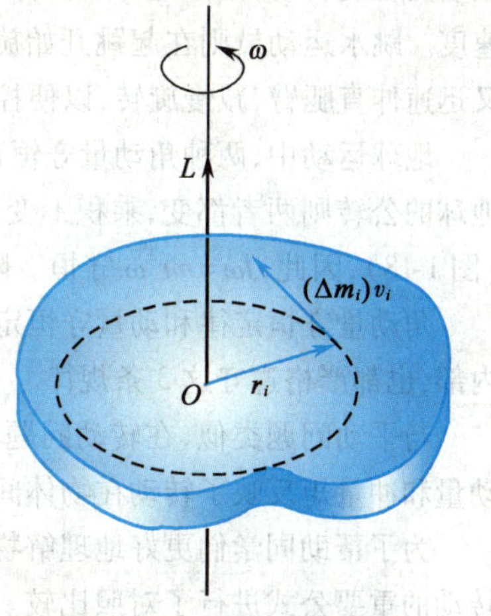

图 1-19　刚体的角动量

刚体作定轴转动时(图 1-19),各质点角动量都沿转轴,方向由 $\boldsymbol{r}_i\times\boldsymbol{v}_i$ 决定,也就是和角速度 ω 的方向一致。刚体的角动量就是各质点角动量的总和,方向也就和角速度方向一致。因此,

$$L=\lim_{\Delta m_i\to 0}\sum_i(\Delta m_i)v_ir_i=\int_m rv\mathrm{d}m$$

$$=\omega\int_m r^2\mathrm{d}m=J\omega$$

它的矢量式为

$$\boldsymbol{L}=J\boldsymbol{\omega} \tag{1-46}$$

与牛顿第二定律可用动量表述类似,转动定律也可以写成

$$M=J\beta=J\frac{\mathrm{d}\omega}{\mathrm{d}t}=\frac{\mathrm{d}(J\omega)}{\mathrm{d}t}=\frac{\mathrm{d}L}{\mathrm{d}t} \tag{1-47}$$

式(1-47)表示,**绕某一定轴转动的刚体所受的合外力矩等于刚体的角动量随时间的变化率**。这是转动定律的另一表达式,但它的适用范围更广。它在对某给定轴的转动惯量发生变化的非刚体的情况下仍然成立,而这时 $M=J\beta$ 则不再适用。

2. **冲量矩、角动量定理**　由式(1-47)可得

$$\boldsymbol{M}\mathrm{d}t=\mathrm{d}\boldsymbol{L}=\mathrm{d}(J\omega)$$

如果从时刻 t_1 到 t_2,刚体或非刚体的转动惯量从 J_1 变为 J_2,角速度从 ω_1 变为 ω_2,角动量也相应地从 L_1 变为 L_2,则将上式积分,有

$$\int_{t_1}^{t_2}\boldsymbol{M}\mathrm{d}t=\int_{L_1}^{L_2}\mathrm{d}\boldsymbol{L}=\boldsymbol{L}_2-\boldsymbol{L}_1=J_2\boldsymbol{\omega}_2-J_1\boldsymbol{\omega}_1 \tag{1-48}$$

这就是**角动量定理**。其中 $\int_{t_2}^{t_1}\boldsymbol{M}\mathrm{d}t$ 称为力矩在时间 t_1 到 t_2 内的**冲量矩**。冲量矩是一个矢量,反映了力矩的时间累积效应。冲量矩的量纲和角动量的量纲相同,为 ML^2T^{-1},在国际单位制中的单位是 N·m·s,也和角动量一致。

角动量定理表明:**转动物体所受合外力矩的冲量矩,等于这段时间内转动物体角动量的增量**。角动量定理对转动惯量变化的情况仍然适用。

3. **角动量守恒定律**　由式(1-48)可知,如果物体所受合外力矩为零,即 $\boldsymbol{M}=0$,则

$$\boldsymbol{L}=J\boldsymbol{\omega}=\text{恒矢量} \tag{1-49}$$

即**转动物体所受合外力矩为零时,物体角动量保持不变**,这就是**角动量守恒定律**(law of conservation of angular momentum)。这一规律也适用于物体系。

物体角动量是其转动惯量和角速度的乘积。因此物体所受合外力矩为零时,角动量守恒有两种情况。一种是转动惯量和角速度都不变。例如惯性飞轮所受摩擦力矩可以忽略时,保持匀速转动;另一种是转动惯量和角速度大小都在改变,然而其乘积保持不变。例如舞蹈演员、滑冰

笔记

运动员在旋转时，往往先将两臂伸开旋转，然后收回两臂靠拢身体，以减小转动惯量，加快旋转速度。跳水运动员则在起跳开始旋转后，迅速用两臂抱起双膝，使身体在空中很快翻滚；入水前又迅速伸直腿臂，减慢旋转，以便控制入水角度。

地球运动中，两种角动量守恒都存在。地球的自转可以认为是转动惯量和角速度都不变；地球的公转则两者都变，乘积不变。地球公转的轨道是椭圆，所受力来自太阳引力，其力矩为零（图 1-18），因此，$J\omega=mr^2\omega$ 守恒。随着 r 的改变，ω 也随之改变。

角动量守恒定律和动量守恒定律及能量守恒定律一样，也是自然界的普遍规律。即使原子内部，也都严格遵守这 3 条规律。

与平动问题类似，在转动问题中，功和能反映了机械运动和其他形式运动间的相互转化；角动量和冲量矩反映了转动在物体间的转移。因此在很多问题中，这两方面应同时考虑。

为了帮助同学们更好地理解物体的平动与转动，便于转动公式的记忆，在表 1-2 中将平动和转动的重要公式进行了对照比较。

表 1-2 平动和转动的重要公式对照表

质点的直线运动（刚体的平动）	刚体的转动
速度 $v=\frac{ds}{dt}$	角速度 $\omega=\frac{d\theta}{dt}$
加速度 $a=\frac{dv}{dt}$	角加速度 $\beta=\frac{d\omega}{dt}$
匀速直线运动 $s=vt$	匀速转动 $\theta=\omega t$
匀变速直线运动 $v=v_0+at$ $s=v_0t+\frac{1}{2}at^2$ $v^2=v_0^2+2as$	匀变速转动 $\omega=\omega_0+\beta t$ $\theta=\omega_0t+\frac{1}{2}\beta t^2$ $\omega^2=\omega_0^2+2\beta\theta$
力 $\boldsymbol{f}$、质量 m	力矩 $\boldsymbol{M}$、转动惯量 J
牛顿第二定律 $\boldsymbol{f}=m\boldsymbol{a}$	转动定律 $\boldsymbol{M}=J\boldsymbol{\beta}$
动量 $m\boldsymbol{v}$、冲量 $\boldsymbol{f}t$	角动量 $J\omega$、冲量矩 $\boldsymbol{M}t$
动量定理（恒力） $\boldsymbol{f}t=m\boldsymbol{v}-m\boldsymbol{v}_0$	角动量定理（恒力矩） $\boldsymbol{M}t=J\omega-J\omega_0$
动量守恒定律 $\sum m\boldsymbol{v}=$恒矢量	角动量守恒定律 $\sum J\omega=$恒矢量
平动动能 $\frac{1}{2}m\boldsymbol{v}^2$	转动动能 $\frac{1}{2}J\omega^2$
恒力的功 $A=fs$	恒力矩的功 $A=M\theta$
动能定理（恒力） $fs=\frac{1}{2}m\boldsymbol{v}^2-\frac{1}{2}m\boldsymbol{v}_0^2$	动能定理（恒力矩） $M\theta=\frac{1}{2}J\omega^2-\frac{1}{2}J\omega_0^2$

例题 1-8 一质量为 m、长为 $2l$ 的均匀细棒，可以在竖直平面内绕通过中心的水平轴 O 转动（图 1-20）。当细棒静止于水平位置时，一质量为 m' 的小球以速率以 u 竖直落到棒的端点，与棒作弹性碰撞。求碰撞后小球的回跳速率 v 及棒的转动角速度 ω。

笔记

解　将小球和均匀细棒看作一个系统，f 和 f' 就成了内力。忽略碰撞小球的重力矩，碰撞过程中系统的角动量守恒。则有

碰撞前的角动量

$$L=m'ul \tag{1}$$

碰撞后的角动量

$$L'=\frac{1}{12}m(2l)^2\omega-m'vl$$
$$=\frac{1}{3}ml^2\omega-m'vl \tag{2}$$

式(1)中 $m'ul$ 是碰撞前小球对转轴 O 的角动量，式(2)中 $\frac{1}{3}ml^2\omega$ 及 $-m'vl$ 分别是碰撞后木棒和小球对转轴 O 的的角动量。

由式(1)等于式(2)可得

$$m'(v+u)l=\frac{1}{3}ml^2\omega \tag{3}$$

由于小球和棒的碰撞是弹性的，碰撞过程机械能守恒，有

$$\frac{1}{2}m'u^2=\frac{1}{2}\times\frac{1}{12}m(2l)^2\omega^2+\frac{1}{2}m'v^2$$

即

$$m'(u^2-v^2)=\frac{1}{3}ml^2\omega^2 \tag{4}$$

式(4)和式(3)相除，得

$$u-v=lw$$

代入式(3)得

$$m'(u+v)=\frac{1}{3}m(u-v)$$

所以

$$v=\frac{m-3m'}{m+3m'}\cdot u$$

$$\omega=\frac{6m'u}{(m+3m')l}$$

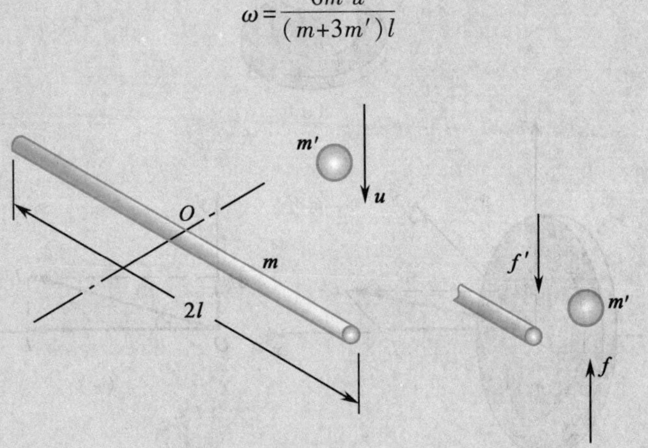

图 1-20　例题 1-8 图

笔 记

五、旋 进

玩具陀螺绕对称轴 QQ' 旋转时，如果转轴垂直于地面，则角动量守恒，可稳定地转动；如果没有转动，则稍有倾斜，就在重力作用下倾倒下来；如果转轴不垂直于地面，但有高速转动，陀螺也不会倾倒，而是在绕自身对称轴 QQ' 旋转的同时，对称轴本身又绕竖直轴 Oz 回转（图 1-21）。这一回转现象称为**旋进**（precession）或**进动**。

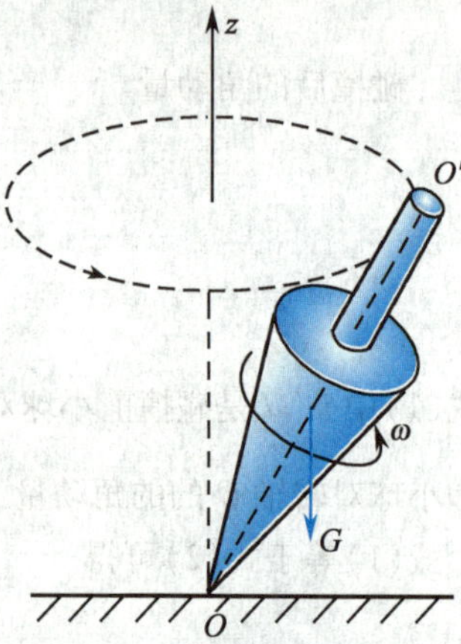

图 1-21 陀螺的旋进

陀螺的旋进，可以作为电子和原子核在外磁场中作旋进的模型。因此，熟悉旋进原理是学习以后有关章节的基础。下面对杠杆回转仪的旋进进行定量讨论。

在图 1-22 中，D 是回转仪（gyroscope）。它具有较大的转动惯量，能以较大的角速度绕几何中心轴 AB 旋转。杆 AB 架在支柱上，可以绕 O 在竖直面及水平面内转动。杆的另一端装置可移动的重物 G，借以与回转仪 D 平衡。当 G 与 D 平衡时，则 D 高速旋转时 AB 不动，系统角动量守恒。如果 G 向左（或向右）移动很小距离，D 又不旋转，则 AB 将在竖直面内转动致使倾倒。如果 G 移动后 D 又高速旋转，则 AB 将绕 O 在水平面内转动。

这就是回转仪的旋进。回转仪在外力矩作用下产生旋进的现象，称为**回转效应**（gyroscopic effect）。

旋进是怎么发生的呢？由上面讨论可见，必须具备两个条件：G 偏离平衡位置和 D 高速旋转，即 D 有角动量 $L=J\omega$，其方向沿 x 轴正方向（图 1-22b）；同时系统受到和 L 相垂直的外力矩 $\boldsymbol{M}$ 的作用，这里外力矩 $\boldsymbol{M}$ 为 D、G 重力矩之和。设重物 G 右移，则其重力矩增大，合外力矩 $\boldsymbol{M}$ 将和 G 的重力矩方向一致，沿水平面向 y 轴正方向。由角动量定理有

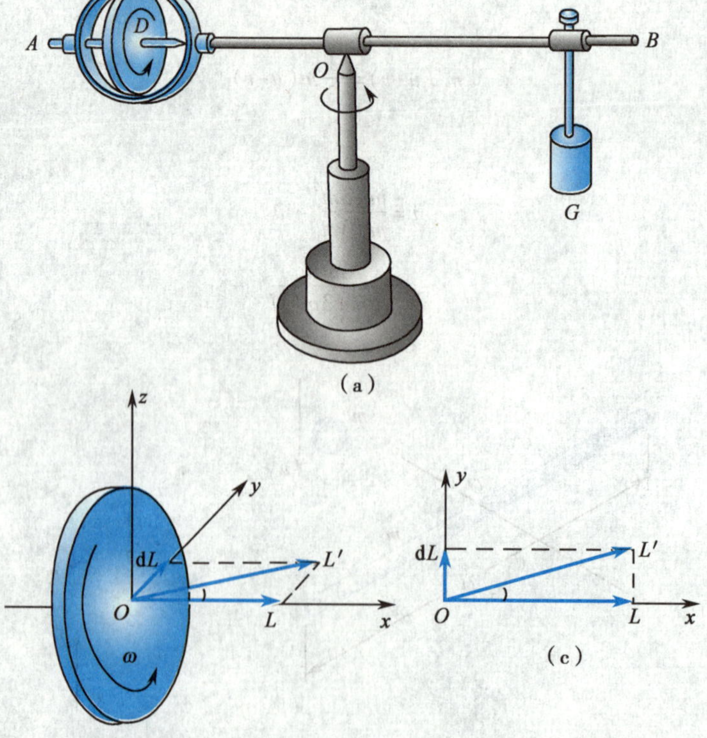

图 1-22 杠杆回转仪及其旋进原理

笔 记

$$\boldsymbol{M}\mathrm{d}t=\mathrm{d}\boldsymbol{L} \tag{1-50}$$

即回转仪产生一个角动量增量 $\mathrm{d}\boldsymbol{L}$,其方向和 $\boldsymbol{M}$ 一致。因此在一极短时间 $\mathrm{d}t$ 内,在垂直于 $\boldsymbol{L}$ 的方向产生一个 $\mathrm{d}\boldsymbol{L}$。和匀速圆周运动类似,$\mathrm{d}\boldsymbol{v}$ 和 $\boldsymbol{v}$ 垂直时,只改变 $\boldsymbol{v}$ 的方向而不改变 $\boldsymbol{v}$ 的大小;这里 $\mathrm{d}\boldsymbol{L}$ 也只改变 $\boldsymbol{L}$ 的方向而不改变 $\boldsymbol{L}$ 的大小。因此回转仪的角速度大小不变,但是转轴 AB 将绕竖直轴转过 $\mathrm{d}\theta$ 角到 $\boldsymbol{L}'=\boldsymbol{L}+\mathrm{d}\boldsymbol{L}$ 方向。如果 $\boldsymbol{M}$ 持续作用,则 AB 将在水平面内作旋进,并有

$$M\mathrm{d}t=\mathrm{d}L=L\mathrm{d}\theta$$

因此,旋进角速度为

$$\omega_p=\frac{\mathrm{d}\theta}{\mathrm{d}t}=\frac{M}{L}=\frac{M}{J\omega} \tag{1-51}$$

其方向沿 z 轴正方向。式(1-51)表明,旋进角速度和外力矩的大小成正比,和回转仪角动量的大小成反比。考虑三者方向,式(1-51)可表示为

$$\boldsymbol{M}=\boldsymbol{\omega}_p\times\boldsymbol{L} \tag{1-52}$$

由此可根据 $\boldsymbol{L}$ 和 $\boldsymbol{M}$ 的大小及方向确定旋进角速度 ω_p 的大小及方向。

理解了回转仪旋进的原理,就很容易解释陀螺的旋进。图 1-23 中正在转动的陀螺的角动量为 L,受到重力 G 对于支持点 O 的力矩的作用,其方向垂直图面向里。它产生的角动量增量 $\mathrm{d}L$ 也和 L 垂直并指向图里,因而使陀螺对称轴绕竖直轴旋进,旋进角速度 ω_p 的方向竖直向上。而且由图有

$$M\mathrm{d}t=\mathrm{d}L=L\sin\varphi\mathrm{d}\theta$$

$$\omega_p=\frac{\mathrm{d}\theta}{\mathrm{d}t}=\frac{M}{L\sin\varphi}$$

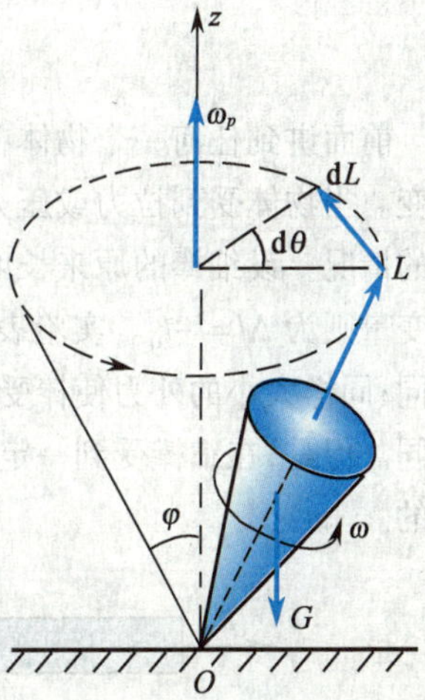

图 1-23　陀螺旋进原理

式(1-52)对陀螺的旋进仍然适用。

陀螺和回转仪在工程技术上有广泛的应用。例如,用陀螺作飞机、飞船等飞行器的导航部件,用回转仪作罗盘和船舶稳定器等。

在微观世界中,电子、原子核和其他基本粒子都具有角动量和磁矩。在外磁场的磁力矩作用下,将以外磁场方向为轴线旋进。对微观粒子旋进的研究,已经发展成顺磁共振及核磁共振技术,它们在探索物体的微观结构方面有重要的应用,核磁共振技术在药学和医学方面的应用也日趋广泛。

17 世纪以来,以牛顿定律为基础的经典力学不断发展,取得了巨大成就,在科学研究和生产技术中获得了广泛的应用,无数事实证明了经典力学的正确。本书中的流体的运动与振动和波等有关章节都属于经典力学的范围。但是,20 世纪以来物理学的发展,说明了经典力学对高速运动的物体和在微观领域内不再适用,而应代之以相对论和量子力学。本书在有关章节中将分别介绍狭义相对论和量子力学基础知识。

第五节　物体的弹性

在研究物体的运动与平衡时,人们常常忽略了在外力作用下物体的形状或大小的改变。而实际上任何一个物体在外力的作用下,它的形状或大小都要发生一定的变化,这一变化称为**形变**(deformation)。当形变在一定限度内时,外力去掉后,物体能恢复原状,物体的这一性质称为

笔记

弹性(elastic)。因此,研究物体的形变与引起形变的力之间的关系,不仅对力学和工程技术,而且对生物学、生物力学、医学和医学工程学都有重要的意义。本节主要讨论应力、应变、弹性模量和骨骼与肌肉的力学性质等内容。

一、应力和应变

1. **正应力和正应变** 设有一横截面积为 S 的细棒,如图 1-24 所示,当细棒的两端各加大小相等而方向相反的力 F 时,细棒受到拉力的作用情况如图 1-24(a)所示,细棒处于的这种状态称为**张力状态**(tensile phase);当细棒受到压力时,其作用情况如图 1-24(b)所示,细棒处于这一状态称为**压力状态**(pressure phase)。在细棒中作一与细棒长垂直的截面,如图中虚线所示。由于外力 F 对细棒的作用,通过细棒对力 F 的传递,细棒内截面两侧互施有一个大小相等、方向相反的作用力与反作用力,这种物体内部各部分之间所产生的相互作用力称为**内力**(internal force)。如图 1-24 所示,内力的大小也是 F,方向与截面垂直。应该指出,物体所受到的外界的作用力为外力,物体受外力作用而变形,同时在物体内部也受到内力的作用,且内力是由外力引发的。

把垂直作用在物体某截面上的内力 F 与该截面面积 S 的比值,定义为物体在此截面处所受的正应力。图 1-24(a)所示的是**张应力**(tensile stress),图 1-24(b)所示的是**压应力**(pressure stress)。用 σ 表示**正应力**(positive stress),则

$$\sigma=\frac{F}{S} \tag{1-53}$$

前面讲到任何一个物体在外力的作用下,它的形状或大小都要发生一定的变化,即要发生形变。当物体受到拉力或压力的作用时,其长度将发生变化,如上述一根细长的棒受拉力或压力的情况。设细棒的原来长度为 l_0,在外力作用下细棒受到正应力作用其长度改变到 l,长度的改变量则为 $\Delta l=l-l_0$。实验表明,不同大小的外力使棒受到的正应力不同,引起的长度改变量也不同;同样大小的外力使棒受到同样大小的正应力,由于细棒原长不同而引起的长度改变量也不同。但是,在细棒受到一定正应力的情况下,细棒长度的改变量 Δl 与其原长 l_0 的比值却是一定的。

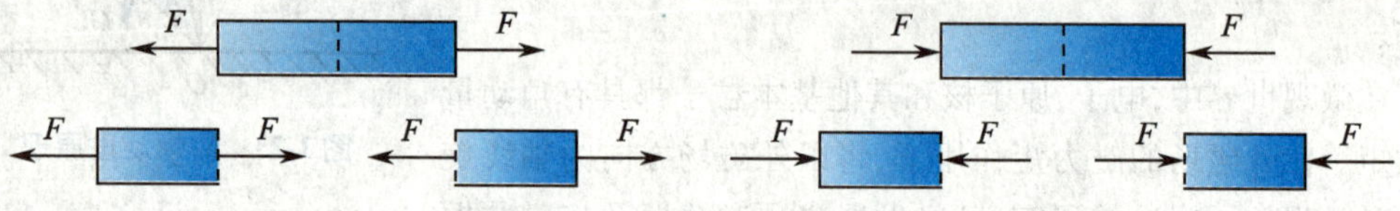

图 1-24 正应力作用下的细棒

我们定义物体在正应力作用下单位长度所发生的改变量,即比值 $\Delta l/l_0$ 称为**正应变**(positive strain)。用 ε 表示正应变,则有

$$\varepsilon=\frac{\Delta l}{l_0} \tag{1-54}$$

当物体受张应力而伸长时,则 $\Delta l>0$,称为**张应变**(tensile strain);当物体受压应力而缩短时,则 $\Delta l<0$,称为**压应变**(pressure strain)。

2. **切应力和切应变** 物体受外力作用的另一种情况是外力的方向和它的作用面相平行,如图 1-25 所示。图中物体原为立方体,当受外力 F 的作用后,发生形变后成为平行六面体。设想有一个与物体上、下底面平行的截面,如图中虚线所示。由于力的传递,截面上、下两部分也相互施有内力,它们是大小相等、方向相反的作用力与反作用力。如图 1-25 中所示的内力,其大小等于外力 F,方向与截面平行。我们将平行作用在物体某截面上的内力 F 与该截面面积 S 的比

笔记

值，定义为物体在该截面处所受的**切应力**（shear stress），以 τ 表示，则有

$$\tau=\frac{F}{S} \tag{1-55}$$

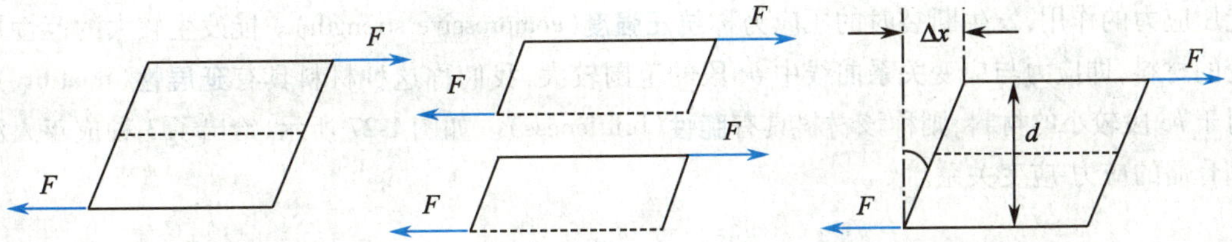

图 1-25　切应力与切应变

实验表明，当物体受到切应力作用时，在忽略体积变化的情况下，与底面距离不同的截面移动的距离不同。但是，某截面移动的距离 Δx 与该截面到底面的距离 d 的比值，在一定的切应力作用下对不同的截面来说都是相等的，如图 1-25 所示，这一比值称为切应变（shearing strain）。以 γ 表示切应变，则有

$$\gamma=\frac{\Delta x}{d}=\mathrm{tg}\phi \tag{1-56}$$

式（1-56）中，ϕ 为物体从立方体切变为平行六面体时的倾角，如图 1-25（b）所示。当角 ϕ 很小的情况下，$\mathrm{tg}\phi\approx\phi$，式（1-56）可以写成

$$\gamma=\phi \tag{1-57}$$

3. **体应变**　当物体受到某种外力作用时，其体积也要发生变化。设物体在受到各个方向上均匀压强的作用下，其体积的改变量为 ΔV。将 ΔV 与原体积 V_0 的比值，称为**体应变**（bulk strain）。以 θ 表示体应变，则有

$$\theta=\frac{\Delta V}{V_0} \tag{1-58}$$

在实际生活中引起体应变的应力，常由物体所受的来自各个方向的均匀压强所产生。如等温条件下气体压强改变所引起的气体体积变化。对流体的热胀冷缩，血液在心脏和主动脉中的流动，肺的呼吸等情况，常常都要用到体应变的概念。

综上所述，应力就是作用在单位截面上的内力。它反映着物体受外界因素作用时，其内部各部分之间力的相互作用情况。应力的单位是帕斯卡（Pa），$1\mathrm{Pa}=1\mathrm{N/m^2}$。应变是物体受外因影响而产生应力时所发生的相对形变。

二、弹性模量

1. **弹性与范性**　应力和应变之间存在着密切的关系，它是材料力学和生物力学的重要内容。应力与由应力产生的应变之间的关系，对不同材料来说各不相同，但都有着共同的基本特征。如图 1-26 所示，是一金属材料典型的张应力与张应变之间的关系曲线。曲线的开始部分由 O 点到 a 点，应变和应力间呈现正比关系，a 点所对应的应力是应力与应变成正比关系时的最大应力，称为**正比极限**（direct ratio limit）。由 a 点到 b 点的范围内，当除去外力时，材料能恢复原来的形状和大小，这一范围称为材料的**弹性形变**（elastic deformation）范围。b 点所对应的应力是材料处于弹性形变范围内的最大应力，称为**弹性极限**（elastic limit），b 点又称为**屈服点**（yield point）。在弹性形变范围内，物体呈现出弹性。超过弹性形变范围，即超过屈服点 b 以后，当除

笔记

去外力时材料已不能恢复原来的形状和大小，出现了永久变形，这时称材料发生了**范性形变**(plastic deformation)。在范性形变范围内，物体呈现出**范性或塑性**(plastic)。当应力继续增大，达到 c 点时材料断裂，称 c 点为**断裂点**(breakpoint)，这时的应力称为材料的**抗断强度**(break strength)。当物体受张应力的作用，发生断裂时的张应力称**抗张强度**(tensile strength)。当物体受压应力的作用，发生断裂时的压应力称**抗压强度**(compressive strength)。能发生较大的范性形变的材料，即应力与应变关系曲线中 bc 段的范围较大，我们称这种材料具有**延展性**(tractility)；对于 bc 段较小的材料，则称该材料具有**脆性**(brittleness)。如图 1-27 所示，给出了 3 种成年人湿润骨骼的应力-应变关系。

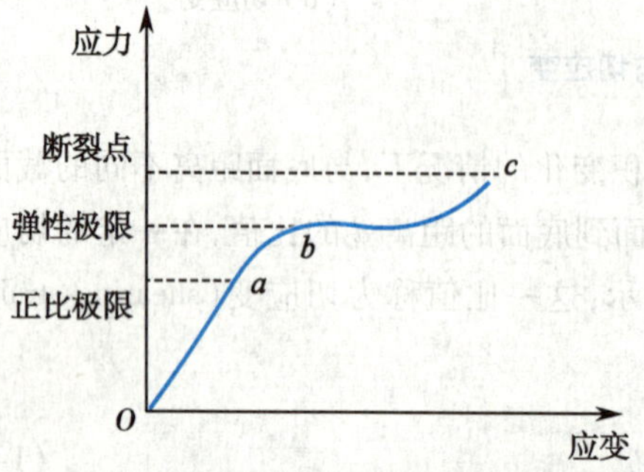

图 1-26 应力-应变关系曲线

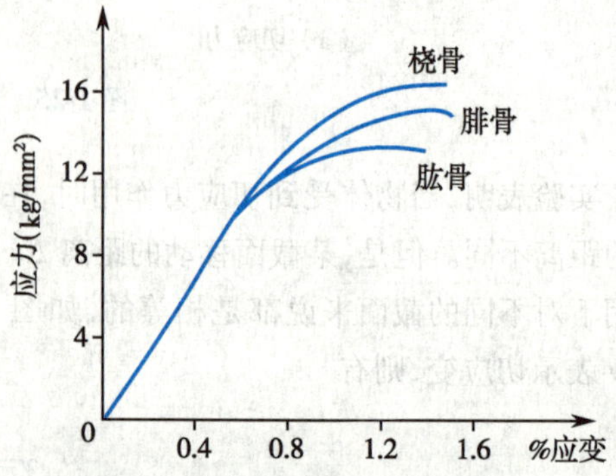

图 1-27 骨骼的应力-应变曲线

2. **弹性模量** **在应力-应变关系曲线中的正比极限范围内，材料的应变与其所受应力成正比**，这一规律称为**胡克定律**(Hooke law)。**应力与应变的比值**称为该材料的**弹性模量**(elastic modulus)。不同材料具有不同的弹性模量，同一材料的弹性模量为一定值。下面讨论有几种不同情况的弹性模量。

当物体发生正应变时，在正比极限范围内，正应力 σ 与正应变 ε 的比值，称为**杨氏模量**(Young's modulus)，以 E 表示弹性模量，则

$$E=\frac{\sigma}{\varepsilon}=\frac{F\cdot l_0}{S\cdot\Delta l} \tag{1-59}$$

在发生切应变的情况下，在正比极限范围内的切应力 τ 与切应变 γ 的比值，称为该材料的**切变模量**(shear modulus)，以 G 表示，则有

$$G=\frac{\tau}{\gamma}=\frac{F\cdot d}{S\cdot\Delta x} \tag{1-60}$$

当物体发生体应变时，设压强的增量为 ΔP，相应的体应变是 θ，在正比极限范围内相应的弹性模量称为**体变模量**(bulk modulus)，以 K 表示，则

$$K=\frac{\Delta P}{\theta}=-V_0\frac{\Delta P}{\Delta V} \tag{1-61}$$

式(1-61)中的负号表示在一般情况下压强增大时体积缩小。

体变模量的倒数，称为**压缩系数**(compress quotiety)或**压缩率**(compress rate)，以 k 表示，则有

$$k=\frac{1}{K}=-\frac{1}{V_0}\cdot\frac{\Delta V}{\Delta P} \tag{1-62}$$

笔记

一些常见材料的弹性模量见表 1-3，表 1-4 则给出一些材料的切变模量和体变模量。弹性模量、切变模量和体变模量的单位均为帕(Pa)，压缩系数的单位是帕$^{-1}$(1/Pa)。

表 1-3　一些常见材料的弹性模量、弹性极限和抗断强度

物　质	弹性模量 ($\times 10^9$ Pa)	弹性极限 ($\times 10^7$ Pa)	抗张强度 ($\times 10^7$ Pa)	抗压强度 ($\times 10^7$ Pa)
铝	70	18	20	
骨拉伸	18		12	
骨压缩	9			17
砖	20			4
铜	110	20	40	
玻璃	70		5.0	110
花岗石	50			20
熟铁	190	17	33	
聚苯乙烯	3		5	10
钢	200	30	50	
木材	10			10
腱	0.020			
橡胶	0.0010			
血管	0.00020			

表 1-4　一些材料的切变模量和体变模量

物　质	切变模量 ($\times 10^9$ Pa)	体变模量 ($\times 10^9$ Pa)
铝	25	70
铜	40	120
铁	50	80
玻璃	30	36
钢	80	158
钨	140	
木材	10	
长骨	10	

拓展阅读

骨骼的生物力学特性

骨是人体内最主要的承载组织，人体的骨骼受不同方式的力或力矩作用时会有不同的力学反应。骨骼的变形、破坏与其受力方式有关。人体骨骼受力形式多种多样，可根据外力和外力矩的方向，将骨骼的受力分为拉伸、压缩、弯曲、剪切、扭转和复合载荷6种。

1. 拉伸　拉伸载荷是指从骨的表面或两端向外施加的载荷，相当于人进行悬垂动作时骨受到的载荷。骨骼在较大载荷作用下可伸长并变细。骨组织在拉伸载荷作用下断裂的机制主要是骨单位间结合线的分离和骨单位的脱离。临床上拉伸所致骨折多见于骨松质。

笔记

2. 压缩　压缩载荷为加于骨表面或两端大小相等、方向相反的载荷，当举重时身体各部分都要受到压缩载荷。骨骼经常承受的载荷是压缩载荷，压缩载荷能够刺激骨的生长，促进骨折愈合，较大压缩载荷作用能够使骨缩短和变粗。骨组织在压缩载荷作用下破坏的表现主要是骨单位的斜行劈裂。

3. 弯曲　骨骼受到使其轴线发生弯曲的载荷作用时，如图 1-28 所示，将发生弯曲效应。受到弯曲作用的骨骼上，存在一没有应力与应变的中性对称轴 OO'，在中性对称轴凹侧面，即载荷作用侧，骨骼受压缩载荷作用，在凸侧面受拉伸载荷作用。应力大小与至中性对称轴的距离成正比，图中的 aa' 面，距轴越远，应力越大。对成人骨骼，破裂开始于拉伸侧，因为成人骨骼的抗拉能力弱于抗压能力。对于未成年人，由于骨骼的抗拉能力强于抗压能力，则首先是自骨骼的压缩侧破裂。

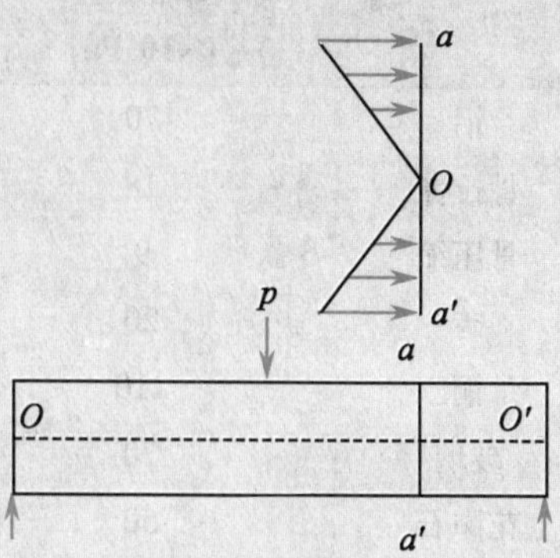

图 1-28　骨骼受弯曲载荷作用

4. 剪切　当骨骼受到剪切方向的作用时，载荷施加方向与骨骼横截面平行，人骨骼所能承受的剪切载荷比拉伸和压缩载荷都要低。这就是骨骼受到剪切作用时，容易发生骨折的原因。

5. 扭转　当载荷以一定的扭矩加于骨骼，并使其沿着某一轴线产生扭曲时，即形成扭转状态，如图 1-29 所示。扭转作用常见于人体或局部肢体作旋转时，骨骼所承受的绕纵轴的两个反向力矩作用，如掷铁饼最后阶段腿部承受的载荷。扭转载荷使骨骼横截面每一点均受剪切应力的作用，切应力的数值与该点到中性轴的距离成正比。骨骼的抗扭转强度最小，因而过大的扭转载荷很容易造成扭转性骨折。

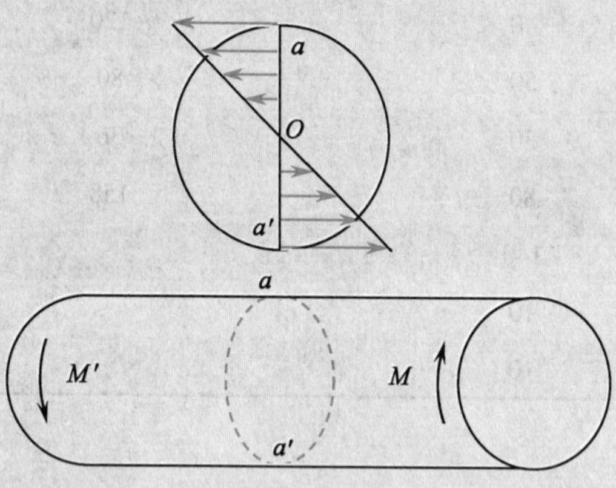

图 1-29　骨骼受扭转载荷作用

6. 复合载荷　上面提到的是骨骼受到载荷作用的几种单一情况，实际生活中骨骼很少只受到一种载荷作用，作用于人体骨骼上的载荷往往是上述几种载荷同时作用，这种复合作用称为**复合载荷**(composite load)。正是由于实际生活中骨骼往往是复合载荷，从而使得临床骨科疾病和骨科手术变得复杂。

骨是人体中的重要器官之一，而且经常处于反复受力的过程中，当这种反复作用的力超过某一生理限度时，就可能造成骨组织损伤，这种循环载荷下的骨损伤称为**疲劳损伤**(fatigue damnification)。实验表明，疲劳可引起骨骼多种力学参数的改变，如可使骨骼的强度下降等。其疲劳寿命随载荷增加而减少，随温度升高而减少，随密度增加而增加。疲劳骨折常常发生在持续而剧烈的体力活动期间，这种活动易造成肌肉疲劳，当肌肉疲劳时，其收缩能力减弱，达到难以储存能量和对抗加于骨骼上的应力，结果改变了骨骼上的应力分布，使骨骼受到异常的高载荷而导致疲劳骨折。这时，断裂可发生于骨的拉伸侧或压缩侧，甚至两侧均有。拉伸侧的断裂为横向裂纹，并迅速发展为完全骨折。压缩侧的骨折发生缓慢，如不超过骨重建的速度，就可能发展到完全骨折。

笔记

习题

1. 一块木板能在与水平面成 α 角的斜面上匀速滑下。试证明当它以初速率 v_0 沿该斜面向上滑动时,它能向上滑动的距离为 $v_0^2/(4g\sin\alpha)$。

2. 沿半径为 R 的半球形碗的光滑内壁,质量为 m 的小球以角速度 ω 在一水平面内作匀速圆周运动,求该水平面离碗底的高度。

3. 一滑轮两侧分别挂着 A、B 两物体,$m_A=20\text{kg}$,$m_B=10\text{kg}$,今用力 f 欲将滑轮提起(图 1-30)。设绳和滑轮的质量、轮轴的摩擦可以忽略不计,当力 f 的大小分别等于(1)98N;(2)196N;(3)392N;(4)784N 时,求物体 A、B 的加速度和两侧绳中的张力。

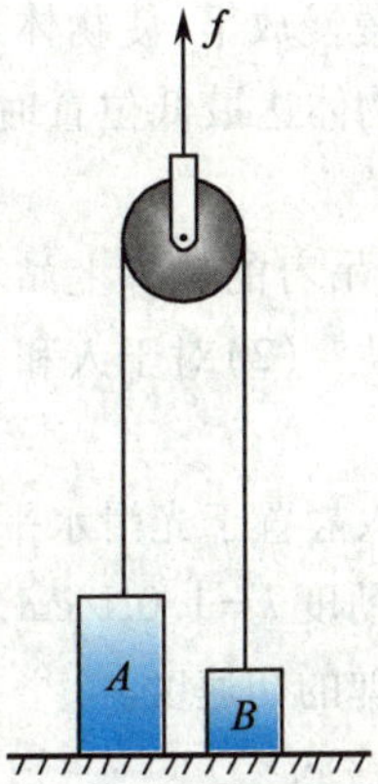

图 1-30　习题 3 图

4. (1)以 5.0m/s 的速率匀速提升一质量为 10kg 的物体,10s 内提升力做了多少功?(2)以 10m/s 的速率将物体匀速提升到同样高度,所做的功是否比前一种情况多?(3)上述两种情况下,功率是否相同?(4)用一大小不变的力,将该物体从静止状态提升到同一高度,物体最后速率达 5.0m/s。这一过程中做功多少?平均功率多大?开始和结束时的功率多大?

5. 一链条总长为 l,置光滑水平桌面上,其一端下垂,长度为 a(图 1-31)。设开始时链条静止,求链条刚好离开桌边时的速度。

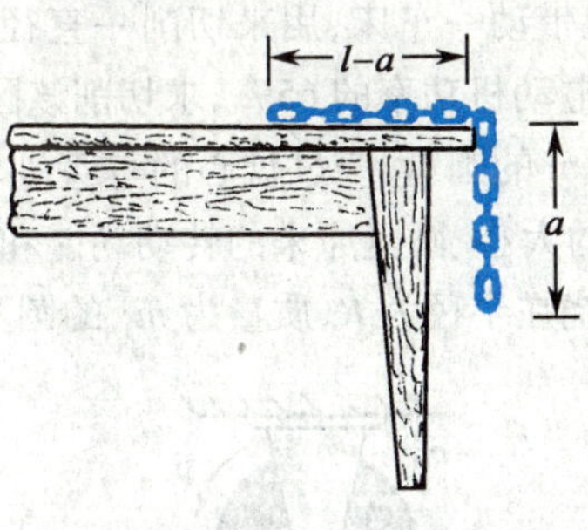

图 1-31　习题 5 图

6. 质量为 m 的小球沿光滑轨道滑下,轨道形状如图 1-32 所示。(1)要使小球沿圆形轨道运动一周,小球开始下滑时的高度 H 至少应多大?(2)如果小球从 $h=2R$ 的高度处开始滑下,小球将在何处以何速率脱离轨道?其后运动将如何?

笔记

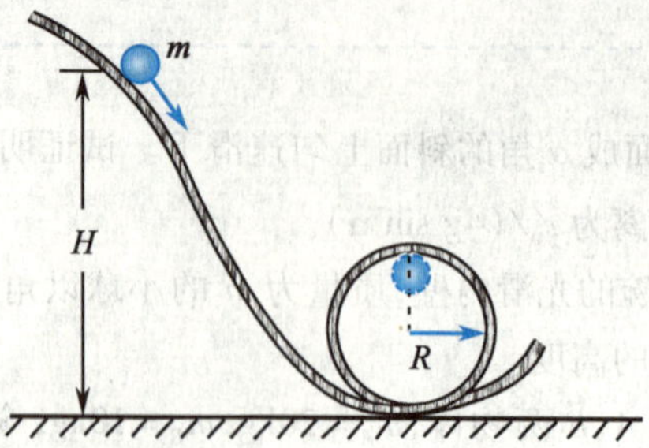

图 1-32 习题 6 图

7. 一弹簧原长为 l，劲度为 k。弹簧上端固定，下端挂一质量为 m 的物体。先用手将物体托住，使弹簧保持原长。(1)如果将物体慢慢放下，使物体达平衡位置而静止，弹簧伸长多少？弹性力多大？(2)如果将物体突然释放，物体达最低位置时弹簧伸长多少？弹性力又是多大？物体经过平衡位置时的速率多大？

8. 地面上空停着一个气球，气球下吊着的软梯上站着一人。当这个人沿着软梯向上爬时，(1)气球是否运动？如果运动，怎样运动？(2)对于人和气球组成的系统，在竖直方向的动量是否守恒？

9. 质量为 $m=10\text{g}$ 的子弹，水平射入静置于光滑水平面上的物体。物体质量为 $M=0.99\text{kg}$，与一弹簧连接(图 1-33)。设该弹簧的劲度 $k=1.0\text{N/cm}$，碰撞使之压缩 0.10m，求(1)弹簧的最大势能；(2)碰撞后物体的速率；(3)子弹的初速度。

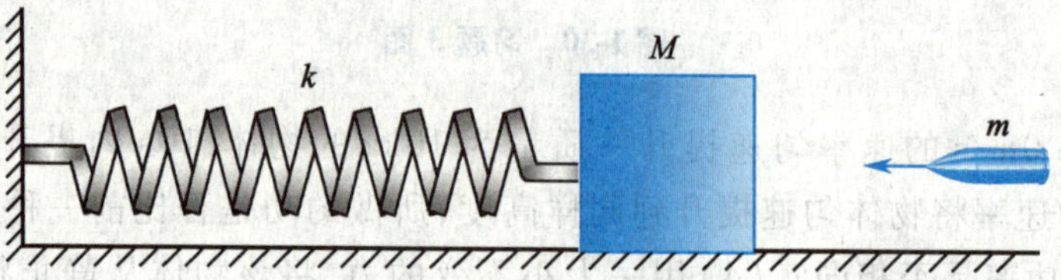

图 1-33 习题 9 图

10. 为什么在"质点"模型之外又要提出"刚体"模型？"刚体"模型的特征是什么？与实际固体有何不同？在什么条件下，实际固体可以看成刚体？

11. 一个物体的转动惯量是否具有确定值？怎样计算转动惯量？

12. 功率为 0.1kW 的电动机带动一车床，用来切削一直径为 10cm 的木质圆柱体。电动机转速为 600r/min，车床功率只有电动机功率的 65%，求切削该圆柱的力。

13. 质量为 500g、直径为 40cm 的圆盘，绕过盘心的垂直轴转动，转速为 1500r/min。要使它在 20s 内停止转动，求制动力矩的大小、圆盘原来的转动动能和该力矩的功。

14. 如图 1-34 所示，用细线绕在半径为 R、质量为 m_1 的圆盘上，线的一端挂有质量为 m_2 的

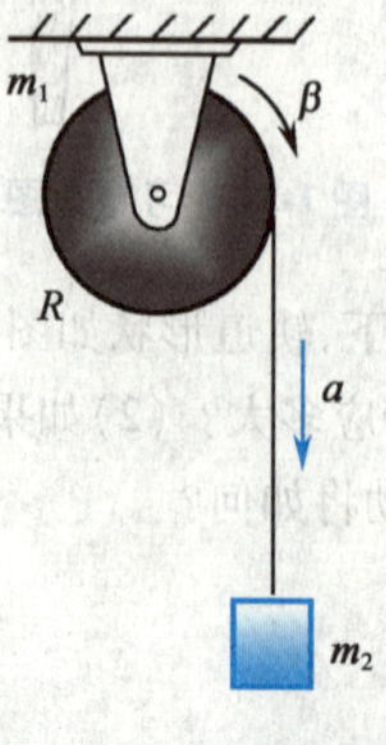

图 1-34 习题 14 图

笔记

物体。如果圆盘可绕过盘心的垂直轴在竖直平面内转动，摩擦力矩不计，求物体下落的加速度、圆盘转动的角加速度及线中的张力。

15. 在图 1-35 中圆柱体的质量为 60kg，直径为 0.50m，转速为 1000r/min，其余尺寸见图。现要求在 5.0s 内使其制动。当闸瓦和圆柱体之间的摩擦系数 $\mu=0.4$，制动力 f 及其所做的功各为多少？

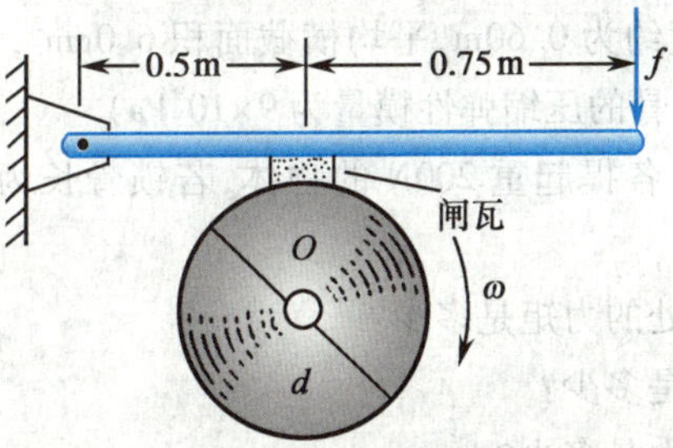

图 1-35　习题 15 图

16. 直径为 0.30m，质量为 5.0kg 的飞轮，边缘绕有绳子。现以恒力拉绳子，使之由静止均匀地加速，经 10s 转速达 10r/s，设飞轮的质量均匀地分布在外周上，求：(1) 飞轮的角加速度和在这段时间内转过的圈数；(2) 拉力和拉力所做的功；(3) 拉动 10s 时，飞轮的角速度、轮边缘上任一点的速度和加速度。

17. 如图 1-36 所示，A、B 两飞轮的轴杆可由摩擦啮合器使之连结。开始时 B 轮静止，A 轮以转速 $n_A=600\text{r/min}$ 转动。然后使 A、B 连结，因而 B 轮得到加速，而 A 轮减速，直到 A、B 的转速都等于 $n=200\text{r/min}$。设 A 轮的转动惯量 $J_A=10\text{kg}\cdot\text{m}^2$，求：(1) B 轮的转动惯量 J_B；(2) 啮合过程中损失的机械能。

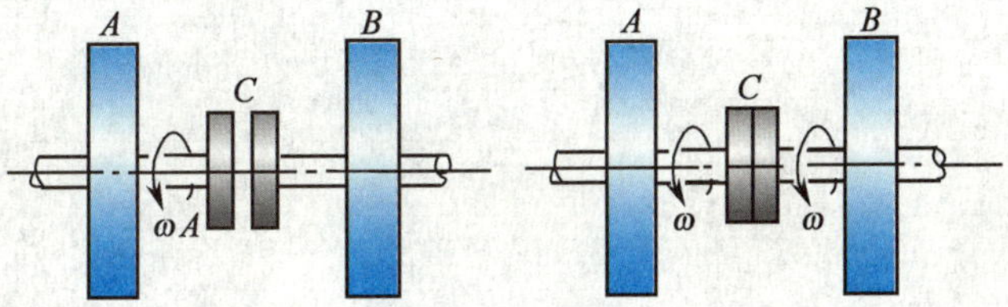

图 1-36　习题 17 图

18. 一人坐在可以自由旋转的平台上轴线处，双手各执一哑铃。设哑铃的质量 $m=2.0\text{kg}$，两铃相距 $2l_1=150\text{cm}$ 时，平台角速度 $\omega_1=2\pi\text{rad/s}$。当将两铃间距离减为 $2l_2=80\text{cm}$ 时，平台角速度增为 $\omega_2=3\pi\text{rad/s}$。设人与平台对于转轴的转动惯量不变，求人所做的功。

19. 一根质量为 m，长为 l 的均匀细棒，绕一水平光滑转轴 O 在竖直平面内转动。O 轴离 A 端距离为 $\frac{1}{3}$，此时的转动惯量为 $\frac{1}{9}ml^2$，今使棒从静止开始由水平位置绕 O 轴转动，求：(1) 棒在水平位置上刚起动时的的角加速度；(2) 棒转到竖直位置时的角速度和角加速度；(3) 转到垂直位置时，在 A 端的速度及加速度（重力作用点集中于距支点 $\frac{l}{6}$ 处）。

20. 一磨轮直径为 2.0m，质量为 1.5kg，以 900r/min 的转速转动。一工具以 200N 的正压力作用在轮的边缘上，使磨轮在 10s 内停止。求磨轮和工具之间的摩擦系数（已知磨轮的转动惯量 $J=\frac{1}{2}MR^2$，轴上的摩擦可忽略不计）。

21. 在边长为 $2.0\times10^{-2}\text{m}$ 的立方体的两平行面上，各施以 $9.8\times10^2\text{N}$ 的切向力，两个力的方向相反，使两平行面的相对位移为 $0.10\times10^{-2}\text{m}$，求其切变模量。

笔记

22. 试计算截面积为 $5.0cm^2$ 的股骨：

(1) 在拉力作用下骨折将发生时所具有的张力？（骨的抗张强度为 12×10^7Pa）

(2) 在 4.5×10^4N 的压力作用下它的应变？（骨的压缩弹性模量为 9×10^9Pa）

23. 松弛的肱二头肌伸长 2.0cm 时，所需要的力为 10N。当它处于挛缩状态而主动收缩时，产生同样的伸长量则需 200N 的力。若将它看成是一条长 0.20m、横截面积为 $50cm^2$ 的均匀柱体，求上述两种状态下它的弹性模量。

24. 设某人下肢骨的长度约为 0.60m，平均横截面积 $6.0cm^2$，该人体重 900N。问此人单脚站立时下肢骨缩短了多少？（骨的压缩弹性模量为 9×10^9Pa）

25. 当人竖直站立用双手各提起重 200N 的物体，若锁骨长为 0.2m，脊柱横截面的面积为 $1.44cm^2$，求：

(1) 右锁骨与椎骨相连处的力矩是多少？

(2) 脊柱所受的合力矩是多少？

(3) 脊柱所承受的正应力是多少？

（章新友）

笔记

第二章 相 对 论

学习要求

1. 掌握 伽利略相对性原理、经典力学的时空观。
2. 熟悉 狭义相对论的基本原理、狭义相对论的时空观。
3. 了解 相对论动力学基础、广义相对论基本原理等。

第一章介绍的内容是以牛顿运动定律为基础,因此称为牛顿力学或经典力学。经典力学是宏观物质在低速(远小于光速 c)范围内运动规律的总结。17 世纪以来,经典力学迅速发展,并在自然科学和工程技术等领域得到极为广泛的应用并取得了惊人的成就。然而,从 19 世纪末至 20 世纪初,电磁场理论的发展,统一了过去人们对电、磁、光的认识,同时,物理学的研究开始从宏观发展到微观,从低速发展到高速,一些新的实验成果和科学发现使得经典力学遇到了无法克服的困难。物理学的发展,要求人们对经典力学以及长期以来被认为理所当然是正确的概念,如传统的时间和空间的概念作出根本性变革。相对论就是在此背景下诞生的。

1905 年,爱因斯坦(A. Einstein)创立了狭义相对论(special relativity);1915 年又创立了广义相对论(general relativity)。相对论是 20 世纪物理学最伟大的成就之一,它从根本上动摇了经典力学的绝对时空观,提出了关于空间、时间与物质运动相联系的一种新的时空观,建立了对高速运动物体也适用的相对论力学,而经典力学则是相对论力学在物体运动速度远小于光速条件下的近似。

相对论的建立,不仅极大地推动了 20 世纪科学技术的迅猛发展,而且对人类的时空观、宇宙观,对整个人类文化都产生了极为深刻的影响。本章重点介绍狭义相对论的基本原理和主要结论,最后对广义相对论作简要的介绍。

第一节 伽利略变换、经典力学时空观

一、伽利略相对性原理

第一章讲过,凡是适用牛顿运动定律的参考系叫作惯性系,而相对于惯性系静止或作匀速直线运动的参考系也都是惯性系。在第一章指出,以牛顿定律为基础的,包括能量、动量和角动量定理及其守恒定律在内的力学基本规律在所有惯性系中都成立。这就是说,力学现象对一切惯性系来说,都遵从同样的规律;或者说,力学规律对一切惯性系都是等价的。这一原理称为伽利略相对性原理(Galilean principle of relativity)或**力学相对性原理**。它可以表述为:对于力学规律来说,一切惯性系都是平权的等价的。伽利略相对性原理是根据大量实验事实总结出来的,因此它反映了客观的真实性。

二、伽利略变换

为了对上述伽利略相对性原理作出数学表述,在经典力学中采用了如下的坐标变换。设惯性参考系 K' 相对惯性参考系 K 以恒定速度 u 沿 x 轴正向运动,为了方便起见,令两坐标系对应轴互相平行,且 $t=t'=0$ 时两坐标系重合,若在 K 系中有一事件发生于(x,y,z,t),同一事

笔记

件在 K' 系中可以用 (x',y',z',t') 来描述，如图 2-1 所示。事件 (x,y,z,t) 或 (x',y',z',t') 分别有 K 系或 K' 系中的观察者记录，这里的观察者指静止于某一参考系中无数同步运行的记录钟，其位置和相应的一个时钟读数可以构成一个事件记录，依照上述约定，**伽利略变换**（Galilean transformation）为

$$\begin{cases} x'=x-ut \\ y'=y \\ z'=z \\ t'=t \end{cases} \quad 或 \quad \begin{cases} x=x'+ut \\ y=y' \\ z=z' \\ t=t' \end{cases} \tag{2-1}$$

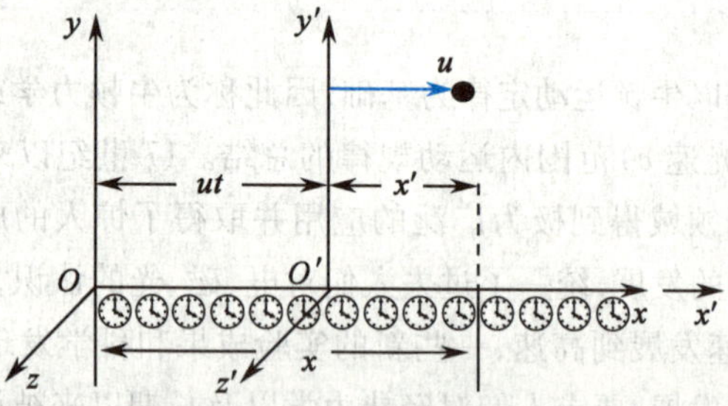

图 2-1 伽利略坐标变换

式(2-1)给出了对同一事件在两个惯性系 K 和 K' 中时空坐标之间的变换关系。

把式(2-1)对时间 t 求导，可得速度和加速度的相应变换式为

$$\begin{cases} v_x'=v_x-u \\ v_y'=v_y \\ v_z'=v_z \end{cases} \quad 和 \quad \begin{cases} a_x'=a_x \\ a_y'=a_y \\ a_z'=a_z \end{cases} \tag{2-2}$$

将加速度的变换写成矢量式，可得 $\boldsymbol{a}'=\boldsymbol{a}$，这表明在所有相互作匀速直线运动的惯性系中观测到的同一质点的加速度是相同的。在牛顿运动定律成立的领域内，力和参考系无关，即 $\boldsymbol{f}=\boldsymbol{f}'$，质量 m 与参考系无关，则 $\boldsymbol{f}=m\boldsymbol{a}$，$\boldsymbol{f}'=m\boldsymbol{a}'$。由此可见，根据伽利略变换可以推出在不同惯性系中，牛顿第二定律 $\boldsymbol{f}=m\boldsymbol{a}$ 不仅有相同的形式，而且 $\boldsymbol{f}$、m 和 $\boldsymbol{a}$ 各量都保持不变。同时还可以得出，在伽利略变换下，动量守恒定律以及其他动力学规律的形式也都保持不变，即力学规律对于一切惯性系都是等价的。所以在经典力学中，常把伽利略变换下的不变性说成是力学相对性原理的数学表述。

三、经典力学的时空观

伽利略变换从根本上依赖于传统的时间和空间这两个基本概念。牛顿力学认为：空间和时间的量度是绝对的，和参考系是无关的，时间和空间彼此是独立的，用牛顿的话来说："绝对、真实及数学的时间本身，从其性质来说，均匀流逝与此外的任何事物无关……"。"绝对空间，就其性质来说与此外的任何事物无关，总是相似的，不可移动的……"。这就是牛顿力学的时空观，也称为绝对的时空观。这种时空观以空间和时间分离为其主要特征。

伽利略变换有两个重要结果。

（1）两个事件 A、B 的时间间隔为：$t_A'-t_B'=t_A-t_B$，若在 K' 系中 $t_A'=t_B'$，将导致 K 系中 $t_A=t_B$，也就是说，在一个惯性系中同时发生的事件，在所有惯性系中都是同时的。

（2）两个事件之间的空间间隔为：$x_A'-x_B'=(x_A-ut_A)-(x_B-ut_B)=x_A-x_B-u(t_A-t_B)$，若两事件

笔记

在同一时刻测量,则有:$x_A'-x_B'=x_A-x_B$,即在不同惯性系中长度测量结果相同。

在牛顿力学的时空观中速度是相对的,$v_x'=v_x-u$。加速度是绝对的,$a_x'=a_x$。总之:在所有惯性系中力学定律都相同;或力学定律在伽利略变换下是不变的。

四、经典力学时空观的困难

随着人们对物理现象研究的深入,尤其是光的电磁理论的发展,牛顿理论遇到了不可克服的困难,具体的例子如下。

1. **速度合成律问题** 设有一人相对于自己以速度 $\boldsymbol{u}$ 掷球,而又以速度 $\boldsymbol{V}$ 相对地面跑动,则当球被抛出手后相对地面的速度为:$\boldsymbol{v}=\boldsymbol{u}+\boldsymbol{V}$,但此算法运用到光的传播问题时就会产生矛盾。例如,甲、乙两人打网球,甲击球给乙。乙看到球,是因为球发出的反射光到达了乙的眼睛。设甲、乙两人之间的距离为 l,球发出的光相对于球本身的传播速度是 c。在甲即将击球之前,球暂时处于静止状态,乙看到此情景的时刻比实际时刻晚 $\Delta t=l/c$。在极短冲击力作用下(忽略网球拍与球的碰撞时间),球出手时速度达到 V,按上述经典的合成律,此刻由球发出的光相对于地面的速度为 $c+V$,乙看到球出手的时刻比它实际时刻晚 $\Delta t'=l/(c+V)$。显然 $\Delta t'<\Delta t$,这就是说,乙先看到球出手,后看到甲即将击球。这种因果颠倒的现象在日常生活中没有现实意义,这是因为光的传播速度太快,而传播距离又太短,但如果将速度合成律运用到天文事件中,上述矛盾就会显现出来。

900 多年前,曾发生过一次强烈的超新星爆发,这次爆发被我国北宋的天文学家记载于《宋会要》中。据记载:爆发发生于 1054 年,在开始的 23 天中,这颗超新星非常明亮,白天都能在太空中看到,随后逐渐变暗,直到公元 1056 年 3 月才不能为肉眼所见,前后历时 22 个月。这次爆发形成了著名的金牛座中的"蟹状星云"。

超新星爆发时,其外围物质向四周飞散,可分为纵向(向着地球)和横向,如图 2-2 所示。设纵向速度为 V,如光线服从经典速度合成率,则 $\Delta t'=l/(c+V)$ ($V=1500\text{km/s}$,$l=5000$ 光年),而横向传播的光线到达地球的时间为 $\Delta t=l/c$,$\Delta t'$ 比 Δt 短 25 年。也就是说,我们会在 25 年内持续看到超新星爆发所发出的强光,而史书记载不到两年,计算结果与观察记录不符,这说明上面的估算有问题,光速可能并不遵守经典的速度合成律。

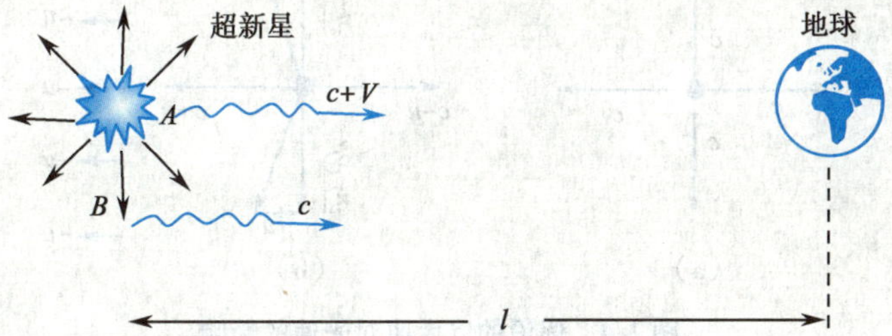

图 2-2 超新星爆发过程中的光线传播

2. **伽利略相对性原理不适用于电磁现象** 设在 K 系中静止的一刚性短棒,两端带有一对异号点电荷 $\pm Q$,与水平方向成 θ 角。两电荷间只有静电引力 f_E 和 f_E',它们沿两者连线,对棒不形成力矩,如图 2-3(a)所示。而在一相对于 K 系做速度为 u 的匀速直线运动的 K' 系观察,电荷的运动还分别在对方所在位置形成磁场 B 和 B',且与速度 u 有关,使对方电荷受到一个磁场力 f_M 和 f_M',方向如图 2-3(b)所示。这一对磁力对棒形成力矩,使棒逆时针旋转,这样一来,我们就可以在 K' 系通过观察棒是否旋转来判断 K' 系是否相对于 K 系在运动。按伽利略相对性原理,这一运动应该是无法判断的,但一旦涉及电磁现象,伽利略相对性原理就不适用了。然而,实验表明,利用电磁现象仍然无法知道上述两惯性系是否在做相对运动。

笔记

3. **迈克耳孙-莫雷实验** 根据伽利略变换,任何物体的速度对于不同惯性系的观测者来说,

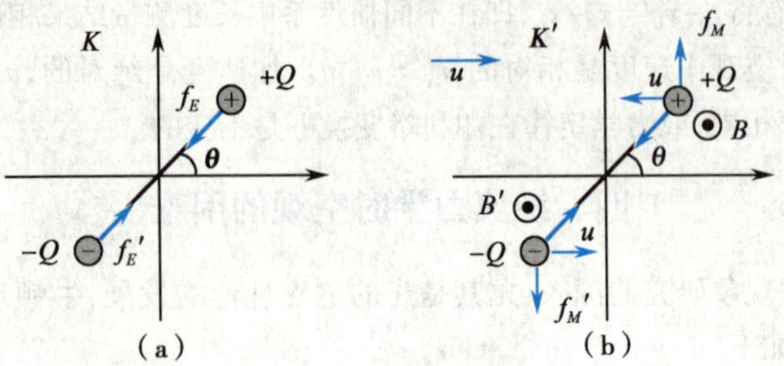

图 2-3 不同参照系中观察电磁现象

不可能是常量。那么,作为真空中光速的常量 c,到底是对哪个惯性系而言的呢?由于经典力学认为存在着绝对空间,因此人们设想在所有惯性系中必然有一个相对于绝对空间静止的绝对参考系。这个绝对空间充满着一种叫作"以太"(aether)的物质,而速度 c 就是光在这个最优惯性系"以太"中的传播速度。按照上述设想,地球在绝对空间的代表"以太"中运动,应该感觉到迎面而来的以太风。于是,不少人开始尝试用实验方法测定地球相对"以太"的运动,从而找出绝对参考系。

在充满以太的参考系中,光沿各方向的传播速度均为 c,如图 2-4(a)所示。设地球相对以太的速率为 u,则按伽利略的速度合成律,对地球参考系来说,沿前、后两方向的传播速率分别为 $c-u$ 和 $c+u$,沿左、右两方向的传播速率为 $\sqrt{c^2-u^2}$,如图 2-4(b)所示。如果有以太存在,精密的光学实验是可以测出这种差别的。迈克耳孙-莫雷试图找出这种差别,他们所用装置为迈克耳孙干涉仪(见第十章),它是迈克耳孙应用光的干涉原理设计的精密测量仪器。干涉仪放在地球上,设"以太"相对太阳静止;地球相对太阳的速度为 u。实验时,先将干涉仪一臂与地球运动方向平行,另一臂与地球运动方向垂直。由于光相对"以太"的速度是 c,根据伽利略速度变换公式(2-2),在地球参考系中光沿不同方向速度的大小并不相等,因而可以看到干涉条纹,如果将整个实验装置缓慢转过 90°后,应该发现干涉条纹的移动。若光波波长为 λ,光臂长度为 L,经计算可得条纹移动数目为

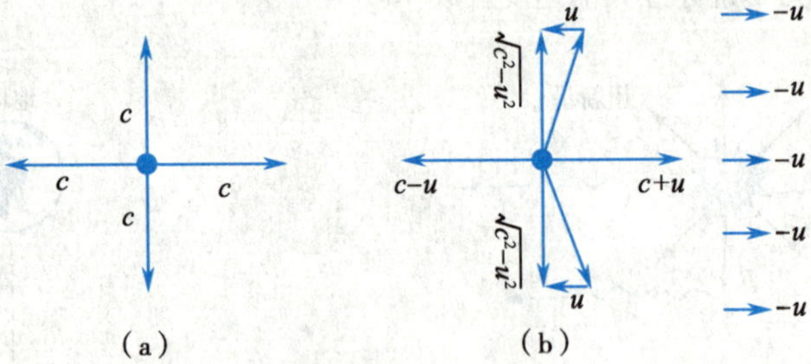

图 2-4 假设的以太风对光速的影响

$$\Delta N=\frac{2L}{\lambda}\frac{u^2}{c^2}$$

他们采用多次反射方法,使光臂的有效长度 L 增至 10m 左右,再将 $\lambda\approx500\text{nm}$,地球公转速率 $u\approx3\times10^4\text{m/s}$ 和光速 $c\approx3\times10^8\text{m/s}$ 代入上式,得到预期可观测到的条纹移动数目 $\Delta N\approx0.4$ 条。这比仪器可观测的条纹移动最小值(约 0.01 条)大得多。然而,实验的结果是否定的,他们并没有观测到条纹的移动。其后,这个实验又经迈克耳孙和莫雷以及其他很多人加以改进,并在不同条件下重复作过,都始终没有观测到条纹的移动,即没有观测到地球相对"以太"参考系的绝对运动。这一实验结果表明:①相对于"以太"的绝对运动是不存在的,"以太"并不能作为绝对参考系;②在地球上,光沿各个不同方向传播速度的大小都是相同的,它与地球的运动状态无关。

笔记

迈克耳孙-莫雷实验的结果动摇了“以太”假说，使得以静止“以太”为背景的经典力学的绝对时空观遇到了根本性的困难。

4. 运动物体的质量随速度增加 按照牛顿力学，物体的质量是常量。但 1901 年考夫曼(W. Kaufmann)在确定镭发出的 β 射线(高速运动的电子束)荷质比 e/m 的实验中首先观察到，电子的荷质比 e/m 与速度有关。他假设电子的电荷 e 不随速度而改变，则它的质量 m 就要随速度的增加而增大。这类实验后来为更多人用越来越精密的测量不断地证实，而实验本身也揭示了牛顿力学的不足。

第二节 狭义相对论的基本原理

一、狭义相对性的基本假设

在经典力学中，人们在绝对时空观的框架内，是把力学相对性原理和伽利略变换混同在一起的。由于力学相对性原理的正确性已为大量实验所证实，所以人们普遍认为伽利略变换的正确性是理所当然的。但由于经典物理遇到以上所介绍的挫折，物理学家开始寻求伽利略变换以外的新变换，这方面的工作有：1892 年，爱尔兰的菲兹哲罗和荷兰的洛仑兹提出运动长度缩短的概念。1899 年，洛仑兹提出运动物体上的时间间隔将变长，同时还提出了著名的洛仑兹变换。1904 年，法国的庞加莱提出物体质量随其速率的增加而增加，速度极限为真空中的光速。1905 年，爱因斯坦提出狭义相对论。

1905 年，爱因斯坦在其发表的“论运动物体的电动力学”论文中，肯定了相对性原理的重要地位，以新的时空观指明了替代与伽利略变换相联系的旧的时空观并指出其局限性，首次提出了下面两条狭义相对性的基本假设，作为狭义相对论的基本原理。

1. 相对性原理(relativity principle) 物理定律在所有的惯性系中都是相同的，因此所有惯性系都是等价的，不存在特殊的绝对的惯性系。

2. 光速不变原理(principle of constancy of light velocity) 在所有的惯性系中，光在真空中的传播速率具有相同的值 c。作为基本物理常数，真空中光速的定义值为 $c = 299\ 792\ 458\text{m/s}$。

第一个假设是把力学相对性原理的适用范围从力学定律推广到所有物理定律，由于牛顿第一定律可作为惯性系的定义，因此力学定律主要指牛顿第二定律。“在所有的惯性系中都是相同”是指在某一变换下物理规律的不变性。同时否定了绝对静止参考系的存在。第二个假设与迈克耳孙-莫雷实验结果以及其他有关实验结果一致，但显然与伽利略变换不相容。

满足上面两个假设而保持物理定律不变的变换是洛仑兹变换。

二、洛仑兹变换

如前所述，伽利略变换和爱因斯坦的两个基本假设是相互矛盾的。事实上，相对论的基本原理是在否定了经典的时空观，同时也否定了伽利略变换的基础上提出来的，因此在相对性原理和光速不变原理的要求下，应有新的变换来代替伽利略变换。爱因斯坦从两个基本原理出发，导出了与洛仑兹一致的变换，即**洛仑兹变换**(Lorentz transformation)，在此略去推导过程，仅对这一变换加以介绍。

在如图 2-1 所示的两个惯性系 K 和 K' 中，对同一事件的两组时空坐标 (x,y,z,t) 和 (x',y',z',t') 之间的关系，洛仑兹变换可表示为

笔 记

$$\begin{cases} x'=\gamma(x-ut) \\ y'=y \\ z'=z \\ t'=\gamma\left(t-\dfrac{u}{c^2}x\right) \end{cases} \quad 或 \quad \begin{cases} x=\gamma(x'+ut') \\ y=y' \\ z=z' \\ t=\gamma\left(t'+\dfrac{u}{c^2}x'\right) \end{cases} \tag{2-3}$$

式中，$\gamma=\dfrac{1}{\sqrt{1-u^2/c^2}}$。

由上式可见，在洛仑兹变换下，空间坐标和时间坐标是相互关联着的，这与伽利略变换有着根本的不同。然而在低速情况下，由于 $u\ll c$，$\gamma\to 1$，则洛仑兹变换将过渡到伽利略变换。这就是说，经典力学的伽利略变换是洛仑兹变换在低速情况下，即 $u\ll c$ 情况下的近似。

三、爱因斯坦速度变换

为了由洛仑兹变换求得在两个惯性系 K 和 K' 系中，观测同一质点 P 在某一瞬时速度的变换关系，首先对式(2-3)左侧的等式两边求微分，可得

$$①\mathrm{d}x'=\gamma(\mathrm{d}x-u\mathrm{d}t)；②\mathrm{d}y'=\mathrm{d}y；③\mathrm{d}z'=\mathrm{d}z；④\mathrm{d}t'=\gamma\left(\mathrm{d}t-\frac{u}{c^2}\mathrm{d}x\right)$$

将上面的①、④项相比可得

$$v_x'=\frac{\mathrm{d}x'}{\mathrm{d}t'}=\frac{\mathrm{d}x-u\mathrm{d}t}{\mathrm{d}t-\dfrac{u}{c^2}\mathrm{d}x}=\frac{v_x-u}{1-\dfrac{uv_x}{c^2}}$$

同理可得 v_y'、v_z'以及式(2-3)右侧的速度变换，即可得如下的爱因斯坦速度变换式：

$$\begin{cases} v_x'=\dfrac{v_x-u}{1-\dfrac{uv_x}{c^2}} \\ v_y'=\dfrac{v_y}{\gamma\left(1-\dfrac{uv_x}{c^2}\right)} \\ v_z'=\dfrac{v_z}{\gamma\left(1-\dfrac{uv_x}{c^2}\right)} \end{cases} \quad 或 \quad \begin{cases} v_x=\dfrac{v_x'+u}{1+\dfrac{uv_x'}{c^2}} \\ v_y=\dfrac{v_y'}{\gamma\left(1+\dfrac{uv_x'}{c^2}\right)} \\ v_z=\dfrac{v_z'}{\gamma\left(1+\dfrac{uv_x'}{c^2}\right)} \end{cases} \tag{2-4}$$

由上面速度的相对论变换式不难看出，在任何情况下，物体运动速度的大小不能大于光速 c。即在相对论范围内，光速 c 是一个极限速率。在 $u\ll c$ 的低速情况下，$\gamma\to 1$，式(2-4)过渡到伽利略速度变换式，可见经典力学是相对论在速度远小于光速时的特殊情况。

例题 2-1 设火箭 A、B 沿 x 轴方向相向运动，在地面测得它们的速度各为 $v_A=0.9c$，$v_B=-0.9c$。试求火箭 A 上的观测者测得火箭 B 的速度为多少？

解 令地球为"静止"参考系 K，火箭 A 为参考系 K'。A 沿 x、x'轴正方向以速度 $u=v_A$ 相对于 K 运动，B 相对 K 的速度为 $v_x=v_B=-0.9c$。所以在 A 上观测到火箭 B 的速度为：

$$v_x'=\frac{v_x-u}{1-\dfrac{uv_x}{c^2}}=\frac{-0.9c-0.9c}{1-\dfrac{(0.9c)(-0.9c)}{c^2}}=\frac{-1.8c}{1.81}\approx-0.994c$$

而按伽利略变换则得：$v_x'=v_x-u=-0.9c-0.9c=-1.8c$

笔记

第三节 狭义相对论的时空观

为了进一步阐述牛顿力学的时空观与爱因斯坦两个假设的矛盾，我们来看下面的例子：火车以 10^8m/s 的速度运行，甲站在火车上，乙站在站台旁，当甲离开乙的瞬时，用手中的电筒"发射"光子。光子相对于甲以 3×10^8m/s 的速度运行，按照伽利略速度合成公式，光子相对于乙的速度应为 4×10^8m/s。但这与爱因斯坦第二个假设不符。按爱因斯坦假设，乙观测到的光子运动速度也应该是 3×10^8m/s。那么，是哪一种观点错了？许多科学家的实验结果支持了爱因斯坦的观点。如果我们在这里承认爱因斯坦的假设，1s 后，光子移动到甲前 3×10^8m 处，甲移动到乙前 10^8m 处，而要使光子不在乙前 4×10^8m 处的可能性只有两种：

（1）相对于甲的 3×10^8m 距离对于乙不是 3×10^8m。

（2）对甲而言的 1s 对乙不是 1s。

以上两种可能性实际上都是正确的，但我们用经典的时空观很难去理解，这就是狭义相对论的时空观要解决的问题。

一、同时性的相对性

设 A（上海）、B（广州）两地，同时接收 C（北京）处的正点报时信号，这里会产生两个问题，①如果 A、B 两地的钟本来就是同时的，那么这两只钟是如何对准的；②C 点发出的信号能否同时到达 A、B 两地，注意报时信号是通过电磁波以 3×10^8 m/s 的速度传送的，而 C 点到 A、B 两地的距离不同。可见对准两地时钟和同时接收报时信号，不是简单的事情。爱因斯坦根据光速不变原理，提出一个异地对钟准则：设在 K 惯性系中，C 为 A、B 中点，在 C 点向 A、B 两点发出对钟光信号，A、B 收到此信号被认为是"同时"的。当然也可以由 A、B 两点向 C 点发出对钟光信号，当 C 点接收到 A、B 发来的对时光信号重合时，可断定 A、B 两钟对准了。

以上的"同时性"判断适用于一切惯性系，问题是，相同事件在某惯性系看是同时的，是否在其他惯性系看也同时？在经典物理中是同时的，但在相对论中，由于光速不变原理，此结论将不成立。为说明此点，爱因斯坦提出一理想实验：设火车相对站台以匀速 u 向右运动（图 2-5）。当列车上的 A'、B'与站台的 A、B 两点重合时，站台上同时在这两点发出闪光，并且同时传到站台上的 C 点，但列车的中点 C'先接到 A 点的闪光，后接到 B 点的闪光。即对观察者 C 来说，A 的闪光与 B 的闪光是同时的；而对观察者 C'来说，A 的闪光早于 B 的闪光。也就是说，对站台参考系同时的事件，对列车参考系不是同时的，即同时性是相对的。

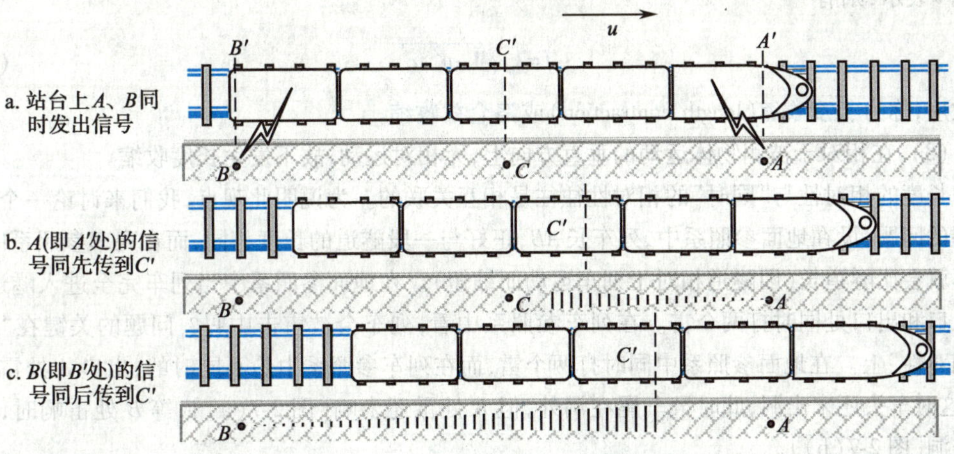

图 2-5 论证"同时"相对性的理想实验

笔记

同时的相对性这一概念用洛仑兹变换很容易证明。设在 K 系中有两个事件分别在 x_1 和 x_2 两点处在时刻 t 同时发生，根据洛仑兹变换，可得在 K'系中这两事件发生的时刻分别为

$$t_1'=\gamma\left(t-\frac{u}{c^2}x_1\right) \text{和} t_2'=\gamma\left(t-\frac{u}{c^2}x_2\right)$$

故在 K'系中测得的时间间隔为

$$\Delta t'=t_2'-t_1'=\gamma\frac{u}{c^2}(x_1-x_2) \quad (2\text{-}5)$$

式(2-5)表明：

(1) 当 $x_1\neq x_2$ 时，$t_1'\neq t_2'$，只有当 $x_1=x_2$ 时，$t_1'=t_2'$，即 K 惯性系中不同地点发生的两个“同时”事件，在 K'惯性系中“不同时”，只有在 K 惯性系中同一地点发生的同时事件，在 K'惯性系中才是同时发生的。

(2) 无论 $x_1=x_2$，还是 $x_1\neq x_2$，若 $u\ll c$，则 $t_1'\approx t_2'$均成立。

这就是**同时性的相对性**(relativity of simultaneity)。同时性的相对性否定了各个惯性系之间具有统一的时间，也否定了牛顿的绝对时空观。

二、长度的相对性

要测量一个运动物体的长度，合理的办法是同时记下物体两端的位置。设 K'系相对 K 以速度 u 沿 x 轴运动，K 系中有一根棒(图 2-6)，两端点的空间坐标为 x_1、x_2，则棒在 K 系中的长度为：$l_0=x_2-x_1$，通常棒与棒相对静止的参照系中的长度称为**固有长度**(proper length)或**静长**。在 K'系中的 t'时刻，记下棒两端的空间坐标 x_1'、x_2'，K'系中棒的长度为：$l'=x_2'-x_1'$，按洛仑兹变换，有：

$$x_1=\gamma(x_1'+ut') \qquad x_2=\gamma(x_2'+ut')$$

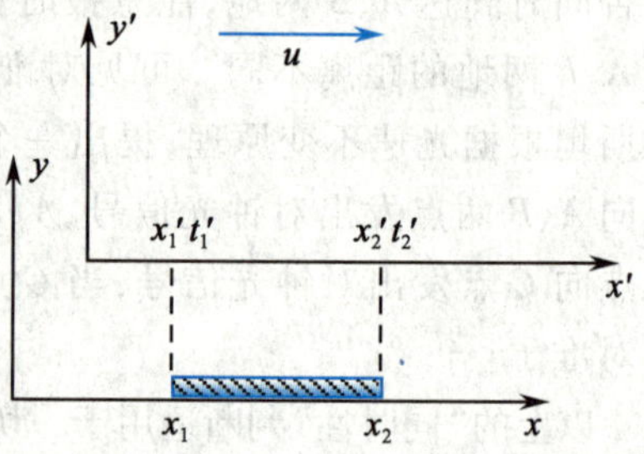

图 2-6 长度的相对性

故：$l'=x_2'-x_1'=(x_2-x_1)\sqrt{1-u^2/c^2}$，因 $l_0=x_2-x_1$，则此棒在 K'系中的长度：$l'=l_0\sqrt{1-u^2/c^2}$。反之，如棒在 K'系中静止，棒在 K'系中的长度为静长 l_0可以证明棒在 K 系中的长度为 $l=l_0\sqrt{1-u^2/c^2}$。综上所述，可以得到以下结论。

(1) 被测物体和测量者相对静止时，测得物体的长度最大，等于棒的静长 l_0。

(2) 被测物体和测量者相对运动时，测量者测得的沿其运动方向的长度变短了，如运动长度用 l 表示，则有

$$l=l_0\sqrt{1-u^2/c^2} \quad (2\text{-}6)$$

此效应，称为**长度收缩**(length contraction)或**洛仑兹收缩**。

(3) 在相对于被测物体运动的垂直方向上，无相对运动，故不发生长度收缩。

长度的相对性与“同时”的相对性往往是相互关联的。为说明此观点，我们来讨论一个比较极端的问题：设在地面参照系中，列车长 AB，正好与一段隧道的长度相同，而在列车参照系中看，列车就会比隧道长(因隧道相对于列车运动而缩短)。在地面参照系中当列车完全进入隧道时，在入口和出口处同时打两个雷。在列车参照系中看，列车会被雷击中吗？问题的关键在“同时的相对性”上。在地面参照系中同时打两个雷，而在列车参照系中是不同时的，出口 A 处雷击在先，这时车头还未出洞，此时虽车尾在洞外，但 B 处雷还未响[图 2-7(a)]，等 B 处雷响时，车尾已进洞[图 2-7(b)]。

笔记

应当指出，长度收缩效应并不是由于运动引起物质之间的相互作用而产生的实质性收缩，

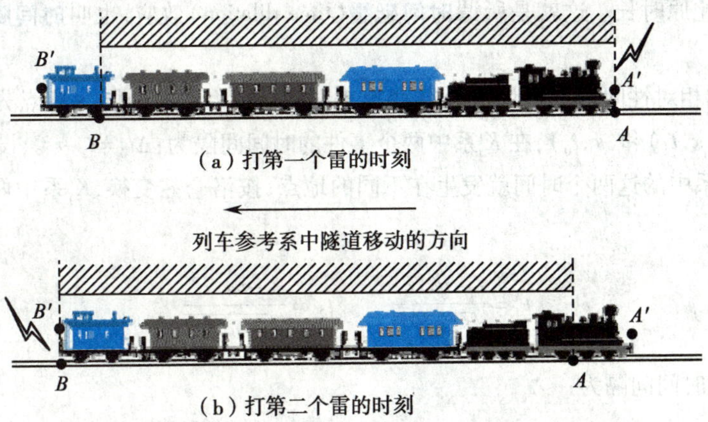

图 2-7 隧道中的列车能否避免雷击

而是一种相对性的时空属性。若将两个同样的棒分别静止置于 K 和 K' 系中，则两个参考系中的观测者都将看到对方参考系中的棒缩短了。

三、时间的相对性

既然“同时”这一概念在不同的惯性参考系中是相对的，那么，两个事件的时间间隔或某一过程的持续时间是否也与参考系有关呢？

设参考系 K' 相对参考系 K 以恒定速度 u 沿 x 轴正向运动，且 $t=0$ 时两坐标系重合，K' 系中有一闪光源 A'，它近旁有一只钟 C'，其上方有一反射镜 M'[图 2-8(a)]。光从 A' 发出再经 M' 反射后返回 A'，钟 C' 所走过时间为：$\Delta t'=2d/c$。在 K 系中测量，由于 K' 系相对于 K 系运动，光线由发射到接收所走的路线为一条折线，光线的发射和接收这两个事件并不发生在 K 系中的同一地点。如图 2-8b 所示，以 Δt 表示 K 系中测得闪光由 A 点发出返回到 A' 所经过时间，在此时间内 A' 沿 x 方向移动的距离 $u\Delta t$，K 系中测量光线走过斜线的长度为：$l=\sqrt{d^2+\left(\frac{u\Delta t}{2}\right)^2}$，由于光速不变，所以：$\Delta t=\frac{2l}{c}=\frac{2}{c}\sqrt{d^2+\left(\frac{u\Delta t}{2}\right)^2}$，由上式可以解出

$$\Delta t=\frac{2d/c}{\sqrt{1-u^2/c^2}} \quad 即 \quad \Delta t=\gamma\Delta t'$$

上式中 $\Delta t'$ 是在 K' 系中同一地点的两个事件之间的时间间隔，是静止于此参照系中的一只钟测出的，称为**固有时**(proper time)或**原时**。由于上式中 $\sqrt{1-u^2/c^2}<1$，故 $\Delta t'<\Delta t$，即原时最短。K 系中的 Δt 是不同地点的两个时间之间的时间间隔，是用静止于此参照系中的两只钟测出的，

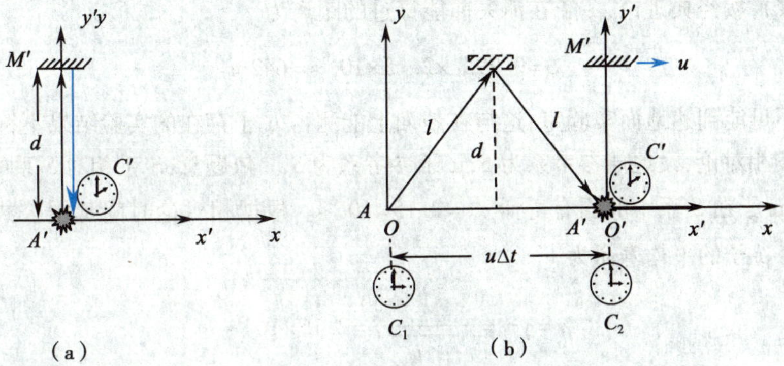

图 2-8 时间与参考系的关系

笔记

称为**两地时**,它比原时长。这就是所谓**时间延缓**(time dilation)效应,也叫**时间膨胀**或说**运动时钟变慢**。

时间间隔的相对性问题也可用洛仑兹变换来讨论:在 K 系中的同一地点先后发生两个事件,时空坐标为 (x,t_1) 和 (x,t_0),在 K 系中两个事件的时间间隔为: $\Delta t_0=t_2-t_1$。设 K' 系与 K 系间有相对运动,K' 系中的这两个时间就发生在不同的地点,按洛仑兹变换,K' 系中两个事件发生的时刻为

$$t_1'=\frac{t_1-ux/c^2}{\sqrt{1-u^2/c^2}} \qquad t_2'=\frac{t_2-ux/c^2}{\sqrt{1-u^2/c^2}}$$

K' 系中两事件的时间间隔为:

$$\Delta t=t_2'-t_1'=\frac{t_2-t_1}{\sqrt{1-u^2/c^2}} \qquad \text{即}:\Delta t'=\frac{\Delta t_0}{\sqrt{1-u^2/c^2}}$$

反之,在 K' 系同一地点先后发生两个事件在 K 系中的时间间隔:

$$\Delta t=\frac{\Delta t_0}{\sqrt{1-u^2/c^2}}$$

综上所述,可以得到下述结论:

(1) 在相对于先后发生两个事件的同一地点静止的参考系中所测得的这两个事件所经历的时间间隔是最短的,这一时间称为原时,可用 τ_0 来表示。

(2) 在相对于先后发生两个事件的地点运动的参考系中所测得的这两个事件所经历的时间间隔将会延长,如果延长的时间间隔用 τ 来表示,则

$$\tau=\frac{\tau_0}{\sqrt{1-u^2/c^2}}=\gamma\tau_0 \tag{2-7}$$

(3) 若在 K' 系和 K 系两件事件都发生在不同地点,式(2-7)不能满足,应该用洛仑兹变换直接求解。

时间延缓效应来源于光速不变原理,它是时空的一种属性,并不涉及时钟内部的机械原因和原子内部的任何过程。

例题 2-2 μ 子是在宇宙射线中发现的一种不稳定的粒子,它会自发地衰变为一个电子和两个中微子。对 μ 子静止的参考系而言,它自发衰变的平均寿命为 2.15×10^{-6}s。我们假设来自太空的宇宙射线,在离地面 6000m 的高空所产生的 μ 子,以相对于地球 $0.995c$ 的速率由高空垂直向地面飞来,试问在地面上的实验室中能否测得 μ 子的存在。

解 (1) 按经典理论,μ 子在消失前能穿过的距离为

$$L=0.995c\times2.15\times10^{-6}\text{s}=642\text{m}$$

所以 μ 子不可能到达地面实验室,这与在地面上能测得 μ 子存在的实验结果不符。

(2) 按相对论,设地球参考系为 S,μ 子参考系为 S'。依题意,S' 系相对 S 系的运动速率 $u=0.995c$,μ 子在 S' 系中的固有寿命 $\tau_0=2.15\times10^{-6}$s。根据相对论时间延缓公式(2-6),在地球上观察 μ 子的平均寿命为

$$\tau=\gamma\tau_0=\frac{1}{\sqrt{1-\frac{u^2}{c^2}}}\tau_0=2.15\times10^{-5}\text{s}$$

笔记

μ 子在时间 τ 内的平均飞行距离为

$$L=u\tau=0.995c\times 2.15\times 10^{-5}=6.42\times 10^{3}\text{m}$$

这一距离大于6000m,所以 μ 子在衰变前可以到达地面,因而实验结果验证了相对论理论的正确。

上述结果也可以采用另外解法得到。在 μ 子不动的 S' 系中,地球朝 μ 子运动速率为 $u=0.995c$。在 μ 子寿命 τ_0 时间内,地球运动距离为

$$L'=u\tau_0=0.995c\times 2.15\times 10^{-6}=6.42\times 10^{2}\text{m}$$

这已经考虑了相对论长度收缩效应,变换到地球参考系,这段距离的固有长度为

$$L_0=\gamma L'=\frac{1}{\sqrt{1-\frac{u^2}{c^2}}}\cdot L'=6.42\times 10^{3}\text{m}$$

四、相对性与绝对性

按照辩证唯物主义的世界观,时间、空间和物质运动是不可分割的,物质运动的表达,时间、空间的度量的确存在着相对性的一面,这些都是客观的规律。但从物质的相互影响、事件的因果关系,位置的邻近次序来看,物质运动的时空还存在着绝对性的一面。

1. **“时空间隔”的绝对性** 设 A、B 两个事件在 K、K' 的时空坐标分别为:(x_1,y_1,z_1,t_1),(x_2,y_2,z_2,t_2) 和 (x_1',y_1',z_1',t_1'),(x_2',y_2',z_2',t_2'),则定义两事件在 K、K' 系的时空间隔为

$$S=\sqrt{(x_2-x_1)^2+(y_2-y_1)^2+(z_2-z_1)^2-c^2(t_2-t_1)^2}$$

$$S'=\sqrt{(x_2'-x_1')^2+(y_2'-y_1')^2+(z_2'-z_1')^2-c^2(t_2'-t_1')^2}$$

将 K 系参量做洛仑兹变换代入

$$S=\left[\left(\frac{x_2'+ut_2'}{\sqrt{1-u^2/c^2}}-\frac{z_1'+ut_1'}{\sqrt{1-u^2/c^2}}\right)^2+(y_2'-y_1')^2+(z_2'-z_1')^2-c^2\left(\frac{t_2'-ux_2'/c^2}{\sqrt{1-u^2/c^2}}-\frac{t_1'+ux_1'/c^2}{\sqrt{1-u^2/c^2}}\right)^2\right]^{\frac{1}{2}}$$

$$=\sqrt{(x_2'-x_1')^2+(y_2'-y_1')^2+(z_2'-z_1')^2-c^3(t_2'-t_1')^3}=S'$$

从变换结果可知:$S=S'$,即两个事件之间的时空间隔 S 在所有惯性系中都相同,也就是说**时空间隔是绝对的**。时空间隔中的时空参量不是完全等同的,空间位置可取任意正负值,而时间则一去不复返。因而,在时空间隔中,时间项前取负值。

2. **因果事件时序的绝对性** 在相对论中,同时的概念和时间的顺序都是和参考系有关的,在不同的参考系中,两个事件发生的时序是有可能颠倒的。问题是,如果两个事件是相关联的,如第一个事件是导致第二个事件的原因,例如,美国发射导弹,伊拉克被击中,这里存在着因果关系,如因果关系颠倒,就太荒谬了。下面通过一个具体的例子来进一步阐述在相对论中是否会发生违背因果律的现象。

设有两辆列车相向而行,相对站台的速度分别为 $\boldsymbol{V}$、$-\boldsymbol{V}$,如图 2-9 所示,站台上 A、B 两点正好和两列车中的 A'、B' 两点和 A''、B'' 两点重合,这时从 A、B 两点同时发出闪光,按照上面同时的相对性那一节中的分析,位于图 2-9 中上方列车中点 C' 观察者先接收到来自 A 的闪光,后接收到来自 B 的闪光,于是 C' 观察者认为 A 的闪光先于 B,而位于下方列车中点 C'' 观察者先接收到来自 B 的闪光,后接收到来自 A 的闪光,于是 C'' 观察者认为 B 的闪光先于 A。如果从 A、B 两点同时发出的不是一般的闪光,而是两个人相互枪击发出的火光,则关于谁先开枪的问题,C' 和 C'' 两目击者将得到相反的结果?

笔记

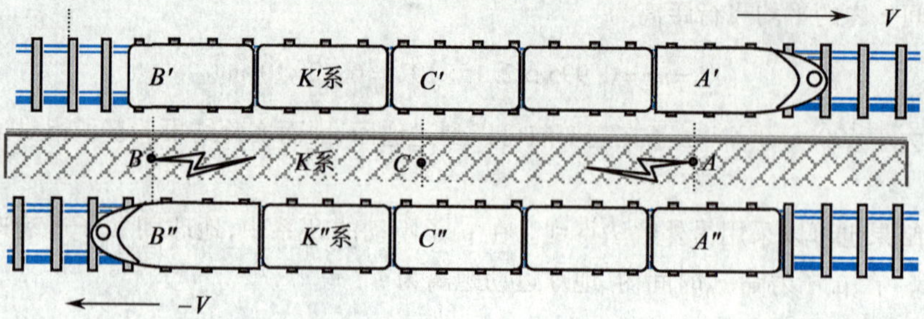

图 2-9 不同参考系中观察两事件的时序

还好事情没那么严重，我们可以用洛仑兹变换来直接证明因果事件的时序是不会颠倒的。

设在 K'系中 B 事件是由 A 事件引起，如在 K'系中 A 事件是 t_1'时刻在 x_1'处开枪，B 事件是 t_2'时刻在 x_2'处子弹中靶。按洛仑兹变换，K 系中 A、B 两事件发生的时刻分别为

$$t_1=\frac{t_1'+ux_1'/c^2}{\sqrt{1-u^2/c^2}} \qquad t_2=\frac{t_2'+ux_2'/c^2}{\sqrt{1-u^2/c^2}}$$

则在 K 系中，中靶事件与开枪事件的时间间隔为

$$t_2-t_1=\frac{(t_2'-t_1')}{\sqrt{1-u^2/c^2}}\left(1+\frac{u}{c^2}\cdot\frac{x_2'+x_1'}{t_2'-t_1'}\right)$$

由于上式中$\frac{x_2'+x_1'}{t_2'-t_1'}$是子弹在 K'系中的飞行速度 v_x'，而 v_x'和 u 的绝对值都必须小于光速 c，在 K'系中开枪事件在先，中靶事件在后，即 $t_2'-t_1'>0$，不论 $x_2'-x_1'$数值是正或是负，恒有 $t_2>t_1$。上述结果表明，对于有因果关系的两个事件，它们发生的时间顺序，在任何参考系中观察，其时序都不会颠倒，即因果事件的时序是绝对的。

第四节 相对论动力学

在上节的讨论中，我们知道相对论对经典力学的时空观进行了根本性的变革，因而在相对论动力学中，经典力学的一系列物理概念如能量、动量、质量等守恒量，及与守恒量传递相联系的物理量如力、功等，在相对论中面临重新定义和重新改造的问题。如何定义和改造？爱因斯坦提出了如下原则：

（1）必须满足相对性原理，即它在洛仑兹变换下是不变的。

（2）满足对应性原理，即当 $u\ll c$ 时，新定义的物理量必须趋同于经典物理中的对应量。

（3）尽量保持基本守恒定律继续成立。

一、质量和动量

在经典力学中，物体的动量定义为其质量与速度的乘积，即 $\boldsymbol{p}=m\boldsymbol{v}$，这里质量 m 是不随物体运动状态而改变的恒量。在狭义相对论中，如果动量仍然保留上述经典力学中的定义，则计算表明，动量守恒定律在洛仑兹变换下就不能对一切惯性系都成立。相对论理论和观察实验都证明了运动物体的质量并不是恒量，它满足下面的关系，即

笔记

$$m=\frac{m_0}{\sqrt{1-\frac{v^2}{c^2}}}=\gamma m_0 \qquad (2\text{-}8)$$

式(2-8)中,v 为物体运动的速度,m_0 为物体在相对静止的参考系中的质量,称为**静质量**(rest mass),m 为相对观测者速度为 v 时的质量,也称为**相对论性质量**(relativistic mass),简称**质量**。

物体运动时的质量公式(2-8),早在狭义相对论形成前就已经被发现了。1901 年考夫曼曾用不同速度的电子,观察电子在磁场作用下的偏转,从而测定电子的质量,在实验中发现电子质量随速度的增大而增大(图 2-10),此结果非常符合式(2-8),后来又为其他大量实验所证实。这一关系式表明,在经典力学中认为绝对不变的又一基本物理量——质量,在相对论中也与长度、时间一样和物体对观测者的相对运动有关。因而,这一质量与速度的关系式,深刻地揭示了物质和运动的不可分割性。

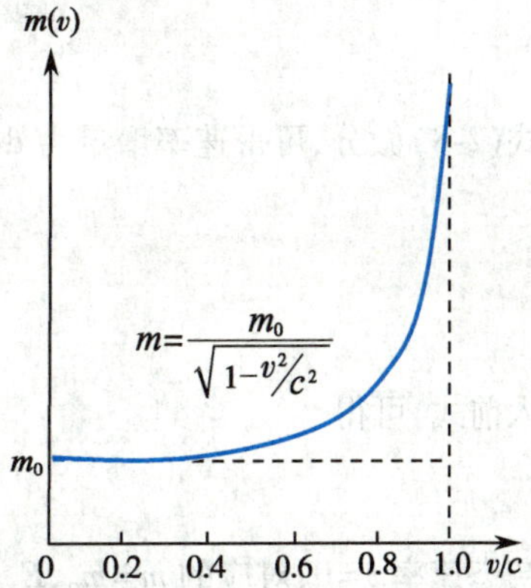

图 2-10　运动粒子的质量随速度变化

由式(2-8)可知,当 $v \ll c$ 时,$m \approx m_0$,物体的质量可以认为是不变的,这就是经典力学所讨论的情况。对一般物体,$m_0>0$,v 越大,m 就越大,当 $v \to c$ 时,$m \to \infty$,这是没有实际意义的。由此可见,对于一般静质量不为零的物体,其速度不可能达到或大于光速。某些粒子如光子、中微子,其速度等于光速,它的静止质量就必须等于零。

在相对论中,采用式(2-8),动量 $\boldsymbol{p}$ 定义为

$$\boldsymbol{p}=m\boldsymbol{v}=\frac{m_0\boldsymbol{v}}{\sqrt{1-\frac{v^2}{c^2}}}=\gamma m_0\boldsymbol{v} \tag{2-9}$$

可以证明,新的动量定义式(2-9)满足爱因斯坦相对性原理。此外,不难看出当 $v \ll c$ 时,可以认为 $m=m_0=$恒量,这时相对论动量表达式及动量守恒定律就还原为经典力学中的形式。

二、力 和 动 能

在经典力学中,质量 m 是恒量,故由牛顿第二定律

$$\boldsymbol{f}=m\boldsymbol{a}=m\frac{\mathrm{d}\boldsymbol{v}}{\mathrm{d}t}$$

可得作用在物体上的力为

$$\boldsymbol{f}=\frac{\mathrm{d}(m\boldsymbol{v})}{\mathrm{d}t}=\frac{\mathrm{d}\boldsymbol{p}}{\mathrm{d}t} \tag{2-10}$$

在相对论中,牛顿第二定律 $\boldsymbol{f}=m\boldsymbol{a}$ 的形式不再成立,但满足动量守恒定律的式(2-10)仍然成立,只是其中 $\boldsymbol{p}$ 应取相对论动量,即

$$\boldsymbol{f}=\frac{\mathrm{d}\boldsymbol{p}}{\mathrm{d}t}=\frac{\mathrm{d}}{\mathrm{d}t}(m\boldsymbol{v})=m\frac{\mathrm{d}\boldsymbol{v}}{\mathrm{d}t}+\boldsymbol{v}\frac{\mathrm{d}m}{\mathrm{d}t} \tag{2-11}$$

上式就是**相对论动力学基本方程**,可以证明它满足相对性原理,且 $v \ll c$ 时,$\frac{\mathrm{d}m}{\mathrm{d}t}=0$,该方程还原为经典的牛顿第二定律。

在相对论中,假定功能关系仍具有经典力学中的形式,动能定理仍然成立。因此,物体动能的增量等于外力对它所做的功,即

$$\begin{aligned}\mathrm{d}E_k &=\boldsymbol{f}\cdot\mathrm{d}\boldsymbol{s}=\frac{\mathrm{d}\boldsymbol{p}}{\mathrm{d}t}\cdot\mathrm{d}\boldsymbol{s}=\mathrm{d}(m\boldsymbol{v})\cdot\boldsymbol{v}\\ &=(v\,\mathrm{d}m+m\mathrm{d}v)\cdot v\end{aligned}$$

笔 记

$$=v\cdot v\mathrm{d}m+mv\cdot \mathrm{d}v$$

由于 $v\cdot v=v^2$，$v\cdot \mathrm{d}v=\frac{1}{2}\mathrm{d}(v\cdot v)=\frac{1}{2}\mathrm{d}v^2=v\mathrm{d}v$，所以

$$\mathrm{d}E_k=v^2\mathrm{d}m+mv\mathrm{d}v$$

将式(2-8)微分，可得速率增量为 $\mathrm{d}v$ 时的质量增量

$$\mathrm{d}m=\frac{m_0v\mathrm{d}v}{c^2\left(1-\frac{v^2}{c^2}\right)^{3/2}}=\frac{mv\mathrm{d}v}{c^2-v^2}$$

代入前式，可得

$$\mathrm{d}E_k=c^2\mathrm{d}m$$

取初态速率 $v=0$，对应的 $m=m_0$，$E_k=0$，将上式积分得

$$\int_0^{E_k}\mathrm{d}E_k=\int_{m_0}^{m}c^2\mathrm{d}m$$

$$E_k=mc^2-m_0c^2 \tag{2-12}$$

这就是相对论中的动能公式，它与经典力学中动能 $E_k=\frac{1}{2}mv^2$ 在形式有很大的不同。然而，在 $v\ll c$ 的极限情况下，由于

$$m=\frac{m_0}{\sqrt{1-\frac{v^2}{c^2}}}=m_0\left(1+\frac{1}{2}\frac{v^2}{c^2}+\frac{3}{8}\frac{v^4}{c^4}+\cdots\right)$$

代入式(2-12)，略去高次项，即可得

$$E_k\approx\frac{1}{2}m_0v^2$$

即经典力学的动能表达式是其相对论表达式的低速近似。对于高速情况，上面展开式中高次项不能忽略。

例题 2-3 一粒子的静止质量为：$1/3\times10^{-26}$ kg，以速率 $3c/5$ 垂直进入水泥墙。墙厚 50cm，粒子从墙的另一面穿出时的速率减少为 $5c/13$，求：(1) 粒子受到墙的平均阻力。(2) 粒子穿过墙所需的时间。

解 由题意可知

$$m_0=\frac{1}{3}\times10^{-26}\text{kg},v_1=\frac{3}{5}c,d=0.5\text{m},v_2=\frac{5}{13}c$$

(1) 设 $\overline{F}$ 为平均阻力，由功能定理

$$W=\overline{F}d=E_2-E_1=\frac{m_0c^2}{\sqrt{1-(v_2^2/c^2)}}-\frac{m_0c^2}{\sqrt{1-(v_1^2/c^2)}}$$

解得平均阻力为

$$\overline{F}=\frac{m_0c^2}{d}\left(\frac{1}{\sqrt{1-(v_2^2/c^2)}}-\frac{1}{\sqrt{1-(v_1^2/c^2)}}\right)=-10^{-10}\text{N}$$

$$\overline{F}\cdot\Delta t=m_2v_2-m_1v_1$$

笔记

（2）由动量定理

解得粒子穿过墙所需的时间

$$\Delta t=\frac{m_2v_2-m_1v_1}{\overline{F}}=\frac{\frac{13}{12}m_0\times\frac{5}{13}c-\frac{5}{4}m_0\times\frac{3}{5}c}{-10^{-10}}=\frac{1}{3}\times10^{-8}\,\text{s}$$

三、能量、质能关系

爱因斯坦将式(2-12)中出现的 m_0c^2 项，解释为物体静止时具有的能量，称为**静能**(rest energy)，用 E_0 表示，即

$$E_0=m_0c^2 \tag{2-13}$$

式(2-12)中的 mc^2 项在数值上等于物体动能 E_k 和静能 E_0 之和，爱因斯坦称之为物体的总能量，用 E 表示，即

$$E=mc^2=\frac{m_0c^2}{\sqrt{1-\frac{v^2}{c^2}}}=\gamma m_0c^2 \tag{2-14}$$

这就是著名的**质能关系**(mass-energy relation)，这一关系的重要意义在于它把物体的质量和能量不可分割地联系起来了。这就是说，一定的质量对应于一定的能量，两者在数值上只差一个恒定的因子 c^2。

由式(2-14)可知，如果一物体的质量发生 Δm 的变化，物体的能量就一定有相应的变化，即

$$\Delta E=\Delta(mc^2)=c^2\Delta m \tag{2-15}$$

反过来，如果物体的能量发生变化，那么它的质量也一定发生相应的变化。式(2-15)还表明，对于由若干相互作用的物体构成的系统，若其总能量守恒，则其总质量必然守恒。可见，相对论质能关系将能量守恒和质量守恒这两条原来相互独立的自然规律完全统一起来了。值得注意的是，这里所说的质量守恒，指的是相对论性质量守恒，其静质量并不一定守恒。而在相对论以前，所谓的质量守恒，实际上只涉及静质量，因此它只是相对论质量守恒在动能变化很小时的近似。

相对论推出的质能关系式的重大意义还在于，它为开创原子能时代提供了理论基础。在这一理论指导下，人类已成功地实现了核能的释放和利用，这是相对论质能关系一个重要的实验验证，也是质能关系的重大应用之一。实验表明，原子核的静质量总是小于组成该原子核的所有核子的静质量之和，其差额称为原子核的**质量亏损**(mass defect)，用 B 表示，与此相应的静能 Bc^2，称为原子核的**结合能**(binding energy)，用 E_B 表示，这即是平时俗称的**原子能**。

例题 2-4 试求由一个质子(静质量 1.672623×10^{-27}kg)和一个中子(静质量 1.674929×10^{-27}kg)结合成一个氘核(静质量 3.343586×10^{-27}kg)的结合能，并计算聚合成 1kg 氘核所释放出来的能量。

解 一个质子和一个中子结合成一个氘核时，其质量亏损为

$$\begin{aligned}B&=(m_{op}+m_{on})-m_{od}=[(1.672623+1.674929)-3.343586]\times10^{-27}\,\text{kg}\\&=3.966\times10^{-30}\,\text{kg}\end{aligned}$$

笔记

所以氘核的结合能为

$$E_B = Bc^2 = 3.966 \times 10^{-30} \times 8.9876 \times 10^{16}\,\text{J} = 3.564 \times 10^{-13}\,\text{J}$$

因此，聚合成1kg氘核所能释放出来的能量约为

$$\Delta E = \frac{E_B}{m_{od}} = \frac{3.56 \times 10^{-13}}{3.34 \times 10^{-27}} = 1.07 \times 10^{14}\,\text{J/kg}$$

这一数值相当于每千克汽油燃烧时所放出热量 $4.6 \times 10^7\,\text{J/kg}$ 的230万倍。

四、能量和动量的关系

根据相对论能量和动量的定义式：

$$E = \frac{m_0 c^2}{\sqrt{1-\frac{v^2}{c^2}}}, p = \frac{m_0 v}{\sqrt{1-\frac{v^2}{c^2}}}$$

可以得到

$$\left(\frac{E}{c}\right)^2 - p^2 = \frac{m_0{}^2 c^2}{1-\frac{v^2}{c^2}} - \frac{m_0{}^2 v^2}{1-\frac{v^2}{c^2}} = m_0{}^2 c^2$$

改写后，有

$$E^2 = m_0{}^2 c^4 + p^2 c^2 = E_0{}^2 + p^2 c^2 \tag{2-16}$$

这就是相对论中能量和动量的关系式。将这一关系式应用于光子，因光子静质量 $m_0 = 0$，可得到光子的能量和动量的关系为

$$E = pc \tag{2-17}$$

又由光子的能量 $E = h\nu$，可得光子的动量

$$p = \frac{E}{c} = \frac{h\nu}{c} = \frac{h}{\lambda} \tag{2-18}$$

根据质能关系，可得光子的质量

$$m = \frac{E}{c^2} = \frac{h\nu}{c^2} \tag{2-19}$$

可见，光子不仅具有能量，而且具有动量和质量。因而，相对论揭示了光子的粒子性。

第五节 广义相对论简介

根据狭义相对论的相对性原理，我们知道物理定律在所有惯性系中都是相同的。然而，狭义相对论并没有说明若采用非惯性参考系，物理定律又将如何的问题。为此，爱因斯坦由非惯性系入手，研究了物质在空间和时间中如何进行引力相互作用的理论，经过了10年的艰苦努力，终于在1915年又创立了广义相对论。本节只简单介绍广义相对论中的**等效原理**（equivalence principle）和**广义相对性原理**（principle if general relativity），这两个原理是广义相对论的基础。

笔记

一、等效原理

根据牛顿定律和万有引力定律，可知一个受引力场唯一影响下的物体，其加速度是和物体的质量无关的。例如，当某物体在地球表面的均匀引力场中自由落下时，根据万有引力定律，作用在物体上的引力大小是 $G_0\dfrac{m'M_e'}{R_e^{\ 2}}$，方向向下。由牛顿第二定律 $\boldsymbol{f}=m\boldsymbol{a}$，可知

$$ma=G_0\frac{m'M_e'}{R_e^2}$$

上式中，与动力学方程相联系的质量 m 称为惯性质量；与万有引力定律相联系的质量 m' 称为引力质量；M_e' 和 R_e 表示地球的引力质量和半径。由上式可得

$$a=\frac{m'}{m}G_0\frac{M_e'}{R_e^{\ 2}}$$

实验表明，在同一引力强度 $G_0\dfrac{M_e'}{R_e^{\ 2}}$ 作用下，所有物体，不论其大小和材料性质如何，都以相同的加速度 $a=g$ 下落，因而引力质量与惯性质量之比 m'/m 对于一切物体而言也必然是一样的。适当选取单位，可使 $m=m'$。这就是说，物体的引力质量和它的惯性质量相等。

下面，让我们考察一下具有加速度的非惯性参考系中的情况。设有一个密封舱在远离任何物体的太空中，并相对于某惯性系以加速度 $\boldsymbol{a}$ 被均匀地加速，如图 2-11(a)所示。密封舱中的观测者在舱内的实验中会发现，舱内一切物体都会以大小相同的加速度 $-a$ 自由“下落”。若他的质量为 M，当他站在弹簧磅秤上时，磅秤就会显示其大小为 Ma 的“重量”读数。这样，密封舱中的观测者根据牛顿第二定律，会认为舱内任何质量为 m 的物体都要受到一个大小为 ma 的向“下”的力的作用。这种由于非惯性系以加速度运动而引起的，物体在非惯性系中所受到的附加的力 $\boldsymbol{f}_i=-m\boldsymbol{a}$，称为惯性力(inertial force)。惯性力并非物体间相互作用的力，它是在非惯性系中产生的效应。从惯性系来看，既无施力者，也无反作用力，而完全是惯性的一种表现。

惯性力正比于惯性质量，引力正比于引力质量，这两种质量又严格相等，因而两种力的效应具有同样的性质，它们引起的加速度都与物体的性质无关。换句话说，它们对物体的影响应该

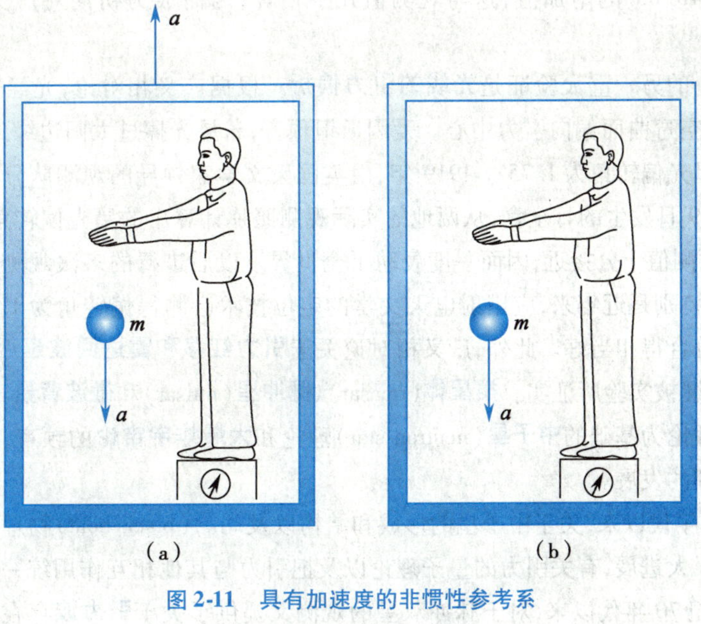

图 2-11　具有加速度的非惯性参考系

笔 记

是不可区分的。实际上，在此密封舱中，观测者的任何力学实验都不能区分他的舱是在太空中加速飞行呢，还是静止(或匀速运动)于 $g=a$ 的均匀引力场里[图 2-11(b)]，这就是引力场和加速参考系的等效性。爱因斯坦进一步推论，这种等效性不仅适用于力学，而且适用于全部物理学。也就是说，任何物理实验，包括力学的、电磁学的和其他的物理实验，都不能区分密封舱是引力场中的惯性系，还是不受引力的加速系。或者说，**一个均匀的引力场与一个匀加速参考系完全等价，这就是通常所说的等效原理**。

二、广义相对性原理

根据等效原理，即由引力场和加速参考系的等价性，很容易推知，若考虑等效的引力存在，则一个作加速运动的非惯性系就可以与一个有引力场作用的惯性系等效。据此，爱因斯坦又把狭义相对论中的相对性原理由惯性系推广到一切惯性的和非惯性的参考系。他指出，**所有参考系都是等价的**，即**无论是对惯性系或是非惯性系，物理定律的表达形式都是相同的**。这一原理称为**广义相对性原理**。

等效原理、广义相对性原理是爱因斯坦提出的广义相对论的基本原理。在此基础上，爱因斯坦采用了**黎曼几何**(Rimann geometry)来描述具有引力场的时间和空间，把引力同时空的几何性质联系起来，进一步揭示了物质、引力场和时空的紧密相关性。广义相对论建立了全新的引力理论，写出了正确的引力场方程，进而精确地解释了水星近日点的反常进动，预言了光线的引力偏折、引力红移和引力辐射等一系列新的效应，并对宇宙结构进行了开创性的研究。

三、广义相对论的检验

广义相对论建立后，由它推出的一些理论预测已相继得到了一系列实验和天文观测的验证。首先，它成功地解释了令人困扰多年的水星近日点的进动问题。按照牛顿的引力理论，在太阳引力作用下，水星将围绕太阳作封闭的椭圆运动。但实际观测表明，水星的轨道并不是严格的椭圆，而是每转一圈它的长轴略有转动，称为水星近日点的进动。对此，牛顿力学虽能以其他行星的影响作出解释，但仍有每百年 43.11″的进动值使得牛顿的引力理论无法解释。爱因斯坦按广义相对论，考虑到时空弯曲引起的修正，得出水星近日点的进动应有每百年 43.03″的附加值，这与观测值几乎相等，因而成为初期对广义相对论的有力验证之一。

广义相对论的另一重大验证是**光线的引力偏折**。根据广义相对论，光经过引力中心附近时，将会由于时空弯曲而偏向引力中心。爱因斯坦预言，若星光擦过太阳边缘到达地球，则太阳引力场造成的星光偏转角为 1.75″。1919 年，由英国天文学家领导的观测队分别从西非和巴西观测当年 5 月 29 日发生的日全食，从两地的实际观测照片计算出的星光偏转角分别为 1.61″和 1.98″，与理论预测值十分接近，因而一度轰动了全世界。以后进行的多次观测都证实了爱因斯坦理论的正确，特别是近年来，应用射电天文学的定位技术已测得偏转角为 1.76″，这与广义相对论的理论值符合得相当好。此外，广义相对论关于**引力红移和雷达回波延迟**的预言，也于 20 世纪 60 年代相继被实验所证实。**类星体**(quasar)、**脉冲星**(pulsar)和**微波背景辐射**的发现，不仅证实了以这个理论为基础的**中子星**(neutron star)理论和**大爆炸宇宙论**的预言，而且大大促进了相对论天体物理的发展。

20 世纪 60 年代以来，关于中子星的形成和结构以及**黑洞**(black hole)物理和黑洞探测方面的研究取得了很大进展，有关引力的量子理论以及把引力与其他相互作用统一起来的研究也极为活跃。20 世纪 70 年代以来，对于脉冲双星的观测又提供了关于**引力波**存在的证据。这些新

笔记

发现和新成果，不仅丰富了对广义相对论理论基础的认识，开拓了广义相对论广阔的应用前景，同时也揭示了广义相对论本身还不能完满解决的一些重大疑难问题，为人类探索引力相互作用以及时间、空间和宇宙奥秘提出了新的课题。

拓展阅读

孪生子佯谬

关于时间的相对性问题，历史上曾经引发过一次叫作“孪生子佯谬”的讨论。甲、乙两孪生兄弟，甲留在地球，乙坐飞船旅行，在甲看，时间在飞船上流逝的比地球上慢，故乙比甲年轻；在乙看，时间在地球上流逝的比飞船上慢，故甲比乙年轻。到底谁年轻？从表面上看来，孪生子扮演着对称的角色，而实际上“飞船”和“地球”这两个参考系此时是不对称的。地球可以看作是惯性系，飞船在匀速飞行过程中也可以看作是惯性系，但飞船往返必有一段变速的过程，即必有加速度。所以飞船在“调头”过程中就不再是一个惯性系，这就超出了狭义相对论的理论范围，需要应用广义相对论来讨论。

广义相对论证明，在非惯性系中时间流逝的慢，故乙比甲年轻。1971 年，美国马里兰大学的研究小组将原子钟带上飞机进行实验，发现飞机上的钟比地面上的钟慢 59ns，与理论符合到 1%。

习题

1. 一原子核相对于实验室以 $0.6c$ 运动，在运动方向上发射一电子，电子相对于核的速度是 $0.8c$；又在相反方向发射一光子。求：(1) 实验室中电子的速度；(2) 实验室中光子的速度。

2. 地球绕太阳轨道速度为 3×10^4 m/s，地球直径为 1.27×10^7 m，计算相对论长度收缩效应引起的地球直径在运动方向的减少量。

3. 一根米尺静止在 S' 系中，与 $O'x'$ 轴成 30°角。如果在 S 系中测得该米尺与 Ox 轴成 45°角，求：(1) S 系中测得的米尺长度是多少？(2) S' 系相对于 S 的速度 u 是多少？

4. 地面观测者测定某火箭通过地面上相距 120km 的两城市花了 5.0×10^{-4} s，问由火箭观测者测定的两城市空间距离和飞越时间间隔。

5. 一短跑选手，在地球上以 10s 的时间跑完 100m。在飞行速度为 $0.98c$，飞行方向与跑动方向相反的飞船中的观测者看来，这名选手跑了多长时间和多长距离？

6. 远方的一颗星体，以 $0.80c$ 的速度离开我们，我们接收到它辐射出来的闪光按 5 昼夜的周期变化，求固定在该星体上的参考系中测得的闪光周期。

7. 一个在实验室中以 $0.8c$ 的速度运动的粒子，飞行 3m 后衰变，按这实验室中观测者的测量，该粒子存在了多长时间？由一个与该粒子一起运动的观测者测量，该粒子衰变前存在了多长时间？

8. (1) 把电子自速度 $0.9c$ 增加到 $0.99c$，所需的能量是多少？这时电子的质量增加了多少？(2) 某加速器能把质子加速到 1GeV 的能量，求该质子的速度，这时其质量为其静质量的几倍？

9. 在原子核聚变中，两个 ^{2}H 原子结合而产生 ^{4}He。(1) 用原子质量单位，求该反应中的质量亏损。(2) 在这一反应中释放的能量是多少？(3) 这种反应每秒必须发生多少次才能产生 1W

笔记

的功率？（已知：^{2}H 静质量为 2.013553u；^{4}He 静质量为 4.001496u）。

10. 已知 Na 原子的质量为 23u，Cl 原子的质量为 35.5u，当一个 Na 原子和一个 Cl 原子结合成一个 NaCl 分子时，释放出 4.2eV 的能量。求：(1) 当一个 NaCl 分子分解为一个 Na 原子和一个 Cl 原子时，质量增加多少？(2) 忽略这一质量差所造成的误差是百分之几？

（张春强　章新友）

笔记

第三章 流体的运动

学习要求

1. 掌握 理想流体的模型及相关概念,理想流体的连续性方程和伯努利方程及应用,牛顿黏性定律和泊肃叶定律。
2. 熟悉 黏性流体伯努利方程,层流、湍流与雷诺数的关系,斯托克斯定律。
3. 了解 血液流动特性,血流速度、血压和心脏做功。

第一章讨论了刚体的定轴转动,刚体是大小和形状均保持不变的物体。但液体和气体与此不同,它们没有固定的形状,其形状随容器的形状而定;液体和气体的各部分之间很容易发生相对运动,它们的这种特性称为**流动性**(fluidity)。凡具有流动性的物体称为**流体**(fluid),液体和气体都是流体。研究流体处于静止状态时力学规律的学科称为**流体静力学**(hydrostatics),有关内容已在中学《物理学》中讨论过。而研究流体运动的规律以及运动的流体与流体中物体之间相互作用的学科称为**流体动力学**(fluid dynamics)。本章将主要介绍流体动力学的一些基本概念和规律。

研究流体的运动可以帮助我们了解人体内血液循环的生理过程,同时在药物合成和制造过程中,流体的输送、测量和控制都涉及流体动力学的有关知识。因此,药学专业的学生学习流体动力学的基本知识是十分必要的。

第一节 理想流体的定常流动

一、理想流体

流动性是流体最基本的特性,也是流体与固体之间最主要的区别。实际流体还具有黏性和可压缩性两重属性。

黏性(viscosity)是指运动着的流体中速度不同的相邻流体层之间存在着相互作用的黏性阻力(即内摩擦力)。不同流体的黏性大小不同,黏性反映流体流动的难易程度,如从玻璃杯中倒出水和乙醇很容易,而要从玻璃杯中倒出甘油则要困难得多,黏性使得研究流体运动的问题复杂化。实际上,虽然实际流体总是或多或少地具有黏性,但是水和乙醇等液体的黏性很小,气体的黏性更小。因此,在讨论这些黏性很小的流体的运动时,为使问题简化,往往将其黏性忽略。

可压缩性(compressibility)是指流体的体积或密度随压强不同而改变的特性。一般情况下,液体的可压缩性很小。例如,水在10℃时,每增加一个大气压,体积的减少不过是原来体积的两万分之一。因此,液体的压缩性可忽略不计。气体的可压缩性非常显著,但当气体处于流动的状态下,很小的压强差就能使气体从密度较大处流向密度较小处,像这样小的压强差引起各处气体密度的变化是很小的。所以,在研究气体的运动时,只要压强差不大,就可以把气体看成几乎没有被压缩。

综上所述,在研究流体运动时,为突出流动性这一基本特性,引入了理想流体这一物理模型。所谓**理想流体**(ideal fluid),就是绝对不可压缩的,完全没有黏性的流体。前面分析的黏性较小的液体和流动过程中几乎没有被压缩的气体都可以视为近似理想流体。

笔记

二、定常流动

1. 定常流动 研究流体力学的方法有两种:拉格朗日法(Lagrange method)和欧拉法(Euler method)。拉格朗日法以流体的各个质元为对象,根据牛顿定律研究每个质元的运动状态随时间的变化。欧拉法与它不同,它不是研究每个质元的运动情况,而是研究各个时刻在空间各点上流体质元的运动速度分布。显然,对于众多的流体质元,应用拉格朗日法来研究是很难做到的,因此,本章将采用欧拉法。

流体运动时,不但在同一时刻空间各点处流体质元的流速可以不同,而且在不同时刻,通过空间同一点的流速也可能不同,即流速是空间坐标和时间的函数,记作 $v=f(x,y,z,t)$。如果空间任意点处流体质元的流速不随时间而改变,则这种流动称为**定常流动**(steady flow)。对于定常流动,流速仅为空间坐标的函数,即

$$v=f(x,y,z) \tag{3-1}$$

2. 流线和流管 为了形象地描述流体的运动情况,在流体流动的空间即流速场中,可以作出一些曲线,曲线上任何一点的切线方向都与该时刻流经该点流体质元的速度方向一致,这些曲线称为这一时刻的**流线**(streamline),如图 3-1(a)所示。由于每一时刻空间一点上只能有一个速度,故任何两条流线互不相交。当流体作定常流动时,空间各点的流速不随时间而变,因此,流线的分布也不随时间而变。图 3-1(b)、(c)、(d)分别表示理想流体通过圆柱形(圆柱形的对称中心轴与流体的流动方向垂直)、薄板(其平面与流体的流动方向垂直)和流线型物体时的流线分布。

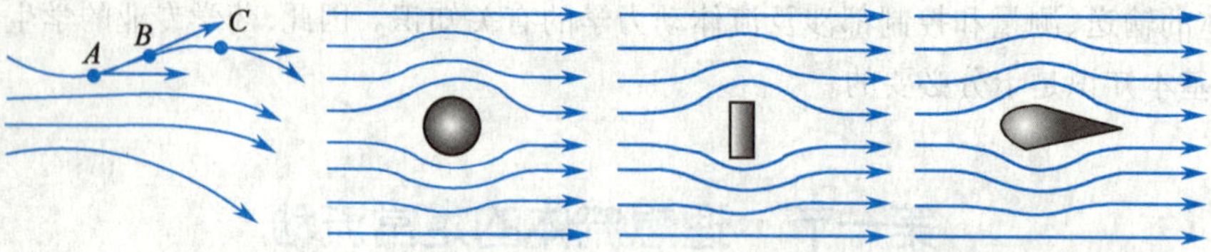

(a) (b) (c) (d)

图 3-1 流线

(a)流体作定常流动的流线;(b)、(c)、(d)流体绕过不同障碍物的流线分布

如果在运动的流体中,任取一个横截面 S_1,如图 3-2 所示,那么经过该截面周界的流线就围成一个管状区域称为**流管**(stream tube)。当流体作定常流动时,由于流线的分布不随时间而变,所以由多条彼此相邻的流线构成流管的形状也不随时间而变;同时由于空间每一点的流速都与该点的流线相切,所以某一流管中的流体只能在流管内流动而不会流出管外,流管外的流体也不能流入管内。因此,在流体力学中,往往任取一个流管的流体作为代表加以研究。

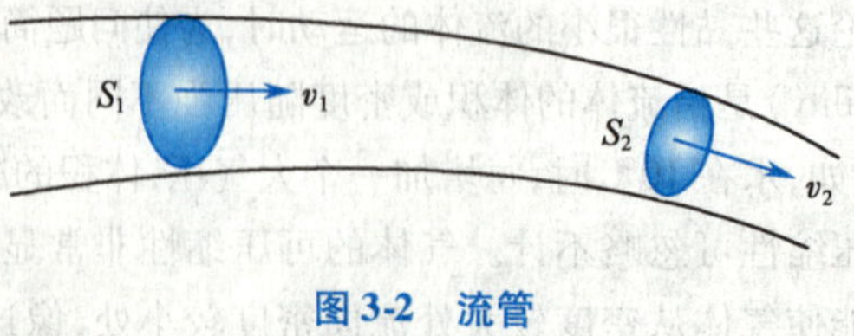

图 3-2 流管

三、连续性方程

笔记

单位时间内通过某一流管内任意横截面流体的体积称为该横截面的**体积流量**(volume rate of flow),简称**流量**,用 Q 表示。流量的量纲是 $L^3 \cdot T^{-1}$,在国际单位制中,流量的单位是米^3/秒(m^3/s)。若某横截面面积为 S,该横截面处的平均流速为 v,则很容易推导出通过该横截面的流

量为 $Q=Sv$。

设不可压缩的流体作定常流动，在某一流管中取两个与流管相垂直的截面 S_1 和 S_2，流体在两截面处的平均流速分别为 v_1 和 v_2，流量分别为 Q_1 和 Q_2。不可压缩且作定常流动的流体，由于流管的形状不变，流管内外又无流体交换，所以在相同时间 Δt 内流过截面 S_1 和 S_2 的流体体积必然相等，即

$$S_1v_1\Delta t=S_2v_2\Delta t$$

方程两边除以 Δt，则流过这两个截面的流量相等，即

$$S_1v_1=S_2v_2 \text{ 或 } Q_1=Q_2 \tag{3-2}$$

由于截面 S_1 和 S_2 是任意选取的，所以式(3-2)可表示为

$$Sv=\text{常量} \tag{3-3}$$

式(3-2)或式(3-3)称为流体的**连续性方程**(continuity equation)。它表明：**不可压缩的流体作定常流动时，流管的横截面积与该处平均流速的乘积为一常量**。因此，同一流管中截面积大处，流速小；截面积小处，流速大。

对于不可压缩的均匀流体，流体内各处的密度 ρ 应是常量，对上面两个等式两边同时乘以流体的密度 ρ，则

$$\rho S_1v_1=\rho S_2v_2 \text{ 或 } \rho Sv=\text{常量} \tag{3-4}$$

式(3-4)表明单位时间通过 S_1 流入流管的质量应等于从 S_2 流出流管的质量，即这段流管中的流体质量是常量。因此，连续性方程说明流体在流动过程中质量守恒。

在实际中，输送近似理想流体的刚性管道可视为流管，如管道有分支，不可压缩流体在各分支管的流量之和等于主管的流量。设主管的横截面积为 S_0，其中流体的平均流速为 v_0，各分支管的横截面积分别为 S_1、S_2、…、S_n，其中流体的平均流速分别为 v_1、v_2、…、v_n，则主管与分支管连续性方程为

$$S_0v_0=S_1v_1+S_2v_2+\cdots+S_nv_n \tag{3-5}$$

第二节　伯努利方程及其应用

一、伯努利方程

理想流体作定常流动时，流体运动的基本规律是丹尼耳·伯努利(D. Bernoulli)于1738年首先导出的，称为伯努利方程，它不是一个新的基本原理，而是把功能原理表述为适合于流体动力学应用的形式，下面来推导这一方程。

设理想流体在重力场中作定常流动，在流体中取一细流管，如图3-3所示。用 S_1 和 S_2 表示这个流管中任取 X、Y 两个横截面的面积。选取 t 时刻处在截面 X 和截面 Y 之间的流体为研究对象，经过很短时间 Δt，这部分流体运动到截面 X' 和截面 Y'。由于 Δt 很短，X 到 X' 和 Y 到 Y' 的位移极小，因此，在每段极小位移中，截面积 S、压强 p、流速 v 和距参考面的高度 h 都可以认为不变。设 p_1、v_1、h_1 和 p_2、v_2、h_2 分别为 XX' 和 YY' 处的压强、流速和高度。

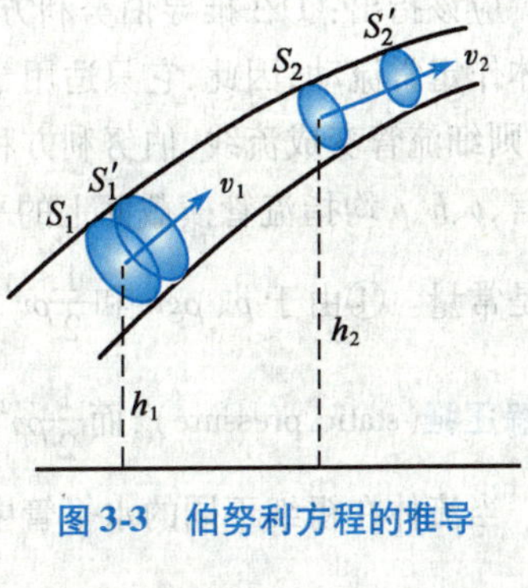

图3-3　伯努利方程的推导

首先，分析在 Δt 时间内这段流体能量的变化。因为是理想流体作定常流动，所以 X' 和 Y 之间流体的机械能保持

笔记

不变，因此只需考虑 X 和 X' 之间与 Y 和 Y' 之间流体的能量变化。由于理想流体是不可压缩的，根据连续性方程 $S_1v_1=S_2v_2$，设在 Δt 时间内，流过流管任一截面流体的体积为 ΔV，则有 $S_1v_1\Delta t=S_2v_2\Delta t=\Delta V$，即处于 X 和 X' 之间流体的体积一定等于处于 Y 和 Y' 之间流体的体积。而且这两部分流体的质量也一定相等，设其质量为 Δm。

这段流体在 Δt 时间内动能的变化为 $\Delta E_k=\frac{1}{2}\Delta mv_2^2-\frac{1}{2}\Delta mv_1^2$，重力势能的变化为 $\Delta E_p=\Delta mgh_2-\Delta mgh_1$，那么在时间 Δt 内这部分流体总机械能的变化为

$$\Delta E=\Delta E_k+\Delta E_p=\frac{1}{2}\Delta mv_2^2+\Delta mgh_2-\frac{1}{2}\Delta mv_1^2-\Delta mgh_1$$

然后，分析引起上述机械能变化的外力和非保守内力所做的功。由于理想流体是没有黏性的，不存在内摩擦力（即不存在非保守内力）。因此，只考虑作用在这段流体上的外力，即周围流体对它的压力所做的功。流管外的流体对这部分流体的压力垂直于流管表面，因而不做功。这段流体的两个端面 S_1 和 S_2 所受的压力分别为 $F_1=p_1S_1$ 和 $F_2=p_2S_2$。在 Δt 时间内，作用在 S_1 上的压力 F_1 做正功 $A_1=F_1v_1\Delta t$；作用在 S_2 上的压力 F_2 做负功 $A_2=-F_2v_2\Delta t$，因此，周围流体的压力所做的总功为

$$A=A_1+A_2=p_1S_1v_1\Delta t-p_2S_2v_2\Delta t=p_1\Delta V-p_2\Delta V$$

根据功能原理：$\Delta E=A$，即

$$\frac{1}{2}\Delta mv_2^2+\Delta mgh_2-\frac{1}{2}\Delta mv_1^2-\Delta mgh_1=p_1\Delta V-p_2\Delta V$$

移项得

$$\frac{1}{2}\Delta mv_1^2+\Delta mgh_1+p_1\Delta V=\frac{1}{2}\Delta mv_2^2+\Delta mgh_2+p_2\Delta V$$

各项除以体积 ΔV 得

$$\frac{1}{2}\rho v_1^2+\rho gh_1+p_1=\frac{1}{2}\rho v_2^2+\rho gh_2+p_2 \tag{3-6}$$

考虑到截面 S_1、S_2 的任意性，式(3-6)也可表示为

$$\frac{1}{2}\rho v^2+\rho gh+p=\text{常量} \tag{3-7}$$

式(3-7)中，$\rho=\frac{\Delta m}{\Delta V}$ 为理想流体的密度。式(3-6)或式(3-7)称为**伯努利方程**（Bernoulli equation）。它表明：**理想流体作定常流动时，同一流管的不同截面处，单位体积流体的动能 $\left(\frac{1}{2}\rho v^2\right)$、单位体积流体的势能（$\rho gh$）与该处压强（$p$）之和为一常量**。它实质上是理想流体在重力场中流动时的功能关系。

应该指出：①在推导伯努利方程时，用到流体是不可压缩和没有黏性这两个条件，而且认为流体作定常流动，因此，它只适用于理想流体在同一细流管中作定常流动。②如果 S_1、S_2 均趋于零，则细流管变成流线，伯努利方程还可表示同一流线上不同点的各量的关系。③对一细流管而言，v、h、p 均指流管横截面上的平均值，且在很短时间 Δt 内，在 $v\Delta t$ 一段位移上将上述各值看作是常量。④由于 p、ρgh 和 $\frac{1}{2}\rho v^2$ 都具有压强的单位，因此，p、ρgh 与流体运动的速度无关，称为**静压强**（static pressure），而 $\frac{1}{2}\rho v^2$ 与流体运动的速度有关，称为**动压强**（dynamical pressure）。

笔记

当流体在粗细不同的水平管中作定常流动时，将水平管视为流管，因为 $h_1=h_2$，因此伯努利

方程可简化为

$$\frac{1}{2}\rho v_1^2+p_1=\frac{1}{2}\rho v_2^2+p_2 \tag{3-8}$$

二、伯努利方程的应用

1. **空吸作用**　根据连续性方程可知流速与截面积成反比，结合式(3-8)可推知：理想流体在一根水平管中作定常流动时，截面积大处、流速小、压强大，而截面积小处、流速大、压强小。如图3-4所示，当水平管粗细两处的截面积相差越大，流体在粗细两处速度差也就越大，最后会导致管子细处 B 的压强 p_B 低于大气压强 p_0，这时在该处接上一个细管 E 可产生吸入容器 D 中液体的现象，这种现象称为**空吸作用**(suction)。喷雾器、水流抽气机(图3-5)以及内燃机中的汽化器等都是利用空吸作用的原理而设计的。

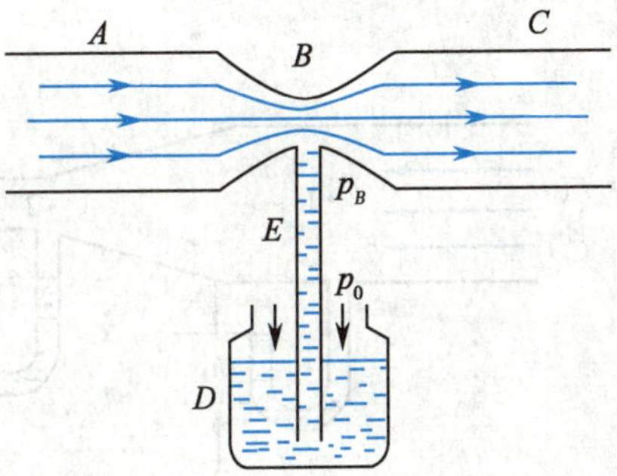

图3-4　空吸作用

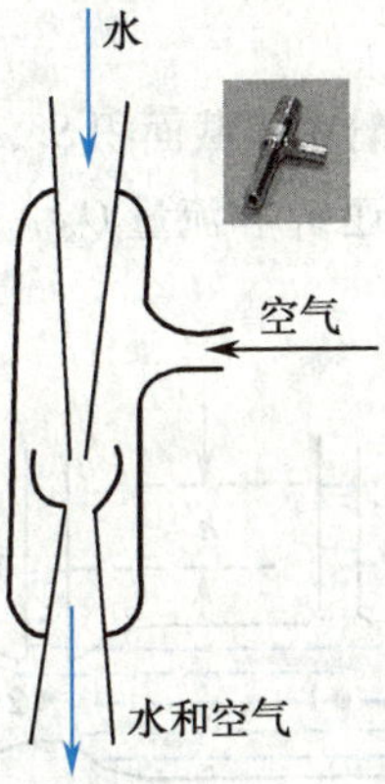

图3-5　水流抽气机

2. **小孔流速**　在我们的日常生活中，存在着许多与容器排水相关的问题，如水塔经管道向居家供水、用吊瓶给患者输液以及水库在灌溉、发电与泄洪时的放水等问题，它们的共同之处都是液体从大容器经小孔流出，即小孔流速问题。如图3-6所示，设一容器的截面积很大，其底部或侧壁下面开一小孔，在液体内任取一根流管，其上部截面在液面 A 处，下部截面在小孔 B 处，由于两处的横截面积 $S_A \gg S_B$，根据连续性方程可知，$v_A \ll v_B$，因此容器内液面下降的速度近似为零，即 $v_A \approx 0$；而 A、B 两处与大气相通，$p_A=p_B=p_0$，故伯努利方程在这种情况下可简化为

$$\rho g h_A=\frac{1}{2}\rho v_B^2+\rho g h_B$$

可得小孔流速为

$$v_B=\sqrt{2g(h_A-h_B)}=\sqrt{2gh} \tag{3-9}$$

式(3-9)中，$h=h_A-h_B$ 为液面与小孔的高度差。上式表明液体从小孔流出的速度大小等于液粒自液面自由落下到小孔处所获得的速率，因为它们都是重力势能转换为动能的过程，它们的差别在于其速度方向不同，液体从 B 处流出后将作平抛运动而不是自由下落。

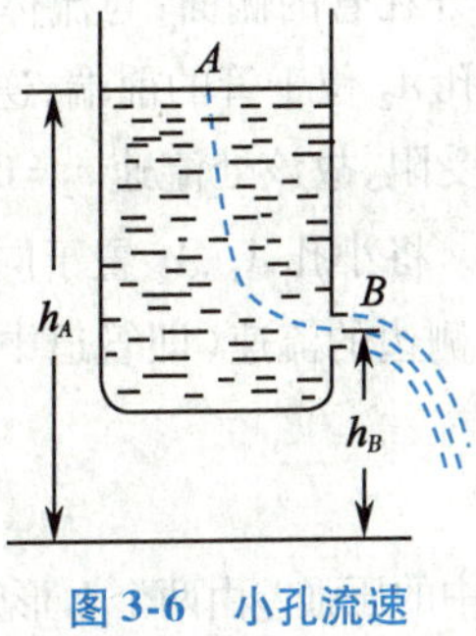

图3-6　小孔流速

3. **流量计**　图3-7为文丘里流量计(Venturi meter)的原理图。测量液体的流量时，将它水平地连接到被测管路(如自来水管)上。由于流量计水平放置，应用伯努利方程可得

笔记

$$\frac{1}{2}\rho v_1^2+p_1=\frac{1}{2}\rho v_2^2+p_2$$

根据连续性方程 $S_1v_1=S_2v_2$，可得 1 处液体的流速

$$v_1=S_2\sqrt{\frac{2(p_1-p_2)}{\rho(S_1^2-S_2^2)}}$$

若两竖直管中液面的高度差为 $h'=h_1'-h_2'$，由于平衡时两管中流体在竖直方向处于静止状态，则流量计中 1、2 两处的压强差 $p_1-p_2=\rho gh'$，代入上式，得

$$v_1=S_2\sqrt{\frac{2gh'}{S_1^2-S_2^2}}$$

因此，液体的流量

$$Q=S_1v_1=S_1S_2\sqrt{\frac{2gh'}{S_1^2-S_2^2}} \tag{3-10}$$

因为水平管中横截面积 S_1、S_2 为已知，所以只要测出两竖直管中液体的高度差 h'，就可求出管中液体的流速 v_1 和流量 Q。

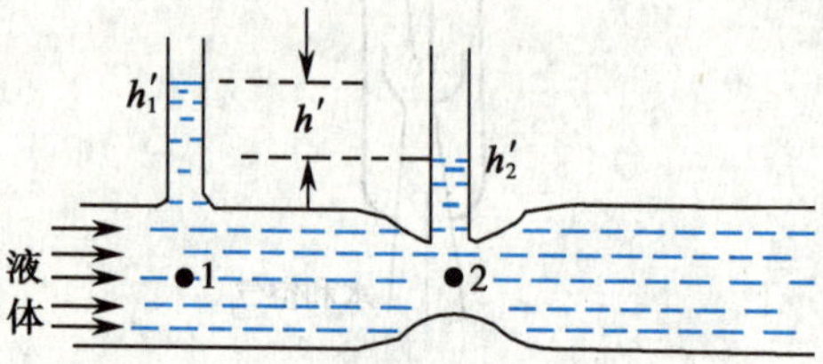

图 3-7 文丘里流量计

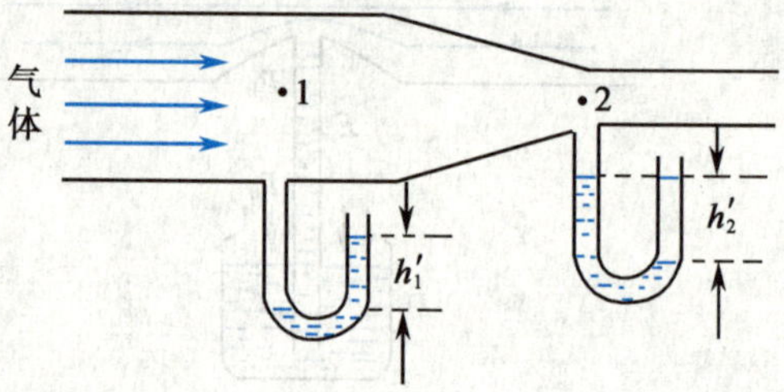

图 3-8 用于气体流量的文丘里流量计

对于气体的流速和流量，也可用文丘里流量计来测定，其压强差采用如图 3-8 所示的 U 形管压强计来测量。同样可推导出气体的流量

$$Q=S_1v_1=S_1S_2\sqrt{\frac{2\rho' g(h'_1+h'_2)}{\rho(S_1^2-S_2^2)}} \tag{3-11}$$

式(3-11)中，ρ 为气体的密度，ρ'为 U 形管压强计中液体的密度，h'_1、h'_2 为两 U 形管压强计液柱的高度差。

4. 流速计 **皮托管**（Pitot tube）是用来测量液体或气体流速的流速计。皮托管的形式很多，但原理基本相同。图 3-9 为其原理图。在横截面积相同的管道中，有液体从左向右流动，在流动的液体中放入两个开有小孔并弯成 L 形的细管 L_1 和 L_2。管 L_1 上的小孔 A_1 开在管的侧面，与流体流动的方向相切，管 L_2 上的小孔 A_2 位于管的前端，逆着液流方向。由于液流在 A_2 处受阻，故该处流速 $v_2=0$。

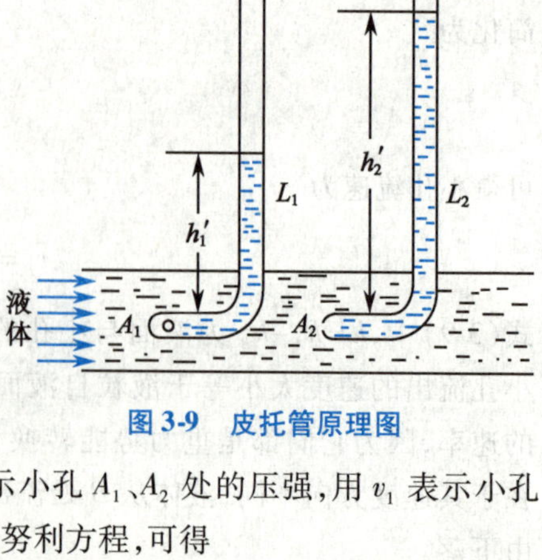

图 3-9 皮托管原理图

将小孔 A_1、A_2 置于同一高度上。若用 p_1、p_2 分别表示小孔 A_1、A_2 处的压强，用 v_1 表示小孔 A_1 侧边的流速（即管道中液体的流速），又 $v_2=0$。根据伯努利方程，可得

$$\frac{1}{2}\rho v_1^2+p_1=p_2 \text{ 或 } \frac{1}{2}\rho v_1^2=p_2-p_1$$

笔记

式中的压强差由两个 L 形管中液体上升的高度差而定，如果 L_1 和 L_2 中液柱的高度分别为 h'_1、h'_2，则

$$p_2-p_1=\rho g(h'_2-h'_1)$$

因此，液体的流速

$$v_1=\sqrt{2g(h'_2-h'_1)} \tag{3-12}$$

通常将 L_1 和 L_2 的组合体称为皮托管。如图 3-10 所示为既可测管道中液体的流速，又可测管道中气体流速的皮托管。测量时一般将管道中高度不同各点的压强差忽略不计。在测量液体流速时，如图 3-10(a)所示，L_1、L_2 两管的液面高度差为 h'，从而得出液体流速

$$v_1=\sqrt{2gh'} \tag{3-13}$$

在测量气体的流速时，只需将皮托管倒过来，在 U 形管中放一些液体，如图 3-10(b)所示。设液体的密度为 ρ'，气体的密度为 ρ，压强计中两液面的高度差为 h'，则 $p_2-p_1=\rho' gh'$（忽略两液面的气体高度差产生的压强），从而有

$$\frac{1}{2}\rho v_1^2=\rho' gh'$$

故

$$v_1=\sqrt{\frac{2\rho' gh'}{\rho}} \tag{3-14}$$

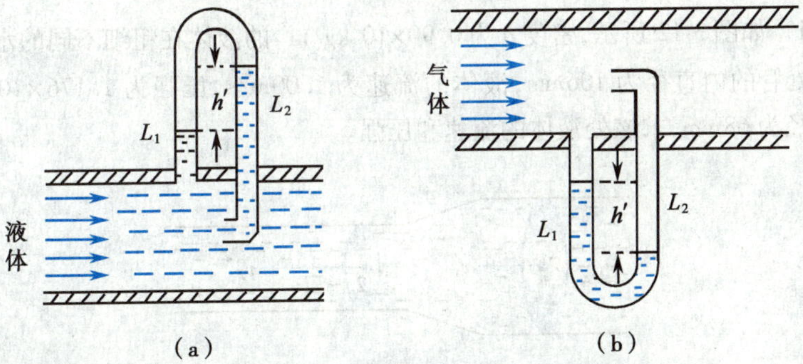

图 3-10　用皮托管测量液体和气体的流速

5. 虹吸管（siphon）　虹吸管是用来从不能倾斜的容器中排出液体的装置，如图 3-11 所示。若将排水管内充满液体，一端置于容器中，排出液体的管口 D 置于低于容器内液面的位置上，容器中的液体即可从管内排出。

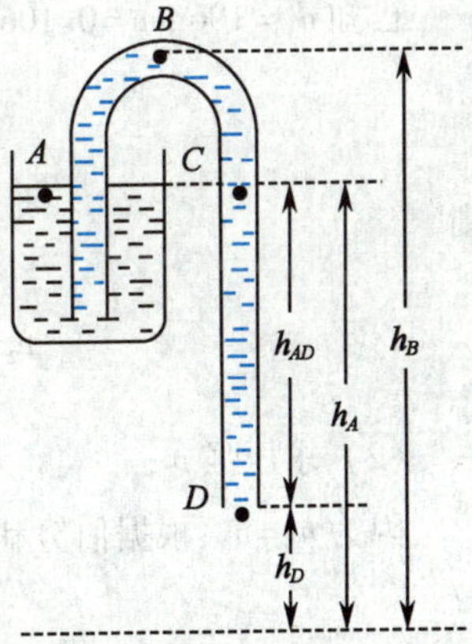

图 3-11　虹吸管

为使问题简化，设液体为理想流体，排水管粗细均匀，且其横截面积远小于容器的横截面。

(1) 流体的流速：对于 A、D 两点，$p_A=p_D=p_0$，应用伯努利方程，则

$$\frac{1}{2}\rho v_A^2+\rho gh_A=\frac{1}{2}\rho v_D^2+\rho gh_D \tag{3-15}$$

根据连续性方程 $S_Av_A=S_Dv_D$，又因为 $S_A \gg S_D$，所以 v_A^2 远小于 v_D^2 而可忽略不计。将式(3-15)整理后得出口处的流速

$$v_D=\sqrt{2g(h_A-h_D)}=\sqrt{2gh_{AD}} \tag{3-16}$$

(2) 压强和流速的关系：对于 A、C 两点，由于 $S_A \gg S_C$，则 $v_A\approx 0$，A、C 两点处于同一高度，所以压强和流速的关系

笔记

$$p_A=\frac{1}{2}\rho v_C^2+p_C$$

由于静压强转化为动压强，所以 C 处压强小于处于同一高度 A 处压强，即 $p_C<p_A=p_0$。

(3) 压强和高度的关系：对于排水管中 B、D 两点，由于虹吸管粗细均匀，所以，$v_B=v_D$，应用伯努利方程，则

$$\rho gh_B+p_B=\rho gh_D+p_D$$

即

$$\rho gh+p=\text{常量} \tag{3-17}$$

式(3-17)表明，粗细均匀的虹吸管中，处于较高处液体的压强小于处于较低处液体的压强，即 $p_B<p_D$。

此外，如果选 A、B 两点应用伯努利方程，考虑到 $v_A\approx 0$，可以得出

$$\rho gh_B+p_B+\frac{1}{2}\rho v_B^2=\rho gh_A+p_0$$

那么

$$h_B-h_A=\frac{1}{\rho g}(p_0-p_B)-\frac{1}{2g}v_B^2$$

当 $p_B=0$ 时，h_B-h_A 有最大值，这是虹吸管能够正常工作的条件，即排水管的最高点与容器中液面之间的高度差只能小于$\frac{p_0}{\rho g}$，对水而言，其值大约为 10m。

例题 3-1 如图 3-12 所示，密度 ρ 为 $0.90\times10^3\text{kg/m}^3$ 的液体在粗细不同的水平管道中流动。截面 1 处管的内直径为 106mm，液体的流速为 1.00m/s，压强为 $1.176\times10^5\text{Pa}$。截面 2 处管的内直径为 68mm，求该处液体的流速和压强。

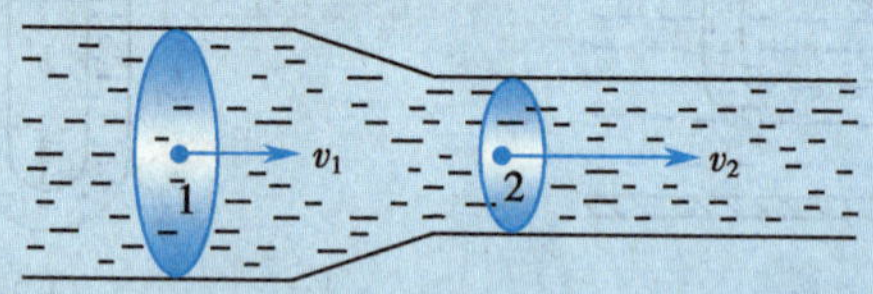

图 3-12 例题 3-1 图

解 (1) 求流速 v_2

已知 $d_1=106\text{mm}=0.106\text{m}$，$d_2=68\text{mm}=0.068\text{m}$，$v_1=1.00\text{m/s}$，根据连续性方程

$$\frac{\pi}{4}d_1^2v_1=\frac{\pi}{4}d_2^2v_2$$

则

$$v_2=\left(\frac{d_1}{d_2}\right)^2v_1=\left(\frac{0.106}{0.068}\right)^2\times1.00=2.43\text{m/s}$$

(2) 求压强 p_2

因为 $h_1=h_2$，根据伯努利方程得

$$\frac{1}{2}\rho v_1^2+p_1=\frac{1}{2}\rho v_2^2+p_2$$

即

$$p_2=\frac{1}{2}\rho(v_1^2-v_2^2)+p_1$$

将各已知数据代入上式

$$p_2=\frac{1}{2}\times0.90\times10^3\times(1.00^2-2.43^2)+1.176\times10^5=1.15\times10^5\text{Pa}$$

笔记

第三节　黏性流体的流动

上一节讨论了理想流体的运动规律。虽然一些液体和气体在一定条件下可近似看作理想流体，但是像甘油、血液等实际流体则具有较大的黏性，这在其流动过程中已不能忽略，那么黏性会对流体的运动产生怎样的影响呢？

一、牛顿黏性定律

如图3-13(a)所示，在竖直圆管中注入无色甘油，上部再加一段着色甘油，其间有明显的分界面。打开下部活塞使甘油缓缓流出，经一段时间后，分界面呈舌形，这说明管中甘油流动的速度不完全一致。如果把管壁到管中心之间的甘油分成许多平行于管轴的薄圆筒形的薄层，各液层之间只作相对滑动，则不难看出，流体沿管轴流动的速度最大，距轴越远流速越小，在管壁处甘油几乎附着其上，流速近似为零，这表明圆管内的甘油是分层流动的，如图3-13(b)所示。当相邻流层之间因流速不同而作相对滑动时，两流层之间就存在着切向的相互作用力，并且速度快的液层对速度慢的液层作用力方向与流速方向相同，带动慢液层流动；速度慢的液层对速度快的液层作用力方向与流速方向相反，阻碍其流动，这对作用力与反作用力就是流体的**内摩擦力**(internal friction)，也称为**黏性力**(viscous force)。

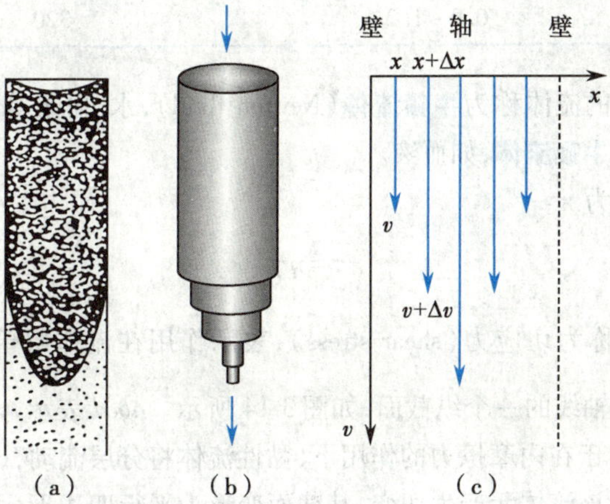

图3-13　黏性流体在竖直圆管中的流动

流体的流速分布示意图如图3-13(c)所示，设在x方向上有相距为Δx的两个液层的速度差为Δv，v对x的导数表示在垂直于流速方向上单位距离的液层间的速度差，称为**速度梯度**(velocity gradient)，即

$$\frac{\mathrm{d}v}{\mathrm{d}x}=\lim_{\Delta x\to 0}\frac{\Delta v}{\Delta x}$$

速度梯度表示流动的流体由一层过渡到另一层时速度变化的快慢程度。一般不同x值处的速度梯度不同，距管轴越远，速度梯度越大。速度梯度的量纲是T^{-1}，在国际单位制中，速度梯度的单位是秒$^{-1}$(符号s^{-1})。

有关黏性力的实验证明，流体内部相邻两流体层之间黏性力F的大小与这两层之间的接触面积S成正比，与接触处的速度梯度成正比，即

$$F=\eta\frac{\mathrm{d}v}{\mathrm{d}x}S \tag{3-18}$$

笔记

式(3-18)称为**牛顿黏性定律**(Newton viscosity law)。式中的比例系数η称为**黏度系数**(coefficient of viscosity)或黏度，它是反映流体黏性的宏观参量，黏性越大的流体，其黏度越大，黏度的量纲是 $M \cdot L^{-1} \cdot T^{-1}$，在国际单位制中，黏度的单位是帕·秒(符号 Pa·s)。

表 3-1 给出了几种流体的黏度。从表中可以看出，黏度的大小不仅与物质的种类有关，而且与温度有显著的关系，一般说来，液体的黏度随温度的升高而减小，气体的黏度随温度的升高而增大。由于液体的内摩擦力小于固体之间的摩擦力，因此常用机油润滑机械，减少磨损，延长使用寿命。气垫船也是利用了气体黏性小的特性。

表 3-1 几种流体的黏度

液体	温度(℃)	黏度($\times10^{-3}$Pa·s)	气体	温度(℃)	黏度($\times10^{-5}$Pa·s)
水	0	1.792	空气	0	1.71
	20	1.005		20	1.82
	40	0.656		100	2.17
乙醇	0	1.77	氢气	20	0.88
	20	1.19		251	1.30
蓖麻油	17.5	1225.0	氦气	20	1.96
	30	122.7	甲烷	20	1.10
血浆	37	1.0~1.4	二氧化碳	20	1.47
血清	37	0.9~1.2		320	2.70

遵循牛顿黏性定律的流体称为**牛顿流体**(Newton fluid)，水、血浆等都是牛顿流体。不遵循这一规律的流体称为**非牛顿流体**，如血液。

式(3-18)也可改写为

$$\tau=\eta\dot{\gamma} \tag{3-19}$$

式(3-19)中，$\tau=\dfrac{F}{S}$称为切应力(shear stress)，表示作用在流体层单位面积上的内摩擦力。取管状黏性流体中通过轴线的一个纵截面，如图 3-14 所示。$abcd$ 表示 $t=0$ 时刻某流体元任一长方形的截面，$ab=\mathrm{d}x$。由于在内摩擦力的作用下，黏性流体将分层流动，设 ad 边速度为 v，bc 边速度为 $v+\mathrm{d}v$。经过时间 t，该流体元产生切变，其截面变形为平行四边形 $ab'c'd$，$bb'=t\mathrm{d}v$。位移 bb' 与垂距 ab 之比称为切应变(shearing strain)，以 γ 表示，则 $\gamma=\tan\varphi=t\dfrac{\mathrm{d}v}{\mathrm{d}x}$。切应变随时间的变化率称为切变率，以 $\dot{\gamma}$ 表示，即 $\dot{\gamma}=\dfrac{\mathrm{d}\gamma}{\mathrm{d}t}=\dfrac{\mathrm{d}v}{\mathrm{d}x}$。由此可推导出牛顿黏性定律的第二种表述式(3-19)。这是在研究血液流动和红细胞变形的血液流变学中常用的形式。

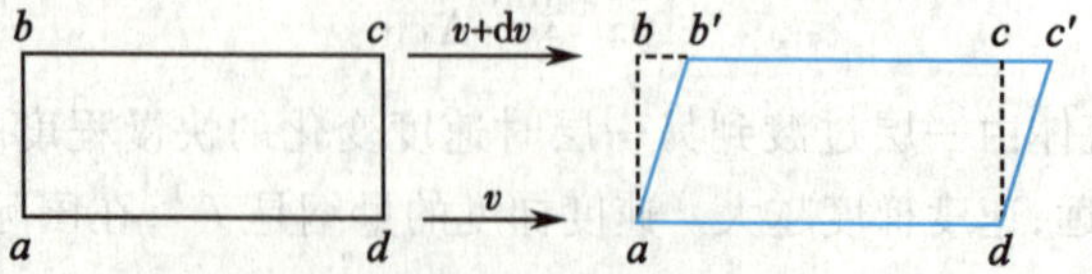

图 3-14 切变

对于牛顿流体，黏度 $\eta=\dfrac{\tau}{\dot{\gamma}}$为一常量，与切变率无关。而对于非牛顿流体，黏度 η 不是常量，例如，用黏度计测量血液的流变性质时，会发现在平衡状态下，切应力 τ 和切变率 $\dot{\gamma}$ 的关系是非线性的，但由于它们的比值具有黏度的量纲，所以称为该流体在切变率 $\dot{\gamma}$ 时的**表观黏度**

笔记

(apparent viscosity),以 η_a 表示,即

$$\eta_a=\frac{\tau}{\dot{\gamma}} \tag{3-20}$$

对于血液,在较低切变率下,η_a 随 $\dot{\gamma}$ 的增大而减小,这种现象称为**剪切稀化**。随着切变率的增加,血液流变学行为逐渐趋于牛顿流体,即 η_a 趋于定值,一般认为正常人血在 $\dot{\gamma}>200s^{-1}$ 时即可近似地看作牛顿流体。

二、层流、湍流与雷诺数

前述图 3-13 演示的是黏性流体的分层流动,在管中各流体层之间仅作相对滑动而不混合,这种流动状态属于**层流**(laminar flow)。但是,当流体的流速增加到某一定值时,流体可能在各个方向上运动,有垂直于管轴方向的分速度,因而各流体层将混淆起来,层流的情况遭到破坏,而且可能出现涡旋,这样的流动状态称为**湍流**(turbulent flow)。用图 3-15 所示的实验装置可以观察到这两种不同形式的运动。

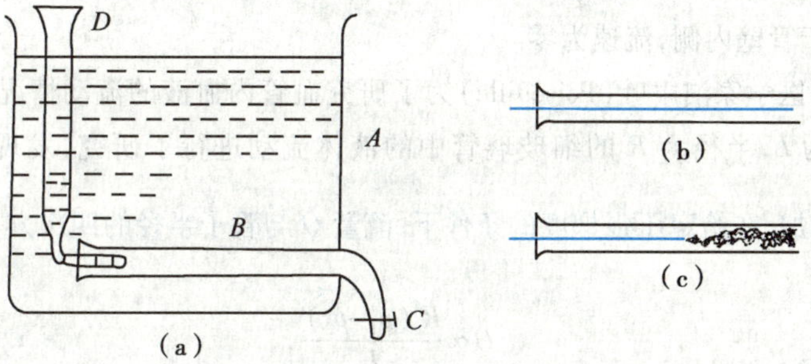

图 3-15　层流与湍流
(a)实验装置;(b)层流;(c)湍流

如图 3-15(a)所示,在一个盛水的容器 A 中,水平地装有一根玻璃管 B,另一个竖直放置的玻璃管 D 内盛有着色水,着色水通过细玻璃管引入 B 管。当打开阀门 C,水从 B 管中流出。若水流的速度不大,着色水在 B 管中形成一条清晰的、与 B 管平行的细流,如图 3-15(b)所示,这种形式的水流即是层流。当开大阀门 C,水流速度增加到某一定值时,层流被破坏,着色水的细流散开而与无色水混合起来,如图 3-15(c)所示,这时的流动即是湍流。

对于长直圆形管道,由层流转变为湍流不仅与流体平均速度 v 的大小有关,还与流体的密度 ρ、管道的半径 r 和流体的黏度 η 有关。1883 年,英国物理学家雷诺(Reynolds)通过大量实验研究,确定了流体的流动形态是层流还是湍流取决于**雷诺数**(Reynolds number)Re。它是描述流体流动过程中惯性和黏性大小之比的物理量,其数学表达式是

$$Re=\frac{\rho vr}{\eta} \tag{3-21}$$

雷诺数是一个没有量纲的纯数,它是鉴别黏性流体运动状态的唯一参数。从式(3-21)可以看出,流体的黏度越小,密度、流速以及管道的半径越大,越容易发生湍流。实验表明,对于长直圆形管道中的流体,当 $Re<1000$ 时,流体作层流;当 $Re>1500$ 时,流体作湍流;而当 $1000<Re<1500$ 时,流体可作层流也可作湍流,称为过渡流。

例题 3-2　已知在 0℃ 时水的黏度系数 η 近似为 1.8×10^{-3} Pa·s,若保证水在半径 r 为 2.0×10^{-2} m 的圆管中作稳定的层流,要求水流速度不超过多少?

解　为保证水在圆管中作稳定的层流,雷诺数 Re 应小于 1000。

笔记

$$Re=\frac{\rho vr}{\eta}<1000$$

得
$$v<1000\times\frac{\eta}{\rho r}=1000\times\frac{1.8\times10^{-3}}{1000\times2.0\times10^{-2}}=0.09\text{m/s}$$

即水在圆管的流速小于0.09m/s时才能保持稳定的层流。而通常水在管道中的流速约为每秒几米，可见水在管道中的流动一般都是湍流。

第四节 黏性流体的运动规律

一、泊肃叶定律

不可压缩的牛顿流体在水平圆管中作定常流动时，如果雷诺数不大，流动的形态是层流，各流层为从圆筒轴线开始半径逐渐增大的圆筒形。轴线上流速最大，随着半径的增加流速减小，管壁处流体附着于管壁内侧，流速为零。

1842年，法国医学家泊肃叶（Poiseuille）为了研究血管内血液的流动情况，对在压强差（p_1-p_2）作用下，长度为L，半径为R的细玻璃管中的液体流动进行了研究，发现流量Q随压强梯度$\frac{p_1-p_2}{L}$成线性增加，在给定压强梯度的条件下，流量Q与管子半径的四次方R^4成正比，即

$$Q\propto\frac{R^4(p_1-p_2)}{L} \tag{3-22}$$

式（3-22）称为泊肃叶定律（Poiseuille law）。1852年，维德曼（Wiedmann）从理论上对泊肃叶定律成功地进行了推导，确定了比例系数为$\frac{\pi}{8\eta}$，于是泊肃叶定律可完整表示为

$$Q=\frac{\pi R^4}{8\eta L}(p_1-p_2) \tag{3-23}$$

泊肃叶定律的推导

1. 速度分布 设牛顿黏性流体在半径为R的水平圆管内流动，在管中取半径为r，长度为L，与管共轴的圆柱形流体元，如图3-16（a）所示。该流体元左端所受压力为$p_1\pi r^2$，右端所受压力为$p_2\pi r^2$，因此，它在水平方向上所受的压力差为

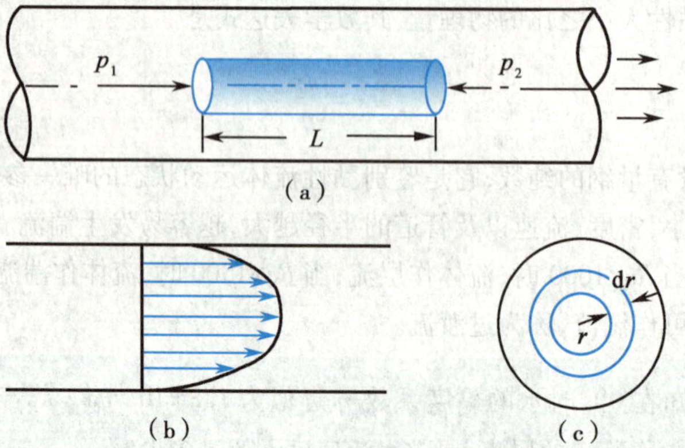

图3-16 泊肃叶定律的推导

（a）牛顿流体中的圆柱形流体元；（b）牛顿流体的速度分布；（c）薄壁圆筒形流体元的截面

笔记

$$F=(p_1-p_2)\pi r^2$$

作用在流体元表面上的黏性阻力由式(3-18)给出，因该阻力的作用面积为 $S=2\pi rL$，所以，黏性阻力 $F'=-\eta\cdot 2\pi rL\dfrac{dv}{dr}$，式中负号表示 v 随 r 的增大而减小。

当管内流体在水平方向作定常流动时，流体元水平方向所受总的合力必须为零，$F=F'$，即

$$(p_1-p_2)\pi r^2=-2\pi r\eta L\frac{dv}{dr}$$

整理后得出

$$-\frac{dv}{dr}=\frac{(p_1-p_2)r}{2\eta L}$$

此式说明：从管轴($r=0$)到管壁($r=R$)，速度梯度的绝对值随 r 的增大而增大，在 $r=R$ 处速度梯度的绝对值最大。

将上式分离变量后，并取定积分

$$-\int_v^0 dv=\frac{p_1-p_2}{2\eta L}\int_r^R r dr$$

积分后得

$$v=\frac{p_1-p_2}{4\eta L}(R^2-r^2) \tag{3-24}$$

式(3-24)给出了牛顿黏性流体在水平圆管中流动时，流速随半径的变化关系。从式(3-24)可以看出，在管轴($r=0$)处流速有最大值 $v_{max}=\dfrac{(p_1-p_2)R^2}{4\eta L}$，即速度的最大值与管内半径的平方成正比，与压强梯度成正比。图 3-16(b)为其速度分布的剖面图，从图中可以看出，v 随 r 变化的关系曲线为抛物线。

2. 流量　如图 3-16(c)所示。在圆管中取一个与管共轴，半径为 r，厚度为 dr 的薄壁圆筒形流体元。单位时间内通过该筒端面流体的体积为 $dQ=vdS$，v 为半径 r 处的流速，由式(3-24)给出。$dS=2\pi r dr$ 为圆环面积，则

$$dQ=\frac{p_1-p_2}{4\eta L}(R^2-r^2)2\pi r dr$$

那么，通过整个水平圆管的流量为

$$Q=\frac{\pi(p_1-p_2)}{2\eta L}\int_0^R(R^2-r^2)r dr=\frac{\pi R^4(p_1-p_2)}{8\eta L}$$

即得到泊肃叶定律的数学表示式。

3. 讨论

(1) 圆管中流体的平均速流

$$\bar{v}=\frac{Q}{S}=\frac{\pi R^4(p_1-p_2)}{\pi R^2\times 8\eta L}=\frac{R^2(p_1-p_2)}{8\eta L}=\frac{1}{2}v_{max} \tag{3-25}$$

可见，圆管中流体的平均速流为管轴($r=0$)处最大流速的一半。

(2) 流阻：如果用 $\dfrac{1}{R_f}$ 代替 $\dfrac{\pi R^4}{8\eta L}$，那么泊肃叶定律可改写为

$$Q=\frac{p_1-p_2}{R_f} \tag{3-26}$$

笔记

式(3-26)与电学中的欧姆定律极为相似,式中,$R_f=\frac{8\eta L}{\pi R^4}$称为流阻(flow resistance),它的数值取决于管的长度、内半径和流体的黏度。在国际单位制中流阻的单位为帕·秒/米^3(符号 Pa·s/m^3)。式(3-26)说明牛顿黏性流体在均匀水平管中流动时,流量与管两端的压强差成正比。

如果流体连续通过 n 个流阻不同的管子,这与电阻的串联相似,那么"串联"的总流阻等于各个流管的流阻之和,即

$$R_f=R_{f1}+R_{f2}+\cdots+R_{fn} \tag{3-27}$$

如果 n 个管子"并联"连接,则总流阻的倒数等于各个流管的流阻倒数之和,即

$$\frac{1}{R_f}=\frac{1}{R_{f1}}+\frac{1}{R_{f2}}+\cdots+\frac{1}{R_{fn}} \tag{3-28}$$

二、黏性流体的伯努利方程

在推导理想流体作定常流动的伯努利方程时,忽略了流体的黏性和可压缩性。但对于不可压缩的黏性流体作定常流动时又会遵循怎样的运动规律呢?仍利用图 3-3,采用同样的推导方法,但考虑到在流体流动中,所选流管外的流体与流管内的流体存在着黏性力,此力对流管内的流体做负功,于是得到如下关系

$$\frac{1}{2}\rho v_1^2+\rho gh_1+p_1=\frac{1}{2}\rho v_2^2+\rho gh_2+p_2+w \tag{3-29}$$

式(3-29)中,w 表示单位体积的不可压缩的黏性流体从 XY 运动到 $X'Y'$ 时,克服黏性力所做的功或损失的能量。式(3-29)称为不可压缩的黏性流体作定常流动时的基本规律(式中 v、h、p 均为流管横截面上的平均值)。

下面讨论不可压缩的黏性流体沿粗细均匀的水平圆管运动时,造成能量损失的因素。在均匀的水平圆管中取任意两个横截面,因 $h_1=h_2=h$,$v_1=v_2=v$,(h,v 均为平均值),由式(3-29)可得

$$p_1-p_2=w$$

若圆管内半径为 R,则流量为

$$Q=\pi R^2 v$$

将以上两式代入泊肃叶定律的表达式(3-23)中,则

$$\pi R^2 v=\frac{\pi R^4 w}{8\eta L}$$

整理后得出损失的能量为

$$w=\frac{8\eta L}{R^2}v \tag{3-30}$$

式(3-30)表明:黏性流体在均匀水平圆管内流动时,单位体积流体损失的能量与流体的黏度、平均速度成正比,与管内半径的平方成反比。此外,黏性流体在均匀水平圆管内流动时,单位体积流体损失的能量还与管的长度 L 成正比,这说明能量的损失均匀地分布在流体流动的路程上,这种损失称为**沿程能量损失**。实际上,当流体通过弯管、截面积突变的管道或各种阀门时,都有额外的能量损失。这种集中地发生在某些局部的损失称为**局部能量损失**。

笔记

图 3-17 所示的装置可以演示黏性液体在均匀水平圆管中流动的情况。在粗细均匀的水平圆管上,等距离地装有竖直支管作为压强计,各管中液体上升的高度可以显示各处的压强。当用黏性液体(如甘油)作实验时,可以发现沿液体流动方向,各支管中液体的高度依次降低,这说

明沿液体流动方向压强逐渐减小。从前面的分析可知，单位体积流体损失的能量 $w=p_1-p_2$，即能量的损失表现为压强的减小。又因损失的能量与 L 成正比，且各支管均是等距离的，故各支管中液柱下降的高度与各支管到容器的距离成正比。

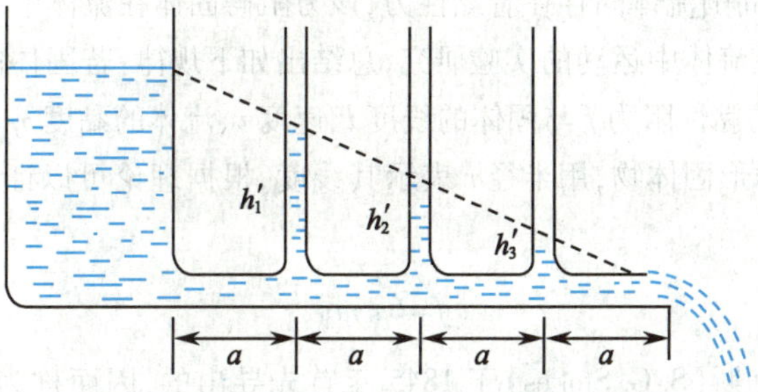

图 3-17　黏性液体在均匀水平圆管中流动

例题 3-3　如图 3-18 所示，水通过直径为 20.0cm 的管从水塔底部流出，水塔内水面比出水管口高出 25.0m。如果维持水塔内水位不变，并已知管路中的沿程能量损失和局部能量损失之和为 24.5mH_2O，试求每小时由管口排出的水量为多少立方米？

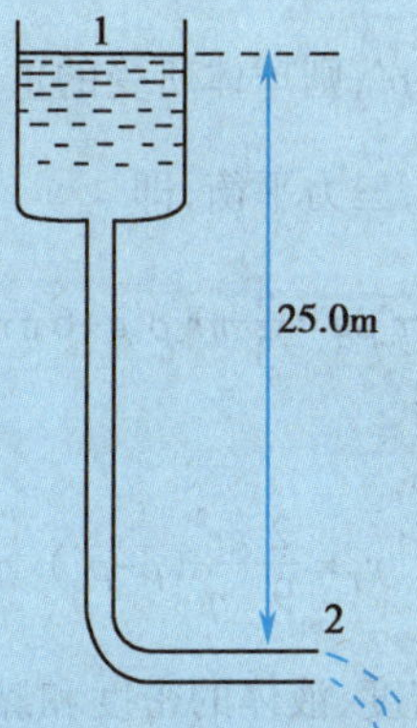

图 3-18　例题 3-3 图

解　由于管内为牛顿黏性流体作定常流动，故可运用黏性流体的伯努利方程。在图 3-18 中取 1、2 两点，设 $h_2=0$，则 $h_1=25.0\text{m}$；因 $S_1 \gg S_2$，所以 $v_1^2 \ll v_2^2$ 可忽略不计；又 $p_1=p_2=p_0$，由式(3-29)可以得到

$$\rho g h_1=\frac{1}{2}\rho v_2^2+w$$

$$v_2=\sqrt{2g\left(h_1-\frac{w}{\rho g}\right)}$$

将 24.5mH_2O 代入上式，可得

$$v_2=\sqrt{2\times 9.8\times(25.0-24.5)}=3.13\text{m/s}$$

每小时从出水口排出的水量为

$$V=Qt=\frac{\pi D^2}{4}\cdot v_2\cdot t=\frac{3.14\times 0.200^2}{4}\times 3.13\times 3600=354\text{m}^3$$

笔记

三、斯托克斯定律

固体在黏性流体中运动时将受到黏性阻力，这是由于固体表面附着一层流体，此层流体随固体一起运动，因而与周围流体间存在着黏性力，该力阻碍固体在流体中运动。

通过对固体在黏性流体中运动的实验研究，总结出如下规律：若固体的运动速度很小（雷诺数* $Re<1$），其所受到的黏性阻力 f 与固体的线度 l、速度 v、流体的黏度 η 成正比，比例系数由固体的形状而定。对于球形固体物，用半径 r 表示其线度，根据理论可以证明，比例系数为 6π，故黏性阻力为

$$f=6\pi\eta rv \tag{3-31}$$

这个关系式是由斯托克斯（S. G. Stokes）于 1845 年首先导出的，因而称为**斯托克斯定律**（Stokes law）。

当半径为 r 的小球，由静止状态开始在黏性流体中竖直下降时，最初，球体受到竖直向下的重力和竖直向上的浮力的作用，重力大于浮力，球体加速下降。以后，随着运动速度的增加，黏性阻力加大。当速度达到一定值时，重力、浮力和黏性阻力这三个力达到平衡，球体将匀速下降，这时的速度称为**收尾速度**（terminal velocity）或**沉降速度**（sedimentary velocity），用 v_T 表示。

若球体的密度为 ρ，流体的密度为 ρ'，则球体所受的重力为 $\frac{4}{3}\pi r^3\rho g$，所受的浮力为 $\frac{4}{3}\pi r^3\rho' g$，黏性阻力为 $6\pi\eta rv$，当到达收尾速度时，三力平衡，即

$$\frac{4}{3}\pi r^3\rho g=\frac{4}{3}\pi r^3\rho' g+6\pi\eta rv_T$$

整理后得出

$$v_T=\frac{2}{9}\frac{gr^2}{\eta}(\rho-\rho') \tag{3-32}$$

式(3-32)表明：如果已知小球的密度、液体的密度和黏度，测出收尾速度可以求出球体的半径，著名的密立根油滴实验就是根据这个方法测定在空气中自由下落的带电小油滴的半径，从而进一步测定出每个电子所带的电荷量。反之，如果已知小球的半径、密度及液体的密度，并测得收尾速度，由式(3-32)可以求出液体的黏度，如沉降法测定流体的黏滞系数就是采用这种方法。

由式(3-32)还可以知道，由于沉降速度与小球半径的平方、小球与流体的密度差、重力加速度成正比，因此对于溶液中非常微小的颗粒（细胞、大分子、胶粒等），可利用高速或超速离心机来增加有效 g 值，加快颗粒的沉降；而在制造混悬液类的药物时，可采用增加悬浮介质的黏度、密度和减小悬浮颗粒的半径等方法来降低悬浮颗粒的沉降速度，提高混合悬浮液的稳定性。

第五节　血液的流动

一、血液循环的物理模型

生物系统是非常复杂的，应用物理学原理来讨论循环系统中血液的流动时，必须加以简

笔记

* 此时 $Re=\frac{\rho vr}{\eta}$，式中 r 表示物体的线度，对于球体即为球的半径，v 为物体运动的速度。

化处理。整个循环系统可看作是由心脏和血管所组成的闭合管路系统。图 3-19 是人体血液循环系统示意图，心脏周期性地收缩与舒张起着泵的作用。心脏收缩时，血液从左心室射入主动脉，经大动脉、小动脉、毛细血管输送到全身，再由小静脉经上、下腔静脉流回右心房，这一过程称为**体循环**。同时血液从右心室进入肺动脉，经肺部毛细血管、肺静脉回到左心房，这一过程称为**肺循环**。血管的管壁具有弹性，血管管壁弹性和管径大小受神经系统的控制而改变。血液是由红细胞、白细胞、血小板等有形成分分散于血浆中的悬浮液，属于非牛顿黏性流体。但在近似处理中，常把血液看作牛顿黏性流体，把血管系统也看作刚性管的串、并联，显然，这只能对循环系统的一些现象作粗略的定量估算。

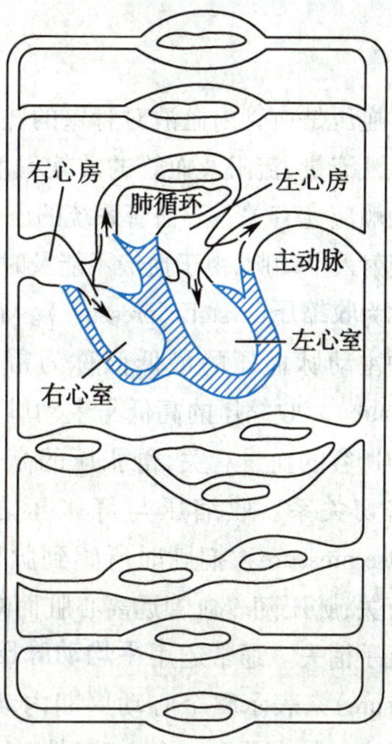

图 3-19　人体血液循环系统示意图

二、血流速度

血液虽然由心室断续搏出，但由于主动脉管壁具有弹性和存在外周阻力的缘故，而且根据生理学的测定，通常单位时间内从左心室射出的平均血量与流回右心房的平均血量相等，因此，血管中血液的流动基本上是连续的。在心脏收缩期内，血液大量射入主动脉，由于外周阻力的作用，血液不能及时流出，主动脉管被撑开而储蓄血液。在心脏收缩停止时，无血液进入主动脉，被扩大的主动脉管恢复原状，推动所蓄血液向前继续流动，结果使前面的血管扩张。血管的这种周期性地扩张与收缩的运动状态沿着血管向前传播，与波动在弹性介质中的传播类似，因此常称为**脉搏波**(pulse wave)。脉搏波的传播速度比血管的血流速度快得多，例如脉搏波在大动脉中的传播速度为 3～5m/s，在小动脉中的传播速度为 15～30m/s。

根据生理功能将血管进行分类，同类血管可以看成彼此并联，而各类不同的血管可以看成串联关系。由于血液具有一定的黏度，同一截面的血流速度不相同，所以通常所说的血液速度是指截面上的平均速度。根据连续性方程，各类血管中的血流速度与其总截面积成反比，如图 3-20 所示。根据图中的数据可知，主动脉的截面积约 3cm^2，而彼此并联的毛细血管总截面积达 900cm^2。当血流量为 90cm^3/s 时，主动脉中血流速度高达 30cm/s，而毛细血管中血流速度仅为 1mm/s 左右。

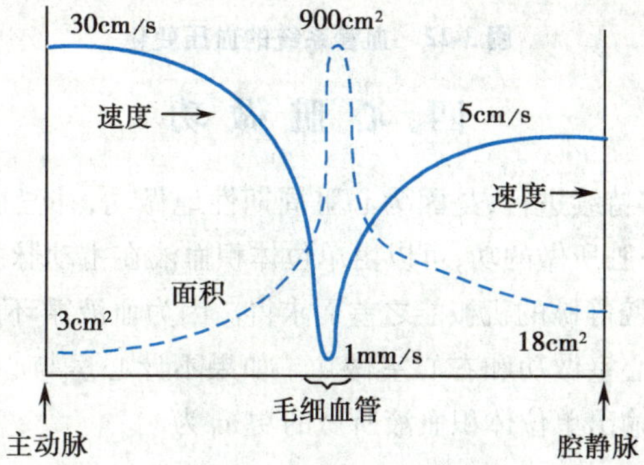

图 3-20　血流速度与血管总截面积的关系

笔记

三、血 压

血压是血管内血液对管壁的侧压强，医学上常用它高于大气压的数值来表示。血压的高低与血液流量、流阻及血管的柔软程度有关，用生理学术语来说，就是与心输出量、外周阻力及血管的顺应性有关。心血管系统的压强（即血压）随着心脏的收缩和舒张而变化。心脏收缩时，大量血液射入主动脉，由于血液不能及时流出，主动脉蓄血而血压升高，心收缩期中主动脉血压的最高值称为**收缩压**（systolic pressure）。心脏舒张时，主动脉回缩，血流不断排出，血压随之下降，舒张期中主动脉血压的最低值称为**舒张压**（diastolic pressure）。收缩压的高低与主动脉的弹性和主动脉中所容的血量有关，舒张压的高低与外周阻力有密切关系。收缩压与舒张压之差称为**脉压**（pulse pressure），扪脉时所感到脉搏的强弱与脉压有关，脉压随着血管远离心脏而减小，到了小动脉几乎消失。通常还用**平均动脉压**（mean arterial pressure）来表示整个心动周期内动脉压的高低，它是主动脉血压在一个心动周期的平均值，如图 3-21 所示。

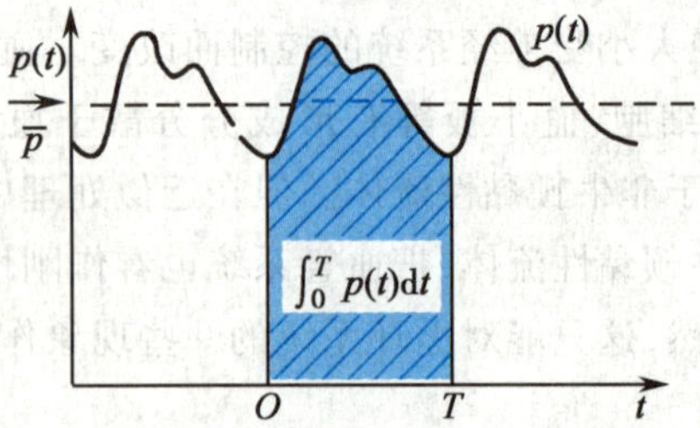

图 3-21 平均动脉压

$$\overline{p}=\frac{1}{T}\int_0^T p(t)\,\mathrm{d}t$$

式中，T 为心动周期。另外，为了计算方便，也常用舒张压加上$\frac{1}{3}$脉压来估算，即

$$\overline{p}=p_{舒张}+\frac{1}{3}p_{脉压}$$

由于血液是黏性流体，存在内摩擦力做功而消耗机械能，因此血液从心室射出后，它的血压在流动过程中是不断下降的。根据泊肃叶定律，主动脉和大动脉管径大，流阻小，血压下降得少；到小动脉流阻增大，血压也下降得多。血液循环系统的血压变化如图 3-22 所示。

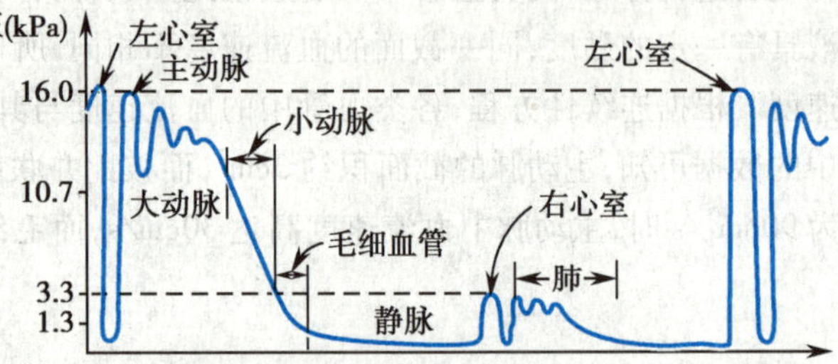

图 3-22 血管系统的血压变化

四、心 脏 做 功

血液循环之所以能够持续进行，是因为心脏周期性地做功，补偿血液流动过程中内摩擦力做功而消耗的机械能。心脏所做的功，可以由单位体积血液在主动脉的机械能（压强能、动能与势能）与单位体积血液在腔静脉的机械能之差而求得。因为血液循环由体循环和肺循环两部分组成，心脏做功可分为左心室做功和右心室做功。如果不计心房与心室的高度差，根据黏性流体的伯努利方程，则左心输出单位体积血液所做的功 w_L 为

$$w_L=(p_1-p_2)+\left(\frac{1}{2}\rho v_1^2-\frac{1}{2}\rho v_2^2\right)$$

笔记

式中，p_1、v_1 分别代表主动脉中靠近左心室处的血压和血流速度（v_1 即为心脏收缩时左心室的射

血速度)，p_2、v_2 分别代表腔静脉中靠近右心房处的血压和血流速度，v_2 很小，可忽略不计，p_2 接近大气压，p_1-p_2 约等于主动脉平均血压。则

$$w_L=(p_1-p_2)+\frac{1}{2}\rho v_1^2 \tag{3-33}$$

同理，可以求出右心输出单位体积血液所做的功 w_R。由于肺动脉中的平均血压约为主动脉中的$\frac{1}{6}$，血液在肺动脉中靠近右心室处的血流速度与主动脉的血流速度 v_1 大致相等，所以

$$w_R=\frac{1}{6}(p_1-p_2)+\frac{1}{2}\rho v_1^2 \tag{3-34}$$

整个心脏输出单位体积血液所做的功 w 为

$$w=w_L+w_R=\frac{7}{6}(p_1-p_2)+\rho v_1^2 \tag{3-35}$$

例如，人在静息状态下，主动脉平均血压约为 100mmHg，即 $p_1-p_2=1.33\times10^4$Pa，左心室的射血速度 v_1 为 0.3m/s，血液密度 ρ 为 1.05×10^3kg/m^3，代入式(3-35)计算得 $w=1.56\times10^4$J/m^3。而在静息状态下，心脏每分钟输出血液量约为 5L，这相当于心脏每分钟做功为 78J。人运动时心率加快，心脏每分钟输出血液量增加，心脏做功会更多。

拓展阅读

血流动力学

血流动力学(hemodynamics)是研究血液在血管系统中流动和形变的科学，主要研究血流量、血流阻力、血压及它们之间的相互关系，血液在血管中的流动方式、血液的黏滞性、动脉管壁的弹性等特性，探讨血液黏度对人体的影响。

血液是一种由水、无机化合物、溶解气体、有机分子以及蛋白质、糖等高分子组成的复杂溶液，其中又悬浮着大量的血细胞，所以血液黏度是非牛顿黏度。另外，血管系统是具有弹性和可扩张性的管道系统，所以，虽然血流动力学基本原理与一般流体力学的原理相同，但是又有其自身的特点。

血液在血管内的流动方式分为层流和湍流。血流速度、血管口径、血液黏度都会影响血液的流动状态。人体的血液循环在正常情况下属于层流状态，心室内存在着湍流状态(利于血液的充分混和)。在某些病理条件下，会在心脏处因湍流而产生心脏杂音，医生可以根据心脏杂音来协助诊断疾病。

血流阻力是血液在血管中流动时产生的内摩擦力或黏滞力，产生的能量主要以热能形式耗散。所以，血液在流动过程中能量逐渐减小，表现为血液流动过程中压力逐渐降低。血流阻力可以根据泊肃叶定律中的血流量和血管两端压强差计算得出。由于血流阻力与血管半径的四次方成反比，因此在人体血管网络系统中，微动脉处的阻力最大。心脏射入大动脉的血液，由于小动脉流阻的迅速增大而不能立即全部排出，从而把一部分能量贮存在动脉管壁的弹性势能中，心脏射血停止后，血管壁收缩，推动血液继续向前流动，因此，虽然心脏间歇做工，但血液在血管中却能连续流动。

血液黏度是影响血流阻力的重要因素，黏度越高，血管阻力越大。由于血液是一种由多相系统组成的悬浮液，成分复杂，影响血液黏度的因素比较多，但主要因素有以下几个方面。

笔记

1. 血细胞比容 血液中血细胞占全血的容积比，它是影响血液黏度的重要因素，血液黏度随血细胞比容的增加而迅速增高。男性血细胞比容在0.40～0.50之间，女性在0.37～0.48之间。

2. 血流的切变率 血流的切变率是指血液进行层流时的速度梯度。匀质流体是牛顿流体，其黏度不随切变率的变化而改变。血液为非牛顿流体，其黏度随切变率的增高而降低。当切变率增高时，血流速度加快，红细胞向中轴方向集中以及血浆蛋白质大分子的分子取向，都会降低血液流动时的阻力，导致血液黏度降低，此时血液流动接近层流状态。相反当切变率降低时，红细胞处在聚集状态，血液黏度增高。

3. 血管口径 当血管口径较大时，不会影响血液黏度；但当血管直径小于0.2～0.3mm时，只要切变率足够高，血液黏度就会随血管直径的减小而降低，这对于改善人体的微循环和减轻心脏负担具有重要的生理意义。

4. 温度 温度降低时，血液黏度增高，所以当人体处于低温环境时，血流阻力增大，血液循环变缓。因此在体外循环、血液透析时要注意温度变化对血液黏度的影响。

心血管疾病会引起人体血液循环系统血流动力学的改变，人们可以依据物理学定律，结合生理和病理生理学，对血液运动的规律性进行定量、动态、连续的测量和分析（血流动力学监测），这对诊断心血管疾病、判断病情和临床治疗，具有重要的意义。

习题

1. 应用连续性方程的条件是什么？

2. 在推导伯努利方程的过程中，用过哪些条件？伯努利方程的物理意义是什么？

3. 两条木船朝同一方向并进时，会彼此靠拢甚至导致船体相撞。试解释产生这一现象的原因。

4. 冷却器由19根Φ20mm×2mm（即管的外直径为20mm，壁厚为2mm）的列管组成，冷却水由Φ54mm×2mm的导管流入列管中，已知导管中水的流速为1.4m/s，求列管中水流的速度。

5. 水管上端的截面积为$4.0\times10^{-4}m^2$，水的流速为5.0m/s，水管下端比上端低10m，下端的截面积为$8.0\times10^{-4}m^2$。（1）求水在下端的流速；（2）如果水在上端的压强为1.5×10^5Pa，求下端的压强。

6. 水平的自来水管粗处的直径是细处的两倍。如果水在粗处的流速和压强分别是1.00m/s和1.96×10^5Pa，那么水在细处的流速和压强各是多少？

7. 利用压缩空气，把水从一密封的筒内通过一根管以1.2m/s的流速压出。当管的出口处高于筒内液面0.60m时，问筒内空气的压强比大气压高多少？

8. 文丘里流量计主管的直径为0.25m，细颈处的直径为0.10m，如果水在主管的压强为5.5×10^4Pa，在细颈处的压强为4.1×10^4Pa，求水的流量是多少？

9. 一水平管道内直径从200mm均匀地缩小到100mm，现于管道中通以甲烷（密度ρ=0.645kg/m^3），并在管道的1、2两处分别装上压强计（如图3-8所示），压强计的工作液体是水。设1处U形管压强计中水面高度差h'_1=40mm，2处压强计中水面高度差h'_2=-98mm（负号表示开管液面低于闭管液面），求甲烷的体积流量Q。

10. 将皮托管插入河水中测量水速，测得其两管中水柱上升的高度各为0.5cm和5.4cm，求水速。

笔记

11. 如果图3-10(b)所示的装置是一采气管，采集CO_2气体，如果压强计的水柱差是2.0cm，采气管的横截面积为 $10cm^2$。求 5 分钟所采集的 CO_2 量是多少立方米？（已知 CO_2 的密度为 $2kg/m^3$）

12. 水桶底部有一小孔，桶中水深 $h=0.30m$。试求在下列情况下，从小孔流出的水相对于桶的速度：(1)桶是静止的；(2)桶匀速上升。

13. 注射器的活塞截面积 $S_1=1.2cm^2$，而注射器针孔的截面积 $S_2=0.25mm^2$。当注射器水平放置时，用 $f=4.9N$ 的力压迫活塞，使之移动 $l=4.0cm$，问水从注射器中流出需要多少时间？

14. 用一截面为 $5.0cm^2$ 的虹吸管把截面积大的容器中的水吸出。虹吸管最高点在容器的水面上 1.20m 处，出水口在此水面下 0.60m 处。求在定常流动条件下，管内最高点的压强和虹吸管的流量。

15. 匀速地将水注入一容器中，注入的流量为 $Q=150cm^3/s$，容器的底部有面积 $S=0.50cm^2$ 的小孔，使水不断流出。求达到稳定状态时，容器中水的高度。

16. 如图 3-23 所示，两个很大的开口容器 B 和 F，盛有相同的液体。由容器 B 底部接一水平非均匀管 CD，水平管的较细部分 1 处连接到一竖直的 E 管，并使 E 管下端插入容器 F 的液体内。假设液流是理想流体作定常流动。如果管中 1 处的横截面积是出口 2 处的一半。并设管的出口处比容器 B 内的液面低 h，问 E 管中液体上升的高度 H 是多少？

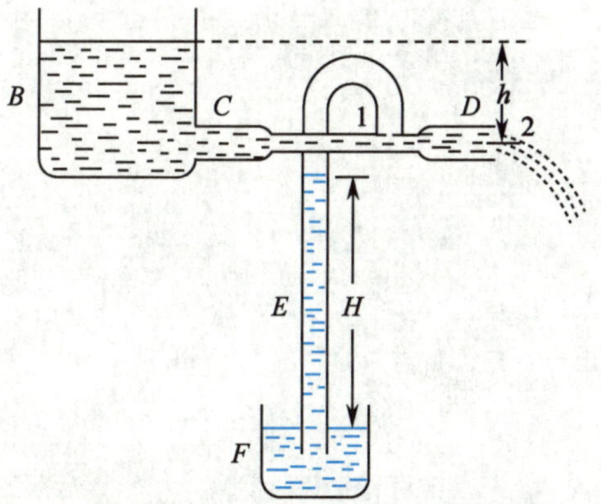

图 3-23　习题 16 图

17. 水从一截面为 $5cm^2$ 的水平管 A，流入两根并联的水平支管 B 和 C，它们的截面积分别为 $4.0cm^2$ 和 $3.0cm^2$。如果水在管 A 中的流速为 100cm/s，在管 C 中的流速为 50cm/s。问：(1)水在管 B 中的流速是多大？(2)B、C 两管中的压强差是多少？(3)哪根管中的压强最大？

18. 如图 3-24 所示，在水箱侧面的同一铅直线的上、下两处各开一小孔，若从这两个小孔的射流相交于一点 P，试证：$h_1H_1=h_2H_2$。

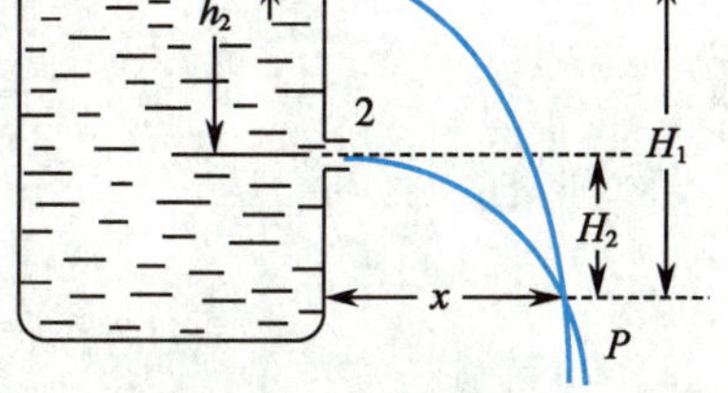

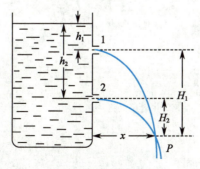

图 3-24　习题 18 图

笔记

19. 在一个顶部开启、高度为 0.10m 的直立圆柱形水箱内装满水，水箱底部开有一小孔，已知小孔的横截面积是水箱的横截面积的 1/400，(1)求通过水箱底部的小孔将水箱内的水流尽需要多少时间？(2)欲使水面距小孔的高度始终维持在 0.10m，把相同数量的水从这个小孔流出又需要多少时间？并把此结果与(1)的结果进行比较。

20. 使体积为 25cm^3 的水，在均匀的水平管中从压强为 $1.3\times10^5\text{Pa}$ 的截面移到压强为 $1.1\times10^5\text{Pa}$ 的截面时，克服摩擦力所做的功是多少？

21. 为什么跳伞员从高空降落时，最后达到一个稳恒的降落速度？

22. 20℃的水，在半径为 1.0cm 的水平管内流动，如果管中心处的流速是 10cm/s。求由于黏性使得管长为 2.0m 的两个端面间的压强差是多少？

23. 直径为 0.010mm 的水滴，在速度为 2.0cm/s 的上升气流中，能否向地面落下？设空气的 $\eta=1.8\times10^{-5}\text{Pa}\cdot\text{s}$。

24. 一条半径 $r_1=3.0\times10^{-3}\text{m}$ 的小动脉被一硬斑部分阻塞，此狭窄处的有效半径 $r_2=2.0\times10^{-3}\text{m}$，血流平均速度 $v_2=0.50\text{m/s}$。已知血液黏度 $\eta=3.00\times10^{-3}\text{Pa}\cdot\text{s}$，密度 $\rho=1.05\times10^3\text{kg/m}^3$。试求：(1)未变狭窄处的平均血流速度？(2)狭窄处会不会发生湍流？(3)狭窄处的血流动压强是多少？

（刘凤芹　武宏）

笔记

第四章 分子动理论

学习要求

1. 掌握　理想气体物态方程、压强公式和能量公式；掌握弯曲液面附加压强和毛细现象液面高度的计算方法。
2. 熟悉　理想气体分子微观模型和分子动理论的统计方法；理解范德瓦耳斯方程。
3. 了解　麦克斯韦速率分布函数和表面活性物质的应用。

物理学有两种基本的研究对象：确定性和随机性问题。所谓确定性问题就是各个物理量之间有着必然的联系。例如，在经典力学范围内，当确定物体的质量和其加速度后，可以通过牛顿第二定律的计算得到施加在该物体上的作用力。又如弹簧振子的运动，其位移、速度和加速度在任意给定时刻都有一确定的数值。本章之前后的一些内容可以归类于确定性问题。随机性问题是物理学中另外一种类型的问题：一个系统中每个个体的各个物理量之间不存在必然联系。虽然在个体上也许是服从牛顿定律或者物理学其他定律，但由于被考虑的对象数目巨大和系统的复杂性，传统的物理学公式在这里失去其理论的指导意义。对于随机性问题只能用统计学的方法来研究，统计学的特点是研究对象必须具有足够的数量，就是说统计的结果只对大量样本成立，对少量的或者样本中的个体不一定成立。统计对象中的个体不一定遵从统计学规律是统计理论的特征。通过本章的学习是为了了解用统计学解决复杂性问题的基本方法。

分子物理学和热力学所研究的对象都是物质各种聚集态（气体、液体及固体）的基本性质和所遵循的规律，以及聚集态变化过程中相伴而产生的热现象。在这些现象中，虽然包含着单个分子的机械运动，但是这些现象本身，却是相互作用着的大量分子无规则运动的集体表现。这种无规则运动形式称为**分子热运动**（molecular chaotic motion），这是比机械运动更为复杂的物质运动形式。

每一个运动着的分子或原子都有其体积、质量、速度和能量等，这些用来表征个别分子的物理量称为**微观量**（microscopic quantity）。一般在实验中测得的是表征大量分子集体特征的物理量，如物体的温度、压强等，称为**宏观量**（macroscopic quantity）。由于组成物质的分子或原子数量极为巨大，1 摩尔（符号 mol）物质的分子数达 6.022×10^{23} 个，想用力学方法研究每个分子的运动是不可能的，也是不必要的。研究分子热运动现象的一种方法就是以物质的分子原子结构概念和分子热运动概念为基础，应用统计方法，求出大量分子微观量的平均值，建立宏观量和微观量之间的关系，从而说明物质宏观现象的本质，这就是**分子物理学**（molecular physics）的方法。另一种方法是以观测和实验事实为依据，从能量观点出发，研究物态变化过程中有关热功转换的规律和条件，这就是**热力学**（thermodynamics）的方法。

分子物理学是微观理论，热力学是宏观理论，它们所研究的对象是一致的。热力学研究的物质宏观性质，经分子物理学的分析，得以了解其本质；分子物理学的理论经热力学的研究而得到验证。因此两者密切联系，相辅相成，不可偏废。

热力学在中学学习时已有相当基础，以后《物理化学》中还要学习。本课程限于学时，只讨论分子动理论。

笔记

第一节 动理学理论

一、动理学理论及其实验基础

前已说明,分子物理学是以物质的分子原子结构概念为基础进行研究的。现将**动理学理论**(kinetic theory,也曾叫分子运动论)的基本概念及其实验基础分述如下。

1. 宏观物体是由大量分子或原子(以下简单地说分子)所组成 许多常见的现象都能说明物质是由不连续的分子组成的,如物体在外力作用下体积会变小;钢筒中所盛的油,在约2kMPa的压强作用下,可透过筒壁逸出。这些事实都说明宏观物体是由大量不连续的微粒组成的。

2. 物体内的分子都在永不停息地运动着 两种物质相接触时扩散现象的存在,说明了物体内分子在不停地做无规则运动。气体和液体的扩散比较显著,固体也会扩散,只是进行得很慢而已。著名的**布朗运动**(Brown motion)更有力地证明了分子无规则运动的存在。实验还表明,温度越高,扩散越快,布朗运动越激烈,说明分子的无规则运动越激烈,因此分子不停的无规则运动称为分子热运动。

3. 分子间有相互作用力存在 在一定温度下气体可凝聚成液体或固体,说明分子间有相互吸引力;液体和固体的难以压缩,又说明分子间有相互排斥力。液体的表面张力、毛细现象和固体的弹性等,也必须根据分子间相互作用力才能说明。

分子力的作用将使分子在空间形成某种规则分布,分子的无规运动将破坏这种规则分布。正是这两种相互对立的作用,构成了物质聚集态变化的内部依据。

二、分子现象的统计规律性

如前所述,分子动理论的研究要应用统计方法。为此,介绍一下关于分子现象统计规律性的基本概念。

自然界中,有一类现象或事件,在一定的条件下是必然发生或必然不发生的,称为**必然事件**。例如,第一章中所讨论的机械运动现象就都是必然事件。另有一类现象或事件,在一定的条件下可能发生也可能不发生,称为**随机事件**。例如,一只口袋装两个黑球、一个白球和一个红球,它们的形状、大小及重量完全一样。从袋内任取一球,“从袋内取出的是红球”就是一个随机事件。物质中个别分子的运动具有某一速度值也是随机事件。

随机事件并不是没有规律的。袋中任取一球,可能是红球,也可能是黑球或白球;但当取的次数很大时,会发现取得红球的可能性为1/4。物质中个别分子的运动具有中等速率的可能性大,很大速率或很小速率的可能性较小。这都说明大量随机事件具有统计规律性。

概率论是数学中研究大量随机事件统计规律的一门分支学科。概率论指出:**事件出现的概率就是事件出现的可能性的量度。**设 n 为事件出现的一切可能情况总数,m 为事件出现的有利情况数。当 n 很大时,比值

$$P=\frac{m}{n} \tag{4-1}$$

就是事件出现的概率。袋中取球,“取出的是红球”的概率为1/4。显然,必然发生的事件的概率为1,必然不发生的事件的概率为0。

笔记

了解了概率的这一概念后,就可以气体为例来说明分子现象的几个统计规律性。在气体中,由于分子间的不断碰撞,分子运动的速度值是具有偶然性的变量,称为**随机变量**(random variable)。但当大量分子聚集在一起的时候,就会表现出规律性。当容器中的气体处于平衡态时,

气体密度到处均匀，这反映任一时刻单位体积中分子数到处相等。不仅如此，还反映了个别分子运动的方向虽然有各种可能，但对大量分子来说，从各个方向进出容器中任一区域的分子数必然相等。这就是说，分子沿任一方向运动的机会是均等的，没有哪一个方向更有优势。至于容器中分子运动的速率也服从确定的统计分布规律，这将在本章第四节中讨论。

统计分布规律虽能给随机变量以完整的描述，但在分子动理论中，为了说明宏观量的物理本质，还要计算随机变量的**统计平均值**。统计平均值代表大量观察的平均结果，最能反映大量分子集体的性质。但是应当指出，利用统计方法所求得的平均值和实际观察值并不等同。某一时刻的观察值并不一定等于统计平均值，而是在统计平均值附近作无规则的微小变动，这种现象称为**涨落**(fluctuation)。例如在气体中，微小体积中的分子数就是时多时少的。涨落现象是统计规律的一个重要特点，由此可以了解统计规律性和力学规律性的不同。力学规律性是在给定条件下，物体系统在某一时刻必定处于某一确定状态；统计规律性是在一定条件下，物体系统在某一时刻以某种概率处于某一运动状态。

最后还应指出，我们现在讨论的内容只限于**经典统计物理学**的范围。经典统计物理学假定分子、原子是遵循经典力学规律的粒子，同时把分子、原子当作质点看待，而没有考虑它们内部的运动。因此，就不能解决由于分子、原子内部运动所引起的现象，例如金属的导电性，固体比热与温度的关系等。对于这些问题必须用**量子统计物理学**才能解决。

第二节　理想气体动理论基本方程

在固、液、气三种聚集态中，气体分子热运动最为显著，而分子间相互作用力很小。在一般情况下，除了碰撞瞬间外，分子间相互作用力可以忽略不计。因此，在固、液、气三种聚集态中，以气体的性质最为单纯，了解得最清楚。同时，在实践中气体也很重要，热机的工作物质通常是气体。本章将以气体为主要研究对象，在先不考虑分子间相互作用的条件下，从分子热运动的观点来讨论其性质。我们先回顾一下由实验总结得出的关于气体的规律。

一、理想气体物态方程

为了描述物体的**态**(state)，常采用一些表示物体有关特征的物理量，例如体积、压强、温度、浓度等，作为描述态的变量，称为**态变量**。对于一定质量的某种气体(质量 M、摩尔质量 μ)的态，一般可用气体所占体积 V、压强 p 和温度 T 或 t 等三个物理量来表征。这三个量称为气体的**态参量**(state parameter, state property)。

在描述气体的压强、温度等物理量时，只有气体中各处压强、温度都相同才有意义。如果各处不同，例如加热一处，就会发生对流、热传导等，这时气体所处的态称为**非平衡态**。只要没有外界影响，内部也没有能量转化，如化学反应、核反应等，则经过一定时间后，气体中各处压强、温度一定会趋于一致，而且长时间维持不变，称为气体的**平衡态**。处于平衡态的气体，内部分子的热运动永不停息，每个分子通过热运动和相互碰撞，不断改变其微观态。只有对平衡态的一定质量的某种气体，才能用三个态参量确定其态。

根据实验研究，V、p、T 三个态参量中每两个参量间的变化可分别由三个实验定律给出，它们是玻意耳定律、查理定律和盖-吕萨克定律。由于当时科技水平的限制，它们都具有一定的局限性和近似性，只有在压强不太大(与标准大气压比较)和温度不太低(和室温比较)的条件下，一般气体才比较准确地遵守上述三个定律。在理论上，把在任何情况下绝对遵守这三个实验定律的气体，称为**理想气体**(ideal gas)。显然，理想气体是一个理想模型，引入理想气体的目的是为了使问题简化，便于研究。

概括上述三条实验定律，可得理想气体物态方程(equation of state)。对质量为 M、摩尔质

笔记

量为 μ 的理想气体，有

$$pV=\frac{M}{\mu}RT \tag{4-2}$$

式(4-2)中，R 称为气体常量，它与气体性质无关，但其数值和式中其他各量的单位有关。国际单位制中，压强的单位为帕斯卡(符号 Pa)，简称帕；体积的单位为 m^3；温度的单位用热力学温度的单位开尔文(符号 K)，简称开；质量的单位为 kg；摩尔质量的单位为 kg/mol。由阿伏伽德罗定律，在标准状况下，即 $p=1.01325\times10^5$Pa，$T_0=273.15$K 时，1mol 气体的体积为 $22.4141\times10^{-3}\text{m}^3$，即 $V_{0m}=22.4141\times10^{-3}\text{m}^3/\text{mol}$。因此

$$R=\frac{p_0V_{0m}}{T_0}=\frac{10.1325\times10^3\times22.4141\times10^{-3}}{273.15}=8.3145\text{J}/(\text{mol}\cdot\text{K})$$

二、理想气体动理论基本方程

现在，我们从气体动理学理论的观点来阐明理想气体及其态参量的本质。

前已说明，理想气体是一个理想模型。现从气体动理学理论的基本特征出发，对气体进行一些抽象，作如下假设。

1. 气体分子大小和气体分子间距相比可忽略不计，同种气体分子可看成质量相同的质点，其运动遵循牛顿运动定律。

标准状况下，气体的密度大约只有液体的1‰。液体因其压缩性很小，可以认为分子是紧密排列的；气体中分子间距约是其本身大小的 10 倍。至于遵守牛顿运动定律则纯属假设。

2. 分子间作用力除了碰撞时以外可忽略不计，分子所受重力也可忽略不计。这是因为分子间距很大，相互作用力很弱；容器不会很大，分子重力势能变化不大，平均说来，远小于分子动能。

3. 分子间和分子与器壁间的碰撞是弹性的，碰撞前后分子动能不变。否则，随着分子间碰撞的频繁进行，气体能量越来越小，就不是平衡态了。

这样，气体就可看成自由地做无规则运动的弹性质点的集合。这里忽略了分子大小及分子间作用力，只考虑分子热运动。由此得出的规律和理想气体物态方程一致，因此上述假设构成理想气体的微观模型。

此外，上节还指出，气体处于平衡态时，单位体积中分子数(称为分子数密度)到处相等，分子沿任一方向运动的机会均等。因此有

$$\overline{v_x^2}=\overline{v_y^2}=\overline{v_z^2}$$

各速度分量平方的平均值按下式定义

$$\overline{v_x^2}=\frac{(v_{1x}^2+v_{2x}^2+\cdots+v_{Nx}^2)}{N}$$

式中 N 为总分子数。

由于每个分子的速率和速度分量的关系为

$$v_i^2=v_{ix}^2+v_{iy}^2+v_{iz}^2$$

等号两侧对所有分子求平均值，可得

$$\overline{v^2}=\overline{v_x^2}+\overline{v_y^2}+\overline{v_z^2}$$

因此有

$$\overline{v_x^2}=\overline{v_y^2}=\overline{v_z^2}=\frac{1}{3}\overline{v^2} \tag{4-3}$$

笔记

这些是关于分子无规则运动的统计性假设，只适用于大量分子的集合，其中分子数密度 n 及$\overline{v_x^2}$、$\overline{v_y^2}$、$\overline{v_z^2}$、$\overline{v^2}$也只有对大量分子的集合才有意义，式(4-3)才成立。

在上述理想气体微观模型和统计性假设的基础上，可以阐明理想气体压强的本质，并得出理想气体动理论基本方程。

从微观上看，气体对器壁的压强是大量气体分子对器壁频繁碰撞的结果。设体积为 V 的容器中有 N 个质量为 m 的气体分子，它们处于平衡态。为讨论方便，将所有分子按速度分为若干组，每一组内各分子速度大小和方向基本相同。例如速度为 v_i 到 $v_i+\mathrm{d}v_i$ 区间内的分子，速度基本上都是 v_i。以 n_i 表示这一组的分子数密度，则总的分子数密度应为 $n=\sum_i n_i$。

平衡态时，器壁上压强处处相等。任取器壁上一小块面积 $\mathrm{d}A$，并取其垂直向外的方向为 x 轴方向(图 4-1)。对速度为 v_i 的某分子，由于它和器壁的碰撞是弹性的，碰撞前后在 y、z 方向上的速度分量不变，x 方向上速度分量由 v_{ix} 变为 $-v_{ix}$，动量增量为 $m(-v_{ix})-mv_{ix}=-2mv_{ix}$。由动量定理，这就是该分子一次碰撞器壁的过程中器壁对它的冲量。由牛顿第三定律，该分子一次碰撞器壁施于器壁的冲量为 $2mv_{ix}$，方向沿 x 轴。

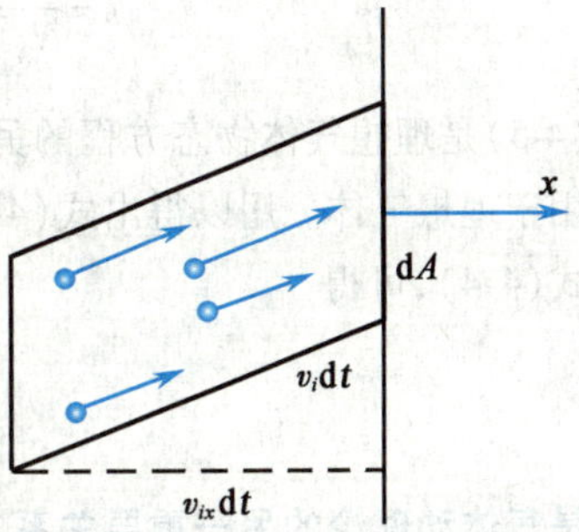

图 4-1 气体动理论基本方程的推导

在 $\mathrm{d}t$ 时间内有多少速度基本上为 v_{ix} 的分子碰到 $\mathrm{d}A$ 上？以 $\mathrm{d}A$ 为底、v_i 为轴线，作高为 $v_{ix}\mathrm{d}t$ 的斜柱体，凡柱体内分子 $\mathrm{d}t$ 内都能相碰，柱体外分子 $\mathrm{d}t$ 内都不能相碰。该柱体内速度为 v_i 的分子数为 $n_iv_{ix}\mathrm{d}t\mathrm{d}A$，这些分子在时间 $\mathrm{d}t$ 内对 $\mathrm{d}A$ 的总冲量为

$$n_iv_{ix}\mathrm{d}A\mathrm{d}t(2mv_{ix})=2mn_iv_{ix}^2\mathrm{d}A\mathrm{d}t$$

考虑到只有 $v_x>0$ 的分子才可能和 $\mathrm{d}A$ 碰撞；由于分子运动各向机会均等，$v_x>0$ 和 $v_{ix}<0$ 的分子各占分子总数的一半，$\mathrm{d}t$ 时间内所有各种速度的分子对 $\mathrm{d}A$ 的总冲量为

$$\mathrm{d}I=\sum_{v_{ix}>0}2mn_iv_{ix}^2\mathrm{d}A\mathrm{d}t$$
$$=\frac{1}{2}\sum_i 2mn_iv_{ix}\mathrm{d}A\mathrm{d}t=\sum_i mn_iv_{ix}^2\mathrm{d}A\mathrm{d}t$$

以 p 表示气体压强，$P\mathrm{d}A$ 为作用于 $\mathrm{d}A$ 的压力，$\mathrm{d}t$ 时间内 $\mathrm{d}A$ 受到的总冲量为 $\mathrm{d}I=p\mathrm{d}A\mathrm{d}t$。因此有

$$p=m\sum_i n_iv_{ix}^2$$

由于$\overline{v_x^2}=\frac{1}{N}\sum N_iv_{ix}^2=\frac{1}{n}\sum n_iv_{ix}^2$，再考虑式(4-3)，有

$$p=nm\overline{v_x^2}=\frac{1}{3}nm\overline{v^2}=\frac{2}{3}n\left(\frac{1}{2}m\overline{v^2}\right) \tag{4-4}$$

这就是理想气体动理论基本方程。它表明气体压强本质上是气体分子碰撞器壁的平均冲力，其大小和分子数密度及分子平均平动动能成正比。

上述讨论中，没有考虑分子间的碰撞，但并不影响讨论的结果。分子间的碰撞属于质量相同的小球之间的弹性碰撞，就大量分子的统计效果来讲，当速度为 v_i 的分子因碰撞而速度发生改变时，必有其他分子因碰撞而速度变为 v_i，使速度为 v_i 到 $v_i+\mathrm{d}v_i$ 区间内的分子数密度 n_i 基本不变。

式(4-4)中，p、n、$\frac{1}{2}m\overline{v^2}$都是统计平均值，式(4-4)是一个统计平均规律。对一个分子或少量分子是没有意义的，只有对大量分子才成立。

笔记

三、分子的平均平动动能

根据理想气体动理论基本方程和理想气体物态方程，可以得到气体温度和分子平均平动动能之间的关系。为便于比较，先改写理想气体物态方程。

设质量为 M 的气体包含有 N 个质量为 m 的分子，则 $M=Nm$，$\mu=N_A m$。其中 $N_A=6.022045\times 10^{23}/\text{mol}$ 为**阿伏伽德罗常量**。代入式(4-2)，有

$$p=\frac{1}{V}\frac{M}{\mu}RT=\frac{N}{V}\frac{R}{N_A}T=nkT \tag{4-5}$$

式(4-5)中，k 为**玻尔兹曼常量**(Boltzmann constant)

$$k=\frac{R}{N_A}=\frac{8.3145}{6.0221367\times 10^{23}}=1.3807\times 10^{-23}\text{J/K}$$

式(4-5)是理想气体物态方程的另一种形式，这和气体动理论基本方程一致，因此式(4-4)也只适用于理想气体。用以得出式(4-4)的三条假设就构成了理想气体的微观模型。比较式(4-5)和式(4-4)，可得

$$\frac{1}{2}m\overline{v^2}=\frac{3}{2}kT \tag{4-6}$$

这是气体动理论的另一重要关系。

式(4-6)指出，理想气体分子平均平动动能只与气体温度有关，且与气体热力学温度成正比。它还表明，气体的温度是分子平均平动动能的量度。分子热运动越剧烈，气体温度越高。温度是大量分子热运动的集体表现。对一个分子或少量分子来讲，它的温度多高是没有意义的。

式(4-6)只适用于理想气体，即高温低压下的气体。因此不能由此得出结论，认为气体为绝对零度时气体分子将停止运动。

掌握了压强、温度的本质后，对理想气体物态方程的理解将更深刻。体积一定时，随着温度的升高，分子热运动剧烈，分子碰撞器壁冲力变大，单位时间内撞击器壁的分子数也将增多，因而压强变大；温度一定时，随着体积的缩小，分子数密度增大，单位时间内撞击器壁分子数增大，因而压强变大。

第三节 能量均分定理

一、自 由 度

前面的讨论中，理想气体的分子被看成质点。实际上气体分子具有一定的大小和复杂的结构。除了平动以外，还有转动，甚至还有分子内部的振动。分子热运动的能量应将这几种能量都包括在内。在这方面，气体分子不能简单地看成质点。为了讨论气体分子各种运动间能量的分配，要先引入自由度的概念。

决定一个物体在空间的位置所需要的独立坐标数目称为这个物体的**自由度**(degree of freedom)。轨道上运行的火车，可看成做直线或曲线运动的质点，只要一个坐标(距离)就可确定位置，自由度为1；大海中航行的轮船是做曲面运动的质点，要两个坐标(经度和纬度)才能确定其位置，自由度为2；而空中的飞机是空间运动的质点，要3个坐标(再加高度)才能确定其位置，自由度为3。

气体分子的自由度随分子结构而异。单原子分子结构简单，一般仍可当质点处理，自由度

笔记

为3。这3个自由度是和分子平动相联系的,是平动自由度,如图4-2(a)。

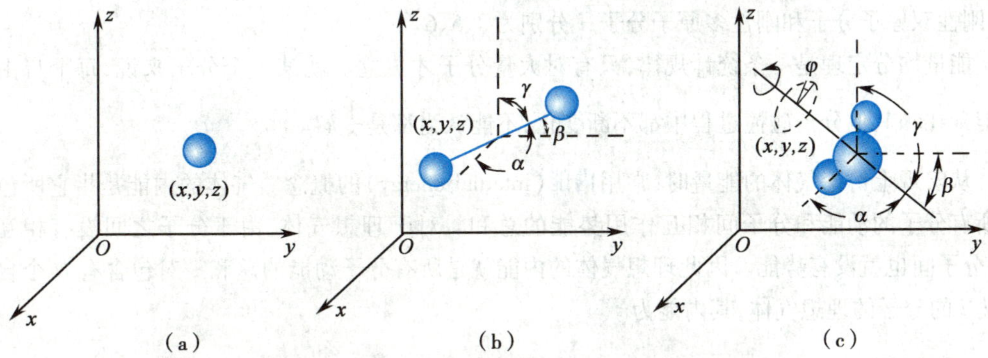

图4-2　几种分子的自由度

(a)单原子分子;(b)刚性双原子分子;(c)刚性多原子分子

对于双原子分子气体,可暂不考虑原子的振动,即认为分子是刚性的。确定这种分子的位置时,除了需用3个坐标确定其质点位置(相应于3个平动自由度)外,还需确定其键轴在空间的方位。确定一直线在空间的方位,可用它和x、y、z轴的夹角α、β、γ;但因总有$\cos^2\alpha+\cos^2\beta+\cos^2\gamma=1$,其中只有两个是独立的。这两个坐标给出了分子的转动状态,相应的自由度是转动自由度。因此,对刚性双原子分子,自由度为5。其中平动自由度为3,转动自由度为2,如图4-2(b)。

对三原子或多原子分子,如果仍认为是刚性的,则除了确定质心位置的3个坐标和确定某一键轴的两坐标外,还需要确定整个分子绕该键轴转动的角度和坐标。这后一个坐标相应为第三个转动自由度。因此,对刚性多原子分子,自由度为6,其中平动自由度和转动自由度各为3,如图4-2(c)。

一般考虑气体分子的能量时,还应考虑分子中原子的振动。但是在常温下,认为分子是刚性的,就能用经典方法给出和实验大致相符的结果。因此作为统计概念的初步介绍,将不考虑分子内部的振动,而认为分子是刚性的。进一步说,关于分子振动的能量,经典理论不能作出正确的说明,而需要量子力学。

二、能量均分定理

现在考虑分子的平均总动能。由式(4-3)和式(4-6),有

$$\frac{1}{2}m\overline{v_x^2}=\frac{1}{2}m\overline{v_y^2}=\frac{1}{2}m\overline{v_z^2}=\frac{1}{3}\left(\frac{1}{2}m\overline{v^2}\right)=\frac{1}{2}kT \tag{4-7}$$

式(4-7)表明,分子平均平动动能是均匀地分配于每个自由度的。由于大量分子频繁碰撞的结果,各个平动自由度中没有哪一个更占优势,因而平均来讲,各个平动自由度具有相等的动能,都是$\frac{1}{2}kT$。

这种能量的分配,在分子有转动的情况下,还应扩及转动自由度。这就是说,在大量分子频繁碰撞的过程中,平动和转动之间以及各转动自由度间也可以交换能量;而且就能量来说,这些自由度中也没有哪个是特殊的,即各自由度的平均动能是相等的。

经典统计物理可以更严格地证明,在温度为T的平衡态下,物体(气体、液体或固体)分子每个自由度的平均动能都相等,都等于$\frac{1}{2}kT$。这一结论称为**能量均分定理**(equipartition theorem)。

笔记

由能量均分定理，如果气体分子有 i 个自由度，则分子的平均总动能为$\frac{i}{2}kT$。对单原子分子、刚性双原子分子和刚性多原子分子，i 分别为 3、5、6。

能量均分定理是一条统计规律，只有对大量分子才成立。就某一个分子来说，每个自由度的能量在和其他分子碰撞过程中都不断变化，不能认为都是$\frac{1}{2}kT$。

从宏观上讨论气体的能量时，常用**内能**(internal energy)的概念。气体的内能是指它所包含的所有分子的动能和分子间相互作用势能的总和。对于理想气体，由于分子之间没有相互作用，分子间也就没有势能。因此理想气体的内能就是所有分子动能的总和。对包含有 N 个自由度为 i 的分子的理想气体，其内能为

$$E=N\left(\frac{i}{2}kT\right)=\frac{M}{\mu}N_A\left(\frac{i}{2}kT\right)=\frac{M}{\mu}\cdot\frac{i}{2}RT \tag{4-8}$$

这表明理想气体的内能只是温度的单值函数，而且和热力学温度成正比。这也可作为理想气体的定义。

本章关于能量问题的讨论至此告一段落，进一步讨论属于热力学的范围，将在物理化学中进行。

第四节　分子速率及其实验测定

前两节讨论压强和温度的本质时，都涉及"分子平均平动动能"。一定温度的理想气体，分子速率不一，但分子平均平动动能是一定的，可见分子速率是按一定规律分布的。1859 年，麦克斯韦(J. C. Maxwell)根据概率论首先得到了这一规律，当时分子概念还只是一种假说。

一、分子速率的统计分布

按照经典力学的概念，气体分子的速率可以连续地取零到无限大的任何数值；气体包含的分子数虽然巨大，却总是个有限值。但要问"具有某确定速率的分子有多少？"这是毫无意义的。因为某一时刻可能没有该速率的分子。所谓分子速率的统计分布就是要指出速率在 v 到 $v+dv$ 区间内的分子数 dN，或 dN 占总分子数 N 的百分比 dN/N 是多少。这一百分比在各速率区间是不同的，即它应是速率 v 的函数；在速率区间足够小的情况下，这一百分比还应和区间的大小 dv 成正比，应该有

$$\frac{dN}{N}=f(v)\,dv$$

或

$$f(v)=\frac{dN}{N dv} \tag{4-9}$$

式(4-9)中，函数 $f(v)$ 称为**速率分布函数**。它的物理意义**为速率在 v 附近单位速率区间内的分子数占总分子数的百分比**。它的数值越大，表示分子处于 v 附近单位速率区间内的概率越大。

将式(4-9)对所有速率区间积分，将得到所有速率区间的分子数占总分子数的百分比，它显然等于 1。因此有

$$\int_0^\infty f(v)\,dv=1 \tag{4-10}$$

笔记

这一所有分布函数必须满足的条件称为**归一化条件**。

麦克斯韦速率分布就是在一定条件下速率分布函数的具体形式。它指出,在平衡态下,当气体分子间的相互作用可以忽略时,速率分布函数为

$$f(v)=4\pi\left(\frac{m}{2\pi kT}\right)^{\frac{3}{2}}e^{\frac{mv^2}{2kT}}v^2 \tag{4-11}$$

式(4-11)指出,对给定气体(m一定),**麦克斯韦速率分布函数**仅和温度有关。以速率v为横轴,以速率分布函数$f(v)$为纵轴,可绘出如图4-3(a)的速率分布曲线。图中小窄条面积就表示速率在v到v+dv区间内分子数占总分子数的百分比dN/N。

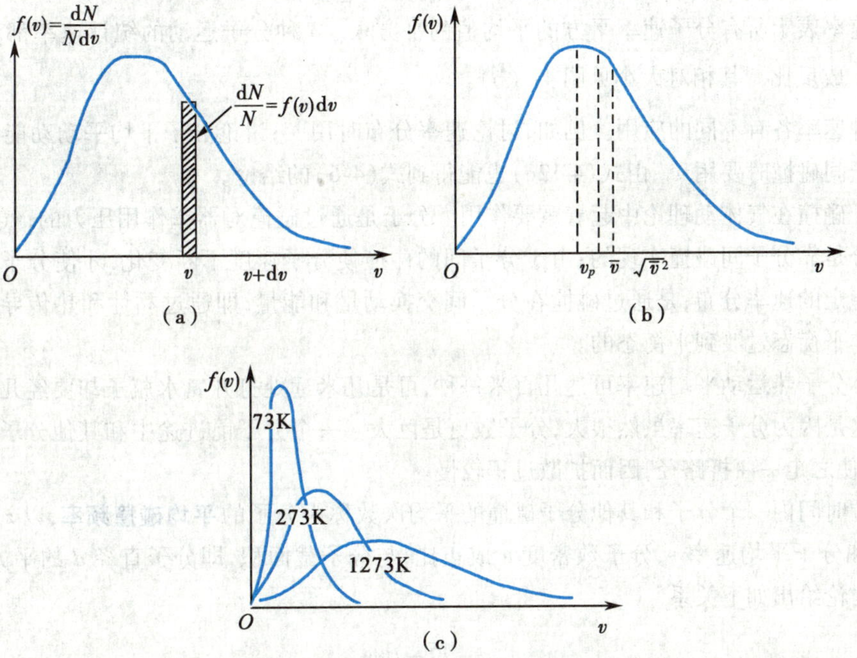

图4-3　麦克斯韦速率分布曲线
(a)某一温度下分子速率分布曲线;(b)某一温度下分子速率的3个统计值;
(c)不同温度下的分子速率分布曲线

速率分布曲线形象地表明,具有很大速率或很小速率的分子数较少,中等速率的分子数较多。曲线有一最大值,与之相应的速率v_p称为**最概然速率**(most probable speed)。由$\frac{d}{dv}f(v)=0$,可得

$$v_p=\sqrt{\frac{2kT}{m}}=\sqrt{\frac{2RT}{\mu}}\approx1.41\sqrt{\frac{RT}{\mu}} \tag{4-12a}$$

最概然速率的物理意义为在一定温度下,如果将整个速率范围分成许多相等的小区域,则v_p所在区间内的分子数占总分子数的百分比最大,或者说分子速率在v_p所在区间内的概率最大。

式(4-12a)表明,对给定气体,v_p随温度升高而增大。图4-3(c)就反映了温度越高,v_p越大,但$f(v_p)$越小。由于曲线下面积恒为1,所以温度升高时曲线将较平坦,并向高速区扩展。这就是通常所说的温度越高,分子运动越剧烈的含义。

利用速率分布函数,还可求出**平均速率**(mean speed)$\bar{v}$和**方均根速率**(root-mean-square speed)$\sqrt{\overline{v^2}}$。由平均值的定义,它们分别为

笔记

$$\overline{v}=\int_0^N v\frac{\mathrm{d}N}{N}=\int_0^\infty v f(v)\,\mathrm{d}v$$

$$\sqrt{\overline{v^2}}=\sqrt{\int_0^N v^2\frac{\mathrm{d}N}{N}}=\sqrt{\int_0^\infty v^2 f(v)\,\mathrm{d}v}$$

将式(4-11)代入,经计算可得

$$\overline{v}=\sqrt{\frac{8kT}{\pi m}}=\sqrt{\frac{8RT}{\mu}}\approx 1.60\sqrt{\frac{RT}{\mu}} \tag{4-12b}$$

$$\sqrt{\overline{v^2}}=\sqrt{\frac{3kT}{m}}=\sqrt{\frac{3RT}{\mu}}\approx 1.73\sqrt{\frac{RT}{\mu}} \tag{4-12c}$$

方均根速率表示所有分子速率平方的平均值的平方根。3 种分子运动的统计速率都和$\sqrt{T}$成正比,和$\sqrt{m}$成反比。其相对大小见图 4-3(b)。

三种速率各有不同的应用。例如,讨论速率分布时用 v_p;讨论分子平均平动动能时用$\sqrt{\overline{v^2}}$;讨论分子间碰撞时要用$\overline{v}$。由式(4-12c)也能得到式(4-6)的结论。

分子碰撞在气体动理论中起着重要作用。分子是通过碰撞对器壁作用压力的;气体分子的能量均分是靠分子间碰撞实现的;由于分子间的碰撞使分子速度不断变化,才使分子在平衡态下有一稳定的速率分布;是通过碰撞在分子间交换动量和能量,即通过黏性和热传导现象而使气体由非平衡态过渡到平衡态的。

气体分子热运动平均速率可达几百米每秒,可是几米远处打开氨水瓶子却要经几秒钟才能嗅到。这是因为分子速率虽然很大,分子数更是巨大。一个分子前进途中和其他分子的碰撞极为频繁,使之走一曲折路径,因而扩散过程较慢。

单位时间内一个分子和其他分子碰撞的平均次数称为分子的**平均碰撞频率**,以 $\overline{z}$ 表示。显然,$\overline{z}$ 将和分子平均速率 $\overline{v}$、分子数密度 n 成正比;与分子截面积,即分子直径 d 的平方成正比。详细地讨论给出如下关系

$$\overline{z}=\sqrt{2}\,\pi d^2\overline{v}n \tag{4-13}$$

一个分子连续两次碰撞间所经过的自由路程的平均值称为分子的**平均自由程**,以 λ 表示。显然,有

$$\overline{\lambda}=\frac{\overline{v}}{\overline{z}}=\frac{1}{\sqrt{2}\,\pi d^2 n} \tag{4-14}$$

因为 $p=nkT$,代入式(4-14),可得

$$\overline{\lambda}=\frac{kT}{\sqrt{2}\,\pi d^2 p} \tag{4-15}$$

平均自由程和平均速率无关;温度一定时和压强成反比。空气分子标准状况下,$d\approx 3.5\times10^{-10}$m,代入式(4-15),$\overline{\lambda}=6.8\times10^{-8}$m,约为分子直径的 200 倍。这时 $\overline{z}=6.6\times10^{9}$/s,每秒钟内一个分子要发生几十亿次碰撞!

二、分子速率的实验测定

随着真空技术的发展,斯特恩(O. Stern)于 1920 年最早测定了分子速率。图 4-4 是蔡特曼(Zartman)和我国葛正权在 1930—1934 年测定分子速率的装置。金属银在小炉 O 中被熔化并蒸发,银原子气体逸出小孔,通过狭缝 S_1、S_2,以原子射线束进入真空区域。圆筒 C 可绕中心轴 A 顺时针旋转,转速约为 100r/s。筒壁上有狭缝 S_3,通过 S_3 的银原子束将投射并黏附在贴于筒壁的玻璃板上。不同速率的分子黏附的位置不同。对黏附于 D 的分子,设弧长 BD 为 l,相应圆心

笔记

角为 φ，并设这些分子的速率为 v，则分子通过 S_3 到投射于 D 所需时间为$\frac{2R}{v}$；这段时间内圆筒转过角度为 φ，因此有

$$\varphi=\omega\cdot\frac{2R}{v}$$

其中，ω 为圆筒转动角速度。因此有

$$v=\frac{2\omega R}{\varphi}=\frac{2\omega R^2}{l}$$

由 l 值就可得到相应分子速率 v。

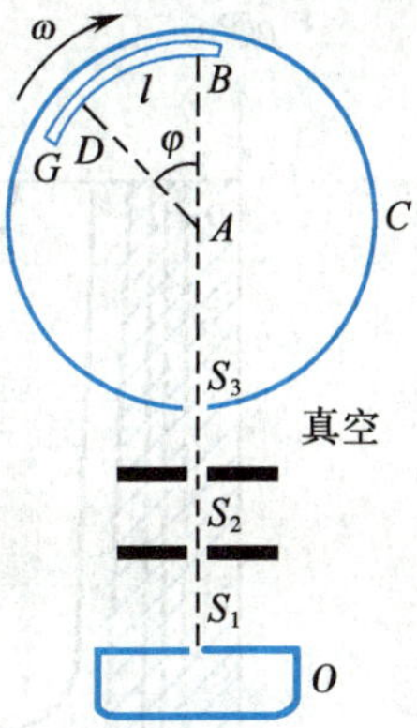

图 4-4　分子速率的实验测定

用测微光度计可测定并自动记录玻璃板上各部分变黑程度，即不同速率区间的相对分子数。由此绘出的分子速率分布曲线，和麦克斯韦速率分布曲线符合得很好。

第五节　真 实 气 体

前面的讨论中，我们采用的气体模型是忽略了分子本身大小和分子间相互作用力的理想气体，所得规律对真实气体显然不能完全适用。事实上，真实气体只是近似地遵从这些规律，而在低温高压时，偏差就更显著。

现在我们先介绍真实气体的实验规律，然后介绍分子间相互作用力的性质和规律，再用分子间相互作用力的概念分析理想气体物态方程应用于真实气体所发生的偏差，从而得到更接近实际的范德瓦耳斯方程，并与实验结果进行比较。

一、真实气体的等温线

一定量处于平衡态的气体的态，可以用态参量 p、V、T 来表征。对理想气体来说，p、V 一定时，T 就随之确定，因此可用 p-V 图上的一点来表示该平衡态。同一温度的某一定量理想气体的各平衡态，在 p-V 图上有相应的一系列的点。这些点连成的曲线就是理想气体的**等温线**。由玻意耳定律可知，理想气体的等温线是一组双曲线。但是真实气体的等温线，特别是在较大压强和较低温度的范围内，与双曲线有明显的偏离。

1869 年，安德鲁斯（T. Andrews）在不同温度下仔细地对二氧化碳气体作了系统的等温压缩实验，图 4-5 是其实验装置示意图。该装置主要部分是一个带有活塞 B 的气缸 A，并有压强计 M 与之相连。气缸内盛二氧化碳，可保持其温度不变。使活塞 B 下降，就可压缩气体。由活塞 B 的位置和压强计 M 的读数就可得到气缸中气体的体积及相应压强。在不同的等温条件下，压缩二氧化碳，记录其压强 p 和体积 V，并算出比体积（单位质量的物质所占有的体积）v，就可在 p-v 图上画出各个不同温度的二氧化碳的等温线（图 4-6）。

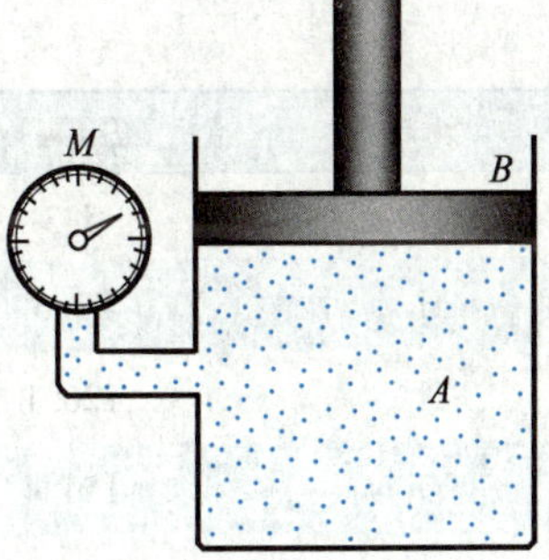

图 4-5　安德鲁斯实验装置示意图

由图 4-6 中一系列的等温线可以看出，在较高温度（例如 48.1℃）条件下，二氧化碳的等温变化过程和理想气体没有什么差别，其等温线可以认为仍是双曲线。但是温度较低时，二氧化碳的等温变化过程和理想气体就有显著不同了。以 13℃ 的等温线，即图中 $GABD$ 线为例，图中 GA 段表示活塞 B 缓慢下降时，随着比体积（单位质量的物质所占有的体积）v 的逐渐减小，压强 p 逐渐增大，两者近似成反比，即 GA 段仍近似是双曲线。当压强增至 49.6×10^5 Pa，即图中 A 点后，随着活塞 B 的继续下降，二氧化碳比体积 v 继续减小，但压强 p

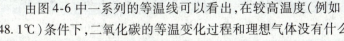

笔记

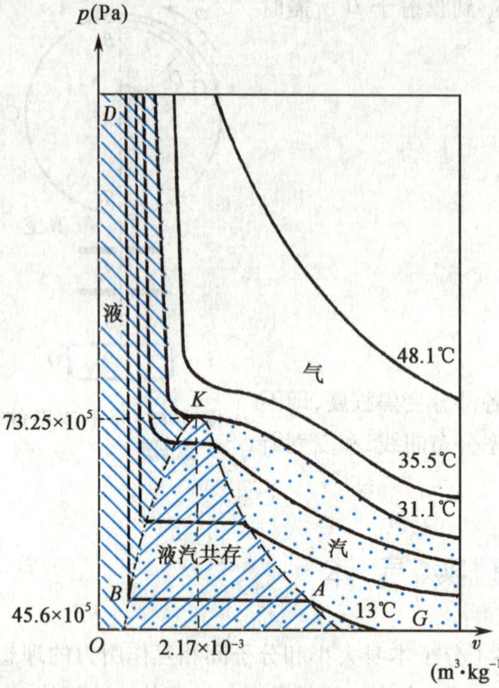

图 4-6 二氧化碳等温线

保持不变。这反映在 A 点二氧化碳已经达到**饱和态**,因此随着体积的减小,**饱和压强**将维持不变,而**饱和蒸气**将逐渐凝结为液体。图中水平直线段 AB 就反映了这一汽液共存的液化过程。到 B 点,二氧化碳全部液化。由于液体的压缩性很小,所以要使液态二氧化碳压缩就很困难,很大的压强变化只能引起比体积很小的改变,反映在图中 BD 段极陡。

其他低温的等温线基本和13℃的等温线 $GABD$ 一致,不同的只是随着温度的升高,汽液共存的液化段水平直线较短和液化过程中饱和压强较大。这是因为温度较高时,必须使二氧化碳的比体积压缩得更小才能使之达到饱和;由此而凝结得到的液体,也因为温度较高而具有较大的比体积。随着温度的继续升高,液化部分直线段越来越短,饱和蒸气的密度(比体积的倒数)及其他物理性质和同温度下液体之间的差别也越小。当温度升到某一定温度 31.1℃时,等温线的液化线缩为一点 K,这时液体可以立即全部汽化为饱和蒸气和饱和蒸气可立即全部凝结为液体。

二氧化碳的温度高于 31.1℃时,虽受很大压强,也不可能液化而始终保持气态。可见气体依靠压缩而被液化有一温度的最高界限,这一温度称为**临界温度**(critical temperature)T_k。31.1℃就是二氧化碳的临界温度。临界温度所相应的等温线称为**临界等温线**。在临界温度下,气体的压强达到一定值时就立即全部液化,这一压强就称为**临界压强** P_k。二氧化碳的临界压强为 72.3×10^5Pa。在临界压强和临界温度下,物质处于**临界态**,相应的比体积称为**临界比体积** V_k。二氧化碳的临界比体积为 2.17×10^{-3} m³/kg。以上 3 个参量总的称为**临界参量**,它们的值由实验决定。几种气体的临界参量见表 4-1。

表 4-1 几种物质的临界参量

物质	T_k(K)	P_k(1.013×10^5Pa)	V_k(10^{-3}m³/kg)
He	5.3	2.26	14.4
H_2	33.3	12.8	32.5
N_2	126.1	33.5	3.22
O_2	154.4	49.7	2.32
CO_2	304.3	72.3	2.17
NH_3	408.3	113.3	4.26
H_2O	647.2	217.7	2.50
C_2H_5OH	516	63.0	3.34

笔记

在图 4-6 中,把各等温线上开始液化及完全液化的各点分别连接起来,可得曲线 AKB。该曲线和临界等温线将 p-v 图分为 4 个区域:左方斜线区为液态区;下方点线区为汽液共存区;右方密点区为加压可液化的汽态区；上方是加压不能液化的气态区。

二、分 子 力

真实气体的等温线在低温高压下和理想气体有明显的偏离，从根本上讲是因为理想气体忽略了分子本身大小和分子间相互作用力，而从动理学理论的观点看来，决定物质性质的基本因素，就是分子热运动和分子间相互作用力。

根据现代物质结构理论可知，一切物质的分子由原子组成；而原子又都是由带正电的原子核和绕核运动的电子组成。分子间相互作用力一部分是这些带电粒子间的静电引力和斥力，另一部分则决定于电子在运动过程中某些特定的相互联系，如运动情况完全相似的电子有相互回避的倾向，其性质只有用量子力学才能说明。尽管分子间相互作用力很复杂，但在一些简单的情形下，可近似地用下列半经验公式表示

$$f=\frac{C}{r^m}-\frac{D}{r^n} \tag{4-16}$$

式(4-16)中，r 为分子间距离，C、D 为大于零的比例系数，因而第一项为正，代表斥力；第二项为负，代表引力。指数 m、$n>1$，且 $m>n$。一般说来，m 介于9到15之间，n 介于4到7之间。由于 m 和 n 都比较大，引力和斥力都随分子间距 r 的增大而急剧减小，这种力称为**短程力**。又由于 $m>n$，斥力随距离的增大而减小得更快。

图4-7中两条虚线分别表示引力和斥力随距离变化的情况，实线表示合力随距离变化的情况。由图4-7可见，分子间距离 $r=r_0=\left(\frac{C}{D}\right)^{\frac{1}{m-n}}$ 时，引力和斥力相互抵消，合力为零，分子间相互作用达到平衡。r_0 称为**平衡距离**。当 $r>r_0$ 时，分子间相互作用力的合力表现为引力；当 $r<r_0$ 时，分子间相互作用力的合力表现为强大的斥力。

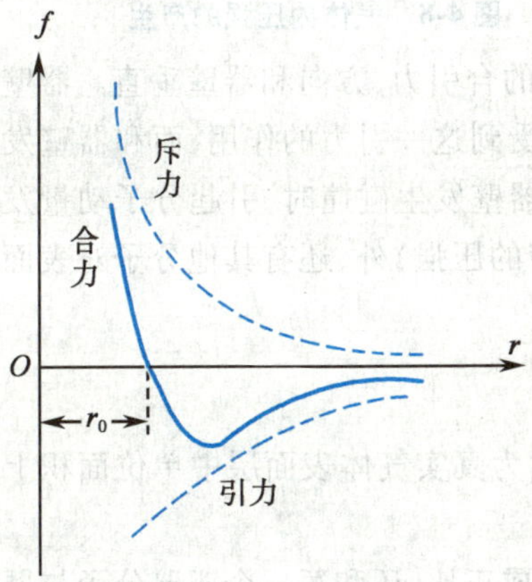

图4-7　分子力曲线

在温度相对较低的情况下，分子热运动速度较小，不足以挣脱周围分子对它的吸引，分子只能在平衡位置附近作微小振动，这就是物质处于凝聚态（固态和液态）时分子运动图像。又因为合力为斥力时，斥力随分子间距的减小急剧增大，因此固态和液态都极难压缩。

由于分子间相互作用力是短程力，当分子间距等于平衡距离的若干倍时，分子间相互作用几乎等于零，这一距离称为分子力的**有效作用距离**。当两个气体分子发生碰撞时，开始间距大于有效作用距离，可以认为相互作用力为零；进入有效作用距离范围后，相互吸引而加速；分子间距小于平衡距离后，相互间有强大斥力而很快减速为零，继而在斥力作用下相互离去。可见分子间最小距离和分子平均速率有关。反映在分子平均速率较大时，式(4-13)到式(4-15)中分子直径 d 将略有减小。但因分子间距小于平衡距离后，斥力随分子间距的减小急剧增大，分子直径随平均速率的变化极小。在初步考虑分子间相互作用对气体宏观性质的影响时，可忽略分子直径的这一变化，即将真实气体看成相互有吸引力的刚性球的集合。

三、范德瓦耳斯方程

实验上发现真实气体不完全遵从理想气体物态方程后，人们从理论上和实验上建立了不少真实气体物态方程，其中形式较为简单、物理意义较为明确的是范德瓦耳斯方程。它

笔记

就是将真实气体看成相互有吸引力的刚性球的集合，而对理想气体物态方程进行修正得到的。

设以 V_m 表示 1mol 理想气体的体积，由式(4-2)有

$$pV_m = RT \tag{4-17}$$

在标准状况下，1mol 气体的体积为 $22.4\times10^{-3}\,m^3$，所含分子数为 6.022×10^{23} 个。假定每个分子球的半径为 $10^{-10}\,m$，则分子球的体积为 $4.2\times10^{-30}\,m^3$，气体分子的总体积为 $2.5\times10^{-6}\,m^3$，约占气体体积的万分之一，因而可以忽略分子本身的大小。但是如果将压强增大到 500 倍时，假定玻意耳定律仍近似适用，则气体的摩尔体积将减为 $4.5\times10^{-6}\,m^3$，分子总体积将超过气体体积的一半。显然，不考虑分子本身大小的理想气体模型在低温高压时就不再符合实际情况。

式(4-17)中，当 $p\to\infty$ 时，$V_m\to0$，因此 V_m 应理解为气体可被压缩的空间。考虑到真实气体分子本身的大小，气体可被压缩的空间将小于容器的容积，即式(4-17)应修改为

$$p(V_m-b)=RT$$

式中，V_m 表示 1mol 气体所占容器的容积，b 为改正数。不同气体的 b 值不同，可由实验测定。理论上可以证明，b 约等于 1mol 气体分子总体积的 4 倍。

上面讨论了考虑分子大小的修正，即考虑分子间斥力所作的修正；下面讨论考虑分子间引力所需作的修正。

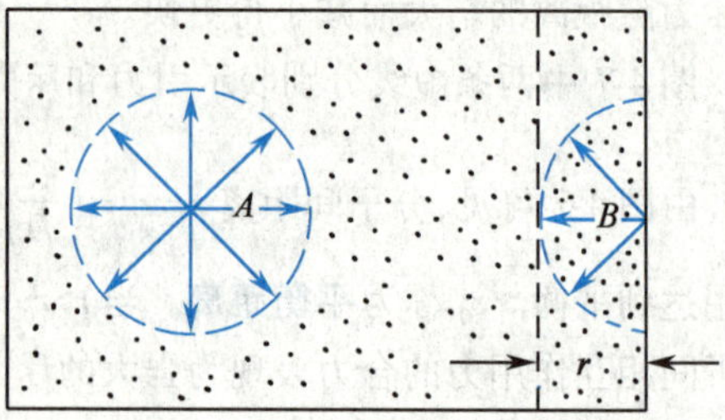

图 4-8 气体内压强的产生

在图 4-8 中，A 为气体内部任一分子。以 A 为中心，分子力的有效作用距离为半径做一球面，这称为**分子作用球**。在作用球内，周围分子对它的作用恰好平衡，分子 A 好像未受到引力作用一样。但对靠近容器壁的分子，例如分子 B，其分子作用球只有一部分在气体内部，致使分子 B 受到指向气体内部的合引力，方向和器壁垂直。器壁附近厚度为分子有效作用距离的气体表面层内，任一分子都受到这一引力的作用，而和器壁发生碰撞的分子必定处于这一表面层中。因此，当气体分子和器壁发生碰撞时，引起分子动量发生改变的冲量，除了来自器壁（其反作用就表现为气体对器壁的压强）外，还有其他分子对表面层内碰壁分子的作用。式(4-17)应进一步修改为

$$(p+p_i)(V_m-b)=RT$$

式中，p 为实际测定的压强值，即真实气体对器壁的压强；p_i 为真实气体表面层中单位面积上的分子受到内部分子的总引力，一般称为**内压强**。

内压强 p_i 和单位时间内与单位面积器壁碰撞的分子数成正比，还和每一个碰壁分子与器壁碰撞时所受内部分子的引力成正比，而这二者均与气体的分子数密度成正比，所以内压强与分子数密度的平方成正比。1mol 气体的分子数是一个常量，分子数密度和气体摩尔体积成反比，内压强也就和摩尔体积的平方成反比，即

$$p_i=\frac{a}{V_m^2}$$

式中，a 为改正数。不同气体的 a 值不同，可由实验测定。将上式代入前式，得

$$\left(p+\frac{a}{V^2}\right)(V-b)=RT \tag{4-18}$$

笔记

式(4-18)中，p、V_m 分别为 1mol 真实气体实际测得的压强和体积。式(4-18)仅适用于 1mol 的真

实气体。对质量为 M、摩尔质量为 μ 的真实气体，其体积为 $V=\frac{M}{\mu}V_m$，代入式(4-18)，可得

$$\left(p+\frac{M^2}{\mu^2}\frac{a}{V_m^2}\right)\left(V_m-\frac{M}{\mu}b\right)=\frac{M}{\mu}RT \tag{4-19}$$

式(4-18)和式(4-19)称为**范德瓦耳斯方程**，是范德瓦耳斯(J. D. Van der Waals)于1873年首先导出的。由式(4-18)可见，如果 V_m 很大，即高温低压时，改正数 a、b 可忽略不计，就可得式(4-17)。范德瓦耳斯方程也不是绝对准确的，但比理想气体物态方程更接近实际，表4-2是在标准状况下体积为 $1\times10^{-3}m^3$(1L)的氮，压强由 1.01325×10^5 Pa(1个大气压)等温地逐渐增至 1.01325×10^8 Pa 时所得的数据。由表4-2可见，压强为 1.01325×10^8 Pa 时，用范德瓦耳斯方程计算，误差不超过2%；而用理想气体物态方程计算，误差已超过100%。

表4-2 理想气体物态方程与范德瓦耳斯方程的比较

P（以 1.01325×10^5 Pa 为单位）	pV（以 1.01325×10^2 J 为单位）	$\left(P+\frac{M^2}{\mu^2}\frac{a}{V^2}\right)\left(V-\frac{M}{\mu}b\right)$（以 1.01325×10^2 J 为单位）
1	1.0000	1.000
100	0.9941	1.000
200	1.0483	1.009
500	1.3900	1.014
1000	2.0685	0.983

安德鲁斯实验可以从范德瓦耳斯方程得到较好的说明。范德瓦耳斯方程是一个关于 V 的三次方程式，在 p-V 图上的等温线见图4-9。通常 p、T 一定时，V 有3个根，反映在曲线和水平线有3个交点，如图4-9中温度为 T_4 的等温线；但是高温时 V 大，b 及 $\frac{a}{V^2}$ 可忽略，方程变为关于 V 的一次方程式，曲线近似为双曲线，如图中温度为 T_1 的等温线；当 p、T 合适时，三次方程有重根，这和临界等温线上临界点 K 相应。可见范德瓦耳斯等温线和真实气体等温线相近。但是范德瓦耳斯等温线上的液化过程不是直线而是曲线 $BB'C'C$。其中 BB' 段可理解为饱和蒸气缺乏**凝结核**时，随体积被压缩，压强继续增大而未被液化的**过饱和蒸气**；CC' 段可理解为液体中缺乏**汽化核**且无扰动时，已达沸点但仍随压强的减小体积继续增大，而未被汽化的**过热液体**。这两种情况都是不稳定态，实验中均可实现。过热液体易发生**暴沸**。实验中加热液体时，常加入附有空气的陶瓷等碎片以避免暴沸。至于 $B'C'$ 段，实际上并不存在。

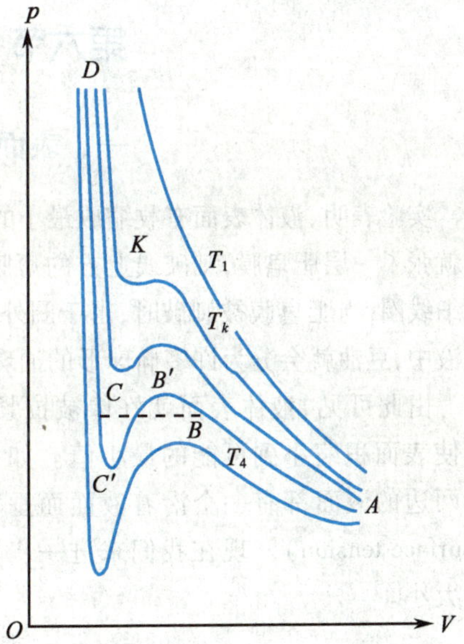

图4-9 范德瓦耳斯等温线

由此可见，理想气体物态方程抓住了所有气体的分子热运动这一最基本的特征，是一次近似；范德瓦耳斯方程还在一定程度上反映了各种气体的特征(不同气体的改正数 a、b 不同)及汽液过渡的性质，是进一步近似。

笔记

例题 4-1 温度一定时，范德瓦耳斯方程是一个关于 V 的三次方程式。在临界点 K、V 的三个实根合而为一。试证

$$a=3p_kV_{mk}^2 \qquad b=\frac{V_{mk}}{3}$$

证明： 由式(4-18)可得

$$\left(V_m^2+\frac{a}{p}\right)(V_m-b)=\frac{RT}{p}V_m^2$$

即
$$V_m^3-\frac{pb+RT}{p}V_m^2+\frac{a}{p}V_m-\frac{ab}{p}=0 \tag{1}$$

对临界点，式(1)有重根，其根就是临界体积 V_{mk}（这里指 1mol 气体的临界体积），因此有

$$(V_m-V_{mk})^3=0$$

即
$$V_m^3-3V_{mk}V_m^2+3V_{mk}^2V_m-V_{mk}^3=0 \tag{2}$$

式(1)在临界点(T_k、p_k)时，系数应和式(2)相等，可得

$$\frac{ab}{p_k}=V_{mk}^3、\quad \frac{a}{p_k}=3V_{mk}^2 \quad 和\frac{p_kb+RT_k}{p_k}=3V_{mk}$$

因此
$$a=3p_kV_{mk}^2 \qquad b=V_{mk}/3 \qquad p_kV_{mk}=\frac{3}{8}RT_k$$

由此可从临界参量推算改正数 a、b。

第六节 液体的表面现象

一、表面现象与表面张力系数

实验表明，液体表面有收缩成最小的趋势。在金属环上系一细线，浸入肥皂液后拿出来，环上就张了一层肥皂膜，刺破线上方的薄膜，则线下方薄膜就收缩成弯月形。如果在环中做成一个细线圈，当肥皂膜被刺破时，由于圈外液面的收缩使细线圈成为圆形。此外，将豆油倒在乙醇溶液中，豆油就会分为许多椭球形的油珠。

由此可见，液体表面就好像被拉紧的橡皮膜一样，整个液面都处在紧张的状态下，并力图使表面积缩小到可能的最小值。如果在液面上任意想象一个线段 MN（图 4-10），则此线段两边的液面都有一个沿着液面而垂直于该线段的力作用于对方，这个力就称为**表面张力**（surface tension）。现在我们来进一步讨论液体表面张力产生的原因和如何量度表面张力的大小。

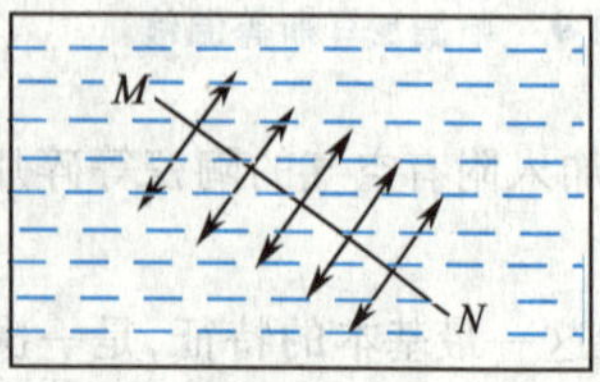

图 4-10 表面张力示意图

表面张力产生的原因，可以根据分子间相互作用的观点得到解释。如图 4-11 所示，在液体表面取厚度等于分子作用球半径的一层，称为液体的**表面层**。在表面层中的分子（例如分子 m）与液体内部的分子（例如分子 m'）不一样。以分子 m 或 m' 为中心，画出分子作用球，可以看出在液体内部的分子所受周围分子的引力在各个方向大小相等而合力为零；在表面层的分子受下部周围分子对它的引力大于上部周围分子对它的引力，其合力（即 efg 部分分子对分子 m 的引力合力）指向液体内部。从图中可以看出，分子 m 越

笔记

接近表面,合力就越大。由此可见,处于液体表面层的分子,都受到一个拉向液体内部的力的作用。在这些力的影响下,液体表面就处于一种特殊的紧张状态,在宏观上,好像一个被拉紧的弹性薄膜,而具有表面张力。除此以外,它还给表面层下的液体以很大的力,称为分子压力。计算指出,内部分子压力的数量级高达数千帕。

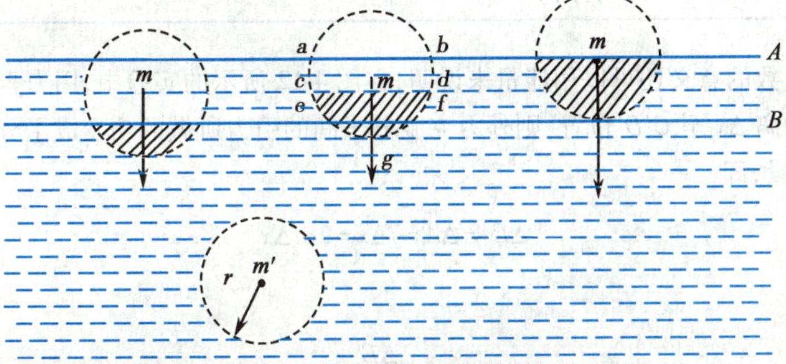

图 4-11　表面张力说明

下面来讨论表面张力大小的量度。如图 4-10 所示,在 MN 线段两边有表面张力的作用,因为线段上每一点上都受有力的作用,所以线越长,作用线上的合力也越大,因此,表面张力 f 的大小应正比于 MN 的长度 l,即

$$f=\alpha l$$

或

$$\alpha=\frac{f}{l} \tag{4-20}$$

式(4-20)中,比例系数 α 称为液体的**表面张力系数**,在数值上,表面张力系数等于沿液体表面垂直作用于单位线长的力。在国际单位制中,α 的单位为 N/m。液体的表面张力系数可由下述简单的方法来测定。如图 4-12 所示,在一个长方形丝框上蒙一层液膜,由于薄膜的收缩,框的可动边 CD 将随着向左移动。要想使 CD 保持平衡,则必须在 CD 的右面加力才行。设液体的表面张力系数为 α,CD 边长为 l,由于框内薄膜具有两个表面,因此,作用于 CD 右边而使 CD 平衡的力 f 应等于 αl 的 2 倍,即

$$f=2\alpha l \tag{4-21}$$

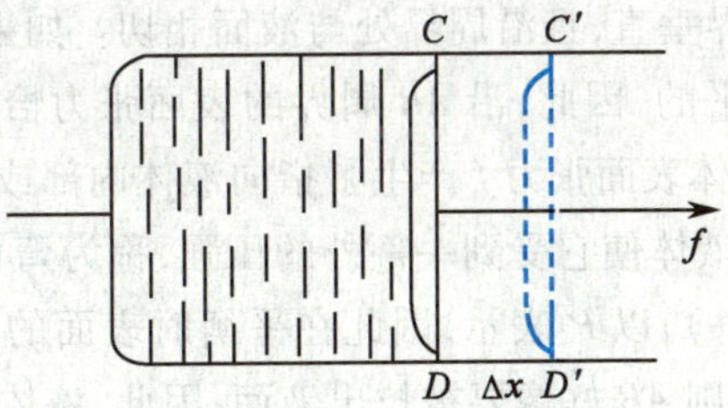

图 4-12　表面张力的测定

所以,测定 l 和 f 的值,即可推出 α 的值来。实验测定,液体的表面张力系数与温度有关,温度升高则表面张力系数减小。由于在临界温度时,液体与蒸气有同样密度,所以很易推想这时表面张力系数趋近于零。此外,表面张力系数还与相邻物质的化学性质有关。例如 20℃时,在水与苯为界的情形下,水的表面张力系数 α 为 33.6×10^{-3} N/m,而在同一温度下,在与乙醚为界的情形下,则为 17×10^{-3} N/m。用较精确的实验方法测定出的几种不同液体的表面张力系数的值,见表 4-3。

笔记

表 4-3 几种液体的表面张力系数(20℃)

液体	α(N/m)	液体	α(N/m)
水	73×10^{-3}	乙醇	22×10^{-3}
甘油	65×10^{-2}	水银	540×10^{-3}
乙醚	17×10^{-3}		

表面张力系数的意义还可以用能量来说明,在图 4-12 所示的实验中,用力 f 使 CD 边向右等速地移动一个距离 Δx 至 $C'D'$ 位置,则外力克服分子间的引力所做的功变成了分子的势能,如用 ΔE_p 表示势能增量,即

$$\Delta E_p=\Delta A=f\Delta x=2\alpha l\Delta x$$

由上式,得

$$\alpha=\frac{\Delta E_p}{\Delta S} \tag{4-22}$$

因此,α 又可以看作是液体表面增加单位面积所要做的功或所增加的表面势能。

应该指出,从液膜有缩小面积的倾向这一点来看,液膜与弹性橡皮膜好像很相似,但是二者实际上是不相同的。弹性膜的伸长是改变了分子间的距离,所以伸长越甚,弹性收缩力越大,面液体表面层的伸长是由于有许多分子从液体内部升到表面上来。因此表面分子间距离并不改变,所以表面张力系数与面积大小无关。

在物理化学中,把液体表面分子比内部分子所多出的势能总和称为液体的**表面能**(surface energy),而把表面张力系数称为比表面能。根据体系表面能有自动降低的倾向,可以说明表面活性物质和固体吸附在药学工作中的许多应用。

二、弯曲液面的附加压强

利用分子间引力可以解释一些由表面张力所引起的现象。静止液体的自由表面一般是平面,但在与容器壁接触处的液面则常成弯曲面。在弯曲液面的内外,由于表面张力的作用,压强是不相等的。我们现在应用分子力的观点来说明弯曲面及其内外压强差产生的原因。

在液体表面上考虑一小面积 AB(图 4-13),沿 AB 四周,在 AB 以外的液面对于 AB 面都有表面张力作用。力的方向与周界垂直,且沿周界处与液面相切。如果液体表面是水平的,如图 4-13(a),则表面张力 f 也是水平的,因此,沿 AB 周界的表面张力恰互相平衡。如果液面是弯曲的,如图 4-13(b)和(c),则液体表面张力 f 产生了指向液体内部或外部的合力。如果合力指向液体内部,则 AB 曲面将紧压液体使它受到一额外的压强,称为**弯曲液面的附加压强**(additional pressure of curved liquid surface),以 P_s 表示,因此在平衡时表面的内部压强必大于外部的压强 P_0。如果合力指向液体外部,则 AB 好像要被拉出液面,因此,液体内部的压强将小于外面的压强 P_0。

根据以上的讨论,可知由于液面的弯曲,在凹形一方的压强总比凸形一方的压强大些。至于附加压强的大小,是与液体表面张力系数及曲率半径有关。从理论上可以证明,一个半径为 R,表面张力系数为 α 的球形液面的内外压强差为

$$p_s=\frac{2\alpha}{R} \tag{4-23}$$

笔记

若用式(4-23)分析一个半径为 R 的肥皂泡,则泡内的压强比泡液中的压强大$\dfrac{2\alpha}{R}$,而泡液中

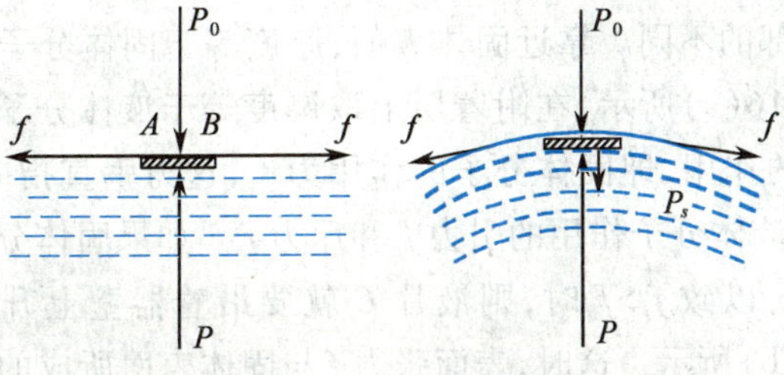

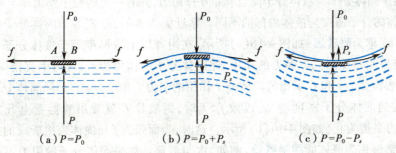

(a) $P=P_0$　(b) $P=P_0+P_s$　(c) $P=P_0-P_s$

图 4-13　弯曲液面的附加压强

的压强又比泡外的压强大$\frac{2\alpha}{R}$，所以肥皂泡内外压强差为$\frac{4\alpha}{R}$。

式(4-23)表明，曲面压强差与曲率半径成反比。这一结论可以通过实验来验证。在一根连通管的两端吹两个大小不同的肥皂泡(图 4-14)，开通管阀，小泡 B 中气体将被压而流入大泡 A 内，大泡逐渐变大，当小泡逐渐缩小到仅剩一帽顶，这时它们的曲率半径相同，所以两泡内气体压强相等。

下面推导式(4-23)：图 4-15 表示一个半径为 R 的球形液滴，由于附加压强的存在，液滴表面受到指向中心的力 $f=P_sS$ 的作用。现在设想液滴半径由 R 增大至 $R+\mathrm{d}R$($\mathrm{d}R$ 为无限小的增量)，则必须反抗 f 作功。对整个球面而言，作功

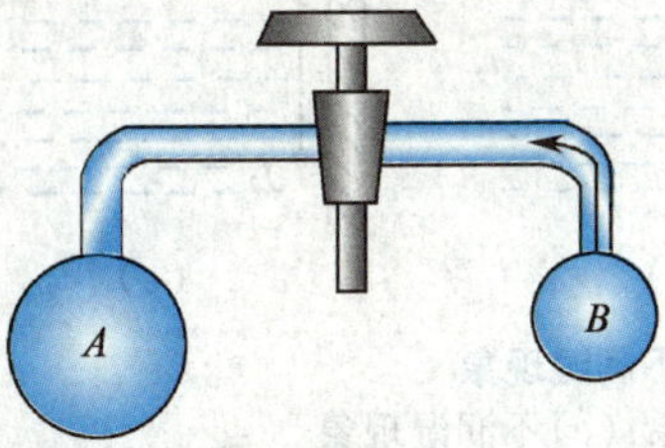

图 4-14　附加压强的演示

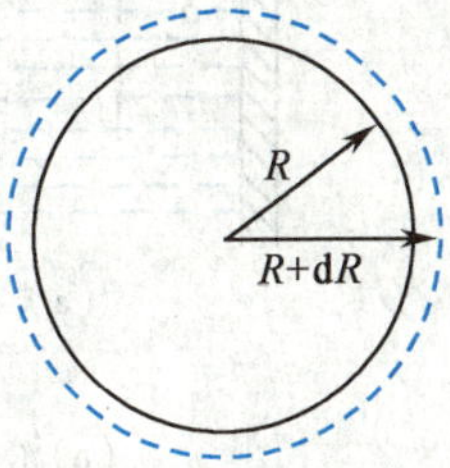

图 4-15　附加压强公式的推导

$$\mathrm{d}A=p_s\cdot S\mathrm{d}R$$

式中，S 为整个球面的面积，其值为 $4\pi R^2$。设液体的表面张力系数为 α，则增加表面面积所增加的表面势能

$$\mathrm{d}E_p=\alpha\mathrm{d}S$$

式中

$$S=4\pi R^2,\ \mathrm{d}S=8\pi R\mathrm{d}R$$

所以

$$\mathrm{d}E_p=8\pi R\mathrm{d}R\cdot\alpha$$

根据功能原理，得

$$p_s\mathrm{d}R4\pi R^2=8\pi R\mathrm{d}R\alpha$$

所以

$$p_s=\frac{2\alpha}{R}$$

三、毛细现象和气体栓塞

笔记

1. **毛细现象**　下面进一步研究容器中靠近器壁的液面形成曲面的原因。在液体与固体接

触的地方，由于固体分子与液体分子间也有相互作用力，并有一定的分子作用球半径，所以接触固体面的液体的分子密度与液体内部的不同。靠近固体表面，厚度等于固体分子作用球半径的一层液体 ab 称为**附着层**，如图 4-16(a)所示，在附着层上取厚度等于液体分子作用半径的液片 C，这液片 C 将受到三方面力的作用，即固体分子的作用力 f_1，这力垂直指向器壁；沿液体表面层的表面张力 f 和 C 下面的液体分子作用的引力 f_a 和斥力 f_r。如果固体分子的吸引力够强，附着层的液体分子密度增加，以致 $f_r>f_a$ 时，则液片 C 就要沿着器壁上升，直到 f_1、f、$f_2(f_r-f_a)$ 三力平衡为止，如图 4-16(b)所示。这时，表面张力 f 与固体表面所成的接触角 φ 为锐角。这种情形称为液体能**润湿器壁**，例如，水与玻璃。如果固体分子的引力不够强而 $f_r<f_a$ 时，则液片 C 将沿器壁下降至如图 4-16(c)的情形。这时接触角 φ 为钝角，这种情形，称为液体**不润湿器壁**，例如，水银与玻璃。根据上述分析，可知润湿和不润湿完全是由固体和液体的性质来决定的。

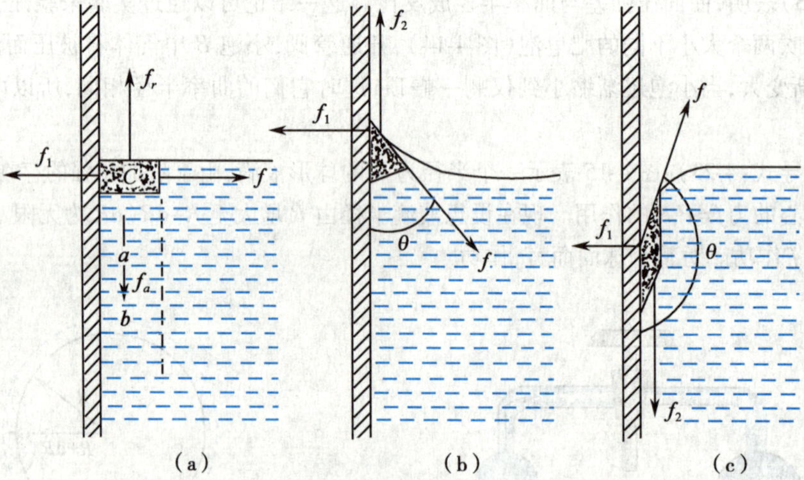

图 4-16 液体的润湿和不润湿现象

(a)液片受力分析；(b)润湿现象；(c)不润湿现象

把一根细管插入液体中，由于润湿和不湿润，在管内液体的液面将形成弯月面。例如，以细玻管插入水中，则细玻管中的液体表面是一凹面；插入水银中，液体表面为凸面。实验表明，在细管中的水将沿管上升，而水银则沿管下降，上升或下降的高度与管半径成反比。这个现象称为**毛细现象**(capillarity)。

毛细现象可以根据弯曲液面内外压强差来说明。图 4-17 所示为把细玻管插入水中的情形，这时管内弯月液面的附加压强向上，因此，液面下的压强小于大气压，液体就沿管壁上升，直到升高的液柱的压强与附加压强平衡为止。因为管子很细，所以管内液面可以近似地看成一个球面的一部分，而管半径 r 与球面的曲率半径 R 间就有下列的关系

$$R\cos\varphi=r$$

式中，φ 为接触角。设 α 为液体表面张力系数，ρ 为其密度，液体在管内上升到高度 h 而平衡，则

$$p_s=\frac{2\alpha}{R}=\frac{2\alpha}{r}\cos\varphi=h\rho g$$

或

$$h=\frac{2\alpha\cos\varphi}{r\rho g} \tag{4-24}$$

笔记

所以，细管中液体上升的高度 h 与管半径成反比。

对于完全润湿或完全不润湿的液体，$\varphi=0$ 或 $\varphi=\pi$，式(4-24)又可化简为

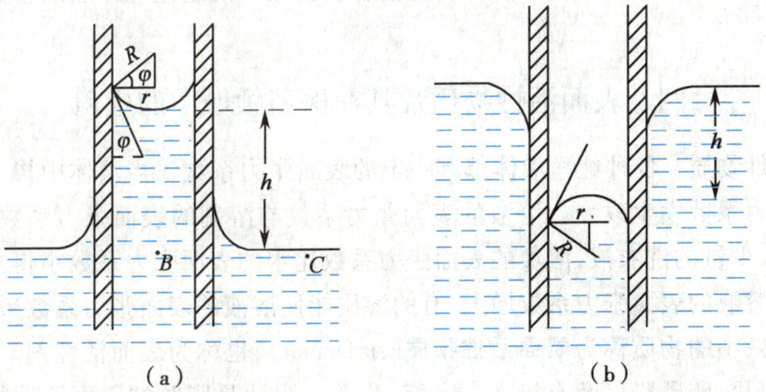

图 4-17　毛细现象

$$h=\pm\frac{2\alpha}{r\rho g}$$

根据上式也可以测定液体的表面张力系数。

利用同样道理可以说明水银在玻管中的下降。

2. **气体栓塞**　液体在细管中流动时，如果管中出现气泡，液体的流动将受到阻碍，气泡多时可能造成堵塞，使液体无法流动。这种现象称为**气体栓塞**（air embolism）。图 4-18（a）中细管内有一气泡，在气泡两端压强相等时，气泡两端曲面的曲率半径相等，两液面的附加压强大小相等、方向相反，导致液柱不动。图 4-18（b）中，在左端液体中增加一个不大的压强 Δp，此时气泡左端的曲率半径变大，右端的曲率半径变小，这样使得左端弯曲液面产生的附加压强小于右端弯曲液面产生的附加压强。如果它们的差值恰好等于 Δp，则液柱仍然不会向右流动。只有当液柱两端的压强差达到某一临界值时，液柱才会流动。设临界值为 δ，δ 的大小由管半径及管壁的性质决定。图 4-18（c）中有 3 个气泡，只有当液柱两端的压强差达到 3δ 时，液柱才会流动。如果管内有 n 个气泡，由以上的讨论可知，液柱两端必须有 $n\delta$ 的压强差，液柱才能流动。如果不能提供足够的压强差，液体将难以流动，形成气体栓塞。

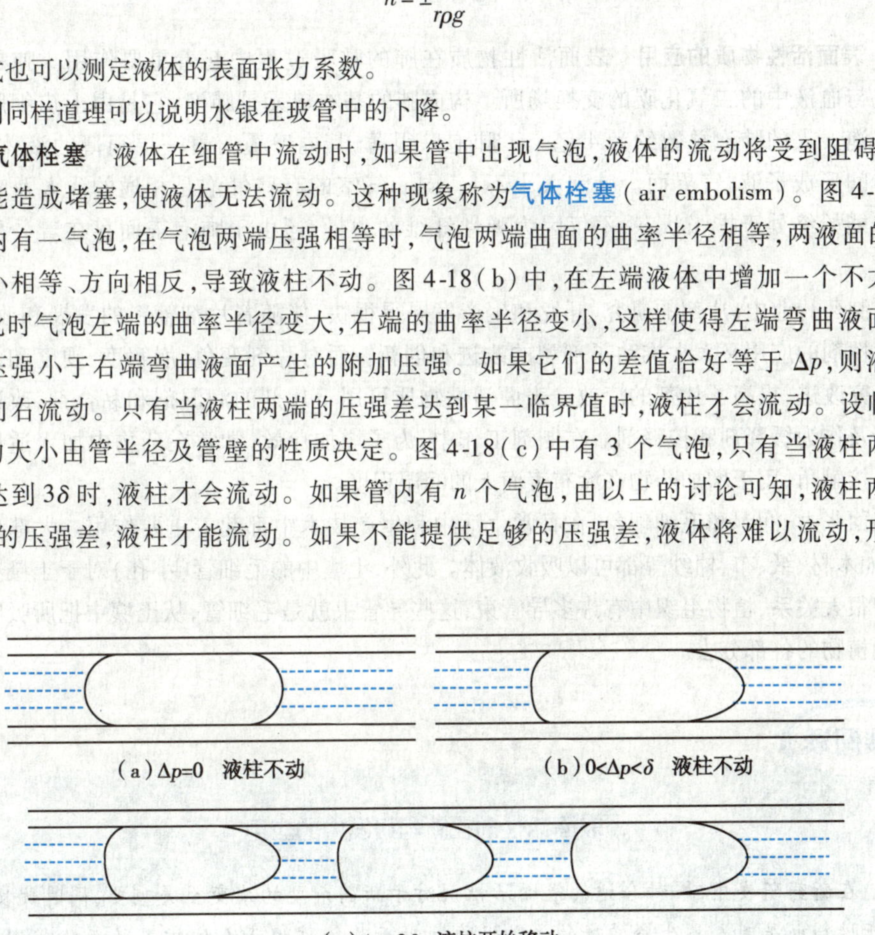

图 4-18　气体栓塞

在临床输液过程中，要经常注意避免气体进入输液管道。静脉注射时，严禁空气进入注射器中，以免在微血管中发生气体栓塞。由于颈部静脉血压小于大气压，因此颈部静脉外伤时，外界空气有可能通过外伤部位进入血液，救护时应格外注意。此外，在深水区作业的潜水员、处于高压氧舱中的医护人员及患者，在高气压或高氧分压的环境下，他们的血液中溶解了较多的氮气或氧气。如果突然从高压环境回到常压环境，血液中过量的气体就会迅速释放出来形成许多气泡，可能发生气体栓塞现象。为了避免这种现象发生，处于高压环境中的人员

笔记

回到常压环境时,应当有适当的缓冲时间,使溶解在血液中的过量气体逐渐释放,通过血液循环由肺部排出。

四、表面活性物质及其在医药领域中的应用

1. **表面活性物质** 各种纯净液体都有一定的表面张力系数。当液体中掺入杂质,就会使液体的表面张力系数发生改变。溶液的表面张力系数与溶剂的表面张力系数是不同的。例如,在水中加入少量的洗衣液,溶液的表面张力系数比水的表面张力系数小得多。实验表明,有的溶质能使溶液的表面张力系数增大,有的溶质能使溶液的表面张力系数减小。凡是能使表面张力系数减小的物质称为表面活性物质(surfactant),也称为表面活性剂。水的表面活性物质有肥皂、胆盐、卵磷脂以及有机酸、酚、醛、酮等。胆汁是脂肪的表面活性物质,它能降低脂肪的表面张力系数,使脂肪粉碎,易于人体吸收。另一类物质溶于溶剂后能增加液体的表面张力系数,称这类物质为表面非活性物质。氯化钠、糖类、淀粉等都是水的表面非活性物质。

2. **表面活性物质的应用** 表面活性物质在肺的呼吸过程中起着重要作用。肺是空气中的氧气与血液中的二氧化碳的交换场所。构成肺的基本单元是肺泡,它是由上皮细胞组成的微小气泡。人的肺泡总数约为4亿个。肺泡壁很薄,其内壁覆盖着一层很薄的液体,它与泡内气体间形成了液、气界面。肺泡大小不一,同一气室的有些气泡是相通的。人及哺乳动物的肺泡能始终处于扩张状态,不仅因为弹性纤维的力量,还由于肺泡表面存在着一种表面活性物质。

在制药行业中,片剂的研究、开发和生产发展得很快,伴随着片剂辅料的发展和改进,新型表面活性剂的应用又大大推动了剂型的改进和创新。而对片剂变色、崩解度、硬度和含量等问题的研究改进,提高了片剂的疗效。表面活性物质可用于片剂的润湿剂和黏合剂、改进包覆涂层性能及作为缓释剂和控释剂。在制剂工作中,为了增加疗效,常常在药物中加入适量的物质以降低接触角,用于增加药物在涂布表面上的润湿程度。

表面张力、润湿和毛细现象,在日常生活中和生产技术中都起着重要作用。大部分多孔性物质,如木材、纸、布、棉纱等都可以吸收液体。此外,土壤中的毛细管(小孔)对于土壤中水分的保持有很大关系,植物组织中有许多导管束,这些导管束就是毛细管,从土壤中把所吸收的养料输送到植物的各部分去。

拓展阅读

表面活性剂在新药研发中的应用

在新药研发中,一种合适的表面活性剂对于新药剂型的改变至关重要,同时优良的表面活性剂也是对人类生命健康的一种保障。对于药物作用于人体脏器的吸收代谢过程,表面活性剂起到了重要的控制作用。

从物理化学理论看,表面活性物质的分子是由性质不同的两部分组成,一部分为亲油疏水碳氢链组成的非极性基团,称作亲油基;另一部分为亲水疏油的极性基团,称为亲水基。按表面活性剂分子在水溶液中能否解离以及解离后所带电荷类型,还可分为非离子型、阴离子型、阳离子型、两性离子型等。其中阳离子表面活性剂的毒性和刺激性最大,非离子型的毒性和刺激性最小。作为药物制剂的辅料,表面活性剂可以在各类药物中应用,包括润湿、乳化、增溶等。

笔记

由于药物对人体器官的药性和毒性的相互制约,需要由表面活性剂控制药物在体内

的吸收速度，表面活性物质可以用作药物的缓释剂，增加药物作用的持续时间。此外，还需要一些表面活性剂作为片剂药物制作辅料，起到润湿剂作用。在片剂药物中用表面活性剂做黏合剂、崩解剂，可控性需求片剂在口服后的易崩解作用。表面活性剂用作药物的包衣物料，具有化学性稳定、抗胃酸能力强、肠溶性可靠、成膜性能好、制备简单、成本低等特点。

下面简介目前表面活性物质在新剂型药物中的应用

1. 表面活性剂对蛋白稳定性的保护　在新药研发过程中，人们发现通过加入一些表面活性剂可以阻止蛋白的吸附和聚合。表面活性剂稳定蛋白有两条重要途径：(a)表面活性剂优先在界面吸附，由此阻碍蛋白的吸附；(b)在溶液中与蛋白结合，阻碍蛋白相互接近抑制聚合来稳定蛋白。表面活性剂在药物提取技术中，可以利用非离子型微乳来提取和分离蛋白质，在药物分析中也具有作用。如：某些药物自身不能放射荧光或者荧光较弱，这时就需要加入适当、适量的表面活性剂进行增溶、增大荧光标记。

2. 表面活性剂在液体制剂中的作用　在液体制剂中，表面活性剂可以充当增溶剂或助悬剂。表面活性剂可以对难水溶性甾体药物、难溶于水的脂溶性维生素(维生素A、D、E、K)、生物碱、难溶于水的抗生素(氯霉素、灰黄霉素等)、水中溶解度很小的芳香油等增溶。吐温类表面活性剂还可以对磺胺类药物和水杨酸增溶。除此之外，由于中草药有效成分的水溶液较浑浊，一般可加入表面活性剂对其有效成分进行增溶，得到澄清透明的水溶液体系。

在混悬剂中，表面活性剂作为助悬剂，是保持混悬剂物理稳定性的重要辅料之一。表面活性剂在两相界面形成溶剂化膜和相同电荷，使混悬剂微粒稳定；同时它还能降低分散相溶剂间的表面张力，以利于疏水性药物润湿和分散。表面活性剂在此类应用中除了起助悬作用外，还有润湿作用。

3. 表面活性剂在胶囊剂类药物中的应用　微胶囊系用天然的或合成的高分子材料将固体或液体药物包裹成直径为1～500μm的微小胶囊。药物经过微囊化后，具有延长药物疗效，提高药物的稳定性，降低在消化道中的副作用等优势。制备微胶囊药物时，表面活性剂既可以作为囊心物中主药的附加剂，也可作为囊材。比如用合成或天然表面活性剂(桃胶、羧甲基纤维素钠)等多聚糖化合物即可与明胶等一起作成囊材。

在软胶囊中，常在特定混悬液中填充固体药物。最常用的混悬液分散媒有植物油、表面活性剂(如PEG400)。混悬液须含有表面活性剂作为助悬剂才能防止固体药物的沉降。对于油性基质，常用的助悬剂是蜡；对于非油性基质，则常用PEG400和PEG600。加入表面活性剂也可提高软胶囊的稳定性和生物利用度。

4. 表面活性剂在气雾剂中的应用　气雾剂主要有溶液系统、混悬系统(粉末气雾剂)和泡沫系统，表面活性剂是后两种类型中不可缺少的成分。表面活性剂在泡沫气雾剂中做乳化剂，它能在摇动时使油和抛射剂完全乳化成稠厚的细微粒，至少在1～2分钟内不分离，并保证抛射剂和药液同时喷出。目前已经成功地成为商品的气雾剂有云南白药气雾剂，复方丹参气雾剂等。气雾剂用于鼻腔给药是新近发展较快的一种给药方法，鼻腔黏膜对药物有独特的吸收方式，可获得全身性的治疗作用，可避免胃肠道分解，加入表面活性剂作吸收促进剂可达到提高全身显效的生物利用度。

5. 表面活性剂对新药材料物理性能的控制　磁性药物制剂是国内外近年来主要研究的一种药物新剂型，它将药物与铁磁性物质共包于载体中。这种载体是用磁性材料和具有一定通透性但不溶于水的骨架材料所组成，而骨架材料中包括天然表面活性剂如白

笔记

蛋白、明胶、卵磷脂、阿拉伯胶以及合成表面活性剂如失水山梨醇脂肪酸酯类及大分子聚合物聚乙烯、聚丙烯等。

另一种是脂质体新型药物，脂质体是一种定时定向药物载体，需控制时间在确定部位释放所需浓度的药物，无副作用或减少副作用释药。脂质体能改变被包封药物在体内的分布，使药物主要积累在肝、脾、肺、骨髓和淋巴系统等组织器官内，从而提高药物的治疗指数，减少药物的治疗剂量并降低药物的毒性。故脂质体在许多疾病，尤其是癌症治疗中有其明显的优越性。上述功能都可以通过加入各种非离子表面活性剂辅助实现。非离子表面活性剂可以提高药物的包封率及多相脂质体的稳定性。

此外，表面活性剂还应用于微球剂中和微孔中。微球剂是一种将药物分散或包埋于多聚物中，形成粒径为微米级的球状载体给药系统。微球剂的研究与开发，对于发展控释与靶向给药系统具有重要意义。其组成中的表面活性剂对水不溶性药物起增溶和润湿剂的作用，可使产品易于分散在水中。例如肝动脉栓塞微球，是治疗中晚期肝癌药物的新剂型。

微乳是一种具有发展潜力的给药系统，主要用于药物载体，它可防止药物过早降解、灭活、排泄以及发生人体免疫反应，能增加药物有效成分的溶解量，从而提高药物的生物利用度。采用非离子表面活性剂如甘油酯类、失水山梨醇酯类和聚乙二醇类作为助表面活性剂，均可得到具有生物相容性的微乳系统。

习题

1. 压强为 1.32×10^{7}Pa 的氧气瓶，容积是 32×10^{-3} m^3。为避免混入其他气体，规定瓶内氧气压强降到 1.013×10^{6}Pa 时就应充气。设每天需用 0.4m^3、1.013×10^{5}Pa 的氧气，一瓶氧气能用几天？

2. 一空气泡，从 3.04×10^{5}Pa 的湖底升到 1.013×10^{5}Pa 的湖面。湖底温度为7℃，湖面温度为27℃。气泡到达湖面时的体积是它在湖底时的多少倍？

3. 两个盛有压强分别为 p_1 和 p_2 的同种气体的容器，容积分别为 V_1 和 V_2，用一带有开关的玻璃管连接。打开开关使两容器连通，并设过程中温度不变，求容器中的压强。

4. 将理想气体压缩，使其压强增加 1.013×10^{4}Pa，温度保持在27℃，问单位体积内的分子数增加多少？

5. 一容器贮有压强为 1.33Pa，温度为 27℃的气体，(1)气体分子平均平动动能是多大？(2)1cm^{3}中分子的总平动动能是多少？

6. 一容积 $V=11.2\times10^{-3}$ m^3 的真空系统已被抽到 $p_1=1.33\times10^{-3}$ Pa。为了提高系统的真空度，将它放在 $T=573$K 的烘箱内烘烤，使器壁释放吸附的气体分子。如果烘烤后压强增为 $p_2=1.33$Pa，问器壁原来吸附了多少个分子？

7. 温度为27℃时，1g 氢气、氦气和水蒸气的内能各为多少？

8. 计算在 $T=300$K 时，氢气、氧气和水银蒸气的最概然速率、平均速率和方均根速率。

9. 某些恒星的温度达到 10^{8}K 的数量级，在这温度下原子已不存在，只有质子存在。试求：(1)质子的平均平动动能是多少电子伏特？(2)质子的方均根速率有多大？

10. 真空管中气体的压强一般约为 1.33×10^{-3} Pa。设气体分子直径 $d=3.0\times10^{-10}$ m。求在27℃时，单位体积中的分子数及分子的平均自由程。

笔记

11. 一矩形框被可移动的横杆分成两部分，横杆与框的一对边平行，长度为 10cm。分别对这两部分蒙以表面张力系数为 40×10^{-3} N/m 和 70×10^{-3} N/m 的液膜，求横杆所受的力。

12. 油与水之间的表面张力系数为 18×10^{-3} N/m，现将 1g 的油在水中分裂成直径为 2×10^{-4} cm 的小滴，问所作的功是多少（已知油的密度为 0.9g/cm^3）？

13. 表面张力系数为 72.7×10^{-3} N/m 的水在一毛细管中上升 2.5cm，丙酮（$\rho=792$kg/m^3）在同样的毛细管中上升 1.4cm。设两者均为完全润湿毛细管，求丙酮的表面张力系数。

（洪　洋）

笔记

第五章 振动和波

学习要求

1. 掌握　简谐振动的基本规律，平面简谐波的波动方程及其物理意义，声强、声强级的概念和多普勒效应的物理意义及计算方法。

2. 熟悉　同方向、同频率简谐振动的合成，惠更斯原理、波的能量密度、能流密度、波的衰减、波的叠加原理及波的干涉现象。

3. 了解　阻尼振动、受迫振动、共振的特点，声波、超声波、次声波的基本特性。

振动（vibration）是自然界中常见的运动形式之一。如交流电中的电流和电压的周期性变化、讲话时声带的振动、心脏的跳动、钟摆的摆动、晶体中原子的不停振动等。广义地说，任何一个物理量随时间的周期性变化都可以称为振动。在物理学、化学、生理学、气象学等许多学科中会涉及各种各样的振动。所有振动，尽管物理本质不同，但在很多方面都遵循着相同的规律。物体在一定位置附近所作的来回往复运动称为**机械振动**。

波动（wave motion）是振动在时空中的传播过程，同时也是能量的传播过程。声波、超声波、地震波、电磁波和光波等都是波。不同性质的波动也遵循着一些共同的规律。波动理论不仅对宏观现象的理解十分重要，也是研究微观世界的重要基础。本章只涉及机械振动和机械波，我们可以从机械振动的分析中，了解振动和波动现象的一般规律。

第一节　简谐振动

钟摆的摆动、心脏的跳动、声音的产生等现象都可以归类于机械振动，但其运动的形成及描述相对比较复杂，本节首先以最简单的弹簧振子作为研究对象。简谐振动是一种最简单、最基本的振动，其他任何复杂的振动都可以看成是由若干个简谐振动的合成。

一、简谐振动的运动方程

一个质量可以忽略、劲度系数为 k 的轻弹簧，弹簧一端固定，另一端连接一个质量为 m 的物体（也称振子）放在光滑的水平面上，并假定物体与平面无摩擦力，这样的系统就组成了一个弹簧振子，如图 5-1 所示，其中 O 点为弹簧自然伸长位置。

由上述描述可以知道弹簧振子是一种理想模型，在这样一个模型中，由于物体的大小对振动过程没有影响，可以把弹簧振子中的物体看成质点。

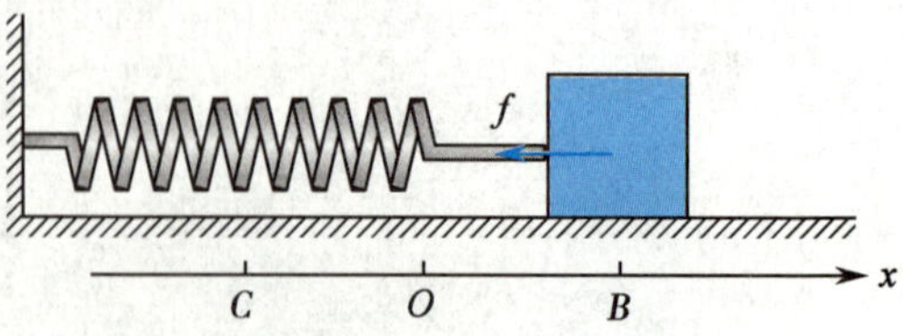

图 5-1　弹簧振子模型

现在以弹簧振子为对象，分析其受力及其运动过程。以弹簧自由伸长时物体所在位置为坐标原点建立坐标系，设 x 轴向右为正，此时若用力将物体拉离平衡位置，由胡克定律可知物体受到弹簧的拉力为 $f=-kx$，即弹簧的拉力与物体的位移成正比，比例系数即弹簧的劲度系数 k，公式中的负号表示拉力方向与位移方向相反。当撤掉拉动物体的外力后，物体将在弹性力的作用下按牛顿第二定律 $f=ma$ 运动。有

笔记

$$-kx=ma$$

或
$$ma+kx=0$$

将上式用微分形式表示，有

$$\frac{d^2x}{dt^2}+\frac{k}{m}x=0 \tag{5-1}$$

令
$$\omega^2=\frac{k}{m} \tag{5-2}$$

则式(5-1)可写为
$$\frac{d^2x}{dt^2}+\omega^2x=0 \tag{5-3}$$

式(5-3)是一个二阶常系数微分方程，根据数学方法该方程的解为

$$x=A\cos(\omega t+\varphi_0) \tag{5-4}$$

式(5-4)称为简谐振动的运动方程或振动方程。将式(5-4)两边对时间求导数，得出简谐振动的速度 v 和加速度 a，分别为

$$v=\frac{dx}{dt}=-A\omega\sin(\omega t+\varphi_0)=A\omega\cos\left(\omega t+\varphi_0+\frac{\pi}{2}\right) \tag{5-5}$$

$$a=\frac{dv}{dt}=-A\omega^2\cos(\omega t+\varphi_0)=A\omega^2\cos(\omega t+\varphi_0+\pi) \tag{5-6}$$

弹簧振子是一种理想运动模型，简谐振动方程式(5-3)和方程解式(5-4)是描述理想运动的数学方程和数学解，式(5-4)描述了物理模型的运动过程，所以称为运动方程。弹簧振子的振动并不是唯一的简谐振动，很多其他类型的运动都可以用简谐运动来描述，例如一个单摆的运动和刚体绕固定轴往复运动(复摆)都可以用简谐运动方程来描述。

二、简谐振动的特征量

振幅、角频率(或频率、周期)和相位是描述简谐振动的3个特征参量，根据这3个特征参量可以把一个简谐振动完全确定下来。

式(5-4)中 A 称为**振幅**(amplitude)；$(\omega t+\varphi_0)$ 称为在时刻 t 的振动**相位**(phase)，其中 φ_0 称为**初相位**，简称**初相**，是由系统的初始条件所确定的，相位的单位是弧度(rad)；ω 称为**角频率**或**圆频率**。从其原始定义式(5-2)可以看出它与振动过程无关，由弹簧振子的劲度系数和物体的质量所决定，所以该物理量又称为固有圆频率，有时也称为本征圆频率，是振动系统本身固有的性质。式(5-4)描述了弹簧振子系统任一时刻物体所在位置与时间的关系，从余弦(或正弦)函数的基本性质可以知道：物体的位移有限、单值并周期性变化。物理学中将这种能应用于上述模型并可用式(5-3)或式(5-4)描述的物理运动称为**简谐振动**(simple harmonic motion)。为了描述物体振动的快慢，引入周期和频率的概念。振动物体完成一次完全振动所需要的时间，称为振动的**周期**(period)，记做 T，单位是秒(s)。周期的倒数，即该物体在单位时间内所完成的完全振动次数，称为振动的**频率**(frequency)，记做 ν，单位是赫兹(Hz)。ω、ν 和 T 三者的关系为

$$\nu=\frac{1}{T}$$

$$\omega=2\pi\nu=\frac{2\pi}{T} \tag{5-7}$$

笔记

式(5-4)、式(5-5)、式(5-6)表明，做简谐振动物体的速度和加速度，都按照与位移同样的规

律在变化,不过它们在同一时刻的相位彼此不同。相位的差值称为**相位差**(phase difference)。加速度和位移的相位差为 π,即它们的相位相反;速度与位移和加速度的相位差均为 π/2,但速度在相位上超前于位移,而落后于加速度。

振幅 A 和初相 φ_0 由初始条件决定,即由 $t=0$ 时的位移 x_0 和速度 v_0 的值所决定。在式(5-4)和式(5-5)中令 $t=0$,有

$$x_0 = A\cos\varphi_0$$

$$v_0 = -A\omega\sin\varphi_0$$

由以上两式可得

$$A = \sqrt{x_0^2 + \frac{v_0^2}{\omega^2}} \tag{5-8}$$

$$\varphi_0 = \arctan\frac{-v_0}{\omega x_0} \tag{5-9}$$

例题 5-1 一水平放置的弹簧振子,已知弹簧的劲度系数 k 为 15.8N/m,振子的质量 m 为 0.1kg,在 t 为 0 时振子对平衡位置的位移 x_0 为 0.05m,速度 v_0 为 −0.628m/s,求简谐振动的振动方程。

解 简谐振动的角频率

$$\omega = \sqrt{\frac{k}{m}} = \sqrt{\frac{15.8}{0.1}} = 12.57\text{s}^{-1} = 4\pi\text{s}^{-1}$$

A 和 φ_0 由初始条件决定

$$A = \sqrt{x_0^2 + \frac{v_0^2}{\omega^2}} = \sqrt{0.05^2 + \frac{(-0.628)^2}{12.57^2}} = 7.07\times10^{-2}\text{m}$$

$$\varphi_0 = \arctan\frac{-v_0}{\omega x_0} = \arctan\left(-\frac{-0.628}{12.57\times0.05}\right) = \arctan1 = \frac{\pi}{4}\text{或}-\frac{3}{4}\pi$$

由于 $v_0 = -A\omega\sin\varphi_0 = -0.628(\text{m/s}) < 0$,所以取 $\varphi_0 = \frac{\pi}{4}$

简谐振动的振动方程为

$$x = 7.07\times10^{-2}\cos\left(4\pi t + \frac{\pi}{4}\right)\text{m}$$

三、简谐振动的矢量图示法

简谐振动中位移和时间的关系,可以用几何的方法形象地表示出来。如图 5-2 所示,在 x 轴上取一点 O 作为原点,自 O 点起作一矢量 $\boldsymbol{A}$,使其长度等于振幅 A,矢量 $\boldsymbol{A}$ 称为振幅矢量。$t=0$ 时 $\boldsymbol{A}$ 与 x 轴所成的角度等于振动的初相位 φ_0,设 $\boldsymbol{A}$ 在从此位置以大小与 ω 相同的角速度沿逆时针方向匀速转动,则在任一时刻 t,$\boldsymbol{A}$ 与 x 轴的夹角为 $(\omega t+\varphi_0)$。可见在 x 轴上的投影 $A\cos(\omega t+\varphi_0)$ 就描述了简谐振动过程,这一几何表示方法又称为**矢量图法**。矢量图法能够非常直观、形象地描述简谐振动的运动规律,而且在研究同方向、同频率的振动合成时还可以避免用复杂的计算来得出所需要的结果。由于 $\omega=2\pi\nu$,即 ω 等于频率的 2π 倍,所以 ω 称为振动的角频率或圆频率。

笔记

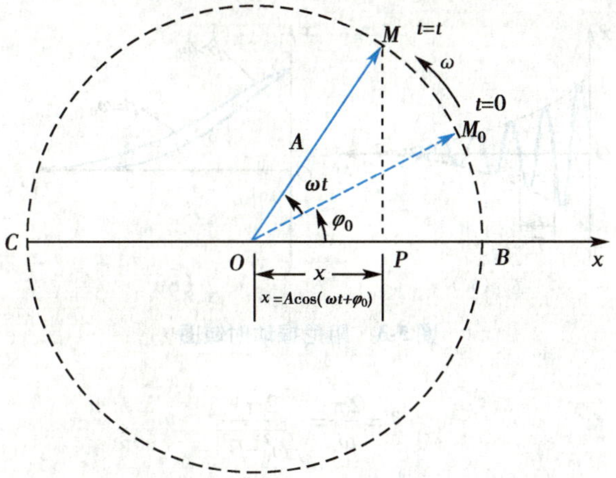

图 5-2　简谐振动的矢量图表示法

第二节　简单的非理想振动

弹簧振子所代表的简谐振动是基于理想状态的运动，在物理现实中，绝大部分振动不是理想情况。非理想情况下的振动一般可以分为两种：阻尼振动和受迫振动。在自由状态下的非理想振动主要是阻尼振动；在外力的驱动下所做的振动称为受迫振动。

1. **阻尼振动**　在弹簧振子模型中，如果考虑到物体所受到的摩擦阻力或运动过程中的空气阻力，则在运动过程中振动系统的能量不断损耗，振幅不断减小，最后振动停止。这种在一个往返过程非常类似简谐振动但振幅不断变小的运动就称为阻尼振动（damped oscillation）。

一般来讲，摩擦阻力或空气阻力与运动物体的运动速度成正比，如果用 f 表示阻力，则

$$f=-\gamma v=-\gamma\frac{\mathrm{d}x}{\mathrm{d}t}$$

其中负号表示力的方向与速度方向相反。式中比例系数 γ 称为阻力系数，它的大小与振动系统中物体的大小、形状及介质的性质有关。此时运动方程可写为

$$m\frac{\mathrm{d}^2x}{\mathrm{d}t^2}=-kx-\gamma\frac{\mathrm{d}x}{\mathrm{d}t}$$

令 $\frac{k}{m}=\omega_0^2$，$\frac{\gamma}{m}=2\beta$，整理上式可写为

$$\frac{\mathrm{d}^2x}{\mathrm{d}t^2}+2\beta\frac{\mathrm{d}x}{\mathrm{d}t}+\omega_0^2x=0$$

ω_0 为无阻尼时振动系统固有的圆频率；β 称为阻尼系数，与振动系统及介质性质有关。阻尼大小不同时，该微分方程的解不同，物体的运动状态也不同。阻尼振动的时域图如图 5-3 所示。

当阻尼较小或者说阻力与弹性力相比数值不是很大时，满足 $\beta\ll\omega_0$，微分方程式的解为

$$x=A\mathrm{e}^{-\beta t}\cos(\omega t+\varphi)$$

同简谐振动类似，式中 A 和 φ 为积分常数，由初始条件决定：$\omega=\sqrt{\omega_0^2-\beta^2}$，其振动曲线如图 5-3（a）所示。此时的振动类似一个振幅不断减弱的简谐振动，式中 $A\mathrm{e}^{-\beta t}$ 可以看作阻尼振动的振幅，它是随时间 t 按指数规律衰减的，β 越大，即阻尼越大，振幅衰减得越快，显然阻尼振动不是简谐振动，且不具备周期性和重复性。如果仍把相位变化 2π 所经历的时间称为周期（T），则阻尼振动的周期为

笔记

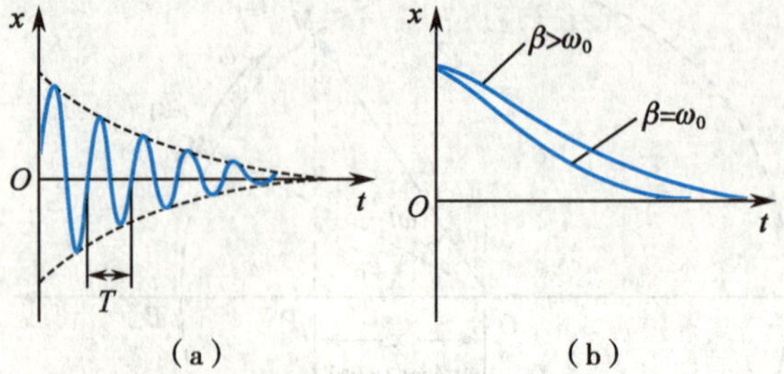

图 5-3 阻尼振动时域图

$$T=\frac{2\pi}{\omega}=\frac{2\pi}{\sqrt{\omega_0^2-\beta^2}}$$

阻尼振动的周期比振动系统的固有周期长，即由于阻尼的作用，振动过程往复一个周期的时间变长了。上述这种阻尼作用较小的情况称为欠阻尼。

当阻尼作用过大，即 $\beta>\omega_0$ 时，如图 5-3(b)中的上曲线所示。此时物体的运动既不是周期性的，也不是在平衡位置附近做往复运动，而是所随时间的延长缓慢地回到平衡位置，这种情况称为过阻尼。

当阻尼作用适当，即 $\beta\approx\omega_0$ 时，如图 5-3(b)中的下曲线所示。物体将以最快速度回到平衡位置，这种情况称为临界阻尼。

在物理现实中经常会遇到阻尼振动的情况。例如，天平的摆动以及各种指针式仪表的指针接近指示值的过程均可视为阻尼振动。在上述过程中，仪器使用者往往希望指针尽快到达预定位置，即希望阻尼大一点；而在另一些问题上，比如振动培养器、转动的轮轴等往往又希望阻尼越小越好。所以在实际问题中有时需要减小阻尼，而有时适当人为地加入阻尼。例如，精密天平、心电图机的指针内部都专门设计有电磁阻尼装置，以避免指针大幅度摆动而影响测量和观察。

2. **受迫振动** 振动系统受到阻尼作用最终会停止振动。要想获得一个持续稳定的等幅振动，必须对阻尼振动的系统施加周期性外力，外力不断做功给振动系统补充能量。振动系统在连续周期性外力作用下的振动，称为**受迫振动**(forced vibration)。周期性外力称为驱动力。受迫振动的运动方程可写为

$$m\frac{d^2x}{dt^2}=-kx-\gamma\frac{dx}{dt}+f_0\cos\omega' t$$

其中等号右边第三项为一周期性驱动力，驱动力圆频率为 ω'。其他各项与阻尼振动相同。

令 $\frac{k}{m}=\omega_0^2$，$\frac{\gamma}{m}=2\beta$，$h=\frac{f_0}{m}$，上式可写为

$$\frac{d^2x}{dt^2}+2\beta\frac{dx}{dt}+\omega_0^2x=h\cos\omega' t$$

在小阻尼的情况下该方程的解为

$$x_0=A_0e^{-\beta t}\cos\left(\sqrt{\omega_0^2-\beta^2}\,t+\varphi_0\right)+A\cos(\omega' t+\varphi)$$

上式表示，受迫振动是由第一项所表示的阻尼振动和第二项表示的简谐振动两项叠加而成。第一项随时间逐渐减弱，经过一段时间将不起作用；第二项是振幅不变的振动，这就是受迫振动达到稳定状态时的等幅振动。式中的振幅和初相位分别为

$$A=\frac{h}{\sqrt{(\omega_0^2-\omega'^2)^2+4\beta^2\omega'^2}}$$

笔记

$$\varphi=\arctan\frac{-2\beta\omega'}{\omega_0^2-\omega'^2}$$

可见，受迫振动的振幅和初相位仅决定于振动系统自身的性质、驱动力的频率和振幅，与系统的初始条件无关。

3. **共振**　在受迫振动中，当驱动力频率与阻尼振动频率相近时，会发生受迫振动振幅最大的现象，称为**共振**(resonance)。理论上共振振幅为

$$A_r=\frac{h}{2\beta\sqrt{\omega_0^2-\beta^2}}$$

共振现象不仅发生在机械振动中，在声、光、无线电、原子和原子核物理及各种技术领域中都会遇到。共振有很重要的用途，如现代医学影像技术中利用原子核的共振现象来探测物质的结构，研究物质的性质及诊断疾病等。但不同频率的振动能激起人体不同部位的共振，对人体造成伤害。要防止共振，就要使驱动力的频率远远大于或远远小于系统的固有频率。

第三节　简谐振动的合成

一、同方向简谐振动的合成

1. 两个同方向、同频率的简谐振动的合成　设两个在同一直线上进行的同频率的简谐振动，在任一时刻 t 的运动方程分别为

$$x_1=A_1\cos(\omega t+\varphi_1)$$
$$x_2=A_2\cos(\omega t+\varphi_2)$$

它们的合成振动可应用简谐振动的矢量图法很方便地得到，如图 5-4 所示。在 x 轴上取任

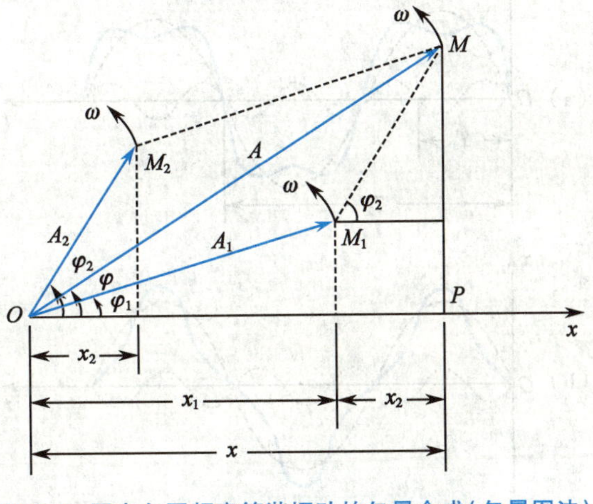

图 5-4　同方向同频率简谐振动的矢量合成(矢量图法)

一点 O，作两个长度分别为 A_1、A_2 的振幅矢量 $\boldsymbol{A}_1$、$\boldsymbol{A}_2$。在 $t=0$ 时，$\boldsymbol{A}_1$、$\boldsymbol{A}_2$ 与 x 轴的夹角分别为 φ_1、φ_2，由于 $\boldsymbol{A}_1$、$\boldsymbol{A}_2$ 以相同的角速度 ω 逆时针匀速旋转，所以它们之间的夹角不变，因而合矢量 $\boldsymbol{A}$ 的大小亦不变。因为两个矢量在 x 轴上的投影之和必等于两个矢量之和的投影，所以合矢量 $\boldsymbol{A}$ 就是合振动的振幅矢量，合矢量 $\boldsymbol{A}$ 亦以同一角速度 ω 逆时针方向匀速旋转，合振动的运动方程为

$$x=A\cos(\omega t+\varphi)$$

可见合振动仍然是一简谐振动，合振动的频率与分振动频率相同。合振动的振幅 $\boldsymbol{A}$ 和初相位 φ 都可用矢量合成的方法按几何关系求得，结果为

笔记

$$A=\sqrt{A_1^2+A_2^2+2A_1A_2\cos(\varphi_2-\varphi_1)} \tag{5-10}$$

$$\tan\varphi=\frac{A_1\sin\varphi_1+A_2\sin\varphi_2}{A_1\cos\varphi_1+A_2\cos\varphi_2} \tag{5-11}$$

由式(5-10)可知，合振动的振幅不仅与分振动的振幅有关，而且与两个分振动的相位差 $\Delta\varphi=\varphi_2-\varphi_1$ 有关。

(1) 相位差：$\Delta\varphi=\pm 2k\pi\quad k=0,1,2,\cdots,n$，这时 $\cos(\varphi_2-\varphi_1)=1$，按式(5-10)得

$$A=\sqrt{A_1^2+A_2^2+2A_1A_2}=A_1+A_2$$

即当两个分振动的相位差为 π 的偶数倍时，合振动的振幅达到最大值，等于两分振动的振幅之和。

(2) 相位差：$\Delta\varphi=\pm(2k-1)\pi\quad k=1,2,3,\cdots,n$，这时 $\cos(\varphi_2-\varphi_1)=-1$，按式(5-10)得

$$A=\sqrt{A_1^2+A_2^2-2A_1A_2}=|A_1-A_2|$$

即当两个分振动的相位差为 π 的奇数倍时，合振动的振幅达到最小值，等于两分振幅之差的绝对值，如 $A_1=A_2$，则 $A=0$，这时两振动抵消，而使物体处于静止状态。

上述为两种极端情况，一般情况下，相位差 $\Delta\varphi$ 可取任意值，而合振动的振幅取值在 A_1+A_2 和 $|A_1-A_2|$ 之间，即 $A_1+A_2\geqslant A\geqslant|A_1-A_2|$。

2. 两个同方向、不同频率的简谐振动的合成 两个同方向、不同频率的简谐振动，由于二者的相位差随时间变化，这时在矢量图中两振幅矢量间的夹角将不断改变，因而合矢量的长度和转动的角速度也将不断地改变，所以合矢量的投影不代表简谐振动，而是比较复杂的振动。以频率之比是 1∶3的两个简谐振动的合成为例，图 5-5 中的虚线和点分别代表分振动，实线代表它的合振动。图 5-5(a)、(b)、(c)分别表示 3 种不同的初相位差所对应的合振动。由图可知，在 3 种不同情况下，合振动曲线具有不同的形状，它们都不是简谐振动，但仍然是周期性振动，而且合振动的频率与分振动中最低频率相等。如果分振动是两个以上，它们的频率又都是最低

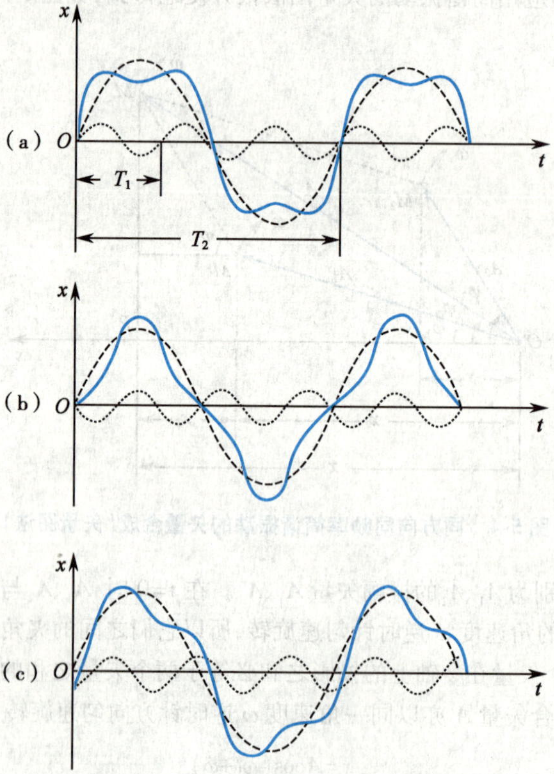

图 5-5 两个频率为 1∶3的简谐振动合成(3 种情况对应 3 种不同的初相位差)

笔记

频率的整数倍时，可以证明，上述结论仍然是正确的。其中最低的频率称为基频，其他分振动的频率称为倍频。

拍作为一个特例，考虑两个频率不同、但振幅和初相位相同且频率非常接近的振动合成的问题。它们的振动方程为 $x_1=A\cos(\omega_1 t+\varphi)$ 和 $x_2=A\cos(\omega_2 t+\varphi)$。利用三角恒等式，有

$$\begin{aligned} x &= x_1+x_2=A\cos(\omega_1 t+\varphi)+A\cos(\omega_2 t+\varphi) \\ &= 2A\cos\frac{\omega_2-\omega_1}{2}t\cos\left(\frac{\omega_2+\omega_1}{2}t+\varphi\right) \end{aligned} \tag{5-12}$$

由于 $|\omega_2-\omega_1|\ll\omega_2+\omega_1$，可将式(5-12)表示的运动看作是振幅按照 $\left|2A\cos\frac{\omega_2-\omega_1}{2}t\right|$ 作缓慢的周期性变化，而角频率等于 $\frac{\omega_2+\omega_1}{2}$ 的振动，这种现象称为拍(beat)。由于该因子的绝对值才代表振幅的变化，所以振幅变化的角频率是该因子角频率的 2 倍，即拍频为：

$$\nu=2\times\frac{1}{2\pi}\left(\frac{|\omega_2-\omega_1|}{2}\right)=|\nu_2-\nu_1| \tag{5-13}$$

拍频是两振动频率之差的绝对值，拍频在声学、光学、无线电技术等领域都有应用。

二、相互垂直简谐振动的合成

设两个频率相同的简谐振动在相互垂直的 x、y 轴上进行，其运动方程分别为

$$x=A_1\cos(\omega t+\varphi_1)$$

$$y=A_2\cos(\omega t+\varphi_2)$$

将上式中的时间变量 t 消去，就得到合成振动的轨迹方程

$$\frac{x^2}{A_1^2}+\frac{y^2}{A_2^2}-\frac{2xy}{A_1A_2}\cos(\varphi_2-\varphi_1)=\sin^2(\varphi_2-\varphi_1) \tag{5-14}$$

一般说来，这是个椭圆方程。图 5-6 表示相位差为某些固定值时合成振动的轨迹。可见，两个频率相同的相互垂直的简谐振动的合成，合振动在一直线、椭圆或圆上进行。轨迹的形状和运动方向由两个分振动振幅的大小和相位差决定。

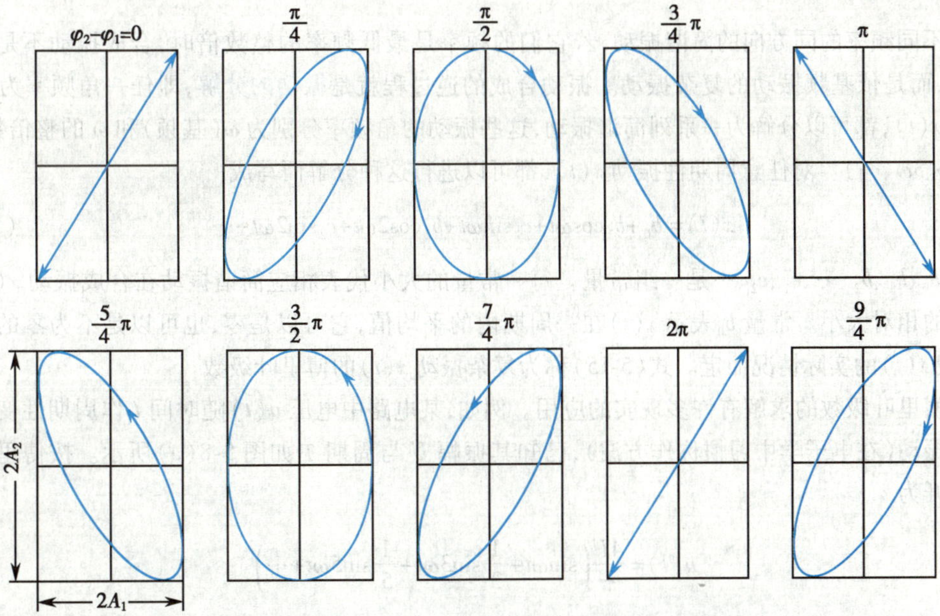

图 5-6 在不同相位情况下，两个同频率相互垂直的简谐振动的合成

笔记

如果两个简谐振动的频率只有很小的差异,则可以近似地看作两个频率相同的简谐振动的合成,不过相位差在缓慢地变化。因此,振动的轨迹将不断地按图5-6所示的次序变化,即在图中所示的矩形范围内自直线变成椭圆而再变成直线等。

如果两个简谐振动的频率相差很大,但有简单的整数比时,则合振动又具有稳定的封闭轨迹。图5-7表示的是频率比分别为2∶1和3∶1时合成振动的轨迹。这种频率成简单整数比时所得到的稳定的轨迹图形称为李萨如图形。如果已知一个振动的频率,就可根据图形求出另一个振动的频率。这曾经是比较方便和比较常用的一种测定频率的方法。

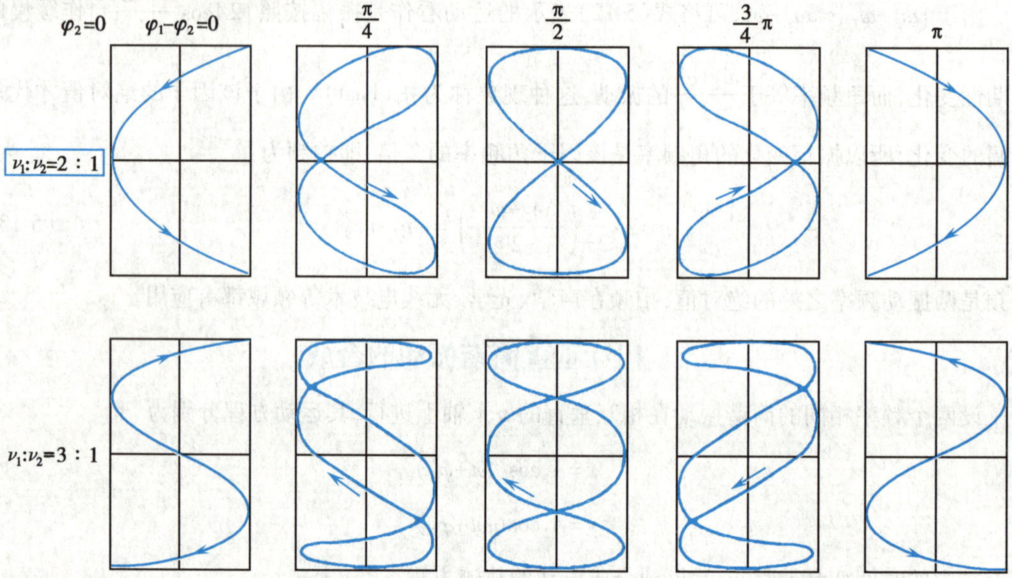

图5-7 李萨如图形

第四节 振动的分解、频谱

一、振动的分解

不同频率的同方向的简谐振动,若它们的频率是最低频率的整数倍时,合成振动不是简谐振动,而是依基频振动的复杂振动。振动合成的逆过程就是振动的分解,即任一角频率为ω的振动$x(t)$,都可以分解为一系列简谐振动,这些振动的角频率分别为ω(基频)和ω的整倍数(倍频2ω、3ω、…)。对任意周期性振动$x(t)$,都可以进行这种分解而写成

$$x(t)=b_0+b_1\cos\omega t+c_1\sin\omega t+b_2\cos 2\omega t+c_2\sin 2\omega t+\cdots \tag{5-15}$$

式中b_0、b_1、b_2、…、c_1、c_2、…是一组常量。每一常量的大小代表相应简谐振动在合成振动$x(t)$中所占的相对大小。常量b_0表示$x(t)$在一周期内的平均值,它可以是零,也可以是不为零的某一值,视$x(t)$的实际情况而定。式(5-15)称为复杂振动$x(t)$的傅里叶级数。

傅里叶级数的求解有许多现实的应用。例如,某电路中电压$u(t)$随时间t作周期性变化的矩形振动(在电子学中习惯称作方波),已知其振幅U与周期T如图5-8(a)所示。按傅里叶级数展开为

$$u(t)=\frac{4U}{\pi}\left(\sin\omega t+\frac{1}{3}\sin 3\omega t+\frac{1}{5}\sin 5\omega t+\cdots\right)$$

这表明$u(t)$可以分解为基频为ω,倍频为3ω、5ω、…等无穷多个简谐振动。在组成方波的这一

笔记

系列简谐振动中，基频的成分振幅最大，频率越高则振幅越小。在实际工作中可以只取前几项低频部分对之进行近似处理。所取项越多，其合成情况与实际情况就越接近而误差越小。图 5-8(b)和图 5-8(c)是取 2 项和 4 项合成时的波形。

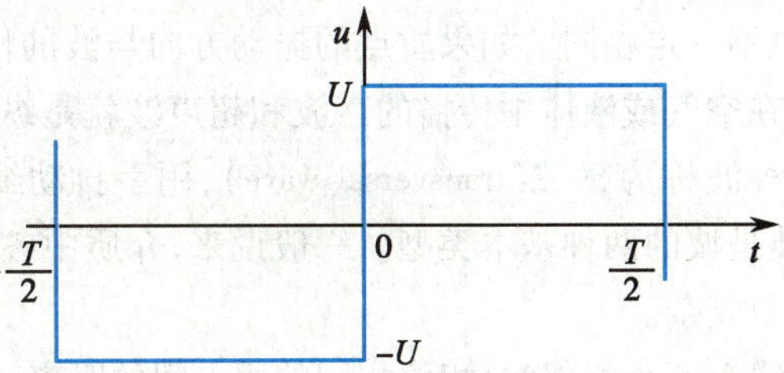

(a)方波$u(t)$的图像

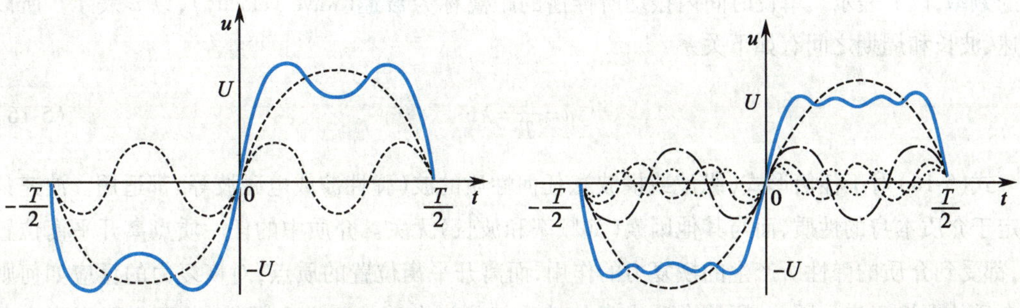

(b) $u(t)=\frac{4U}{\pi}\left(\sin\omega t+\frac{1}{3}\sin3\omega t\right)$的图像　(c) $u(t)=\frac{4U}{\pi}\left(\sin\omega t+\frac{1}{3}\sin3\omega t+\frac{1}{5}\sin5\omega t+\frac{1}{7}\sin7\omega t\right)$的图像

图 5-8 方波的分解

二、频　谱

从方波的傅里叶分解可以看到，连续的复杂的周期性振动分解后得到一系列简谐振动的频率均为基频的整数倍；各分振动的频率不是任意连续值。各种频率的分振动的振幅不同，振幅与频率的关系构成振动的**频谱**(frequency spectrum)。周期振动的频率是不连续谱。以圆频率 ω 或频率 ν 为横坐标，以相应的振幅为纵坐标，可作出反映振幅与频率关系的振幅谱图。图 5-9 画出了方波的频谱，图中的每条线称为**谱线**(spectral line)，其长度代表具有相应频率的分振动的振幅值。

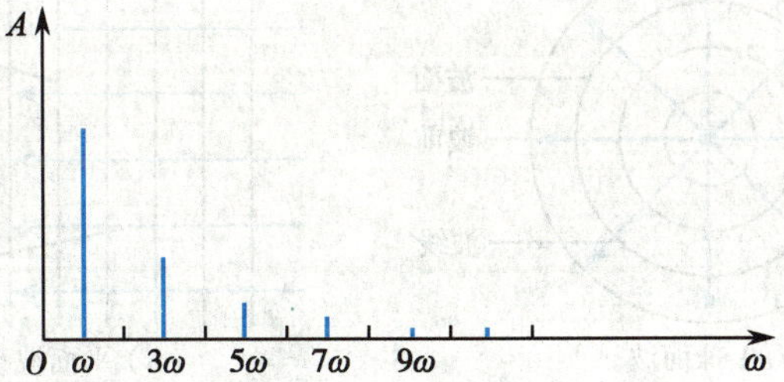

图 5-9 方波的频谱

第五节 简 谐 波

一、机械波的产生和传播

各质点间由于弹性力的作用而相互联系所组成的介质，称为**弹性介质**(elastic medium)。振动物体在弹性介质中振动时，由于弹性力的作用，就把这种振动在介质中依次传播出去。机械

笔记

振动在弹性介质中的传播过程，称为**机械波**（mechanical wave）。例如，液体表面的波、声波以及在液态物质内部传播的弹性波都是机械波。

机械波的产生，首先要有机械振动的物体作为波源，其次要有能够传播这种机械振动的介质。振动传播时，各个质点都在一定的平衡位置附近振动，并没有沿传播方向流动，而且质点的振动方向和波的传播方向也不一定相同。如果质点的振动方向与波的传播方向相同，这种波称为**纵波**（longitudinal wave），在空气或液体中传播的声波和超声波就是纵波。如果质点的振动方向与波的传播方向垂直，这种波称为**横波**（transversal wave），用手抖动绳的一端时，绳子上产生的波就是横波。纵波和横波是波的两种基本类型。一般说来，介质中各个质点的振动情况是很复杂的，由此产生的波动也很复杂。

波动传播时，沿同一波线上两个相邻的、相位相同的质点间的距离，称为**波长**（wave length），通常以 λ 表示。波前进一个波长距离所需的时间，称为波的**周期**，以 T 表示。周期的倒数称为波的**频率**，以 ν 表示。单位时间内振动所传播的距离称为**波速**（wave velocity），以 u 表示。所以波速、波长和周期之间有如下关系

$$u=\frac{\lambda}{T}=\lambda\nu \tag{5-16}$$

式(5-16)对于任何形式（纵波或横波）、任何性质的波（弹性波或电磁波等）都适用。波速只决定于介质本身的性质，而与其他因素（如频率和波长）无关。介质中的任一质点离开平衡位置时，都受到介质的弹性所产生的恢复力的作用，而离开平衡位置的质点，对恢复力的反应如何则由介质的惯性确定。因此，所谓介质本身的性质就是指介质的弹性和惯性，这两个因素决定着波的速率。弹性大，就表示介质中各质点间的联系紧密，因而传播速度就大。而密度大，则表示惯性大，因而传播速度就小。

对波作几何描述时，把某一时刻振动相位相同的点连成的面称为**波阵面**（wave surface），简称**波面**，最前面的波面称为**波前**（wave front）。波阵面的形状决定波的类型，波阵面为球面的称为球面波，如图 5-10（a）所示。波阵面为平面的称为平面波，如图 5-10（b）所示。沿波的传播方向所作的一系列射线称为**波线**或**波射线**。在各向同性的介质中波线和波阵面垂直。在球面波的情况下，波线是以波源为中心的沿半径方向的直线；在平面波的情况下，波线是与波阵面垂直的平行直线。

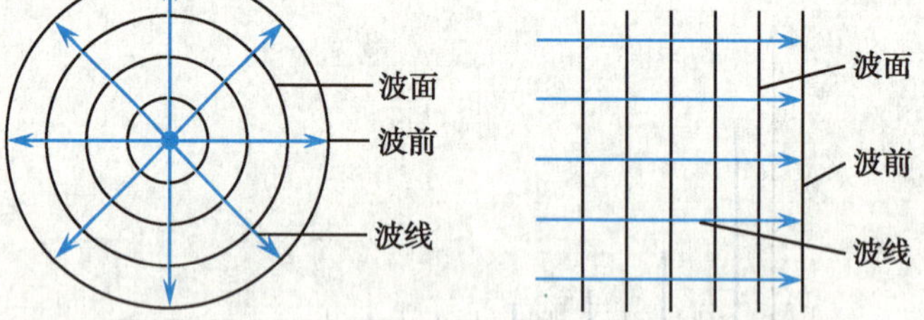

图 5-10　波的几何描述

惠更斯（C. Huygens）在 1690 年提出了一个原理：介质中波面上每一点都可以当作独立的波源，发出球面**子波**（wavelet），在其后的任一时刻，这些子波的包迹，就是新的波面。该原理称为**惠更斯原理**。根据这一原理，依某一时刻波面的位置即可确定下一时刻波面的位置，从而确定波的传播方向。

笔记

二、简谐波的波动方程

当波源作简谐振动时,介质中各质点也作简谐振动,其频率与波源的频率相同,振幅也与波源有关,这种由于波源作简谐振动而产生的波动称为**简谐波**(simple harmonic wave)或余弦波(或正弦波)。简谐波是最简单、最基本的波,由于一切复杂的振动都可以看成是由简谐振动合成的,因此一切复杂的波也可看成是由简谐波所合成的。

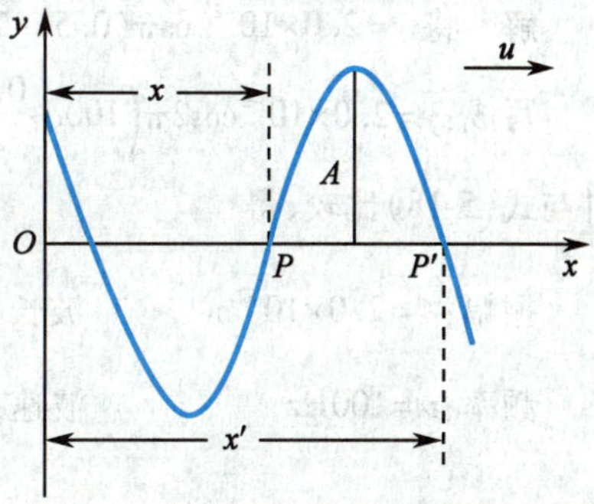

图 5-11 波动方程推导

如图 5-11 所示,设波以波速 u 沿 Ox 方向传播,且振幅在传播过程中不变。设在 t 时刻 O 点的运动方程为

$$y_0=A\cos(\omega t+\varphi)$$

设 P 为传播方向上的任意一点,与 O 点相距为 x。当波动从 O 点传到 P 点时,P 点处的质点也将以同一角频率开始振动,但相位要比 O 点落后。因为波由 O 点传至 P 点所需的时间是 x/u,在 t 时刻,P 点处的质点位移,就是 O 点处质点在 $t-x/u$ 时刻的位移。因此对于 P 点处的质点,其运动方程应写为

$$y=A\cos\left[\omega\left(t-\frac{x}{u}\right)+\varphi\right] \tag{5-17}$$

如用周期 T、频率 ν 和波长 λ 表示,式(5-17)可写成

$$y=A\cos\left[2\pi\left(\frac{t}{T}-\frac{x}{\lambda}\right)+\varphi\right]=A\cos\left[2\pi\left(\nu t-\frac{x}{\lambda}\right)+\varphi\right] \tag{5-18}$$

式(5-17)和式(5-18)都是表示位移 y 是 t 和 x 的函数,称为沿 x 轴正向传播的简谐波的波动方程。若将式(5-17)分别对 t 和 x 求二阶偏导数,得

$$\frac{\partial^2 y}{\partial t^2}=-A\omega^2\cos\left[\omega\left(t-\frac{x}{u}\right)+\varphi\right]$$

$$\frac{\partial^2 y}{\partial x^2}=-A\frac{\omega^2}{u^2}\cos\left[\omega\left(t-\frac{x}{u}\right)+\varphi\right]$$

比较两式可得

$$\frac{\partial^2 y}{\partial x^2}=\frac{1}{u^2}\frac{\partial^2 y}{\partial t^2} \tag{5-19}$$

式(5-19)为波动方程的微分形式。从数学形式上来看,式(5-17)或式(5-18)是式(5-19)的一个解。

在波动方程中含有 x 和 t 两个自变量,①对于给定时刻 t 来说,位移 y 仅是 x 的函数,这时波动方程表示某一时刻在直线 Ox 上各点的位移分布,即该时刻的波形。②对于给定距离 x 来说,位移 y 仅是 t 的函数,表明该点在各时刻的振动情况。③对于 x 和 t 都在变化的情况,波动方程表示沿波传播方向上各个不同质点在不同时刻的位移。对于横波,可以更形象地说,这个波动方程包括了不同时刻的波形,亦即反映了波形的传播。

应该注意的是,式(5-17)或式(5-18)只适应于在无阻尼的介质中传播的平面波。因为只有在这种情况下,波的振幅才保持不变。所以把上述这种情况下的波动方程称为**平面简谐波的波动方程**。

如果简谐波沿 x 轴负方向传播,则平面简谐波波动方程为

笔记

$$y=A\cos\left[\omega\left(t+\frac{x}{u}\right)+\varphi\right]$$

例题 5-2 设波动方程 $y=2.0\times10^{-2}\cos\pi(0.5x-200t)$ m,求振幅、波长、频率和波速。

解 将 $y=2.0\times10^{-2}\cos\pi(0.5x-200t)$ m

写成:$y=2.0\times10^{-2}\cos2\pi\left(100t-\frac{0.5}{2}x\right)$ m

并与式(5-18)比较,得

振幅:$A=2.0\times10^{-2}$m　　波长:$\lambda=\frac{2}{0.5}=4.0$m

频率:$\nu=100$Hz　　波速:$u=\lambda\nu=4.0\times10^{2}$m/s

三、简谐波的能量

1. **简谐波的能量** 波传播时介质中各质点要发生振动,同时介质要发生形变,因而具有动能和弹性势能。设有一平面简谐波,以速度 u 在密度为 ρ 的均匀介质中传播,其波动方程为

$$y=A\cos\left[\omega\left(t-\frac{x}{u}\right)+\varphi\right]$$

为了考虑此介质中波的能量,设想在介质中取一体积为 ΔV、质量为 Δm 的介质元。介质元的动能为

$$E_k=\frac{1}{2}\Delta mv^2=\frac{1}{2}\rho\Delta Vv^2$$

式中速度 v 是介质元的振动位移对时间的导数,即

$$v=\frac{\partial y}{\partial t}=-A\omega\sin\left[\omega\left(t-\frac{x}{u}\right)+\varphi\right]$$

代入上式得

$$E_k=\frac{1}{2}\rho\Delta VA^2\omega^2\sin^2\left[\omega\left(t-\frac{x}{u}\right)+\varphi\right] \tag{5-20}$$

介质元的势能等于介质发生形变时外力对它所做的功。对同一介质元的势能,可以证明(这里不作推导)为

$$E_p=\frac{1}{2}\rho\Delta VA^2\omega^2\sin^2\left[\omega\left(t-\frac{x}{u}\right)+\varphi\right] \tag{5-21}$$

式(5-20)和式(5-21)表明,在任何时刻 t,介质元的动能和势能总是相等的。

将式(5-20)和式(5-21)相加,便得出介质元的总能量

$$E=E_k+E_p=\rho\Delta VA^2\omega^2\sin^2\left[\omega\left(t-\frac{x}{u}\right)+\varphi\right] \tag{5-22}$$

式(5-22)表明介质元的总能量是在零和最大值之间周期性变化的:对一定位置(x 一定)来说,总能量随时间 t 作周期性变化;对某一给定时刻(t 一定)来说,总能量随 x 作周期性变化。即式(5-22)表明能量本身是一个波动过程,沿着 x 方向传播着。由于介质中的弹性联系,振动在其中传播时,能量也从一部分传到另一部分,即波是能量传播的一种形式。

笔记

2. **能量密度和能流密度** 单位体积中波的总能量称为波的**能量密度**(energy density),用 ε 表示,即

$$\varepsilon=\rho A^2\omega^2\sin^2\left[\omega\left(t-\frac{x}{u}\right)+\varphi\right] \tag{5-23}$$

能量密度在一个周期内的平均值称为平均能量密度,用 $\bar{\varepsilon}$ 表示。考虑到正弦平方在一个周期内的平均值为 1/2,即

$$\frac{1}{T}\int_0^T\sin^2\left[\omega\left(t-\frac{x}{u}\right)+\varphi\right]\mathrm{d}t=\frac{1}{2}$$

所以,平均能量密度为

$$\bar{\varepsilon}=\frac{1}{2}\rho A^2\omega^2 \tag{5-24}$$

由式(5-24)可知,波的平均能量密度与振幅的平方、频率的平方以及介质的密度都成正比。这个结论对纵波和横波都是适用的。

由于波的能量是随波传播的,所以可以引入能流的概念。在单位时间内,通过介质中某面积的能量称为通过该面积的能流(energy flux)。设在介质中垂直于波速 u 取面积 S,则在一个周期 T 内通过 S 的能量等于体积 uTS 中的能量,如图 5-12 所示,即 $\bar{\varepsilon}uTS$。

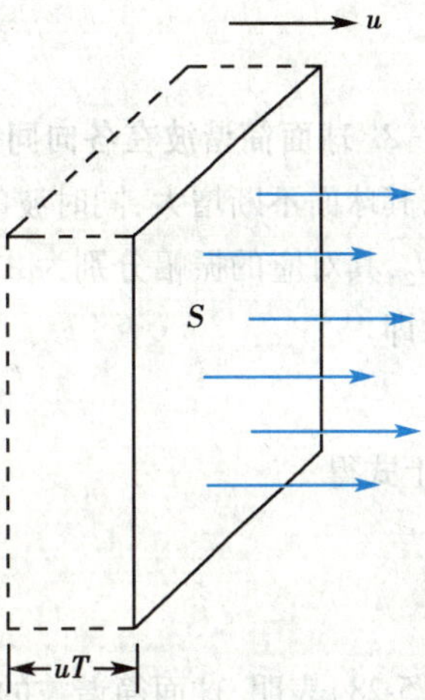

图 5-12　能流密度

单位时间内通过垂直于波动传播方向的单位面积的平均能量,称为能流密度(energy flux density)或波的强度,用 I 表示,则

$$I=\frac{\bar{\varepsilon}uTS}{TS}=\bar{\varepsilon}u \tag{5-25}$$

由此可见,波的强度等于平均能量密度和波速的乘积。它是表征波动中能量传播的一个重要物理量,例如声波的强度(简称声强)表征了声音的强弱。

四、简谐波的衰减

波在介质中传播时,它的强度将随着传播距离的增加而减弱,振幅也随之减小,这种现象称为波的衰减(the wave attenuation)。导致衰减的主要原因有:①由于介质的黏滞性(内摩擦)等原因,波的能量随传播距离的增加逐渐转化为其他形式的能量,称为介质对波的吸收;②由于波面的扩大造成单位截面积通过的波的能量减少,称为扩散衰减;③由于散射使沿原方向传播的波的强度减弱,称为散射衰减。

1. 平面简谐波在各向同性的介质中传播的衰减规律　设平面波沿 x 轴正向传播,在坐标原点处,即 $x=0$ 处其强度为 I_0,在 x 处的强度为 I,通过厚度为 $\mathrm{d}x$ 的介质后,由于介质的吸收,其强度减弱了 $-\mathrm{d}I$,如图 5-13 所示。

由实验得知,波的强度减弱量 $-\mathrm{d}I$ 与入射波强度 I 和该介质的厚度 $\mathrm{d}x$ 成正比,即

$$-\mathrm{d}I=\mu I\mathrm{d}x$$

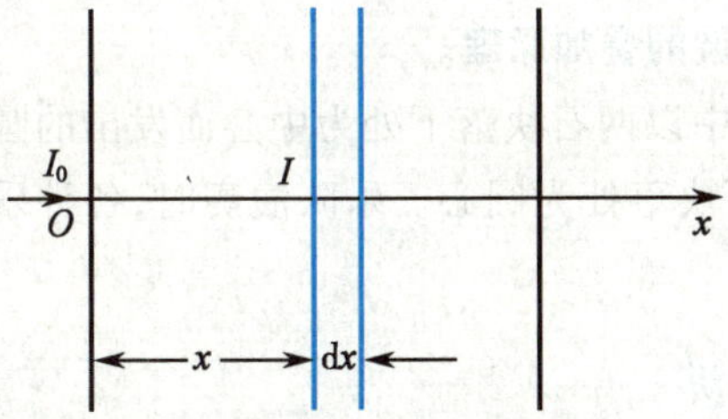

图 5-13　平面波的衰减

式中,μ 称为介质的吸收系数,它与波的频率和介质的性质有关。将上式整理得

$$\frac{\mathrm{d}I}{I}=-\mu\mathrm{d}x$$

将上式两边同时积分,并将 $x=0$ 时 $I=I_0$ 代入得

$$I=I_0\mathrm{e}^{-\mu x} \tag{5-26}$$

笔记

此式称为比尔-朗伯定律(Beer-Lambert law)。它表明,平面波在介质中传播时,其强度按指数规律衰减。

根据波的强度与其振幅的平方成正比,若 x 轴上坐标为 x 处质点的振幅为 A,坐标原点处质点的振幅为 A_0,则有

$$\left(\frac{A}{A_0}\right)^2=\frac{I}{I_0}=e^{-\mu x}$$

即

$$A=A_0e^{-\frac{1}{2}\mu x}$$

所以,实际上平面简谐波在介质中的波动方程应为

$$y=A_0e^{-\frac{1}{2}\mu x}\cos\left[\omega\left(t-\frac{x}{u}\right)+\varphi\right] \tag{5-27}$$

2. **球面简谐波在各向同性的介质中传播的衰减规律** 对于球面波来说,随着传播距离的增大,其球面不断增大,同时波的强度不断减弱,设该球面波在其半径为 r_1 和 r_2 处的强度分别为 I_1 和 I_2,其对应的振幅分别为 A_1 和 A_2,若不考虑介质的吸收,则单位时间通过两球面的能量必然相等,即

$$4\pi r_1^2I_1=4\pi r_2^2I_2$$

由上式得

$$\frac{I_1}{I_2}=\frac{r_2^2}{r_1^2} \tag{5-28}$$

式(5-28)表明,球面简谐波的强度与离开波源的距离平方成反比,这个关系称为平方反比定律。又由波的强度与其振幅的平方成正比得

$$\frac{A_1}{A_2}=\frac{r_2}{r_1}$$

所以对于球面波来说,波的振幅与到波源的距离成反比,若设波源处振幅为 A_0,则距波源为 r 处球面波的波动方程为

$$y=\frac{A_0}{r}\cos\left[\omega\left(t-\frac{r}{u}\right)+\varphi\right] \tag{5-29}$$

第六节 波的叠加原理、波的干涉

一、波的叠加原理

大量事实说明,几列波在同一介质中传播时,无论相遇与否,都将保持自己原有的特性(频率、波长、振动方向等),按照自己原来的传播方向继续前进,不受其他波的影响,在相遇处任一质点的振动是各波在该点所引起振动的矢量和,这就是波的叠加原理。

波的叠加原理可从许多现象中观察出来。例如,水中以两石块落下处为中心而发出的圆形波,彼此穿过而又离开之后,它们将是圆形的,并仍以石块落处为圆心。乐队演奏时,各种乐器的声音保持原有的音色,因而人们能够从中辨别出来。

二、波的干涉

笔记

几列波同时在同一介质中传播时,各波在重叠处都按原来的方式引起相应的振动,而质点

的振动就是这些振动的合振动。如各波的振动频率不同,振动方向不同,则在重叠处引起的振动是很复杂的。实际上最重要的是两波源的频率相同、振动方向相同、相位相同或有固定相位差的特殊情形,这时,在重叠处,两列波所引起的振动,具有相同的振动方向和频率,而且彼此之间有固定的相位差。合振动的振幅由相位差而定,相位相同的地方振幅最大,相位相反的地方振幅最小。这种在两波重叠处有些地方振动加强,而另一些地方振动减弱或完全抵消的现象,称为**波的干涉**(interference of wave)。能产生干涉现象的两列波称为**相干波**(coherent wave),相应的波源称为**相干波源**。

设有两个相干波源 S_1 和 S_2,其振动的运动方程分别为

$$y_1=A_{10}\cos\left(\frac{2\pi}{T}t+\varphi_1\right)$$

$$y_2=A_{20}\cos\left(\frac{2\pi}{T}t+\varphi_2\right)$$

式中,T 为周期,A_{10}、A_{20} 为波源的振幅,φ_1、φ_2 为波源的初相位。

从这两个波源发出的平面波在空间任一点 P 相遇时,在 P 处的质点振动应为以下两个振动的合成,这两个振动的运动方程分别为

$$y_1=A_1\cos\left[2\pi\left(\frac{t}{T}-\frac{r_1}{\lambda}\right)+\varphi_1\right]$$

$$y_2=A_2\cos\left[2\pi\left(\frac{t}{T}-\frac{r_2}{\lambda}\right)+\varphi_2\right]$$

式中,A_1、A_2 分别表示两列波到达 P 点时的振幅;r_1、r_2 分别表示从 S_1 和 S_2 到 P 点的距离;λ 表示波长。合振动的运动方程则为

$$y=y_1+y_2=A\cos\left(\frac{2\pi}{T}t+\varphi\right) \tag{5-30}$$

式(5-30)中

$$A=\sqrt{A_1^2+A_2^2+2A_1A_2\cos\left(\varphi_2-\varphi_1-2\pi\frac{r_2-r_1}{\lambda}\right)}$$

$$\tan\varphi=\frac{A_1\sin\left(\varphi_1-\dfrac{2\pi r_1}{\lambda}\right)+A_2\sin\left(\varphi_2-\dfrac{2\pi r_2}{\lambda}\right)}{A_1\cos\left(\varphi_1-\dfrac{2\pi r_1}{\lambda}\right)+A_2\cos\left(\varphi_2-\dfrac{2\pi r_2}{\lambda}\right)}$$

因为两个相干波在空间任一点所引起的两个振动的相位差

$$\Delta\varphi=\varphi_2-\varphi_1-2\pi\frac{r_2-r_1}{\lambda}$$

是一个常量,可知任一点的合振幅 A 也是常量。由振幅 A 的公式可知,符合下述条件

$$\Delta\varphi=\varphi_2-\varphi_1-2\pi\frac{r_2-r_1}{\lambda}=\pm 2k\pi \qquad k=0,1,2,\cdots \tag{5-31}$$

的空间各点,合振幅最大,这时 $A=A_1+A_2$,称为干涉加强。符合下述条件

$$\Delta\varphi=\varphi_2-\varphi_1-2\pi\frac{r_2-r_1}{\lambda}=\pm(2k-1)\pi \qquad k=1,2,3,\cdots \tag{5-32}$$

的空间各点,合振幅最小,这时 $A=|A_1-A_2|$,称为干涉减弱。当 $A_1=A_2$ 时,$A=0$。

如果 $\varphi_2=\varphi_1$,即对于初相相同的相干波源,则上述条件可简化为

笔记

$$\begin{cases}\delta=r_2-r_1=\pm k\lambda & k=0,1,2\cdots \quad 干涉加强 \\ \delta=r_2-r_1=\pm(2k-1)\dfrac{\lambda}{2} & k=1,2,3\cdots \quad 干涉减弱\end{cases} \tag{5-33}$$

式(5-33)中,(r_2-r_1)表示从波源 S_1 和 S_2 发出的两个相干波到达 P 点时的路程之差 δ,称为**波程差**。所以式(5-33)表明,当两个相干波源初相相同时,在两个波的叠加空间内,波程差等于波长整数倍的各点,合振动振幅最大(加强);在波程差等于半波长奇数倍的各点,合振动振幅最小(减弱)或为零(抵消)。

应该指出,波的干涉现象也是波动的重要特征。它不仅对于光学和声学非常重要,而且对于近代物理学的发展也有重大意义。

三、驻　　波

驻波(standing wave)是由振幅相同、频率相同、振动方向相同而传播方向相反的两列波叠加而成的。驻波是一种特殊的干涉现象。

设两振幅相同、频率相同的简谐波,一个波沿 x 轴正方向传播,一个波沿 x 轴负方向传播,如图 5-14 所示。图中用短虚线表示沿 x 轴正方向传播的波,而用长虚线表示沿 x 轴负方向传播的波。取两波的振动相位始终相同的点作为坐标轴的原点,并且在 $x=0$ 和振动质点向上移动到最大位移时开始计时,即使得该处质点振动的初相为零,则沿正方向传播的简谐波的波动方程为

$$y_1=A\cos\left[2\pi\left(\frac{t}{T}-\frac{x}{\lambda}\right)\right]$$

而沿负方向传播的简谐波的波动方程为

$$y_2=A\cos\left[2\pi\left(\frac{t}{T}+\frac{x}{\lambda}\right)\right]$$

在两波重叠处各点的位移为两波所引起的位移的合成为

$$y=y_1+y_2\left[2A\cos2\pi\frac{x}{\lambda}\right]\cos2\pi\frac{t}{T} \tag{5-34}$$

由式(5-34)可见,合成以后,沿坐标各点处都在作同一周期的简谐振动,但具有不同的振幅 $\left|2A\cos2\pi\dfrac{x}{\lambda}\right|$。在 $\left|2A\cos2\pi\dfrac{x}{\lambda}\right|=1$ 的那些点,振动的振幅最大,等于 $2A$,称为**波腹**(loop);而在 $\left|2A\cos2\pi\dfrac{x}{\lambda}\right|=0$ 的那些点,振动的振幅为零,即静止不动,称为**波节**(node)。

图 5-14 中的实线表示在 $t=0$、$T/8$、$T/4$、$3T/8$、$T/2$ 各时刻两列波叠加后的结果。用“o”表示的点就是波节,两列波在这些点上引起的振动具有相反的相位,因而叠加后振幅为零。用“+”表示的点就是波腹,两列波在这些点上引起的振动具有相同的相位,因而叠加后振幅最大,等于 $2A$。

由式(5-34)或图 5-14 可以直观地看出,相邻两波腹或相邻两波节间的距离都是半波长,而波节与相邻波腹间距离为 1/4 波长。测得波节与波节或波腹与波腹间距离就可以确定两波的波长。在同一时刻,两波节之间的各点具有相同的相位,而波节两旁的点则具有相反的相位。图 5-14 所示的波形是驻定而不移动的,只是各点的位移随时间变化而已,因此把这种波称为**驻波**。由于叠加成驻波的两列波能流密度的量值相等,方向相反,因而在振动过程中,没有能量沿某一方向传播,能流密度为零。因此,驻波无所谓传播方向,不传播能量,实质上是一种特殊的振动状态,而不是作为能量传播过程的波。为了区分一般的波与驻波,往往将前者称为**行波**(travelling wave)。

笔记

驻波的形成通常是在入射波和反射波相干涉的情况下发生的。例如,将一水平的细绳 AB

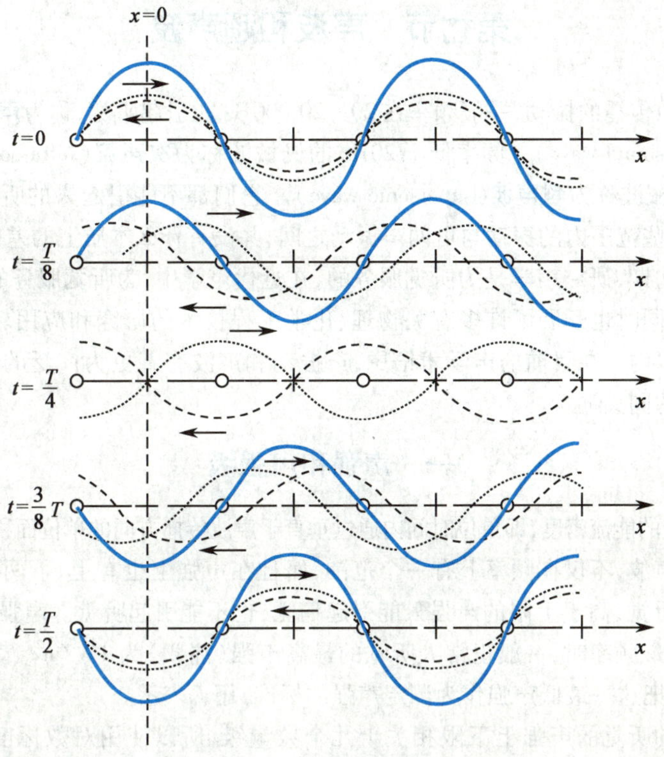

图 5-14 驻波的形成

系在音叉 A 的末端(图 5-15),B 处有一劈尖,可以左右移动以变更 AB 间的距离。细绳经过滑轮 P,且末端悬一质量为 M 的重物,使绳上产生张力。音叉振动时,绳中产生波动,向右传播。达到 B 点时,在 B 点反射,产生反射波,向左传播。这样,入射波和反射波在同一绳子上沿相反方向进行,适当调节 AB 间距离或绳中张力,就能在绳子上产生驻波,波的反射点 B 是一波节。

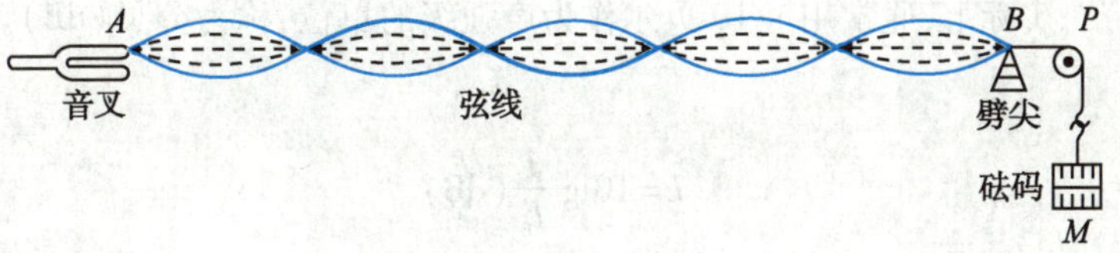

图 5-15 驻波实验示意图

在反射处是波节还是波腹,这将取决于两种介质的性质。通常把密度 ρ 与波速 u 的乘积 ρu 较大的介质称为**波密介质**,乘积 ρu 较小的介质称为**波疏介质**。可以证明,当波从波疏介质传播到波密介质而在分界面处反射时,反射点将形成波节;反之,将形成波腹。例如,声波从水面反射回空气时,反射处是波节;声波从海水里传到水面被反射回水中时,水面处即为波腹。

要在分界面处出现波节,必须入射波与反射波在分界面处的相位相反。由于在同一波形上,相距半个波长的两点的相位相反,因此,在反射时引起相位相反(或相位值有突变)的现象,就相当于入射波与反射波在反射点存在着半波长的波程差,称为反射点的"**半波损失**"(half wave loss)。在研究声波、光波的反射时,常要涉及这一概念。

由于机械波传播到界面时发生反射,因而机械波在有限大小的物体内传播时,反射波与入射波相叠加,会产生各式各样的驻波。物体中可能产生的驻波就是物体在没有外力条件下可能持续下去的固有振动。因此,决定物体在一定条件下可能产生的驻波,就能决定物体的固有振动频率。这一点对于声源和超声源是很重要的。

笔 记

第七节 声波和超声波

在弹性介质中传播的振动，一般频率在20～20 000Hz能引起听觉，称为**声振动**，声振动的传播过程称为**声波**（sound wave）。频率低于20Hz的机械波称为**次声波**（infra-sonic wave）；频率高于20 000Hz的机械波称为**超声波**（supersonic wave）。它们都不能引起人的听觉。但是，从物理学的观点看来，这些范围内的振动与可闻声振动之间，并没有什么本质上的差别。

在声学发展初期，研究声学是为听觉服务的，在近代声学中，为听觉服务的研究和应用得到了进一步的发展，同时也开展了许多有关物理、化学工程技术的研究和应用。声的概念已不再局限于听觉范围以内。在目前的声学术语中，声振动和声波有着更为广泛的含义，几乎就是机械振动和机械波的同义词。

一、声强和声强级

声强就是声波的能流密度，即单位时间内通过垂直于声波传播方向的单位面积的声波能量。

引起听觉的声波，不仅在频率上有一个范围，而且在声强上也有上、下两个限值，低于下限的声强不能引起听觉，高于上限的声强只能引起痛觉，也不能引起听觉。声强的上、下限值随频率而异。在1000Hz频率时，一般正常人听觉的最高声强（痛阈）为$1W/m^2$，最低声强（闻阈）为$10^{-12}W/m^2$。通常把这一最低声强作为测定声强的标准，用I_0表示。

由于引起人的听觉的声强上下限相关十几个数量级，所以使用对数标度要比绝对标度方便；另一方面从声音的接收来说，人的耳朵有一个很“奇怪”的特点，当耳朵接收到声振动以后，主观上产生的“响度感觉”并不是正比于强度的绝对值，而是更近于与强度的对数成正比。基于这两方面的原因，在声学中普遍使用对数标度来量度声强，称为**声强级**（sound intensity level），以L表示，对于声强为I的声波的声强级为

$$L=\lg\frac{I}{I_0}(\mathrm{B})$$

单位为贝尔（B）。实际上，通常用1/10贝尔作为声强级的单位，称为分贝（dB）。此时声强级的公式为

$$L=10\lg\frac{I}{I_0}(\mathrm{dB}) \qquad (5\text{-}35)$$

由于规定了闻阈的声强$I_0=10^{-12}W/m^2$（对应频率为1000Hz），因此闻阈的声强级为0dB，而痛阈的声强级则为120dB。微风轻轻吹动树叶的声音约14dB；在房间中高声谈话的声音（相距1m处）68～74dB；炮声的声强级约为120dB。人耳对声音强弱的分辨能力约为0.5dB。

还必须指出，声强可直接加减，而声强级不能用代数加减，例如，一台机器所产生的噪声为50dB，若再增加一台相同的机器，则声强级不是变为100dB，而只是增加了3dB，即为53dB。

二、多普勒效应

由于波源和观测者相对于介质的运动，使得观测者接受到的声音频率与波源发出的频率不同的现象，称为**多普勒效应**（Doppler effect），频率的变化与相对运动的速度有关。如远方急驶过来的汽车从我们身边驶过时，在运动的波源前面时（即汽车驶向我们），波被压缩，波长变得较短，频率变得较高；在运动的波源后面时（即汽车远离我们），波长变得较长，频率变得较低，所以我们听到汽笛的音调由高变低。这一现象是由奥地利物理学家及数学家克里斯琴·约翰·多普勒（Christian Johann Doppler）在1842年首先提出的。

笔记

令v_s、v_o分别表示波源、观测者相对于介质的运动速度，以u表示声波波速，以ν和λ分别表

示声波的频率和波长，几种情况讨论如下。

1. **波源静止，观测者运动** 在这种情况下，$v_s=0$，$v_o\neq0$。若观测者向着波源运动，相当于波以速率 $u+v_o$ 通过观测者。因此单位时间内通过观测者的完全波长数，即频率为

$$\nu'=\frac{u+v_o}{\lambda}=\frac{u+v_o}{u/\nu}=\left(1+\frac{v_o}{u}\right)\nu \tag{5-36}$$

式(5-36)表明观测者实际观测的频率 ν' 高于波源的频率 ν。反之，若观测者离开波源运动时，实际观测频率将低于波源的频率，即

$$\nu=\left(1-\frac{v_o}{u}\right)\nu \tag{5-37}$$

2. **观测者静止，波源运动** 在这种情况下，$v_o=0$，$v_s\neq0$，如图 5-16 所示。当波源静止时，波长 $\lambda=uT$；然而当波源以速度 v_s 向着观测者运动时，由于一个周期 T 内波源已逼近观测者 v_sT 的距离，所以波在一个周期内走过的距离

$$\lambda'=\lambda-v_sT=(u-v_s)T$$

又由于波在介质中传播速度不变，所以观测者实际测得的频率

$$\nu'=\frac{u}{\lambda'}=\frac{u}{(u-v_s)T}=\frac{u}{u-v_s}\nu \tag{5-38}$$

式(5-38)表明观测者实际测得的频率高于波源的频率。同理，可得出波源远离观测者时实际测得的频率低于波源的频率，即

$$\nu'=\frac{u}{u+v_s}\nu \tag{5-39}$$

因此，当列车向观测者开来时，汽笛声不仅变大，而且音调升高；当列车驶离观测者时，汽笛声不仅变小，而且音调降低。

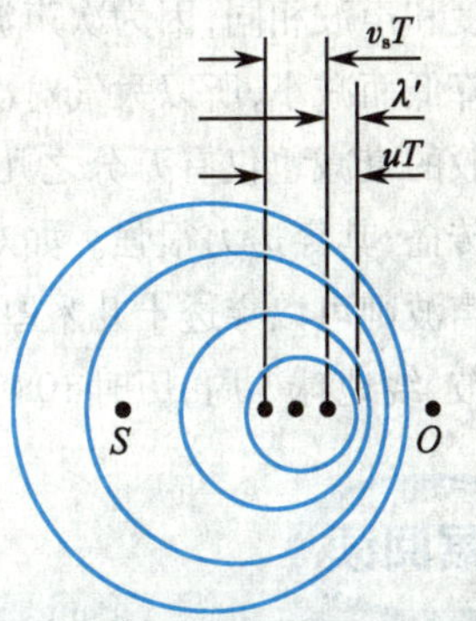

图 5-16 多普勒效应示意图

3. **波源与观测者同时相对于介质运动** 综合以上两种情况，当观测者与波源同时相对于介质运动时，观测者实际观测的频率为

$$\nu'=\frac{u\pm v_o}{u\mp v_s}\nu \tag{5-40}$$

式(5-40)中，观测者向着波源运动时，v_o 前取正号，离开时取负号；波源向着观测者运动时，v_s 前取负号，离开时取正号。

三、超 声 波

1. **超声波的产生与接收** 自然界中，有一些动物可借助其发出的超声波“导航”。为了研究和应用超声，需要有超声源和接收器，能够产生超声波的装置，称为**超声波发生器**。产生超声波最常用的方法是压电式超声波发生器，它由高频脉冲发生器和压电晶体两部分构成，是利用压电晶体的电致伸缩效应来产生超声波的。压电晶体（如石英晶体）在电场的作用下，能按电场变化的规律伸长或缩短，这种现象称为**电致伸缩效应**（electrostriction effect）。高频脉冲发生器是周期性变化的电场加到晶体的两端，在电场作用下，压电晶体就会按电场变化的频率伸缩，从而在媒质中产生超声波。

反过来，如果在压电晶体两端有拉力（或压力）作用时，晶体两端能分别出现正、负电荷，产生出电压来，这种现象称为**压电效应**（piezoelectric effect）；它是电致伸缩的逆效应。利用压电效

笔记

应可以接收超声波，当超声波作用于晶体上时，周期性地在晶体上施加变化的作用力，压电晶体产生与之同频率的电压，电压的大小与超声波的声压大小成正比。利用适当的电子线路将这种交变电压放大后，就可以用示波器将其测量并显示出来。总之，压电晶体既可以用来产生超声波，又可以用来接收超声波，它是超声技术中的主要器件。

2. **超声波的传播** 超声波的频率高，波长短，所以衍射现象不明显，因此超声波可看成近似直线传播，方向性强，具有定向发射性。超声波能够在不同介质的界面上反射和折射能量，其中在固体（或液体）与气体的分界面上大部分能量被反射。超声波在介质中衰减的情况与其频率及介质性质有关。在气体中被吸收要比在液体或固体中大得多，而它的频率越高，越容易被吸收。频率为 1MHz 的超声波离开波源后，在空气中只经过 0.5m 长的距离，其强度将减弱一半。超声波在液体中能够传播很远，如使其强度减弱一半，则所经距离约为空气中的 1000 倍。超声波也能穿透几十米长的金属，故它在液体和固体中具有很强的贯穿性。

四、次 声 波

次声波简称次声。它广泛存在于人类生存的环境中，自然界中的火山爆发、地震、台风、火箭起飞、海啸、陨石坠落、核爆炸等都能产生很强的次声波。另外极光、日食以及柴油机（大型机车）、搅拌机、扩音喇叭等在发声的同时也能产生次声波。人体内脏器官的固有频率大多在次声波频段，如我们的心脏和呼吸的肺也会发出次声波。

次声波虽然人耳听不到，但它的传播仍然遵循声波传播的一般规律。次声波在空气中传播的速度和声波相同，因为次声波的频率低于声波的频率，所以它的波长很长。声波的吸收随频率的降低而减小，所以大气对次声波的吸收很小，研究发现它能在大气中传播数千公里以上，其被吸收的衰减也仅有万分之几分贝。因此，次声波在空气、海洋及山脉等物质中，它都能畅通无阻地传播，其穿透力很强。如对于频率为 5000Hz 的声波，用一张纸即可将其隔挡，而频率为 5Hz 的次声波则可以穿透十几米厚的混凝土。1883 年，印度尼西亚喀拉喀托火山的一次爆发产生的次声波，绕地球 3 周，历时 108 小时。

拓展阅读

超声波产生的效应及应用

超声波在介质中传播时，由于超声波与介质的相互作用，使介质发生物理和化学变化，从而产生一系列物理和化学的超声效应，通常包括以下 4 种。①机械效应：它可引起机体若干反应，可软化组织，增强渗透，提高代谢，促进血液循环，刺激神经系统和细胞功能，因此具有超声波独特的治疗意义。②热效应：由于超声波频率高，能量大，被介质吸收时能产生显著的热效应。超声热效应可增加血液循环，加速代谢，改善局部组织营养，增强酶活力。一般情况下，超声波的热效应以骨和结缔组织中最为显著，脂肪与血液中为最少。③空化作用：超声波作用于液体时可产生大量的小气泡，一定程度上相当于把液体“撕开”成一系列空洞，这种作用称为空化作用。实验表明，氨基酸和某些有机物质的水溶液经超声处理后，其特征吸收光谱带消失而呈均匀的一般吸收，这表明空化作用使分子结构发生了一定的改变。超声波的空化作用具有重要的实用价值。例如，碘化钾溶液经超声的空化作用处理后几分钟就出现自由碘。又如，合成氨用低压法也需在 10^7Pa 的压强下进行，但在超声波空化作用下只要 $(1\sim2)\times10^5$Pa 即可。④化学效应：超声波的作用可促使发生或加速某些化学反应，如可加速许多化学物质的水解、分解和聚合过程。

笔记

超声波医学应用由超声波诊断与超声波治疗两部分组成。超声诊断是利用较弱的超声波的波动特性作用于人体内部组织，采集病变信息。超声波治疗则是利用较强的（即功率超声）超声波的能量特性适量地作用于人体内病变部位，通过某种生物物理作用机制，对人体组织状态功能或结构产生影响而达到既定的医疗目的。①超声诊断：超声波的波长比一般声波要短，具有较好的方向性。回波扫描的基本原理是利用超声波在不同组织中产生的反射和散色回波形成的图像或信号来鉴别和诊断疾病，主要应用于解剖学范畴的检测，以了解器官的组织形态学方面的状况和变化。多普勒效应的基本原理是利用运动物体散色和反射声波时造成的频率变化现象来获取人体内部的运动信息，主要应用于了解组织器官的功能状况和血流动力学方面的生理病理检测和分析。随着医学超声成像技术的迅速发展，从早期的A型、M型一维超声成像、B型二维超声成像，发展到动态三维超声成像；由黑白灰阶超声成像发展到彩色血流成像；超声造影、谐波成像、多普勒组织成像等新技术也应用于临床。医学超声成像技术的发展和应用以其非电离辐射的独到之处、对软组织鉴别力较高的优势、仪器使用方便价格便宜的特点，成为现代医学影像中颇具生命力而不可替代的现代影像诊断技术。②超声治疗：超声治疗已成为常规的理疗方法之一，对脑血栓、关节炎等都有一定疗效。在临床体内结石碎石、眼科的白内障及超声乳化手术等领域都有广泛的应用。

超声效应还广泛用于以下两方面：①超声处理：利用超声的物理和化学效应，可进行超声焊接、固体的粉碎、乳化、清洗、灭菌及促进化学反应，如超声波对于瓶类的清洗技术已经得到了肯定。②基础研究：超声波的弛豫过程伴随着能量在分子各自由度间的输运过程，在宏观上表现出物质对声波的吸收，从而可探索物质的特性和结构。

习题

1. 轻弹簧一端相接的小球沿着 x 轴作简谐振动，振幅为 A，位移与时间的关系可用余弦函数表示。若 $t=0$ 时，小球的运动状态分别为：(1) $x=-A$；(2)过平衡位置，向 x 轴负方向运动；(3)过 $x=A/2$ 处，向 x 轴正方向运动；(4)过 $x=A/\sqrt{2}$ 处，向 x 轴负方向运动。试确定上述各种状态的初相位。

2. 一振动的质点沿 x 轴作简谐振动，其振幅为 5.0×10^{-2}m，频率为2.0Hz，在时间 $t=0$ 时，经平衡位置处向 x 轴正方向运动，求振动表达式。如该质点在 $t=0$ 时，经平衡位置处向 x 轴负方向运动，求振动表达式。

3. 质量为 5.0×10^{-3}kg 的振子作简谐振动，其振动方程为 $x=6.0\times10^{-2}\cos\left(5t+\frac{2}{3}\pi\right)$，式中 x 的单位是m，t 的单位是s。求：(1)角频率、频率、周期和振幅；(2) $t=0$ 时的位移、速度、加速度和所受的力。

4. 经验证明，当车辆沿竖直方向振动时，如果振动的加速度不超过 1.0m/s^2，乘客就不会有不舒服的感觉。若车辆竖直的振动频率为1.5Hz，求车辆振动振幅的最大允许值。

5. 两个同方向、同频率的简谐振动的运动方程为 $x_1=4.0\times10^{-2}\cos\left(3\pi t+\frac{\pi}{3}\right)$ m 和 $x_2=3.0\times10^{-2}\cos\left(3\pi t-\frac{\pi}{6}\right)$ m，求它们的合振动的运动方程。

6. 设某质点的位移可用两个简谐振动的叠加来表示，其运动方程为 $x=A\sin\omega t+B\sin2\omega t$。(1)写出该质点的速度和加速度表示式；(2)这一运动是否为简谐振动？

7. 一质点同时参与两个相互垂直的简谐振动，其表达式各为 $x=A\cos\omega t$，$y=-2A\sin\omega t$，试求

笔记

合成振动的形式。

8. 一波源的频率为400Hz,在空气中的波长为0.85m,求该波在空气中的传播速度。如果该波进入骨密质中波长变为9.5 m,求它在骨密质中的频率和波速是多少?

9. 已知平面波源的振动方程为 $y=6.0\times10^{-2}\cos(9\pi t)$ m,并以2.0m/s 的速度把振动传播出去,求:(1)离波源5m处振动的运动方程;(2)这点与波源的相位差。

10. 一平面余弦纵波的频率为25kHz,以 5.0×10^{3} m/s 的速度在介质中传播,若波源的振幅为0.060mm,初相位为0。求:(1)波长、周期及波动方程;(2)在波源起振后0.0001s时的波形。

11. 一平面简谐波,沿直径为0.14m的圆形管中的空气传播,波的平均强度为 8.5×10^{-3} J/(s·m²),频率为256Hz,波速为340m/s,求:(1)波的平均能量密度和最大能量密度各是多少?(2)每两个相邻同相面间的空气中有多少能量?

12. 为了保持波源的振动不变,需要消耗4.0W的功率,如果波源发出的是球面波,求距波源0.50m和1.00m处的能流密度(设介质不吸收能量)。

13. 设平面横波1沿 BP 方向传播,它在 B 点的振动方程为 $y_1=2.0\times10^{-3}\cos2\pi t$,平面横波2沿 CP 方向传播,它在 C 点的振动方程为 $y_2=2.0\times10^{-3}\cos(2\pi t+\pi)$,两式中 y 的单位是m,t 的单位是s。P 处与 B 相距0.40m与 C 相距0.50m,波速为0.20m/s,求:(1)两波传到 P 处时的相位差;(2)在 P 处合振动的振幅。

14. 某同学在教室里讲话声音的声强为 1.0×10^{-8} W/m²,求该同学讲话声音的声强级。若再有一名同学以同样声强的声音讲话,问此时的声强级变为多少?

15. 两种声音的声强级相差1dB,求它们的声强之比。

16. 频率为 5.0×10^{4} Hz的超声波在空气中传播,设空气微粒振动的振幅为 0.10×10^{-6} m,求其振动的最大速度和最大加速度。

(仇 惠)

笔记

第六章 静电场

学习要求

1. 掌握　场强、电势的基本性质及其叠加原理，掌握静电场的环路定理、高斯定理及其应用。

2. 熟悉　静电场中导体和电介质的一些基本性质，以及电容、电容器及电场能量的计算。

3. 了解　压电效应及其应用。

很早以前，人类就观察到摩擦起电等电学现象。1785 年，法国物理学家库仑从实验中总结出两个带电体间的作用规律，随后物理学家法拉第提出了电场的概念。科学的发展使人类认识到**电荷**(electric charge)要在它周围的空间激发**电场**(electric field)，电荷之间的相互作用是通过电场来实现的。另外，电场对导体和电介质(绝缘体)分别有静电感应作用和极化作用。本章将讨论相对于观测者静止的电荷所产生的电场，即**静电场**(electrostatic field)的基本性质和规律；介绍电场强度和电势这两个描述电场性质的基本物理量及其相互关系；推导静电场所遵循的基本规律：场强及电势的叠加原理、高斯定理以及静电场的环路定理。在此基础上，介绍静电场中导体和电介质的一些基本性质，以及电容、电容器及电场的能量。本章最后对压电晶体及其应用作一个简单介绍。

第一节　库仑定律、电场强度

一、库仑定律

1785 年，法国物理学家库仑通过扭秤实验测定了两个带电球体间的相互作用力。在此基础上，库仑提出了两个静止点电荷之间的相互作用规律，即库仑定律：真空中，两个静止点电荷(形状和大小都可以忽略的带电体)之间相互作用力 $\boldsymbol{f}$ 的大小与这两个点电荷的电量 q_1 和 q_2 的乘积成正比，与这两个点电荷之间距离 r 的平方成反比。作用力 $\boldsymbol{f}$ 的方向沿着这两个点电荷的连线，同号电荷相互排斥，异号电荷相互吸引。如果用 $\boldsymbol{r}$ 表示由 q_1 指向 q_2 的径矢，$\boldsymbol{r}_0=\dfrac{\boldsymbol{r}}{r}$ 表示沿径矢 $\boldsymbol{r}$ 方向的单位矢量。则

$$\boldsymbol{f}=\frac{q_1q_2}{4\pi\varepsilon_0 r^2}\boldsymbol{r}_0=\frac{q_1q_2}{4\pi\varepsilon_0 r^3}\boldsymbol{r} \tag{6-1}$$

式(6-1)称为**库仑定律**(Coulomb law)。式中，$\varepsilon_0=8.854187817\times10^{-12}\ C^2/N\cdot m^2$，称为真空中的**电容率**(permittivity)，也称为真空中的介电常量，它是自然界中的一个基本物理常量。

二、电场强度

电场是电荷周围空间所存在的一种特殊物质形态，电荷之间的相互作用就是通过电场来实现的。为了定量地描述电场，我们首先选用带电量足够小、几何线度也足够小的**试探电荷**(test charge) q_0，把它置于电场中，然后测量试探电荷 q_0 在不同位置处所受到的电场力 $\boldsymbol{f}$。实验表明，

笔记

对于电场中的任一固定点,比值$\boldsymbol{f}/q_0$是一个大小和方向都与试探电荷q_0无关的量,它反映了该点处电场本身的客观性质,称为**电场强度**(electric field strength),简称**场强**,用$\boldsymbol{E}$表示,即

$$\boldsymbol{E}=\frac{\boldsymbol{f}}{q_0} \tag{6-2}$$

式(6-2)表明,**电场中某点处的电场强度,在数值上等于单位试探电荷在该点处所受的电场力,其方向与正电荷在该点处所受的电场力方向一致。**在国际单位制中,电场强度的单位是 N/C(牛顿/库仑),也可以写成 V/m(伏特/米)。

电场强度$\boldsymbol{E}$是矢量。对于静电场,场强$\boldsymbol{E}$是电场所占据空间坐标的单值矢量函数。空间各点的$\boldsymbol{E}$都相等的电场称为均匀电场,也称为匀强电场。

下面我们先计算点电荷的场强。设在真空中有一个点电荷q,现将试探电荷q_0置于q所产生电场中的任一点P处,根据式(6-1)库仑定律,试探电荷q_0所受的电场力为

$$\boldsymbol{f}=\frac{q_0 q}{4\pi\varepsilon_0 r^2}\boldsymbol{r}_0$$

于是由电场强度的定义式(6-2)得到P点处的电场强度为

$$\boldsymbol{E}=\frac{q}{4\pi\varepsilon_0 r^2}\boldsymbol{r}_0=\frac{q}{4\pi\varepsilon_0 r^3}\boldsymbol{r} \tag{6-3}$$

称式(6-3)为真空中点电荷的场强公式。由式(6-3)可见,点电荷的场强是球形对称的,$\boldsymbol{E}$的大小与距离r的平方成反比。若$q>0$,$\boldsymbol{E}$与径矢$\boldsymbol{r}$的方向相同;若$q<0$,则$\boldsymbol{E}$与径矢$\boldsymbol{r}$的方向相反。径矢$\boldsymbol{r}$的方向由q指向P点。

如果电场是由多个点电荷q_1、q_2、…、q_n组成的点电荷系所产生,试探电荷q_0在电场中任一点P处所受的电场力$\boldsymbol{f}$等于每个点电荷各自对q_0作用力$\boldsymbol{f}_1$、$\boldsymbol{f}_2$、…、$\boldsymbol{f}_n$的矢量和,因此由式(6-2),可得P点处的总场强为

$$\boldsymbol{E}=\frac{\boldsymbol{f}}{q_0}=\frac{\boldsymbol{f}_1}{q_0}+\frac{\boldsymbol{f}_2}{q_0}+\cdots+\frac{\boldsymbol{f}_n}{q_0}=\boldsymbol{E}_1+\boldsymbol{E}_2+\cdots+\boldsymbol{E}_n \tag{6-4}$$

式(6-4)中,$\boldsymbol{E}_1$、$\boldsymbol{E}_2$、…、$\boldsymbol{E}_n$分别表示q_1、q_2、…、q_n这些点电荷各自在P点处所产生的场强。由此可见,**点电荷系所产生的电场在某点处的场强,等于点电荷系中每个点电荷各自在该点产生场强的矢量和**,这称为**场强叠加原理**(superposition principle of electric field strength)。

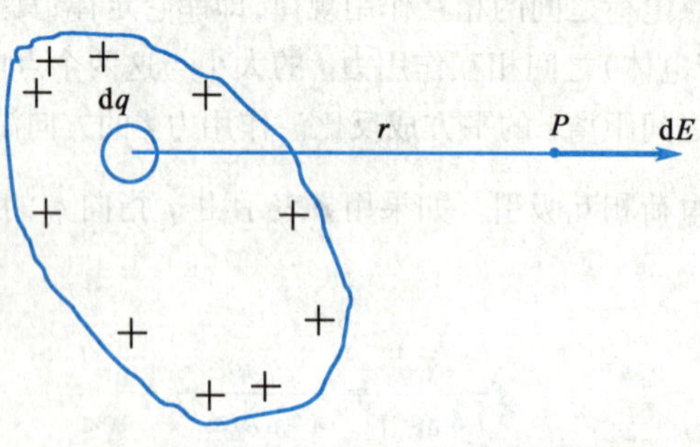

图 6-1 任意带电体电荷元 dq 的场强

利用场强叠加原理,可以计算任意带电体所产生的场强。因为任何带电体都可以看作许多点电荷的集合。如图 6-1 所示,一个体积为V,电荷连续分布的带电体。我们在带电体上任取一个体积为$\mathrm{d}V$、带电量很小的电荷元$\mathrm{d}q$,该电荷元$\mathrm{d}q$可视为点电荷。由式(6-3)可知,$\mathrm{d}q$在P点处的场强为

笔记

$$\mathrm{d}\boldsymbol{E}=\frac{\mathrm{d}q}{4\pi\varepsilon_0 r^2}\boldsymbol{r}_0 \tag{6-5}$$

式(6-5)中,r 是由 dq 到 P 点处径矢的大小,$\boldsymbol{r}_0$ 是径矢方向上的单位矢量。再通过场强叠加原理,对各个电荷元在 P 点的场强求矢量和(即求矢量积分),于是就得到整个带电体在 P 点处的场强为

$$\boldsymbol{E}=\int \mathrm{d}\boldsymbol{E} \tag{6-6}$$

需要指出,式(6-6)的积分为矢量积分。在处理实际问题时,如果各个电荷元在给定点 P 处产生的场强 d$\boldsymbol{E}$ 方向不同,需将 d$\boldsymbol{E}$ 分解为坐标轴上的分量,然后对每一分量分别进行积分。

例题 6-1 **电偶极子**(electric dipole)是由两个等量异号的点电荷$+q$ 和$-q$ 所组成的**极矩**,简称**电矩**(electric moment),用 $\boldsymbol{p}$ 表示,即 $\boldsymbol{p}=q\boldsymbol{l}$。试分别求出电偶极子轴线的延长线上和中垂面上距离其中心点 O 为 r 处的场强(设 $r\gg l$)。

解 (1) 求电偶极子轴线的延长线上 A 点的场强。

如图 6-2(a)所示,点电荷$+q$ 和$-q$ 在 A 点产生的场强 $\boldsymbol{E}_+$和 $\boldsymbol{E}_-$的大小分别为

$$E_+=\frac{q}{4\pi\varepsilon_0\left(r-\frac{l}{2}\right)^2},E_-=\frac{q}{4\pi\varepsilon_0\left(r+\frac{l}{2}\right)^2}$$

经分析 $\boldsymbol{E}_+$和 $\boldsymbol{E}_-$的方向相反,由场强叠加原理,可得 A 点的总场强大小为

$$E_A=E_+-E_-=\frac{q}{4\pi\varepsilon_0}\cdot\frac{2rl}{\left(r^2-\frac{l^2}{4}\right)^2}$$

由于 $r\gg l$,所以

$$E_A=\frac{2ql}{4\pi\varepsilon_0 r^3}$$

$\boldsymbol{E}_A$ 方向与电矩 $\boldsymbol{p}$ 方向相同,其矢量式为

$$\boldsymbol{E}_A=\frac{2\boldsymbol{p}}{4\pi\varepsilon_0 r^3} \tag{6-7}$$

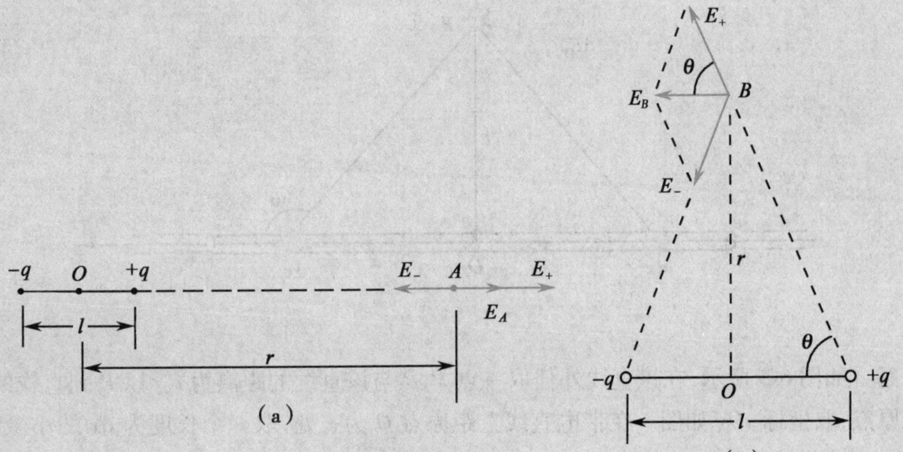

图 6-2 例题 6-1 电偶极子的场强

笔 记

(2) 求电偶极子中垂面上 B 点的场强。

如图 6-2(b)所示,B 点场强 $\boldsymbol{E}_B$ 是 $+q$ 和 $-q$ 分别在 B 点产生场强 $\boldsymbol{E}_+$ 和 $\boldsymbol{E}_-$ 的矢量和,根据式(6-3)可得,$\boldsymbol{E}_+$ 和 $\boldsymbol{E}_-$ 大小相等,即

$$E_+=E_-=\frac{q}{4\pi\varepsilon_0\left(r^2+\frac{l^2}{4}\right)}$$

但 $\boldsymbol{E}_+$ 和 $\boldsymbol{E}_-$ 的方向不同,由图可知 B 点合场强 E_B 的大小为

$$E_B=E_+\cos\theta+E_-\cos\theta$$

其中 θ 为 B 点处 $\boldsymbol{E}_+$ 与 $\boldsymbol{E}_B$ 间的夹角,由图中三角形关系可得 $\cos\theta=\frac{l/2}{\sqrt{r^2+l^2/4}}$,所以

$$E_B=\frac{1}{4\pi\varepsilon_0}\cdot\frac{ql}{(r^2+l^2/4)^{3/2}}$$

由于 $r\gg l$,故

$$E_B=\frac{ql}{4\pi\varepsilon_0 r^3}=\frac{p}{4\pi\varepsilon_0 r^3}$$

$\boldsymbol{E}_B$ 的方向与电矩 $\boldsymbol{p}$ 的方向相反,其矢量式为

$$\boldsymbol{E}_B=-\frac{\boldsymbol{p}}{4\pi\varepsilon_0 r^3} \tag{6-8}$$

例题 6-2 求真空中无限长的均匀带电直线的场强分布。设真空中一个无限长均匀带电直线,其单位长度上所带电荷为 λ,λ 称为**电荷的线密度**(设 $\lambda>0$)。

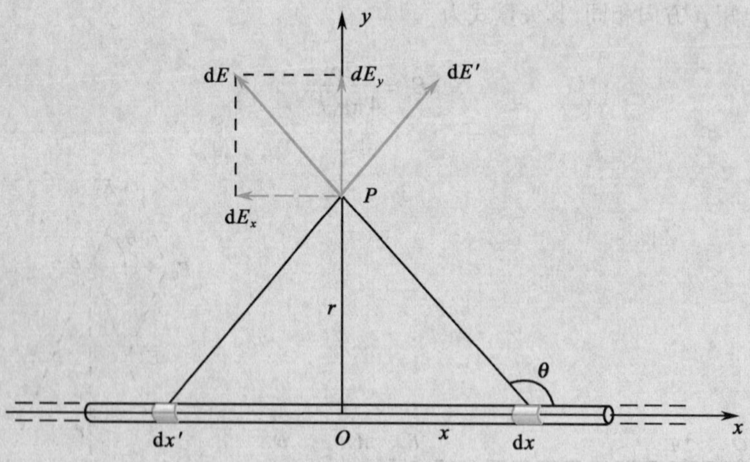

图 6-3 例题 6-2 图

解 如图 6-3 所示,在该直线外任取一点 P,P 与该直线的距离为 r。以 P 到直线的垂足 O 为原点,取坐标 xOy 如图。在带电直线上距原点 O 为 x 处,取一个长度为 $\mathrm{d}x$ 的小微元,则 $\mathrm{d}x$ 所带的电荷为 $\mathrm{d}q=\lambda\mathrm{d}x$,因此电荷元 $\mathrm{d}q$ 在 P 点的场强大小为

$$\mathrm{d}E=\frac{\mathrm{d}q}{4\pi\varepsilon_0(x^2+r^2)}=\frac{\lambda\mathrm{d}x}{4\pi\varepsilon_0(x^2+r^2)}$$

笔记

其方向如图所示，设 $\mathrm{d}\boldsymbol{E}$ 与 x 轴的夹角为 θ，故 $\mathrm{d}\boldsymbol{E}$ 沿 x 和 y 轴的两个分量分别为

$$\mathrm{d}E_x=\mathrm{d}E\cos\theta, \mathrm{d}E_y=\mathrm{d}E\sin\theta$$

根据对称性分析，位于 $-x$ 处、同样长度 $\mathrm{d}x'$ 的电荷元在 P 点处的场强为 $\mathrm{d}\boldsymbol{E}'$，其数值与 $\mathrm{d}\boldsymbol{E}$ 相等。由图可知，它们的 y 方向分量大小相等，方向相同，而它们的 x 方向分量大小相等，方向相反而抵消，因此总场强只有 y 方向分量。故只需对各电荷元的 y 方向分量求和（积分）即可。由图中几何关系可得

$$x=r\mathrm{ctg}(\pi-\theta)=-r\mathrm{ctg}\theta$$

对上式微分得

$$\mathrm{d}x=r\csc^2\theta\mathrm{d}\theta$$

又

$$x^2+r^2=r^2\mathrm{ctg}^2\theta+r^2=r^2(\mathrm{ctg}^2\theta+1)=r^2\csc^2\theta$$

所以

$$\mathrm{d}E_y=\mathrm{d}E\sin\theta=\frac{\lambda\mathrm{d}x}{4\pi\varepsilon_0(x^2+r^2)}\cdot\sin\theta=\frac{\lambda\sin\theta}{4\pi\varepsilon_0 r}\mathrm{d}\theta$$

对上式积分，因积分应遍及全部电荷（无限长带电直线），故取积分限为 $\theta=0$ 到 $\theta=\pi$，因而 P 点的场强为

$$E=\int\mathrm{d}E_y=\int_0^\pi\frac{\lambda\sin\theta}{4\pi\varepsilon_0 r}\mathrm{d}\theta=\frac{-\lambda}{4\pi\varepsilon_0 r}\cos\theta\Big|_0^\pi=\frac{\lambda}{2\pi\varepsilon_0 r}$$

场强 $\boldsymbol{E}$ 的方向沿着从 O 至 P 的径向。若用 $\boldsymbol{r}_0$ 表示径向单位矢量，写成矢量式为

$$\boldsymbol{E}=\frac{\lambda}{2\pi\varepsilon_0 r}\boldsymbol{r}_0 \tag{6-9}$$

若 $\lambda<0$ 时，$\boldsymbol{E}$ 的方向与 $\boldsymbol{r}_0$ 的方向相反。

第二节 电通量、高斯定理

一、电场线、电通量

1. **电场线** 法拉第为了形象、直观地描述电场的性质，在电场中人为地画出一系列的曲线，使这些曲线上每一点的切线方向都与该点的场强方向一致，这些曲线就称为**电场线**（electric field lines）或**电力线**（electric power lines）。显然电场线可以表示场强的方向。为了既能够表示场强的方向，又能够表示场强的大小，画电场线时对电场线密度作如下规定：在电场中任一点处，通过垂直于场强 $\boldsymbol{E}$ **平面**单位面积的电场线条数，即电场线密度，等于该点处场强 $\boldsymbol{E}$ 的大小。按照这一规定，在电场中任取一个与该点场强 $\boldsymbol{E}$ 垂直的足够小的面积元 $\mathrm{d}S_\perp$，如果通过它的电场线条数为 $\mathrm{d}N$，则

$$E=\frac{\mathrm{d}N}{\mathrm{d}S_\perp} \tag{6-10}$$

这样电场线的疏密程度，即电场线的密度就反映了场强的大小。显然，匀强电场中的电场线应是一族分布均匀的平行直线。

静电场的理论和实验都表明，静电场中的电场线有如下特点：①电场线起始于正电荷或无限远处，终止于负电荷或无限远处，不会在没有电荷处中断，不形成闭合曲线；②任何两条电场线不会在没有电荷处相交。

2. **电通量** 通过电场中任一给定曲面的电场线条数，称为通过这个曲面的**电通量**（electric

笔记

flux)，也称为 $\boldsymbol{E}$ 通量，用 Φ_e 表示。在电场中某点处，任取一个与场强方向垂直的面积元 $dS_\perp$，由式(6-10)可知，通过面积元 $dS_\perp$ 的电场线条数[图 6-4(a)]，即电通量为

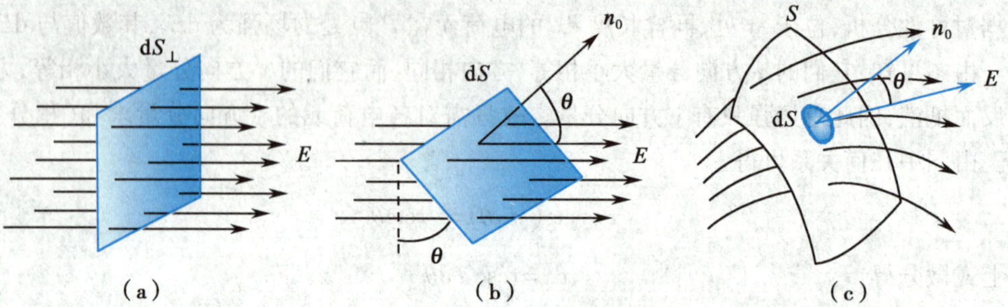

图 6-4 电通量的计算

$$d\Phi_e = dN = E dS_\perp$$

当所取的面积元 dS 与该处场强 $\boldsymbol{E}$ 不垂直时，设面积元 dS 的法向单位矢量为 $\boldsymbol{n}_0$，把 $d\boldsymbol{S} = dS \cdot \boldsymbol{n}_0$ 称为面积元矢量。若 $\boldsymbol{n}_0$ 与该处场强 $\boldsymbol{E}$ 的夹角为 θ，由图 6-4(b)可知，通过 $d\boldsymbol{S}$ 的电场线条数应等于通过它在垂直于场强方向上的投影面 $dS_\perp$ 的电场线条数。由于 $dS_\perp = dS\cos\theta$，所以通过面积元 $d\boldsymbol{S}$ 的电通量为

$$d\Phi_e = E dS_\perp = E dS\cos\theta = \boldsymbol{E} \cdot d\boldsymbol{S} \tag{6-11}$$

为了求出通过任意曲面 S 的电通量[图 6-4(c)]，可把任意曲面 S 分割成许多小面积元 $d\boldsymbol{S}$。首先计算通过每个小面积元的电通量 $d\Phi_e$，然后再对整个曲面 S 上所有的小面积元的电通量求和(积分)，就可得到通过整个曲面的电通量。即

$$\Phi_e = \int_S d\Phi_e = \int_S E\cos\theta dS = \int_S \boldsymbol{E} \cdot d\boldsymbol{S} \tag{6-12}$$

如果 S 是闭合曲面时，式(6-12)应写成对整个闭合曲面求积分的形式，即

$$\Phi_e = \oint_S E\cos\theta dS = \oint_S \boldsymbol{E} \cdot d\boldsymbol{S} \tag{6-13}$$

对闭合曲面，通常规定从内指向外的方向为各处面积元法线的正方向。因此当电场线在曲面上某处的面积元 $d\boldsymbol{S}$ 由曲面内部向外穿出时，由于 $0 \leqslant \theta < \frac{\pi}{2}$，电通量 $d\Phi_e$ 为正；当电场线由曲面外部向内穿入时，由于 $\frac{\pi}{2} < \theta \leqslant \pi$，$d\Phi_e$ 为负；当电场线与曲面相垂直时，$\theta = \frac{\pi}{2}$，$d\Phi_e$ 为零。

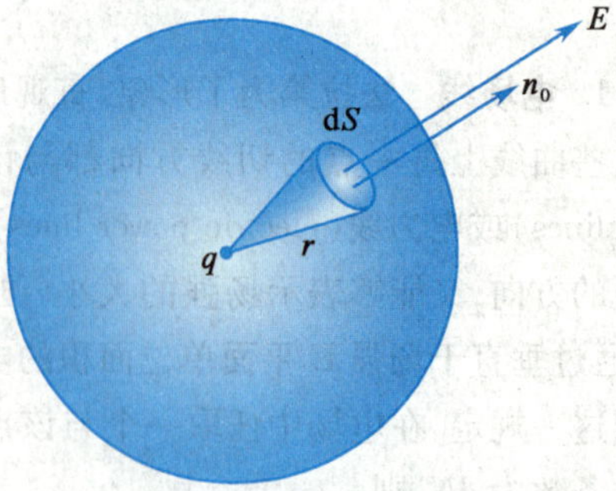

图 6-5 通过以点电荷 q 为中心、半径为 r 球面的电通量

现在计算真空中一个点电荷 q 的电场中，通过以 q 为球心、半径为 r 的球面 S 的电通量(图 6-5)。在球面上任意取面积元 $d\boldsymbol{S}$，其法向单位矢量 $\boldsymbol{n}_0$ 沿半径向外，即 $\boldsymbol{n}_0 = \boldsymbol{r}_0$。若 $q>0$，则 $\boldsymbol{E}$ 与 $\boldsymbol{n}_0$ 同向，$\cos\theta = 1$，由式(6-11)和式(6-3)得，通过 $d\boldsymbol{S}$ 的电通量为

$$d\Phi_e = \boldsymbol{E} \cdot d\boldsymbol{S} = E\cos\theta dS = \frac{q}{4\pi\varepsilon_0 r^2}$$

笔记

再由式(6-13)得通过球面 S 的电通量为

$$\Phi_e = \oint_S \boldsymbol{E} \cdot d\boldsymbol{S} = \frac{q}{4\pi\varepsilon_0 r^2}\oint_S dS = \frac{q}{4\pi\varepsilon_0 r^2} \cdot 4\pi r^2 = \frac{q}{\varepsilon_0} \tag{6-14}$$

式(6-14)表明,真空中通过以点电荷 q 为中心的闭合球面的电通量只与电荷 q 以及真空中的电容率 ε_0 有关,而与球面的半径 r 无关。同时不难看出,对于 $q<0$ 的情况,式(6-14)仍然成立,只是这时电通量 $\Phi_e<0$,表示电场线从外部穿入球面会聚于球心。

上面的结果也可以通过电场线具有连续性的这一特点得到,并可以从特殊的球面推广到包围点电荷 q 的任意闭合曲面。如图 6-6(a)所示,S'为任意形状的闭合曲面,S'与球面 S 都只包围着同一个点电荷 q,由于从点电荷 q 发出的全部电场线都要不间断地延伸到无限远处,因此通过闭合曲面 S 和 S'的电场线条数也必然是相同的,即它们的电通量都等于$\frac{q}{\varepsilon_0}$。

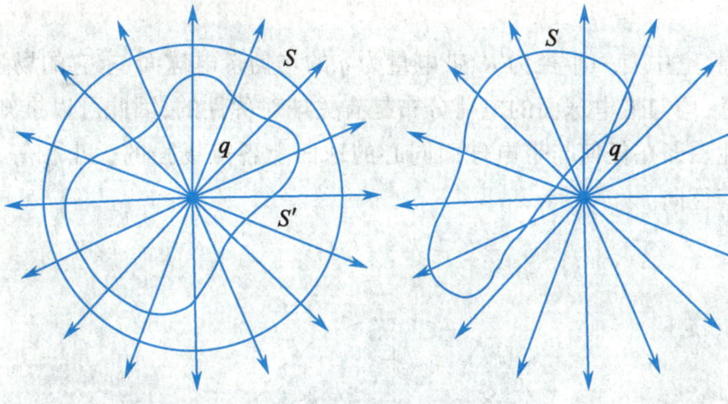

图 6-6 包围和不包围点电荷 q 的闭合曲面的电通量

如果任意形状的闭合曲面 S 不包围点电荷 q[图 6-6(b)],则由电场线的连续性可以得出,有多少条电场线由曲面的一侧穿入曲面 S 内,必然会有相同条数的电场线从曲面的另一侧穿出来,所以净穿出曲面 S 的电场线数目为零,即通过该闭合曲面 S 的电通量代数和为零。这表明处于闭合曲面外的点电荷对该闭合曲面电通量的贡献为零,用公式表示为

$$\Phi_e = \oint_S \boldsymbol{E} \cdot d\boldsymbol{S} = 0 \tag{6-15}$$

二、高 斯 定 理

在上面讨论的基础上,我们研究更一般的情况。设任一带电体系由多个点电荷组成,其中 q_1、q_2、…、q_n 被任意闭合曲面 S 所包围,另外的点电荷 q_1'、q_2'、…、q_m'在曲面 S 外。根据式(6-13)和场强叠加原理,可得到通过曲面 S 的电通量为

$$\begin{aligned}\Phi_e &= \oint_S \boldsymbol{E} \cdot d\boldsymbol{S} \\ &= \oint_S (\boldsymbol{E}_1 + \boldsymbol{E}_2 + \cdots + \boldsymbol{E}_n + \boldsymbol{E}'_1 + \boldsymbol{E}'_2 + \cdots + \boldsymbol{E}'_m) \cdot d\boldsymbol{S}\end{aligned}$$

对于曲面 S 内外电荷的电通量分别应用式(6-14)和式(6-15)有

$$\oint_S \boldsymbol{E}_i \cdot d\boldsymbol{S} = \frac{q_i}{\varepsilon_0} \qquad i = 1、2、\cdots、n$$

$$\oint_S \boldsymbol{E}'_i d\boldsymbol{S} = 0 \qquad i = 1、2、\cdots、m$$

其中,$\boldsymbol{E}_i$ 为电荷 q_i 所产生的场强,$\boldsymbol{E}'_i$为电荷 q_i'所产生的场强,所以

笔记

$$\Phi_e = \oint_S \boldsymbol{E} \cdot \mathrm{d}\boldsymbol{S} = \frac{1}{\varepsilon_0}(q_1 + q_2 + \cdots + q_n) = \frac{1}{\varepsilon_0}\sum_{i=1}^{n} q_i \tag{6-16}$$

这就是真空中静电场的高斯定理。它可以表述为:**在静电场中,通过任意闭合曲面(也称为高斯面)的电通量,等于该闭合曲面内所包围电荷的代数和除以 ε_0**。高斯定理揭示了静电场是有源场。它是描述静电场基本性质的两条定理之一,反映出了电场和产生电场的电荷之间的内在联系。

静电场中的高斯定理具有重要的理论和实际意义。如果已经给出了电荷分布,一般情况下应用高斯定理直接求出的只是通过某闭合曲面的电通量。但是当场强分布具有一定的对称性时,应用高斯定理可以很方便地求出场强,使以往有些稍显复杂的场强计算问题变得相对简单,从而解决了静电场中的许多实际问题。通过下面几个例题的分析,我们可以用心地体会出,应用高斯定理求场强的关键,就在于如何分析场强分布的对称性和选取合适的高斯面。

例题 6-3 设真空中有一半径为 R、带电量为 q 的均匀带电球面,求它的场强分布。

解 根据题意,均匀带电球面的电荷分布是有关球对称性的,因此可以推知场强分布也一定具有球对称性。即在任何与带电球面同心的球面上各点场强的大小相等,并且如果有场强其方向必沿其径向。

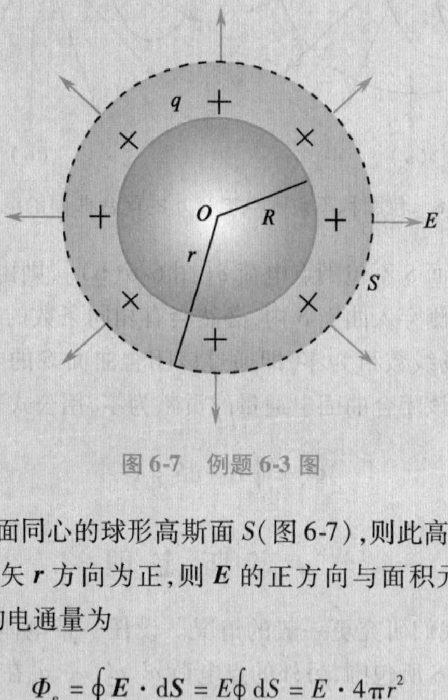

图 6-7 例题 6-3 图

作半径为 r、与带电球面同心的球形高斯面 S(图 6-7),则此高斯球面上各点场强的大小处处相等。设场强 $\boldsymbol{E}$ 沿径矢 $\boldsymbol{r}$ 方向为正,则 $\boldsymbol{E}$ 的正方向与面积元 $\mathrm{d}\boldsymbol{S}$ 的法向方向一致,故 $\cos\theta=1$,因此通过高斯面的电通量为

$$\Phi_e = \oint_S \boldsymbol{E} \cdot \mathrm{d}\boldsymbol{S} = E\oint_S \mathrm{d}S = E \cdot 4\pi r^2$$

当 $r>R$ 时,高斯面 S 包围了整个带电球面的电荷 q,由高斯定理有

$$E \cdot 4\pi r^2 = \frac{q}{\varepsilon_0}$$

所以

$$E = \frac{q}{4\pi\varepsilon_0 r^2} \qquad (r>R)$$

其矢量式为

$$\boldsymbol{E} = \frac{q}{4\pi\varepsilon_0 r^2}\boldsymbol{r}_0 \qquad (r>R)$$

笔记

式中 $\boldsymbol{r}_0$ 为从球心指向场点的径矢 $\boldsymbol{r}$ 方向上的单位矢量。显然，当 $q>0$ 时，$\boldsymbol{E}$ 与 $\boldsymbol{r}_0$ 方向相同；$q<0$ 时，$\boldsymbol{E}$ 与 $\boldsymbol{r}_0$ 方向相反。

当 $r<R$ 时，高斯面 S 在球面内，没有包围电荷，由高斯定理有

$$E\cdot 4\pi r^2=0$$

所以

$$E=0 \qquad (r<R)$$

于是，均匀带电球面的场强分布可以表示为

$$\boldsymbol{E}=\begin{cases}0 & (r<R)\\ \dfrac{q}{4\pi\varepsilon_0 r^2}\boldsymbol{r}_0 & (r>R)\end{cases}$$

例题 6-4 应用高斯定理重新求解例题 6-2。

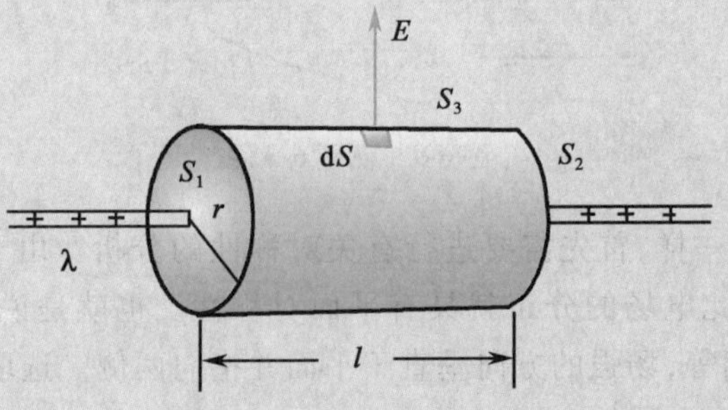

图 6-8 例题 6-4 图

解 先进行有关对称性分析。根据题意，由于电荷沿无限长直线均匀分布，因此空间各点的场强应具有以直线为轴的对称性。也就是说，在以带电直线为轴的任意圆柱面上各点的场强大小相等，当线电荷密度 $\lambda>0$ 时，场强的方向垂直于直线向外。为此，作一个半径为 r，长为 l 的以带电直线为轴的闭合圆柱形高斯面 S（图 6-8），此高斯面 S 由三部分组成：高斯面 S 的上、下底面 S_1 和 S_2，侧面 S_3。通过该高斯面的电通量应为 S_1、S_2 和 S_3 这三部分电通量之和，即

$$\Phi_e=\oint_S \boldsymbol{E}\cdot d\boldsymbol{S}=\int_{S_1}E\cos\theta dS+\int_{S_2}E\cos\theta dS+\int_{S_3}E\cos\theta dS$$

由于上、下底面的外法线方向与场强 $\boldsymbol{E}$ 垂直，故 $\cos\theta=0$，所以 S_1 和 S_2 这两个面上的电通量为零。又由于侧面 S_3 的外法线方向与场强 $\boldsymbol{E}$ 的方向一致，因此 $\cos\theta=1$，且侧面 S_3 上各点场强大小相等，故上式可化为

$$\Phi_e=\oint_S \boldsymbol{E}\cdot d\boldsymbol{S}=E\int_{S_3}dS=E\cdot 2\pi rl$$

由图 6-8 可知，高斯面 S 所包围的电荷为 $q=\lambda l$，根据高斯定理可得

$$\Phi_e=E\cdot 2\pi rl=\frac{q}{\varepsilon_0}=\frac{\lambda l}{\varepsilon_0}$$

所以

$$E=\frac{\lambda}{2\pi\varepsilon_0 r}$$

或

$$\boldsymbol{E}=\frac{\lambda}{2\pi\varepsilon_0 r}\boldsymbol{r}_0$$

笔记

这与例题 6-2 中应用场强叠加原理通过积分求得的结果完全相同，可见在具有一定对称性的情况下，应用高斯定理求场强可以更加方便和简化。

例题 6-5 求真空中无限大均匀带电平面的电场分布。设真空中有一无限大均匀带电平面，它单位面积上所带电荷，即电荷面密度为 σ（设 $\sigma>0$）。求距该平面为 r 处某点的场强。

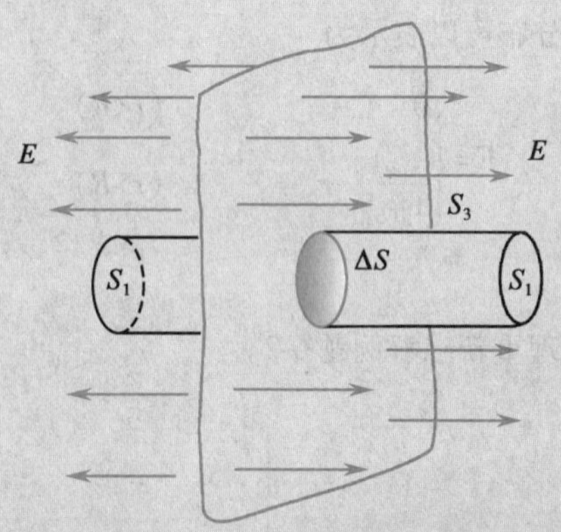

图 6-9 例题 6-5 图

解 与上面几题一样，首先需要进行有关对称性的分析。由于电荷是均匀分布在无限大的平面上，因此电场的分布就具有平面对称性。也就是说，凡与平面等距离远处各点的场强大小相等，场强的方向垂直于平面并指向两侧。选取两底面 S_1、S_2 与平面平行，侧面 S_3 与平面垂直的闭合圆柱形高斯面 S，其中 S_1、S_2 位于平面两侧且与平面距离均为 r（图 6-9）。由于 S_1、S_2 处的场强大小相等，方向与外法线方向一致；又由于侧面 S_3 的外法线方向与场强 $\boldsymbol{E}$ 垂直，它的电通量为零，所以通过整个闭合圆柱形高斯面 S 的电通量为

$$\begin{aligned}\Phi_e &= \oint_S \boldsymbol{E}\cdot d\boldsymbol{S}\\ &= \int_{S_1} E\cos\theta dS + \int_{S_2} E\cos\theta dS + \int_{S_3} E\cos\theta dS\\ &= ES_1 + ES_2\end{aligned}$$

设高斯面 S 在平面上截取的面积为 ΔS，显然 $\Delta S=S_1=S_2$，因而高斯面 S 所包围的电荷为 $q=\sigma\Delta S$，故由上式及高斯定理可得

$$\Phi_e = 2E\Delta S = \frac{q}{\varepsilon_0} = \frac{\sigma\Delta S}{\varepsilon_0}$$

所以

$$E = \frac{\sigma}{2\varepsilon_0} \tag{6-17}$$

这个结果表明，无限大均匀带电平面场强的大小与距离无关。场强的方向垂直于带电平面，当 $\sigma>0$ 时，场强的方向由带电平面指向平面的两侧；$\sigma<0$ 时，场强的方向由两侧指向带电平面。平面的每一侧都是匀强电场。

笔记

例题 6-6 设真空中有两个相互平行的无限大均匀带电平面 A 和 B(图 6-10),其面电荷密度分别为 $+\sigma$ 和 $-\sigma$,求其电场分布。

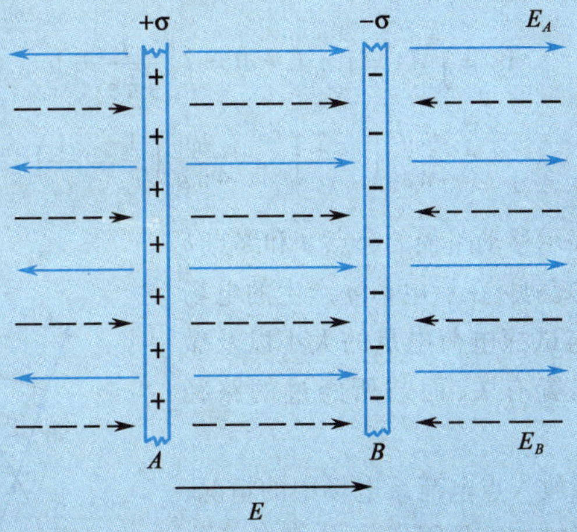

图 6-10 例题 6-6 图

解 由例题 6-5 可知,A、B 两个带电平面各自产生的电场 $\boldsymbol{E}_A$ 和 $\boldsymbol{E}_B$ 大小都是$\dfrac{\sigma}{2\varepsilon_0}$,由于 A、B 两个带电平面所带电荷符号相反,所以在 A 与 B 之间,$\boldsymbol{E}_A$ 和 $\boldsymbol{E}_B$ 的方向相同,都是由 A 指向 B。根据场强叠加原理,其合场强的大小为

$$E=E_A+E_B=\frac{\sigma}{2\varepsilon_0}+\frac{\sigma}{2\varepsilon_0}=\frac{\sigma}{\varepsilon_0} \tag{6-18}$$

这说明两个带等量异号电荷的无限大均匀带电平面间的电场是匀强电场,场强 $\boldsymbol{E}$ 的方向是由 $+\sigma$ 到 $-\sigma$,即由 A 指向 B。

在两个带电平面 A 和 B 的外侧区域,$\boldsymbol{E}_A$ 与 $\boldsymbol{E}_B$ 的方向相反,其合场强均为零,即

$$E=E_A-E_B=\frac{\sigma}{2\varepsilon_0}-\frac{\sigma}{2\varepsilon_0}=0 \tag{6-19}$$

第三节 电场力做功、电势、电势差

一、静电场的环路定理

1. **电场力的功** 设 O 点处有一个静止的点电荷 q,将试探电荷 q_0 沿电场中的任意路径 L 由 a 点出发移动到 b 点(图 6-11)。在 L 上任取一点 c,点电荷 q 至 c 点的径矢为 $\boldsymbol{r}$。根据点电荷的场强公式,点电荷 q 在该点的场强为 $\boldsymbol{E}=\dfrac{q}{4\pi\varepsilon_0 r^2}\boldsymbol{r}_0$。又考虑到 q_0 在移动过程中所受的电场力是变力,因此应先计算一段位移元中电场力所做的元功。故 q_0 从 c 点出发做微小位移 $\mathrm{d}\boldsymbol{l}$ 时,电场力所做的元功为

$$\mathrm{d}A=\boldsymbol{f}\cdot\mathrm{d}\boldsymbol{l}=q_0\boldsymbol{E}\cdot\mathrm{d}\boldsymbol{l}=q_0\frac{q}{4\pi\varepsilon_0 r^2}\mathrm{d}l\cos\theta$$

式中,θ 为 $\boldsymbol{E}$ 与 $\mathrm{d}\boldsymbol{l}$ 间的夹角,也就是径矢方向 $\boldsymbol{r}_0$ 与 $\mathrm{d}\boldsymbol{l}$ 之间的夹角,$\mathrm{d}l\cos\theta$ 是 $\mathrm{d}\boldsymbol{l}$ 在径矢方向的投影,由图可知 $\mathrm{d}l\cos\theta=\mathrm{d}r$,代入上式得

笔记

$$dA=\frac{q_0 q}{4\pi\varepsilon_0 r^2}dr$$

当 q_0 由 a 移到 b 时，电场力在这段路径所做的功可通过对上式积分求得，即

$$A_{ab}=\int_a^b dA=\int_a^b q_0\boldsymbol{E}\cdot d\boldsymbol{l}=\int_{r_a}^{r_b}\frac{q_0 q}{4\pi\varepsilon_0 r^2}dr$$
$$=\frac{q_0 q}{4\pi\varepsilon_0}\left[-\frac{1}{r}\right]_{r_a}^{r_b}=\frac{q_0 q}{4\pi\varepsilon_0}\left(\frac{1}{r_a}-\frac{1}{r_b}\right) \tag{6-20}$$

式(6-20)中，r_a 和 r_b 分别表示移动路径的起点 a 和终点 b 到点电荷 q 的距离。上式表明，在点电荷 q 产生的电场中，电场力所做的功，只与试探电荷电量的大小以及做功路径的起点和终点位置有关，而与所经过的路径无关。

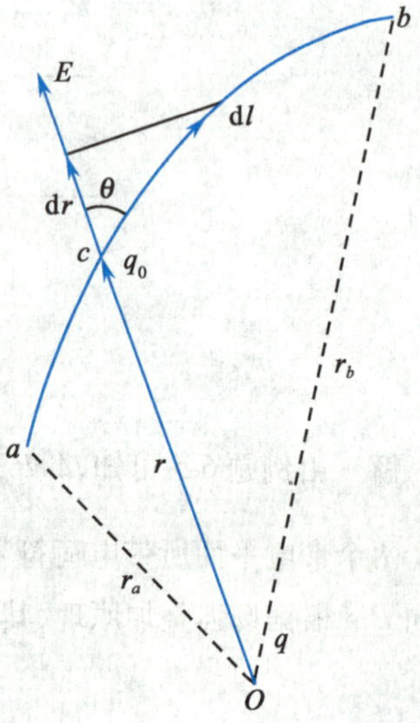

图 6-11 电场力对试探电荷 q_0 所做的功

再考虑将试探电荷 q_0 放入点电荷系电场中的情况。点电荷系中的各个点电荷的位置是固定的，由于任意静电场都可以看作是点电荷系电场的叠加，总场强是各个点电荷各自产生场强的矢量和，即 $\boldsymbol{E}=\boldsymbol{E}_1+\boldsymbol{E}_2+\cdots+\boldsymbol{E}_n$。因此对于任意静电场，总电场力所做的功，就等于组成此电荷系的 n 个点电荷各自产生的电场对试探电荷 q_0 所做功的代数和，即

$$A_{ab}=\int_a^b q_0\boldsymbol{E}\cdot d\boldsymbol{l}=\int_a^b q_0(\boldsymbol{E}_1+\boldsymbol{E}_2+\cdots+\boldsymbol{E}_n)\cdot d\boldsymbol{l}$$
$$=\int_a^b q_0\boldsymbol{E}_1\cdot d\boldsymbol{l}+\int_a^b q_0\boldsymbol{E}_2\cdot d\boldsymbol{l}+\cdots+\int_a^b q_0\boldsymbol{E}_n\cdot d\boldsymbol{l}$$
$$=\sum_{i=1}^{n}\frac{q_0 q_i}{4\pi\varepsilon_0}\left(\frac{1}{r_{ia}}-\frac{1}{r_{ib}}\right) \tag{6-21}$$

式(6-21)中，r_{ia} 和 r_{ib} 分别表示第 i 个点电荷 q_i 所在位置到路径的起点 a 和终点 b 的距离。由于每个点电荷的电场力所做的功都与所经过的路径无关，所以它们的代数和也必然与路径无关。即**试探电荷在任何静电场中移动时，电场力所做的功，只与试探电荷电量的大小及路径起点和终点位置有关，而与所经过的路径无关。**

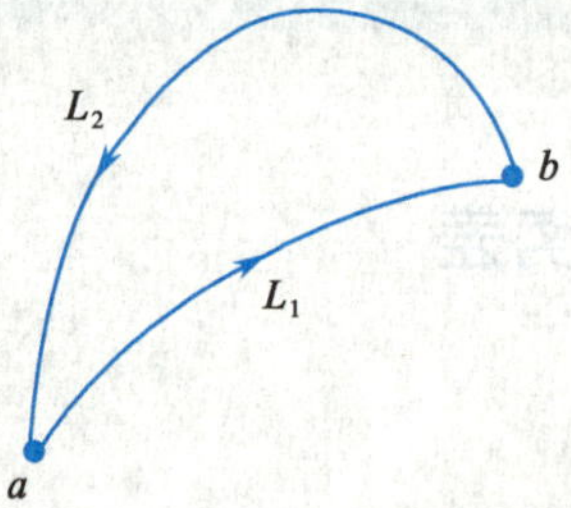

图 6-12 静电场的环路定理

2. 静电场的环路定理 在静电场中，如果将试探电荷 q_0 沿路径 L_1 从 a 点移动到 b 点，然后又沿路径 L_2 从 b 点回到 a 点，于是路径 L_1 和 L_2 构成闭合路径 L（图 6-12），相当于绕闭合路径一周，由于静电场力做功与路径无关，所以在此过程中电场力所做的功为

$$A=\oint_L q_0\boldsymbol{E}\cdot d\boldsymbol{l}=\underset{(L_1)}{\int_a^b} q_0\boldsymbol{E}\cdot d\boldsymbol{l}+\underset{(L_2)}{\int_b^a} q_0\boldsymbol{E}\cdot d\boldsymbol{l}$$
$$=\underset{(L_1)}{\int_a^b} q_0\boldsymbol{E}\cdot d\boldsymbol{l}-\underset{(L_2)}{\int_a^b} q_0\boldsymbol{E}\cdot d\boldsymbol{l}=0$$

笔记

因为试探电荷 $q_0\neq 0$，所以

$$\oint_L \boldsymbol{E} \cdot \mathrm{d}\boldsymbol{l} = \oint_L E\cos\theta \mathrm{d}l = 0 \tag{6-22}$$

这表明,**在静电场中绕任意闭合回路一周电场力所做的功等于零,这是静电场中的一个重要定理**,称为**静电场的环路定理**(circuital theorem of electrostatic field)。这一定理是静电场力做功与路径无关的必然结果。

二、电势能、电势、电势差

1. **电势能** 在力学中我们曾接触到,重力做功只与起点和终点的位置有关,而与经过的路径无关,当路径闭合时,重力做功为零。静电场力做功与重力做功具有同样的特点,即做功与经过的路径无关,凡具有这种特点的力称为保守力;该力场称为保守力场。因此电场力与重力一样都是保守力,对任何保守力场都可以引入势能的概念,而且保守力做的功都等于势能的减少量。

与物体在重力场中具有重力势能一样,电荷在静电场中也具有势能,称为**电势能**(electric potential energy)。设在静电场中,将试探电荷 q_0沿任意路径由 a 点移至 b 点,电场力所做的功为 A_{ab},电势能的改变就是通过电场力做功来体现的。如果以 W_a和 W_b分别表示 q_0在电场中 a 点和 b 点处的电势能,则此过程中电势能的减少为

$$W_a - W_b = A_{ab} = q_0\int_a^b \boldsymbol{E} \cdot \mathrm{d}\boldsymbol{l} \tag{6-23}$$

与重力势能一样,电势能是一个相对的物理量。通过式(6-23)所计算的只是 q_0在电场中 a、b 两点处电势能的改变量,若要计算 q_0在电场中任意点的电势能,首先要选取电势能的零点。对于分布在有限区域的带电体,一般选取无限远处为电势能的零点。在式(6-23)中,如果设 b 点为无限远,选取该点处的电势能为零,即 $W_b = W_\infty = 0$,则式(6-23)可写为

$$W_a = q_0\int_a^\infty \boldsymbol{E} \cdot \mathrm{d}\boldsymbol{l} \tag{6-24}$$

式(6-24)表明,**q_0在 a 点的电势能等于把试探电荷 q_0从 a 点移动到无穷远处(电势能为 0 处)电场力所做的功**。

2. **电势、电势差** 为了更方便地描述静电场的能量性质,我们从电势能出发,引入**电势**(electric potential)这一静电场中另一个重要的物理量。由式(6-24)可以看出,a 点处的电势能 W_a 与 q_0的大小成正比,但 W_a 与 q_0的比值$\frac{W_a}{q_0}$却与 q_0无关,这一比值只决定于电场的性质和 a 点处的位置,是描述电场性质的物理量。将这一比值定义为电势,一般用符号 U 来表示。即

$$U_a = \frac{W_a}{q_0} = \int_a^\infty \boldsymbol{E} \cdot \mathrm{d}\boldsymbol{l} \tag{6-25}$$

式(6-25)表明,**静电场中某一点 a 处的电势,在数值上等于正的单位试探电荷在该点处所具有的电势能。换句话说,静电场中某一点 a 处的电势,就等于把正的单位试探电荷从 a 点沿任意路径移动到无穷远处(电势为 0 处)电场力所做的功**。电势是描述电场中某点性质的物理量。应该指出,电势零点的选取与电势能一样可以是任意的,通常参考点不同,电势也不同,一般视问题的方便而定。在理论计算中,如果带电体系局限在有限大小的空间里,通常选取无穷远处为电势零点。实际应用中常常选取大地为电势零点,因为地球可以看作是一个半径很大的导体,它的电势一般比较稳定。这样一来,任何导体接地后,就可以认为它的电势为零。在研究电路问题时常取仪器外壳、公共地线等为电势零点。对于无限大的带电体,常选取有限远处某一定点为电势零点。

笔记

静电场中,任意 a、b 两点的电势之差称为这两点间的**电势差**(electric potential difference),也

称为电压。用 U_{ab} 表示，于是

$$U_{ab}=U_a-U_b=\int_a^{\infty}\boldsymbol{E}\cdot \mathrm{d}\boldsymbol{l}-\int_b^{\infty}\boldsymbol{E}\cdot \mathrm{d}\boldsymbol{l}=\int_a^{\infty}\boldsymbol{E}\cdot \mathrm{d}\boldsymbol{l} \tag{6-26}$$

也就是说，**静电场中 a、b 两点间的电势差，就等于把单位正电荷从 a 点沿任意路径移动到 b 点时电场力所做的功**。电势差和电势一样，都是只有大小而没有方向的标量，在国际单位制中，它们的单位是 V（伏特），1V = 1J/C（焦耳/库）。

由式（6-26）中的电势差表达式，结合前面电场力做功的表达式（6-23），进而得到电场力做功与电势差的关系为

$$A_{ab}=q_0\int_a^b\boldsymbol{E}\cdot \mathrm{d}\boldsymbol{l}=q_0U_{ab}$$

例题 6-7 计算真空中点电荷 q 的电场中任意一点 a 处的电势。

解 设真空中点电荷 q 位于坐标原点 O 处，电场中任意点 a 到原点 O 的距离为 r。选取从 a 点沿径矢 $\boldsymbol{r}$ 方向至无穷远的积分路径，应用式（6-25）可得 a 点的电势为

$$U_a=\int_a^{\infty}\boldsymbol{E}\cdot \mathrm{d}\boldsymbol{l}=\int_r^{\infty}\boldsymbol{E}\cdot \mathrm{d}\boldsymbol{r}=\int_r^{\infty}E\mathrm{d}r\int_r^{\infty}\frac{q}{4\pi\varepsilon_0 r^2}\mathrm{d}r$$

$$=\frac{q}{4\pi\varepsilon_0}\left[-\frac{1}{r}\right]_r^{\infty}=\frac{q}{4\pi\varepsilon_0 r}$$

因为 a 是电场中任意选取的一点，因此一般可将上式中 U_a 的下标略去，于是就得到真空中点电荷 q 的电场中任意点 a 的电势公式为

$$U=\frac{q}{4\pi\varepsilon_0 r} \tag{6-27}$$

当 $q>0$ 时，$U>0$，表明空间各点的电势为正，电势 U 随距离 r 的增大而减小；当 $q<0$ 时，$U<0$，空间各点的电势为负，电势 U 随距离 r 的增大而增大。

3. **电势叠加原理** 如果电场是由 n 个点电荷组成的点电荷系所产生，根据场强叠加原理，总场强 $\boldsymbol{E}$ 等于各个点电荷 q_1、q_2、…、q_n 单独存在时各自产生的场强 $\boldsymbol{E}_1$、$\boldsymbol{E}_2$、…、$\boldsymbol{E}_n$ 的矢量和，于是电场中任意点 a 的电势为

$$\begin{aligned}U_a&=\int_a^{\infty}\boldsymbol{E}\cdot \mathrm{d}\boldsymbol{l}=\int_a^{\infty}(\boldsymbol{E}_1+\boldsymbol{E}_2+\cdots+\boldsymbol{E}_n)\cdot \mathrm{d}\boldsymbol{l}\\&=\int_a^{\infty}\boldsymbol{E}_1\cdot \mathrm{d}\boldsymbol{l}+\int_a^{\infty}\boldsymbol{E}_2\cdot \mathrm{d}\boldsymbol{l}+\cdots+\int_a^{\infty}\boldsymbol{E}_n\cdot \mathrm{d}\boldsymbol{l}\\&=U_1+U_2+\cdots+U_n\\&=\sum_{i=1}^{n}U_i\end{aligned}$$

式中，U_i 表示第 i 个点电荷单独存在时在 a 点产生的电势，如果用 r_i 来表示第 i 个点电荷 q_i 到点 a 的距离，根据式（6-27），上式可写成

$$U_a=\sum_{i=1}^{n}U_i=\sum_{i=1}^{n}\frac{q_i}{4\pi\varepsilon_0 r_i} \tag{6-28}$$

式（6-28）表明，**点电荷系的电场中某点的电势，就等于各个点电荷单独存在时在该点处产生电势的代数和**，这就是**电势叠加原理**（principle of superposition of electric potential）。

笔记

电势叠加原理可以推广到电荷连续分布的任意带电体系。如果一个带电体上的电荷是连续分布的，则式（6-28）中的求和可以用积分来代替。用 dq 来表示电荷连续分布的带电体上任

一电荷元,用 r 来表示电荷元 dq 与点 a 间的距离,则电荷元在 a 点产生的电势为

$$dU=\frac{dq}{4\pi\varepsilon_0 r}$$

对上式积分,得到整个带电体在该点的电势为

$$U=\int dU=\frac{1}{4\pi\varepsilon_0}\int\frac{dq}{r} \tag{6-29}$$

由于电势是标量,这里的积分是标量积分。显然,对电势这一标量进行积分计算比对场强的积分计算要更简单一些。

例题 6-8 求真空中一个半径为 R,带电荷为 q 的均匀带电球面的电势分布。

解 有关电势的计算有两种方法。一种方法是从点电荷的电势公式出发,由电势叠加原理求得电势;另一种方法是在已知场强或用高斯定理能比较方便地求出场强的基础上,通过电势的定义最终求得电势。本题中根据题意,对于带电荷为 q 的均匀带电球面,显然电荷 q 一定均匀地分布在导体球的表面上。本题中如果采用电势叠加原理求电势,需将均匀带电球面的表面分成许多小面积元,再通过小面积元的电势积分求得均匀带电球面在某点 P 的电势。显然,这种方法的数学运算相当烦琐。由于所给条件很容易由高斯定理求得场强的分布,因此下面采用由电势的定义,即通过对场强的积分来求出电势的方法。在例题 6-3 中,根据高斯定理已经求得均匀带电球面的场强分布为

$$\boldsymbol{E}=\begin{cases}0 & (r<R)\\ \dfrac{q}{4\pi\varepsilon_0 r^2}\boldsymbol{r}_0 & (r>R)\end{cases}$$

利用上式,并由电势的定义式(6-25)可得

(1) 均匀带电球面内距球心为 r 的任一点 P_1 处的电势为

$$\begin{aligned}U_{P_1}&=\int_{P_1}^{\infty}\boldsymbol{E}\cdot d\boldsymbol{l}=\int_r^{\infty}\boldsymbol{E}\cdot d\boldsymbol{r}\\&=\int_r^R 0\cdot dr+\int_R^{\infty}\frac{q}{4\pi\varepsilon_0 r^2}dr\\&=\frac{q}{4\pi\varepsilon_0 R}\end{aligned}$$

由此可见,均匀带电球面内任意一点的电势是与 r 无关的常量,球面内任意一点的电势与球面处的电势相等。

(2) 均匀带电球面外距球心为 r 的任一点 P_2 的电势

$$U_{P_2}=\int_{P_2}^{\infty}\boldsymbol{E}\cdot d\boldsymbol{l}=\int_r^{\infty}\frac{q}{4\pi\varepsilon_0 r^2}dr=\frac{q}{4\pi\varepsilon_0 r}$$

可见,真空中一个半径为 R、带电荷为 q 的均匀带电球面,在球面外任意点的电势与电荷集中在球心的点电荷的电势完全相同。不难看出,在 $r=R$ 的球面上,上面的结果仍然成立。

4. 等势面 在静电场中,当选定了电势为零的参考点时,电场中其他各点的电势都有确定的数值,由电势相等的点所组成的曲面,称为等势面(equipotential surface)。等势面可以形象地描述静电场中电势的分布情况,它的疏密程度就代表了电场的强弱。由式(6-27)可知,在点电荷 q 的电场中,等势面是以点电荷 q 为中心的一系列同心球面(图 6-13),而点电荷 q 的电场线是沿径矢方向的一系列直线(图 6-13 中的虚线),显然,等势面与沿径向的电场线是相互垂直的。

笔记

简单证明如下：将试探电荷 q_0 沿等势面从 a 点任意移动一个微小位移 $\mathrm{d}l$ 到达 b 点，因等势面上 a、b 两点电势相等，即 $U_a=U_b$，所以 $U_{ab}=U_a-U_b=0$，于是电场力做功 $A_{ab}=q_0U_{ab}=\int_a^b q_0E\mathrm{d}l\cos\theta=0$，但 q_0、E、$\mathrm{d}l$ 都不为零，所以必然有 $\cos\theta=0$，即 $\theta=\dfrac{\pi}{2}$。这就是说，场强方向总是与等势面相垂直的，因此电场线和等势面处处正交。图 6-14 给出了两个等量异号的点电荷的电场线和等势面分布图，图中相邻两等势面之间的电势差相等。由图 6-14 可以看出，等势面越密的区域，电场线越密，场强也越大。

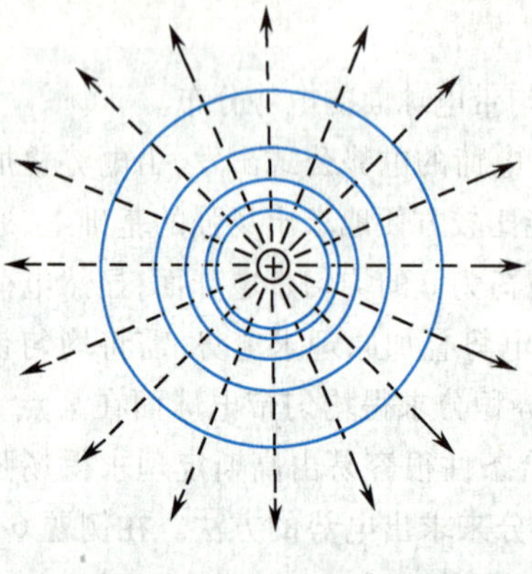

图 6-13　点电荷 q 的等势面

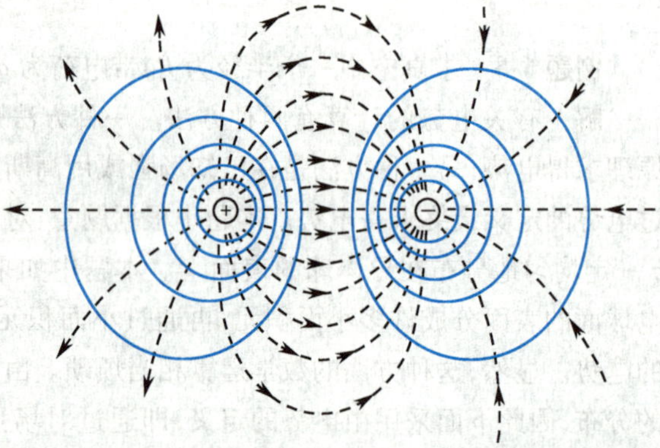

图 6-14　两个等量异号点电荷的等势面分布

等势面的概念在实际应用中有着重要的意义。由于电势差（电压）易于测量，所以常常用实验的方法找出电势差为零的各点，把这些点连接起来，就能够画出等势面，再根据等势面与电场线相互垂直的关系就可以画出电场线，从而就可以通过绘出的电场线来了解各处电场的强弱和方向。

三、电场强度与电势的关系

电场强度与电势都是用来描述电场中某点性质的重要物理量，两者描述电场性质的角度不同，但它们之间却有着密切的联系。通过电势的定义式(6-25)能够看出，场强与电势之间实际上是积分关系，下面我们讨论它们之间的微分关系。

在静电场中，选取非常靠近的两个等势面 1 和 2，其电势分别为 U 及 $U+\mathrm{d}U$，并设 $\mathrm{d}U$ 为正。a 为等势面 1 上的任意一点，过 a 点作等势面 1 的法线，通常规定法线的正方向指向电势升高的方向，用 $\boldsymbol{n}_0$ 表示法线方向上的单位矢量，用 $\mathrm{d}n$ 表示 1 与 2 两个等势面间沿 a 点法线方向的距离 ab（图 6-15）。由于 $\mathrm{d}U$ 非常小，因此 $\mathrm{d}n$ 是从等势面1 上的 a 点到等势面2 的最短距离，它小于所有从 a 点到等势面 2 上的其他任意点（如 c）的距离 $\mathrm{d}l$。所以在 a 点处沿 $\boldsymbol{n}_0$ 方向具有最大的电势增加率。我们把矢量 $\dfrac{\mathrm{d}U}{\mathrm{d}n}\boldsymbol{n}_0$ 定义为 a 点处的**电势梯度**（electric potential gradient），用 ∇U 或 $\mathrm{grad}U$ 表示，即

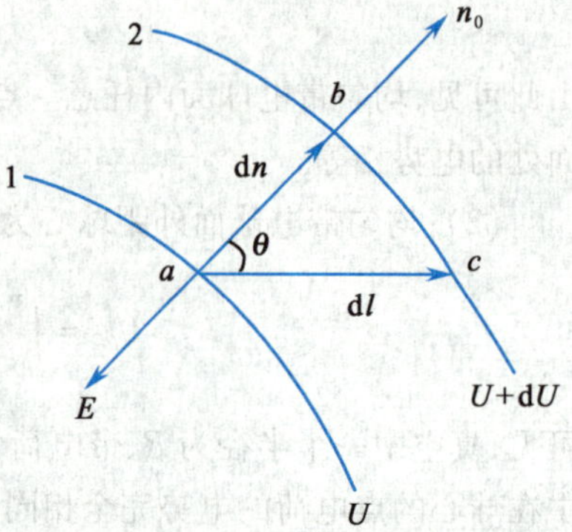

图 6-15　电场强度与电势梯度的关系

$$\nabla U=\mathrm{grad}U=\frac{\mathrm{d}U}{\mathrm{d}n}\boldsymbol{n}_0 \tag{6-30}$$

笔记

式(6-30)表明，**电场中某点的电势梯度是一个矢量，电势梯度的方向与该点处电势增加率**

最大的方向相同,其大小就等于沿该方向上的电势增加率。电势梯度的单位为 V/m(伏特/米)。

下面我们进一步讨论电场强度与电势梯度的关系。将试探电荷 q_0 沿 $\boldsymbol{n}_0$ 方向从 a 点移动到 b 点,设 E_n 是 a 点的电场强度在 $\boldsymbol{n}_0$ 方向上的分量,则电场力做的功为

$$\mathrm{d}A_{ab}=q_0\boldsymbol{E}\cdot\mathrm{d}\boldsymbol{n}=q_0E_n\mathrm{d}n$$

又因

$$\mathrm{d}A_{ab}=q_0(U_a-U_b)=q_0[U-(U+\mathrm{d}U)]=-q_0\mathrm{d}U$$

所以

$$E_n=-\frac{\mathrm{d}U}{\mathrm{d}n}$$

由于电场强度 $\boldsymbol{E}$ 与等势面正交,因此 $\boldsymbol{E}$ 与 $\boldsymbol{n}_0$ 平行,则上式表明 $\boldsymbol{E}$ 的大小就等于$\frac{\mathrm{d}U}{\mathrm{d}n}$,而 $\boldsymbol{E}$ 的方向与 $\boldsymbol{n}_0$ 相反,故

$$\boldsymbol{E}=-\frac{\mathrm{d}U}{\mathrm{d}n}\boldsymbol{n}_0=-\nabla U \tag{6-31}$$

式(6-31)就是场强与电势之间的微分关系。它表明,**电场中某点的电场强度就等于该点处电势梯度矢量的负值。**式中负号表示场强的方向与 $\boldsymbol{n}_0$ 的方向相反。

由图 6-15 及矢量式(6-31),不难求出场强 $\boldsymbol{E}$ 在任意方向 $\mathrm{d}\boldsymbol{l}$ 上的分量为

$$E_l=-\frac{\mathrm{d}U}{\mathrm{d}n}\cos\theta=-\frac{\mathrm{d}U}{\mathrm{d}l} \tag{6-32}$$

即电场强度 $\boldsymbol{E}$ 在任意方向 $\mathrm{d}\boldsymbol{l}$ 上的分量 E_l,应等于该点电势梯度矢量在该方向上分量的负值。换句话说,电场强度 $\boldsymbol{E}$ 在任意方向 $\mathrm{d}\boldsymbol{l}$ 上的分量 E_l,就等于电势在该点沿该方向上变化率的负值。

根据式(6-31)还可以看出,电势为零的地方,场强不一定为零;场强为零的地方,电势同样也不一定为零。此外,由于场强与电势的空间变化率有关,表明场强大的地方电势变化得快,等势面较密集;场强小的地方电势变化得慢,等势面较稀疏。

利用场强与电势的梯度关系,在涉及有关场强的计算问题时,可先求出电势,再根据电势的梯度关系求得某一方向的场强,从而避免了有关场强比较复杂的矢量计算。

例题 6-9 真空中有一个半径为 R 的均匀带电细圆环,带电荷为 q(设 $q>0$),求圆环轴线上距离圆环中心 O 为 x 处 a 点的电势(图 6-16)。

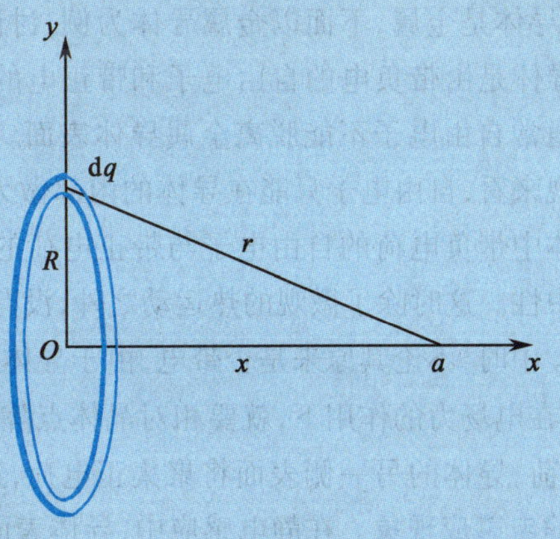

图 6-16 例题 6-9 图

笔记

解　设均匀带电细圆环线电荷密度为 λ，则 $\lambda=\dfrac{q}{2\pi R}$，在细圆环上任取一个微小弧段 dl，则 dl 上所带的电荷 $dq=\lambda dl$。因此电荷元 dq 在 a 点产生的电势为

$$dU=\frac{dq}{4\pi\varepsilon_0 r}=\frac{\lambda dl}{4\pi\varepsilon_0 r}$$

式中，r 为 dq 到 a 点的距离。由图可知 $r=\sqrt{x^2+R^2}$，对上式积分，得 a 点电势为

$$U=\int dU=\frac{\lambda}{4\pi\varepsilon_0 r}\int_0^{2\pi R}dl=\frac{\lambda}{4\pi\varepsilon_0 r}[l]_0^{2\pi R}$$

$$=\frac{q}{4\pi\varepsilon_0 r}=\frac{q}{4\pi\varepsilon_0\sqrt{x^2+R^2}}$$

例题 6-10　在例题 6-9 中，如果距环心 O 为 x 处 a 点的电势为已知，试利用场强与电势的梯度关系求 a 点处的场强。

解　应先分析场强的方向，再利用场强与电势的梯度关系对该方向求导，从而求得场强。根据本题中电荷分布的对称性，可分析出圆环轴线上任一点的场强方向沿 x 轴正方向，因此 a 点场强的大小为

$$E=E_x=-\frac{dU}{dx}=-\frac{q}{4\pi\varepsilon_0}\frac{d}{dx}\left(\frac{1}{\sqrt{x^2+R^2}}\right)$$

$$=\frac{qx}{4\pi\varepsilon_0(x^2+R^2)^{3/2}}$$

场强的方向沿 x 轴正向。

第四节　静电场中的导体

一、导体的静电平衡条件

通过对物体导电现象的研究，一般将导电性能好的物体称为**导体**(conductor)，将导电性能很差、基本不导电的物体称为绝缘体，绝缘体也称为电介质。本节我们来研究导体的性质，下一节将介绍电介质。最常见的导体是金属，下面以金属导体为例，讨论金属导体与电场间的相互作用情况。我们知道，金属导体是由带负电的自由电子和带正电的晶体点阵所构成，由于金属表面层对电子的束缚作用，通常自由电子不能脱离金属导体表面。在导体不带电，也没有外电场作用的情况下，首先从微观来看，自由电子只能在导体的内部做无规则的热运动，不能做定向运动。其次宏观上看来，导体中带负电荷的自由电子与带正电荷的晶体点阵数目相等，相互中和，因而整个导体都呈现电中性。这时除了微观的热运动之外，没有宏观的电荷运动。

当把导体置于外电场 $\boldsymbol{E}_0$ 中时，不论其原来是否带电，由于导体中的自由电子所受的电场力与 $\boldsymbol{E}_0$ 的方向相反，自由电子在电场力的作用下，就要相对晶体点阵作宏观的定向运动。因此在导体的一侧表面将聚集负电荷，导体的另一侧表面将聚集正电荷，这样一来就引起了**导体内部电荷的重新分布现象**，称为**静电感应现象**。在静电感应中，导体表面不同区域出现的正、负电荷称为**感应电荷**。导体上的这种感应电荷将产生新的附加电场 $\boldsymbol{E}'$，而导体内部的场强 $\boldsymbol{E}$ 应是外加电场 $\boldsymbol{E}_0$ 与附加电场 $\boldsymbol{E}'$ 叠加后的总场强，即

笔记

$$E = E_0 + E' \tag{6-33}$$

由于在导体内部，附加电场 E' 总是与外加电场 E_0 的方向相反，因而其结果是削弱了外电场。但是，只要导体内部某处的合场强 E 不为零，那么该处的自由电子就会在电场力的作用下继续定向移动，从而使附加电场 E' 继续增大，直到 E' 能完全抵消外电场 E_0 而使总场强 E 等于零为止。此时，导体内部自由电荷的宏观定向移动将完全停止，电荷又达到了一个新的平衡分布，这种导体上的电荷分布不再变化，即电荷静止的状态称为导体的**静电平衡状态**（electrostatic equilibrium state）。因此，导体达到静电平衡的条件就是其内部的场强处处为零；其表面的场强与表面垂直。

二、静电平衡时导体的性质

由于处于静电平衡条件下的导体，其内部的场强处处为零，因此可以推论出它还具有以下的基本性质。

1. **导体是个等势体，导体表面是个等势面**　在导体内部任取两点 a 和 b，当达到静电平衡时，由于导体内部的场强 E 应处处为零，所以它们之间的电势差 $U_a - U_b = \int_a^b E \cdot dl = 0$；如果 a、b 两点是在导体的表面上，又因为静电平衡时导体表面的场强与表面垂直，因此不难推出上式线积分也为零，因而 $U_a = U_b$。所以静电平衡时导体内任意两点间的电势相等，即导体是个等势体，其表面是个等势面。

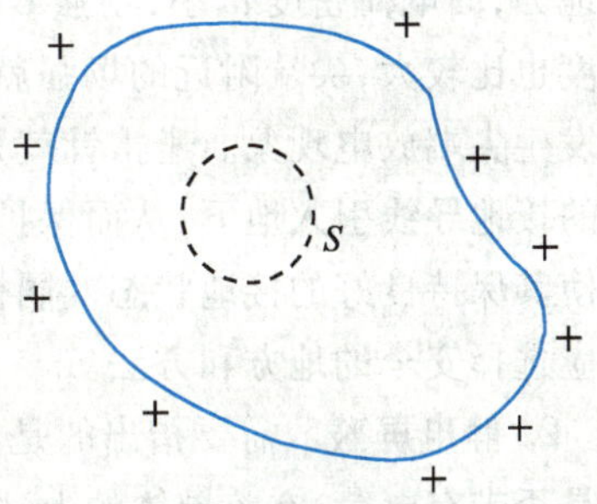

图 6-17　导体静电平衡时电荷分布在导体的表面上

2. **导体内部处处没有净电荷，电荷只能分布在导体的表面上**　在导体内部任意作一个闭合曲面 S（如图 6-17 中虚线所示），由于静电平衡时导体内部的场强处处为零，因此该曲面上任意一点的场强都为零，故根据高斯定理有

$$\oint_S E \cdot dS = \frac{1}{\varepsilon_0}\sum_i q_i = 0$$

即该闭合曲面 S 所包围的电荷的代数和为零。因为高斯面 S 是任意选取的，可大可小，可以取在任意位置处，所以导体的内部处处没有净电荷，电荷只能分布在导体的表面上。

三、空腔导体和静电屏蔽

在实心导体内部再挖出一个空腔时，则构成空腔导体。在静电平衡条件下，空腔导体除了具有上述导体的基本性质外，还具有一些特殊的性质。

1. **空腔导体的性质**　当导体的空腔内部有其他带电体时，设带电体所带电量为 q，那么在静电平衡条件下，由于静电感应，空腔导体的内表面一定带有 $-q$ 的电量。

为了证明上述结论，我们在空腔导体的内、外表面之间作一个闭合高斯面 S，将带电体和空腔内表面包围起来（如图 6-18 虚线所示）。由于闭合面 S 完全处于导体的内部，在静电平衡条件下，其场强处处为零，所以通过 S 面的电通量为零。设导体空腔的内表面带电量为 q'，根据高斯定理有

$$\oint_S E \cdot dS = \frac{1}{\varepsilon_0}\sum_i q_i = \frac{1}{\varepsilon_0}(q + q') = 0$$

即空腔内表面带电量为

$$q' = -q \tag{6-34}$$

笔记

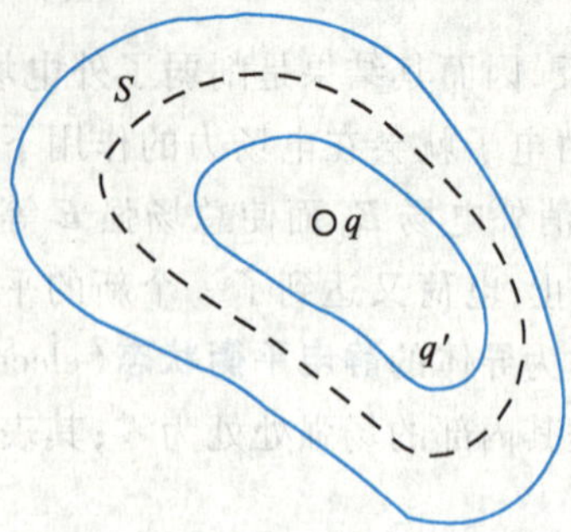

图 6-18 空腔导体内部有其他带电体 q 时的情况

当导体空腔内部没有其他带电体时，在静电平衡条件下，空腔内表面上处处无电荷，电荷只能分布在空腔导体的外表面上，且空腔导体内无电场，整个空腔导体是个等势体。

腔内无带电体的情况，也可以看成是上面腔内有带电体，但带电量 $q=0$ 时的特殊情况。因而可以采用与上面完全相同的证明方法，或直接将 $q=0$ 代入式(6-34)，便可得到空腔内表面所带电量 $q'=-q=0$。

对于形状不规则的带电导体，电荷在导体表面的分布是不均匀的。只有孤立的球形导体，球面上的电荷分布才是均匀的。实验表明，对于一个孤立的不规则形状的导体，曲率大（即曲率半径小）的地方，面电荷密度 σ 大，场强 $\boldsymbol{E}$ 也就大；曲率小（即曲率半径大）的地方，面电荷密度 σ 小，场强 $\boldsymbol{E}$ 也就小。因此，在导体的尖端处曲率比较大，分布的面电荷密度也比较大，尖端附近的场强就会比较强。当尖端附近的场强超过空气的击穿场强时，就会发生尖端放电现象。避雷针就是应用尖端放电的原理，将雷击所产生的强大电流经过避雷针的接地导线引入地下，从而保护了建筑物的安全。因此避雷针的接地系统一定要经常检测并使其保持良好的接地状态。同样，人们在雷雨天出行时，要注意尖端放电现象，在躲避雷雨时应选择安全的地方和方法。

2. **静电屏蔽** 需要指出的是，不论空腔导体外部是否有其他带电体，也不论空腔导体本身是否带有电荷，空腔导体的上述性质都是成立的。在空腔导体内无其他带电体时，空腔导体和实心导体一样，内部都没有电场。然而，这并不意味着空腔导体外部的带电体以及空腔导体外表面上的电荷在导体内及空腔内不产生电场，而是导体外表面上的电荷在导体内及空腔内各点产生的电场恰好抵消了外部电荷产生的电场。因而从最终的效果来看，具有空腔的导体壳可以遮住外电场，使空腔内部的物体不受外电场的影响。同样的道理，如果空腔内有带电体时，其在空腔的外面所产生的电场，则由空腔内表面的感应电荷所产生的电场完全抵消。空腔导体具有的这种能够遮住内、外电场的现象称为**静电屏蔽**（electrostatic shielding）。

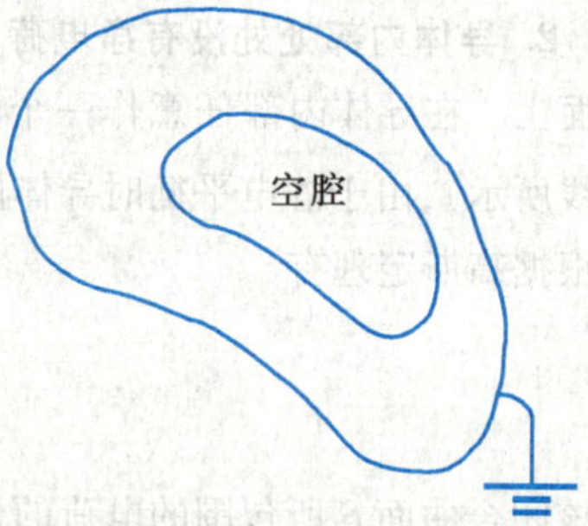

图 6-19 空腔导体的静电屏蔽作用

如果将空腔导体的外壳接地（图 6-19），则其电势恒为零。这样一来既可以保持空腔导体的电势不变，又可以把壳内空腔中带电体对外界的影响全部消除，从而实现对内部和对外部的**完全屏蔽**。由此，对于一个接地的导体空腔来说，外界的电场既不会影响空腔内的物体，反过来空腔内的物体也不会对外界产生影响。

静电屏蔽在实际工作中有着重要的应用。例如，为使一些精密的电子仪器和设备不受外界电场的干扰，通常都在这些仪器设备的机壳外面加上金属网罩或金属外壳；传送较弱的讯号时使用屏蔽线等。又如，为使某些高压设备不影响其他仪器的正常工作，往往在其外面罩上接地的金属网栅以屏蔽其影响。

例题 6-11 真空中一个导体球 A 的半径为 R_1，带电量为 q（设 $q>0$）。一个原来不带电的内半径为 R_2，外半径为 R_3 的导体球壳 B，同心地罩在导体球 A 的外面。求(1)导体球 A 的内部任意一点 P_1 的电势 U；(2)导体球壳 B 的外部任意一点 P_2 的电势 U。

笔记

解 本题中根据题意，应先依据高斯定理求出场强分布，然后再根据电势的定义求得电势。对于带电荷为 q 的导体球 A，由导体的静电平衡条件，可知电荷 q 一定均匀地分布在导体球的表面上。由于导体间的静电感应，球壳 B 的内表面将带有电荷 $-q$，因电荷守恒，可知球壳 B 的外表面带有电荷为 q。根据电荷分布的球对称性，可知场强 $\boldsymbol{E}$ 的分布也具有球对称性，设其方向沿径矢 $\boldsymbol{r}$ 方向。作与导体球同心的半径为 r 的球形高斯面 S，因高斯面 S 上各点 $\boldsymbol{E}$ 的大小相等，其方向沿球面的外法线方向，因此通过球形高斯面 S 的电通量为

$$\int_S \boldsymbol{E}\cdot \mathrm{d}\boldsymbol{S} = E\int_S \mathrm{d}S = E\cdot 4\pi r^2$$

依据高斯定理，上式应等于高斯面 S 所包围的电荷的代数和除以 ε_0，即

$$4\pi r^2 E = \frac{\sum q_0}{\varepsilon_0}$$

$r<R_1$ 时， $\sum q_0 = 0$， $E_1 = 0$

$R_1<r<R_2$ 时， $\sum q_0 = q$， $E_2 = \dfrac{q}{4\pi\varepsilon_0 r^2}$

$R_2<r<R_3$ 时， $\sum q_0 = 0$， $E_3 = 0$

$r>R_3$ 时， $\sum q_0 = q$， $E_4 = \dfrac{q}{4\pi\varepsilon_0 r^2}$

利用上面场强分布的结果，并由电势的定义式(6-25)可得导体球 A 的内部距球心为 r 的任意一点 P_1 的电势为

$$\begin{aligned}U_{P_1} &= \int_{P_1}^{\infty}\boldsymbol{E}\cdot \mathrm{d}\boldsymbol{l} = \int_r^{\infty}\boldsymbol{E}\cdot \mathrm{d}\boldsymbol{r} = \int_r^{R_1}E_1\mathrm{d}r + \int_{R_1}^{R_2}E_2\mathrm{d}r + \int_{R_2}^{R_3}E_3\mathrm{d}r + \int_{R_3}^{\infty}E_4\mathrm{d}r\\ &= \int_r^{R_1}0\cdot \mathrm{d}r + \int_{R_1}^{R_2}\frac{q}{4\pi\varepsilon_0 r^2}\mathrm{d}r + \int_{R_2}^{R_3}0\cdot \mathrm{d}r + \int_{R_3}^{\infty}\frac{q}{4\pi\varepsilon_0 r^2}\mathrm{d}r\\ &= \frac{q}{4\pi\varepsilon_0 R_1} - \frac{q}{4\pi\varepsilon_0 R_2} + \frac{q}{4\pi\varepsilon_0 R_3}\end{aligned}$$

由此可见，导体球内任意一点的电势是与 r 无关的常量，这与静电平衡条件下导体为等势体的结论完全一致。请同学们自己分析一下，导体球内任意一点的电势与哪一点的电势相等？

(2) 导体球壳 B 的外部距球心为 r 的任意一点 P_2 的电势为

$$U_{P_2} = \int_{P_2}^{\infty}\boldsymbol{E}\cdot \mathrm{d}\boldsymbol{l} = \int_r^{\infty}E_4\mathrm{d}r = \int_r^{\infty}\frac{q}{4\pi\varepsilon_0 r^2}\mathrm{d}r = \frac{q}{4\pi\varepsilon_0 r}$$

本题中如果导体球壳 B 所带电量为 Q，其他条件不变，那么上述两问有何变化？若在此基础上用一根导线将导体球 A 与导体球壳 B 连在一起，那么上述两问又有什么变化？请同学们自己进行思考。

第五节 静电场中的电介质

一、电介质的极化

电介质(dielectric)就是通常所说的绝缘体。在这类物质中，原子核与绕核运动的电子之间的相互作用力较大，使得电子受到原子核较强的束缚，电子的运动不能离开原子的范围，所以几乎不存在能在电介质中自由移动的电荷。即使在外电场的作用下，其电子也只能在一个很小的

笔记

范围内移动。由于电介质的这种微观特性，它与导体有着本质的不同，因而电介质不能像导体那样转移或传导电荷。本节我们将讨论电场中各向同性的均匀电介质的极化情况。

在电介质中，每个分子中正、负电荷的代数和为零。显然这些分子中的正、负电荷一般并不集中在一点，就整个分子的电学性质来说，在离开分子的距离远大于分子本身线度的地方，分子中全部正电荷的影响可以等效为一个正的点电荷；同样分子中全部负电荷的影响也可以等效为一个负的点电荷。这一对等效电荷的位置，分别称为分子的正电荷“中心”和负电荷“中心”。电介质按照其电结构的不同一般分成两类，一类是无极分子电介质，如 H_2、N_2、O_2、CH_4 等，在无外电场时，分子的正负电荷中心是重合的，其固有电矩为零，这类分子称为**无极分子**（nonpolar molecule）。另一类是有极分子电介质，如 H_2O、H_2S、NH_3、有机酸等，在没有外电场时，分子的正、负电荷中心不重合，这相当于一个电偶极子，它具有不为零的电矩，称为分子的固有电矩，这类分子称为**有极分子**（polar molecule）。下面分别讨论这两类电介质在电场作用下的情况。

1. **无极分子的位移极化** 由固有电矩为零的无极分子组成的电介质，在外电场 $\boldsymbol{E}_0$ 的作用下，分子的正、负电荷中心将发生相对位移，形成一个电偶极子，其电矩的方向与外电场 $\boldsymbol{E}_0$ 的方向相同[图 6-20(a)]。对于整个电介质来说，在外电场作用下，每个分子都形成一个电偶极子，其电矩的方向都沿外电场 $\boldsymbol{E}_0$ 的方向，这样一来，在电介质表面的不同端面上就会出现正电荷和负电荷。在和外电场方向垂直（或斜交）的两个端面所出现的电荷中，一端呈现正电荷，另一端呈现负电荷[图 6-20(b)]。这种在外电场作用下，在电介质的表面出现正、负电荷层的现象，称为电介质的**极化**（polarization）。因为极化而在电介质的表面所出现的电荷，称为**极化电荷**（polarization charge）。应该指出，在电介质内部，相邻的电偶极子间正、负电荷互相靠近，其内部任意一个体积元中的正、负电荷都相等，没有净电荷，各处仍是电中性的。极化电荷与导体中的自由电荷不同，它们不能在电介质内自由运动，也不能用诸如传导、接地的办法把它们引走，所以极化电荷又称为**束缚电荷**（bound charge）。与束缚电荷相对应，我们把因摩擦或与其他带电体接触而带上的电荷，以及导体因得到或失去电子而在宏观上出现的电荷，都称为**自由电荷**。根据上述讨论可知，无极分子的极化是由于分子中正负电荷中心的相对位移而引起的，因而把这种极化机制称为**位移极化**（displacement polarization）。

2. **有极分子的取向极化** 对于有极分子电介质，尽管其本身具有固有电矩，但是在没有外电场时，由于分子的热运动，使分子的固有电矩作无规则排列，杂乱无章。因此对电解质整体或任何宏观小体积来说，其内部所有分子电矩的矢量和仍为零，所以电介质在宏观上仍呈现电中性。当加上外电场 $\boldsymbol{E}$ 后，每个分子电矩都受到电场力矩的作用，使各分子电矩趋向于外电场的方向[图 6-21(a)]。由于分子的无规则热运动，又使这种趋向并不完全，即不可能使所有分子的电矩都很整齐地沿外电场的方向排列。外电场越强，分子电矩排列就越整齐。对整个电介质来说，无论这种排列的整齐程度如何，这时所有分子电矩在外电场方向上的分量的总和不为零。

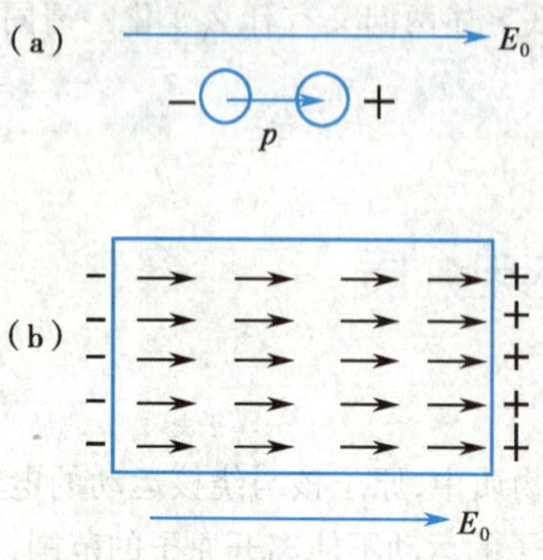

图 6-20 无极分子的位移极化

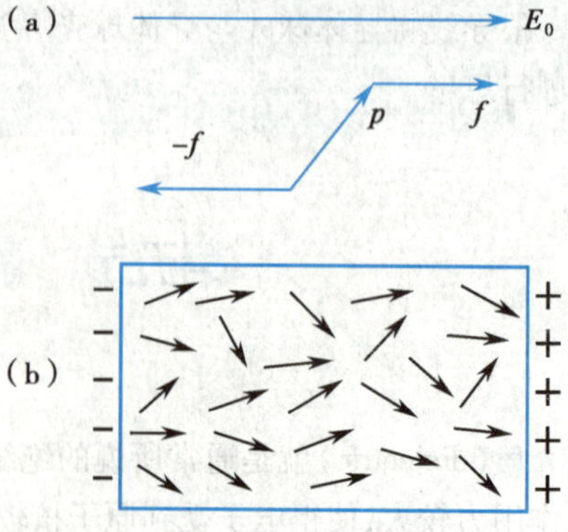

图 6-21 有极分子的取向极化

笔记

如果电介质是均匀的，其内部各处仍呈电中性，但在与外电场方向垂直（或斜交）的两个端面上会出现束缚电荷[图6-21(b)]。这种由于分子固有电矩转向外电场而引起的极化，称为有极分子的取向极化（orientation polarization）。一般来说，在有极分子电介质中，上述的位移极化和取向极化这两种极化过程都存在，但取向极化是主要的。

尽管两类电介质极化的微观过程有所不同，但其宏观效果是相同的。当电介质极化时，都出现一定取向的分子电矩，并产生束缚电荷。因此，在对电介质的极化作宏观描述时，不必区分这两种不同的电介质。

二、极化强度和极化电荷

1. **电极化强度** 为了描述电介质的极化程度，在电介质内任意取一个体积元 ΔV。在没有外电场时，这个体积元中各个分子的固有电矩作无规则排列，杂乱无章，因此该体积元中各分子的电矩 $\boldsymbol{p}_i$ 的矢量和 $\sum_i \boldsymbol{p}_i$ 将等于零；当有外电场时，电介质处于极化状态，此时各分子电矩的矢量和 $\sum_i \boldsymbol{p}_i$ 不再等于零。因此人们把单位体积中分子电矩的矢量和作为电介质极化程度的量度，称为电极化强度矢量，简称极化强度（polarization），用符号 $\boldsymbol{P}$ 表示，即

$$\boldsymbol{P}=\frac{\sum_i \boldsymbol{p}_i}{\Delta V} \tag{6-35}$$

极化强度 $\boldsymbol{P}$ 是个矢量，它的单位是 C/m^2（库/米^2）。如果电介质中各处的极化强度矢量 $\boldsymbol{P}$ 的大小和方向都相同，则这样的极化是均匀的；否则极化是不均匀的。

电介质被极化以后在介质表面要产生极化电荷（束缚电荷），这些束缚电荷同自由电荷一样也要在其周围空间产生电场。根据场强叠加原理，在有电介质存在时，空间任意一点的场强 $\boldsymbol{E}$ 应是外电场 $\boldsymbol{E}_0$ 和束缚电荷的电场 $\boldsymbol{E}'$ 的矢量和，即

$$\boldsymbol{E}=\boldsymbol{E}_0+\boldsymbol{E}' \tag{6-36}$$

前面所述的极化过程表明，在电介质内部，极化电荷所产生的附加电场 $\boldsymbol{E}'$ 的方向与外电场 $\boldsymbol{E}_0$ 的方向相反，它总是起着减弱原来外电场 $\boldsymbol{E}_0$ 的作用。因此电介质中的分子除了受到外电场 $\boldsymbol{E}_0$ 的影响外，还要受到极化电荷的电场 $\boldsymbol{E}'$ 的影响，即要受它们的合场强 $\boldsymbol{E}$ 的影响。实验表明，对于各向同性的均匀电介质，介质内任意一点的极化强度 $\boldsymbol{P}$ 与该点的场强 $\boldsymbol{E}$ 成正比，即

$$\boldsymbol{P}=\chi_e\varepsilon_0\boldsymbol{E} \tag{6-37}$$

式(6-37)中的比例系数 χ_e 是与电介质材料性质有关的常数，称为电极化率（electric polarizability）或极化率，它与场强 $\boldsymbol{E}$ 无关。若某电介质中各方向每一点的 χ_e 都相同，则该电介质是各向同性的均匀电介质。大多数的气体和液体以及多数非晶体固体等都是各向同性的均匀电介质。

2. **极化强度与极化电荷的关系** 外加的电场越强，电介质的极化程度就越强，电介质表面上的极化电荷面密度 σ' 也就越大，因此极化强度 $\boldsymbol{P}$ 与极化电荷面密度 σ' 之间必有一定的关系。

如图6-22所示，在均匀电场中放一块厚度为 d 的均匀电介质平板，在电介质中沿极化强度 $\boldsymbol{P}$ 的方向取长为 d，底面积为 ΔS 的圆柱体，圆柱体两个底面处的极化电荷面密度分别为 $-\sigma'$ 和 $+\sigma'$。所以该圆柱体内所有分子电矩的矢量和的大小为 $\left|\sum \boldsymbol{p}_i\right|=q'd=\sigma'\Delta Sd$，根据电极化强度的定义式(6-34)，可得电极化强度 $\boldsymbol{P}$ 的大小为

$$P=\frac{\left|\sum \boldsymbol{p}_i\right|}{\Delta V}=\frac{\sigma'\Delta Sd}{\Delta Sd}=\sigma' \tag{6-38}$$

笔记

这就是说，极化电荷面密度在数值上等于该处的电极化强度，这一关系适用于 $\boldsymbol{P}$ 与介质表面垂直的情况。一般情况下，设电极化强度 $\boldsymbol{P}$ 与电介质表面外法线方向 $\boldsymbol{n}$ 的夹角为 θ，可以证明，此时极化电荷的面密度等于电极化强度 $\boldsymbol{P}$ 在介质表面外法线 $\boldsymbol{n}$ 方向上的分量，即

$$\sigma'=P_n=P\cos\theta \tag{6-39}$$

由式(6-39)可得，当 $\theta<\frac{\pi}{2}$ 时，$\sigma'>0$；当 $\theta>\frac{\pi}{2}$ 时，$\sigma'<0$；当 $\theta=\frac{\pi}{2}$ 时，$\sigma'=0$。

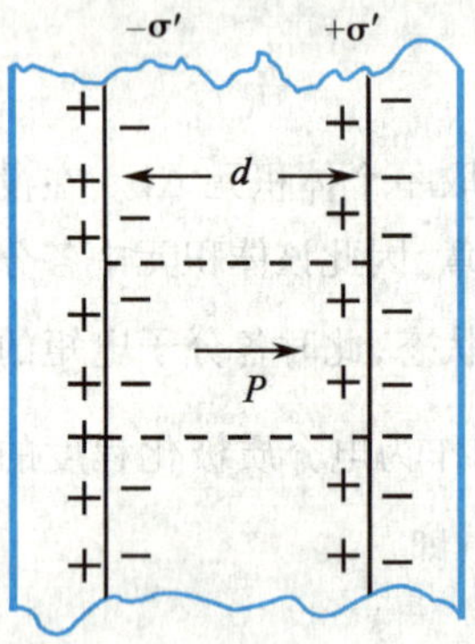

图 6-22 极化强度与极化电荷的关系

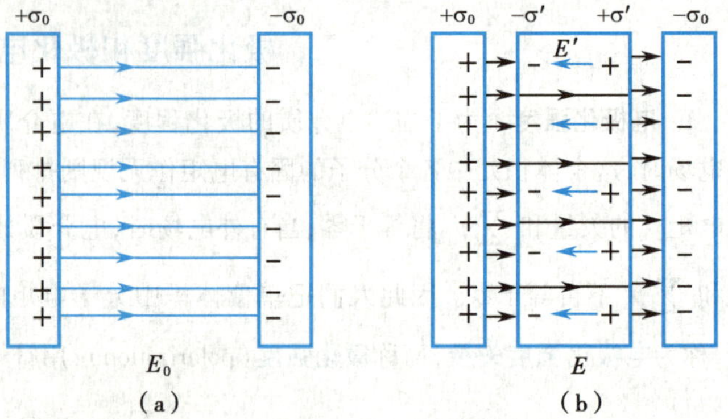

图 6-23 电介质中的场强

3. **电介质中的场强** 图 6-23(a)表示真空中电荷面密度为 $+\sigma_0$ 和 $-\sigma_0$ 的两个带电平行金属板间的均匀电场，其电场强度为 $\boldsymbol{E}_0$。图 6-23(b)所示，将一个均匀电介质平板插入两个带电平行金属板中间，电介质两表面的极化电荷面密度分别为 $-\sigma'$ 和 $+\sigma'$，极化电荷产生的电场为 $\boldsymbol{E}'$，其方向与 $\boldsymbol{E}_0$ 相反（图中虚线所示）。$\boldsymbol{E}_0$ 与 $\boldsymbol{E}'$ 的矢量和就是电介质中的合场强 $\boldsymbol{E}$，由式(6-36)得合场强 $\boldsymbol{E}$ 的数值为

$$E=E_0-E' \tag{6-40}$$

这表明 $\boldsymbol{E}'$ 起着削弱外电场 $\boldsymbol{E}_0$ 的作用。考虑到 $E'=\frac{\sigma'}{\varepsilon_0}$，并根据 $\sigma'=P=\chi_e\varepsilon_0E$，代入式(6-40)，可得

$$E=E_0-\frac{\sigma'}{\varepsilon_0}=E_0-\chi_eE$$

又由 $E_0=\frac{\sigma_0}{\varepsilon_0}$，代入上式并整理得

$$E=\frac{E_0}{1+\chi_e}=\frac{\sigma_0}{\varepsilon_0(1+\chi_e)} \tag{6-41}$$

令

$$\varepsilon_r=1+\chi_e \tag{6-42}$$

$$\varepsilon=\varepsilon_0(1+\chi_e)=\varepsilon_0\varepsilon_r \tag{6-43}$$

则式(6-41)可写为

$$E=\frac{E_0}{\varepsilon_r}=\frac{\sigma_0}{\varepsilon_0\varepsilon_r}=\frac{\sigma_0}{\varepsilon} \tag{6-44}$$

其中 ε_r 称为**相对电容率**(relative permittivity)或**相对介电常量**，它是由电介质的性质所决定的无量纲的物理常量(表 6-1)；ε 称为**电容率**或**介电常量**。在真空中，电极化率 $\chi_e=0$，相对电容率 $\varepsilon_r=1$，电容率 $\varepsilon=\varepsilon_0\varepsilon_r=\varepsilon_0$；其他电介质的相对电容率 ε_r 都大于 1，ε 大于真空电容率 ε_0。式(6-44)表明，电介质中的总场强 E 是自由电荷在真空中场强 E_0 的 ε_r 分之一。理论上可以证明，当均匀

笔记

电介质充满所在电场的整个空间时,或者当均匀电介质的表面是等势面时,关系式 $\boldsymbol{E}=\boldsymbol{E}_0/\varepsilon_r$ 成立,其中 $\boldsymbol{E}_0$ 是自由电荷所产生的场强。例如,当点电荷 q_0 周围充满相对电容率为 ε_r 的电介质时,距点电荷 q_0 为 r 处的场强大小为

$$E=\frac{E_0}{\varepsilon_r}=\frac{q_0}{4\pi\varepsilon_0\varepsilon_r r^2}=\frac{q_0}{4\pi\varepsilon r^2}$$

表 6-1 常见电介质的相对电容率

电介质	ε_r	电介质	ε_r	电介质	ε_r
真空	1	苯(180℃)	2.3	纸	3.5
空气(0℃,100kPa)	1.00054	变压器油	4.5	木材	2.5~8
空气(0℃,10MPa)	1.055	石蜡	2.0~2.3	瓷	5.7~6.8
水(0℃)	87.9	硬橡胶	4.3	脂肪	5~6
水(20℃)	80.2	电木	5~7.6	皮肤	40~50
乙醇(0℃)	28.4	云母	3.7~7.5	血液	50~60
甘油(15℃)	50	玻璃	5~10	肌肉	80~85

三、电位移、有电介质时的高斯定理

本章第二节中,曾讲到了高斯定理。当有电介质时,高斯定理仍然成立。只不过这时在计算高斯面 S 所包围的电荷时,不仅考虑自由电荷 q_0,还应包括有束缚电荷 q',即

$$\oint_S \boldsymbol{E}\cdot d\boldsymbol{S}=\frac{1}{\varepsilon_0}\sum q_i=\frac{1}{\varepsilon_0}\left(\sum q_0+\sum q'\right) \tag{6-45}$$

在一般的具体问题中,通常只知道自由电荷的分布,而电介质中的极化电荷却难以确定,因而就给式(6-45)的应用带来了一定的困难。应用高斯定理的主要目的是求场强,那么能否设法避开极化电荷的束缚来求得场强呢?下面从一个特例入手来进行分析。

仍以图 6-23(b)所示的置于两个带电平行金属板间的均匀电介质为例,将其重新画成图 6-24,作如图虚线所示的封闭圆柱形高斯面 S,令其底面与平板平行,并且一个底面在金属板内,另一个底面在电介质中,设其底面积为ΔS,由式(6-45)可得

$$\oint_S \boldsymbol{E}\cdot d\boldsymbol{S}=\frac{1}{\varepsilon_0}(\sigma_0\Delta S-\sigma'\Delta S)$$

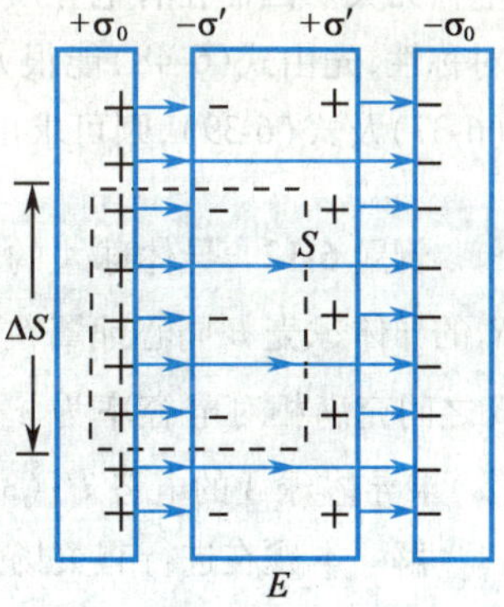

图 6-24 有电介质时的高斯定理

因为只有在电介质中的这一底面有电通量,所以

$$\oint_S \boldsymbol{E}\cdot d\boldsymbol{S}=E\Delta S$$

于是

$$E\Delta S=\frac{1}{\varepsilon_0}(\sigma_0\Delta S-\sigma'\Delta S)$$

消去ΔS,可得

$$\varepsilon_0 E=\sigma_0-\sigma'$$

再根据极化强度与极化电荷面密度的关系 $P=\sigma'$,则上式可写为

笔记

$$\varepsilon_0 E+P=\sigma_0 \tag{6-46}$$

将式(6-46)左边两项之和的矢量形式用一个新的物理量 $\boldsymbol{D}$ 来表示,称为**电位移矢量**(electric displacement),其定义式为

$$\boldsymbol{D}=\varepsilon_0\boldsymbol{E}+\boldsymbol{P} \tag{6-47}$$

利用电位移 $\boldsymbol{D}$,那么由式(6-46)可得 $D=\sigma_0$。与电通量的引入完全类似,将 $\oint_s \boldsymbol{D}\cdot \mathrm{d}\boldsymbol{S}$ 称为**电位移通量**,因此我们可以求得通过上述高斯面 S 的电位移通量为

$$\oint_s \boldsymbol{D}\cdot \mathrm{d}\boldsymbol{S}=D\cdot\Delta S=\sigma_0\Delta S$$

上式中 $\sigma_0\Delta S$ 就是闭合曲面 S 所包围的自由电荷的代数和,用 $\sum q_0$ 表示,则上式可写为

$$\oint_s \boldsymbol{D}\cdot \mathrm{d}\boldsymbol{S}=\sum q_0 \tag{6-48}$$

式(6-48)表明,**通过任意闭合曲面的电位移通量,就等于该闭合曲面所包围的自由电荷的代数和。**这就是有电介质时的高斯定理。对这一定理,虽然我们是从特例出发推导出来的,但它却是普遍成立的,它是真空中的高斯定理在电介质中的应用和推广,适合于各种介质(包括真空),比式(6-16)所表示的真空中的高斯定理更具有普遍意义。大量的事实表明,即使在变化的电磁场中,式(6-48)仍然是成立的,它是关于普遍的电磁场理论的麦克斯韦方程组中的重要方程之一。

将 $\boldsymbol{P}=\chi_e\varepsilon_0\boldsymbol{E}$ 代入式(6-47),可以得到

$$\boldsymbol{D}=\varepsilon_0\boldsymbol{E}+\chi_e\varepsilon_0\boldsymbol{E}=\varepsilon_0(1+\chi_e)\boldsymbol{E}=\varepsilon_0\varepsilon_r\boldsymbol{E}$$

即

$$\boldsymbol{D}=\varepsilon\boldsymbol{E} \tag{6-49}$$

式(6-49)对于各向同性的均匀电介质成立,据此可以很方便地由电位移 $\boldsymbol{D}$ 求出场强 $\boldsymbol{E}$。

有电介质时的高斯定理表明,通过任意闭合曲面的电位移通量只与自由电荷有关,而与极化电荷无关。因而在有电介质存在时,通常的做法是,根据自由电荷的分布情况及 $\boldsymbol{D}$ 矢量的某种对称性,先由式(6-48)能很方便地求出电位移 $\boldsymbol{D}$,再由式(6-49)求出场强 $\boldsymbol{E}$。必要时再应用式(6-37)及式(6-39),则可求出介质中的电极化强度 $\boldsymbol{P}$ 和介质端面上束缚电荷的面密度 σ'。

例题 6-12 导体球 A 的半径为 R_1,带电量为 q(设 $q>0$)。一个带电为 Q($Q>0$)、半径为 R_2 的导体球壳 B 同心地罩在导体球 A 的外面,导体球壳 B 的厚度不计。设导体球 A 与球壳 B 之间充满相对电容率为 ε_r 的均匀电介质,B 球壳外为真空。(1)求电位移和场强分布;(2)求导体球 A 的电势 U;(3)电介质表面极化电荷的面密度。

解 本题在进行有关场强的计算时,需应用有电介质时的高斯定理。

(1) 由电荷分布的球对称性,可知电位移 $\boldsymbol{D}$ 和场强 $\boldsymbol{E}$ 的分布也具有球对称性,设它们的方向沿径矢 $\boldsymbol{r}$ 方向。作与导体球同心的半径为 r 的球形高斯面 S,因高斯面 S 上各点 $\boldsymbol{D}$ 的大小相等,$\boldsymbol{D}$ 的方向沿球面的外法线方向,根据有电介质存在时的高斯定理,所以通过高斯面 S 的电位移通量为

$$\oint_s \boldsymbol{D}\cdot \mathrm{d}\boldsymbol{S}=D\int_s \mathrm{d}S=D\cdot 4\pi r^2$$

依据高斯定理,上式应等于高斯面 S 所包围的自由电荷的代数和,即

笔记

$$4\pi r^2 D = \sum q_0$$

$r<R_1$时， $\sum q_0 = 0$， $D_1 = 0$， $E_1 = 0$

$R_1<r<R_2$时， $\sum q_0 = q$， $D_2 = \dfrac{q}{4\pi r^2}$， $E_2 = \dfrac{D_2}{\varepsilon_0\varepsilon_r} = \dfrac{q}{4\pi\varepsilon_0\varepsilon_r r^2}$

$r>R_2$时， $\sum q_0 = q+Q$， $D_3 = \dfrac{q+Q}{4\pi r^2}$， $E_3 = \dfrac{D_3}{\varepsilon_0} = \dfrac{q+Q}{4\pi\varepsilon_0 r^2}$

其中，$\boldsymbol{D}_2$、$\boldsymbol{D}_3$ 以及 $\boldsymbol{E}_2$、$\boldsymbol{E}_3$ 的方向均沿径矢 $\boldsymbol{r}$ 方向。

（2）根据电势的定义得导体球 A 的电势为

$$\begin{aligned} U &= \int_{R_1}^{\infty} \boldsymbol{E}\cdot \mathrm{d}\boldsymbol{l} = \int_{R_1}^{\infty} \boldsymbol{E}\cdot \mathrm{d}\boldsymbol{r} \\ &= \int_{R_1}^{R_2} E_2 \mathrm{d}r + \int_{R_2}^{\infty} E_3 \mathrm{d}r \\ &= \int_{R_1}^{R_2} \frac{q}{4\pi\varepsilon_0\varepsilon_r r^2}\mathrm{d}r + \int_{R_2}^{\infty} \frac{q+Q}{4\pi\varepsilon_0 r^2}\mathrm{d}r \\ &= \frac{q}{4\pi\varepsilon_0\varepsilon_r}\left(\frac{1}{R_1} - \frac{1}{R_2}\right) + \frac{q+Q}{4\pi\varepsilon_0 R_2} \end{aligned}$$

（3）根据式(6-47)$\boldsymbol{D} = \varepsilon_0\boldsymbol{E}+\boldsymbol{P}$ 以及式(6-39)$\sigma' = P_n = P\cos\theta$

有

$$P = D - \varepsilon_0 E = \frac{q}{4\pi r^2} - \varepsilon_0 \frac{q}{4\pi\varepsilon_0\varepsilon_r r^2} = \left(1-\frac{1}{\varepsilon_r}\right)\frac{q}{4\pi r^2}$$

因此在电介质的内表面（半径 R_1 的界面），极化电荷为

$$\sigma_1' = \left(1-\frac{1}{\varepsilon_r}\right)\frac{q}{4\pi R_1^2}$$

在电介质的外表面（半径 R_2 的界面），极化电荷为

$$\sigma_2' = \left(1-\frac{1}{\varepsilon_r}\right)\frac{q}{4\pi R_2^2}$$

第六节 电 容

一、孤立导体的电容

电容是导体的另一个十分重要的性质。理论和实验都表明，对于附近没有其他带电体的孤立导体，其所带的电量 q 与它的电势 U 成正比，比值 q/U 是与导体所带电量 q 无关的一个物理量，用符号 C 表示，称为孤立导体的**电容**（capacity），即

$$C = \frac{q}{U} \tag{6-50}$$

孤立导体的电容 C，只与导体本身的性质如导体的形状、尺寸及周围电介质有关，而与 q 和 U 无关。它在**量值上等于 q 和 U 的比值，代表了该导体升高（或降低）了一个单位的电势所需要的电量，**因此电容 C 也反映出导体具有储存电荷的能力。

笔记

在国际单位制中，电容的单位是 F（法拉），常用的较小的电容单位有 μF（微法）和 pF（皮法）等，它们之间的换算关系是

$$1\text{F}=10^6\,\mu\text{F}=10^{12}\,\text{pF}$$

例题 6-13 试求半径为 R 的孤立导体球的电容。

解 设孤立导体球所带电量为 q，所以该导体球的电势为

$$U=\frac{q}{4\pi\varepsilon_0 R}$$

故由式（6-50）得该孤立导体球的电容

$$C=\frac{q}{U}=4\pi\varepsilon_0 R$$

如果把地球看作是半径 $R=6.4\times10^6\,\text{m}$ 的球体，则地球的电容为

$$C=4\pi\varepsilon_0 R=7.11\times10^{-4}\,\text{F}$$

由此可见，对于电容为 1F 的导体球，其半径是相当大的，其体积更是巨大。

二、电容器的电容

通常情况下，所谓的孤立导体并不存在，在它的周围空间存在着其他带电体。因此一般情况下的导体都是非孤立的，是由多个导体所组成的体系。对于非孤立的导体 A，其电势 U 不仅与它本身所带的电量 q 有关，还与周围的环境有关。为了消除周围其他导体和带电体的影响，我们可以利用静电屏蔽的原理，用一个原来不带电的导体空腔 B 将带有电量 q 的导体 A 屏蔽起来（图 6-25）。这时导体空腔 B 的内表面由于静电感应而带电荷为 $-q$，可以证明，A、B 之间的电势差 U_A-U_B 与导体 A 所带的电量 q 成比例，不受外界环境的影响。由导体空腔 B 与其腔内的导体 A 所构成的导体组合称为**电容器**（capacitor），导体 A 和 B 称为电容器的两个极板，其电容器的电容定义为

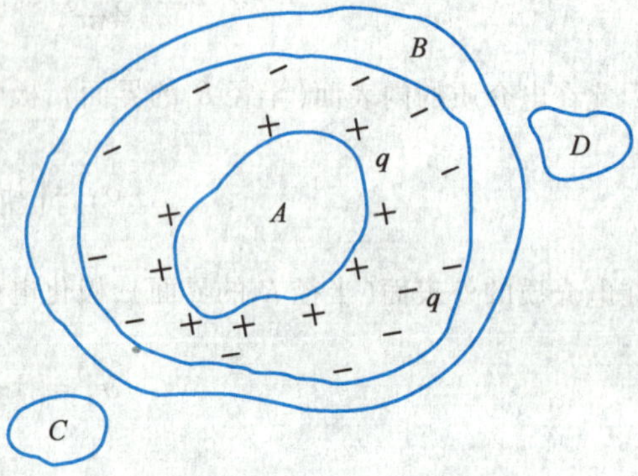

图 6-25 利用静电屏蔽的原理构成电容器

$$C=\frac{q}{U_A-U_B}=\frac{q}{U_{AB}} \tag{6-51}$$

电容器的电容 C 是反映电容器储存电荷能力的物理量，它只与电容器本身的性质即两极板的尺寸、形状、两极板间的相对位置及电介质有关，而与极板所带电量 q、两极板间的电势差 U_A-U_B 及外界环境无关。

实际应用中，对电容器屏蔽的要求并不十分严格。一般只要求从一个极板所发出的电场线几乎全部都终止于另一个极板上，从而使得外界对其电势差的影响可以忽略即可。

三、电容器电容的计算

笔记

下面根据电容器电容的定义，举例说明常见电容器的电容计算。

1. **平板电容器** 这是一种最普通、最常见的电容器。它是由两块面积相等、彼此平行且相

距很近的金属平板所组成(图6-26),因而得名平行平板电容器,简称平板电容器。设极板面积为 S,两极板间距为 d,在两极板间充满电容率为 ε 的均匀电介质。若电容器两极板 A、B 分别带电 $+q$ 和 $-q$,则在极板线度远大于它们之间的间距时,可以把两极板间的电场看成是由两个带等量异号电荷的无限大均匀带电平板所产生的均匀电场,由前面式(6-44)可知其场强大小为

$$E=\frac{\sigma_0}{\varepsilon}=\frac{q}{\varepsilon S}$$

因此两极板间的电势差为

$$U_A-U_B=\int_A^B \boldsymbol{E}\cdot \mathrm{d}\boldsymbol{l}=E\int_A^B \mathrm{d}l=Ed=\frac{qd}{\varepsilon S}$$

故平板电容器的电容为

$$C=\frac{q}{U_A-U_B}=\frac{\varepsilon S}{d} \tag{6-52}$$

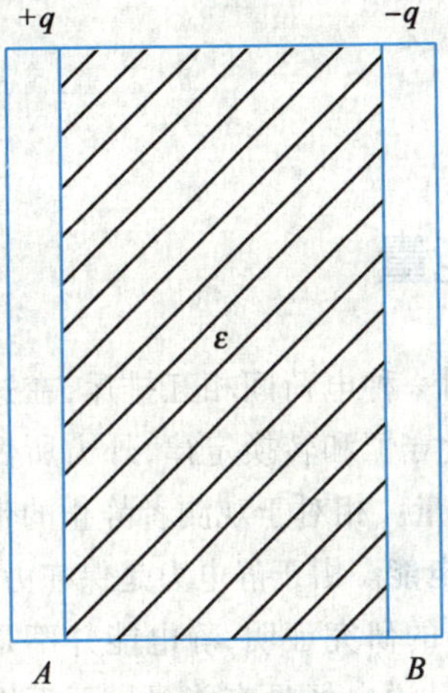

图 6-26 平行板电容器

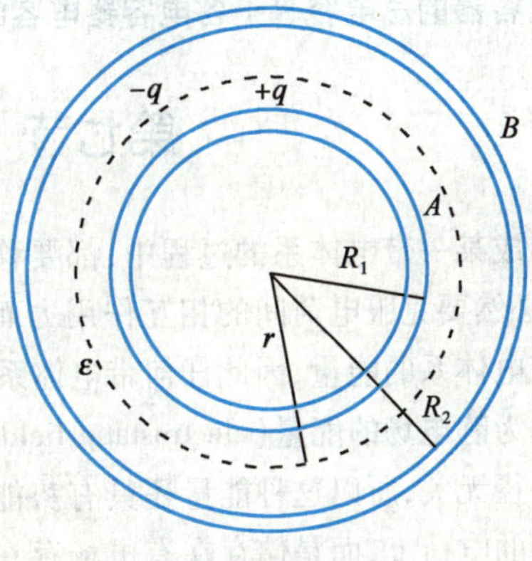

图 6-27 球形电容器

2. **球形电容器** 如图6-27所示,球形电容器是由两个同心的金属球壳所组成,设内球壳 A 的外半径为 R_1,外球壳 B 的内半径为 R_2,两球壳之间充满电容率为 ε 的均匀电介质。当内球壳 A 带电量为 q 时,由于静电感应外球壳的内表面一定带电 $-q$。由电荷分布的球对称性,可知电位移 $\boldsymbol{D}$ 及场强 $\boldsymbol{E}$ 的分布也具有球对称性。设电位移 $\boldsymbol{D}$ 及场强 $\boldsymbol{E}$ 的方向沿径矢 $\boldsymbol{r}$ 方向。作半径为 $r(R_1<r<R_2)$ 的与导体球壳同心的球形高斯面 S(图6-27中虚线所示),由于高斯面 S 上各点的电位移 $\boldsymbol{D}$ 的大小相等,$\boldsymbol{D}$ 的方向沿球面的外法线方向,由式(6-48)得通过高斯面 S 的电位移通量为

$$\oint_s \boldsymbol{D}\cdot \mathrm{d}\boldsymbol{S}=D\oint_s \mathrm{d}S=D\cdot 4\pi r^2=q$$

于是有

$$D=\frac{q}{4\pi r^2},E=\frac{D}{\varepsilon}=\frac{q}{4\pi\varepsilon r^2}$$

因此,两极板间的电势差为

$$U_A-U_B=\int_A^B \boldsymbol{E}\cdot \mathrm{d}\boldsymbol{l}=\int_{R_1}^{R_2}\boldsymbol{E}\cdot \mathrm{d}\boldsymbol{r}=\frac{q}{4\pi\varepsilon}\int_{R_1}^{R_2}\frac{\mathrm{d}r}{r^2}$$

$$=\frac{q}{4\pi\varepsilon}\left(\frac{1}{R_1}-\frac{1}{R_2}\right)$$

由电容器电容的定义式(6-51),得球形电容器的电容为

笔记

$$C=\frac{q}{U_A-U_B}=4\pi\varepsilon\frac{R_1R_2}{R_2-R_1}$$

此外,圆柱形电容器也较为常见,它是由两个同轴圆柱形导体构成。设圆柱形导体的长度为 L,内圆柱的半径为 R_1,外面筒形圆柱的半径为 R_2,其间充满电容率为 ε 的均匀电介质。根据前面叙述的方法推导出圆柱形电容器的电容为

$$C=\frac{2\pi\varepsilon L}{\ln\frac{R_2}{R_1}}$$

3. 电容器的并联和串联 电容器是重要的电子元件,实际应用中常常涉及多个电容器的组合问题。当 n 个电容器并联在一起时,其总电容 C 满足

$$C=C_1+C_2+\cdots+C_n$$

即**并联电容器的总电容等于各电容器的电容之和**。当 n 个电容器相串联时,其总电容 C 满足

$$\frac{1}{C}=\frac{1}{C_1}+\frac{1}{C_2}+\cdots+\frac{1}{C_n}$$

即串联电容器的总电容等于各电容器电容的倒数之和。

第七节 静电场的能量

在形成某一带电体系的过程中,都要移动电荷。由于同一种电荷间相互排斥,在这一过程中,外力必然要克服电荷间的相互作用力而做功。根据能量守恒和转换定律,外力所做的功将转换为带电体系的能量,因此任何带电体系都具有一定的能量。相对于观测者静止的带电体系的能量称为**静电场的能量**(electrostatic field energy),简称**静电能**。由于静电力是保守力,静电力做功与路径无关,所以这种能量还具有势能的性质。进一步的研究证明,静电能并不是储存在带电体系的电荷上,而是储存在有电场存在的空间里,这就是说电场具有能量。下面以电容器为例,讨论电荷系统的电场能量。

一、电容器的能量

以电容为 C 的平板电容器的充电过程(图 6-26)为例,设开始时两极板都没有带电。为了使两个极板分别带上 $+Q$ 及 $-Q$ 的电荷,需要外力不断地克服电场力把电荷元 $\mathrm{d}q$ 从负极板 B 移动到正极板 A,直到最终达到目的为止。设平板电容器所带电量为 q 时,两极板间的电势差为 u,此时把电荷元 $\mathrm{d}q$ 从负极板移到正极板,外力反抗电场力所做的功为

$$\mathrm{d}A=u\mathrm{d}q=\frac{q}{C}\mathrm{d}q$$

平板电容器从开始不带电一直到充有电荷 Q,外力反抗电场力所做的总功为

$$A=\int\mathrm{d}A=\frac{1}{C}\int_0^Q q\mathrm{d}q=\frac{Q^2}{2C}$$

外力反抗电场力所做的功 A 应等于带电电容器所具有的静电能,即

$$W=A=\frac{Q^2}{2C} \tag{6-53}$$

将 $Q=CU$ 代入式(6-53),得

笔记

$$W=\frac{1}{2}CU^2 \tag{6-54}$$

或

$$W=\frac{1}{2}QU \tag{6-55}$$

以上3个公式尽管是由平行板电容器为例推导出来的，但它具有普遍的适用性，可以用来表示任何结构电容器的能量，即电容器内电场所具有的能量，也就是电场的能量。

二、电场的能量和能量密度

有了电荷，那么这个电荷就要在它的周围空间产生电场。因此一个带电体系带电的过程，也就是这个带电体系的电场建立的过程。由于带电体系的能量是储存在电场的空间中，因而就可以把电荷体系能量的有关公式用描述电场的物理量来表示。还是以最常见的平板电容器为例，将平板电容器的电容 $C=\frac{\varepsilon S}{d}$，两极板间的电势差 $U=Ed$ 代入电容器的能量公式(6-54)，可得

$$W=\frac{1}{2}CU^2=\frac{1}{2}\frac{\varepsilon S}{d}(Ed)^2=\frac{1}{2}\varepsilon E^2V$$

式中，$V=Sd$，是电场空间所占有的体积。由于平板电容器中的电场是均匀电场，因而该电容器所储存的电场能量也应该是均匀分布的。所以由上式可以得出**电场中单位体积所具有的能量**，即电场的**能量密度**(energy density)为

$$w=\frac{W}{V}=\frac{1}{2}\varepsilon E^2 \tag{6-56}$$

电场能量密度 w 的单位为 J/m^3(焦耳/米^3)。尽管式(6-56)是从平板电容器中的均匀电场这样的特例中推导出来的，但却是普遍成立的。在非均匀电场中，由于各点的场强不同，因此各处的电场能量密度及电场能量也不同。设某点处的电场能量密度为

$$w=\frac{dW}{dV}=\frac{1}{2}\varepsilon E^2$$

那么在场强的大小为 E 处的体积元 dV 中的电场能量是

$$dW=wdV=\frac{1}{2}\varepsilon E^2 dV$$

因而整个电场的总能量为

$$W=\int wdV=\int_V \frac{1}{2}\varepsilon E^2 dV \tag{6-57}$$

式(6-57)积分应遍及电场存在的整个空间的体积。

例题 6-14 导体球壳 A 的外半径为 R_1，带电量为 q(设 $q>0$)。一个原来不带电的内半径为 R_2，外半径为 R_3 的导体球壳 B，同心地罩在导体球壳 A 的外面，球壳 A 与 B 之间充满相对电容率为 ε_r 的均匀电介质，B 球壳外为真空(如图6-27所示)。(1)求电位移和场强分布；(2)求导体球壳 A 的电势 U；(3)求电介质中储存的电场能量。

解 (1)根据题意，在静电平衡条件下，电荷 q 均匀地分布在导体球壳 A 的外表面上。由空腔导体的性质可知，球壳 B 的内表面带电量为 $-q$，并均匀分布在其内表面上。因电荷守恒，可知球壳 B 的外表面带有电荷为 q。由电荷分布的球对称性，可知电位移 $\boldsymbol{D}$ 和场强 $\boldsymbol{E}$ 的分布也具有球对称性，设它们的方向沿径矢 $\boldsymbol{r}$ 方向。作与导体球壳同心的半径为 r 的球形高斯面 S，因高斯面 S 上各点 $\boldsymbol{D}$ 的大小相等，$\boldsymbol{D}$ 的方向沿球面的外法线方向，根据有电介质存在时的高斯定理，所以通过高斯面 S 的电位移通量为

$$\oint_S \boldsymbol{D}\cdot d\boldsymbol{S}=D\int_S dS=D\cdot 4\pi r^2$$

笔记

依据高斯定理,上式应等于高斯面 S 所包围的自由电荷的代数和,即

$$4\pi r^2 D=\sum q_0$$

$r<R_1$ 时, $\sum q_0=0$, $D_1=0$, $E_1=0$

$R_1<r<R_2$ 时, $\sum q_0=q$, $D_2=\dfrac{q}{4\pi r^2}$, $E_2=\dfrac{D_2}{\varepsilon_0\varepsilon_r}=\dfrac{q}{4\pi\varepsilon_0\varepsilon_r r^2}$

$R_2<r<R_3$ 时, $\sum q_0=0$, $D_3=0$, $E_3=0$

$r>R_3$ 时, $\sum q_0=q$, $D_4=\dfrac{q}{4\pi r^2}$, $E_4=\dfrac{D_4}{\varepsilon_0}=\dfrac{q}{4\pi\varepsilon_0 r^2}$

其中,$\boldsymbol{D}_2$、$\boldsymbol{D}_4$ 以及 $\boldsymbol{E}_2$、$\boldsymbol{E}_4$ 的方向均沿径矢 $\boldsymbol{r}$ 方向。

(2) 根据电势的定义得导体球壳 A 的电势为

$$\begin{aligned}U&=\int_{R_1}^{\infty}\boldsymbol{E}\cdot \mathrm{d}\boldsymbol{l}=\int_{R_1}^{\infty}\boldsymbol{E}\cdot \mathrm{d}\boldsymbol{r}\\&=\int_{R_1}^{R_2}E_2\mathrm{d}r+\int_{R_2}^{R_3}E_3\mathrm{d}r+\int_{R_3}^{\infty}E_4\mathrm{d}r\\&=\int_{R_1}^{R_2}\frac{q}{4\pi\varepsilon_0\varepsilon_r r^2}\mathrm{d}r+\int_{R_3}^{\infty}\frac{q}{4\pi\varepsilon_0 r^2}\mathrm{d}r\\&=\frac{q}{4\pi\varepsilon_0\varepsilon_r}\left(\frac{1}{R_1}-\frac{1}{R_2}\right)+\frac{q}{4\pi\varepsilon_0 R_3}\end{aligned}$$

(3) 电介质中,与球心相距 r 处场强大小为 $E=E_2=\dfrac{q}{4\pi\varepsilon_0\varepsilon_r r^2}$,因而电场的能量密度为

$$\begin{aligned}w&=\frac{1}{2}\varepsilon E^2=\frac{1}{2}\varepsilon_0\varepsilon_r\left(\frac{q}{4\pi\varepsilon_0\varepsilon_r r^2}\right)^2\\&=\frac{q^2}{32\pi^2\varepsilon_0\varepsilon_r r^4}\end{aligned}$$

在电介质中取一个与金属球壳同心的薄介质球壳,其半径为 r,厚度为 $\mathrm{d}r$,则它的体积为

$$\mathrm{d}V=4\pi r^2\mathrm{d}r$$

体积元 $\mathrm{d}V$ 内的电场能量为 $\mathrm{d}W=w\mathrm{d}V=\dfrac{q^2}{8\pi\varepsilon_0\varepsilon_r r^2}\mathrm{d}r$,所以两球壳间的电介质所储存的电场能量为

$$\begin{aligned}W&=\int\mathrm{d}W=\frac{q^2}{8\pi\varepsilon_0\varepsilon_r}\int_{R_1}^{R_2}\frac{\mathrm{d}r}{r^2}\\&=\frac{q^2}{8\pi\varepsilon_0\varepsilon_r}\left(\frac{1}{R_1}-\frac{1}{R_2}\right)\\&=\frac{q^2}{8\pi\varepsilon_0\varepsilon_r}\frac{R_2-R_1}{R_1R_2}\end{aligned}$$

此外这个结果也可以由前面已求得的球形电容器的电容直接代入电容器能量的式(6-53)得出,即

$$W=\frac{q^2}{2C}=\frac{q^2}{8\pi\varepsilon_0\varepsilon_r\dfrac{R_1R_2}{R_2-R_1}}=\frac{q^2}{8\pi\varepsilon_0\varepsilon_r}\frac{R_2-R_1}{R_1R_2}$$

笔 记

由此可见,这两种方法得到的电场能量结果是完全一致的。比较这两种方法,通过电场能量的计算结果还可以反过来推导出球形电容器的电容。

第八节 压电效应及其应用

一、压 电 效 应

1. 压电效应 有关电介质材料在科技领域的应用具有十分重要的意义。很早人们就发现，有些固体电介质由于它们结晶点阵的特殊结构，在外力作用下能够产生一种特殊的现象。即当它们在外力作用下发生机械形变（伸长或缩短）时，也会产生某种程度的极化现象，从而在某些相对应的介质表面上产生异号的极化电荷。例如，石英晶体在 $1\times10^5 N/m^2$ 的压强作用下，承受压力的石英晶体的两个表面上将出现正、负电荷，产生约为 0.5V 的电势差。这种因机械形变而在某些晶体的两个相对表面上产生异号电荷的电极化现象称为**压电效应**（piezoelectric effect）。能够产生压电效应的物体称为**压电体**。自从 1880 年，居里兄弟首先发现了石英晶体的压电效应以来，目前已知的压电体已超过数千种，其中除了石英（SiO_2）、电气石、酒石酸钾钠（$NaKC_4H_4O_6 \cdot 4H_2O$）、钛酸钡（$BaTiO_3$）等一些典型的压电晶体外，还发现在一些非晶体、多晶体（陶瓷）、聚合物等材料以及金属、半导体、铁磁体和生物体（如木材、骨骼、血管和血浆延伸成的薄膜等）中也都具有不同程度的压电性。

2. 逆压电效应 压电效应还有逆效应，这就是当对压电晶体加以外电场作用时，晶体在外电场的极化作用下，在其内部会出现应力，将产生机械形变（伸长或收缩），这种现象称为**逆压电效应**，也称为**电致伸缩**（electrostriction）效应。如果电极所带的电荷与原来晶片受压力时产生的电荷同号，则观察到晶体发生伸长；反之，则发生收缩。如果对压电晶体加一个交变电压，那么它将交替地伸缩，从而引起一定程度的振动。

二、压电效应的应用

压电效应及逆压电效应目前已被广泛地应用于现代技术的各领域中。由于压电效应所产生的电量或电势差与晶体表面所受的压力成正比，因此可将压电晶体用作压力传感器，用来测量各种情况下的压力和振动，如可用于应变仪、血压计中。利用压电晶体可以实现振动形式的转换，把机械振动变为电振动，因而现今压电晶体已广泛应用于各种电声器件中，如晶体式话筒、电唱头等。用压电晶体还可以代替普通的振荡回路，从而做成晶体振荡器。以石英晶体为代表的晶体振荡器最突出的优点是其频率的高度稳定性，这在许多科学技术领域都具有广泛的应用前景。例如在无线电技术中利用晶体振荡器来稳定高频发生器中的振动频率。另外，利用这种晶体振荡器制造的石英钟，每昼夜的误差不超过 2×10^{-5} 秒。近代以来，这种压电晶体振荡器已广泛应用于钟表、通信和计算机技术等各领域中。

逆压电效应可以变电振动为机械振动。将石英晶片放在两个平行金属板电极之间，在电极上加一个频率与晶片固有频率相同的交变电压，石英晶片在交变电场的作用下，将作比较剧烈的高频振动，从而产生超声波。利用压电晶体制成的超声波发生器和声纳装置已被广泛地应用于海洋探测（如测量潜艇及水下鱼雷的位置，海洋深度、鱼群种类及规模等方面）、固体探伤、焊接、粉碎、清洗以及 B 超检查和一些疾病的治疗（如粉碎体内结石、眼科中白内障的超声乳化治疗）等各方面。电话耳机中利用压电晶体的电致伸缩效应，可以把电的振荡还原为晶体的机械振动，晶体再把这种振动传递给一块金属薄片上，从而发出声音。特别值得一提的是，1986 年获得诺贝尔物理学奖、体现现代高科技的**扫描隧道显微镜**（scanning tunneling microscopy），它是一种可以极其精确地显示样品表面原子排列状况的精密装置。这种扫描隧道显微镜除利用了**电子的隧道效应以外**，还巧妙地利用了我们所介绍的压电晶体的电致伸缩效应。

笔 记

此外，人们发现利用骨骼的压电效应可以控制其生长，并且已经在骨折治疗方面得到临床应用。有实验报道指出，研究有关生物体的压电效应将很有可能在某种程度上对弄清生物体的生理功能、控制生物体的生长及对生物疾病的预防和治疗等方面具有重大的实际意义。

拓展阅读

压电石英晶体及其生物传感器

具有较强压电效应的压电石英晶体是用量仅次于单晶硅的电子材料，广泛应用于高性能电子及数字化仪器设备，如彩电、空调、电脑、无电线通讯，超声诊断等。尤其是利用石英晶体的压电效应原理制成的压电石英晶体生物传感器，在临床医学诊断、药物分析检测、食品卫生检验以及环境监测等领域得到广泛应用。

习题

1. 真空中在 x-y 平面上，两个电量均为 10^{-8}C 的正电荷分别位于坐标(0.1,0)及(-0.1,0)上，坐标的单位为 m。求：(1)坐标原点处的场强；(2)点(0,0.1)处的场强。

2. 设匀强电场的大小为 3.0×10^5V/m，方向竖直向下。在该匀强电场中有一个水滴，其上附有 10 个电子，每个电子带电量为 $e=-1.6\times10^{-19}$C。如果该水滴在电场中恰好平衡，求该水滴的质量大约是多少？

3. 真空中在 x-y 平面上有一个由 3 个电量均为 $+q$ 的点电荷所组成的点电荷系，这 3 个点电荷分别固定于坐标为 $(a,0)$、$(-a,0)$ 及 $(0,a)$ 上。(1)求 y 轴上坐标为 $(0,y)$ 点的场强($y>a$)；(2)若 $y\gg a$ 时，点电荷系在 $(0,y)$ 点产生的场强等于一个位于坐标原点的等效电荷在该处产生的场强，求该等效电荷的电量。

4. 真空中均匀带电直线长为 $2a$，其电荷线密度为 λ，求在带电直线的垂直平分线上且与带电直线相距为 a 处的场强。

5. 真空中一个半径为 R 的均匀带电圆环，所带电荷为 q。试计算在圆环轴线上且与环心相距为 x 处的场强。

6. 题 5 中设均匀带电圆环的半径为 5.0cm，所带电荷为 5.0×10^{-9}C，计算轴线上离环心的距离为 5.0cm 处的场强。

7. 真空中长度为 l 的一段均匀带电直线，电荷线密度为 λ。求该直线的延长线上，且与该段直线较近一端的距离为 d 处的场强。

8. 真空中两条无限长的均匀带电平行直线相距 10cm，其电荷线密度均为 $\lambda=1.0\times10^{-7}$C/m。求在与两条无限长带电直线垂直的平面上且与两带电直线的距离都是 10cm 处的场强。

9. 真空中两个均匀带电同心球面，内球面半径为 0.2m，所带电量为 -3.34×10^{-7}C，外球面半径为 0.4m，所带电量为 5.56×10^{-7}C。设 r 是从待求场强的点到球心的距离，求：(1) $r=0.1$m；(2) $r=0.3$m；(3) $r=0.5$m 处的场强。

10. 真空中两个无限长同轴圆柱面，内圆柱面半径为 R_1，每单位长度带的电荷为 $+\lambda$，外圆柱面半径为 R_2，每单位长度带的电荷为 $-\lambda$。求空间各处的场强。

11. 真空中两个均匀带电的同心球面，内球面半径为 R_1，外球面半径为 R_2，外球面的电荷面密度为 σ_2，且外球面外各处的场强为零。试求：(1)内球面上的电荷面密度；(2)两球面间离球心为 r 处的场强；(3)半径为 R_1 的内球面内的场强。

12. 设真空中有一半径为 R 的均匀带电球体，所带总电荷为 q，求该球体内、外的场强。

13. 真空中分别带有+10C 和+40C 的两个点电荷，相距为 40m。求场强为零的点的位置及

笔记

该点处的电势。

14. 真空中两等值异号点电荷相距2.0m，$q_1=8.0\times10^{-6}$C，$q_2=-8.0\times10^{-6}$C。求在两点电荷连线上电势为零的点的位置及该点处的场强。

15. 如图6-28所示，已知$r=8$cm，$a=12$cm，$q_1=q_2=\frac{1}{3}\times10^{-8}$C，电荷$q_0=10^{-9}$C，求：(1)$q_0$从$A$移到$B$时电场力所作的功；(2)$q_0$从$C$移到$D$时电场力所作的功。

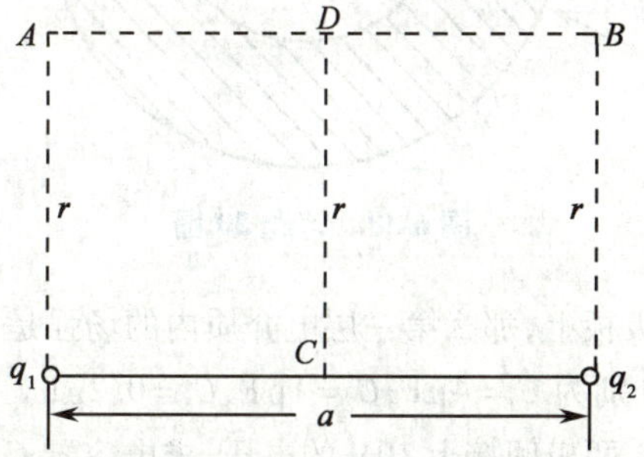

图6-28 习题15图

16. 真空中长为l的均匀带电直线段，其电荷为$+q$。求其延长线上且距最近端为d的点的电势。能否通过场强与电势的梯度关系求出该点处的场强？

17. 真空中一个半径为R，均匀带电的半个圆弧，带有正电荷q。(1)求圆心处的场强；(2)求圆心处的电势。

18. 真空中一个半径为R的均匀带电圆盘，电荷面密度为σ。求(1)在圆盘的轴线上距盘心O为x处的电势；(2)根据场强与电势的梯度关系求出该点处的场强。

19. 如图6-29所示，真空中两块面积很大（可视为无限大）的导体平板A、B平行放置，间距为d，每板的厚度为a，板面积为S。现给A板带电Q_A，B板带电Q_B。(1)分别求出两板表面上的电荷面密度；(2)求两板之间的电势差。

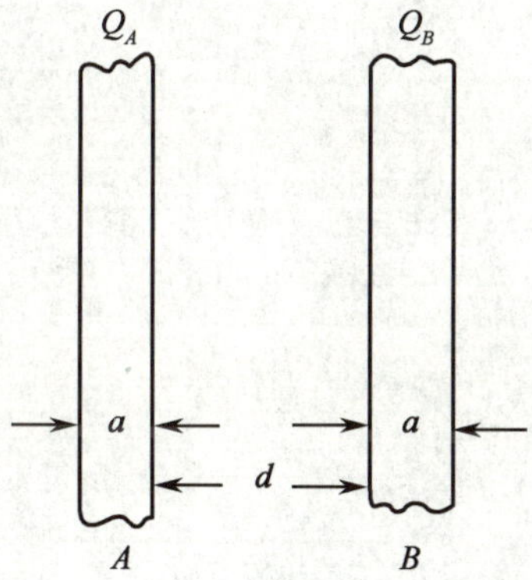

图6-29 习题19图

20. 如图6-30所示，一个导体球带电$q=1.00\times10^{-8}$C，半径为$R=10.0$cm，球外有一层相对电容率为$\varepsilon_r=5.00$的均匀电介质球壳，其厚度$d=10.0$cm，电介质球壳外面为真空。(1)求离球心O为r处的电位移和电场强度；(2)求离球心O为r处的电势；(3)分别取$r=5.0$cm、15.0cm、25.0cm，算出相应的场强E和电势U的量值；(4)求出电介质表面上的极化电荷面密度。

21. 平行板电容器的极板面积为S，两板间的距离为d，极板间充有两层均匀电介质。第一层电介质厚度为d_1，相对电容率为ε_{r1}，第二层电介质的相对电容率为ε_{r2}，充满其余空间。设$S=200\text{cm}^2$，$d=5.00$mm，$d_1=2.00$mm，$\varepsilon_{r1}=5.00$，$\varepsilon_{r2}=2.00$，求(1)该电容器的电容；(2)如果将380V

笔记

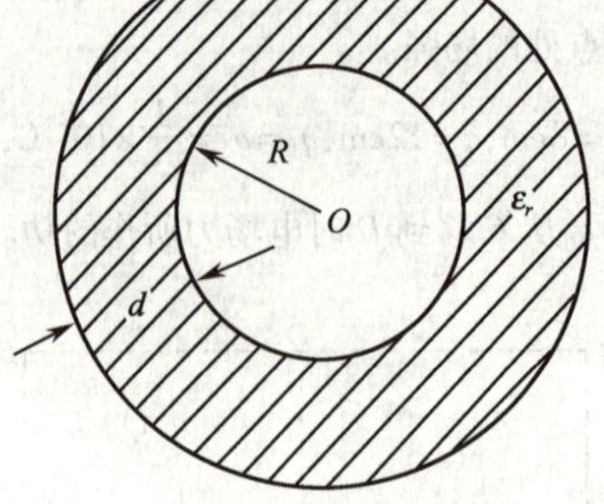

图 6-30 习题 20 图

的电压加在该电容器的两个极板上,那么第一层电介质内的场强是多少?

22. 三个电容器其电容分别为 $C_1=4\mu F$,$C_2=1\mu F$,$C_3=0.2\mu F$。C_1 和 C_2 串联后再与 C_3 并联。求(1)总电容 C;(2)如果在 C_3 两极间接上 10V 的电压,求电容器 C_3 中储存的电场能量。

23. 有一平行板电容器,极板面积为 S,极板间的距离为 d,极板间的介质为空气。现将一厚度为 $d/3$ 的金属板插入该电容器的两极板间并保持与极板平行,求(1)此时该电容器的电容;(2)设该电容器所带电量 q 始终保持不变,求插入金属板前后电场能量的变化。

24. 一个无限长均匀带电直线的电荷线密度为 $\lambda=1.67\times10^{-7}$ C/m,被相对电容率 $\varepsilon_r=5.00$ 的无限大均匀电介质所包围,若 a 点到带电直线的垂直距离为 2.0m,求该点处的电场能量密度。

25. 真空中一个导体球的半径为 R,带有电荷为 q,求该导体球储存的电场能量。

26. 一个半径为 R 的导体球带电为 q,导体球外有一层相对电容率为 ε_r 的均匀电介质球壳,其厚度为 d,电介质球壳外面为真空,充满了其余空间。求(1)该导体球储存的电场能量;(2)电介质中的电场能量。

(孙宝良)

笔记

第七章 直流电路

学习要求

1. 掌握　电流密度、电动势的概念，含源电路的欧姆定律和基尔霍夫定律及其应用。
2. 熟悉　欧姆定律的微分形式，电容器的充放电规律和特点。
3. 了解　温差电现象、接触电势差和电子逸出功的基本概念。

电荷相对观察者为静止时，在周围空间中会产生静电场。电荷在电场力的作用下，做定向运动就会形成电流。不随时间变化的电流称为**恒定电流**(steady current)，或称为**直流**(direct current)。将直流电源接入由电阻等元件组成的电路就构成**直流电路**(direct current circuit)。本章主要讨论恒定电流的基本概念和基本规律，阐明解决直流电路问题的基本方法。

第一节 恒定电流

一、电流强度和电流密度

电荷在空间的定向运动便形成电流。电荷的携带者可以是电子(如在金属体中)或离子(如在电解质溶液中)，由电子或离子的定向运动形成的电流称为**传导电流**(conduction current)。存在传导电流的条件是：①导体中有大量可移动的电荷；②导体两端有电势差。这两个条件是缺一不可的。为了定量地描述电流的强弱，引入**电流强度**的概念。若在 Δt 时间内，通过导体任一截面的电量为 Δq，则电流强度定义为

$$I=\frac{\Delta q}{\Delta t}$$

可见，**电流强度**在数值上就是单位时间内通过导体任一截面的电量，简称**电流**(electric current)。

上式的定义是指在 t 时间内的平均电流强度，当 $\Delta t\to 0$ 时

$$I=\lim_{\Delta t\to 0}\frac{\Delta q}{\Delta t}=\frac{\mathrm{d}q}{\mathrm{d}t} \tag{7-1}$$

式(7-1)中，I 表示的是某一时刻的瞬时电流强度。

电流强度是一个标量。由于在同一电场作用下，正、负电荷总是沿着相反的方向运动的，而且等量的正、负电荷沿相反方向运动时，各自产生的电磁效应、热效应等也是相同的。故在讨论电流时，习惯将正电荷的运动方向规定为**电流的方向**即可，这样一来，电流总是由高电势流向低电势处。

电流强度的单位是安培(A)。安培是国际单位制中 7 个基本单位之一。国际单位制规定：在真空中的两条相距 1m 的无限长平行直导线中通以相同的电流，当每条导线单位长度(1m)上所受到的力为 2×10^{-7}N 时，导线中的电流强度为 1A(见本书第八章第四节)。

电流强度只能表示单位时间内通过导体某一截面的总电量，不能表示同一截面上不同点处电流的确切方向和大小。例如，考察电流通过大块导体时的情况，发现同一截面上不同位置电

笔记

流的大小和方向不一定相同。为了正确描述导体中各点的电流分布情况，引入**电流密度**(current density)矢量，用符号 $\boldsymbol{j}$ 表示。

如图 7-1 所示，在通有电流的导体内任一点处，取一微小面积 ΔS，使 ΔS 与该处电场强度 $\boldsymbol{E}$ 的方向垂直，如果通过 ΔS 的电流强度为 ΔI，则式(7-2)的极限定义为该点电流密度的大小，即

$$j=\lim_{\Delta S\to 0}\frac{\Delta I}{\Delta S}=\frac{\mathrm{d}I}{\mathrm{d}S} \tag{7-2}$$

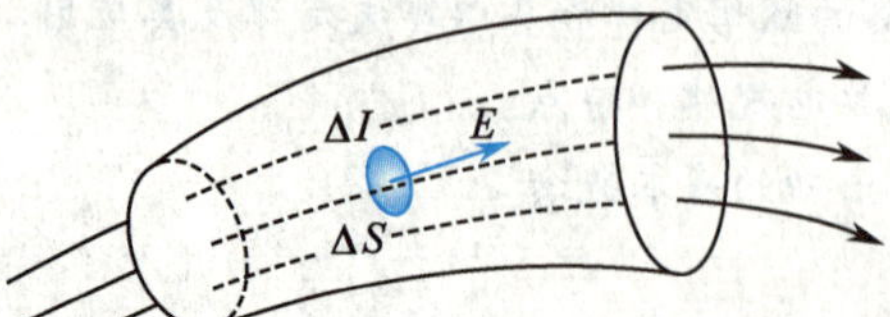

图 7-1 电流密度的导出

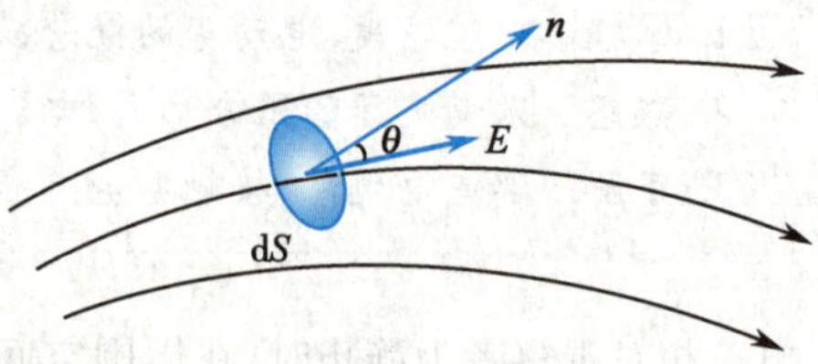

图 7-2 电流强度与电流密度的关系

电流密度的单位是安培/米²(A/m²)。由于电荷在导体内任一点的运动方向决定于该点的电场强度方向，所以导体内任一点的电流密度方向均与该点的电场强度方向相同。因此电流密度的矢量式为

$$\boldsymbol{j}=\frac{\mathrm{d}I}{\mathrm{d}S}\boldsymbol{n} \tag{7-3}$$

式(7-3)中，$\boldsymbol{n}$ 为截面的面元 $\mathrm{d}S$ 法线方向的单位矢量，它的大小等于 1，方向与该点电场强度方向一致。因此，如果截面的面元法线方向与该点电场强度方向成一夹角 θ，如图 7-2 所示，则有

$$\mathrm{d}I=j\mathrm{d}S\cos\theta \tag{7-4}$$

通过导体中任意截面 S 的电流强度 I 与电流密度矢量 $\boldsymbol{j}$ 的关系为

$$I=\int_S \boldsymbol{j}\cdot \mathrm{d}\boldsymbol{S}=\int_S j\cos\theta \mathrm{d}S \tag{7-5}$$

由此可见，电流密度 $\boldsymbol{j}$ 和电流强度 I 的关系，就是电流密度矢量和它对某一个面积的通量关系。

在大块导体中，各点电流密度的大小和方向各不相同，这就构成了一个矢量场，即电流场。和静电场可以用电场线来形象描绘一样，电流场也可以引入**电流线**(electric stream line)来描绘。电流线就是这样一系列曲线，其上任一点处的切线方向与该点处的电流密度矢量方向一致，任一点处的电流密度大小可以用该点处的曲线疏密程度来表示。

因为金属导体中的电流是由大量自由电子的定向"漂移"运动形成的，所以导体中各点的电流密度大小 j 与自由电子的数密度 n(即单位体积内的自由电子个数)和电子的定向**漂移速度**(drift velocity) u 密切相关。假设在金属导体中取微小截面 ΔS，ΔS 的法线与电场强度方向平行。已知在 Δt 时间内自由电子运动的距离为

$$\Delta l=u\Delta t$$

如果每个自由电子所带电量的绝对值为 e，则可以算出在 Δt 时间内通过 ΔS 截面的电量为

$$\Delta q=ne\Delta S\Delta l=ne\Delta Su\Delta t$$

通过 ΔS 的电流强度

$$\Delta I=\frac{\Delta q}{\Delta t}=neu\Delta S$$

电流密度的大小

笔记

$$j=\lim_{\Delta t\to 0}\frac{\Delta I}{\Delta S}=\frac{\mathrm{d}I}{\mathrm{d}S}=neu \tag{7-6}$$

式(7-6)表明,导体中的电流密度j等于导体中自由电子数密度n、自由电子电量e及自由电子漂移速度u的乘积。写成矢量式:

$$\boldsymbol{j}=-ne\boldsymbol{u} \tag{7-7}$$

式(7-7)中的负号表示电流密度矢量$\boldsymbol{j}$的方向与自由电子定向漂移速度$\boldsymbol{u}$方向相反。一般说来,如果导体中存在着各种载流子(电荷携带者),具有不同的数密度、电量(以q表示)及漂移速度,则导体中某处总的电流密度为

$$j=\sum nqu \tag{7-8}$$

式(7-8)中,若q为正值,则u为正值;q为负值,则u为负值,因此所有nqu的乘积符号相同。

若铜导线中的电流密度$j=2.0\times10^{6}\,\mathrm{A/m^2}$,铜导线的$n$值约为$8.5\times10^{28}/\mathrm{m^3}$,可计算得出

$$u=\frac{j}{ne}=\frac{2.0\times10^{6}}{8.5\times10^{28}\times1.6\times10^{-19}}=1.5\times10^{-4}\,\mathrm{m/s}$$

可见,电子的漂移速度是非常缓慢的。电子的定向漂移速度与电流在导体中的传导速度不同,后者实际上是电场在导体中的传播速度。

二、欧姆定律的微分形式

在有恒定电流通过的电路中,当导体的温度不变时,通过一段导体的电流强度I和导体两端的电压U_a-U_b成正比,即

$$U_a-U_b=IR\text{ 或 }I=\frac{U_a-U_b}{R} \tag{7-9}$$

这个结论就是**欧姆定律**(Ohm law)。式(7-9)中的比例系数R与导体的材料及几何形状有关,称为导体的**电阻**(resistance),单位为欧姆(Ω)。

对于由一定材料制成的横截面均匀的导体,其电阻为

$$R=\rho\frac{l}{S}$$

式中,l为导体的长度,S为导体的横截面积,比例系数ρ由导体材料的性质决定,称为材料的**电阻率**(resistivity),单位为欧姆·米(Ω·m),电阻率的倒数称为**电导率**(conductivity),用γ表示

$$\gamma=\frac{1}{\rho}$$

电导率的单位是西门子/米(S/m)。

由于电阻具有可相加性,导体的电阻率ρ或截面积S不均匀时,其电阻可以写成积分形式

$$R=\int\rho\frac{\mathrm{d}l}{\mathrm{d}S}$$

注意到式(7-9)中的电压是电场强度的积分$U_a-U_b=\int_a^b\boldsymbol{E}\cdot\mathrm{d}\boldsymbol{l}$。电流强度$I$是电流密度矢量的面积分$I=\int_S\boldsymbol{j}\cdot\mathrm{d}\boldsymbol{S}$,所以式(7-9)称为欧姆定律的积分形式。它是对一段导体的整体导电规律的描述。要对导体内部各点的导电情况进行细致的描述,就要用到欧姆定律的微分形式(图7-3)。

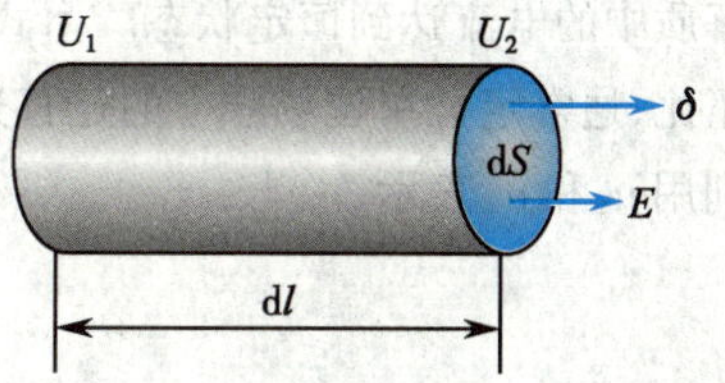

图7-3 推导欧姆定律的微分形式

在导体内部取一极小的圆柱体,柱体的轴线与电流线

笔记

平行，柱体的长度为 dl，截面积为 dS，两端的电势分别为 U_1 和 U_2，两端的电压 $U_1-U_2=Edl$，通过 dS 的电流 $dI=jdS$，此小圆柱体的电阻 $R=\rho\frac{dl}{dS}$，代入欧姆定律

$$dI=\frac{U_1-U_2}{R}$$

得 $j=\frac{1}{\rho}E=\gamma E$

注意到在金属导体中 $\boldsymbol{j}$ 与 $\boldsymbol{E}$ 的方向相同，可写为矢量式

$$\boldsymbol{j}=\gamma\boldsymbol{E} \tag{7-10}$$

式(7-10)称为**欧姆定律的微分形式**。其物理意义是：**导体中任一点的电流密度与该点的电场强度成正比，两者具有相同的方向**。它表明导体中任一点的电荷的运动情况只与该点导体的材料性质及该处的场强有关，而与导体的形状和大小无关。它揭示了大块导体中的电场和导体中电流分布之间逐点的细节关系，即使在可变电场中也成立。所以它比欧姆定律的积分形式具有更深刻的意义。

三、电解质导电

电解质是由于存在离子而能够导电。纯净的水极难导电，是不良导体。电流通过电解质时常常伴随有化学反应。

在没有外电场情况下，电解质中的正、负离子做无规则热运动，所以不形成宏观电流。当有外电场时，电解质中的正、负离子在电场力作用下做定向迁移，形成电流。设浸没在电解质中的两个平行板电极，可产生均匀电场 $\boldsymbol{E}$。此时正、负离子要受到两方面的作用力：一是电场力的作用；二是介质阻力的作用，这种介质阻力主要是由于离子在运动过程中经常被溶剂分子包围，从而形成的大颗粒（称为溶剂化物），给离子的运动造成困难。速度不太大时，这个阻力与离子的定向运动速度成正比。正离子的运动方程为

$$m_+a_+=Z_+eE-k_+u_+$$

式中，Z_+ 为正离子价数，Z_+e 为正离子的电量，m_+、a_+、k_+、u_+ 则分别为正离子的质量、瞬时加速度、阻力系数和瞬时定向运动速度。同样，对于负离子也有相应的运动方程。由于阻力与运动速度成正比，随着离子运动速度的增加，它的加速度随之减小，直到阻力和电场力相等，离子便达到了某个恒定的定向运动速度，这个速度称为迁移速度，以 u_+ 表示。显然，迁移速度为

$$u_+=\frac{Z_+eE}{k_+} \tag{7-11}$$

同样，负离子的迁移速度为

$$u_-=\frac{Z_-eE}{k_-} \tag{7-12}$$

k_- 为负离子在电解质中的阻力系数，一般和 k_+ 不相等。正、负离子以迁移速度作定向运动时，电解质中的电流达到恒定状态。由式(7-11)、式(7-12)两式可见，离子的迁移速度跟电场强度成正比，通常定义单位场强下的迁移速度为**离子的迁移率**(ionic mobility)。正、负离子的迁移率分别用 μ_+ 和 μ_- 表示

$$\mu_+=\frac{Z_+e}{k_+}$$

$$\mu_-=\frac{Z_-e}{k_-}$$

笔记

正、负离子的迁移速度可表示为

$$u_+=\mu_+E$$

$$u_-=\mu_-E$$

表 7-1 列出水溶液中某些离子的迁移率。

表 7-1 水溶液中某些离子的迁移率(18℃)

正离子	μ_+(m²/(s·V))	负离子	μ_-(m²/(s·V))
H^+	3.263×10^{-7}	OH^-	1.80×10^{-7}
K^+	6.69×10^{-8}	Cl^-	6.8×10^{-8}
Na^+	4.50×10^{-8}	NO^-	6.2×10^{-8}
Ag^+	5.6×10^{-8}	SO_4^{2-}	6.8×10^{-8}
Zn^{2+}	4.8×10^{-8}	CO_3^{2-}	6.2×10^{-8}
Fe^{3+}	4.6×10^{-8}		

若 $Z_+=Z_-=Z$,电解质中正、负离子的数密度(即单位体积中正离子或负离子的数量)均为 n,则由式(7-8)可知电解质中的电流密度为

$$j=nZeu_++nZeu_-=Zne(\mu_++\mu_-)E$$

或表示为

$$j=\gamma E \tag{7-13}$$

其中,$\gamma=Zne(\mu_++\mu_-)$是电解质的电导率。对于一定温度下一定浓度的电解质,n、Ze、μ_+、μ_-均为常量。可见电解质中的电流密度正比于电场强度,即电解质的导电也遵从欧姆定律。当这些正、负离子分别到达两个极板时,把它们的电荷交给极板而成为中性原子或原子团,而这些原子或原子团的化学性质是不稳定的,还要和溶液或电极发生化学反应,同时会在电极上析出物质或使极板腐蚀。

第二节 电源的电动势和含源电路的欧姆定律

一、电源的电动势

如前所述,只有导体中存在电场,才能在导体中形成电流。如图 7-4 所示,把电势不等的两个导体用导线连接起来,则在电场力的作用下,导线中就有了电流。但是,如果希望电流是恒定的,则要做到导线中的场强不变,导体 A 与导体 B 之间的电势差 U_A-U_B 也应当保持不变。这就要求在任一时刻到达 B 的正电荷数量等于离开 B 的正电荷数量,对于 A 也有类似的要求。否则,场强、电势差均会发生变化,也就不能维持恒定电流了。这就是说,恒定电流必须是连续的和闭合的。

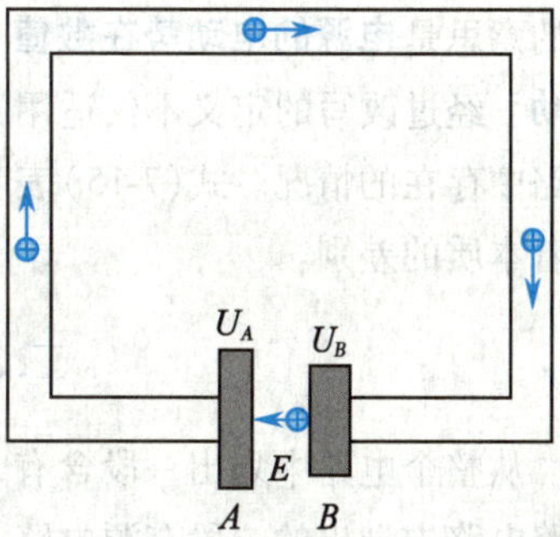

图 7-4 闭合电路

若把静电场的环路定律用于图 7-4 的闭合路径一周,将有

笔记

$$q\oint_L \boldsymbol{E}_S \cdot d\boldsymbol{l}=0$$

式中的$\boldsymbol{E}_S$表示静电场场强。上式是静电场保守性的体现：正电荷q沿闭合路径移动一周，静电场力做的功为零。具体说来，当电荷在导线中由A运动到B时，静电场力做正功，电荷的电势能减少；当电荷继续沿闭合路径由B到A的过程中，静电场力做负功，电荷的电势能增加。电荷到达A时恢复到原来的状态。但是由于闭合回路中存在着电阻，静电场力做正功时，由电荷的电势能转化而来的动能在电阻中耗散了，它转化成了热。这样电荷到达B时已丧失了自发回到A的能量，这就是说只有静电场力是不可能维持恒定电流的。为了维持恒定电流，就必须有非静电力存在，用它来克服静电场力做功，把电荷沿闭合路径由B送回A。这时就把其他形式的能量（非静电场的）转化为电荷的电势能了。

电路中提供上述这种非静电力的装置称为**电源**（electric source），从能量角度看，电源也是一种把其他形式的能量转化为电能的装置。在图7-4中，如果B与A之间的区域存在非静电力，则闭合路径中就有电源，导体A是电源正极，导体B是电源负极，连接正、负极的导线及其他一些用电器称为外电路，电源内部的电路称为内电路。外电路与内电路连接就构成闭合电路。

不同电源非静电力的本质及产生过程是不同的。例如干电池是由于化学反应，光电池是由于光电效应等。

仿照静电场电场强度的定义，用$\boldsymbol{E}_N$表示作用在单位正电荷上的非静电力，即非静电场强。在电源的内部除了有静电场强$\boldsymbol{E}_S$外，还有非静电场强$\boldsymbol{E}_N$；在外电路中只有静电场强$\boldsymbol{E}_S$。因此电源内部的总场强$\boldsymbol{E}=\boldsymbol{E}_S+\boldsymbol{E}_N$，$\boldsymbol{E}_N$与$\boldsymbol{E}_S$的方向相反。于是移动电荷$q$绕闭合回路一周电场力做功

$$\begin{aligned}A&=q\oint_L \boldsymbol{E}_S \cdot d\boldsymbol{l}+q\int_B^A \boldsymbol{E}_N \cdot d\boldsymbol{l}\\&=q\int_B^A \boldsymbol{E}_N \cdot d\boldsymbol{l}\end{aligned}$$

定义单位正电荷通过电源内部由电源负极移到正极时非静电力所做的功称为电源**电动势**（electromotive force），用符号ε表示，则

$$\varepsilon=\frac{A}{q}=\int_B^A \boldsymbol{E}_N \cdot d\boldsymbol{l} \tag{7-14}$$

电动势是标量，它的单位是伏特（V）。为了方便，通常规定从电源负极经过电源内部指向正极的方向为电动势方向。

由于$\boldsymbol{E}_N$只存在于电源内部，将式(7-14)改写成绕闭合回路一周的环路积分，积分值不变，即

$$\varepsilon=\oint_L \boldsymbol{E}_N \cdot d\boldsymbol{l} \tag{7-15}$$

它的意思是**电源的电动势在数值上等于移动单位正电荷绕闭合回路一周的过程中非静电力做的功**。经过改写的定义不仅适用于$\boldsymbol{E}_N$只存在于电路局部的情况，而且也适用于$\boldsymbol{E}_N$在整个闭合回路中存在的情况。式(7-15)表明$\boldsymbol{E}_N$沿闭合路径的环路积分不为零，这说明非静电力与静电力有着本质的差别。

二、一段有源电路的欧姆定律

从整个电路中划出一段含有几个电阻和电源的电路，称为一段有源电路。注意，对于从多回路电路中划出的一段有源电路，其各部分的电流强度可能是不相同的。例如，如图7-5所示电路的AF段，其中AD部分与DF部分的电流强度就不相同。

笔记

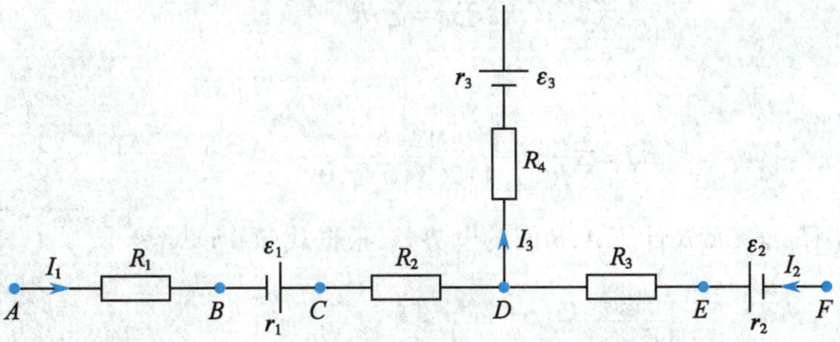

图 7-5 一段含源电路

在恒定电流条件下，电路上各点的电势值是确定的，每一元件两端的电势差也是恒定的。因此，可以采用电势升、降的办法来分析电路。现以电势降为准，即沿着选定的走向，当越过某一元件时发生电势降，则其值记为正数，若发生电势升，则其值记为负数，把它看作负的电势降。例如，计算图 7-5 电路 A 点与 B 点的电势差 U_A-U_B，选取从 A 到 F 的走向作为计算方向。当越过电阻 R_1 时发生电势降记为 I_1R_1，则 A 点与 B 点的电势差为

$$U_A-U_B=I_1R_1$$

当越过电源 ε_1 时，由于从负极走向正极，在电源上发生电势升，要记为 $-\varepsilon_1$，同时在内电阻 r_1 上发生电势降 I_1r_1，则 B 点与 C 点的电势差

$$U_B-U_C=I_1r_1-\varepsilon_1$$

将上述两式相加，则得 A 点与 C 点的电势差

$$U_A-U_C=I_1R_1+I_1r_1-\varepsilon_1$$

照此推算下去，则 A 点与 F 点的电势差为

$$U_A-U_F=(I_1R_1+I_1r_1+I_1R_2-I_2R_3-I_2r_2)+(\varepsilon_2-\varepsilon_1)$$

或 $U_A-U_F=(I_1R_1+I_1r_1+I_1R_2-I_2R_3-I_2r_2)-(\varepsilon_1-\varepsilon_2)$

上式右边的第二个括号内，因为 ε_1 的方向与走向一致，其值为正；ε_2 的方向与走向相反，其值为负，则这个括号内为两个电源电动势的代数和。写成一般形式，即为**一段有源电路的欧姆定律**

$$U_A-U_F=\sum IR-\sum\varepsilon \tag{7-16}$$

式(7-16)中，$\sum IR$ 表示所求电路上各个电阻(包括电源的内电阻)上的电势降落的代数和，$\sum\varepsilon$ 表示各个电源电动势的代数和。计算 $\sum IR$ 时，如果电阻中的电流方向与所选走向相同，电阻上的电势降落 IR 为正，相反时取负；计算 $\sum\varepsilon$ 时，如果电动势的方向与所选走向相同时为正，相反为负。

对于闭合电路，终点和起点合一，例如对，本例中有 $U_A=U_F$，则

$$\sum\varepsilon=\sum IR \tag{7-17}$$

式(7-17)表明：**当绕闭合回路一周时，回路中各个电源电动势的代数和等于回路中各个电阻上电势降落的代数和。**

例题 7-1 在图 7-6 所示的电路中，已知 $\varepsilon_1=12\text{V}$，$r_1=0.2\Omega$，$\varepsilon_2=6\text{V}$，$r_2=0.1\Omega$，$R_1=1.4\Omega$，$R_2=2.3\Omega$。求：(1)电路中的电流；(2)A、B 两点间的电势差。

解 (1) 对于单一回路电路，通过各串联元件的电流强度相同，设为 I。

根据式(7-17)有

笔记

$$\sum \varepsilon = \sum IR$$

则

$$I = \frac{\sum \varepsilon}{\sum R} = \frac{12+6}{1.4+2.3+0.2+0.1} = 4.5\text{A}$$

（2）沿路径 $A\varepsilon_2CR_2B$ 计算 A、B 间的电势差，根据式(7-16)

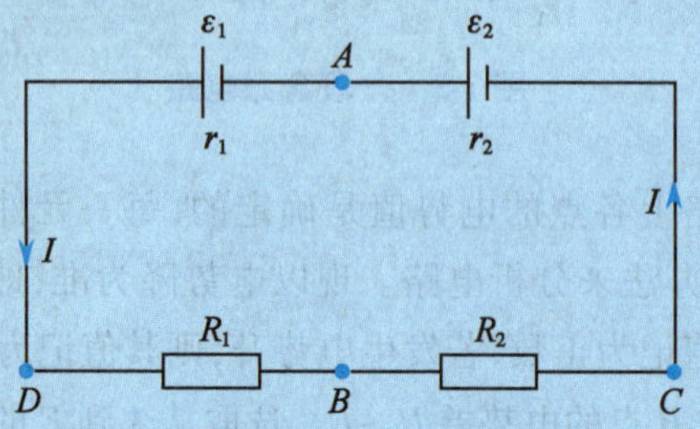

图 7-6 例题 7-1 图

$$\begin{aligned} U_A - U_B &= -IR_2 - Ir_2 - (-\varepsilon_2) \\ &= -4.5\times(2.3+0.1)-(-6) \\ &= -4.8\text{V} \end{aligned}$$

即 B 点电势高于 A 点电势。若路径 $A\varepsilon_1DR_1B$ 计算，结果也一样。

第三节 基尔霍夫定律及其应用

在分析计算单一回路或可以简化成单一回路的电路时，应用欧姆定律及电阻的串、并联公式就可以解决问题。但在实际应用中，往往要遇到由多个电源和多个电阻联结而成的多回路电路，或称分支电路，这时就要应用**基尔霍夫定律**(Kirchhoff law)进行处理。

一、基尔霍夫定律

1. **基尔霍夫第一定律** 亦称节点电流定律。在多回路电路中，由电源和电阻联成的一段无分支电路，称为支路，如图 7-7 中 *abcd*、*ad*、*aed* 就是不同的 3 条支路。根据电流连续性原理，电路中任何一点均不能有电荷的积累，因此同一支路中电流处处相等。3 条或 3 条以上支路的联结点称为**节点**(node)或分支点。显然，在恒定的直流电路中，流向节点的所有电流之和应等于从节点流出的所有电流之和。若汇合于节点的支路有 K 条，并规定流向节点电流为正，流出节点电流为负，则**汇合于节点的各电流强度的代数和为零**，即：

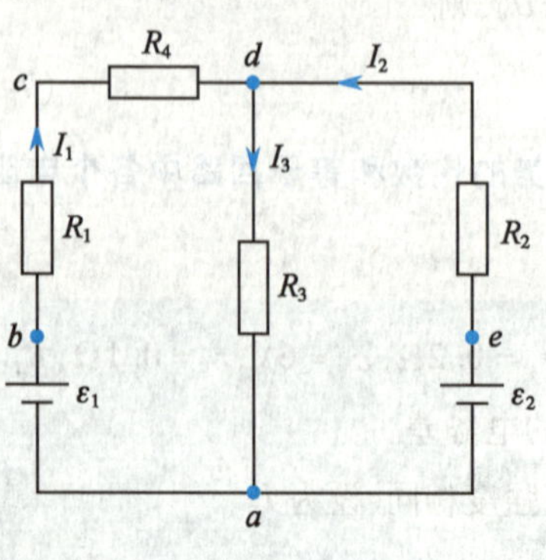

图 7-7 分支电路

$$\sum_{i=1}^{K} I_i = 0 \qquad (7\text{-}18)$$

式(7-18)就是基尔霍夫第一定律，也称节点电流定律。根据基尔霍夫第一定律，对电路中的每一个节点都可列出一个方程，但并不是所有的方程都是独立的。若电路有 n 个节点，则只能有 $n-1$ 个独立方程。对于图 7-7 中的两个节点有：

节点 a 可以写出方程：$I_3-I_1-I_2=0$

节点 d 可以写出方程：$I_1+I_2-I_3=0$

笔记

显然，这两个方程相同，即本例中只有一个独立的节点电流方程。

2. **基尔霍夫第二定律** 亦称回路电压定律。几条支路构成的闭合通路称为**回路**（loop）。如图7-7中 *abcda*、*adea*、*abcdea*，都是回路。注意，回路由不同的支路构成，各支路上的电流强度可能不相等。设 m 表示某一个闭合回路所包含的具有不同电流强度的支路数，则对于该闭合回路，根据式（7-17）有

$$\sum_{i=1}^{m}\varepsilon_i=\sum_{i=1}^{m}I_iR_i \tag{7-19}$$

式（7-19）中的求和是对选定回路中各支路上的元件。上式表明，**沿任一闭合回路中电动势的代数和等于回路中电阻上电势降落的代数和**。这就是基尔霍夫第二定律。使用式（7-19）时，应事先任意选定一绕行方向作为计算方向。若电阻中电流与绕行方向相同，电势降落为 $+IR$，反之，电势降落为 $-IR$；若电动势指向与绕行方向一致，电动势的值取为 $+\varepsilon$，反之，取为 $-\varepsilon$。

按上述符号规则，对每一个回路都可应用基尔霍夫第二定律写出相应的方程。但是，需要指出的是，选取回路时，应注意它们的独立性。例如，选取图7-7中 *abcda* 及 *adea* 两个回路，若选定顺时针方向为绕行方向，可按式（7-19）写出两个回路电压方程：

对于 *abcda* 回路：$I_1R_1+I_1r_1+I_1R_4+I_3R_3=\varepsilon_1$

对于 *adea* 回路：$-I_3R_3-I_2R_2-I_2r_2=-\varepsilon_2$

这两个闭合回路的方程是相互独立的，因为不能从其中一个导出另外一个；如果已经选取了这两个回路，那么闭合回路 *abcdea* 就不是独立的了：

对于 *abcdea* 回路：$I_1R_1+I_1r_1+I_1R_4-I_2R_2-I_2r_2=\varepsilon_1-\varepsilon_2$

这一回路方程可以由其他两个方程得出。选定回路时的规则是：新选取的回路中，至少应有一段电路是在已选用过的回路中未曾出现过的，这样所得的一组闭合回路方程才是独立的。

二、基尔霍夫定律的应用

应用基尔霍夫定律可以求解复杂电路。求解应按以下步骤进行：

1. 根据电路图和题意，先标定各支路电流的方向。

2. 根据标定的电流方向，暂定电流的正、负号，对 n 个节点，按基尔霍夫第一定律要求列出 $n-1$ 个独立的节点电流方程。

3. 对电路中的所有各支路分别划分归入相应的回路，按基尔霍夫第二定律要求写出独立的回路电压方程。

4. 根据基尔霍夫第一、第二定律列出的独立方程个数应等于未知数的个数。

5. 解方程。解出的电流若是负值，说明实际电流方向与原先标定的方向相反；解出的结果为正值，说明实际电流方向与标定的方向相同。

例题7-2 如图7-8所示的电路中，已知 $\varepsilon_1=6\text{V}$，$r_1=0.5\Omega$，$\varepsilon_2=1.5\text{V}$，$r_2=1\Omega$，$R_1=4.5\Omega$，$R_2=9\Omega$，$R_3=10\Omega$，$R_4=5\Omega$。求各支路中的电流。

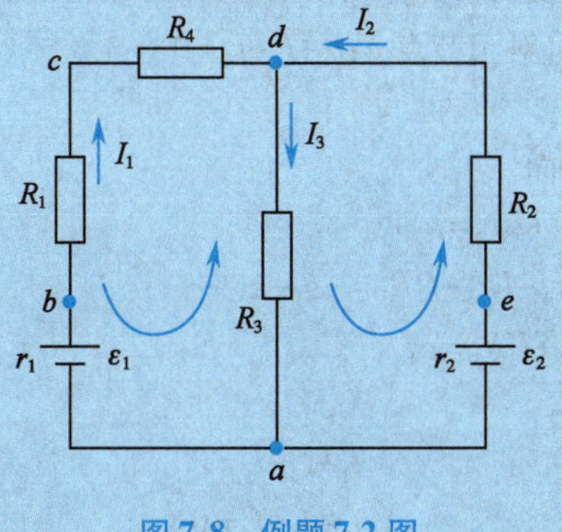

图7-8 例题7-2图

笔记

解 (1)标定各支路 $abcd$、aed、ad 的电流分别为 I_1、I_2、I_3，其方向如图。

(2)按基尔霍夫第一定律，对于节点 d：

$$I_1+I_2-I_3=0$$

(3)选定逆时针方向为绕行方向，对于回路 $abcd$ 有：

$$-I_3R_3-I_1R_4-I_1R_1-I_1r_1=-\varepsilon_1$$

对于回路 $adea$ 有：

$$I_2R_2+I_2r_2+I_3R_3=\varepsilon_2$$

将具体数值代入，经整理得

$$I_1+I_2-I_3=0$$
$$I_1+I_3=0.6$$
$$I_2+I_3=0.15$$

解方程得：$I_1=0.35\text{A}$，$I_2=-0.1\text{A}$，$I_3=0.25\text{A}$。I_2 为负值，说明 I_2 的实际方向与原先标定方向相反。

例题 7-3 如图 7-9 所示，已知 $\varepsilon_1=2\text{V}$，$r_1=0.1\Omega$，$\varepsilon_2=4\text{V}$，$r_2=0.2\Omega$，$\varepsilon_3=4\text{V}$，$r_3=1\Omega$，$\varepsilon_4=2\text{V}$，$r_4=0$，$R_1=1.9\Omega$，$R_2=1.8\Omega$，$R_3=4\Omega$，$R_4=2\Omega$。求(1)各支路的电流；(2)$U_{bf}=?$

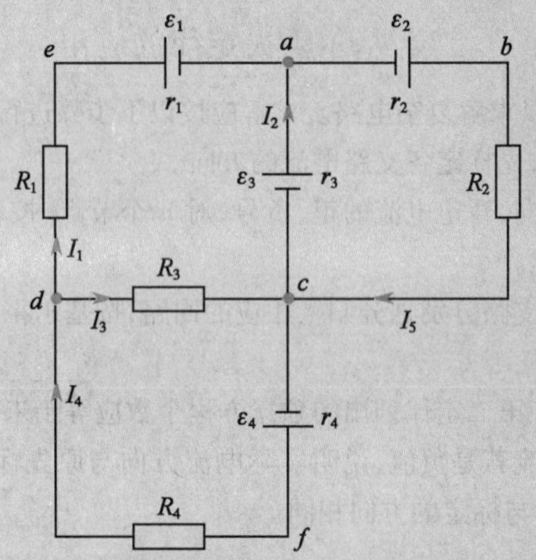

图 7-9 例题 7-3 图

解 (1)求各支路的电流：

①标出各支路的电流分别为 I_1、I_2、I_3、I_4、I_5，其方向如图所示。

②按基尔霍夫第一定律，对于节点 a：$I_1+I_2-I_5=0$

对于节点 d：$I_4-I_1-I_3=0$

③选定顺时针为绕行方向

对于回路 $abca$：$I_5R_2+I_2r_3+I_5r_2=\varepsilon_3+\varepsilon_2$

对于回路 $eacde$：$I_1R_1+I_1r_1-I_2r_3-I_3R_3=-\varepsilon_1-\varepsilon_3$

对于回路 $dcfd$：$I_4R_4+I_4r_4+I_3R_3=\varepsilon_4$

代入数值，经整理得：

$$I_1+I_2-I_5=0$$
$$I_4-I_1-I_3=0$$

笔记

$$I_2+2I_5=8$$
$$2I_1-I_2-4I_3=-6$$
$$4I_3+2I_4=2$$

解上述方程得 $I_1=-0.5A, I_2=3A, I_3=0.5A, I_4=0, I_5=2.5A$。$I_1$ 为负值，说明 I_1 实际方向与标定方向相反。

（2）求 U_{bf}：由 b 经任一路径至 f 为顺序方向。按上节电势差的符号规则

$$U_{bf}=I_5R_2+I_4r_4-\varepsilon_4=2.5\times1.8-2=2.5V$$

第四节　温差电现象及其应用

一、电子的逸出功

金属中存在着大量可以自由运动的**自由电子**(free electron)。在常温下，这些自由电子不断地做热运动，但是并不会大量地逸出金属表面，这表明在金属表面层内存在着一种阻碍电子逸出的阻力。这种阻力的来源可作如下理解：金属中的自由电子处于由大量**正离子**(positive iron)构成的晶体点阵中。在这大量正离子形成的电场里，自由电子具有一定的势能，且为负值。而在金属外部，由于电子不受正离子的电场作用，其电势能可以看作零。这样，电子在金属内部的势能总是比在金属外部低，因而很难逸出金属。其次，由于电子的热运动，总有一些电子具有足够大的动能，能够跑出金属表面。但是，每跑出一个电子，金属表面就少了一个电子而带有正电荷。此时有两个作用同时发生，一个是电子与表面正电荷的相互作用；另一个是带负电的电子对金属表面的静电感应。这两种作用都不利于电子跑出金属表面。并且，逸出金属表面的电子，因为失去了大部分动能，不能远离金属表面，而停留在金属表面附近，像一层薄电子气包围着金属，这一薄层的厚度约为 10^{-8}m。贴近金属表面的电子气与金属表面的正电荷构成电偶极层，其电场方向是从金属表面指向外部空间，阻碍金属中电子的进一步逸出。电子若要逸出金属表面，必须克服这个电场力以及金属内正离子的吸引力，也就是要做功才能逸出金属表面，这个功称为**电子逸出功**(electronic work function)，以 W 表示。如前所述，金属表面层外电势为零，设表面层内电势为 U，即金属表面层内外的电势差。很明显，逸出功 W、U 以及电子电量 e 三者有如下关系：

$$U=\frac{W}{e}$$

U 称为逸出电势，它在数值上等于单位电荷的逸出功，而不是单位电荷的电势能。逸出电势是与金属性质有关的量，逸出电势越大的金属，电子越难逸出金属表面。对大多数纯金属，U 值为 3～4.5V，个别情况如铂的逸出电势超过 5V。某些金属的电子逸出电势列于表 7-2。

表 7-2　某些金属的电子逸出电势

金属	逸出电势(V)	金属	逸出电势(V)	金属	逸出电势(V)
铝 Al	4.1	铋 Bi	4.2	银 Ag	4.6
锌 Zn	3.7	钨 W	4.5	金 Au	4.7
锡 Sn	4.4	钍 Th	3.4	铂 Pt	5.3
镉 Cd	4.1	汞 Hg	4.5	钯 Pd	5.0
铅 Pb	4.0	铁 Fe	4.4	钠 Na	2.3
锑 Sb	4.1	铜 Cu	4.5	钼 Mo	4.2

笔记

二、接触电势差

当温度相同的两种不同金属相接触时，在两种金属的接触表面上会出现等量异号的电荷，因而在接触表面处产生电势差，这种由于金属接触而形成的电势差，称为**接触电势差**（contact potential difference）。

产生接触电势差的原因主要有两个，一是由于两种金属的电子逸出电势不同；二是由于两种金属中的电子数密度不同。

设金属 A 和金属 B 处于相同的温度，并具有相同的电子数密度，它们的逸出电势分别为 U_A 和 U_B，且 $U_A<U_B$，则电子从金属 A 逸出比从金属 B 逸出要容易些。如图 7-10，当 A、B 两种性质不同的金属接触时，从金属 A 迁移到金属 B 的电子数要多于从金属 B 迁移到金属 A 的电子数，形成电子从 A 扩散到 B 的宏观趋势。这样，在接触处金属 B 由于过多的外来电子而带负电，而金属 A 由于失去电子而带正电。于是在两种金属的接触面处出现了电势差，产生一个电场，这个电场的方向由 A 指向 B，它阻碍电子从金属 A 到 B 的继续扩散。随着金属 B 中的电子数继续增加，这个阻碍电场也不断增强，直到由于逸出电势差形成的扩散力与电场力平衡，从金属 A 迁移到金属 B 的电子数与从金属 B 迁移到金属 A 中的电子数相等，即达到动态平衡，此时在两金属的接触面处建立了一个稳定的电势差 U_{AB}'，它满足下述关系

$$U_{AB}'=U_B-U_A$$

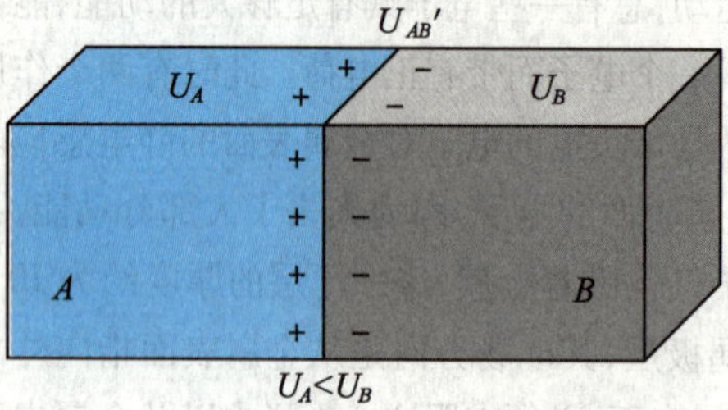

图 7-10　由于逸出电势不同形成的接触电势差

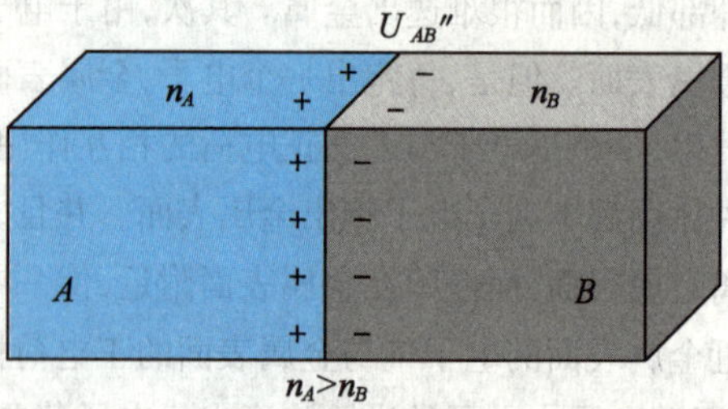

图 7-11　由于电子数密度不同形成的接触电势差

即两种金属的接触电势差等于两种金属的逸出电势之差。

其次，考虑由于两种金属电子数密度不同而引起的接触电势差。如同气体中由于密度的不均匀能引起扩散现象一样，在金属中由于电子数密度不同，扩散现象也会发生。设 A、B 两种性质不同的金属电子数密度分别为 n_A 和 n_B，且 $n_A>n_B$，由于电子的扩散，从金属 A 中穿过接触面进入到金属 B 的电子数比从金属 B 扩散到 A 的电子数要多，从而 A 带正电，B 带负电，在接触处也产生一个电场，此电场同样也阻碍电子从 A 扩散到 B。当电子的相互扩散过程达到动态平衡时，接触面处也产生一个稳定的电势差 U_{AB}''，如图 7-11 所示。根据经典的电子理论，可以计算出 U_{AB}''的值为

$$U_{AB}''=\frac{kT}{e}\ln\frac{n_A}{n_B}$$

式中，k 为玻尔兹曼常量，T 为热力学温度，e 为电子电量的绝对值。

实际上，具有相同温度而性质不同的两种金属 A 与 B 相接触时，由于电子的逸出电势差和电子数密度不同而引起的接触电势差是同时存在的，总的接触电势差为

$$U_{AB}=U_{AB}'+U_{AB}''=U_B-U_A+\frac{kT}{e}\ln\frac{n_A}{n_B} \tag{7-20}$$

笔记

三、温差电现象及其应用

1. **温差电动势** 将温度相同的两种不同金属联成一个闭合回路,则两接触处的接触电势差的代数和等于零,即回路中总电动势为零。如果使两接触点处于不同的温度 T_1 和 T_2,发现回路中有电流通过,说明回路中存在电动势,这种电动势称为温差电动势(thermo-electromotive force)。这种现象是温差电现象的一种,亦称塞贝克效应(Seebeck effect)。这个电路称为温差电偶(thermocouple)或热电偶。

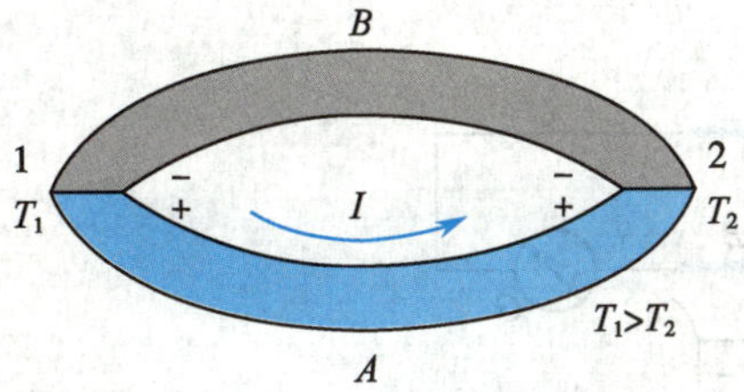

图 7-12 温差电现象

如图 7-12 所示的闭合回路,两接触点的接触电势差分别为

$$U_{AB}(T_1)=U_B-U_A+\frac{kT_1}{e}\ln\frac{n_A}{n_B}$$

$$U_{AB}(T_2)=U_B-U_A+\frac{kT_2}{e}\ln\frac{n_A}{n_B}$$

由于 $T_1>T_2$,所以 $U_{AB}(T_1)>U_{AB}(T_2)$,回路中的电动势应为 $U_{AB}(T_1)$ 和 $U_{AB}(T_2)$ 的代数和

$$\varepsilon_{AB}(T_1,T_2)=U_{AB}(T_1)-U_{AB}(T_2)=\frac{k(T_1-T_2)}{e}\ln\frac{n_A}{n_B} \tag{7-21}$$

式(7-21)中,$\frac{kT_1}{e}\ln\frac{n_A}{n_B}$ 和 $\frac{KT_2}{e}\ln\frac{n_A}{n_B}$ 就是两接触点的扩散电势差,又称**佩尔捷电动势**(Peltier electro-motive force)。佩尔捷电动势大小的数量级为 $10^{-2}\sim10^{-3}$ V。

实验证明,当温差不大时,温差电偶的温差电动势与温度的关系为

$$\varepsilon_{AB}=a(T_1-T_2)+\frac{1}{2}b(T_1-T_2)^2 \tag{7-22}$$

式(7-22)中,a 和 b 为与金属 A、B 有关的特征常量,称为温差电系数(thermoelectric coefficient)。应用表 7-3 中 a、b 的量值及其附带的"+"或"-"时,所得温差电动势的指向有如下规则:若计算出的电动势为正值,在说明热接头处电流由后一种金属流向前一种金属,若所得电动势为负值,则相反。

表 7-3 几种温差电偶的 a、b 值

温差电偶	$a(\times10^{-6}\text{V/K})$	$b(\times10^{-6}\text{V/K}^2)$
Cu-Fe	-13.403	+0.0275
Cu-Ni	+20.390	-0.0453
Pt-Fe	-19.272	-0.0289
Pt-Au	-5.991	-0.0360

金属的温差电系数的值不大,一般为十万分之几伏特每度,因而不能用于制成实用电源。目前,用半导体材料作为热电偶,制成的实用电源已逐步得到应用。

2. **温差电偶的应用**

(1) 测温:温差电偶的最主要应用是测量温度。如图 7-13 所示,用金属导线 C 把电流计 G 与温差电偶的金属 B 的两部分相连。如果金属 B 和金属 C 的两个接头都处在相同的环境中,这两个接头的接触电势差的代数和为零,不影响温差电偶产生的电动势。由于温差电动势与冷热

笔记

两接头的温度有关，因此，可以将冷接头的温度 T_2 保持恒定，例如放入冰水中，即 $T_2=273K$。将热接头插入待测温度为 T_1 的物体中，热接头处温度高于 T_2 越大，即电偶两端的温差越大，则温差电动势就越大，流过电流计的电流越大。实际测量时，电流与温度的关系已事先校对好，从电流计指针的偏转就能直接读出温度。

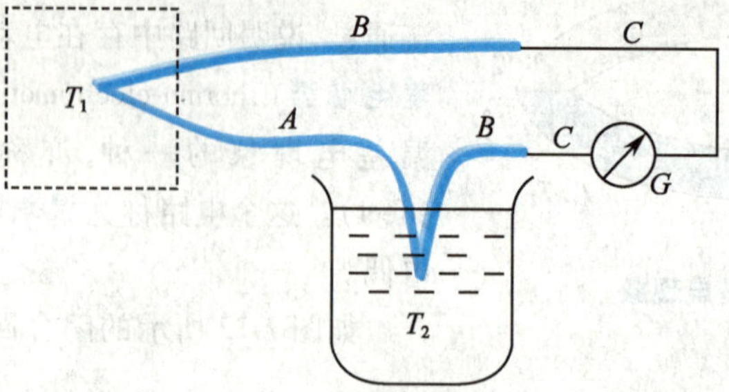

图 7-13 用温差电偶测量温度

用温差电偶测温度具有下列优点：

1）测量范围很广，可以在 -200～2000℃ 的范围内使用。

2）灵敏度和准确度高，可达 10^{-3}K 以下。

3）由于受热面积和热容量都可以设计得很小，所以用温差电偶能够测量很小范围内的温度，或微小的热量变化，这给研究化学反应和小生物体的温度变化带来很大方便。这个优点是一般水银温度计不能与之相比的。

4）配合适当的电子电路装置，容易实现温度的遥测、自动记录和遥控。

（2）制冷：在温差电偶的电路中通入直流电后，除生成焦耳热外，在两个接头处分别产生吸热和放热现象，该现象称为**佩尔捷效应**（Peltier effect）。根据这个原理可以制造制冷器。

与机械压缩制冷相比较，温差电偶制冷无机械运动部件，直接利用电能实现热量的转移，具有结构简单、寿命长、工作可靠、反应快、易控制、可小型化（如应用在温差电显微镜切片冷冻台上）、无噪声振动、无空气污染等一系列优点。

目前，随着各种半导体材料的相继问世，半导体温差电器件得到了更广泛的应用。如利用特种半导体材料构成的 P-N 结，形成热电偶对，同样可以产生佩尔捷效应，从而达到更加理想的制冷效果。

第五节 电容器的充电和放电

电容器具有容纳电荷储存电能的能力。由电容 C 和电阻 R 串联起来组成的电路称为 RC 电路。

如图 7-14 所示，将开关 K 扳向 1 使 RC 电路与直流电源相连，电容器**充电**（charging）。在充电过程中，充电电流 i_1 和电容器的端电压 u_C 都是随时间变化的。将开关 K 扳向 2，已充电的电容器通过电阻**放电**（discharging），放电过程中回路的电流和电容器的端电压也是随时间变化的。通常将电容器的充、放电过程称为 RC 电路的**暂态过程**（transient state process）。暂态过程与稳态过程是电子技术中两个比较重要的电过程，在电工和电子技术中有着广泛的应用。

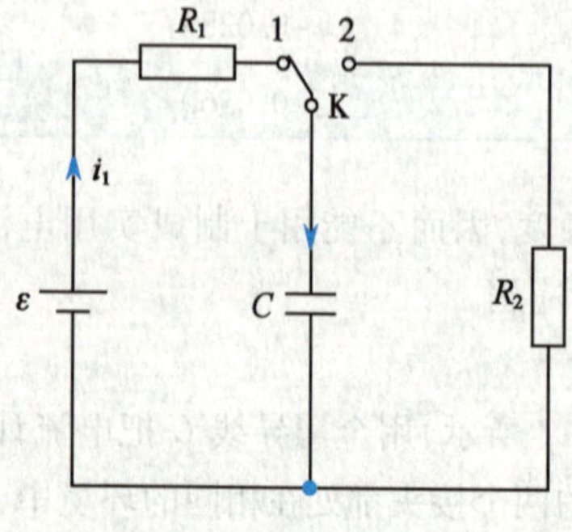

图 7-14 电容器充电

RC 电路的充、放电过程，电流都是不稳定的，但是在整个过程中的任一时刻，回路中的电流强度、电势降落等

笔记

仍然遵守基尔霍夫定律，这种情况称为似稳情况，回路中的电流称为似稳电流。

一、电容器的充电

如图 7-14 所示，把 K 扳向 1，电容器充电。图中电源电动势为 ε，不计电源内阻。设在某一时刻 t，电容器的电量为 q，电路中的电流为 i_1，电容器两极板间的电势差为 u_C，根据基尔霍夫第二定律可得

$$i_1R_1+u_C-\varepsilon=0$$

因为 $u_C=\frac{q}{C}$，$i=\frac{dq}{dt}$即电路中的电流强度等于电容器极板上电量对时间的变化率，代入上式

$$R_1\frac{dq}{dt}+\frac{q}{C}-\varepsilon=0$$

上式中 q 是随 t 变化的。对上式分离变量

$$\frac{dq}{\varepsilon C-q}=\frac{dt}{R_1C}$$

积分得

$$\ln(\varepsilon C-q)=-\frac{t}{R_1C}+\ln A$$

或 $\varepsilon C-q=Ae^{-\frac{t}{R_1C}}$

当 $t=0$ 时，$q=0$，$A=\varepsilon C=Q$。Q 为电容器两极板电势差等于电源的端电压时所带的电量，所以

$$q=Q(1-e^{-\frac{t}{R_1C}}) \tag{7-23}$$

由此求出充电电流以及电容器两极板间电势差与时间的关系

$$i=\frac{dq}{dt}=\frac{Q}{R_1C}e^{-\frac{t}{R_1C}}$$

即 $i=\frac{\varepsilon}{R_1}e^{-\frac{t}{R_1C}}$ (7-24)

$$u_C=\frac{q}{C}=\frac{Q}{C}(1-e^{-\frac{t}{R_1C}})$$

即 $u_C=\varepsilon(1-e^{-\frac{t}{R_1C}})$ (7-25)

由式(7-23)、式(7-24)、式(7-25)可见，充电时电容器的电量、两极板间的电势差是随时间按指数规律增加的，而充电电流是随时间按指数规律下降的。它们分别由图 7-15(a)、(b)、(c)所表示。

由上述三式可看出：当充电开始时，$t=0$，$i_m=\frac{\varepsilon}{R_1}$，$q=0$，$u_C=0$，充电电流最大；当 $t=\infty$，$i=0$，$q=Q=\varepsilon C$，$u_C=\varepsilon$，表明电容器充电时间足够长时，电容器两极板间电势差达到最大值，等于电源的端电压，电容器上所积累的电荷达最大值；当 $t=R_1C$ 时

$$q=C\varepsilon(1-e^{-1})=0.63C\varepsilon$$

$$i_1=\frac{\varepsilon}{R_1}e^{-1}=0.37\frac{\varepsilon}{R_1}$$

$$u_C=\varepsilon(1-e^{-1})=0.63\varepsilon$$

笔记

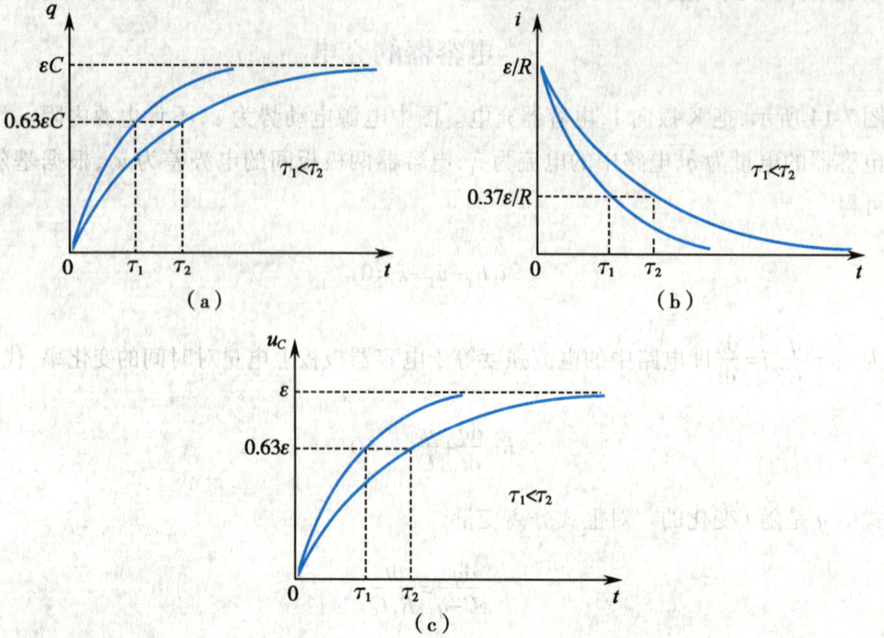

图 7-15 电容器充电过程中的 q-t、i-t、u_C-t 曲线

上述结果表明：$t=R_1C$，是电容 C 极板间的电势差由 0 上升到电源电动势 ε 的 63% 时所经历的时间，或者是充电电流下降到最大值 $\frac{\varepsilon}{R_1}$ 的 37% 时所经历的时间。可见，电容器充电的快慢，与电路中的电阻 R 和电容值 C 的大小有关。乘积 RC 称为 RC 电路的**时间常数**(time constant)，用 τ 表示。RC 具有时间的量纲，当 R 的单位为欧姆，C 的单位为法拉时，RC 的单位为秒。τ 越小表示充电越快，反之，充电越慢。

实际充电时，当 $t=2.3\tau$ 时，$u_C=0.9\varepsilon$；当 $t=3\tau$ 时，$u_C=0.95\varepsilon$；当 $t=5\tau$ 时 $u_C=0.993\varepsilon$；当 $t>5\tau$ 时，充电过程基本结束。

电容器充电完全结束时，充电电流 i_1 等于 0，电路相当于开路，即电容器处于隔断直流状态。

二、电容器的放电

充电过程结束后，将图 7-16 中的开关 K 扳向 2，电容器开始放电。仍用充电过程所用的分析方法，只是此时 $\varepsilon=0$，可得

$$i_2R_2+u_C=0$$

将 $i=\frac{dq}{dt}$，$u_C=\frac{q}{C}$ 代入上式得：

$$R_2\frac{dq}{dt}+\frac{q}{C}=0$$

整理并分离变量：

$$\frac{dq}{q}=-\frac{dt}{R_2C}$$

积分
$$\ln q=-\frac{t}{R_2C}+\ln B$$

或
$$q=Be^{-\frac{t}{R_2C}}$$

当 $t=0$ 时，$q=Q$。所以 $B=Q$。即

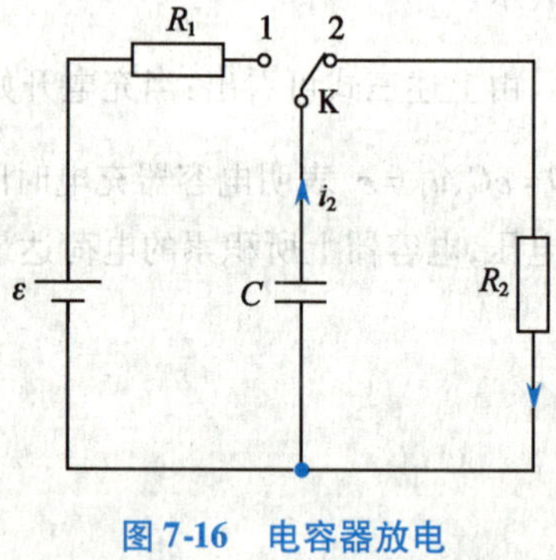

图 7-16 电容器放电

笔记

$$q=Qe^{-\frac{t}{R_2C}} \tag{7-26}$$

可见放电时，电容器上的电量随时间按指数规律衰减。根据式(7-26)电容器两极板间的电势差随时间按指数规律下降：

$$u_C=\frac{q}{C}=\frac{Q}{C}e^{-\frac{t}{R_2C}}=\varepsilon e^{-\frac{t}{R_2C}}$$

$$即\ u_C=\varepsilon e^{-\frac{t}{R_2C}} \tag{7-27}$$

对式(7-26)微分得

$$i_2=\frac{\mathrm{d}q}{\mathrm{d}t}=-\frac{Q}{R_2C}e^{-\frac{t}{R_2C}}=-\frac{\varepsilon}{R_2}e^{-\frac{t}{R_2C}}$$

$$即\ i_2=-\frac{\varepsilon}{R_2}e^{-\frac{t}{R_2C}} \tag{7-28}$$

式(7-28)中电流为负，说明放电电流与充电电流方向相反。

由式(7-26)、式(7-27)、式(7-28)可见，在 RC 电路的放电过程中，q、i_2、u_C 的衰减快慢，同样取决于时间常数 τ，τ 越小，衰减越快。当 $t=\tau$ 时

$$q=Qe^{-1}=0.37Q$$

说明经过时间 τ 后，因放电而消失的电荷 $q'=Q-q=0.63Q$，在放电过程中，放掉 63% 的电荷所用的时间和充电过程中积累 63% 的电荷所用的时间相等，这个时间就是时间常数 τ。图 7-17 (a)、(b)、(c)表示放电过程 q-t，i-t，u_C-t 曲线。

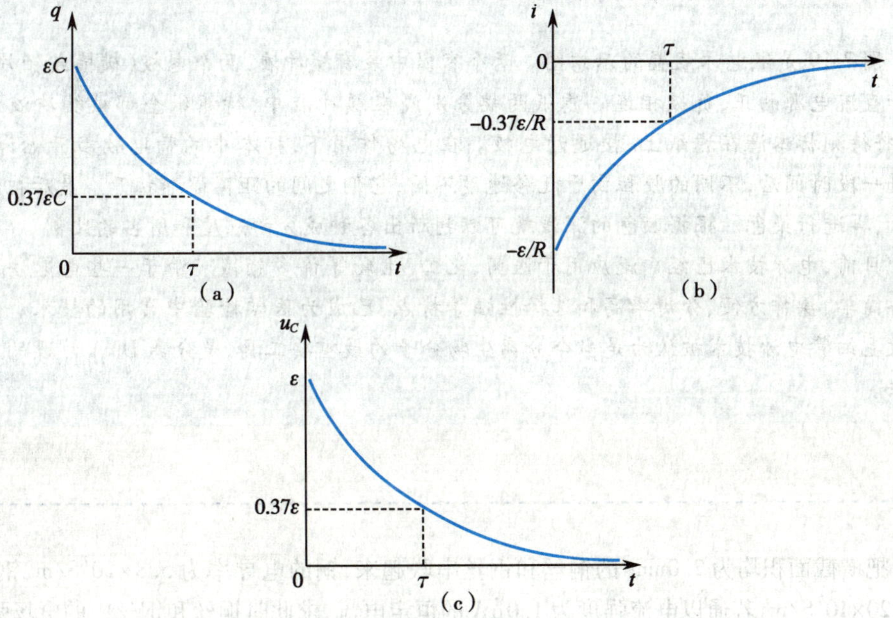

图 7-17　电容器放电过程中的 q-t、i-t、u_C-t 曲线

综上所述，RC 电路的暂态过程表明，不论是在充电还是在放电过程中，电容器极板上的电量和电压不能突变，只能按指数规律变化。电容器的这一特性，在电子技术中的振荡、放大以及脉冲电路、运算电路等都有应用。如在 RC 电路中，使 $R_1>R_2$，即充电过程的时间常数大于放电过程的时间常数，就可以得到如图 7-18 所示的示波管水平偏转板上所加的锯齿形电压。

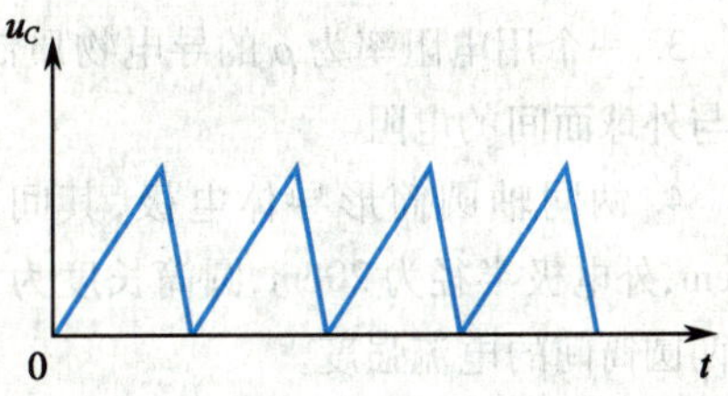

图 7-18　锯齿波形电压

笔记

拓展阅读

电 泳

生物细胞外液(组织液和血浆)中除了有正、负离子外,还有带电或不带电的悬浮胶粒,带电胶粒可以是细胞、病毒、蛋白质分子或合成离子。在外电场作用下,带电胶粒将发生迁移,这样的现象称为电泳(electrophoresis)。电泳胶粒移动的快慢主要取决于电场强度、胶粒所带的电量、胶粒质量、大小、形状以及液体的黏滞系数和介电常数等。在电泳中会发现不同带电胶粒的迁移速度不一样,因此可以用电泳的方法将标本中的不同成分分开。二十世纪六七十年代滤纸、聚丙烯凝胶等介质相继引入电泳,电泳技术得以迅速发展。电泳技术除了用于小分子物质的分离分析外,最主要用于蛋白质、核酸、酶甚至病毒与细胞的分析研究。

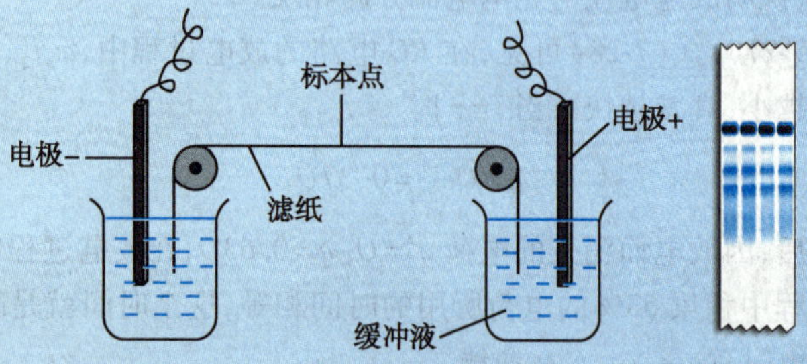

图 7-19 纸电泳装置示意图

图 7-19 是纸电泳装置的示意图。两个容器中装有缓冲液,两个电极(碳棒或铂片)分别和直流电源的正、负极相连。滤纸两端分别浸在缓冲液中,待滤纸全部被缓冲液润湿后,将待测标本滴在滤纸上,接通两电极。在电场作用下,标本中的带电胶粒开始泳动。经过一段时间后,不同的胶粒由于迁移速度不同,它们之间的距离逐渐拉开。最后把滤纸烘干,再进行染色。根据颜色的深浅就可以判断出各种成分的浓度和所占的比例。

目前,电泳技术已经广泛应用于医药、化工、生物等许多领域。由于一些电泳法具有设备简单、操作方便、分辨率高和选择性强等特点,已成为医学检验中常用的技术。例如高效毛细管电泳技术被认为是当今分离生物分子的最重要工具,是分离 DNA 片段的首选方法。

习题

1. 把横截面积均为 2.0mm^2 的铜丝和钢丝串联起来,铜的电导率为 $5.8\times10^7\text{S/m}$,钢的电导率为 $0.20\times10^7\text{S/m}$,若通以电流强度为 $1.0\mu\text{A}$ 的恒定电流,求此时铜丝和钢丝中的电场强度。

2. 平板电容器的电量为 $2.0\times10^{-8}\text{C}$,平板间电介质的相对介电常数为 78.5,电导率为 $2.0\times10^{-4}\text{S/m}$,求开始漏电时的电流强度。

3. 一个用电阻率为 ρ 的导电物质制成的空心半球壳,它的内半径为 a,外半径为 b,求内球面与外球面间的电阻。

4. 两同轴圆筒形导体电极,其间充满电阻率为 $10\Omega\cdot\text{m}$ 的均匀电介质,内电极半径为 10cm,外电极半径为 20cm,圆筒长度为 5cm。(1)求两极间的电阻;(2)若两极间的电压为 8V,求两圆筒间的电流强度。

笔记

5. 图 7-20 中,$\varepsilon_1=24\text{V}$,$r_1=2\Omega$,$\varepsilon_2=6\text{V}$,$r_2=1\Omega$,$R_1=2\Omega$,$R_2=1\Omega$,$R_3=3\Omega$。

求:(1)电路中的电流;(2)a、b、c 和 d 点的电势;(3)U_{ab} 和 U_{dc}。

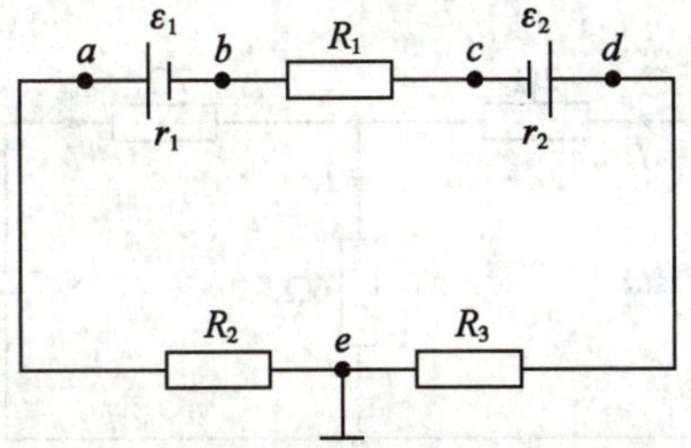

图 7-20 习题 5 电路图

6. 图 7-21 中,$\varepsilon_1=12V$,$r_1=3\Omega$,$\varepsilon_2=8V$,$r_2=2\Omega$,$\varepsilon_3=4V$,$r_3=1\Omega$,$R_1=3\Omega$,$R_2=2\Omega$,$R_3=5\Omega$,$I_1=0.5A$,$I_2=0.4A$,$I_3=0.9A$。计算 U_{ab}、U_{cd}、U_{ac} 和 U_{cb}。

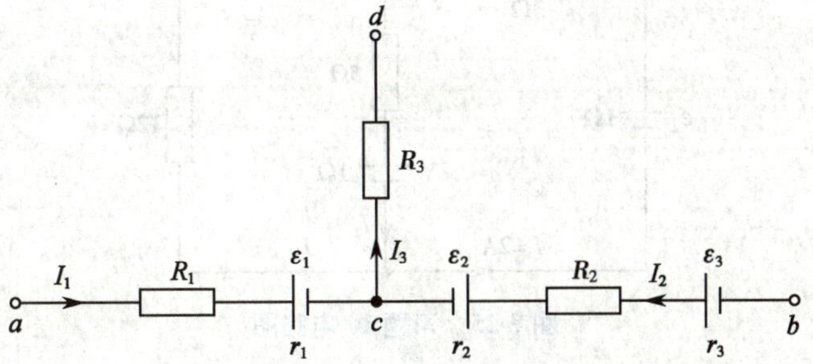

图 7-21 习题 6 电路图

7. 图 7-22 中,$\varepsilon_1=4V$,$r_1=2\Omega$,$\varepsilon_2=4V$,$r_2=1\Omega$,$\varepsilon_3=6V$,$r_3=2\Omega$,$\varepsilon_4=2V$,$r_4=1\Omega$,$\varepsilon_5=0.4V$,$r_5=2\Omega$,$R_1=3\Omega$,$R_2=4\Omega$,$R_3=8\Omega$,$R_4=2\Omega$,$R_5=5\Omega$,计算 U_{ab}、U_{bc}、U_{ad}、U_{ac} 和 U_{ed}。

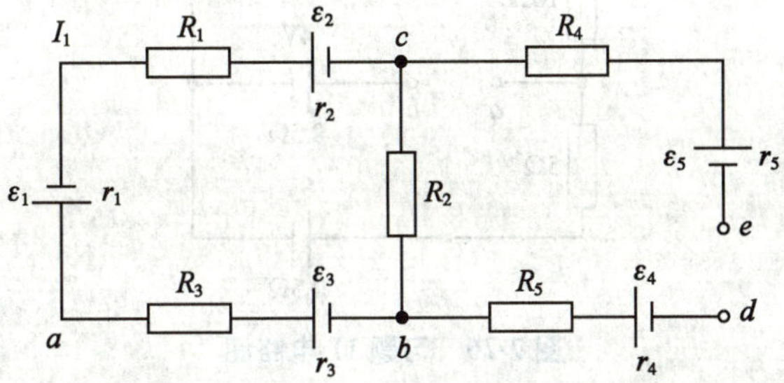

图 7-22 习题 7 电路图

8. 图 7-23 中,$\varepsilon_1=6V$,$r_1=0.2\Omega$,$\varepsilon_2=4.5V$,$r_2=0.1\Omega$,$\varepsilon_3=2.5V$,$r_3=0.1\Omega$,$R_1=0.5\Omega$,$R_2=0.5\Omega$,$R_3=2.5\Omega$,求通过电阻 R_1、R_2、R_3 的电流。

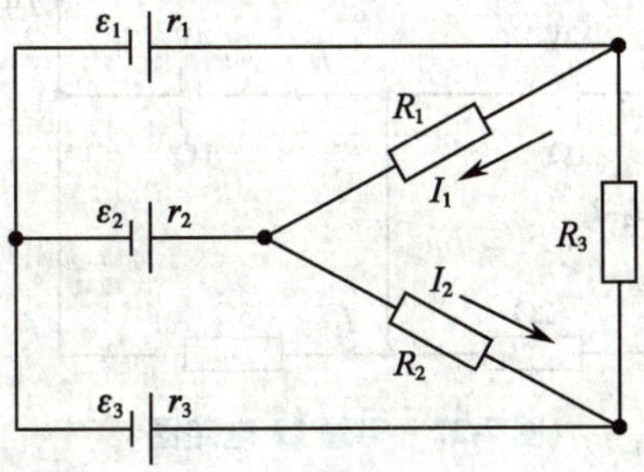

图 7-23 习题 8 电路图

笔记

9. 图 7-24 中，已知支路电流 $I_1=\frac{1}{3}$A，$I_2=\frac{1}{2}$A。求电动势 ε_1，ε_2。

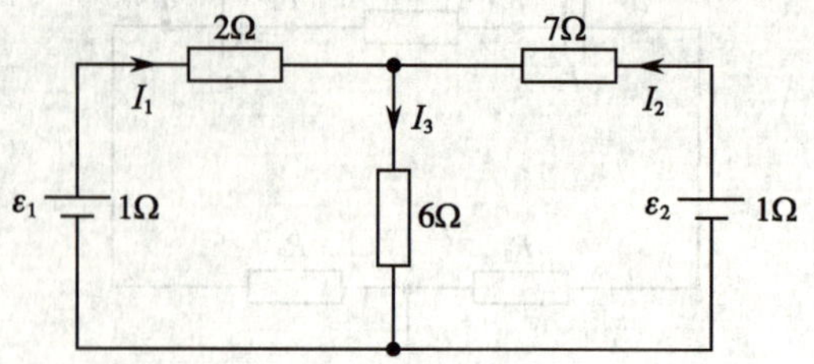

图 7-24　习题 9 电路图

10. 求图 7-25 中的未知电动势 ε。

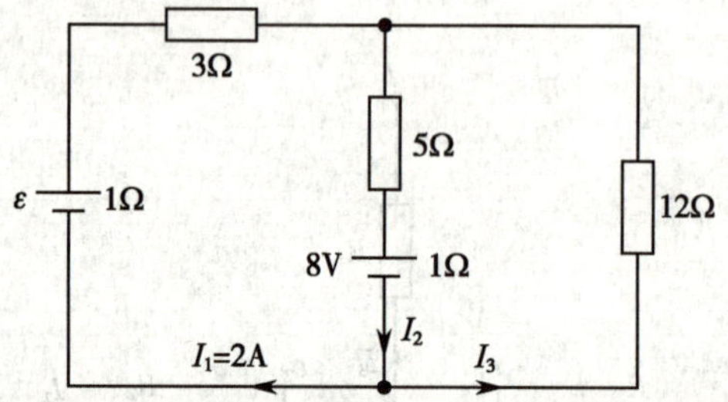

图 7-25　习题 10 电路图

11. 直流电路如图 7-26 所示，求 a 点与 b 点间的电压 U_{ab}。

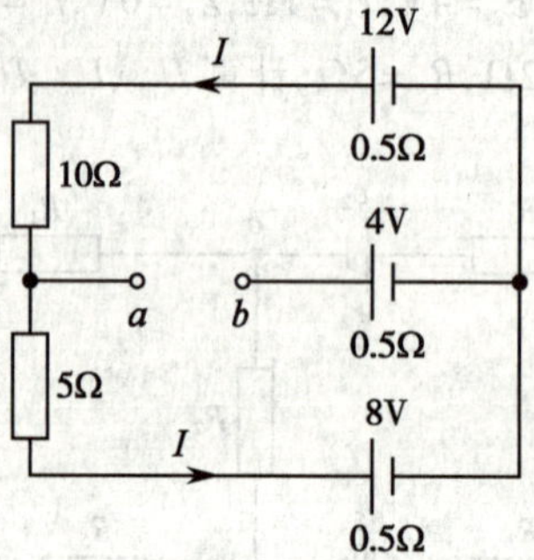

图 7-26　习题 11 电路图

12. 直流电路如图 7-27 所示，求各支路的电流。

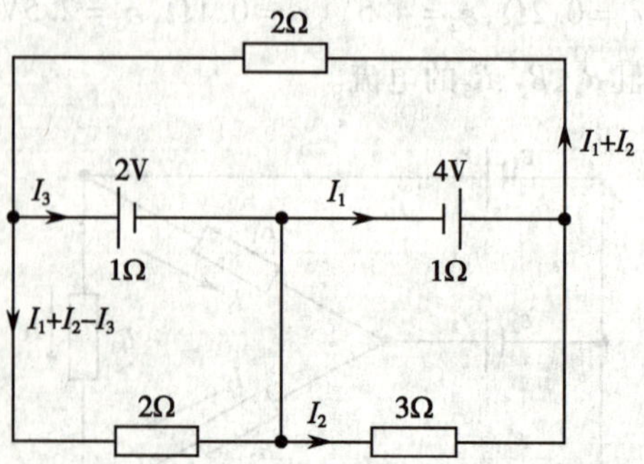

图 7-27　习题 12 电路图

笔记

13. 在图 7-28 中，要使 $I_b=0$，试问 R_1 的值应为多少？

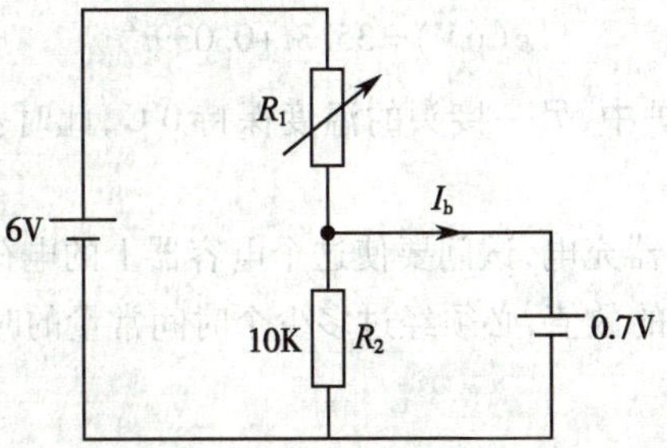

图 7-28 习题 13 电路图

14. 蓄电池 ε_2 和电阻为 R 的用电器并联后接到发电机 ε_1 的两端，如图 7-29 所示，箭头表示各支路中的电流方向。已知 $\varepsilon_2=108\text{V}$，$r_1=0.4\Omega$，$r_2=0.2\Omega$，$I_2=10\text{A}$，$I_1=25\text{A}$，试确定蓄电池是在充电还是在放电？并计算 ε_1、I 和 R 的值。

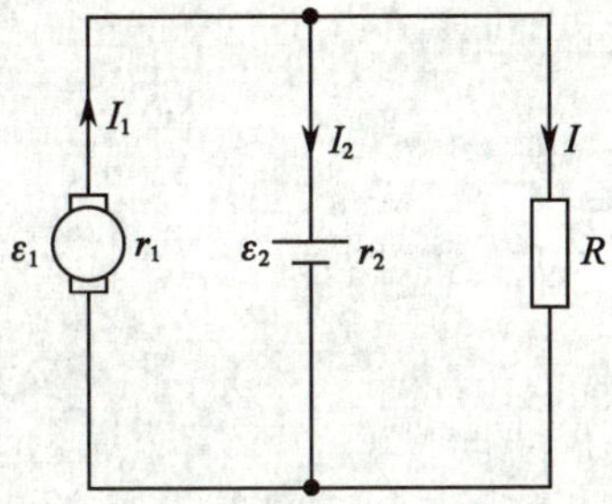

图 7-29 习题 14 电路图

15. 图 7-30 的电路中含 3 个电阻 $R_1=3\Omega$，$R_2=5\Omega$，$R_3=10\Omega$，一个电容 $C=8\mu\text{F}$，和 3 个电动势 $\varepsilon_1=4\text{V}$，$\varepsilon_2=16\text{V}$，$\varepsilon_3=12\text{V}$。求：(1)所标示的未知电流；(2)电容器两端的电势差和电容器所带的电量。

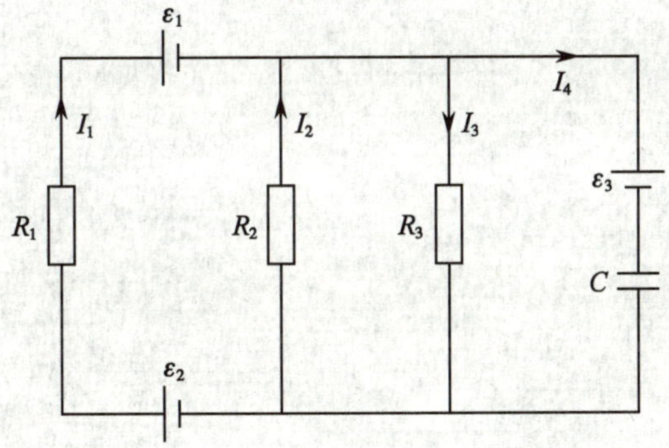

图 7-30 习题 15 电路图

16. 温差电偶与一固定电阻和电流计串联，用来测量一种合金的熔点，电偶的冷接头放在正溶解的冰内，当电偶的热接头相继地放入在 100℃ 的沸水和 327℃ 的熔化的铅中，电流计的偏转分别为 76 分度和 219 分度，如果将热接头放在正熔化的该合金中，则电流计偏转为 175 分度。设温差电动势和温度的关系遵守

$$\varepsilon=a(T_1-T_2)+\frac{1}{2}b(T_1-T_2)^2$$

求该合金的熔点。

笔记

17. 当冷热接头的温度分别为 0℃ 及 t℃ 时，康铜与铜所构成的温差电偶的温差电动势可以

用下式表示：

$$\varepsilon(\mu V)=35.3t+0.039t^2$$

今将温差电偶的一接头插入炉中，另一接头的温度保持0℃，此时获得温差电动势为28.75mV，求电炉的温度。

18. 使 RC 电路中的电容器充电，试问要使这个电容器上的电荷达到比其平衡电荷（即 $t\to\infty$ 时电容器上的电荷）小1.0%的数值，必须经过多少个时间常量的时间？

（王晨光）

笔记

第八章 磁 场

学习要求

1. 掌握 磁感应强度的概念及电流的磁感应强度计算，磁场对运动电荷、载流导线、载流线圈的作用。

2. 熟悉 磁感应线、磁通量、磁矩、磁场强度的概念及相关计算。

3. 了解 质谱仪和霍尔效应的原理，磁介质的基本性质，磁致伸缩现象。

人类在公元前六、七世纪就发现了磁石(Fe_3O_4)吸铁、磁石指南的磁现象，磁现象的本质就是电荷的运动。运动电荷不但在周围产生电场，而且还会激发磁场。本章首先通过磁场对运动电荷的作用给出磁感应强度的定义，其次介绍毕奥-萨伐尔定律和安培定律，并应用它们计算几种电流产生的磁场的磁感应强度，然后讨论磁场对运动电荷、载流导线和载流线圈的作用，最后讨论磁场和磁介质的相互作用。

第一节 磁场、磁感应强度

天然磁铁能够吸引铁、钴、镍等物质，这种性质称为**磁性**(magnetism)。永久磁铁或磁针的两端磁性最强，称为**磁极**(magnetic pole)。地球上，一个可绕竖直轴自由转动的磁针，处于平衡状态时，指向地球北极方向的磁极称为**北极**(N极)，指向地球南极方向的磁极称为**南极**(S极)，而且磁极总是成对出现的。两块磁铁或磁针间，同性磁极相斥，异性磁极相吸，这种相互作用力称为**磁力**(magnetic force)

尽管磁现象与电现象有某些相似之处，但在过去很长时间里，两者是分开独立研究的，直到1820年奥斯特(Oersted)发现了通电直导线附近磁针会发生偏转的电流磁效应后，人们才认识到磁现象和电荷的运动是密切联系的。1822年安培提出了关于物质磁性本质的“分子电流假说”，认为磁性物质的分子中存在着分子电流，这是一切磁现象的来源。现在已经知道，无论是永久磁铁的磁性，还是电流的磁性，都源于电荷的运动。

一、磁 场

大量实验表明，不仅电流与磁铁、电流与电流之间有磁的相互作用，而且运动电荷与运动电荷之间、运动电荷与磁铁之间也存在磁的相互作用。磁的相互作用实质是运动电荷(即电流)之间的一种相互作用，它们并未直接接触，它们之间的作用是通过一种特殊形式的物质——**磁场**(magnetic field)来传递的。磁铁周围存在着磁场，运动电荷和载流导线的周围也存在着磁场。磁场的物质性表现在对磁场中的运动电荷和载流导体有力的作用。当载流导体在磁场中运动时，磁力要做功，即磁场具有能量。因此，运动电荷、电流、磁铁之间相互作用时，都可以看成它们中任意一个所激发的磁场对另一个施加作用力的结果，即相互作用是通过磁场实现的。

二、磁感应强度

为了定量地描述磁场，引入**磁感应强度**(magnetic induction) $\boldsymbol{B}$ 来表示磁场中各点的强弱和方向，它是一个矢量点函数。这与描述电场时引入电场强度矢量 $\boldsymbol{E}$ 类似。

笔记

磁场中某点的磁感应强度大小和方向，可以借助于运动电荷在磁场中所受的力来判定，也可以用通电导线在磁场中所受的力来判定，还可以用通电线圈在磁场中所受的力矩来判定。所有这些，仅仅是检验方法不同，并不影响被研究的磁场。下面借助运动电荷在磁场中所受的磁力来定义磁感应强度 $\boldsymbol{B}$。

在磁场中引入一个正试验电荷 q_0，以速度 $\boldsymbol{v}$ 通过磁场中某定点 P，结果发现如下规律：

（1）在 P 点，电荷 q_0 沿不同方向运动时，所受磁力 $\boldsymbol{f}$ 的大小不等。当 q_0 沿某一特定方向（小磁针置于该点处时 N 极的指向）或其相反方向运动时，所受磁力为零；当 q_0 沿与该特定方向垂直的方向运动时，所受磁力最大。

（2）电荷 q_0 在定点 P 所受磁力的方向，总是既与本身运动速度 $\boldsymbol{v}$ 垂直，又与上述的特定方向垂直。

（3）电荷 q_0 所受的最大磁力 f_m 与电量 q_0 及运动速度 v 成正比，但比值 f_m/q_0v 仅与 P 点位置有关。

以上实验结果表明，对磁场中某一点来说，比值 f_m/q_0v 反映了磁场的空间分布。因此，定义磁场中某点的磁感应强度大小和方向如下：

1. 磁场中某点磁感应强度 B 的大小 由于比值 f_m/q_0v 仅与位置有关而与电荷性质无关。因此，可用这一比值作为该点磁感应强度 $\boldsymbol{B}$ 的大小的量度，即

$$B=\frac{f_m}{q_0v} \tag{8-1}$$

2. 磁场中某点磁感应强度 B 的方向 除了用小磁针 N 极指向表示该点的磁感应强度 $\boldsymbol{B}$ 的方向外，还可以根据右手螺旋法则，由正电荷 q_0 在该点所受的最大磁力 $\boldsymbol{f}_m$ 和速度 $\boldsymbol{v}$ 的方向来确定 $\boldsymbol{B}$ 的方向。方法如图 8-1 所示：右手拇指伸直，四指由 $\boldsymbol{f}_m$ 的方向沿小于 π 的角度弯向速度 $\boldsymbol{v}$ 的方向，则拇指的指向即为磁感应强度 $\boldsymbol{B}$ 的方向。

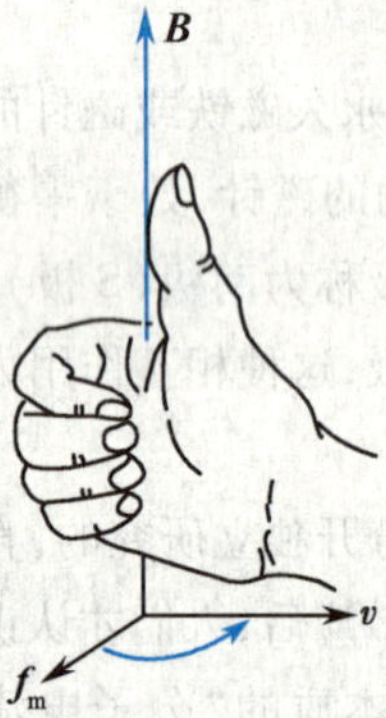

图 8-1 磁感应强度方向的判定

综上所述，**磁感应强度 B 是描述磁场性质的物理量。磁场中某点的磁感应强度，在数值上等于单位正电荷以单位速度通过该点时所受到的最大磁力。**它的方向由**右手螺旋法则**给出。

在国际单位制中，磁感应强度的单位是特斯拉(Tesla)，用 T 表示。

$$1\text{T}=1\text{N}\cdot\text{s}/(\text{C}\cdot\text{m})=1\text{N}/(\text{A}\cdot\text{m})$$

一般永久磁铁两极附近的 B 值为 0.4T～0.7T；变压器铁芯中 B 值为 0.8T～1.4T；医学核磁共振成像设备的 B 值为 0.2T～2.0T；磁疗用的磁片 B 值为 0.15 T～0.18T。

在实际应用中常使用较小的单位高斯（G），1 G$=10^{-4}$T。如地磁场约为 0.5G，人体的生物磁场约为 10^{-6}G～10^{-8}G，可见人体的生物磁场与地磁场相比非常微弱。

三、磁感应线

磁场中每一点的磁感应强度 $\boldsymbol{B}$ 的大小和方向都是确定的，为了形象地反映磁场的分布情况，与在静电场中用电场线来表示静电场的分布类似，在磁场中用**磁感应线**(magnetic induction line)来形象地描述磁场在空间的分布情况。即在磁场中画一些曲线，使曲线上每一点的切线方向与该点的磁感应强度的方向相同。由于磁场中每一点的磁感应强度场方向都是确定的，所以磁感应线不会相交。图 8-2 是几种不同形状的载流导线所产生的磁场的磁感应线。从图中可见，电流方向与电流产生的磁场方向符合右手螺旋法则（图 8-3）。在分析了各种形状的电流的磁感应线后，可以得到一个重要的结论：**在任何磁场中，每一条磁感应线都是闭合曲线，好像涡旋一样。**

笔记

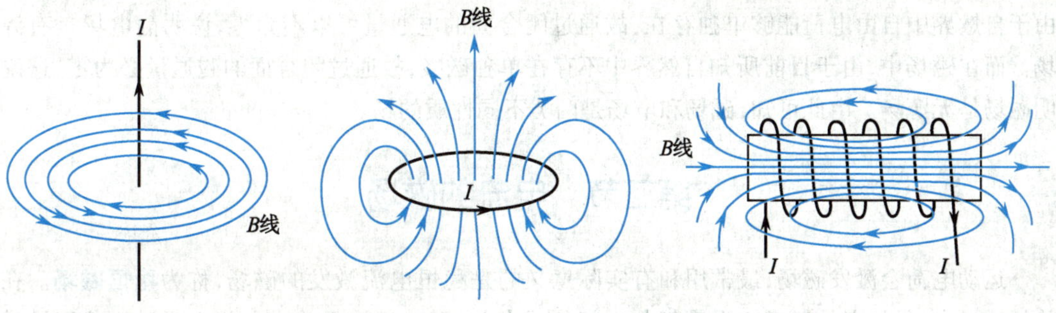

图 8-2 电流周围的磁感应线

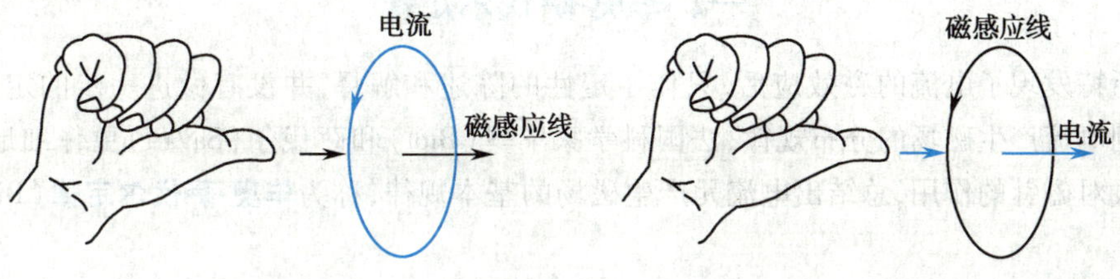

图 8-3 磁感应线绕行方向与电流的关系

为了使磁感应线也能表示磁场的强弱，规定在磁场中某点，通过垂直于磁感应强度 $\boldsymbol{B}$ 的单位面积上的磁感应线条数等于该处 $\boldsymbol{B}$ 的大小，即

$$B=\frac{\mathrm{d}\Phi}{\mathrm{d}S_{\perp}} \tag{8-2}$$

式中 $\mathrm{d}\Phi$ 表示通过垂直于 $\boldsymbol{B}$ 的面积 $\mathrm{d}S_{\perp}$ 的磁感应线数。磁感应线较密处，磁场较强；磁感应线较疏处，磁场较弱。

四、磁 通 量

通过磁场中某一曲面的磁感应线总数称为通过此曲面的**磁通量**(magnetic flux)。用 Φ 表示，单位为韦伯(Wb)。由式(8-2)可知，$1\mathrm{Wb}=1\mathrm{T}\cdot\mathrm{m}^2$。

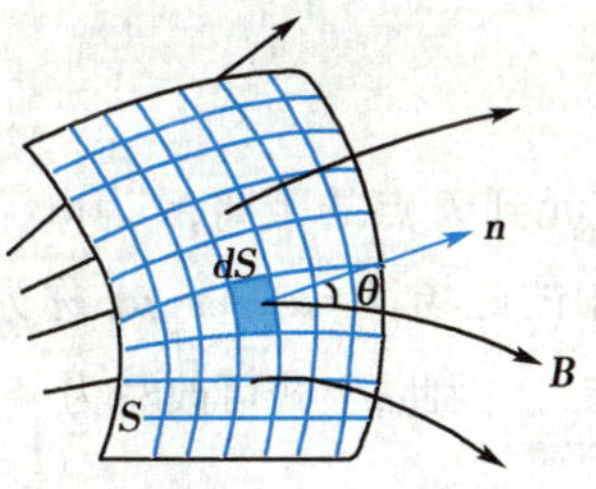

图 8-4 磁通量

计算通过曲面 S 的磁通量，可在曲面上取面积元 $\mathrm{d}S$(图 8-4)，规定面积元矢量 $\mathrm{d}\boldsymbol{S}$ 的方向为该面元的法线方向 $\boldsymbol{n}$，$\boldsymbol{n}$ 与该处磁感应强度 $\boldsymbol{B}$ 的夹角为 θ，则通过 $\mathrm{d}S$ 的磁通量为

$$\mathrm{d}\Phi=\boldsymbol{B}\cdot\mathrm{d}\boldsymbol{S}=B\cos\theta\mathrm{d}S$$

通过曲面 S 的磁通量可由积分求得

$$\Phi=\int_S B\cos\theta\mathrm{d}S \text{ 或 } \Phi=\int_S \boldsymbol{B}\cdot\mathrm{d}\boldsymbol{S} \tag{8-3}$$

在计算通过闭合曲面的磁通量时，通常取垂直曲面指向面外的方向为该处曲面的法线方向。因此，穿入曲面的磁通量为负，穿出曲面的磁通量为正。由于磁场中的每一条磁感应线都是闭合的，有几条磁感应线穿入闭合曲面，必然有相同数量的磁感应线穿出，所以，通过任何闭合曲面的磁通量必为零，即

$$\Phi=\oint \boldsymbol{B}\cdot\mathrm{d}\boldsymbol{S}=0 \tag{8-4}$$

笔记

式(8-4)称为真空中磁场的**高斯定理**，它反映了磁场是涡旋场这一重要特性。在静电场中，由于自然界中自由电荷能够单独存在，故通过闭合面的电通量可以不为零，说明静电场是有源场。而在磁场中，由于目前所知自然界中不存在单独磁极，故通过闭合面的磁通量必为零，这说明磁场是无源场。由此可知，磁场和电场是两类不同性质的场。

第二节 电流的磁场

运动电荷会激发磁场，最常用和有实际意义的是稳恒电流激发的磁场，称为**稳恒磁场**。在稳恒磁场中，任一点的磁感应强度仅与空间位置有关，而与时间无关。本节主要讨论载流导线激发稳恒磁场的规律和应用。

一、毕奥-萨伐尔定律

奥斯特发现了电流的磁效应后，只作了定性的陈述和解释，并没有做进一步的定量研究。为了得到电流产生磁场的分布规律，法国科学家毕奥(Biot)和萨伐尔(Savart)更仔细地研究了载流导线对磁针的作用，总结出电流元产生磁场的基本规律，称为**毕奥-萨伐尔定律**(Biot-Savart law)。

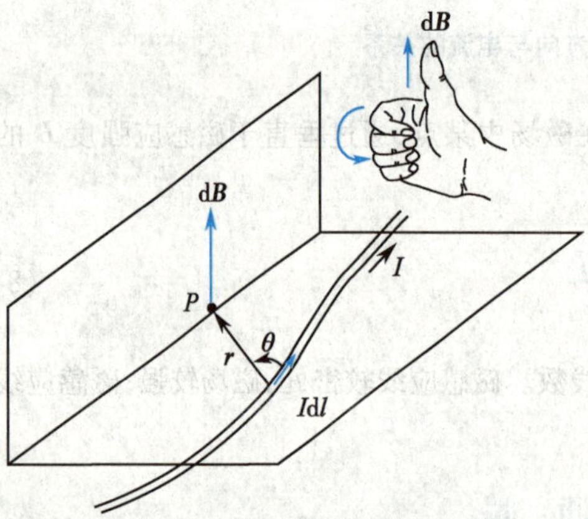

图 8-5 电流元产生的磁感应强度

在研究电场时，我们把任意带电体看作是无穷多个电荷元的集合，利用叠加原理可计算任意带电体所产生的电场的电场强度 $\boldsymbol{E}$。与此相似，在讨论电流产生的磁场时，我们也可以把电流看作是无穷多个电流元的集合，利用叠加原理即可计算任意形状的电流所产生的磁场的磁感应强度 $\boldsymbol{B}$。

如图 8-5 所示，真空中有一任意载流导线，其电流强度为 I，在该导线上沿电流方向取一微分线元 $\mathrm{d}l$，按该处的电流方向定义为线元矢量 $\mathrm{d}\boldsymbol{l}$，则 $I\mathrm{d}\boldsymbol{l}$ 称为**电流元**。毕奥-萨伐尔定律指出：电流元 $I\mathrm{d}\boldsymbol{l}$ 在真空中某点 P 处的磁感应强度 $\mathrm{d}\boldsymbol{B}$ 的大小为

$$\mathrm{d}B = k\frac{I\mathrm{d}l\sin\theta}{r^2}$$

式中 k 为比例系数，它的值与单位制和磁介质有关。r 为电流元到 P 点的距离，θ 为电流元矢量 $I\mathrm{d}\boldsymbol{l}$ 和径矢 $\boldsymbol{r}$ 的夹角(小于 π)。在国际单位制中，对于真空中的磁场，$k=\mu_0/4\pi$，μ_0 称为**真空中磁导率**(Permeability of vacuum)。$\mu_0=4\pi\times10^{-7}\,\mathrm{H/m}$(亨利/米)。因此，上式可改写为

$$\mathrm{d}B = \frac{\mu_0}{4\pi}\cdot\frac{I\mathrm{d}l\sin\theta}{r^2} \tag{8-5}$$

$\mathrm{d}\boldsymbol{B}$ 的方向垂直于 $I\mathrm{d}\boldsymbol{l}$ 和 $\boldsymbol{r}$ 所组成的平面，且 $I\mathrm{d}\boldsymbol{l}$、$\boldsymbol{r}$ 和 $\mathrm{d}\boldsymbol{B}$ 三者满足右手螺旋法则，即令右手四指从电流元 $\mathrm{d}\boldsymbol{l}$ 的方向沿小于 π 的角度转到径矢 $\boldsymbol{r}$ 的方向，则拇指的指向即为 $\mathrm{d}\boldsymbol{B}$ 的方向。因此，可将电流元 $I\mathrm{d}\boldsymbol{l}$ 在 P 处产生的磁感应强度 $\mathrm{d}\boldsymbol{B}$ 用矢量式表示，即

$$\mathrm{d}\boldsymbol{B} = \frac{\mu_0}{4\pi}\cdot\frac{I\mathrm{d}\boldsymbol{l}\times\boldsymbol{r}_0}{r^2} \tag{8-6}$$

笔 记

式中 $\boldsymbol{r}_0=\frac{\boldsymbol{r}}{r}$ 是电流元指向 P 点的径矢 $\boldsymbol{r}$ 的单位径矢。式(8-6)为毕奥-萨伐尔定律的数学表达式。于是，任意电流在 P 点产生的磁感应强度为

$$\boldsymbol{B}=\int_L \mathrm{d}\boldsymbol{B}=\int \frac{\mu_0}{4\pi}\cdot\frac{I\mathrm{d}\boldsymbol{l}\times\boldsymbol{r}_0}{r^2}$$

如果空间同时存在几条载流导线，或一条载流导线可划分成几段特殊形状的导线段，则磁场中任一点 P 的磁感应强度 $\boldsymbol{B}$ 就等于各条导线（或导线段）在 P 点的磁感应强度的矢量和。即

$$\boldsymbol{B}=\boldsymbol{B}_1+\boldsymbol{B}_2+\cdots+\boldsymbol{B}_n=\sum_{i=1}^{n}\boldsymbol{B}_i$$

毕奥-萨伐尔定律不可能直接用实验验证，因为实际上无法得到上述电流元。但是应用它和场的叠加原理计算载流导体所产生的磁场的磁感应强度却是与实验相符合的。毕奥-萨伐尔定律是计算电流的磁场的基本定律，虽然它只适用于稳恒电流，但为我们提供了一种根据电流分布求解磁场分布的基本方法。下面应用毕奥-萨伐尔定律计算几种简单形式的电流所产生的磁场。

例题 8-1 计算真空中圆电流轴线上的磁场。设真空中有一半径为 R、电流强度为 I 的圆电流，求圆电流轴线上的磁感应强度。

解 以圆心 O 为原点，轴线为 x 轴建立如图 8-6 所示的坐标。设 P 点为圆电流轴线上的一点，$OP=x$。

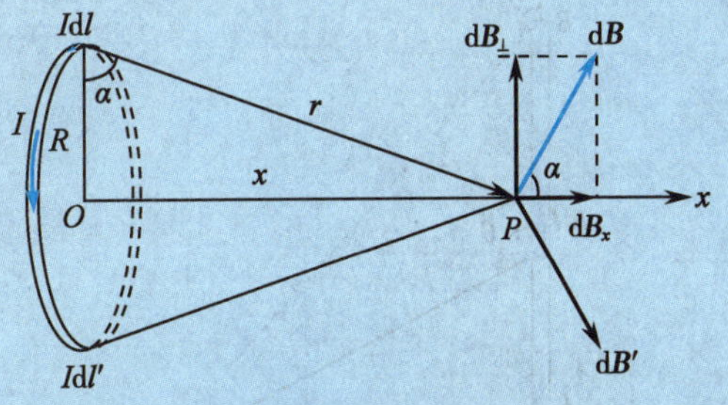

图 8-6 圆电流轴线上的磁场

将圆电流分成许多电流元，在圆电流上任取电流元 $I\mathrm{d}\boldsymbol{l}$，它到 P 点的径矢为 $\boldsymbol{r}$，则 $r=\sqrt{R^2+x^2}$，且 $I\mathrm{d}\boldsymbol{l}$ 与 $\boldsymbol{r}$ 的夹角为 90°。根据毕奥-萨伐尔定律，该电流元在 P 点的磁感应强度的大小为

$$\mathrm{d}B=\frac{\mu_0}{4\pi}\cdot\frac{I\mathrm{d}l}{r^2}$$

方向如图 8-6 所示。

根据圆电流的对称性，在与 $I\mathrm{d}\boldsymbol{l}$ 对称的位置上取电流元 $I\mathrm{d}\boldsymbol{l}'$，且 $\mathrm{d}l=\mathrm{d}l'$，令 $I\mathrm{d}\boldsymbol{l}'$ 在 P 点的磁感应强度为 $\mathrm{d}\boldsymbol{B}'$。显然 $\mathrm{d}\boldsymbol{B}'$ 与 $\mathrm{d}\boldsymbol{B}$ 大小相等，方向对称。因此，它们在与轴线垂直的方向上的分量相互抵消，而沿轴线方向上的分量互相加强。$\mathrm{d}\boldsymbol{B}$ 轴线方向上的分量为

$$\mathrm{d}B_x=\mathrm{d}B\cdot\cos\alpha=\frac{\mu_0}{4\pi}\cdot\frac{I\mathrm{d}l}{r^2}\cdot\frac{R}{r}=\frac{\mu_0}{4\pi}\cdot\frac{IR\mathrm{d}l}{r^3}$$

P 点的磁感应强度大小可由积分求得，即

$$B=\oint \mathrm{d}B_x=\frac{\mu_0}{4\pi}\cdot\frac{IR}{r^3}\int_0^{2\pi R}\mathrm{d}l=\frac{\mu_0 IR^2}{2r^3}=\frac{\mu_0}{2}\cdot\frac{IR^2}{(R^2+x^2)^{3/2}} \tag{8-7}$$

笔记

$\boldsymbol{B}$ 的方向垂直于圆电流平面，沿 Ox 轴的正方向。

讨论：

（1）当 $x=0$ 时，圆电流在圆心 O 处的磁感应强度为

$$B=\frac{\mu_0 I}{2R} \tag{8-8}$$

（2）当 $x\gg R, x\approx r$，即远离圆电流的轴线上任意一点的磁感应强度为

$$B=\frac{\mu_0 IR^2}{2x^3}=\frac{\mu_0 IR^2}{2r^3} \tag{8-9}$$

例题 8-2 计算真空中载流长直导线的磁场。设真空中有一载流长直导线 AB，电流强度为 I，从 A 流向 B。求到长直导线的垂直距离为 a 的 P 点处的磁感应强度。

解 如图 8-7 所示，将直线电流分成许多电流元，在长直导线上任取电流元 $I\mathrm{d}\boldsymbol{l}$，它到 P 点的径矢为 $\boldsymbol{r}$，根据毕奥-萨伐尔定律，它在 P 点的磁感应强度 $\mathrm{d}\boldsymbol{B}$ 的大小为

$$\mathrm{d}B=\frac{\mu_0}{4\pi}\cdot\frac{I\mathrm{d}l\sin\theta}{r^2}$$

$\mathrm{d}\boldsymbol{B}$ 的方向垂直纸面向里。

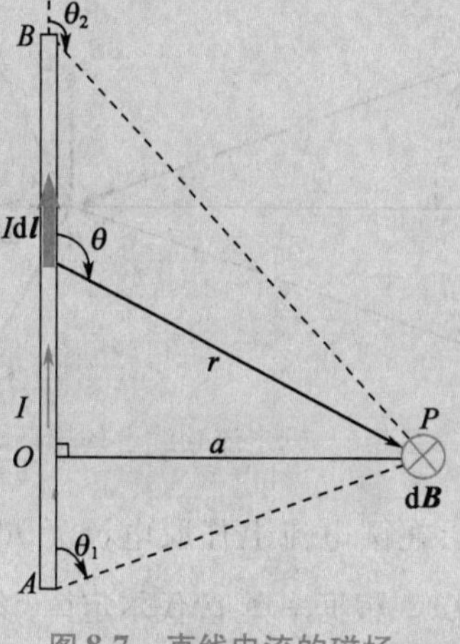

图 8-7 直线电流的磁场

显然，该长直导线上各电流元在 P 点的磁感应强度方向都相同，故 P 点的磁感应强度可由积分求得

$$B=\int_L \mathrm{d}B=\int_L \frac{\mu_0}{4\pi}\cdot\frac{I\sin\theta}{r^2}\mathrm{d}l$$

为计算该积分，考虑统一用变量 θ。从图 8-7 中几何关系可得出

$$l=a\cdot\mathrm{ctg}(\pi-\theta)=-a\,\mathrm{ctg}\theta$$

$$\mathrm{d}l=-a\ \mathrm{d}(\mathrm{ctg}\theta)=\frac{a}{\sin^2\theta}\mathrm{d}\theta$$

$$r=a\cdot\frac{1}{\sin(\pi-\theta)}=\frac{a}{\sin\theta}$$

笔记

将上列各式代入积分式,并取积分下限和上限为 θ_1、θ_2,得

$$B=\frac{\mu_0 I}{4\pi a}\int_{\theta_1}^{\theta_2}\sin\theta\mathrm{d}\theta=\frac{\mu_0 I}{4\pi a}(\cos\theta_1-\cos\theta_2) \tag{8-10}$$

B 的方向垂直纸面向里。

讨论:

(1) 若导线 AB 为无限长,则 $\theta_1=0$、$\theta_2=\pi$,由式(8-10)得

$$B=\frac{\mu_0 I}{2\pi a} \tag{8-11}$$

(2) 若导线 AB 只有一端为无限长,则 $\theta_1=\frac{\pi}{2}$、$\theta_2=\pi$,由式(8-10)得

$$B=\frac{\mu_0 I}{4\pi a} \tag{8-12}$$

二、安培环路定理

除毕奥-萨伐尔定律外,另一个反映电流和磁场内在联系的重要规律是安培环路定理,它也是电磁场理论的基本方程之一。

1. **安培环路定理(Ampere circuital theorem)** **在真空的稳恒电流的磁场中,磁感应强度 B 沿任意闭合路径的线积分,等于此闭合路径所围绕的电流强度的代数和的 μ_0 倍**,即

$$\oint B\cdot \mathrm{d}l=\mu_0\sum_{i=1}^{n} I_i \tag{8-13}$$

电流的正负规定如下:电流方向与积分路径的绕行方向服从右手螺旋法则。即四指弯曲方向为积分路径的绕行方向,电流方向与拇指指向相同时,电流为正,反之电流为负。在图 8-8 中,I_1 为正,I_2 为负。

下面证明这一定理。设真空中有一“无限长”载流直导线,其电流强度为 I。取一个与电流垂直的平面,平面与导线的交点为 O。在平面上选取一闭合曲线 L,计算 **B** 沿 L 的环路积分。

(1) **闭合曲线 L 围绕电流**:如图 8-9(a)所示,在闭合曲线 L 上任一点 P 处取线元 dl,P 处的磁感应强度 **B** 的大小为 $B=\frac{\mu_0 I}{2\pi r}$,式中 r 为 P 点到“无限长”载流直导线的距离,**B** 的方向与径矢 $\boldsymbol{r}$ 垂直,且由右手螺旋法则确定。故

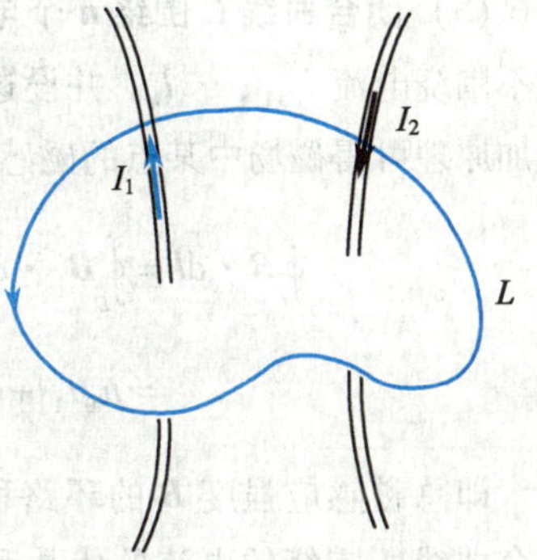

图 8-8 安培环路定理中 I 的正负规定

$$\boldsymbol{B}\cdot\mathrm{d}\boldsymbol{l}=\frac{\mu_0 I}{2\pi r}\cos\theta\mathrm{d}l \tag{8-14}$$

式中 θ 为 **B** 与线元 d$\boldsymbol{l}$ 的夹角。若 dl 在 O 点所张的圆心角为 dφ,由图可见,$\cos\theta\mathrm{d}l=r\mathrm{d}\varphi$。由式(8-14)取环路积分,得

$$\oint_L \boldsymbol{B}\cdot\mathrm{d}\boldsymbol{l}=\int_0^{2\pi}\frac{\mu_0 I}{2\pi r}r\mathrm{d}\varphi=\frac{\mu_0 I}{2\pi}\int_0^{2\pi}\mathrm{d}\varphi=\mu_0 I$$

笔记

显然，若 I 的方向相反，$\boldsymbol{B}$ 的方向也相反，θ 为钝角，$\cos\theta \mathrm{d}l=-r\mathrm{d}\varphi$，上述积分为负值。

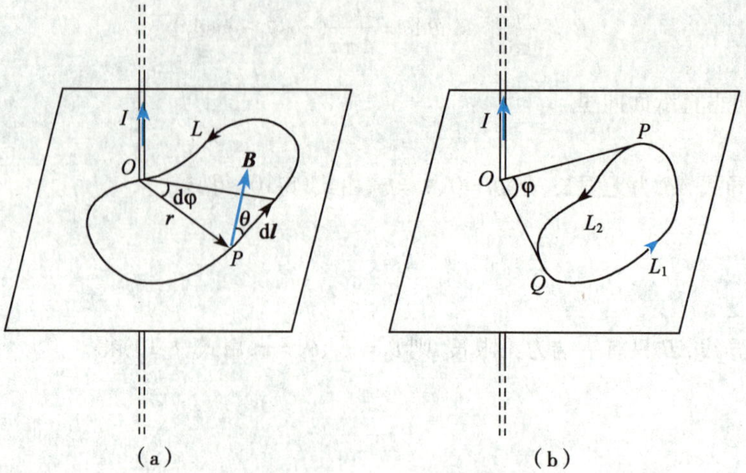

图 8-9 安培环路定理的证明

(2) **闭合曲线 L 不围绕电流**：如图 8-9(b)所示，从点 O 作闭合曲线 L 的切线，切点为 P 和 Q。两切点将闭合曲线 L 分割为 L_1 和 L_2 两部分。

故
$$\oint_L \boldsymbol{B}\cdot \mathrm{d}\boldsymbol{l}=\int_{L_1}\boldsymbol{B}\cdot \mathrm{d}\boldsymbol{l}+\int_{L_2}\boldsymbol{B}\cdot \mathrm{d}\boldsymbol{l}$$

应用式(8-14)，并且注意到 L_2 段上 $\cos\theta<0$，因此有 $\cos\theta \mathrm{d}l=-r\mathrm{d}\varphi$，从上式可得

$$\oint_L \boldsymbol{B}\cdot \mathrm{d}\boldsymbol{l}=\frac{\mu_0 I}{2\pi}\left(\int_{L_1}\mathrm{d}\varphi-\int_{L_2}\mathrm{d}\varphi\right)=\frac{\mu_0 I}{2\pi}(\varphi-\varphi)=0$$

即闭合曲线 L 不围绕电流时，磁感应强度 $\boldsymbol{B}$ 沿 L 的环路积分为零。

(3) **闭合曲线 L 围绕 n 个电流，且 L 外面还有 k 个电流**：设闭合曲线 L 围绕电流 I_1、…、I_n，而不围绕电流 I_{n+1}、…、I_k。并设这些电流单独产生的磁感应强度为 $\boldsymbol{B}_1$、…、$\boldsymbol{B}_n$、$\boldsymbol{B}_{n+1}$、…、$\boldsymbol{B}_k$。由场叠加原理可得磁场中某点的磁感应强度为 $\boldsymbol{B}=\boldsymbol{B}_1+\cdots+\boldsymbol{B}_n+\boldsymbol{B}_{n+1}+\cdots+\boldsymbol{B}_k$，所以

$$\begin{aligned}\oint_L \boldsymbol{B}\cdot \mathrm{d}\boldsymbol{l}&=\oint_L \boldsymbol{B}_1\cdot \mathrm{d}\boldsymbol{l}+\cdots+\oint_L \boldsymbol{B}_n\cdot \mathrm{d}\boldsymbol{l}+\oint_L \boldsymbol{B}_{n+1}\cdot \mathrm{d}\boldsymbol{l}+\cdots+\oint_L \boldsymbol{B}_k\cdot \mathrm{d}\boldsymbol{l}\\&=\mu_0 I_1+\cdots+\mu_0 I_n+0=\mu_0\sum_{i=1}^{n}I_i\end{aligned}$$

即总磁感应强度 $\boldsymbol{B}$ 的环路积分为其围绕的电流的代数和的 μ_0 倍。等式右端的 $\sum I$ 是指闭合曲线所围绕的电流的代数和，而等式左端的 $\boldsymbol{B}$ 却是空间所有电流产生的磁感应强度的矢量和，包括闭合曲线不围绕的那些电流所产生的磁场，只不过这些磁场沿 L 的环路积分为零。不难看出，不管闭合曲线外的电流如何分布，只要闭合曲线内没有包围电流，或所包围电流的代数和为零，总有 $\oint_L B\cdot \mathrm{d}l=0$。但是，并不意味闭合曲线上各点的磁感应强度都为零。而且，磁感应强度 $\boldsymbol{B}$ 的环路积分结果仅和包围在闭合曲线内的电流有关，和所选的闭合曲线的形状无关。

以上结论虽然只是对垂直于"无限长"载流直导线的平面内的闭合曲线作了证明，但在长直导线情况下，对非平面的闭合环路，上述结论也适用。还可以进一步证明，对于任意的闭合稳恒电流和任何形式的闭合环路，上述关系仍然成立。

笔记

安培环路定理是真空中稳恒电流的磁场遵守的基本规律之一。由安培环路定理可以看出，

一般情况下，电流的磁场的环路积分不为零，说明磁场是涡旋场。而静电场中电场强度的环路积分等于零，说明静电场是保守力场。

2. **安培环路定理的应用** 在静电场中，当带电体的电荷分布具有特殊对称性时，利用高斯定理可方便地计算该带电体产生的场强。与此相似，在稳恒电流的磁场中，也可以利用安培环路定理简便地求出电流分布具有一定对称性的载流导体的磁场分布。其具体步骤如下：首先根据电流分布的对称性，分析磁场分布的对称性；然后选择适当的积分环路 L，以便使 $\oint_L \boldsymbol{B}\cdot \mathrm{d}\boldsymbol{l}$ 中的 $\boldsymbol{B}$ 能以标量的形式从积分号内提出；最后，计算环路 L 包围的电流的代数和，应用安培环路定理得到磁感应强度 $\boldsymbol{B}$ 的数值。

例题 8-3 计算真空中无限长通电直螺线管内部的磁场。图 8-10 是一个均匀密绕的无限长直螺线管中间的一段，单位长度上绕有 n 匝线圈，通过的电流为 I，求螺线管轴线上任一点 P 处的磁感应强度。

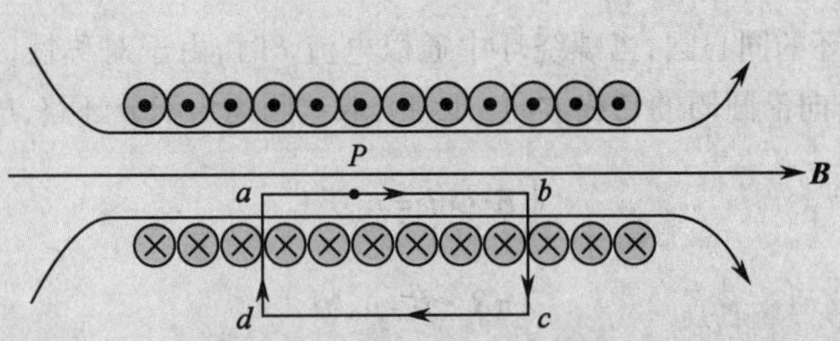

图 8-10 长直螺线管内的磁场

解 由于**螺线管**(solenoid)相当长，故管内中央部分的磁场可视为均匀磁场，根据右手螺旋法则可判定磁感应强度方向与管轴平行。由于在管的外侧磁场很弱，可忽略不计。下面利用安培环路定理计算螺线管内中央部分某点 P 的磁感应强度。为此，选取通过 P 点的矩形闭合曲线 $abcda$ 为积分路线，ab、cd 与管轴平行。磁感应强度 $\boldsymbol{B}$ 沿该环路的线积分为

$$\oint_L \boldsymbol{B}\cdot \mathrm{d}\boldsymbol{l} = \int_{ab} \boldsymbol{B}\cdot \mathrm{d}\boldsymbol{l} + \int_{bc} \boldsymbol{B}\cdot \mathrm{d}\boldsymbol{l} + \int_{cd} \boldsymbol{B}\cdot \mathrm{d}\boldsymbol{l} + \int_{da} \boldsymbol{B}\cdot \mathrm{d}\boldsymbol{l}$$

在线段 cd 上，由于它处在螺线管的外侧，$B=0$，所以 $\int_{cd} \boldsymbol{B}\cdot \mathrm{d}\boldsymbol{l}=0$。在 bc 和 da 线段，一部分位于螺线管外，一部分位于螺线管内，虽然管内 $B\neq 0$，但 $\mathrm{d}l$ 与 $\boldsymbol{B}$ 垂直，所以 $\int_{bc} \boldsymbol{B}\cdot \mathrm{d}\boldsymbol{l}=0$，$\int_{da} \boldsymbol{B}\cdot \mathrm{d}\boldsymbol{l}=0$。因而

$$\oint_L \boldsymbol{B}\cdot \mathrm{d}\boldsymbol{l} = \int_{ab} \boldsymbol{B}\cdot \mathrm{d}\boldsymbol{l}$$

因螺线管内为匀强磁场，$\boldsymbol{B}$ 的方向与管轴平行，故

$$\int_{ab} \boldsymbol{B}\cdot \mathrm{d}\boldsymbol{l} = \boldsymbol{B}\int_{ab} \mathrm{d}l = B\,\overline{ab}$$

由于通过每匝线圈的电流强度为 I，所以闭合曲线围绕的总电流为 $\overline{ab}nI$，应用安培环路定理可得

$$\oint_L \boldsymbol{B}\cdot \mathrm{d}\boldsymbol{l} = B\,\overline{ab} = \mu_0\,\overline{ab}nI$$

$$B=\mu_0 nI \tag{8-15}$$

笔 记

例题 8-4 计算真空中通电螺绕环的磁场。

解 图 8-11 为一密绕在圆环上的螺线形的线圈，称为**螺绕环**(torus)。设其总匝数为 N，环的平均半径为 R，环上线圈的半径远小于 R。

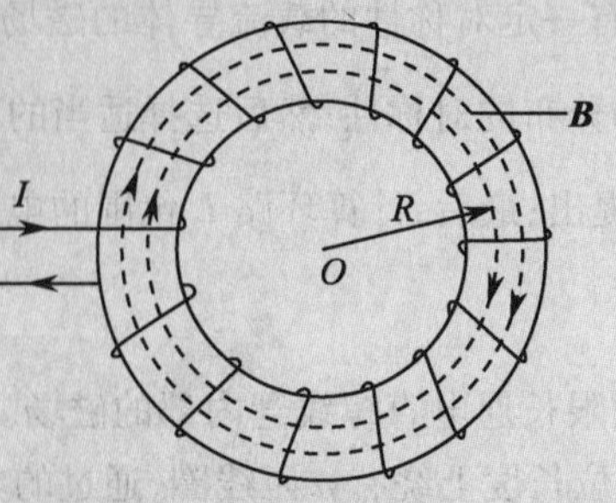

图 8-11 通电螺绕环的磁场

以 R 为半径作环的同心圆，当螺绕环中通以电流 I 时，由于对称性，圆周上各点的磁感应强度大小相等，方向沿圆周的切线方向。因此，取这圆周为积分环路，应用安培环路定理

$$\oint_L \boldsymbol{B} \cdot \mathrm{d}\boldsymbol{l} = \mu_0 \sum I$$

$$2\pi R \cdot B = \mu_0 NI$$

所以

$$B = \frac{\mu_0 NI}{2\pi R} = \mu_0 nI \tag{8-16}$$

式中 $n = N/2\pi R$ 为单位长度上的匝数。此式说明：当环的平均半径 R 远大于环上线圈的半径时，环内各点的磁感应强度的大小相等。

如果在螺绕环外，作一个与环共轴的同心圆为积分环路，则积分环路所围绕的电流的代数和为零，由此可得环外的磁感应强度 $B=0$。

上述例题的计算结果，是应用安培环路定理得出的，它们和应用毕奥-萨伐尔定律得出的结果完全相同，但方法较为简便。应用安培环路定理还可以方便地求出无限长载流直导线、无限长载流圆柱面形导体、无限长载流圆柱形等导体的电流沿轴线方向均匀分布时的磁场的磁感应强度。

第三节 磁场对运动电荷的作用

一、洛 仑 兹 力

磁场对运动电荷的作用力称为洛仑兹力(Lorentz force)，它是荷兰物理学家洛仑兹力(H. A. Lorentz)由实验总结出来的。当电量为 q 的正电荷的运动速度 $\boldsymbol{v}$ 与磁场 $\boldsymbol{B}$ 平行时，洛仑兹力为零；当其运动速度 $\boldsymbol{v}$ 与磁场 $\boldsymbol{B}$ 垂直时，洛仑兹力最大。因此，当电荷的运动速度 $\boldsymbol{v}$ 与磁场 $\boldsymbol{B}$ 之间成任意角度 θ 时，可将 $\boldsymbol{v}$ 分解为与 $\boldsymbol{B}$ 平行的分量 $v\cos\theta$ 和与 $\boldsymbol{B}$ 垂直的分量 $v\sin\theta$，此时洛仑兹力的大小为

笔记

$$f = qvB\sin\theta \tag{8-17}$$

方向符合右手螺旋法则：即右手四指由 $\boldsymbol{v}$ 以小于 π 的角度转向 $\boldsymbol{B}$，拇指指向为洛仑兹力的方

向,如图 8-12 所示。因此,可将运动电荷所受洛仑兹力用矢量式表示,即

$$\boldsymbol{f}=q\boldsymbol{v}\times\boldsymbol{B} \tag{8-18}$$

若 $q>0$,则 $\boldsymbol{f}$ 的方向与 $\boldsymbol{v}\times\boldsymbol{B}$ 同向;若 $q<0$,则 $\boldsymbol{f}$ 的方向与 $\boldsymbol{v}\times\boldsymbol{B}$ 相反。

由于洛仑兹力的方向总是与运动电荷的速度方向垂直,因此它对运动电荷不做功,不会改变电荷运动速度的大小,只能改变它的运动方向。

当质量为 m、电量为 q 的带电粒子以一定的速度 $\boldsymbol{v}$ 进入磁场 $\boldsymbol{B}$,它在磁场的运动可能出现以下三种情况:

(1) 运动速度与磁场方向平行,即 $\boldsymbol{v}/\!/\boldsymbol{B}$。带电粒子受到的洛仑兹力 $f=0$,带电粒子在磁场中做匀速直线运动。

(2) 运动速度与磁场方向垂直,即 $\boldsymbol{v}\perp\boldsymbol{B}$。带电粒子受到的洛仑兹力最大,$f=qvB$,此时 $\boldsymbol{v}\perp\boldsymbol{B}\perp\boldsymbol{f}$。如果是在均匀磁场,带电粒子将在与磁场垂直的平面内做匀速圆周运动,如图 8-13 所示(磁场方向垂直纸面向里以×表示)。因为洛仑兹力就是向心力

$$qvB=\frac{mv^2}{R}$$

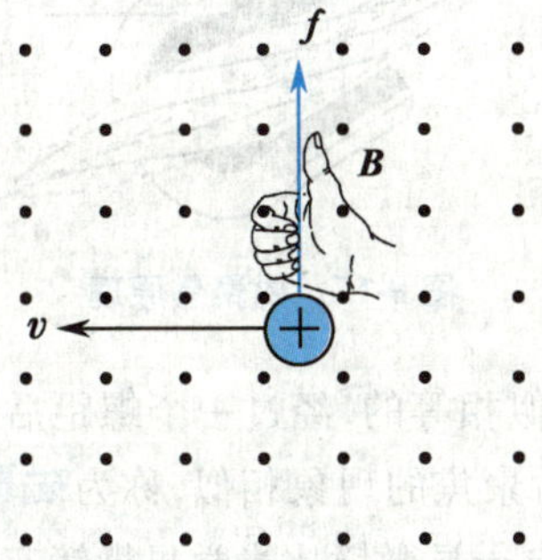

图 8-12 洛仑兹力方向的判定

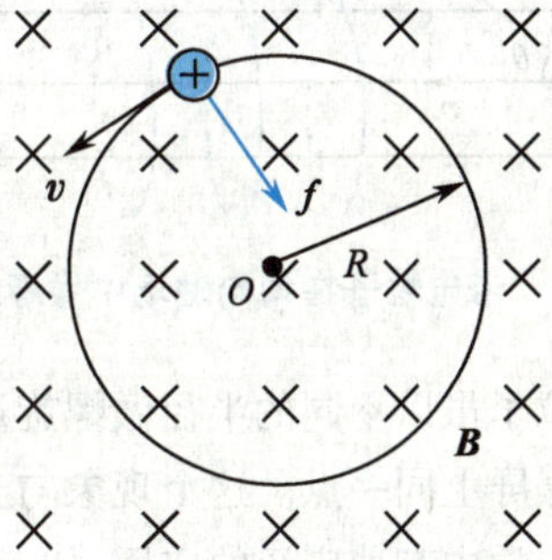

图 8-13 带电粒子在均匀磁场中做匀速圆周运动

所以,圆周运动的半径即**回旋半径**为

$$R=\frac{mv}{qB} \tag{8-19}$$

可见,在同一磁场中,若带电粒子的 q、v 相同,带电粒子的质量 m 越大,其回旋半径也越大。

由式 (8-19) 可以得到带电粒子回旋一周所需的时间,即周期为

$$T=\frac{2\pi R}{v}=\frac{2\pi m}{qB} \tag{8-20}$$

单位时间内回旋的圈数或回旋频率 ν 为

$$\nu=\frac{1}{T}=\frac{qB}{2\pi m} \tag{8-21}$$

式 (8-20)、(8-21) 表明,回旋频率或周期都与带电粒子的运动速度 v 和回旋半径 R 无关。因此,在同一磁场中,只要带电粒子的 m 和 q 相同而速度大小不同的粒子回旋一周所需的时间相同,只不过速度较大的粒子回旋半径较大,速度较小的粒子回旋半径较小。这一结果在加速带电粒子的回旋加速器上得到了应用,带电粒子在交变电场和均匀磁场的作用下被反复加速,直到粒子能量足够高时,才用特殊装置从半圆形电极的边缘将其引出。

加速带电粒子的回旋加速器在医学应用中可用来产生用于诊断或治疗的射线,也可用来产生注入人体内利于显像的放射性物质。

笔 记

(3) 带电粒子以与磁场 $\boldsymbol{B}$ 成 θ 的速度 $\boldsymbol{v}$ 进入均匀磁场(图 8-14)。此时把速度 $\boldsymbol{v}$ 分解为垂直于 $\boldsymbol{B}$ 的分量 $\boldsymbol{v}_{\perp}=v\sin\theta$ 和平行于 $\boldsymbol{B}$ 的分量 $\boldsymbol{v}_{/\!/}=v\cos\theta$。

在与磁场垂直的方向上,带电粒子受到洛仑兹力 $f=q\boldsymbol{v}B\sin\theta$ 的作用,粒子做半径为 $R=\dfrac{m\boldsymbol{v}}{qB}\sin\theta$ 的圆周运动;在与磁场方向平行的方向上,带电粒子所受的力为零,粒子以速度 $\boldsymbol{v}_{/\!/}$ 在磁场方向上匀速运动。两种运动叠加,使带电粒子做螺旋运动,螺距 h 为

$$h=\boldsymbol{v}_{/\!/}\cdot T=\frac{2\pi m}{qB}\boldsymbol{v}\cos\theta \tag{8-22}$$

式(8-22)表明,螺距 h 与速度的垂直分量 $\boldsymbol{v}_{\perp}$ 无关,只与速度的平行分量 $\boldsymbol{v}_{/\!/}$ 成正比。利用这一结果可实现磁聚焦,如图 8-15 所示,在均匀磁场中某点发射一细束速率接近的带电粒子流,虽然不同粒子的运动方向不尽相同,但 $\boldsymbol{v}$ 与 $\boldsymbol{B}$ 之间的夹角 θ 都很小。粒子在平行于 $\boldsymbol{B}$ 和垂直于 $\boldsymbol{B}$ 方向上的速度分量大小分别为

$$\boldsymbol{v}_{/\!/}=\boldsymbol{v}\cos\theta,\boldsymbol{v}_{\perp}=\boldsymbol{v}\sin\theta\approx\boldsymbol{v}\theta$$

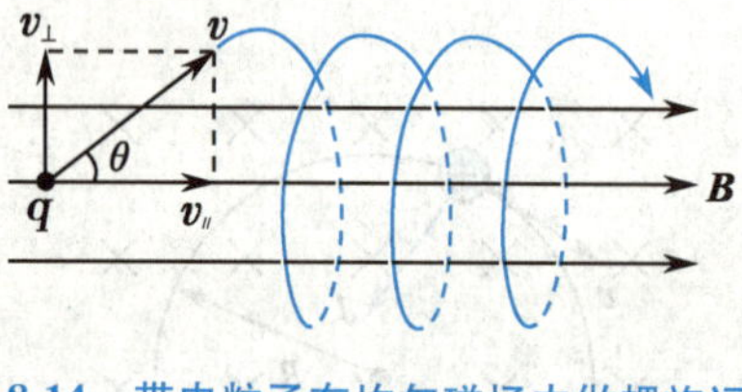

图 8-14 带电粒子在均匀磁场中做螺旋运动

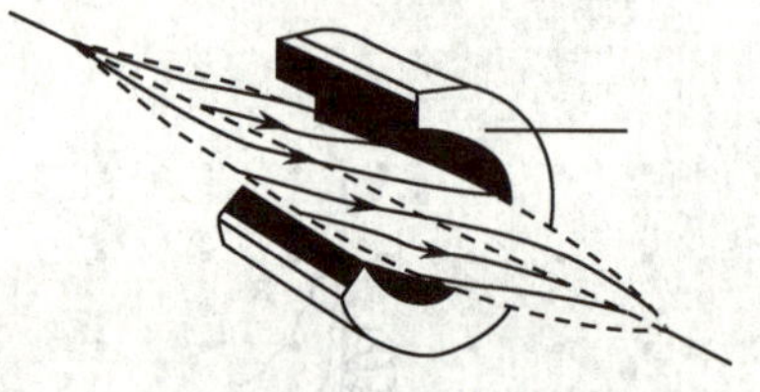
图 8-15 磁聚焦原理

故各粒子虽以不同的半径做螺旋运动,但螺距却是近似相等的,经过一个螺距后带电粒子流会聚在于屏上同一点。这个现象与光束通过光学透镜后聚焦的现象相似,称为**磁聚焦**,磁聚焦在电子光学中有着广泛的应用,如运用了磁聚焦技术的电子显微镜比光学显微镜有更大的放大倍数和更高的分辨本领。

二、质 谱 仪

质谱仪(mass spectrograph)是利用磁场对运动电荷的作用力,把电量相等而质量不同的带电粒子分离的一种仪器。它是研究同位素的一种重要工具,用它来测量同位素的质量准确度可达到千万分之一,因此,被广泛应用于实验室及医学研究上,质谱仪的工作原理如图 8-16 所示。

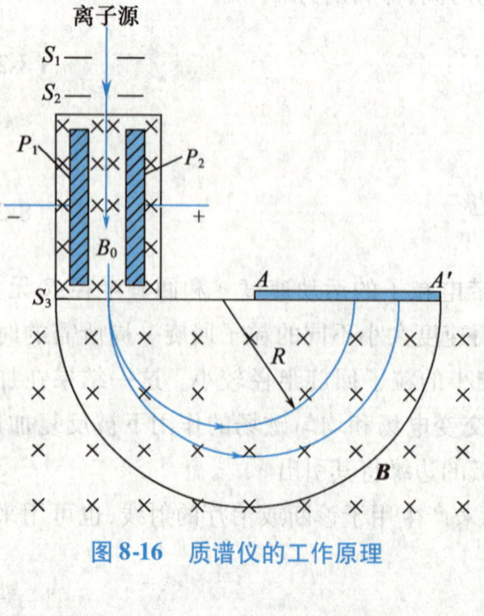

图 8-16 质谱仪的工作原理

S_1 和 S_2 是中间带有狭缝的一对平行金属极板,两极之间加有一定的电压,当初速度和质量不同的正离子从离子源进入电场后将被加速,做匀加速直线运动并进入另一对平行金属板 P_1 和 P_2 之间的空间,此空间有一垂直纸面向里的均匀磁场 $\boldsymbol{B}_0$,而且 P_1 和 P_2 之间也加有一定的电压,设 P_2 电势高于 P_1 电势,两极板间的场强为 $\boldsymbol{E}$。当速度为 $\boldsymbol{v}$ 的正离子进入这个电场和磁场共存的空间后,它们将受到方向相反的电场力和洛仑兹力的共同作用,当两力大小相等时,即

$$qE=q\boldsymbol{v}B_0 \tag{8-23}$$

此时速度 $\boldsymbol{v}=E/B_0$,离子不受力的作用无偏转地通过 P_1P_2 之间的空间,并穿过狭缝 S_3,因此

笔记

这部分也称为**速度选择器**。只要设法改变电场和磁场的大小，就可以实现对带电粒子运动速度的控制。

经过速度选择的正离子穿过狭缝 S_3 后，进入另一匀强磁场 $\boldsymbol{B}$ 的区域，$\boldsymbol{B}$ 的方向垂直纸面向里。在这个区域内，离子在洛仑兹力的作用下做圆周运动，圆周运动的半径 $R=\frac{m\boldsymbol{v}}{qB}$，将 $\boldsymbol{v}=\frac{E}{B_0}$ 代入此式，得

$$R=\frac{mE}{qBB_0} \tag{8-24}$$

因此，根据不同质量的正离子做圆周运动的半径不同，可以把同一元素的各种同位素分离开来，这个过程称为**同位素的分离过程**。在图 8-16 的 AA' 位置上装上照相底片，离子射到底片上形成的线状条纹，称为**质谱**。从条纹的位置即可推算出圆周的半径 R，再根据式(8-24)计算出同位素的质量。图 8-17 是用质谱仪摄得的锗元素的五种同位素质谱，谱上的数字是各同位素的原子量。利用质谱仪还能识别不同的化学元素和化合物，也能方便地测出离子的荷质比

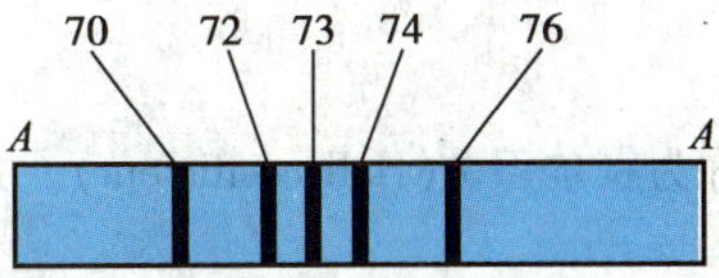

图 8-17 锗元素的质谱

$$\frac{q}{m}=\frac{E}{RBB_0}$$

三、霍 尔 效 应

前面讨论了带电粒子在真空的电场和磁场中运动时的受力情况。下面研究在具有载流子的导体或半导体中，若同时存在电场和磁场时发生的现象。

如图 8-18(a) 所示，将一块宽度为 b、厚度为 d 的通有电流的半导体薄片放入均匀磁场 $\boldsymbol{B}$ 中，并使薄片平面与磁场方向垂直，则在薄片两侧 aa' 会出现横向电势差 $U_{aa'}$，这种现象称为**霍尔效应**(Hall effect)，产生的电势差 $U_{aa'}$ 称为**霍尔电势差**。如果撤去磁场或电流，霍尔电势差也就随之消失。

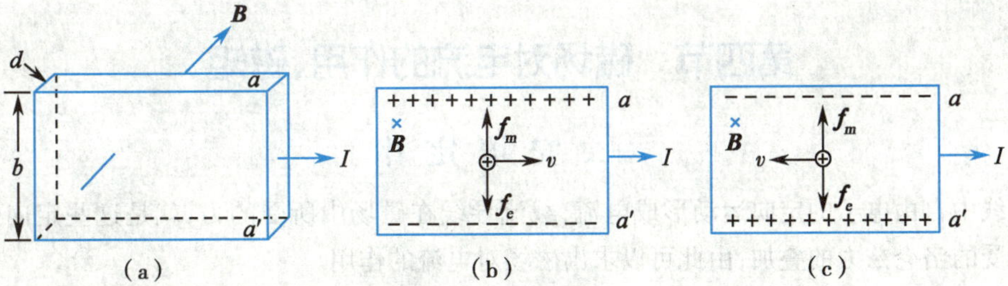

图 8-18 霍尔效应

下面讨论决定电势差 $U_{aa'}$ 的大小及正负的因素。设处于磁场中的半导体为 P 型半导体，即载流子带正电，如图 8-18(b) 所示。因此，当半导体片中通以电流 I 时，电荷 q 的运动方向与电流密度的方向相同，若正电荷的平均定向漂移速度为 $\boldsymbol{v}$，则正电荷受到向上的洛仑兹力 $\boldsymbol{f}_m=q\boldsymbol{v}\times\boldsymbol{B}$ 作用。因此，在半导体片的上侧(a 侧)积累正电荷，下侧(a'侧)相应出现负电荷，建立了从 a 指向 a' 的横向电场 $\boldsymbol{E}$，该电场对正电荷产生向下的作用力 $\boldsymbol{f}_e=q\boldsymbol{E}$。当这两个力平衡时，即 $qE=q\boldsymbol{v}B$ 时，运动的正电荷所受的合力为零，aa' 两侧将停止电荷的积累，形成稳定的霍尔电场。电场强度为

$$E=\boldsymbol{v}B$$

设霍尔电场是匀强电场，则霍尔电势差为

$$U_{aa'}=Eb=\boldsymbol{v}bB \tag{8-25}$$

笔 记

但是，实际上易于测量的是电流强度 I，而不是电荷的平均定向漂移速度 v，为此对上式进行变换。如果单位体积内的载流子数为 n，则有

$$I=\delta S=nq\boldsymbol{v}bd$$

式中 δ 为半导体薄片中的电流密度，$S=bd$ 为薄片的横截面积。将此式代入式(8-25)中，得

$$U_{aa'}=\frac{1}{nq}\cdot\frac{IB}{d} \tag{8-26}$$

式(8-26)说明霍尔电势差与电流强度 I 和磁感应强度 B 成正比，与薄片的厚度 d 成反比，比例系数为

$$R_H=\frac{1}{nq} \tag{8-27}$$

R_H称为**霍尔系数**(Hall coefficient)。式(8-26)又可以写为

$$U_{aa'}=R_H\frac{IB}{d} \tag{8-28}$$

由式(8-27)可以看出，霍尔系数与薄片的材料有关。在金属材料中，自由电子数密度 n 极大，所以 R_H很小，相应的霍尔电势差也就很小。而半导体材料中，单位体积内载流子数目 n 很小，所以可产生较大的霍尔电势差。目前实际应用的产生霍尔效应的元件——**霍尔元件**都是由半导体材料制成的，作为一种特殊的半导体器件，广泛应用于生产和科研中。

若处于磁场中的半导体为 N 型半导体，即载流子带负电，如图 8-18(c)所示。如果磁场方向和电流方向不变，则产生的霍尔电势差 $U_{aa'}$是负的(a 侧电势低于 a'侧电势)。所以从霍尔电势差的正负，可以判断半导体的类型。

霍尔效应广泛应用于测量技术、电子技术、自动化领域上，根据霍尔效应可以制造出许多结构简单、使用方便、准确、快速测量的装置和仪表。如特斯拉计，它是用来测量磁感应强度的仪器，由式(8-28)可知，对一定的霍尔元件(R_H和 d 已知)，当电流强度 I 一定时，产生的霍尔电势差正比于磁感应强度 B，只要测得 $U_{aa'}$即可求出 B 来。

第四节 磁场对电流的作用、磁矩

一、安培定律

导线中自由电子的定向运动形成电流，载流导线在磁场中所受的力，就是这些定向运动的电子所受的洛仑兹力的叠加，由此可以求出磁场对电流的作用。

如图 8-19 所示，在载流导线上任取电流元 $Id\boldsymbol{l}$，电流元所在处的磁感应强度为 $\boldsymbol{B}$，$\boldsymbol{B}$ 与 $Id\boldsymbol{l}$ 的夹角为 θ。若导线的横截面积为 S，单位体积中自由电子数密度为 n，则电流元含有自由电子的数目为

$$dN=nSdl$$

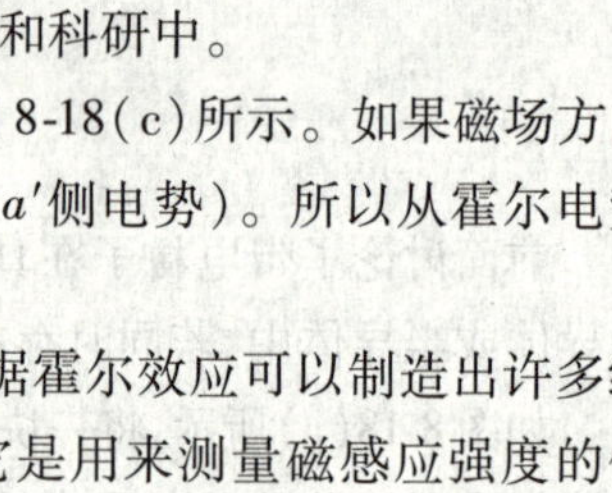

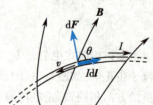

图 8-19 磁场对载流导线的作用

设自由电子的平均定向运动速度为 $\boldsymbol{v}$，则 $\boldsymbol{v}$ 与 $\boldsymbol{B}$ 的夹角为 $\varphi=\pi-\theta$。因为导体中每一个定向运动的电子所受的洛仑兹力大小为

$$f=e\boldsymbol{v}B\sin\varphi=e\boldsymbol{v}B\sin\theta$$

那么，电流元内所有的自由电子所受的合力大小为

$$dF=dN\cdot f=nevSdlB\sin\theta$$

笔 记

由于通过导线的电流强度 $I=nevS$,故上式可以写成

$$dF=IdlB\sin\theta \tag{8-29}$$

dF 就是电流元 Idl 在磁场中所受的作用力,称为**安培力**(Ampere force),式(8-29)称为**安培定律**(Ampere law)。安培力的方向也可以根据右手螺旋法则确定:即右手四指由 $I\boldsymbol{dl}$ 方向沿小于 π 的角度转向 $\boldsymbol{B}$ 的方向,拇指的指向就是安培力的方向。因此,可将式(8-29)写成矢量式,即

$$d\boldsymbol{F}=I\boldsymbol{dl}\times\boldsymbol{B} \tag{8-30}$$

长度为 L 的载流导线在磁场中所受的力,等于各电流元所受安培力的矢量和,即

$$\boldsymbol{F}=\int_L d\boldsymbol{F}=\int_L I\mathrm{d}\boldsymbol{l}\times\boldsymbol{B}$$

上式说明,安培力是作用在整条载流导线上的,而不是集中作用在一点上的。

当载流直导线处在均匀磁场中(图 8-20),由于各电流元受力的方向都相同,长为 L 的整条直导线所受的安培力大小为 $F=\int_L dF=\int_L IB\sin\theta dl$,积分得

$$F=ILB\sin\theta \tag{8-31}$$

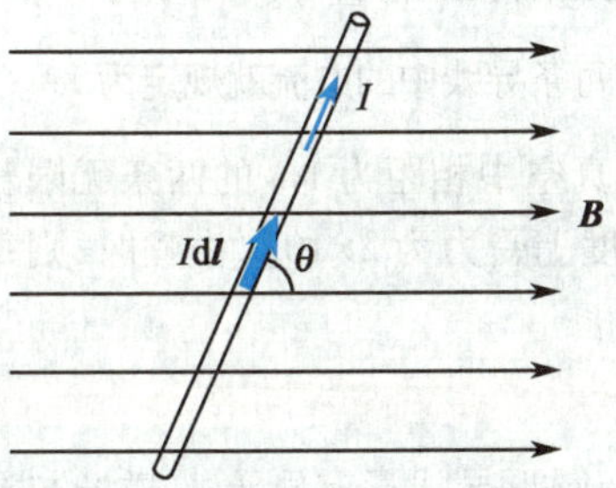

图 8-20 载流直导线在均匀磁场中的受力

当 $\theta=0$ 或 $\theta=\pi$ 时,$F=0$,即导线中电流的方向与 $\boldsymbol{B}$ 方向相同或相反时,载流导线受力为零;当 $\theta=\pi/2$ 时,导线中电流的方向与 $\boldsymbol{B}$ 垂直,载流导线所受的安培力最大,$F=ILB$。力的方向由右手螺旋法则决定。

当载流导线是任意形状或处于非均匀磁场中,则各电流元受力的大小和方向都可能不同,则 $\boldsymbol{F}=\int_L d\boldsymbol{F}$ 为矢量积分,此时必须把矢量积分变为标量积分处理:把电流元 $I\boldsymbol{dl}$ 所受的力 $d\boldsymbol{F}$ 按坐标分解后,将各坐标分量求和,再进行力的合成。

例题 8-5 真空中两条无限长平行直导线相距为 a(图 8-21),通有方向相同的电流,电流强度分别为 I_1 和 I_2,求每一导线单位长度所受的力。

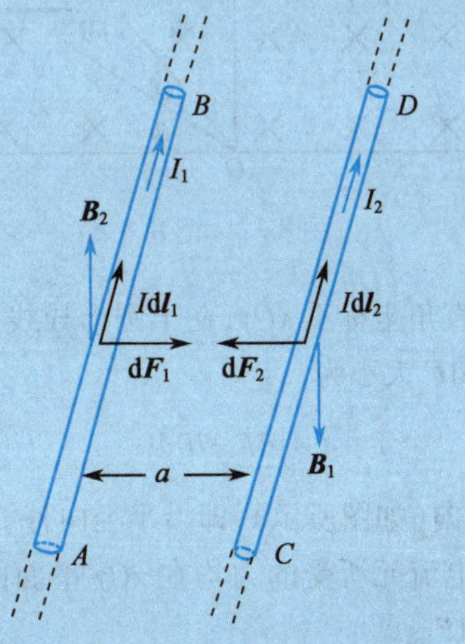

图 8-21 两条无限长载流直导线间的相互作用

解 首先计算载流导线 CD 所受的力。在 CD 上取电流元 I_2dl_2,在 dl_2 处由电流 I_1 产生的磁感应强度 $B_1=\mu_0I_1/2\pi a$,方向垂直纸面向里,所以电流元所受的安培力大小为

笔记

$$dF_2=\frac{\mu_0 I_1 I_2}{2\pi a}dl_2$$

方向在两导线构成的平面内，垂直指向 AB。单位长度受力为

$$\frac{dF_2}{dl_2}=\frac{\mu_0 I_1 I_2}{2\pi a}$$

同理，在 AB 上取电流元 $I_1 dl_1$，在 dl_1 处由电流 I_2 产生的磁感应强度 $B_2=\mu_0 I_2/2\pi a$，方向垂直纸面向外，所以电流元所受的安培力大小为

$$dF_1=\frac{\mu_0 I_1 I_2}{2\pi a}dl_1$$

方向在两导线构成的平面内，垂直指向 CD。单位长度受力为

$$\frac{dF_1}{dl_1}=\frac{\mu_0 I_1 I_2}{2\pi a}$$

由此可见，两载流导线上单位长度所受的力大小相等，均等于$\frac{\mu_0 I_1 I_2}{2\pi a}$。若两导线通有同向电流，则无限长平行直导线相互吸引；若通有反向电流，则无限长平行直导线相互排斥。

当两电流相等 $I_1=I_2=I$，$\frac{dF}{dl}=2\times10^{-7}\text{N/m}$，并且 $a=1\text{m}$ 时，则每条导线中的电流就规定为 1A。

在国际单位制中，电流强度的单位“安培”规定如下：在真空中相距为 1m 的两条无限长的平行直导线，通有相同的稳恒电流，如果每条导线每米长度上受力为 2×10^{-7} 牛顿时，则每条导线中的电流强度就规定为 1 安培。

例题 8-6 在均匀磁场中（图 8-22），有一半径为 R 的半圆形导线通有电流 I，磁场与导线平面垂直，试分析半圆形导线所受的安培力。

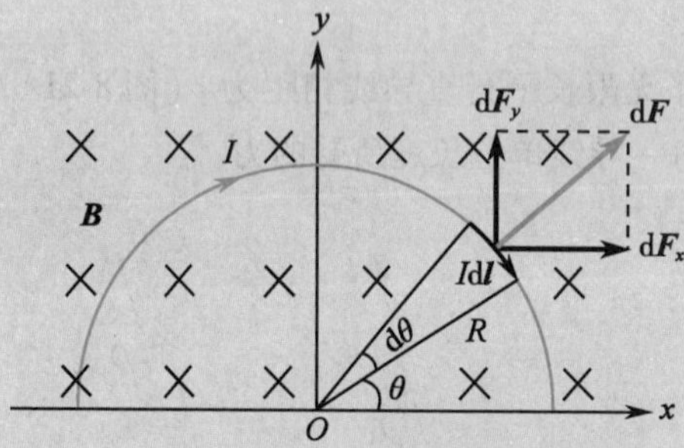

图 8-22 例题 8-6

解 以圆心为原点建立直角坐标系 xOy，在半圆形导线上取一电流元 Idl。由式（8-30）可知作用在该电流元上的力 $d\boldsymbol{F}$ 大小为

$$dF=IBdl$$

$d\boldsymbol{F}$ 的方向为矢积 $Id\boldsymbol{l}\times\boldsymbol{B}$ 的方向（如图所示），即沿半径向外。

考虑到半圆形导线上各电流元所受的力均在 xOy 平面内，故将各电流元所受的力分解为水平分量 $d\boldsymbol{F}_x$ 和垂直分量 $d\boldsymbol{F}_y$。

从对称性可知，半圆形导线上所有的电流元所受的力均是以 y 轴对称的，故沿 x 轴方向的分力之和为零，即 $F_x=\int_L dF_x=0$，而沿 y 轴方向的分力均沿 Oy 轴正向。故半圆形导线上所有电流元的合力 $\boldsymbol{F}$ 的大小为

笔记

$$F = F_y = \int_L \mathrm{d}F_y = \int_L \mathrm{d}F\sin\theta = \int_L IB\mathrm{d}l\sin\theta$$

式中 θ 为 d$\boldsymbol{F}$ 与 Ox 轴间的夹角。从图 8-22 中的几何关系可得

$$\mathrm{d}l = R\mathrm{d}\theta$$

则合力 $\boldsymbol{F}$ 大小为

$$F = \int_L \mathrm{d}F_y = \int_0^{\pi} IBR\sin\theta\mathrm{d}\theta = 2IBR$$

合力 $\boldsymbol{F}$ 的方向沿 Oy 轴正向。

二、磁场对载流线圈的作用、磁矩

通电线圈在磁场中转动,说明磁场有磁力矩作用在通电线圈上。下面讨论均匀磁场对平面矩形载流线圈的作用。

设一个通有电流强度为 I 的平面矩形线圈,处在磁感应强度为 $\boldsymbol{B}$ 的均匀磁场中,如图 8-23(a)所示,边长 $ab=cd=l_2$,$bc=da=l_1$。如果线圈的平面与磁场方向 $\boldsymbol{B}$ 的夹角为 θ,并且 ab、cd 这组对边与磁场垂直,导线 bc 和 da 所受的力分别为 $\boldsymbol{F}_1$ 和 $\boldsymbol{F}_1'$,根据式(8-31)可得

$$F_1 = Il_1B\sin\theta$$

$$F_1' = Il_1B\sin(\pi-\theta) = Il_1B\sin\theta$$

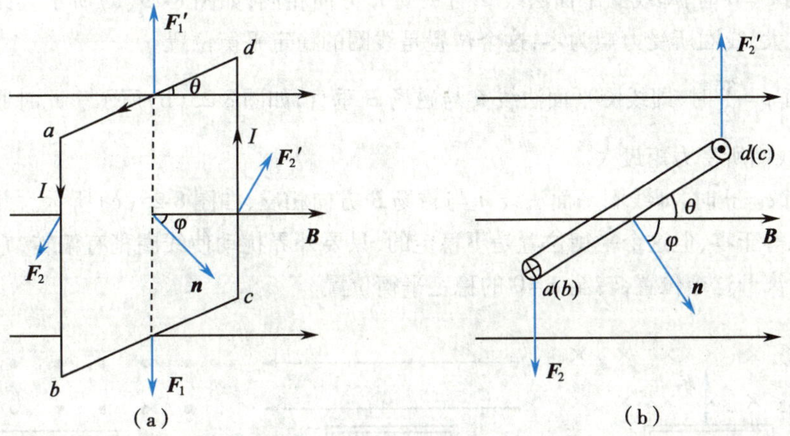

图 8-23 平面载流线圈所受的磁力矩

这两个力大小相等、方向相反,且位于同一直线上,所以它们的作用相互抵消。

导线 ab 和 cd 所受的作用力分别为 $\boldsymbol{F}_2$ 和 $\boldsymbol{F}'_2$,根据式(8-31)可得

$$F_2 = F_2' = Il_2B$$

这两个力大小相等、方向相反,但不在一条直线上,因而形成力偶使线圈转动,如图 8-23(b)所示。它们作用在线圈上的力矩为

$$M = F_2l_1\cos\theta = BIl_2l_1\cos\theta = ISB\cos\theta \qquad (8\text{-}32)$$

式中 $S=l_1l_2$ 为矩形线圈的面积。

通常以线圈平面的法线方向表示线圈的方向,其法线方向与载流线圈的电流方向成右手螺旋关系:规定右手四指弯曲方向为电流在线圈中的流动方向,则拇指指向即为载流线圈的正法线 $\boldsymbol{n}$ 的方向,如图 8-24 所示。

笔记

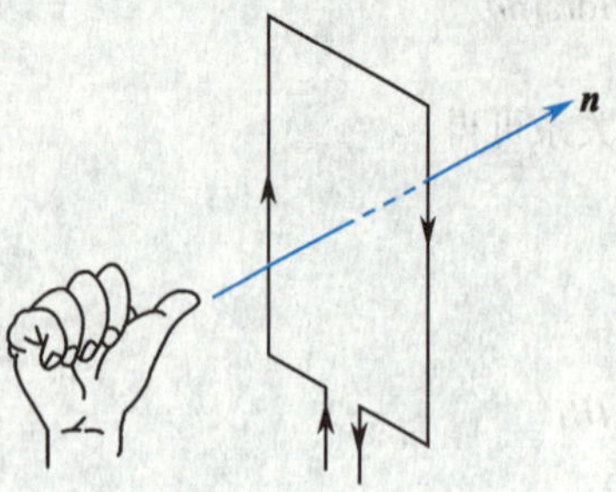

图 8-24 载流线圈法线方向的规定

若以线圈平面的法线 $\boldsymbol{n}$ 的方向与磁场 $\boldsymbol{B}$ 的方向的夹角 φ 代替角 θ，从图 8-23（b）的几何关系可得，$\theta+\varphi=\frac{\pi}{2}$，故式（8-32）可改写为

$$M=ISB\sin\varphi$$

如果线圈有 N 匝，则线圈所受力矩

$$M=NISB\sin\varphi$$

上式中 N、I、S 都是表示载流线圈本身特征的量，它们的乘积称为线圈的**磁矩**（magnetic moment），用 $\boldsymbol{p}_m$ 表示。磁矩是一个矢量，其大小 $p_m=NIS$，它的方向是载流线圈法线 $\boldsymbol{n}$ 的方向。磁矩的单位是安·米^2（A·m^2）。

磁矩是一个重要的物理概念。在原子中，核外电子绕核运动，因电子带电，从而形成一个环形电流，这电流与电流所包围的面积的乘积，称为电子的**轨道磁矩**（orbital magnetic moment）。此外，电子和原子核都有自旋运动，与此相对应地形成电子的**自旋磁矩**（spin magnetic moment）和原子核的自旋磁矩。这些概念在研究原子和分子光谱以及核磁共振现象中，都会经常用到。

根据磁矩的定义，通电线圈在均匀磁场中所受力矩可写成矢量式

$$\boldsymbol{M}=\boldsymbol{p}_m\times\boldsymbol{B} \qquad (8\text{-}33)$$

根据上式下面讨论几种情况：

（1）当 $\varphi=0$ 时，即线圈平面法线 $\boldsymbol{n}$ 与磁场 $\boldsymbol{B}$ 方向相同，如图 8-25（a）所示。此时通过线圈的磁通量最大，线圈所受力矩为零，这个位置是线圈的稳定平衡位置。

（2）当 $\varphi=\frac{\pi}{2}$ 时，即线圈平面法线 $\boldsymbol{n}$ 与磁场 $\boldsymbol{B}$ 垂直，如图 8-25（b）所示。此时通过线圈的磁通量为零，线圈所受力矩最大。

（3）当 $\varphi=\pi$ 时，即线圈平面法线 $\boldsymbol{n}$ 与磁场 $\boldsymbol{B}$ 方向相反，如图 8-25（c）所示。此时虽然线圈所受力矩也等于零，但这个平衡位置是不稳定的，只要外界扰动使线圈稍有偏转，它就会在磁力矩的作用下离开这个位置，转至 $\varphi=0$ 的稳定平衡位置。

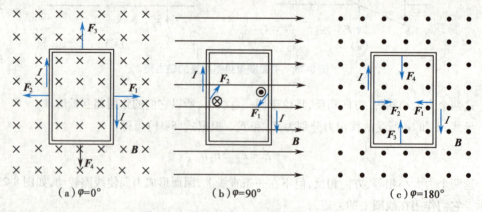

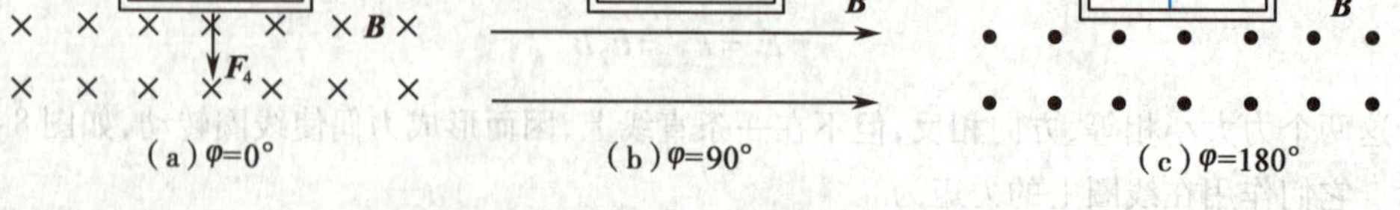

图 8-25 载流线圈不同状态时的磁力矩

综上所述，载流线圈在均匀磁场中受到的合力为零，但合力矩一般不为零。力矩的作用总是力图使线圈的磁矩 $\boldsymbol{p}_m$ 转到与磁场的 $\boldsymbol{B}$ 的方向（以小于 π 的角度）一致，使磁力矩为零，线圈达到稳定平衡状态。

笔记

式（8-33）虽然是由矩形线圈导出的，但是对任意形状的平面线圈也都适用。载流平面线圈

在匀强磁场中所受的安培力合力为零，仅受到磁力矩的作用。载流线圈在磁力矩的作用下发生转动是制造电动机、动圈式电磁仪表等的理论依据。

第五节　磁　介　质

前面讨论的是运动电荷或电流在真空中所激发磁场的性质和规律，当运动电荷或电流周围存在各种各样物质时，磁场将会受到影响。我们知道，电介质在外电场的作用下要被极化，产生附加电场，使原有电场发生变化。同样，当某些物质处在磁场中，也会产生附加磁场，使原有磁场发生变化，这种现象称为物质的磁化（magnetization）。凡能被磁化的物质或能够对磁场发生影响的物质称为磁介质（magnetic medium）。

一、磁　介　质

实际上所有的物质都是磁介质，在磁场的作用下都会或多或少地发生变化，并能影响原磁场。假设没有磁介质（即真空）时，某一点的磁感应强度为 $\boldsymbol{B}_0$，放入磁介质后，因磁介质被磁化而产生附加磁场 B'，则该点的磁感应强度 $\boldsymbol{B}$ 应是等于真空中的磁感应强度 $\boldsymbol{B}_0$ 和附加磁场的磁感应强度 $\boldsymbol{B}'$ 的矢量和，即

$$\boldsymbol{B}=\boldsymbol{B}_0+\boldsymbol{B}' \tag{8-34}$$

实验表明，附加磁场的磁感应强度 B' 的方向随磁介质而异，对于不同的磁介质，B 可能大于 B_0，也可能小于 B_0，因此，可将磁介质分为三类：

（1）$\boldsymbol{B}'$ 与 $\boldsymbol{B}_0$ 同向，$B>B_0$，这类物质称为顺磁质（paramagnetic substance），如锰、铬、铝、氮、氧等。顺磁质具有的磁性称为顺磁性。

（2）$\boldsymbol{B}'$ 与 $\boldsymbol{B}_0$ 反向，$B<B_0$，这类物质称为抗磁质（diamagnetic substance），如汞、铜、氯、氢等。抗磁质具有的磁性称为抗磁性。

（3）$\boldsymbol{B}'$ 与 $\boldsymbol{B}_0$ 同向，但 $B\gg B_0$，这类物质称为铁磁质（ferromagnetic substance），如铁、钴、镍和它们的合金。铁磁质具有的磁性称为铁磁性。

顺磁质和抗磁质磁化后所产生的附加磁场 $B'\ll B_0$，对磁场的影响极为微弱，称为**弱磁质**；而铁磁质对磁场影响很大，称为强磁质。

1. **分子电流和分子磁矩**　一切物质都是由分子、原子组成，分子或原子中的每个电子都同时参与绕核的轨道运动和本身的自旋运动，这两种运动都产生磁效应，即产生了轨道磁矩和自旋磁矩。把分子当作一个整体来看，分子内所有电子对外界产生的磁效应的总和，可用一个等效的圆电流表示，称为分子电流（molecular current），这就是安培当年为解释磁性起源而设想的分子电流。分子电流具有的磁矩称为分子磁矩（molecular magnetic moment），用 $\boldsymbol{p}_\mathrm{m}$ 表示。

2. **磁介质的磁化机制**　就分子或原子中的任何一个电子来说，当置于外磁场 $\boldsymbol{B}_0$ 时由于受到洛仑兹力的作用，其运动状态将发生变化。这时每个电子除具有绕核的轨道运动和自旋运动外，还要附加一个以外磁场方向为轴线的进动，与力学中讨论的陀螺进动相似，如图 8-26（a）所示。图 8-26（b）和（c）表示在外磁场 $\boldsymbol{B}_0$ 中电子的进动。图中 $\boldsymbol{p}_\mathrm{m}$ 和 $\boldsymbol{L}$ 分别表示电子的磁矩和动量矩，由于电子带负电，$\boldsymbol{p}_\mathrm{m}$ 和 $\boldsymbol{L}$ 的方向相反。在外磁场 $\boldsymbol{B}_0$ 中，电子磁矩受到磁场的力矩 $M=\boldsymbol{p}_\mathrm{m}\times\boldsymbol{B}_0$ 的作用，$\boldsymbol{M}$ 的方向垂直 $\boldsymbol{p}_\mathrm{m}$ 和 $\boldsymbol{B}_0$，在（b）中 $\boldsymbol{M}$ 垂直纸面向外，在（c）中 $\boldsymbol{M}$ 垂直纸面向里。在力矩 $\boldsymbol{M}$ 作用下，产生沿 $\boldsymbol{M}$ 方向且与 $\boldsymbol{L}$ 垂直的动量矩增量 ΔL。因此，在外磁场 $\boldsymbol{B}_0$ 中产生了电子的进动。从图中可以看出，不论电子原来的运动方向如何，如果面对 $\boldsymbol{B}_0$ 的方向来看，进动的转向（即电子动量矩 $\boldsymbol{L}$ 绕 $\boldsymbol{B}_0$ 转动的方向）总是逆时针的。电子的进动也相当于一个圆电流，因为电子带负电，所以这种等效圆电流的磁矩的方向与 $\boldsymbol{B}_0$ 的方向相反。分子中各个电子因进动而产生

笔记

的磁矩的总和，也可以用一个等效的分子电流的磁矩来表示，这个分子电流的磁矩称为**附加磁矩**(additional magnetic moment)，用$\Delta \boldsymbol{p}_m$表示。$\Delta \boldsymbol{p}_m$总是与$\boldsymbol{B}_0$方向相反。既然如此，为什么还有顺磁质呢？

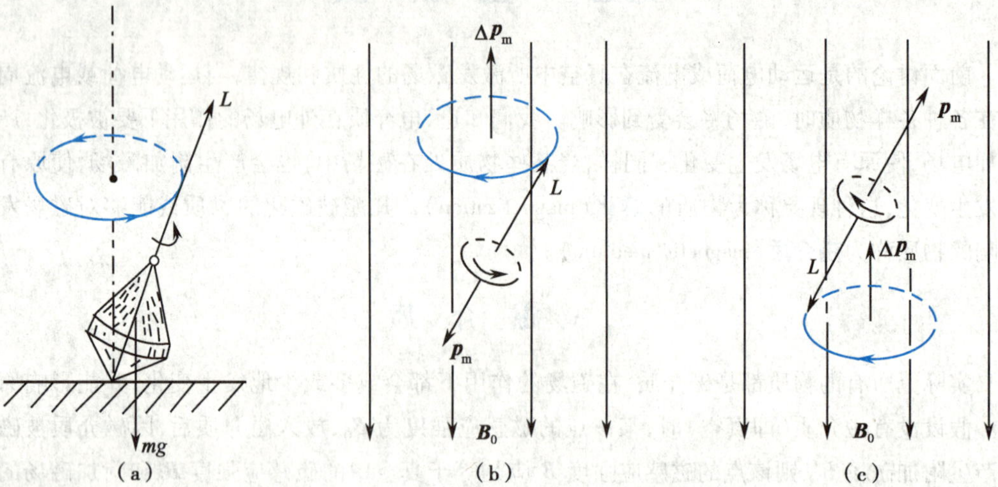

图 8-26 在外磁场中电子的进动和附加磁矩

顺磁质和抗磁质的区别在于，两者分子的电结构不同。在顺磁质中，每个分子的分子磁矩$\boldsymbol{p}_m$有一定的值$\boldsymbol{p}_m \neq 0$，而在抗磁质中，每个分子的分子磁矩为零，$\boldsymbol{p}_m = 0$。

对于顺磁质，无外磁场时，虽然每个分子都具有一定的分子磁矩$\boldsymbol{p}_m$，但由于热运动，对大量分子而言，分子磁矩在空间的取向是杂乱无章、无规律的。所以，对磁介质中任何一个体积都有$\sum \boldsymbol{p}_m = 0$，因此对外界不显磁性，磁介质处于未磁化状态。而在外磁场作用下，每个分子磁矩受到磁力矩的作用和分子之间的碰撞，使分子磁矩$\boldsymbol{p}_m$的方向与外磁场$\boldsymbol{B}_0$的方向趋于一致(图 8-27)，任何一个体积内的$\sum \boldsymbol{p}_m \neq 0$，且远大于附加磁矩$\Delta \boldsymbol{p}_m$，从而使$B > B_0$。磁介质被磁化了，对外显示出磁性，这就是顺磁性的来源。热运动对分子磁矩的整齐排列有干扰作用，温度越高干扰越强，顺磁性越弱。

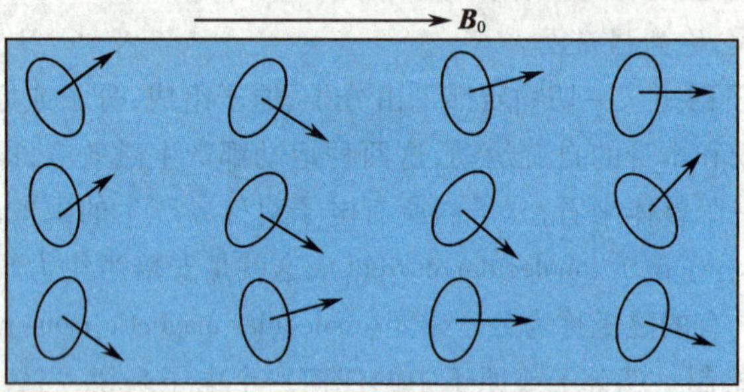

图 8-27 顺磁质的磁化

对于抗磁质，每个分子的磁矩$\boldsymbol{p}_m = 0$。在没有外磁场时，磁介质中任何一个体积$\sum \boldsymbol{p}_m = 0$。所以，没有外磁场时，对外界并不显示磁性。而在外磁场作用下，由于分子中每个电子的轨道运动受到影响，产生与外磁场$\boldsymbol{B}_0$的方向相反的附加磁矩$\Delta \boldsymbol{p}_m$，这是抗磁性的来源，所以$B < B_0$。

一般来说，任何物质都具有抗磁性。因为一切物质的原子中都存在电子的轨道运动，所以在外磁场作用下，所有磁介质都要产生与外磁场方向相反的附加磁矩，但附加磁矩很小，仅为轨道磁矩的百万分之几。因此，如果磁介质在外磁场作用下的取向效应强于附加磁矩，就显示出顺磁性；只有分子的固有磁矩为零的物质，外磁场引起的附加磁矩的作用才能显示出来，表现出抗磁性。

笔记

电介质在电场中被极化而产生束缚电荷，磁介质在磁场中被磁化后将产生**磁化电流**(magnetization current)。

均匀的磁介质置于长直螺线管内，当螺线管通以电流 I 时，产生磁场 $\boldsymbol{B}_0$。对于顺磁质，每个分子的固有分子磁矩受到磁场 $\boldsymbol{B}_0$ 的磁力矩的作用而趋于 $\boldsymbol{B}_0$ 的方向。对于抗磁质，在磁场作用下产生附加磁矩，此磁矩也对应一个小圆电流，但此圆电流的磁矩与 $\boldsymbol{B}_0$ 方向相反。因此，如图 8-28(a)所示，在圆柱形的磁介质内部，横截面上的每一点附近，都有两个方向相反的电流通过，结果互相抵消。只有沿圆柱体表面流动的分子电流未被抵消，这些电流合起来相当于圆柱表面流动的电流称为磁化电流，用 I_m 表示。

若是顺磁质，I_m 与 I 方向相同，总磁感应强度 $B > B_0$，如图 8-28(b)。若是抗磁质，则 I_m 与 I 反向，总磁感应强度 $B < B_0$，如图 8-28(c)。

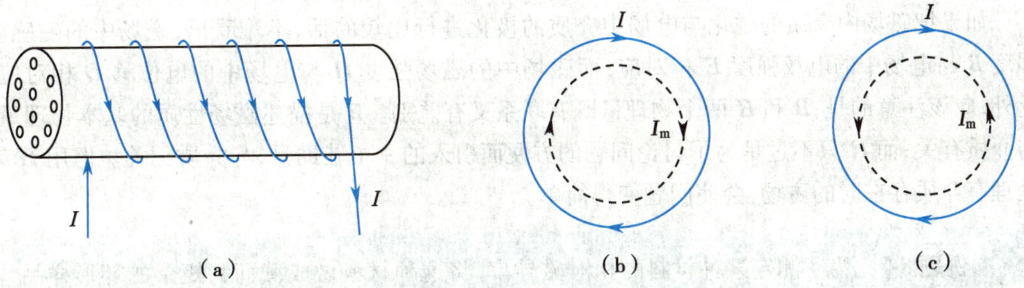

图 8-28 磁化电流

二、磁导率、磁场强度

1. **磁导率** 磁介质对磁场的影响，可以通过实验来研究。一个通以电流 I 的长直螺线管，处在真空时测得管内的磁感应强度的大小为 B_0，如果让螺线管内均匀地充满某种磁介质，测得管内磁感应强度大小为 B。从实验结果可以发现

$$B=\mu_r B_0 \tag{8-35}$$

说明磁介质中的磁感应强度与真空中的磁感应强度成正比。比例系数 μ_r 称为磁介质的**相对磁导率**(relative permeability)，它是没有单位的纯数，取决于磁介质的种类和状态。不同的磁介质有不同的 μ_r 值。真空 $\mu_r=1$；顺磁质 $\mu_r>1$，如铝的 $\mu_r=1.00002$；抗磁质的 $\mu_r<1$，如铜的 $\mu_r=0.99999$；铁磁质的 $\mu_r \gg 1$，如硅钢的 $\mu_r=700$（最大值）。

式(8-35)表明，磁介质被磁化后，磁介质中的磁感应强度是真空中磁感应强度的 μ_r 倍。

若螺线管单位长度上绕有 n 匝线圈，从例题 8-3 可知

$$B_0=\mu_0 nI \tag{8-36}$$

将此式代入(8-35)式得

$$B=\mu_0\mu_r nI$$

令 $\mu=\mu_0\mu_r$，则

$$B=\mu nI \tag{8-37}$$

式(8-37)反映了磁介质存在时，螺线管中的电流 I 与管内总磁感应强度 B 的关系。式中的 μ 称为磁介质的**磁导率**(permeability)，它与真空中的磁导率 μ_0 有相同的单位，都是亨利/米(H/m)。磁导率是常量的材料称为**线性介质**，磁导率随磁场强弱而变化的材料称为**非线性介质**。要注意的是：顺磁质和抗磁质的磁导率与磁场无关，而铁磁质的磁导率与磁场有关。

2. **磁场强度** 比较式(8-36)和式(8-37)可得

笔记

$$\frac{B_0}{\mu_0}=\frac{B}{\mu}=nI$$

因此为了讨论问题的方便,引入矢量**磁场强度**(magnetic field intensity)这一物理量,用 $\boldsymbol{H}$ 表示,定义为

$$\boldsymbol{H}=\frac{\boldsymbol{B}}{\mu} \tag{8-38}$$

从磁场强度的定义式可知,在磁场中均匀地充满各向同性的磁介质(非铁磁质)时,磁场强度 $\boldsymbol{H}$ 和磁感应强度 $\boldsymbol{B}$ 的方向相同,大小成正比。此式虽然是从长直螺线管这一特例得出的,但对任何类型的磁场均适用。$\boldsymbol{H}$ 的单位是安/米(A/m)。上式也可写为

$$\boldsymbol{B}=\mu\boldsymbol{H} \tag{8-39}$$

如果把磁场中介质的磁化与电场中介质的极化进行比较的话,不难看出,磁场中的磁感应强度 $\boldsymbol{B}$ 与电场中的电场强度 $\boldsymbol{E}$ 相对应;而磁场中的磁场强度 $\boldsymbol{H}$ 与电场中的电位移 $\boldsymbol{D}$ 相对应。此外,应该注意的是,$\boldsymbol{B}$ 和 $\boldsymbol{H}$ 两个物理量既有联系又有差别。$\boldsymbol{B}$ 是描述磁场性质的基本物理量,与介质有关;而 $\boldsymbol{H}$ 只不过是为了讨论问题的方便而引入的一个辅助量,与介质无关。但用 $\boldsymbol{H}$ 来处理有介质存在时的磁场,会使问题变得简单。

例题 8-7 为了测定某种材料的相对磁导率,将这种材料做成截面为矩形的环形样品,外面用漆包线绕成一个螺绕环。设圆环平均周长为 10cm、截面积 S 为 0. 50cm^2,线圈匝数为 200 匝。当线圈中通以 0. 10A 的电流时,测得穿过圆环的横截面积的磁通量为 6. 0×10^{-5}Wb。计算该材料的相对磁导率 μ_r。

解 先求出环内的 H 值。对螺绕环,由式(8-37)和(8-38)可得

$$H=\frac{B}{\mu}nI=\frac{200}{10\times10^{-2}}\times0.10=200\text{A/m}$$

则磁感应强度 B 为

$$B=\frac{\Phi}{S}=\frac{6.0\times10^{-5}}{0.50\times10^{-4}}=1.2\text{T}$$

由 B 和 H 应用式(8-38)可得出磁导率

$$\mu=\frac{B}{H}=\frac{1.2}{200}=6.0\times10^{-3}\text{H/m}$$

所以,该材料在上述 H 值的相对磁导率为

$$\mu_r=\frac{\mu}{\mu_0}=\frac{6.0\times10^{-3}}{4\pi\times10^{-7}}=4.8\times10^3$$

三、铁磁质的磁化

铁、钴、镍及其合金称为**铁磁质**,铁磁质的显著特点是磁导率很大,而且其值随磁场强度变化。另外,磁化过程有明显的磁滞现象。

1. 铁磁质的磁化 通过铁磁质被磁化时,对磁场强度 H 和磁导率 μ 的测量,可以研究铁磁质的磁化过程及其特性。图 8-29 是铁磁质的 μ -H 曲线,从图可以看出,H 较小时,μ 随 H 的增加而急剧增大,但当 H 达到一定值时,μ 达到最大值。以后,随着 H 值增加,μ 值逐渐减小。说明铁磁质的磁导率不是常数,而是随磁场强度 H 变化。

笔记

2. 磁滞回线 图 8-30 表示铁磁质在磁化过程中 B 和 H 的数量关系。最初,铁磁质从完全

未被磁化的状态 $O(B=0,H=0)$ 开始，磁感应强度 B 随 H 的增大而缓慢增大（曲线 OC），当 H 增大到一定值后，B 几乎不再增大，即处于磁饱和状态。这一段 B-H 曲线上每一点 B 值与 H 值之比就是该 H 值下材料的磁导率。

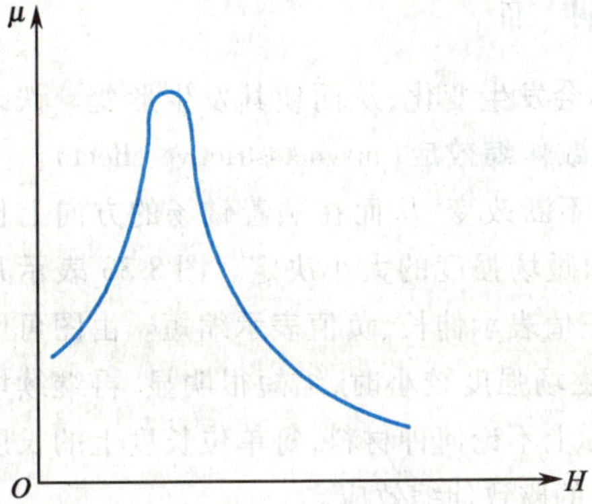

图 8-29 磁化曲线

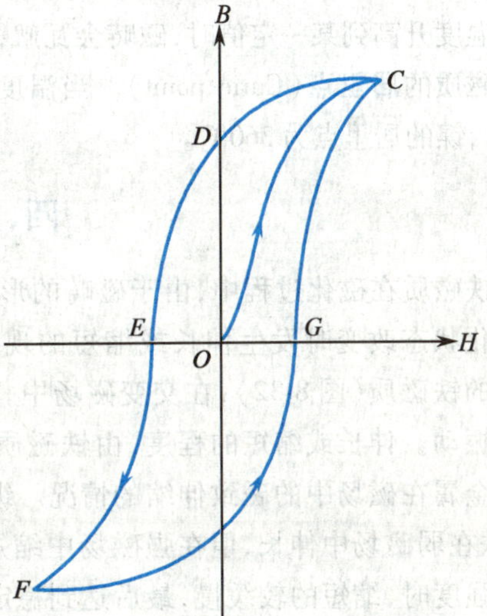

图 8-30 磁滞回线

铁磁质被磁化达到磁饱和状态后，如果 H 减小，B 将不沿原来的曲线 CO 下降，而是沿另一曲线 CD 下降，即 B 的减小要比增加来的“缓慢”。当 H 减小到零，B 并不减小到零，而保留一定值（图中线段 OD），这个值称为铁磁质的**剩磁**（remanent magnetism）。如果要使 B 减小到零，则必须加一适当的反向磁场（图中 OE），这个值称为**矫顽力**（coercive force）。继续增大反向磁场，又可达到反方向的磁饱和。这以后，再逐渐减小反向磁场，当 $H=0$ 时，再加上正向磁场，则可得到图中的闭合曲线 $CDEFGC$，这条闭合曲线称为**磁滞回线**（hysteresis loop）。不难看出，磁感应强度的数值变化总是落后于磁场强度的变化，这一现象称为**磁滞**，是铁磁质的重要特征之一。

铁磁质在周期性外磁场的作用下，它的磁化过程将沿磁滞回线变化，磁滞回线的形状保持不变。回线所包围的面积的大小，反映外磁场变化一个周期对铁磁质所做的功。磁介质所损耗的功将转变为热量，这种能量的损失称为**磁滞损耗**（hysteresis loss）。

不同的铁磁质的磁滞回线的形状不同，即它们有不同的剩磁和矫顽力。软铁、硅钢的磁滞回线包围的面积比较小，磁滞损耗小，这些材料适合于作变压器和电磁铁的铁心。而镍钢、铝镍钴合金等材料的磁滞回线包围的面积比较大，剩磁较大，因此可用这些材料作扬声器和各种仪表中的永久磁铁。

铁磁质具有这样特殊的磁化过程，可用磁畴的概念加以说明。从物质的原子结构观点来看，铁磁质内电子间因自旋引起的相互作用是非常强烈的，在这种作用下，铁磁质内部形成一些微小区域，每个小区域内的分子磁矩都朝同一方向排列整齐，这些小区域称为**磁畴**（magnetic domain），如图 8-31 所示，磁畴的体积约为 $10^{-12}\ m^3 \sim 10^{-8} m^3$。在无外磁场时，不同磁畴的磁矩方向不同，因此宏观上不显磁性。但在外磁场的作用下，磁畴的结构发生改变，当外磁场较小时，磁矩方向接近外磁场方向的磁畴的体积增加，磁矩方向与外磁场方向相反的磁畴的体积减少，磁感应强度 B 缓慢增加；外磁场

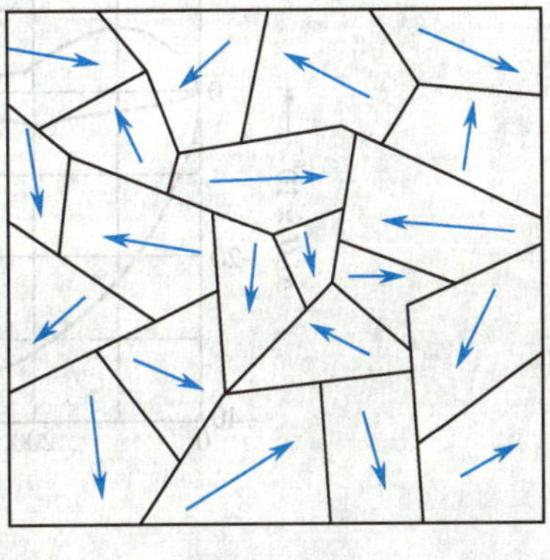

图 8-31 磁畴

笔记

继续增大，磁畴逐渐转向外磁场方向，磁性迅速增加；当外磁场增加到一定值时，所有磁畴都取外磁场的方向，磁化达到了饱和状态。这以后，当外磁场减小，由于磁畴间的相对运动而存在摩擦等原因，使磁感应强度 B 的变化滞后于 H 的变化，因此产生了磁滞。

从实验可知，铁磁质的磁化和温度有关，随着温度的升高，它的磁化能力逐渐减少。当铁磁质的温度升高到某一定值时，磁畴会瓦解，铁磁性将完全消失，铁磁质变为顺磁质，这一温度称为铁磁质的居里点（Curie point）。当温度低于居里点时，铁磁性可得以恢复。铁的居里点为770℃，镍的居里点为360℃。

四、磁致伸缩

铁磁质在磁化过程中，由于磁畴的形状和大小会发生变化，从而使其发生形变。铁磁质在磁化状态改变时发生伸长或缩短的现象称为磁致伸缩效应（magnetostrictive effect）。一个棒状的铁磁质（图 8-32），在交变磁场中，磁化状态不断改变，从而在顺着磁场的方向上长度伸缩振动。伸长或缩短的程度，由铁磁质的种类和磁场强度的大小决定。图 8-33 表示几种不同金属在磁场中的磁致伸缩的情况。纵坐标的正值表示伸长、负值表示缩短。由图可以看出，铁在弱磁场中伸长，但在强磁场中缩短。镍在磁场强度较小时，缩短很明显，再继续增大磁场强度时，缩短的较缓慢，最后达到稳定值。实际上不论何种材料，每单位长度上的长度变化是不大的，数量级在 10^{-6} ~ 10^{-4}，其中镍具有最大的磁致伸缩效应。

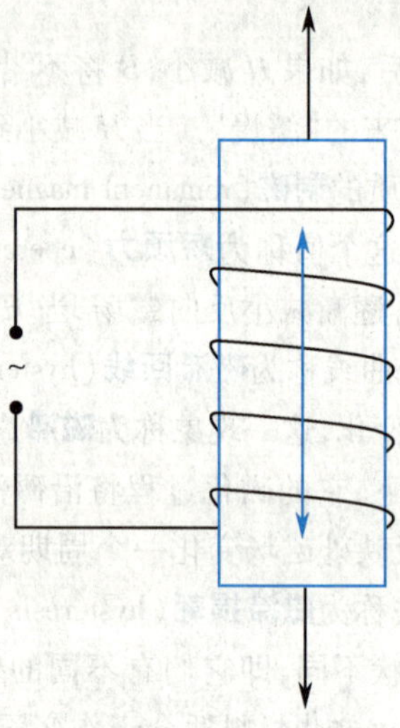

图 8-32 磁致伸缩效应

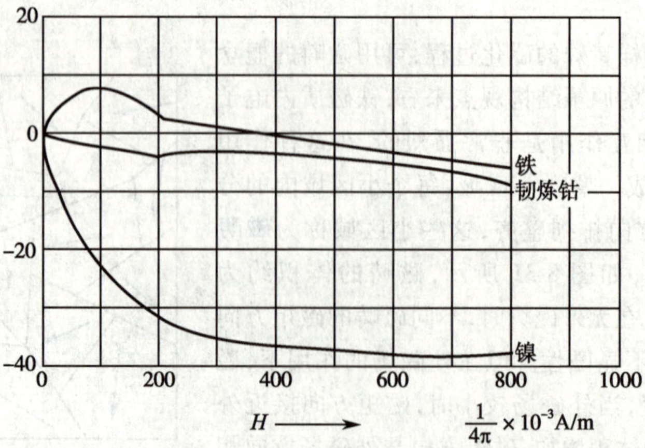

图 8-33 铁、钴、镍的磁致伸缩曲线

笔记

利用磁致伸缩效应，可以制造超声波发生器中的换能器。通常先使镍棒磁化到一定程度，再加上交变磁场，使镍棒的长度沿着磁场方向作周期性的伸缩。由于其长度变化与磁场方向无关，镍棒将以二倍于交流电的频率发生振动。当调节到共振时，每单位长度上的长度变化可达千分之一，振动非常强，这样从棒的两端发射出同频率的声波。若振动频率超过声频时，即可获得超声波。

超声波的频率与棒的材料及其长度有关。若棒由镍制成，则超声波的基本频率

$$\nu=\frac{2.41\times10^{3}}{l}$$

其中 ν 的单位是 Hz，l 为棒长，单位为 m。从此式可以看出，超声波的频率与棒的长度成反比，即棒越短，频率越高。

用作换能器的材料，除镍以外，还有铁钴钒合金（铁 49%、钴 49%、钒 2%）、铝铁合金（铝 13%、铁 87%）和铁淦氧磁体。由于有涡流和磁滞损耗，能量耗损较大，因此，磁致伸缩换能器只能应用于几万赫的范围内。

拓展阅读

生物磁场

生物体中，各种生命活动会产生如电子传递、离子转移、神经电活动等生物电，伴随着生物电信号变化必然有生物磁场的出现。人体脏器如心脏、大脑、肌肉等都有规律性的生物电流流动，因此相应地会产生心磁场、脑磁场、肌磁场等；人体活组织内某些物质具有一定的磁性，它们在地磁场或其他外磁场作用下产生感应的生物磁场，如肝、脾等所呈现出来的磁场就属于这一类；此外，在外界因素的刺激下，某些具有强磁性的物质如含铁尘埃、磁铁矿粉末可通过呼吸道、食道进入体内，这些物质在地磁场或外界磁场作用下被磁化，成为小磁石残留在体内，从而产生一定的生物磁场，肺磁场、腹部磁场均属于这一类。

一般情况下，生物磁场非常微弱，远远低于地磁场和周围环境的磁干扰、磁噪声，所以难以进行观测和研究，因此生物磁现象的研究比生物电现象的研究要慢得多。直到 20 世纪 60 年代后期，随着现代科学技术的飞速发展，高灵敏度的磁场测量仪器陆续被研制出来，如超导量子干涉仪的灵敏度可达 10^{-11} G，使生物磁现象的研究向前迈进了一大步，人们陆续发现和开始研究一些生物和人体的磁场。目前人们已经可以观测到人的心脏、大脑、肺部、肌肉和神经等产生的微弱生物磁场。

生物磁场的研究和生物电的研究相类似，通过生物磁场的研究可以了解一些重要的生命现象和过程，而且与生物电的研究相比还具有一些独特的优点，如测量生物磁场用的探测器不需与生物体接触，能避免用电极测量生物电场（电流）时所引起的电极干扰。通过用微弱磁场测定法对人体磁场的检测，可以获得人体磁场的信息，如心磁图、脑磁图、肺磁图等，把人体的各部位磁图应用于临床多种疾病的诊断及推进一些疑难病症的治疗是生物磁学的发展趋势。目前的研究表明，对于某些疾病的诊断，心磁图的灵敏度和准确度比心电图高，利用脑磁图来确定癫痫病人的病灶部位效果明显优于脑电图。

习题

1. 一个速度为 $v=5.0\times10^{7}$ m/s 的电子，在地磁场中垂直地面向下通过某处时，受到方向向西的洛仑兹力作用，大小为 3.2×10^{-16} N。试求该处地磁场的磁感应强度。

笔记

2. 几种载流导线在平面内分布如图 8-34 所示，求圆心 O 处的磁感应强度。

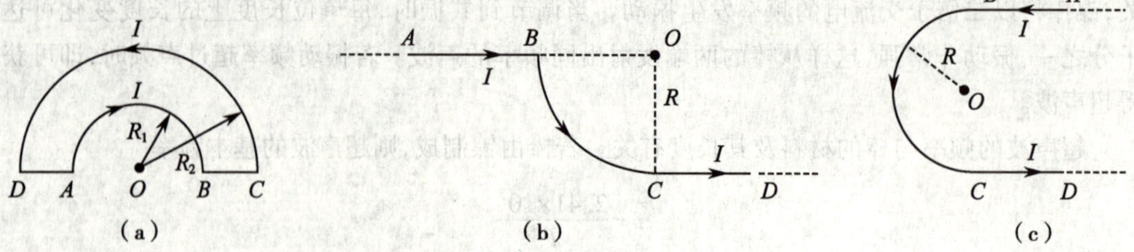

图 8-34 习题 2 图

3. 将通有电流强度 I 的导线弯成如图 8-35 所示的形状，组成 3/4 的圆（半径为 a）和 3/4 的正方形（边长为 b）。求圆心 O 处的磁感应强度。

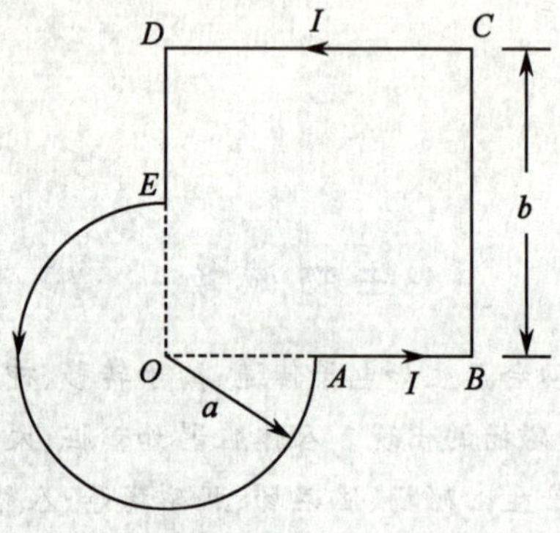

图 8-35 习题 3 图

4. 两根无限长直导线互相平行地放置在真空中，如图 8-36 所示，其中通以同方向的电流 $I_1 = I_2 = 10\text{A}$。已知 $r = 1.0\text{m}$。求图中 M、N 点的磁感应强度。

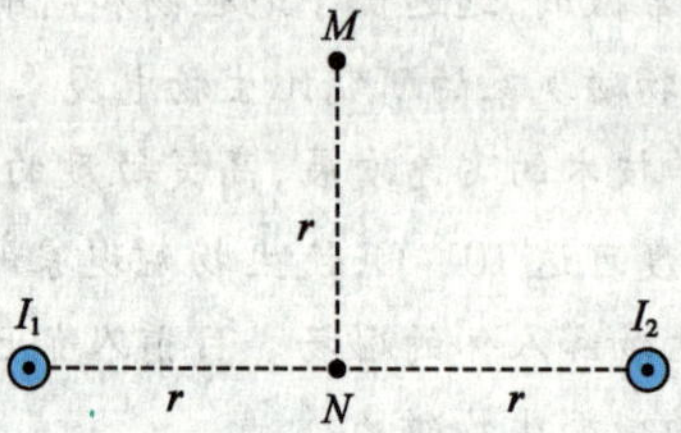

图 8-36 习题 4 图

5. 真空中有一半径为 R 的无限长直金属圆棒，通有电流 I，若电流在导体横截面上均匀分布，求：(1) 导体内磁感应强度的大小；(2) 导体外磁感应强度的大小；(3) 导体表面磁感应强度的大小。

6. 如图 8-37 所示，已知一均匀磁场的磁感应强度 $B = 2.0\text{T}$，方向沿 x 轴正向。试求：

(1) 通过图中 $abed$ 面的磁通量；

(2) 通过图中 $bcfe$ 面的磁通量；

(3) 通过图中 $acfd$ 面的磁通量。

7. 两平行无限长直导线相距 40cm 如图 8-38 所示，每条导线载有电流 $I_1 = I_2 = 20\text{A}$，求：(1) 两导线所在平面内与两导线等距的一点 A 处的磁感应强度大小和方向；(2) 通过图中斜线所示面积的磁通量。

8. 一无限长直导线载有电流 30A，离导线 30cm 处有一电子以速率 $2.0 \times 10^7 \text{m/s}$ 运动，求以下三种情况作用在电子上的洛仑兹力。

笔记

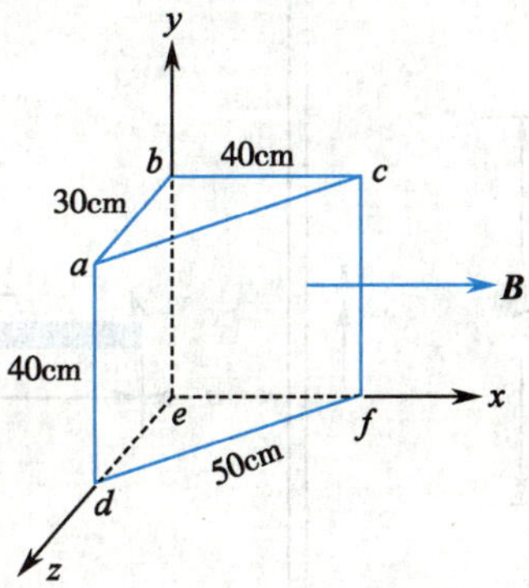

图 8-37 习题 6 图

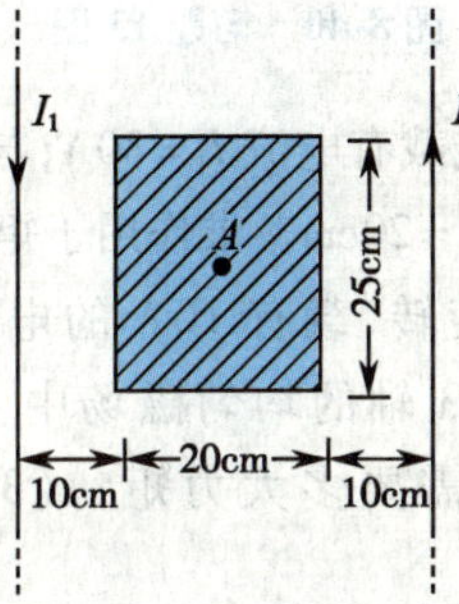

图 8-38 习题 7 图

（1）电子的速度 $\boldsymbol{v}$ 平行于导线；

（2）速度 $\boldsymbol{v}$ 垂直于导线并指向导线；

（3）速度 $\boldsymbol{v}$ 垂直于导线和电子所构成的平面。

9. 电量为 2.0×10^{-4}C、质量为 1.0×10^{-9}g 的带电粒子，在磁感应强度为 2.0×10^{-3}T 的均匀磁场中运动，其初速度为 1.0×10^{4}m/s，方向与磁场成 30°，求其螺旋线轨道的半径是多少？

10. 电子在磁感应强度 $B=2.0\times10^{-3}$T 的均匀磁场中，沿半径 $R=5.0$cm 的螺旋线运动（见图 8-14），螺距 $h=31.4$cm。求电子的速度。

11. 利用霍尔元件可以测量磁场的磁感应强度。设一用金属材料制成的霍尔元件，其厚度为 0.15mm，载流子数密度为 $1.0\times10^{25}/m^3$，将霍尔元件放入待测的匀强磁场中，测得霍尔电势差为 40μV、电流为 10mA，求待测磁场的磁感应强度。

12. 电子在磁场和电场共存的空间运动，如图 8-39 所示。已知匀强电场强度 $E=3.0\times10^{2}$N/C，匀强磁场 $B=2.0\times10^{-3}$T，则电子的速度应为多大时，才能在此空间作匀速直线运动？

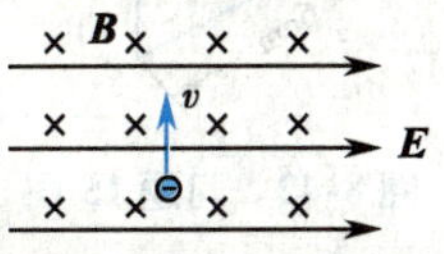

图 8-39 习题 12 图

13. 一无限长载流直导线通有电流 I_1，另一有限长度的载流直导线 AB 通有电流 I_2，AB 长为 l。求载流直导线 AB 与无限长直载流导线平行和垂直放置，如图 8-40(a)、(b)所示时所受到的安培力的大小和方向。

笔记

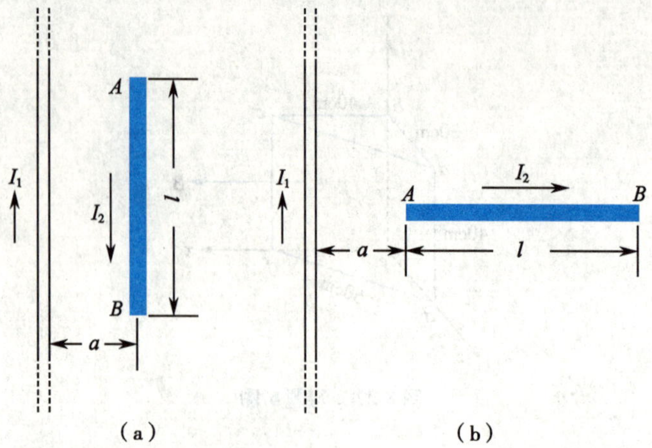

图 8-40 习题 13 图

14. 在图 8-41 中，一无限长直导线载有电流 $I_1=30\text{A}$，与它同一平面的矩形线圈 $ABCD$ 载有电流 $I_2=10\text{A}$，已知 $d=1\text{cm}$，$b=9\text{cm}$，$l=20\text{cm}$。求作用于矩形线圈的合力的大小和方向。

15. 长方形线圈 $abcd$ 可绕 y 轴旋转，载有 10A 的电流，方向如图 8-42 所示。线圈放在磁感应强度为 0.2T、方向平行于 x 轴的均匀磁场中。问：(1) 线圈各边受力的大小和方向；(2) 若维持线圈在原位置时，需要多大力矩？(3) 线圈处在什么位置时所受磁力矩最小？

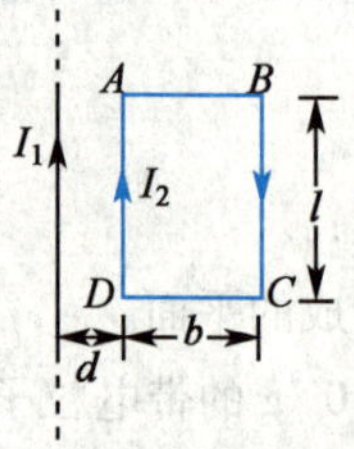

图 8-41 习题 14 图

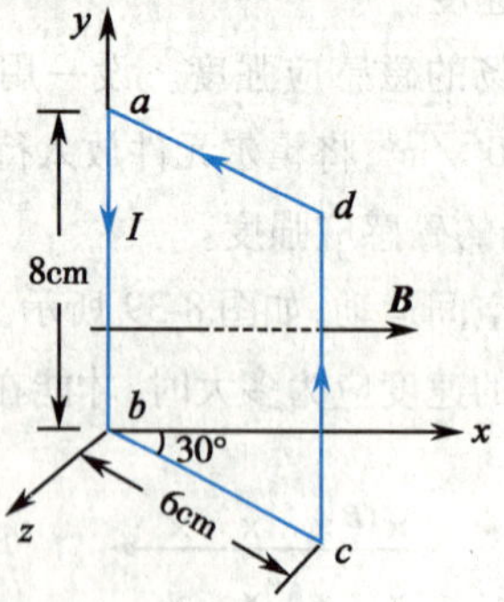

图 8-42 习题 15 图

16. 如图 8-43 所示为一正三角形线圈，放在均匀磁场中，磁场方向与线圈平面平行，且平行于 BC 边。设 $I=10\text{A}$，$B=1.0\text{T}$，正三角形的边长 $l=0.10\text{m}$。求：(1) 线圈所受磁力矩的大小和方向；(2) 线圈将如何转动？

17. 一个具有铁心的螺绕环，每厘米绕有 10 匝导线，当通以 2.0A 的电流时，测得螺绕环内部的磁感应强度 B 为 1.0T。试计算：(1) 放入或移去铁心两种情况下的磁场强度；(2) 铁心的相对磁导率。

笔记

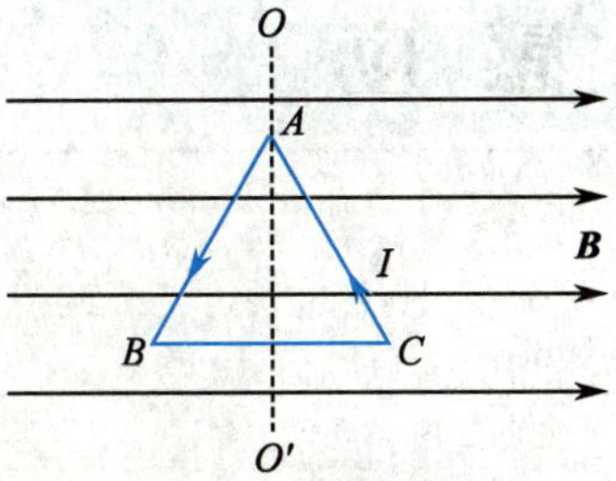

图 8-43 习题 16 图

（丘翠环）

第九章 电 磁 感 应

学习要求

1. 掌握　电磁感应定律，有旋电场和涡电流产生的原理，自感的定义，*RL* 电路的电流变化规律，磁场能量的定义。

2. 熟悉　分析并求解典型的动生电动势和感生电动势，判断感应电动势方向。

3. 了解　麦克斯韦方程组的基本含义以及电磁波的产生和传播的基本特点、超导现象。

电流既然能够产生磁场，那么，能不能反过来利用磁场来激发产生电流呢？事实上，激发电场和磁场的源——电荷和电流是相互关联的，在一定条件下，两者是可以相互转化的。电磁感应就是变化的磁场产生电场的现象。它不仅阐明了变化的磁场能够激发电场，而且还进一步揭示了电和磁之间的内在联系。使人们对电磁现象的本质有了更深入的了解，从而奠定了现代电工电子学的基础，开辟了利用电能的道路。

自 1820 年奥斯特(H. C. Oersted)发现电流的磁效应以后，科学家就开始研究它的逆现象，即如何利用磁场产生电流。英国科学家法拉第(M. Faraday)经过近 10 年的研究，终于在 1831 年发现了电磁感应定律。1833 年德国科学家楞次(H. F. E. Lenz)建立了确定感应电流方向的规则。在此基础上，麦克斯韦(J. C. Maxwell)又提出了位移电流和涡旋电场两大基本假设，在 1831 年以完美的数学形式——麦克斯韦方程组，概括了电磁场的基本性质和规律，建立了完整的电磁场理论，还预言了电磁波的存在，断言光是一种电磁波。麦克斯韦的电磁场理论为无线电技术、微波技术、光学技术等领域的建立和发展奠定了理论基础，具有划时代的意义。

第一节　电磁感应定律

一、电磁感应的基本定律

1831 年法拉第根据实验指出：**当通过一个闭合导体回路所包围面积的磁通量发生变化时，回路中就产生电流**。这种电流称为感应电流(induced current)。产生感应电流的原因是回路的磁通量发生变化。这种现象称为电磁感应(electromagnetic induction)。楞次在总结了大量实验结果之后，对感应电流的方向得出如下结论：**闭合回路中，产生的感应电流具有确定的方向，它总是使感应电流所产生的通过回路面积的磁通量去抵消或补偿引起感应电流的磁通量的变化。**这就是楞次定律(Lenz law)。

回路中出现感应电流，说明回路中存在电动势。这种由电磁感应产生的电动势，称为感应电动势(induction electromotive force)。法拉第分析了大量的实验事实后指出：**回路中所产生的感应电动势 ε_i 的大小与通过回路的磁通量对时间的变化率的负值成正比**，即

$$\varepsilon_i = -\frac{\mathrm{d}\Phi}{\mathrm{d}t} \tag{9-1}$$

这就是法拉第电磁感应定律(Faraday law of electromagnetic induction)。式中的负号表示感

笔记

应电动势的方向总是反抗引起电磁感应的磁通量的变化，也是楞次定律的数学表示。为了进一步说明式中负号与 ε_i 的方向关系，先任意选定回路的绕行方向，并规定回路中电动势方向与绕行方向一致时为正，相反时为负；同时，回路的正法线方向 $\boldsymbol{n}$ 由右手螺旋定则规定，如图 9-1 所示。当 $\boldsymbol{B}$ 与 $\boldsymbol{n}$ 的夹角为锐角时，通过回路的磁通量 Φ 为正；当 $\boldsymbol{B}$ 与 $\boldsymbol{n}$ 的夹角为钝角时，通过回路的磁通量 Φ 为负。于是，ε_i 的正、负完全由 $\frac{\mathrm{d}\Phi}{\mathrm{d}t}$ 决定：如果 $\frac{\mathrm{d}\Phi}{\mathrm{d}t}>0$，则 $\varepsilon_i<0$，表示感应电动势的方向与回路上原来所选定的绕行方向相反；如果 $\frac{\mathrm{d}\Phi}{\mathrm{d}t}<0$，则 $\varepsilon_i>0$，表示感应电动势的方向与回路上原来所选定的绕行方向相同。图 9-1 中对回路的磁通量变化的四种情况分别画出了感应电动势的方向。这样确定的方向与楞次定律所确定的方向是完全一致的。

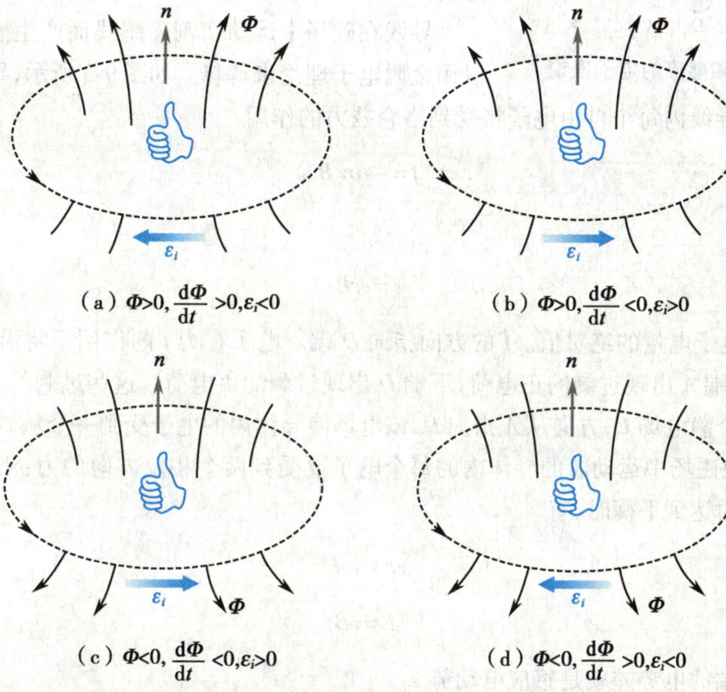

（a）$\Phi>0, \frac{\mathrm{d}\Phi}{\mathrm{d}t}>0, \varepsilon_i<0$　（b）$\Phi>0, \frac{\mathrm{d}\Phi}{\mathrm{d}t}<0, \varepsilon_i>0$

（c）$\Phi<0, \frac{\mathrm{d}\Phi}{\mathrm{d}t}<0, \varepsilon_i>0$　（d）$\Phi<0, \frac{\mathrm{d}\Phi}{\mathrm{d}t}>0, \varepsilon_i<0$

图 9-1　磁通量的变化与 ε_i 方向关系示意图

需要指出，式(9-1)是指单一回路，即单匝线圈，如有 N 匝线圈，那么在磁通量变化时，每匝线圈中都将产生感应电动势，并且它们之间是同向串联关系。因此，相同的每匝线圈中通过的磁通量均为 Φ，则 N 匝线圈中总的感应电动势为

$$\varepsilon_i=-N\frac{\mathrm{d}\Phi}{\mathrm{d}t}=-\frac{\mathrm{d}(N\Phi)}{\mathrm{d}t} \tag{9-2}$$

习惯上，把 $N\Phi$ 称为线圈的**磁链**（magnetic flux linkage），或**磁通匝链数**。

下面以导线在磁场中移动产生感应电动势为例，来说明法拉第电磁感应定律和楞次定律。

设一长度为 l 的金属棒 AD，处在磁感应强度为 $\boldsymbol{B}$ 的均匀磁场中，沿着矩形金属框以速度 v 向右运动，速度方向和金属棒以及磁场方向三者互相垂直（如图 9-2）。假如金属细棒在 $\mathrm{d}t$ 时间内移动的距离是 $\mathrm{d}x$，则闭合回路面积的变化为 $l\mathrm{d}x$，因而回路磁通量的变化 $\mathrm{d}\Phi$ 为

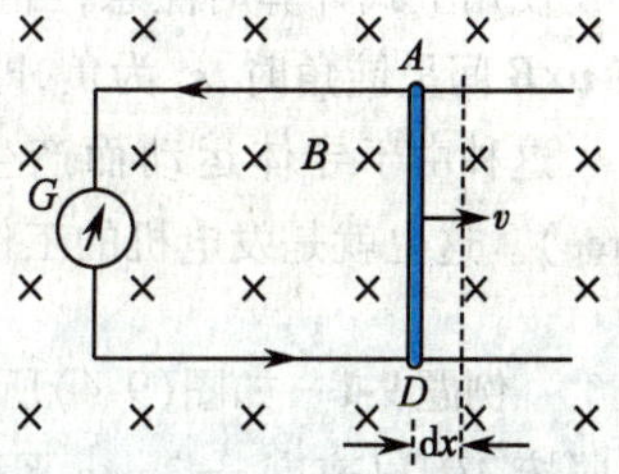

图 9-2　金属细棒在匀强磁场中作切割磁感线运动

$$\mathrm{d}\Phi=Bl\mathrm{d}x$$

笔 记

由法拉第电磁感应定律可求出感应电动势的大小为

$$\varepsilon_i=\left|\frac{\mathrm{d}\Phi}{\mathrm{d}t}\right|=Bl\frac{\mathrm{d}x}{\mathrm{d}t}=Blv \tag{9-3}$$

由于金属细棒向右运动，垂直回路平面向内通过的磁通量增加，根据楞次定律可知，感应电流在回路中产生的磁通量的方向应垂直图面向外，所以感应电流的方向应该是逆时针方向，也就是说由于 AD 的移动所产生的感应电动势，使 A 点电势高于 D 点。注意，这里运动着的金属棒 AD 相当于一个电源，A 端相当于电源的正极，D 端相当于负极。金属棒 AD 在作切割磁感线的运动。

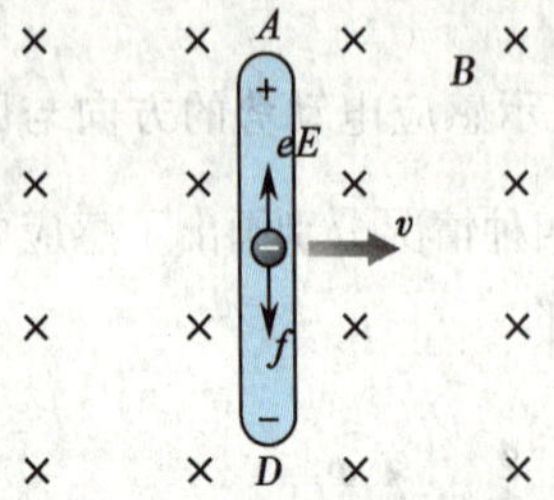

图 9-3 电磁感应的电子理论

导线在磁场中运动切割磁感线而产生感应电动势，可以用金属电子理论来解释。如图 9-3 所示，导线 AD 以速度 v 向右运动时，导线内每个自由电子将受到洛仑兹力的作用

$$\boldsymbol{f}=-e\boldsymbol{v}\times\boldsymbol{B}$$

其大小为

$$f=evB$$

式中 e 为电子电量的绝对值。$\boldsymbol{f}$ 的方向指向 D 端。电子在力 f 的作用下将沿导线向下端移动，结果导线上端 A 出现过剩的正电荷，下端 D 出现过剩的负电荷。这些过剩的正、负电荷在导体内部产生一个静电场 $\boldsymbol{E}$，方向从 A 指向 D，该电场使导体内的电子受到一个从 D 指向 A 的静电力 $e\boldsymbol{E}$。因此，在磁场中运动着的导体内的每个电子要受到两个相反方向的力：洛仑兹力和静电力。当这两个力达到平衡时，有

$$eE=evB$$

即

$$E=vB$$

这时导体内两端的电势差就是感应电动势 ε_i

$$\varepsilon_i=El=Blv$$

这一结果与式(9-3)完全一致。

在一般情况下，磁场可以是不均匀的，在磁场中运动的导线的各部分速度也可以不同，并且 $\boldsymbol{v}$、$\boldsymbol{B}$ 和导线的长度方向三者也可以不相互垂直，这时可以在导线上选取线元矢量 $\mathrm{d}\boldsymbol{l}$，注意到 $\mathrm{d}\boldsymbol{l}$ 的运动速度是 $\boldsymbol{v}$，所处的磁场为 $\boldsymbol{B}$，**则整个运动导线 L 产生的感应电动势可表示为各 $\mathrm{d}\boldsymbol{l}$ 上产生感应电动势的积分**

$$\varepsilon_i=\int_L(\boldsymbol{v}\times\boldsymbol{B})\cdot\mathrm{d}\boldsymbol{l} \tag{9-4}$$

使用上式计算时注意，当 $\mathrm{d}\boldsymbol{l}$ 与 $\boldsymbol{v}\times\boldsymbol{B}$ 间呈锐角时，ε_i 为正，即与原先所选定的 $\mathrm{d}\boldsymbol{l}$ 同方向；当 $\mathrm{d}\boldsymbol{l}$ 与 $\boldsymbol{v}\times\boldsymbol{B}$ 间呈钝角时，ε_i 为负，即与 $\mathrm{d}\boldsymbol{l}$ 反方向。

这种由于导体运动而产生的感应电动势，习惯上称为**动生电动势**(motional electromotive force)。这也就是发电机的工作原理。发电机是把机械能转化为电能的装置。

例题 9-1 如图(9-4)所示，一长直导线中通有电流 $I=40\mathrm{A}$，另有一长为 $l=0.09\mathrm{m}$ 的金属棒 AD，以速度 $v=2\mathrm{m/s}$ 平行于长直导线作匀速直线运动，棒的近导线一端与导线相距 $d=0.01\mathrm{m}$，求棒 AD 中的感应电动势(对导线设 $\mu=\mu_0$)。

笔记

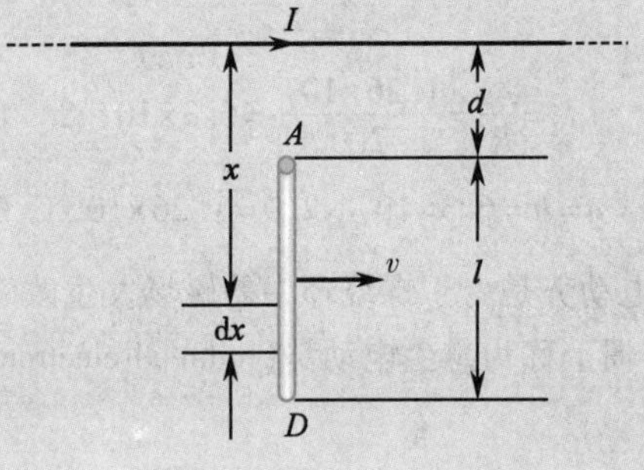

图 9-4 例题 9-1 图

解 由于金属棒处在通电导线的非均匀磁场中,所以不能直接用式(9-3),而要应用式(9-4)。在金属棒上距离长直导线 x 处选取线元 dx。设 dx 为沿 AD 方向,则 dx 处的磁感应强度大小为 $B=\frac{\mu_0 I}{2\pi x}$,方向垂直纸面向内。则由式(9-4)可得 dx 上产生的动生电动势为

$$\mathrm{d}\varepsilon_i=-vB\mathrm{d}x=-\frac{\mu_0 I}{2\pi x}v\mathrm{d}x$$

上式中的负号表示 dε_i 的方向为 D 指向 A,所以金属棒中总的动生电动势为

$$\varepsilon_i=\int_d^{d+l}-\frac{\mu_0 I}{2\pi x}v\mathrm{d}x=-\frac{\mu_0 I}{2\pi}v\ln\left(\frac{d+l}{d}\right)$$
$$=-\frac{4\pi\times10^{-7}\times40}{2\pi}\times2\times\ln\frac{0.01+0.09}{0.01}=-3.68\times10^{-5}\,\mathrm{V}$$

例题 9-2 一个由导线绕成的空心螺绕环,每单位长度上的匝数 $n=5000/\mathrm{m}$,截面积 $S=2.0\times10^{-3}\,\mathrm{m}^2$,导线两端和电源 ε 及可变电阻 R 串联成一闭合电路。在环上还绕有一线圈 A,共有 $N=5$ 匝,它的电阻 $R'=2.0\Omega$(如图 9-5)。改变可变电阻,使通过螺绕环的电流强度 I_1 每秒降低 20A。求:(1)线圈 A 中产生的感应电动势 ε_i 和感应电流 I_2 的大小;(2)2.0s 时间内通过线圈 A 的电量 q。

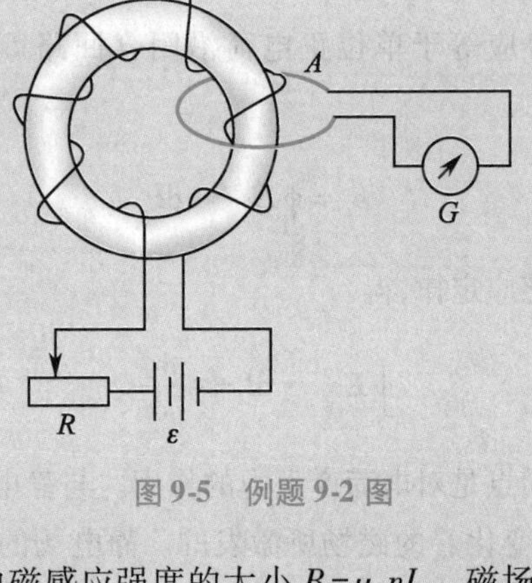

图 9-5 例题 9-2 图

解 (1) 已知螺绕环内磁感应强度的大小 $B=\mu_0 nI_1$。磁场集中于环内,通过线圈 A 的磁通量为 $\Phi=\mu_0 nI_1 S$。根据式(9-2),线圈 A 中的感应电动势大小为

$$\varepsilon_i=N\frac{\mathrm{d}\Phi}{\mathrm{d}t}=\mu_0 nNS\frac{\mathrm{d}I_1}{\mathrm{d}t}=4\pi\times10^{-7}\times5000\times5\times2.0\times10^{-3}\times20=1.26\times10^{-3}\,\mathrm{V}$$

笔记

感应电流为

$$I_2=\frac{\varepsilon_i}{R'}=\frac{1.26\times10^{-3}}{2.0}=6.3\times10^{-4}\text{A}$$

(2)
$$q=It=6.3\times10^{-4}\times2.0=1.26\times10^{-3}\text{C}$$

上题线圈 A 中的感应电动势是由于螺绕环中的磁场发生改变而产生的。这种由于磁场变化引起的感应电动势，习惯上称为**感生电动势**(induced electromotive force)。

二、有旋电场

如图 9-6 所示的情况与例题 9-2 的情况有相同之处：即线圈保持不动，当条形磁铁接近(或离开)线圈时通过线圈回路的磁通量同样也发生了变化，则回路中产生了感生电动势。这种感应电动势的起因不能用洛仑兹力来解释。麦克斯韦首先分析了这种现象，他认为这是由于变化的磁场在它的周围激发电场的缘故：只要磁场随时间发生变化，无论导体或回路是否存在，这种电场总是存在的。

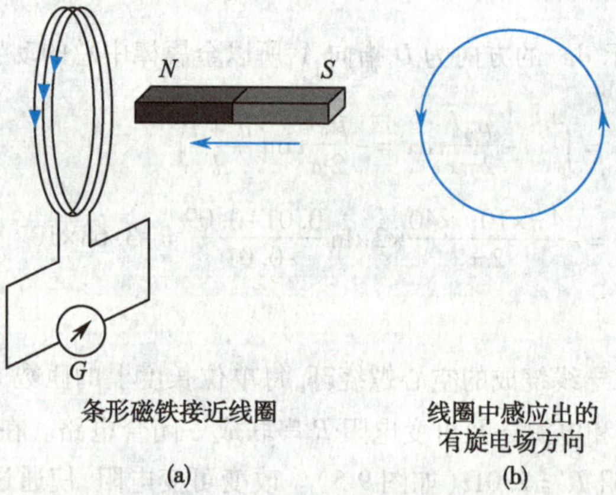

图 9-6 变化磁场产生有旋电场

随时间变化的磁场所产生的电场与静电场不同，它的电场线是闭合的，与磁场的磁感线相似。这样的电场称为**有旋电场**(curl electric field)，用 $\boldsymbol{E}^{(2)}$ 表示，以示与静电场的区别。在有旋电场的作用下，感生电动势应等于单位正电荷沿闭合回路 L 移动一周时有旋电场所作的功，即

$$\varepsilon_i=\oint_L \boldsymbol{E}^{(2)}\cdot \mathrm{d}\boldsymbol{l}$$

将上式代入法拉第电磁感应定律，得

$$\oint_L \boldsymbol{E}^{(2)}\cdot \mathrm{d}\boldsymbol{l}=-\frac{\mathrm{d}\Phi}{\mathrm{d}t} \tag{9-5}$$

有旋电场与静电场的共同点是对电荷产生力的作用。与静电场不同点是：静电场是由静止电荷激发的，而有旋电场是由变化着的磁场所激发的。静电场的电场线不闭合，总是从正电荷出发终止于负电荷，所以静电场的环流为零，即 $\oint_L \boldsymbol{E}^{(1)}\cdot \mathrm{d}\boldsymbol{l}=0$，式中 $\boldsymbol{E}^{(1)}$ 是静电场。而有旋电场的电场线是闭合的，所以**有旋电场的环流不为零**，如式(9-5)所示，即 $\oint_L \boldsymbol{E}^{(2)}\cdot \mathrm{d}\boldsymbol{l}=-\frac{\mathrm{d}\Phi}{\mathrm{d}t}$。电子感应加速器就是利用这一原理来对电子进行加速，获得高能量的电子束的。

笔 记

三、涡 电 流

当块状金属体对磁场作相对运动或放在变化的磁场中时，金属体内部也将产生感应电流，这种电流在金属体内自成闭合回路，因此称为涡电流（eddy current）。其产生的原因可用图 9-7 来说明。

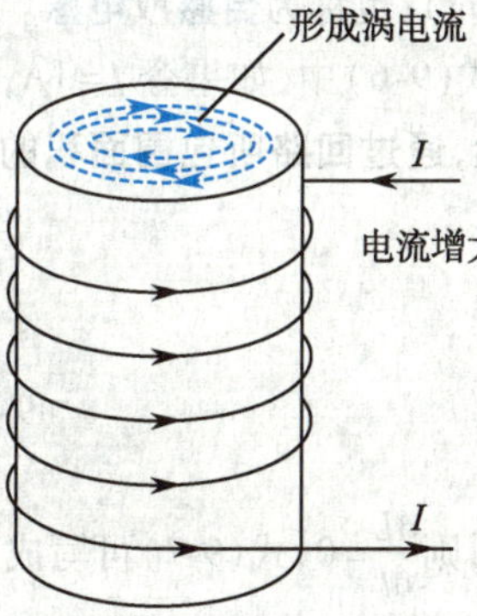

图 9-7 通电电流增大时涡电流的形成

图 9-7 中的铁质圆柱体是一个铁芯，外面绕着线圈，当线圈通以交变电流后，就在铁芯内沿轴线方向产生交变磁场，通过铁芯任一横截面的磁通量就发生变化，从而在铁芯横截面上激发交变的有旋电场。**铁芯中的自由电子在有旋电场的作用下，在整个铁芯上形成一圈圈绕圆柱体轴线流动的感应电流**，即涡电流或涡流。

由于在块状金属导体内部的电阻很小，其内部的涡电流的强度就很大，在铁芯内将放出大量的热量，这就是感应加热的原理。在冶金工业中，对容易氧化的金属或难熔的金属以及特种合金材料，常常采用这种感应加热方法。在化工和制药生产中也广泛应用这种加热方法。又如，现代家庭生活中电磁灶是厨房常用电器之一，它也是利用在铁锅底部产生的涡电流而加热食物的。电磁灶所用的频率仅为 30kHz，与普通广播频率差不多，不会对人体产生任何危害。

另外，电表中的电磁阻尼器，也是涡电流的应用实例。当电表通电后，指针偏转，由于惯性作用，指针将在新的平衡位置附近来回摆动，影响读数。为了使指针在新的平衡位置上较迅速地停下来，可在指针的转轴上装一金属片，当指针摆动时，它就在磁场中摆动，产生涡电流，这一涡电流在磁场中反过来又受到很大的阻力，从而使指针很快停下来，这样就方便了读数。如图 9-8，当与指针相连的金属片摆动进入磁场时，由于感应产生图中所示的涡电流，该涡电流受到磁场的安培力的方向，正好与金属片的运动反向，阻碍金属片的运动使其很快停止下来。这种就是电磁阻尼效应。

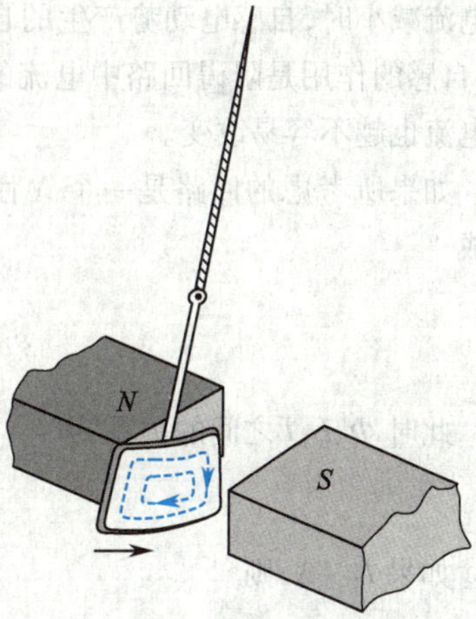

图 9-8 电磁阻尼效应

但涡电流也有有害的一面。例如在变压器或电机中，其铁芯如果是块状的，而且在工作时又处在不断变化的磁场中，因此铁芯内部会产生很大的涡电流而发热。这不仅消耗了很大一部分电能，降低了效率，而且铁芯将因严重发热而不能正常工作。为了减少涡电流，变压器和电机的铁芯不能采用整块材料，而用电阻率较大的、相互绝缘的硅钢片叠合而成。对于高频器件，如半导体收音机的磁棒和中周变压器的铁芯，一般都采用磁导率和电阻率都很高的非金属材料（例如铁氧体）做成。

第二节 自 感

一、自感现象、自感系数

在任何情况下，当通过回路所包围面积的磁通量发生变化时，回路中将产生感应电动势。如果回路中通有电流，这一电流所产生的磁通量就要通过这回路本身，当回路中的电流发生改变时，也将在自身的回路内引起磁通量的变化，从而产生感应电动势。这种由回路自身电流变

笔记

化而在回路中产生感应电动势的现象称为**自感现象**(self-induction phenomena)。所产生的感应电动势称为**自感电动势**(self-induction electromotive force)。

设回路中的电流强度为 I,根据毕奥-萨伐尔定律,电流在空间任意一点所产生的磁感应强度和回路中的电流强度 I 成正比,因此通过回路所包围面积的磁通量 Φ 也与电流成正比,即

$$\Phi = LI \tag{9-6}$$

式中的比例系数 L 称为回路的**自感系数**(self-inductance coefficient),也称为**自感**或**电感**。它的量值由回路的几何形状、匝数以及周围磁介质的磁导率决定。在式(9-6)中,如果令 $I=1\text{A}$,则 $\Phi=L$。可见,回路的**自感系数在数值上等于回路中通有单位电流时,通过回路所包围面积的磁通量**。

根据法拉第电磁感应定律,回路中的自感电动势为

$$\varepsilon_L = -\frac{\mathrm{d}\Phi}{\mathrm{d}t} = -\frac{\mathrm{d}(LI)}{\mathrm{d}t} = -\left(L\frac{\mathrm{d}I}{\mathrm{d}t} + I\frac{\mathrm{d}L}{\mathrm{d}t}\right) \tag{9-7}$$

如果回路的形状、匝数和磁介质的磁导率都保持不变,L 为常量,则$\frac{\mathrm{d}L}{\mathrm{d}t}=0$,式(9-7)可写成

$$\varepsilon_L = -L\frac{\mathrm{d}I}{\mathrm{d}t} \tag{9-8}$$

式中,**负号是楞次定律的数学表示**,它指出了**自感电动势是反抗回路中电流的变化**的。这就是说,当电流增加时,自感电动势产生的自感电流与原来的电流方向相反,阻止电流的增加;当电流减小时,自感电动势产生的自感电流与原来的电流方向相同,阻止电流的减小。由此可见,自感的作用是阻碍回路中电流的变化。回路的自感系数越大,这种阻碍作用也越强,回路中的电流也越不容易改变。

如果所考虑的回路是一个 N 匝串联的线圈,若通过每一匝的磁通量均为 Φ,则式(9-8)可写成

$$\varepsilon_L = -\frac{\mathrm{d}(N\Phi)}{\mathrm{d}t} = -L\frac{\mathrm{d}I}{\mathrm{d}t} = -\frac{\mathrm{d}(LI)}{\mathrm{d}t}$$

此时 Φ、L、I 之间的关系为

$$LI = N\Phi \tag{9-9}$$

如果 $I=1\text{A}$,则

$$L = N\Phi \tag{9-10}$$

上式表示**线圈的自感系数 L 在数值上等于通有单位电流时线圈的磁链**。

在国际单位制中,自感系数的单位为亨利,符号 H。1H 是指当电流变化率为 1A/s 并产生的电动势为 1V 时回路的自感系数。

例题 9-3 一长直螺线管,其长度为 l,半径为 R,总匝数为 N,中间充满磁导率为 μ 的磁介质。求这螺线管的自感系数。

解 已知长直螺线管内磁感应强度为

$$B = \mu I\frac{N}{l}$$

设螺线管的截面积为 S,则通过螺线管每一匝的磁通量为 $\Phi_1=BS$,通过 N 匝线圈的磁链为

$$N\Phi_1 = \mu\frac{N^2 I}{l}S$$

笔记

由于 $N\Phi_1=LI$，得

$$L=\frac{N\Phi_1}{I}=\mu\frac{N^2S}{l}$$

令 $n=\frac{N}{l}$，为螺线管每单位长度的匝数；$V=Sl$，为螺线管的体积，则上式可写成

$$L=\mu n^2V \tag{9-11}$$

二、*RL* 电路

如图9-9，是将自感 L 和电阻 R 串联后，同电动势为 ε 的电源和电键 K 组成的电路。当 K 扳向1接通电路时，闭合回路 $K\varepsilon RLK$ 中有电流通过，但不是立即达到稳定值，而是要经历一个增长的过程。

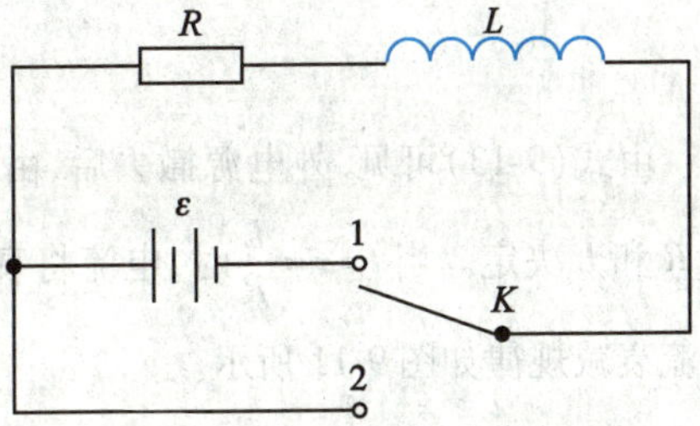

图9-9　自感电路

设某一时刻电流强度为 I，由于电感的存在，I 的变化在电路中要出现自感电动势 $\varepsilon_L=-L\frac{\mathrm{d}I}{\mathrm{d}t}$。则由基尔霍夫第二定律可得

$$\varepsilon-L\frac{\mathrm{d}I}{\mathrm{d}t}=IR$$

对上式分离变量，整理得

$$\frac{\mathrm{d}I}{\frac{\varepsilon}{R}-I}=\frac{R}{L}\mathrm{d}t$$

两边积分，得

$$\ln\left(\frac{\varepsilon}{R}-I\right)=-\frac{R}{L}t+C$$

C 为积分常数。初始条件为：当 $t=0$（刚合上电键 K 瞬间）时，$I=0$。因此 $C=\ln\frac{\varepsilon}{R}$。代入上式，整理后，得

$$I=\frac{\varepsilon}{R}\left(1-e^{-\frac{R}{L}t}\right) \tag{9-12}$$

当 $t\to\infty$ 时，$I\to\frac{\varepsilon}{R}=I_0$，达到最后稳定值，此值与回路中无自感时电源供给的电流相同。式(9-12)表明，在 *RL* 电路中，当 K 键接通瞬间，电流不能立刻增长到最大值，增长的快慢由 R 和 L 决定。当 $t=\frac{L}{R}$ 时，电流 I 将增长到最大值的 $\left(1-\frac{1}{e}\right)$ 倍，即为最大值的63.2%。记 $\tau=\frac{L}{R}$，称为 *RL* 电路的**时间常量**或**弛豫时间**（relaxation time）。图9-10表示 *RL* 电路中电流增长的规律。

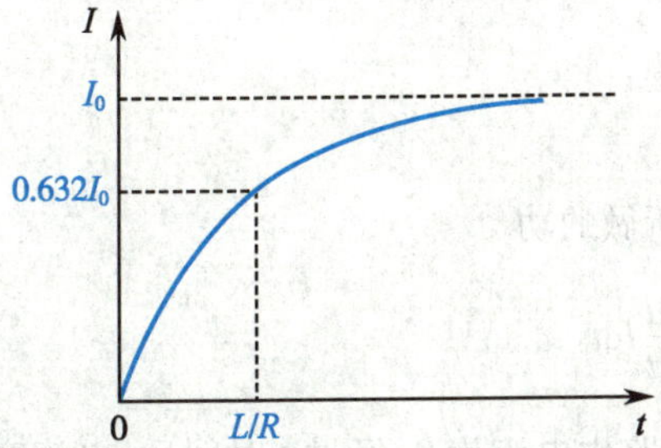

图9-10　自感电路中电流的增长

当电路中电流达到恒定值 $I_0=\frac{\varepsilon}{R}$ 后，将电键 K 扳向2，则 *KRLK* 成为一个闭合回路，此时回路中的电流要经历一个衰减过程。同样，由于电感的存在，要产

笔记

生自感电动势。根据基尔霍夫定律,得

$$-L\frac{\mathrm{d}I}{\mathrm{d}t}=IR$$

即
$$\frac{\mathrm{d}I}{I}=-\frac{R}{L}\mathrm{d}t$$

两边积分,得

$$\ln I=-\frac{R}{L}t+C$$

当 $t=0$ 时,$I=I_0=\frac{\varepsilon}{R}$,所以 $C=\ln\frac{\varepsilon}{R}$,代入上式,整理得

$$I=\frac{\varepsilon}{R}e^{-\frac{R}{L}t} \tag{9-13}$$

由式(9-13)可见,外电源撤去后,由于自感的存在,电流不能立刻衰减到零,衰减的快慢将由 R 和 L 决定。当 $t=\tau=\frac{L}{R}$ 时,电流将衰减到最大值的 $\frac{1}{e}$ 倍,即为最大值的 36.8%。RL 电路的电流衰减规律如图 9-11 所示。

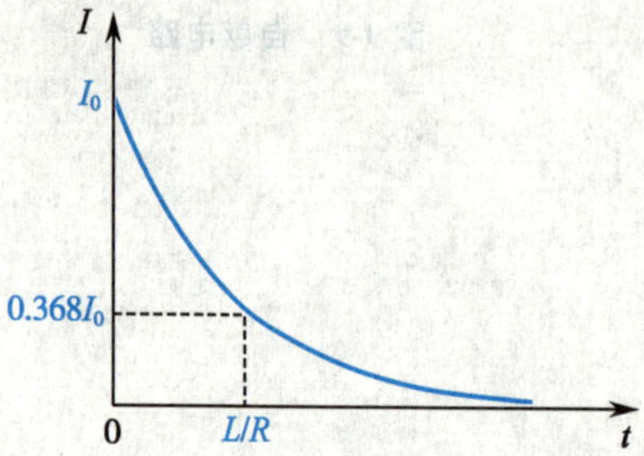

图 9-11 自感电路中电流的衰减

一个自感很大的电路,当切断电源时,由于电流突然降为零,$\frac{\mathrm{d}I}{\mathrm{d}t}$ 的量值很大,回路中将产生很大的自感电动势,它将使开关两端产生火花,甚至产生电弧。特别在有电磁铁的电路中,这种现象更为显著。电弧不仅容易烧坏电器,也容易引起火灾。为此,常用逐渐增加电阻的方法,使电路中的电流较为缓慢地逐渐减小到零,以达到切断电路的目的。切断电路时产生的自感电动势,也有它可以利用的一面,如老式日光灯镇流器,就是利用这一作用,获得较高的电压来点燃日光灯的。

第三节 磁场的能量

磁场同电场一样,也具有能量。在形成带电系统或电场的过程中,外界做功所消耗的能量转化为电场的能量。同样,在回路系统中通以电流,从无到有就建立了一个磁场,这也是一个需要提供能量的过程。

现在仍以图 9-9 中的简单电路为例,来讨论在回路电流增长过程中能量的转化情况。当电路中的电键 K 扳向 1 时,该回路的电压方程为

$$\varepsilon-L\frac{\mathrm{d}I}{\mathrm{d}t}=IR$$

将上式两边乘以 $I\mathrm{d}t$,再积分,即可得到电源电动势所做的功

$$\int\varepsilon I\mathrm{d}t=\int I^2R\mathrm{d}t+\int L\frac{\mathrm{d}I}{\mathrm{d}t}I\mathrm{d}t$$

笔记

按电路的实际过程取积分的上、下限:当 $t=0$ 时,电路中电流为 0,经过 t 时间后,电流变为 I,得

$$\int_0^t \varepsilon I\mathrm{d}t = \int_0^t I^2 R\mathrm{d}t + \frac{1}{2}LI^2$$

式中 $\int_0^t \varepsilon I\mathrm{d}t$ 表示在所考虑的时间 t 内，电源 ε 所做的功，即电源在这段时间内所提供的能量；$\int_0^t I^2 R\mathrm{d}t$ 表示在这段时间内，回路的电阻 R 上所放出的焦耳热；而 $\frac{1}{2}LI^2$ 表示电源反抗自感电动势所做的功。由此可见，电源所供给的能量，一部分转化为焦耳热，另一部分用于反抗自感电动势做功，建立起了磁场，这一部分能量转变为了**磁场的能量**，储存在磁场中。因此，自感系数为 L 的线圈中，通以电流 I 时，磁场的能量为

$$W_m = \frac{1}{2}LI^2 \tag{9-14}$$

在图 9-9 中，考虑当电键 K 扳向 2，磁场消失的过程中，磁场的能量转化为了电阻 R 上的焦耳热，也可以得出与上式相同的结论。

与电场的能量体密度相对应，同样可引进磁场能量体密度。现以长直螺线管为例子来进行讨论。设有一长直螺线管，它的自感系数为 $L=\mu n^2 V=\mu \frac{N^2 S}{l}$。当螺线管通有电流 I 时，产生磁场的磁感应强度为 $B=\mu \frac{NI}{l}$。螺线管内磁场的能量为

$$W_m = \frac{1}{2}LI^2 = \frac{1}{2}\left(\mu \frac{N^2 S}{l}\right)I^2 = \frac{1}{2\mu}\left(\mu \frac{NI}{l}\right)^2 lS = \frac{B^2}{2\mu}V$$

式中，$V=lS$，是长直螺线管的体积。上式是从螺线管内均匀磁场讨论得来的，可见在 B 一定时，磁场能量和磁场的体积成正比。**磁场中每单位体积的能量即为磁场能量体密度**，以 w_m 表示，即

$$w_m = \frac{W_m}{V} = \frac{B^2}{2\mu} = \frac{\mu}{2}H^2 = \frac{1}{2}BH \tag{9-15}$$

式中 $H=\frac{B}{\mu}$ 为磁场强度。上述能量体密度公式是从螺线管内均匀磁场的特例导出的，但它是适用于各种类型磁场的普遍公式，它给出了磁场中某一点的能量密度。磁场的能量是分布在磁场的整个空间里的。

在非均匀磁场中，可以把磁场划分为无数个微小的体积元 $\mathrm{d}V$，在每一体积元内，可以把 B 和 H 看作是均匀的，体积元中的能量为

$$\mathrm{d}W_m = w_m \mathrm{d}V = \frac{1}{2}BH\mathrm{d}V$$

在有限体积 V 内的磁场能量为

$$W_m = \int \mathrm{d}W_m = \frac{1}{2}\int_V BH\mathrm{d}V \tag{9-16}$$

例题 9-4 同轴电缆是电信和电子技术中常用的一种传输线，图 9-12 为电缆的横截面。它是由半径为 a 的铜芯导线和半径为 b 的由铜线编织而成的圆柱形金属网面构成，两者间充满绝缘介质($\mu=\mu_0$)。设内导线上的电流为 I，电流分布在导线的表面，而外金属柱面作为电流返回的路径。求：(1)两导体间磁场的磁感应强度；(2)单位长度同轴电缆上所储存的磁场能量；(3)单位长度同轴电缆的自感系数。

笔记

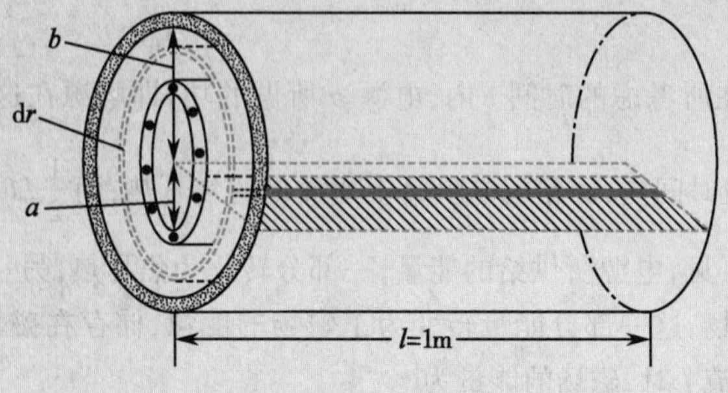

图 9-12 例题 9-4 图

解 (1) 在电缆的横截面内，两导体间取一圆，圆心位于电缆的轴线上，半径为 r。把这一圆周作为积分路径，由安培环路定理得

$$\oint_L \boldsymbol{B} \cdot d\boldsymbol{l} = \mu_0 I$$

即 $$B \cdot (2\pi r) = \mu_0 I$$

所以 $$B = \frac{\mu_0 I}{2\pi r}, (a<r<b)$$

(2) 磁场能量可通过对磁场能量体密度 w_m 进行积分来求得。在本题中，可忽略内、外导体本身所具有的磁场能量。而且，电缆外部不存在磁场，这样，计算磁场能量时，只需对两导体之间的那部分磁场进行积分。

应用式(9-15)可知，在半径为 r 的圆周上各点的磁场能量体密度为

$$w_m = \frac{B^2}{2\mu_0} = \frac{1}{2\mu_0}\left(\frac{\mu_0 I}{2\pi r}\right)^2 = \frac{\mu_0 I^2}{8\pi^2 r^2}$$

取一体积元 dV，它由半径为 r 与 $r+dr$、长为一个单位的薄圆柱壳构成，则该体积元为 $dV = 2\pi r dr$，体积元中所具有的磁场能量为

$$dW_m = w_m dV = \frac{\mu_0 I^2}{8\pi^2 r^2}(2\pi r dr) = \frac{\mu_0 I^2}{4\pi}\frac{dr}{r}$$

将上式进行积分，即得单位长同轴电缆内所储存的磁场能量

$$W_m = \int dW_m = \int_a^b \frac{\mu_0 I^2}{4\pi}\frac{dr}{r} = \frac{\mu_0 I^2}{4\pi}\ln\frac{b}{a}$$

(3) 本题中单位长度的自感系数可通过磁场能量来计算，因为 $W_m = \frac{1}{2}LI^2$，又由(2)已经计算出 $W_m = \frac{\mu_0 I^2}{4\pi}\ln\frac{b}{a}$，所以

$$\frac{1}{2}LI^2 = \frac{\mu_0 I^2}{4\pi}\ln\frac{b}{a}$$

$$L = \frac{\mu_0}{2\pi}\ln\frac{b}{a}$$

同样，可从 $\Phi = LI$ 求自感系数 L。此处 Φ 是磁场通过内外圆柱面之间过圆柱轴线的、长度为 $l=1$ 的面积的磁通量：

笔记

$$\Phi=\int \mathrm{d}\Phi=\int_S B\mathrm{d}S=\int_a^b \frac{\mu_0 I}{2\pi r}\mathrm{d}r=\frac{\mu_0 I}{2\pi}\ln\frac{b}{a}=LI$$

所以
$$L=\frac{\mu_0}{2\pi}\ln\frac{b}{a}$$

显然,两种做法求得的自感系数相等。

第四节 电磁场及其传播

一、位移电流

在一个没有分支的闭合电路中,电流是处处连续的。但在接有电容器的电路中,情况就不同了。

图 9-13 是一个接有平行板电容器的直流电路,A、B 为电容器的两个极板。图(a)和图(b)分别表示电容器充电和放电时电路中的情形。不论在充电还是放电时,电路上除两极板之间以外的导体中通过的电流强度在同一时刻是处处相等的,也就是连续的。但是,这种在金属导体中的传导电流,不能在电容器的两极板之间的真空或电介质中通过。因而对整个电路来说,传导电流是不连续的。

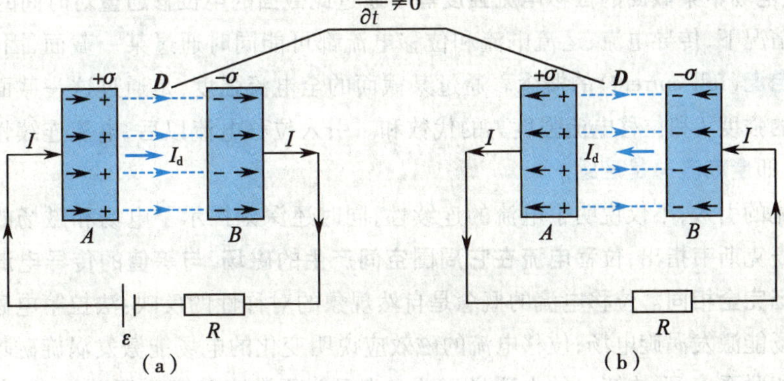

图 9-13 位移电流

为了解决上述问题,麦克斯韦引入了位移电流(displacement current)的概念。

考察上述电路,可以发现电容器在充电和放电时两极板上的电荷 q 和电荷面密度 σ 都是随时间而变化的。设电容器的每一极板的面积为 S,则通过导体部分的传导电流强度为

$$I=\frac{\mathrm{d}q}{\mathrm{d}t}=\frac{\mathrm{d}(S\sigma)}{\mathrm{d}t}=S\frac{\mathrm{d}\sigma}{\mathrm{d}t} \tag{9-17}$$

因而 A 板内部和 B 板内部的传导电流密度 δ 的大小都是

$$\delta=\frac{I}{S}=\frac{\mathrm{d}\sigma}{\mathrm{d}t} \tag{9-18}$$

注意到,虽然在 A、B 两极板间的真空或电介质内传导电流为零,但在电容器充电或放电时,以下几个量是随时间变化的:极板上的电荷面密度 σ;两极板之间电场中的电位移矢量 $\boldsymbol{D}$(数值上等于 σ);通过整个截面的电位移通量 Φ_e($=SD=S\sigma=q$)。$\boldsymbol{D}$ 和 Φ_e 对时间的变化率分别为 $\frac{\partial \boldsymbol{D}}{\partial t}$

笔记

和$\frac{d\Phi_e}{dt}$,并且$\frac{\partial \boldsymbol{D}}{\partial t}$和$\frac{d\Phi_e}{dt}$在数值上分别等于$\frac{d\sigma}{dt}$(即$\delta$)和$\frac{dq}{dt}$(即$I$)。$\frac{\partial \boldsymbol{D}}{\partial t}$的方向是:当充电时,场强增加,$\frac{\partial \boldsymbol{D}}{\partial t}$与$\boldsymbol{D}$的方向一致,与导体中的电流方向也一致;放电时,场强减弱,$\frac{\partial \boldsymbol{D}}{\partial t}$与$\boldsymbol{D}$的方向相反,但仍与导体中的电流方向一致。也就是说$\frac{\partial \boldsymbol{D}}{\partial t}$的方向总是与导体中的电流方向相同。至于$\frac{d\Phi_e}{dt}$,无论在充电还是放电时,在数值上均相应地等于导体中的电流强度$\left(\frac{dq}{dt}\right)$。综上所述,在电容器两极板间的真空或电介质中传导电流不连续的地方,将$\frac{\partial \boldsymbol{D}}{\partial t}$考虑在内,那么电流就连续了。更进一步,如果把传导电流I(或传导电流密度δ)和$\frac{\partial \boldsymbol{D}}{\partial t}$一起当作电流考虑,则上述电路中的电流就处处保持连续了。这个把电位移矢量$\boldsymbol{D}$在真空或电介质中的变化看作电流的论点,就是麦克斯韦提出的位移电流的概念。令

$$\delta_d=\frac{\partial \boldsymbol{D}}{\partial t} \tag{9-19}$$

$$I_d=\frac{d\Phi_e}{dt} \tag{9-20}$$

δ_d称为位移电流密度(density of displacement current),I_d称为位移电流强度(intensity of displacement current)。上述定义说明,**电场中某点的位移电流密度等于此点电位移矢量对时间的变化率;通过电场中某截面的位移电流强度等于通过此截面的电位移通量对时间的变化率。**

在一般情况下,传导电流、运流电流和位移电流都可能同时通过某一截面,因此,麦克斯韦又提出了全电流(full current)的概念。通过某截面的全电流强度,是通过这一截面的传导电流或运流电流的强度I和位移电流强度I_d的代数和。引入位移电流以后,电流连续性就具有更普遍的意义了:即全电流总是连续的。

位移电流的引入,不仅说明了电流的连续性,同时还深刻揭示了电场和磁场的内在联系和依存关系。麦克斯韦指出,**位移电流在它周围空间产生的磁场,与等值的传导电流或运流电流所产生的磁场完全相同**。位移电流的概念是自然现象的对称性的反映:法拉第电磁感应定律说明变化的磁场能激发涡旋电场;位移电流的磁效应说明变化的电场能激发涡旋磁场。两种变化的场永远互相联系着,形成统一的电磁场。这一点已为无数实验事实所证实,是麦克斯韦电磁场理论中很重要的基本概念。

值得注意的是,传导电流和位移电流是有区别的两个物理概念。虽然两者在产生磁场方面是等效的,但在其他方面两者并不等效。首先,传导电流意味着有电荷的实际流动,而位移电流意味着电场的变化。其次,传导电流通过导体要放出焦耳热,而位移电流通过真空或电介质时,并不放出焦耳热,即位移电流不产生热效应。

二、麦克斯韦电磁场基本方程

麦克斯韦在总结前人成就的基础上,提出了有旋电场和位移电流的概念,并从理论上进行概括和总结,建立了完整、系统的电磁场理论。其理论的基本内容是电场和磁场的相互影响。

麦克斯韦电磁场理论是建立在以下两个假设的基础上:①在变化的磁场周围产生有旋电场;②在位移电流周围产生磁场。他认为变化的电场和磁场互相联系、互相激发,组成统一的电磁场。这些基本概念最初是作为假设提出来的,但由此而导出的结论都在现代被实验事实所证实,说明它们确实反映了事物的规律和本质。下面介绍麦克斯韦四个电磁场基本方程的积分形式。

笔记

1. **电场的性质** 自由电荷产生的电场是无旋场,用 $\boldsymbol{D}^{(1)}$ 表示,电位移线是不闭合的。根据高斯定理,通过任何封闭曲面的电位移通量等于它所包围的自由电荷的代数和,即

$$\oint_S \boldsymbol{D}^{(1)} \cdot \mathrm{d}\boldsymbol{S} = \sum q = \int_V \rho \cdot \mathrm{d}V$$

变化的磁场产生的是有旋电场,用 $\boldsymbol{D}^{(2)}$ 表示,它的电位移线是闭合的。因此,它通过任何封闭曲面的电位移通量等于零。表示成曲面积分为

$$\oint_S \boldsymbol{D}^{(2)} \cdot \mathrm{d}\boldsymbol{S} = 0$$

在一般情况下,电场可以兼有以上两种情况,用 $\boldsymbol{D}$ 表示总电位移,即 $\boldsymbol{D}$ 应为 $\boldsymbol{D}^{(1)}$、$\boldsymbol{D}^{(2)}$ 的矢量和。对 $\boldsymbol{D}$ 有

$$\oint_S \boldsymbol{D} \cdot \mathrm{d}\boldsymbol{S} = \sum q = \int_V \rho \cdot \mathrm{d}V \tag{9-21}$$

上式表明:在任何电场中,通过任何封闭曲面的电位移通量等于这封闭曲面内自由电荷的代数和。

2. **磁场的性质** 按麦克斯韦的假说,位移电流和传导电流或运流电流一样,也可以产生磁场。所有的磁场都是有旋场,磁感线都是闭合的。所以,**在任何磁场中,通过任何封闭曲面的磁通量总是等于零**。这就是磁场的高斯定理。

$$\oint_S \boldsymbol{B} \cdot \mathrm{d}\boldsymbol{S} = 0 \tag{9-22}$$

3. **变化电场和磁场的关系** 由传导电流或运流电流产生的磁场 $\boldsymbol{H}^{(1)}$ 应满足安培环路定理

$$\oint_L \boldsymbol{H}^{(1)} \cdot \mathrm{d}\boldsymbol{l} = \sum I = \int_S \delta \cdot \mathrm{d}\boldsymbol{S}$$

对于位移电流产生的磁场 $\boldsymbol{H}^{(2)}$,也可以根据安培环路定理,得

$$\oint_L \boldsymbol{H}^{(2)} \cdot \mathrm{d}\boldsymbol{l} = I_\mathrm{d} = \frac{\mathrm{d}\Phi_\mathrm{e}}{\mathrm{d}t} = \int_S \frac{\partial \boldsymbol{D}}{\partial t} \cdot \mathrm{d}\boldsymbol{S}$$

用 $\boldsymbol{H}$ 表示由传导电流、运流电流和位移电流产生的总磁场强度,则 $\boldsymbol{H}$ 为 $\boldsymbol{H}^{(1)}$、$\boldsymbol{H}^{(2)}$ 的矢量和,于是得全电流定律(law of total current):

$$\oint_L \boldsymbol{H} \cdot \mathrm{d}\boldsymbol{l} = \sum I + I_\mathrm{d} = \int_S \delta \cdot \mathrm{d}\boldsymbol{S} + \int_S \frac{\partial \boldsymbol{D}}{\partial t} \cdot \mathrm{d}\boldsymbol{S} \tag{9-23}$$

上式表明,在任何磁场中,磁场强度沿任意闭合曲线的线积分等于通过闭合曲线所包围面积内的全电流。

4. **变化磁场和电场的关系** 对自由电荷产生的电场 $\boldsymbol{E}^{(1)}$,由电场的环路定理得

$$\oint_L \boldsymbol{E}^{(1)} \cdot \mathrm{d}\boldsymbol{l} = 0$$

变化的磁场产生的电场 $\boldsymbol{E}^{(2)}$,由式(9-5)得

$$\oint_L \boldsymbol{E}^{(2)} \cdot \mathrm{d}\boldsymbol{l} = -\frac{\mathrm{d}\Phi_\mathrm{m}}{\mathrm{d}t} = -\int_S \frac{\partial \boldsymbol{B}}{\partial t} \cdot \mathrm{d}\boldsymbol{S}$$

在一般情况下,电场可以由自由电荷和变化的磁场共同产生,总电场 $\boldsymbol{E}$ 应为 $\boldsymbol{E}^{(1)}$、$\boldsymbol{E}^{(2)}$ 的矢量和,根据以上两式,可得

$$\oint_L \boldsymbol{E} \cdot \mathrm{d}\boldsymbol{l} = -\frac{\mathrm{d}\Phi_\mathrm{m}}{\mathrm{d}t} = -\int_S \frac{\partial \boldsymbol{B}}{\partial t} \cdot \mathrm{d}\boldsymbol{S} \tag{9-24}$$

笔记

上式表明，**在任何电场中，电场强度沿任意闭合曲线的线积分等于通过此曲线所包围面积的磁通量对时间的变化率的负值**。

式(9-21)、(9-22)、(9-23)、(9-24)，以数学形式概括了电磁场的基本性质和规律，是一组系统完整的方程，是**麦克斯韦方程组的积分形式**。它们适用于一定范围(如一个闭合回路或封闭曲面内)的电磁场，而不能用于某一给定点的电磁场。对于空间某给定点的电磁场，可以将积分方程组用数学方法变换为微分方程组而予以解决。

麦克斯韦电磁场理论不仅概括了静电场、有旋电场、磁场、电磁感应等一系列电磁场现象，而且成功地预言了电磁波的存在，说明了电磁场是以波的形式传播的；还指出了光波也是一种电磁波，从而将光现象和电磁现象联系起来，使波动光学成为电磁场理论的一个分支。

三、电磁波的产生和传播

根据麦克斯韦电磁场理论，在空间某区域有变化电场(或变化磁场)，则在邻近区域中引起变化磁场(或变化电场)；这变化磁场(或变化电场)又在较远区域内引起新的变化电场(或变化磁场)，并在更远的区域引起新的变化磁场(变化电场)(如图9-14)。这种变化的电场和磁场交替产生，由近及远地在空间传播的过程，就是**电磁波**(electromagnetic wave)的产生和传播的情形。

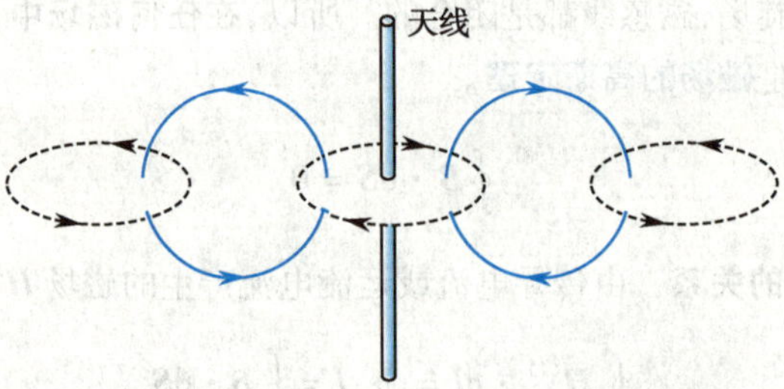

图9-14　变化的电场和变化的磁场传播示意图

振荡电路(oscillating circuit)是电磁波产生的一个具体例子，如图9-15。它由一个电容器 C 和一个自感线圈 L 组成。电源对电容器充电后，若不考虑电路中的能量损失，则因为电路中的电容和自感作用，电荷和电流都将随时间作周期性的变化，线圈周围的磁场能、电容器中的电场能也作周期性的变化，并不断发生两种能量的互相转换。这种电路中不断发生的电荷和电流的周期性变化，就是**电磁振荡**(electromagnetic oscillating)。在没有能量损失的无阻尼振荡电路里，电磁振荡的振幅将保持不变。**振荡的周期和频率**分别为：

$$T=2\pi\sqrt{LC} \tag{9-25}$$

$$\nu=\frac{1}{T}=\frac{1}{2\pi\sqrt{LC}} \tag{9-26}$$

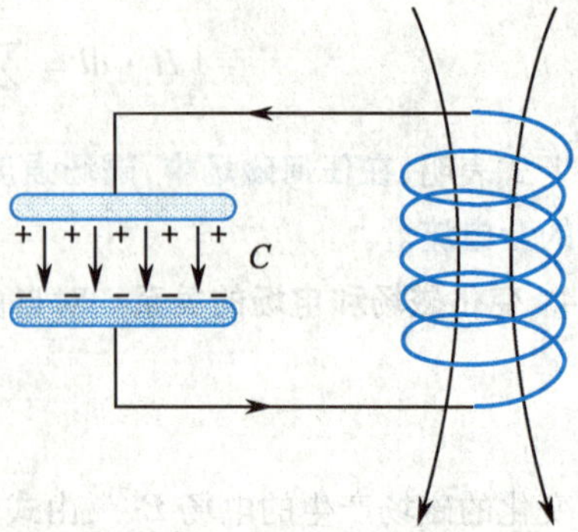

图9-15　电磁振荡电路

式中，当 L 的单位为H，C 的单位为F时，则周期 T 的单位为s，频率 ν 的单位为Hz。

在上面讨论的振荡电路中，电容 C 和电感 L 都较大，振荡频率较低，产生的电磁场主要局限在电容和线圈内，不易向外发射。为了克服这个缺点，就把电容器的两个极板间距逐渐加大，同时将线圈拉开，最后变成一直线，电容器极板也缩小成两个小球，图9-16中表示了这一过程。电路经过这样改装后，电场和磁场都分散在它周围的空间。同时电路的电容和电感比原来电路小得多，因此电路的振荡频率比原来高了很多，电磁波就容易向外发射。

笔记

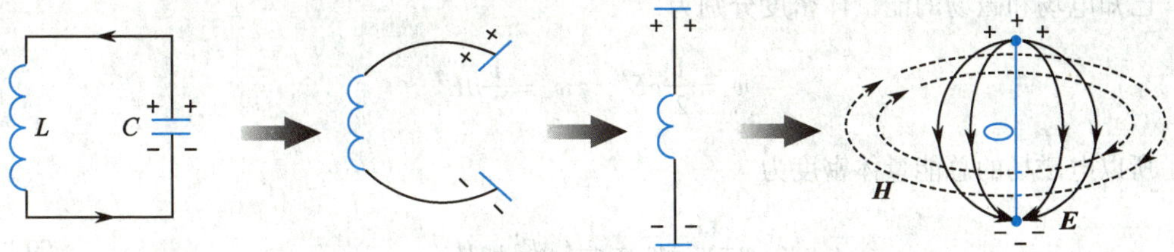

图 9-16 电磁波的发射

事实上，振荡电路中存在着电阻，在电磁能互换的振荡的过程中，不可避免地有一部分电磁能要转化为焦耳热；此外，振荡电路还要把电磁能量以电磁波的形式向周围空间辐射出去。因此，需要有一个辅助电路不断地给振荡电路补充能量，以使电磁波不断向外辐射。

麦克斯韦从理论上推导出，电磁波在传播过程中，电场和磁场的变化都可以用平面波方程来表示，即

$$E=E_{\mathrm{m}}\cos\omega\left(t-\frac{r}{v}\right) \tag{9-27}$$

$$H=H_{\mathrm{m}}\cos\omega\left(t-\frac{r}{v}\right) \tag{9-28}$$

式中，E_{m}、H_{m}分别表示电场强度 E 和磁场强度 H 的峰值（即振幅），r 为电磁波产生处到空间某点的距离，v 为电磁波在介质中的传播速度，ω 为电磁波的角频率。

式(9-27)、(9-28)说明，E 和 H 都作余弦函数变化，而且两者的相位相同。图 9-17 是电磁波在传播过程中 E 和 H 的分布示意图。从图中可以看出，**$\boldsymbol{E}$ 和 $\boldsymbol{H}$ 互相垂直，而且都与传播方向垂直，这说明电磁波是横波**（transversal wave）。在空间任一点处 $\boldsymbol{E}$、$\boldsymbol{H}$ 和 $\boldsymbol{r}$ 三个矢量的方向相互垂直，并且符合右手螺旋法则，即从 $\boldsymbol{E}$ 的方向按右手螺旋转过 90°，而至 $\boldsymbol{H}$ 的方向，则螺旋前进方向就是电磁波传播方向 $\boldsymbol{r}$。

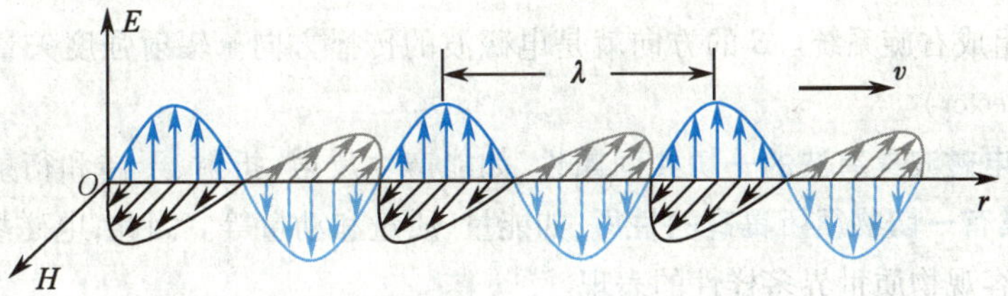

图 9-17 平面电磁波

从电磁场理论可以计算得出，电磁波在介质中传播的速度 v 决定于介质的电容率 ε 和磁导率 μ，由下式表示

$$v=\frac{1}{\sqrt{\varepsilon\mu}}$$

在真空中电磁波的传播速度为

$$c=\frac{1}{\sqrt{\varepsilon_0\mu_0}}=2.998\times10^{8}\,\mathrm{m/s}$$

这一结果和实验中测得的光速恰好一致。因此光波是一种电磁波。

四、电磁波的能量

电磁波的传播，就是变化着的电磁场的传播。电磁场具有能量，所以伴随电磁波的传播，必有能量的传播。以电磁波传播辐射出来的能量，称为**辐射能**（radiant energy）。

笔记

已知电场和磁场的能量体密度分别为

$$w_e=\frac{1}{2}\varepsilon E^2,\quad w_m=\frac{1}{2}\mu H^2$$

所以电磁场的总能量体密度为

$$w=w_e+w_m=\frac{1}{2}(\varepsilon E^2+\mu H)^2 \tag{9-29}$$

可以看出，电磁场能量是 E 和 H 的函数。辐射能的传播速度就是电磁波的传播速度 v，辐射能的传播方向就是电磁波的传播方向。电磁波的 E 和 H 两个量并不是独立的，而有以下关系

$$\sqrt{\varepsilon}E=\sqrt{\mu}H \tag{9-30}$$

设 $\mathrm{d}A$ 为垂直于电磁波传播方向上的某一面积元，在介质不吸收电磁波能量的条件下，在 $\mathrm{d}t$ 时间内通过面积元的辐射能应为 $w\mathrm{d}Av\mathrm{d}t$。单位时间内通过单位垂直面积的辐射能，称为**辐射强度**（radiation intensity）或**能流密度**（energy flux density）。设 S 为辐射强度，在量值上有

$$S=\frac{wv\mathrm{d}A\mathrm{d}t}{\mathrm{d}A\mathrm{d}t}=wv=\frac{v}{2}(\varepsilon E^2+\mu H^2) \tag{9-31}$$

将 $v=\frac{1}{\sqrt{\varepsilon\mu}}$ 和 $\sqrt{\varepsilon}E=\sqrt{\mu}H$ 代入上式，得

$$S=\frac{1}{2\sqrt{\varepsilon\mu}}(\sqrt{\varepsilon}E\sqrt{\mu}H+\sqrt{\mu}H\sqrt{\varepsilon}E)=EH \tag{9-32}$$

因为辐射能的传播方向（$\boldsymbol{r}$ 的方向）、$\boldsymbol{E}$ 的方向和 $\boldsymbol{H}$ 的方向三者相互垂直，通常将辐射强度用矢量式表示为

$$\boldsymbol{S}=\boldsymbol{E}\times\boldsymbol{H} \tag{9-33}$$

$\boldsymbol{S}$、$\boldsymbol{E}$ 和 $\boldsymbol{H}$ 组成右旋系统。$\boldsymbol{S}$ 的方向就是电磁波的传播方向。辐射强度矢量 $\boldsymbol{S}$ 称为**坡印亭矢量**（Poynting vector）。

实验证明，**电磁波具有波的一切共同属性**，如能产生反射、折射、干涉和衍射等现象。实验还证明**电磁场具有一切物质所具有的性质**，如能量、质量和动量等。因此，电磁场是另一种形式的物质，这正是客观物质世界多样性的表现。

拓展阅读

一、超导电性和超导磁体

1911 年，荷兰物理学家翁纳斯（H. K. Onnes）在测量固态汞的电阻与温度的关系时发现，当温度下降到 4.15K 附近时，汞的电阻出乎意料的急剧减小，电阻小到实际上测不出来，呈现零电阻现象或称为超导现象。通常把具有**超导电性**（superconductivity）的物体称为**超导体**（superconductor）。物体所处的这种以零电阻为特征的状态称为**超导态**（superconducting state）。电阻突然转变为零时的温度称为**超导转变温度**（superconducting transition temperature）。当外部条件（如磁场、电流、应力等）维持在适当值并保持不变时，物体的超导转变温度称为超导**临界温度**（superconducting critical temperature），用 T_c 表示。

笔记

如果超导体的电阻准确为零，那么一旦在它内部产生电流，只要保持超导态不变，这个电流就会没有损耗地长期持续下去。这种电流称为持续电流(persistent current)。有人在超导态的铅环中激发了几百安培的电流，在持续两年半的时间里没发现可观测的电流变化。近代超导重力仪的观测表明，超导态即使有电阻，其电阻率也小于 $10^{-28}\Omega\cdot m$，远小于正常金属迄今所达到的最低电阻率 $10^{-15}\Omega\cdot m$，因此可以认为超导态的直流电阻确实为零。

目前已经发现许多金属、合金和化合物具有超导电性。表 9-1 列出了一些典型的超导材料和它们的临界温度 T_c 的值。

表 9-1 部分超导材料的临界温度

材 料	T_c(K)	材 料	T_c(K)
Hg	4.15	Sn	3.72
Pb	7.20	In	5.40
Nb	9.25	Nb_3Sn	18.1
Al	1.20	钡基氧化物	23.2～90
Au	4.15		

外部条件的变化，如温度的升高，磁场和电流的增大，都可以使超导体从超导态变为正常态，因此常用临界温度 T_c、临界磁场 B_c 和临界电流密度 δ_c 当作临界参量来表征超导性能，三者的关系构成一曲面，超导态限定在这一曲面内。图 9-18 示意了超导材料 Nb_3Sn 的临界曲面。

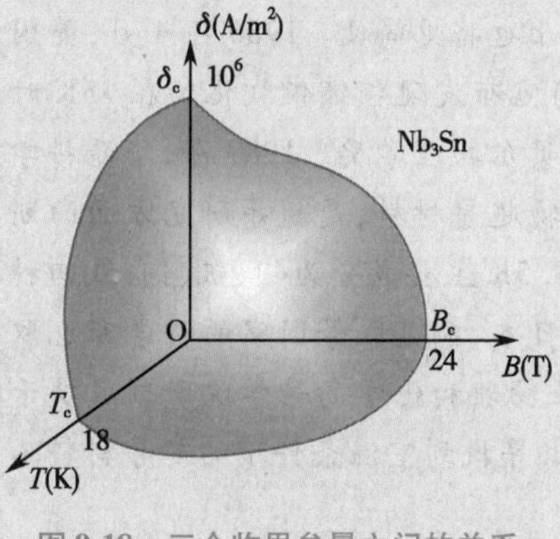

图 9-18 三个临界参量之间的关系

1933 年，年轻的德国物理学家迈斯纳(W. F. Meissner)发现：在临界温度以上把具有超导电性的物体置于磁场中，当温度降低到临界温度以下转变为超导态后，磁场被完全排斥在超导体之外，超导体内部的磁场为零。这个效应称为迈斯纳效应(Meissner effect)。这一效应表明超导体具有完全抗磁性(perfect diamagnetism)。如图 9-19 所示。

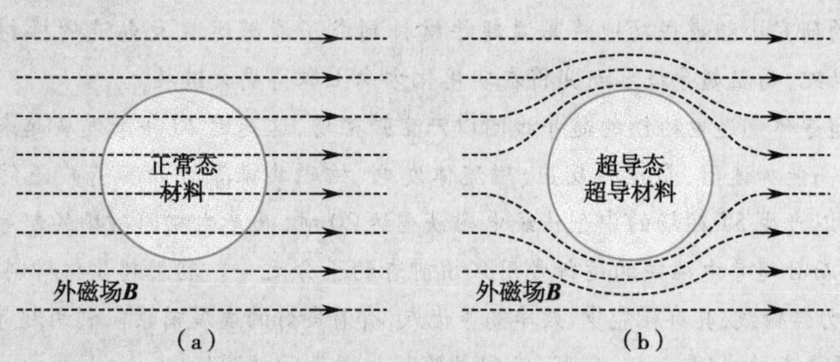

图 9-19 超导体的迈斯纳效应

零电阻现象和完全抗磁性是超导体的两个独立的基本特性，彼此间不能由这一特性推导出另一特性。

笔 记

迈斯纳效应可用磁悬浮实验来演示。把一个小的永磁铁放在超导盘上，由于永磁铁的磁感线无法穿过具有完全抗磁性的超导体，使得永磁铁与超导体之间存在的斥力抵抗小磁铁的重力，小磁铁可悬浮在超导体上方一定的高度上（图 9-20），这种浮力可以等效地看作是由镜像磁铁（图中虚线所画磁铁）产生的。同理，一个通有持续电流的超导环也可以使一个超导球悬浮起来，根据这个原理制成的超导重力仪可以用来测量地球重力的变化。

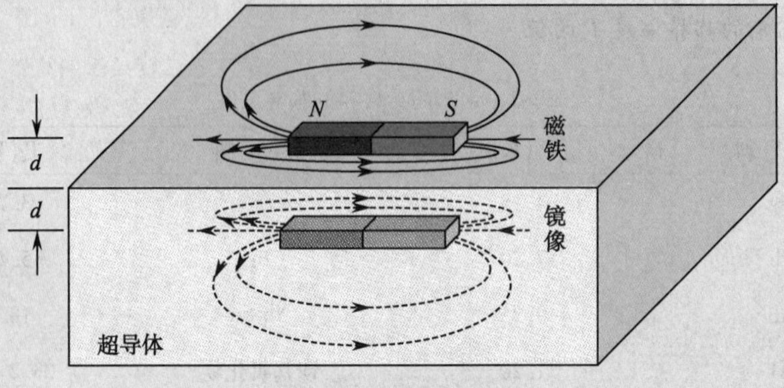

图 9-20 磁悬浮示意图

超导现象发现至今的百年时间里，科学家一直在寻找临界温度高于液氮温度 77K 的高温超导材料。因为氮的资源丰富而且便宜（空气中 78% 是氮气），用液态氮代替液态氦作为冷却剂，可以使设备大大简化，降低成本，在使用上也将更简便。1986 年 4 月，美国 IBM 公司的弥勒（K. A. Miiller）和柏诺兹（C. V. Boys）宣布发现钡镧铜氧化物在 35K 时出现超导现象，并因此开创性工作而荣获 1987 年诺贝尔物理学奖。1987 年，华裔科学家朱经武、吴茂昆制成转变温度为 98K 的钡铜氧化物超导材料，是超导研究方面的划时代进展。同年我国科学家也制成了转变温度为 78.5K 主要成分为钡、钒、铜、氧四种元素的钡基氧化物的超导材料。几乎在同一时期，日本、前苏联等国家的科学家也取得了类似的成功。20 世纪 90 年代末，法国巴黎工业物理和化学高等学院研制成功千页式超导材料，它的临界温度高达-23℃。由此看来，寻找到室温条件下的超导材料不是不可能的。

在材料的制备工艺、性能的改善以及器件的研制方面，近几年来也取得了很大进展。如日本住友电器公司研究的超导材料在-96℃时，线材的最大电流可达 1.1×10^{8} A/m^{2}。朱经武领导的研究小组也成功地将高温超导材料制成了能够运载大电流的棒材。可以预料，在 21 世纪，高温超导技术研究将在实用化方向上取得更大进展。

利用超导体制造电磁铁的超导线圈以产生强磁场，这是近 20 年来发展起来的新兴技术之一，在高能加速器、受控核反应、磁流体发电、核磁共振等方面有着广泛的应用。例如，一个可以产生 5T 磁场的中型传统电磁铁重达 20 吨，而产生相同磁场的超导电磁铁不过几千克，而且超导电磁铁的运行费用只须前者的十分之一。利用超导材料制成发电机、电动机、电力传输线，具有耗能少、效率高等优点，有着良好的发展前景。利用超导的磁通量子化和约瑟夫森效应（Josephson effect）制成的超导量子干涉器（superconducting quantum interference device，SQUID），就是一种新型器件，测量磁通量的灵敏度可以达到 10^{-20} Wb · s$^{1/2}$。由于它在测量微弱磁场和电压方面的极其灵敏的特性，在物理学、生命科学、医学等领域中已经得到了广泛的应用。

笔记

高速磁悬浮列车是超导的又一个应用:在列车下部装上超导线圈,当它通有电流而列车启动后,就可以悬浮在铁轨上。由于没有摩擦,可以大大提高列车的运行速度。据计算,当列车速度超过200km/h时,悬浮列车比普通列车更安全。2003年在上海开通的我国第一条磁悬浮列车,其设计最高时速大于430km/h。

二、电磁场的动量和光压

电磁波不仅具有能量,也具有动量。

根据量子理论,电磁波和光波都具有波粒二象性(见本教材第十章),电磁波的能量是由许多分立的、以光速运动的光子所携带,每个光子的能量决定于辐射的频率ν,并可以表示为

$$\varepsilon = h\nu \tag{9-34}$$

式中$h=6.626176\times10^{-34}\mathrm{J\cdot s}$称为普朗克常数。根据相对论的质能关系,每个光子的能量也可以表示为$\varepsilon = mc^2$。所以光子的质量为

$$m=\frac{\varepsilon}{c^2}=\frac{h\nu}{c^2}$$

因为没有静止的光子,所以光子的静质量为零。根据第二章相对论运动物体的能量动量关系,从上式可以得到光子的动量为

$$p=mc=\frac{\varepsilon}{c}=\frac{h\nu}{c}=\frac{h}{\lambda} \tag{9-35}$$

既然电磁波具有动量,那么当电磁波照射到物体上就会对物体产生压力作用。光是一种电磁波,当然也有这样的作用。

当光垂直入射到物体表面并被完全反射时,可以计算得到物体表面所受压强为

$$P=\frac{2}{c}EH$$

其中的数值电场E和磁场H都是随时间变化的。因此,物体表面所受压强在一个周期内的平均值,即平均压强为

$$\overline{P}=\frac{1}{c}E_0H_0 \tag{9-36}$$

同样,当光垂直入射到物体表面并被全部吸收时,物体表面所受平均压强为

$$\overline{P}_1=\frac{1}{2c}E_0H_0 \tag{9-37}$$

光压很小,不通过精密实验测量是很难察觉到的。例如,在地球公转轨道上一个全吸收平面所受太阳辐射产生的光压约为$5\times10^{-6}\mathrm{N/m^2}$。但是在巨大的宇宙天体中和在微观世界里,光压却常常起着重要的作用,导致重要的现象。科学家设想尝试利用太阳等恒星光的光压制造由巨大"光帆"驱动的宇宙飞船,探索宇宙。

习题

1. 线圈在长直载流导线产生的磁场中运动,在下列图示的哪些情况下,线圈内将产生感应电流?并请标出其方向。

(a) 线圈在磁场中平动(如图9-21)

笔记

(b) 线圈在磁场中绕 OO' 轴转动(如图9-22)

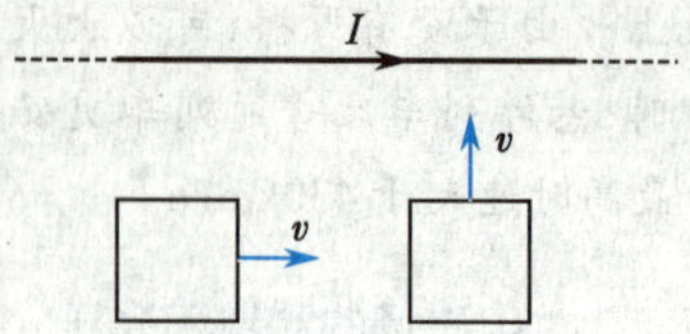

图 9-21 习题 1(a)图

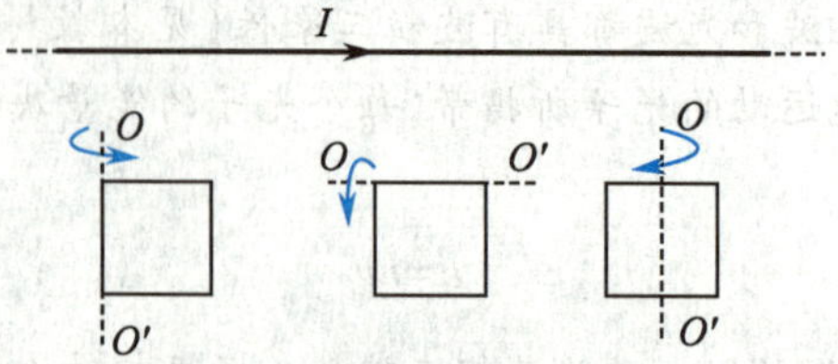

图 9-22 习题 1(b)图

2. 长20cm的铜棒水平放置(如图9-23),绕通过其中点的竖直轴旋转,转速为每秒5圈。竖直方向上有一均匀磁场,磁感应强度为 1.0×10^{-2}T。求:(1)棒的一端 A 和中点 O 之间的感应电势差;(2)棒两端 A、D 间的感应电势差。

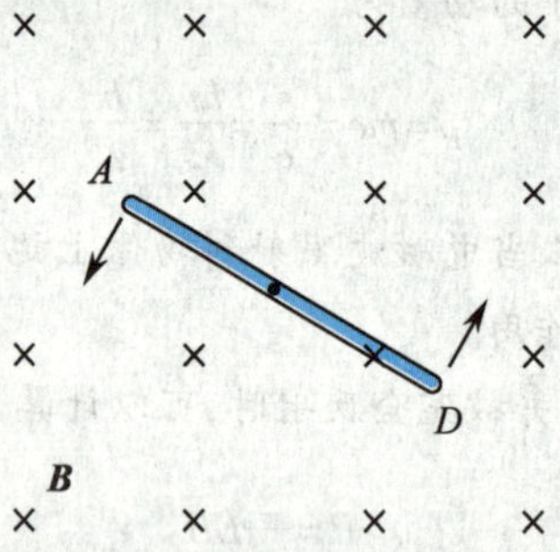

图 9-23 习题 2 图

3. 如图9-24所示,铜盘半径 $R=50$cm,在方向为垂直盘面的均匀磁场中,沿逆时针方向绕盘中心转动,转速为 $n=100\pi$rad/s。设磁感应强度 $B=1.0\times10^{-2}$T。求铜盘中心和边缘之间的感应电势差。

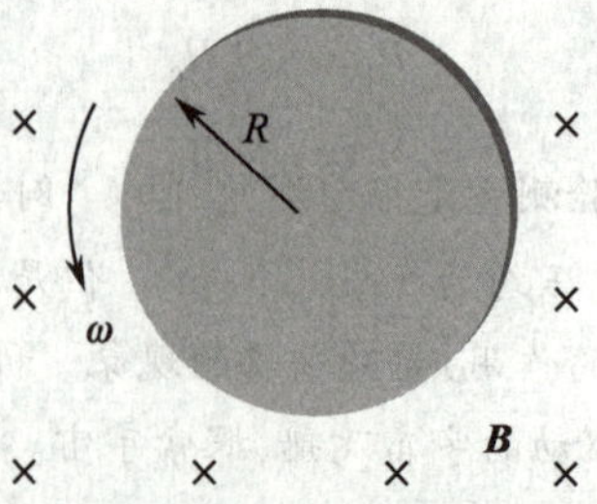

图 9-24 习题 3 图

4. 一长直导线 AB,通有电流 $I=5$A,导线右侧有一矩形线圈 $cdef$(如图9-25)。图中 $a=6$cm, $b=15$cm, $l=20$cm。线圈共有 $N=1000$ 匝,以速度 $v=3$m/s 向右运动(速度方向与导线 AB 垂直)。求:(1)当线圈运动到如图所示位置时的感应电动势;(2)若线圈在如图所示的位置不动,导线 AB 中通以交流电 $I=5\sin100\pi t$(A)时,线圈中的感应电动势。

笔记

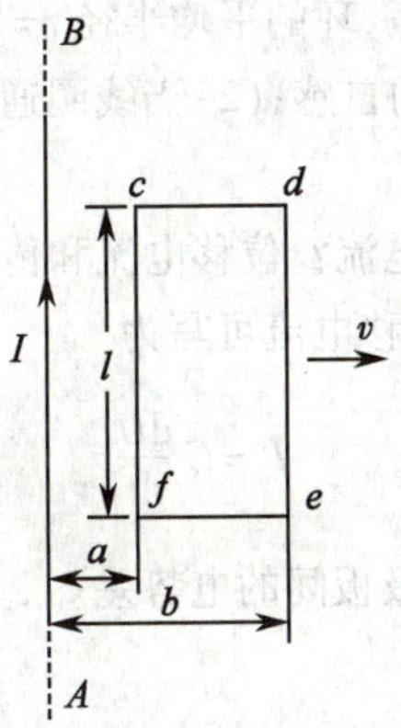

图 9-25 习题 4 图

5. 设某线圈的自感系数 $L=0.50\text{H}$，具有电阻 $R=5.0\Omega$，在下列情况下，求线圈两端的电压。

(1) $I=1\text{A}$，$\frac{dI}{dt}=0$；

(2) $I=1\text{A}$，$\frac{dI}{dt}=2.0\text{A/s}$；

(3) $I=0$，$\frac{dI}{dt}=0$；

(4) $I=0$，$\frac{dI}{dt}=2.0\text{A/s}$；

(5) $I=1\text{A}$，$\frac{dI}{dt}=-2.0\text{A/s}$。

6. 螺线管长为 15cm，共绕 120 匝，截面积为 20cm^2，内无铁芯。当电流在 0.10s 内自 5.0A 减少为零，求螺线管两端的自感电动势。

7. 一线圈的自感系数为 $5.0\times10^{-2}\text{H}$，接上电源后，通过电流 $I=15\sin100\pi t(\text{A})$。问线圈中感应电动势的最大值是多少？

8. 如图 9-26 所示，线圈自感系数 $L=3.0\text{H}$，电阻 $R=5.0\Omega$，电源电动势 $\varepsilon=12\text{V}$，线圈电阻和电源内阻均略去不计。求：(1) 电路刚接通时，电流增长率和自感电动势 ε_L；(2) 当电流 $I=1.0\text{A}$ 时的电流增长率和 A、B 两端的电势差；(3) 电路接通后经 0.20s 时电流的瞬时值；(4) 当电流达到恒定值时，线圈中储有的磁场能量。

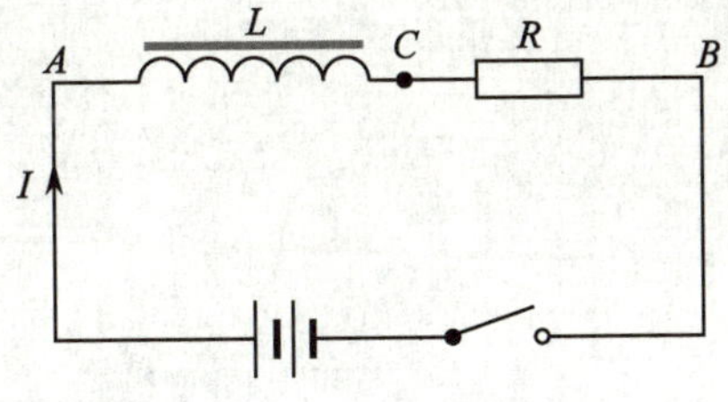

图 9-26 习题 8 图

9. 一个线圈的电阻和电感分别为 $R=10\Omega$ 和 $L=58\text{mH}$。当把电路接通加上电压后，经过多长时间，线圈中的电流将等于恒定电流值的一半？

10. 电子感应加速器中的磁场在直径为 0.50m 的圆柱形区域内是均匀的。设这一磁场随时间的变化率为 $1.0\times10^{-2}\text{T/s}$。计算距离磁场中心为 0.10m、0.50m、1.0m 处各点的涡旋电场强度。

11. 一电子在电子感应加速器中沿半径为 1.0m 的轨道上作圆周运动。如果它每转一周动能增加 700eV，试计算电子轨道内磁通量的平均变化率。

笔记

12. 一环状铁芯，绕有线圈1000匝，环的平均半径 $r=8.0\text{cm}$，环的截面积 $S=1.0\text{cm}^2$，铁芯的相对磁导率 $\mu_r=500$。试求：(1)线圈的自感；(2)当线圈通以1A电流时，磁场能量的总能量和磁场能量体密度。

13. 什么是位移电流？什么是全电流？位移电流和传导电流有什么不同？

14. 试证明：平行板电容器中的位移电流可写为

$$I_d=C\frac{\mathrm{d}U}{\mathrm{d}t}$$

式中，C 是电容器的电容，U 是两极板间的电势差。

（陈 曙）

笔记

第十章 光的波动性

学习要求

1. 掌握 杨氏双缝干涉、夫朗和费单缝衍射、光栅衍射的基本原理和公式。马吕斯定律、布儒斯特定律、朗伯-比尔定律。

2. 熟悉 相干光、光程、光程差、偏振、半波损失等概念。光的双折射、物质的旋光性、薄膜干涉、迈克尔干涉仪的原理及公式。

3. 了解 劈尖干涉、牛顿环、圆孔衍射、圆二色性、光的散射。

关于光的本性问题，早在17世纪便形成了两种对立的学说，一种是以牛顿为代表的光**微粒说**，另一种是以与牛顿同时期的荷兰物理学家惠更斯为代表的光**波动说**。19世纪英国物理学家麦克斯韦建立了电磁波理论，指出光波本质上是一种**电磁波**。通常意义上的光是指可见光，即能引起人们视觉的电磁波，可见光只占整个电磁波中一个非常小的波段（400～760nm），而红外线和紫外线所占的区域则大得多，红外线的波长为760～5×10^5nm，紫外线的波长为5～400nm。

既然光是电磁波，就应表现出干涉、衍射等一般波动所具有的特性。本章将讨论光在传播过程中所表现出的波动特性及所遵循的基本规律。

第一节 光的干涉

一、光的相干性

在第五章中曾经指出，只有相干波（频率相同、振动方向相同、有固定相位关系波源所发射的波）才能相互干涉。对于机械波来说，相干波源容易获得，例如击打两个完全相同的音叉，就可产生声的干涉。

但对于光波来说，即使是两个完全相同的普通光源（例如两个同样的钠光灯），相干条件仍然不能满足，这是由光源发光本质所决定的。一个原子的发光持续时间约为10^{-8}s，因此，一个原子每次发光只能是发出一段长度有限、频率一定和振动方向一定的光波，这样一段光波称为一个波列。普通光源发出的光波是由其中大量彼此独立、互不相关的原子发出一系列有限长的波列组成，即使同一个原子先后发出两个波列之间的相位差也是不固定的，而且随时间迅速地做无规则的变化。在观察和测量的时段内，每个光源的这种变化可以看作是无限多，因而当两个光源发出的光在空间相遇时，只能观察到一个平均的光强度，而观察不到干涉现象。由此可见，两个独立的普通光源，甚至同一光源的两个不同发光点所发出的光，都是不满足相干条件的。

如果能将从同一光源同一点发出的光分成两束，使它们沿着两个不同的路径传播后相遇，就可实现**光的干涉**（interference of light）。这是因为，光源中的任一原子或分子发出的任一列光波所分成的两束光（相当于两个次级光源），来自同一个发光点，发光点可能发生的任何变化都在这两个次级光源中同样出现，这两束光必然满足相干条件，当这两束光在空间经不同的途径相遇时，便可以产生干涉现象。由同一发光点派生出来的两次级光源可认为是**相干光源**（coherent light source）。相干光源发出的光称为**相干光**（coherent light）。利用同一光源获得相干光一般有两种方法：一种是**分割波阵面法**，如杨氏双缝、菲涅耳双镜和劳埃镜等实验；另一种是

笔记

分割振幅法,如薄膜的干涉等。1960 年以来,由于激光器的发展,可以用具有强度高、方向性和单色性好特点的激光光源,方便地观测光的干涉现象。

各种干涉装置除了要使光波满足相干条件外,还必须满足两光波的光程差(光程的定义见后)不能太大。因为就某一个考察点而言,若两相干光束之一的某一波列已经通过,而另一光束相应的波列尚未到达,则两相应的波列未能相遇,便不能产生干涉现象。能观察到干涉现象的最大光程差称为**相干长度**(coherent length)。光源的单色性越好,相干长度越长,光源的相干性就越好。激光光源出现以前,最好的单色光源的相干长度为0.7m;但使用激光光源以后,由于激光具有很高的单色性,相干长度大大增加。如氦氖气体激光器所产生的激光,其相干长度可达几万米。

二、杨氏双缝实验

1801 年英国医生托马斯·杨(T. Young)首先用实验的方法观察到光的干涉,从而对光的波动性提供了有力证据。杨氏双缝干涉实验装置如图 10-1(a)所示,单色平行光照射到不透明遮光板上的单狭缝 S,由它发出的光波到达另外两个与其平行的狭缝 S_1 和 S_2,依据惠更斯原理,这两条狭缝(即双缝)成为两个光波波源。由于 S_1 和 S_2 相距很近,且 S 到 S_1 与 S_2 距离相等,故这两个光源是同相的相干光源。当光从 S_1 和 S_2 射出并在空间相遇,可在屏上形成如图 10-1(b)所示稳定的明暗相间的**干涉条纹**(interference fringe)。

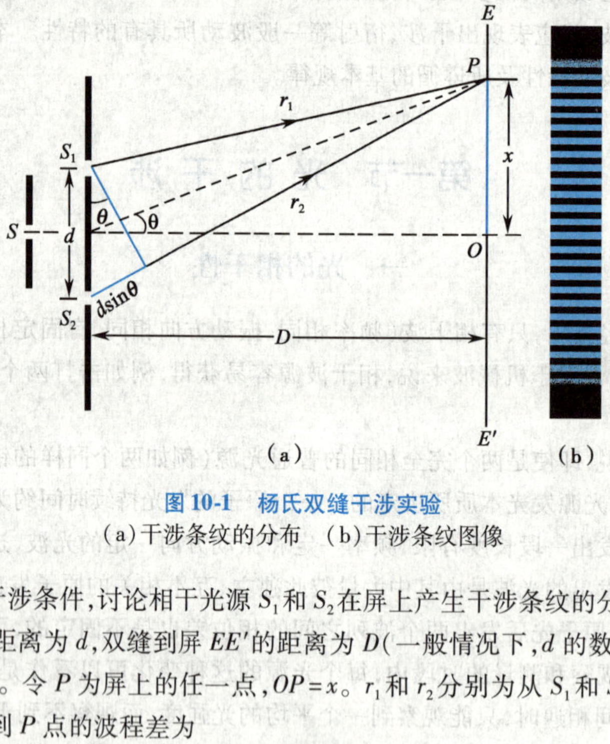

图 10-1 杨氏双缝干涉实验

(a)干涉条纹的分布 (b)干涉条纹图像

下面根据波的干涉条件,讨论相干光源 S_1 和 S_2 在屏上产生干涉条纹的分布情况。在图 10-1(a)中,设 S_1 与 S_2 的距离为 d,双缝到屏 EE' 的距离为 D(一般情况下,d 的数量级为毫米以下,D 的数量级可达到米)。令 P 为屏上的任一点,$OP=x$。r_1 和 r_2 分别为从 S_1 和 S_2 到 P 点的距离,则由 S_1 和 S_2 发出的光到 P 点的波程差为

$$\delta=r_2-r_1\approx d\sin\theta$$

通常 $D\gg d$,且 θ 较小,所以

$$\delta=\frac{d}{D}x$$

两列波的干涉条件决定于波程差与入射光波波长之间的关系,当

$$\delta=\frac{d}{D}x=\pm k\lambda \quad k=0,1,2,\cdots \tag{10-1}$$

笔 记

即当从 S_1 和 S_2 发出的光波到屏幕上 P 点的波程差 δ 为入射光波波长 λ 的整数倍(或是半波长的偶数倍)时,或当

$$x=\pm k\frac{D}{d}\lambda \quad k=0,1,2,\cdots \tag{10-2}$$

时,两列波在 P 点干涉加强,光强为极大,形成明条纹,P 点为明条纹中心。当 $k=0$ 时 $x=0$,即在 O 点出现明条纹,称为**中央明条纹**。其他与 $k=1,2,\cdots$ 相对应的明条纹分别称为第一级、第二级……明条纹。式中的正负号表示条纹在 O 点两侧对称分布。当

$$\delta=\frac{d}{D}x=\pm(2k-1)\frac{\lambda}{2} \quad k=1,2,\cdots \tag{10-3}$$

即当从 S_1 和 S_2 发出的光波到屏幕上 P 点的波程差 δ 为半波长的奇数倍时,或当

$$x=\pm(2k-1)\frac{D}{2d}\lambda \quad k=1,2,\cdots \tag{10-4}$$

时,两列波在 P 点干涉减弱,光强为极小,形成暗条纹,P 点为暗条纹中心。与 $k=1,2,\cdots$ 相对应的暗条纹分别称为第一级、第二级……暗条纹。

由式(10-2)和(10-4)可得到结论:在屏幕上的干涉图样是相对 O 点对称的明暗相间的条纹,如图 10-1(b)所示。

从实验和以上分析可得双缝干涉图样的特点:

(1) 相邻两明条纹间(或相邻两暗条纹间)的距离 Δx 相等。

$$\Delta x=\frac{D\lambda}{d} \tag{10-5}$$

由于光的波长 λ 很小,所以只有当 S_1 和 S_2 间的距离 d 足够小,双缝到屏幕间的距离 D 足够大,使干涉条纹间距 Δx 大到用眼可以分辨时,才能观测到干涉条纹。

(2) 对入射的单色光,若已知 d 和 D 的值,并且测出第 k 级明条纹到 O 点的距离 x,可计算出单色光的波长,但这不是测量波长的最好方法。

(3) 若 d 和 D 的值不变,则 Δx 与 λ 成正比。波长较短的光(如紫光),干涉条纹间距小,波长较长的光(如红光),干涉条纹间距大。入射光为白光时,只有中央明纹($k=0$)为白色,其他各级明纹为从紫色到红色,以 O 点对称的彩色条纹。

三、劳埃镜实验

继杨氏实验后,一些科学家用各种获得相干光的方法进行了干涉实验。劳埃(H. Lloyd)应用的是如图 10-2 所示的实验装置。图中 S_1 是一个缝光源,由它发出的光,一部分直接射到光屏

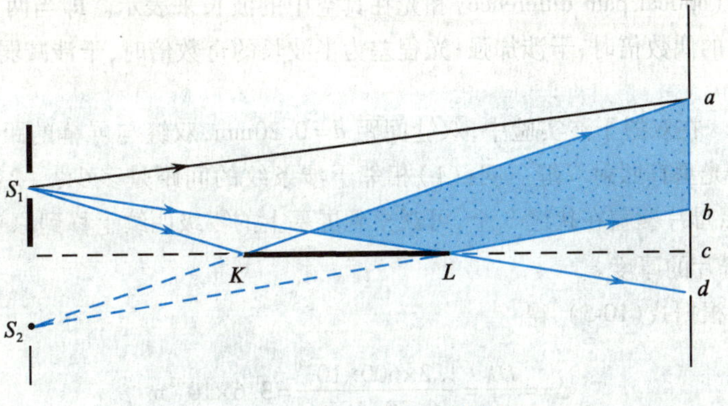

图 10-2　劳埃镜实验简图

笔记

E 上,另一部分经平面镜 KL 反射后也射到光屏上。设 S_2 是 S_1 在平面镜中的虚像,则反射光到达屏上任一点所经过的几何路程,与假定这光是直接从 S_2 发出的一样,因而可以将 S_2 看作是反射光的光源,而且与 S_1 构成相干光源。图中的阴影部分表示相干光重叠的区域。当把光屏放在这个区域内时,屏上即可出现明暗相间的干涉条纹。

劳埃镜实验的一个重要意义,是用实验证明了光波从光疏介质射向光密介质反射时会产生半波损失这一事实。当光屏放到镜端 L 处,此时,从 S_1、S_2 发出的光到达接触点 L 的路程相等,在 L 处似乎应出现明条纹,但实验的事实是,屏与镜面接触处出现的是暗条纹,这表明直接射到光屏上的光波与从镜面反射的光波两者之一有了相位变化。由于直接射到光屏上的光波不可能产生这个变化,所以只能是平面镜反射光的相位变化了 π,由于这一相位跃变,相当于反射光与直射光之间附加了半个波长的波长差,这种现象称为"**半波损失**"。进一步的实验证明,**当光波从光疏介质射向光密介质反射时有数值为 π 的相位突变,即是"半波损失"**。这与第五章讨论过的机械波半波损失相似。

四、光程和光程差

以上讨论的是相干光经过同一介质(如空气)所产生的干涉现象。实际上,两束相干光也可能通过不同介质产生干涉现象,为此,需要引入光程和光程差的概念。

光在不同介质中传播时,光波的频率不变,但传播的速度发生了变化。设单色光在真空和介质中的传播速度分别为 c 和 u,则介质的折射率 n 为

$$n=\frac{c}{u} \tag{10-6}$$

由波长、频率和波速之间的关系,可知该单色光在此介质中的波长为

$$\lambda'=\frac{u}{\nu}=\frac{c}{n\nu}=\frac{\lambda}{n} \tag{10-7}$$

式中,ν 为该单色光的频率,λ 为光在真空中的波长。由此式可知,由于 n 恒大于 1,所以光在介质中的波长恒小于真空中的波长。

前面在讨论光的干涉时,因为是在同一种均匀介质——真空中(实际是在空气中),所以干涉条件是以波程差和波长来表示。当两束相干光经过不同介质时,由于光在不同介质中的波长不同,需要用光程差和光在真空中的波长来表示干涉条件。

光波在介质中经过几何路程 r 所需的时间为 r/u,则在相同的时间内,光波在真空中经过的路程为 $c\cdot(r/u)=nr$,式中 nr 称为与几何路程 r 相当的**光程**(optical path)。光程就是光与介质中几何路程相当的真空路程。在讨论相干光通过不同介质的干涉条件时,必须先将它们各自经过的几何路程换算成光程,即把不同介质的复杂情况都变换为真空中的情形。因此,干涉条件就可以用**光程差**(optical path difference)和光在真空中的波长来表示。即当两束相干光相遇时,光程差为半波长的偶数倍时,干涉加强;光程差为半波长的奇数倍时,干涉减弱。

例题 10-1 在双缝干涉实验中,双缝间距 $d=0.20\text{mm}$,双缝与屏幕的距离 $D=1.2\text{m}$,用波长 600nm 的光垂直照射双缝。问:(1)相邻干涉条纹的间距是多少?(2)若用一折射率 $n=1.58$ 的薄云母片覆盖在狭缝 S_1 上,可观察到屏幕上的零级明纹上移到原来第六级明纹的位置上,求云母片的厚度 e。

解 (1) 根据式(10-5),得

条纹间距 $$\Delta x=\frac{D\lambda}{d}=\frac{1.2\times600\times10^{-9}}{0.20\times10^{-3}}=3.6\times10^{-3}\text{m}$$

笔记

（2）根据式(10-1)，得

没加介质块的光程差　$\delta=r_2-r_1=6\lambda$

加了介质块后的光程差　$\delta'=r_2-(r_1-e+ne)=r_2-r_1-(n-1)e=0$

上面两式相减得云母片的厚度

$$e=\frac{6\lambda}{n-1}=\frac{6\times600\times10^{-9}}{1.58-1}=6.2\times10^{-6}\text{m}$$

五、薄膜干涉

在日常生活中遇到的光一般是来自太阳或宽广光源的自然光，人们经常会看到油膜等薄膜的表面上出现彩色图样，就是这些光源产生的干涉现象。杨氏双缝实验和劳埃镜实验是利用分割波振面的方法获得相干光的，而**薄膜干涉**则是通过分振幅法来观察光的干涉现象。

如图 10-3 所示，折射率为 n_2 厚度均匀的薄膜处于折射率为 n_1 的均匀介质中，并设 $n_2>n_1$。单色面光源上的任一点 S 发出的光线 1 以入射角 i 射到薄膜上表面的 A 点，在 A 点被分成反射光线 2 与折射光线进入薄膜，折射光线在下表面 B 处反射至上表面的 C 点，再折射为光线 3。根据反射和折射定律可知，光线 2 和光线 3 是两条平行光。由于光线 2 和光线 3 是从同一条入射光线分出来的两部分，故它们是利用分割振幅的方法得到的相干光。所以，将光线 2 和光线 3 经透镜 L 会聚到焦平面上的 P 点时，会产生干涉现象。

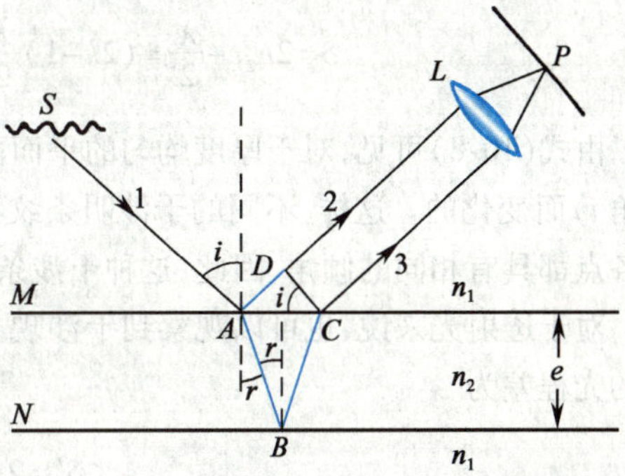

图 10-3　薄膜干涉

从图中可以看出，光线 2 和光线 3 的光程差为

$$\delta=n_2(AB+BC)-n_1AD+\frac{\lambda}{2}$$

式中($\lambda/2$)这一项*，是因为光线 1 在 A 点是从光疏介质射向光密介质，再从光密介质向光疏介质反射，有半波损失；而光线 1 在 B 点是从光疏介质上反射，没有半波损失。

$$AB=BC=\frac{e}{\cos r}\qquad AD=AC\sin i=2e\tan r\sin i$$

$$\begin{aligned}\delta&=2n_2AB-n_1AD+\frac{\lambda}{2}\\&=2n_2\frac{e}{\cos r}-2n_1e\tan r\sin i+\frac{\lambda}{2}\\&=\frac{2n_2e}{\cos r}(1-\sin^2r)+\frac{\lambda}{2}\\&=2n_2e\cos r+\frac{\lambda}{2}\\&=2e\sqrt{n_2^2-n_1^2\sin^2 i}+\frac{\lambda}{2}\end{aligned}$$

式中，e 为薄膜厚度，r 为折射角。根据折射定律 $n_1\sin i=n_2\sin r$，光程差可化为

笔记

* 半波损失，也可用减去($\lambda/2$)表示。两种表示方法的区别仅在于讨论各条纹时 k 的取值不同。

$$\delta=2e\sqrt{n_2^2-n_1^2\sin^2 i}+\frac{\lambda}{2} \tag{10-8}$$

于是，薄膜干涉的明、暗纹的产生的条件为

当 $$\delta=2e\sqrt{n_2^2-n_1^2\sin^2 i}+\frac{\lambda}{2}=k\lambda \quad k=1,2,\cdots \text{明条纹} \tag{10-9}$$

当 $$\delta=(2k-1)\frac{\lambda}{2} \quad k=1,2,\cdots \text{暗条纹} \tag{10-10}$$

实际应用中，通常使光线垂直入射膜面，即 $i=0$

$$\delta=2n_2e+\frac{\lambda}{2} \tag{10-11}$$

产生明、暗干涉条纹的条件为

$$\delta=2n_2e+\frac{\lambda}{2}=k\lambda \quad k=1,2,3,\cdots \text{明纹条件} \tag{10-12}$$

$$\delta=2n_2e+\frac{\lambda}{2}=(2k-1)\frac{\lambda}{2} \quad k=1,2,3,\cdots \text{暗纹条件} \tag{10-13}$$

由式(10-8)可见，对于厚度均匀的平面薄膜(e 为恒量)来说，光程差是随光线的倾角(即入射角 i)而变化的。这样，不同的干涉明条纹和暗条纹，相应于不同的入射角，而同一干涉条纹上的各点都具有相同的倾角，因此，这种干涉条纹称为**等倾干涉条纹**。

对于透射光来说，也可以观察到干涉现象。由于不存在半波损失，因此这两条透射的相干光的光程差为

$$\delta'=2e\sqrt{n_2^2-n_1^2\sin^2 i} \tag{10-14}$$

与式(10-9)、式(10-10)相比可见，对某一个入射角而言，当反射光干涉加强时，透射光干涉减弱；而对另一个入射角而言，当反射光干涉减弱时，透射光干涉加强。

如不用透镜和屏幕，而是用眼睛观察，也可以看到这种干涉现象。

以上讨论的是单色光的薄膜干涉，但一般的光源是复色光源，看到的将是彩色的干涉图样。

实际工作中，为了增加光学仪器中的玻璃透镜的透射光，减少反射光，可以在透镜表面镀一层透明介质薄膜，称为**增透膜**，如电视、电影的摄像机镜头和高级照相机的镜头都镀有这样的增透膜。同样，有时为了增加玻璃的反射光，可以在玻璃表面镀一层适当厚度的透明介质薄膜，称为**增反膜**，如有的太阳镜便经过这样的处理。

例题 10-2 光学仪器的镜头上常镀有一层氟化镁增透膜，使白光中人眼最敏感的黄绿光尽可能透过，也就是使黄绿光在薄膜表面反射最少。已知氟化镁的折射率 $n=1.38$，黄绿光的波长 $\lambda=550\text{nm}$，问薄膜的厚度至少为多少时，黄绿光反射最少？

解 因为氟化镁的折射率大于空气的折射率，而小于玻璃的折射率，所以，当光线垂直入射时，在氟化镁薄膜的上、下表面的反射都有半波损失，故上、下表面的两条反射线的光程差 $\delta=2ne$。这两条反射线相消干涉的条件为

$$2ne=(2k-1)\frac{\lambda}{2} \quad k=1,2,\cdots$$

取 $k=1$，可得氟化镁薄膜的最小厚度为

$$e=\frac{\lambda}{4n}=\frac{550}{4\times1.38}=99.6\text{nm}$$

笔记

六、等厚干涉

当平行光垂直照射在厚度不均匀的薄膜上，由式(10-11)，从薄膜上下两表面反射的光波的光程差仅与薄膜的厚度有关，凡厚度相同的地方，光程差相同，干涉条纹的级数也相同，这种干涉条纹称等厚干涉条纹，这种干涉现象称为**等厚干涉**(equal thickness interference)。这里只讨论两种简单情况，劈尖干涉和牛顿环。

1. **劈尖干涉**　劈尖的两个表面都是平面，其间有很小的夹角 θ(图 10-4)，两表面的交线称为劈尖的棱边。平行单色光垂直入射到劈面上，从劈尖上、下表面反射的光，在劈尖的上表面附近相遇而发生干涉。因此，观看介质表面就会看到干涉条纹。如果入射点处劈尖的厚度为 e，劈尖介质的折射率为 n，两束反射光的光程差为

$$\delta=2ne+\frac{\lambda}{2}$$

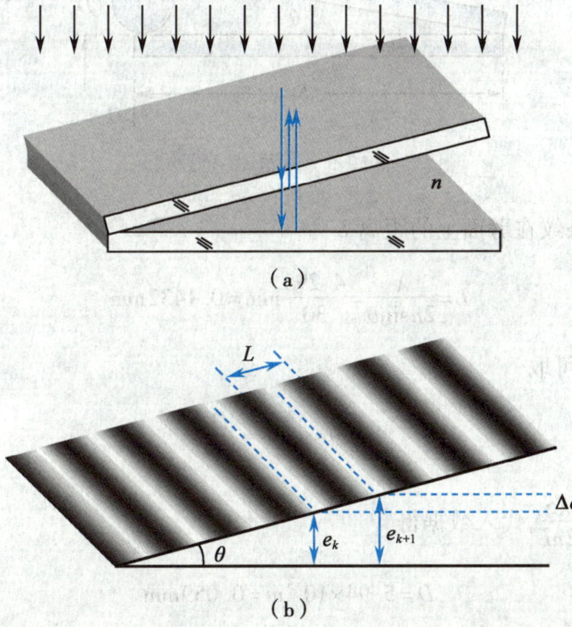

图 10-4　劈尖干涉

由于劈尖各处厚度 e 不同，所以光程差也不同，出现明暗条纹的条件为

$$\delta=2ne+\frac{\lambda}{2}=k\lambda \qquad k=1,2,3,\cdots\text{明条纹}$$

$$\delta=2ne+\frac{\lambda}{2}=(2k-1)\frac{\lambda}{2} \qquad k=1,2,3,\cdots\text{暗条纹}$$

上式表明每一明条纹或暗条纹都与一定的劈尖厚度相对应，由于劈尖的等厚线是一些平行棱边的直线，所以干涉条纹是一些与棱边平行的、明暗相间的直条纹，在棱边处形成暗条纹(图 10-4b)。

相邻两暗纹(或明纹)对应的厚度差为

$$\Delta e=e_{k+1}-e_k=\frac{\lambda}{2n} \tag{10-15}$$

相邻两暗纹(或明纹)在劈面上的距离 L 为

$$L=\frac{\Delta e}{\sin\theta}=\frac{\lambda}{2n\sin\theta} \tag{10-16}$$

笔记

通常 θ 很小，$\sin\theta\approx\theta$

$$L=\frac{\lambda}{2n\theta} \tag{10-17}$$

可见，条纹是等间距的，且与 θ 角有关，θ 越大，条纹间距越小，条纹越密。

例题 10-3 为了测量一根金属细丝的直径，把金属细丝夹在两块平板玻璃之间，形成空气劈尖(图 10-5)。单色光照射劈面，得到等厚干涉条纹，用读数显微镜测出干涉明条纹的间距，就可以计算出 D。已知单色光波长 $\lambda=589.3\text{nm}$，某次测量结果为：金属细与劈尖顶点距离 $S=28.880\text{mm}$，第 1 条明条纹和第 31 条明条纹之间的距离为 4.295mm，求金属细丝的直径 D。

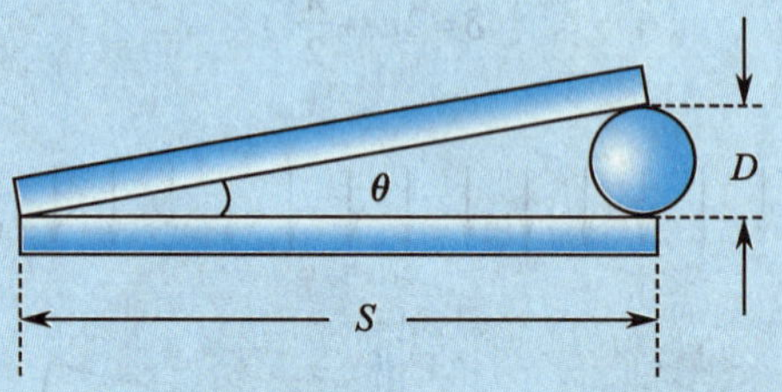

图 10-5 例题 10-3 图

解 相邻两明条纹在劈面上的距离 L 为

$$L=\frac{\lambda}{2n\sin\theta}=\frac{4.295}{30}\text{mm}=0.1432\text{mm}$$

因 θ 角很小，故可取

$$\sin\theta\approx\tan\theta\approx\frac{D}{S}$$

于是得到 $D=\dfrac{\lambda S}{2nL}$，代入数据得

$$D=5.94\times10^{-5}\text{m}=0.059\text{mm}$$

2. **牛顿环** 在一块平板玻璃 B 上面，放置一个曲率半径 R 很大的平凸透镜 A，如图 10-6。A、B 间形成一薄劈形空气层，当平行光垂直入射平凸透镜时，在空气层的上、下两表面发生反射，形成两束向上的相干光相遇发生干涉形成干涉条纹。该条纹一组以接触点 O 为圆心的明、暗相间的同心圆环，这样的干涉图样称为牛顿环(Newton's ring)。

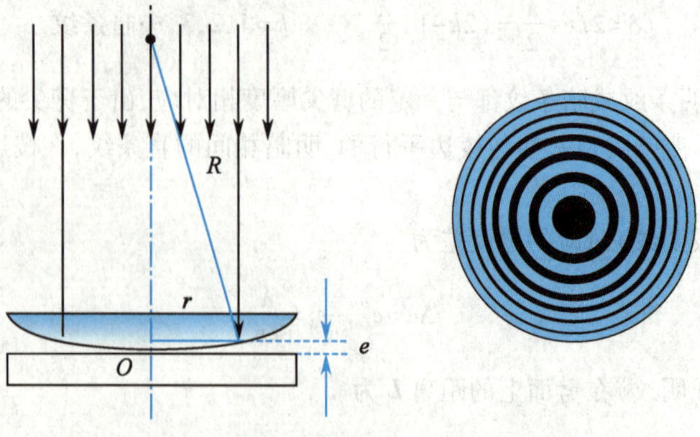

图 10-6 牛顿环

笔记

两束相干光的光程差为 $\delta=2e+\frac{\lambda}{2}$

式中，e 为空气层的厚度，$\frac{\lambda}{2}$为半波损失。

显然 δ 由厚度 e 决定，因而牛顿环也是等厚干涉，由于空气层的等厚线是以 O 为中心的同心圆，所以干涉条纹为明暗相间的同心圆环。

$$2e+\frac{\lambda}{2}=k\lambda \qquad k=1,2,3,\cdots\text{明环} \tag{10-18}$$

$$2e+\frac{\lambda}{2}=(2k+1)\frac{\lambda}{2} \qquad k=0,1,2,3,\cdots\text{暗环} \tag{10-19}$$

由图 $r^2=R^2-(R-e)^2=2Re-e^2$

由于 $R\gg e$，略去高次项 e^2 得

$$e=\frac{r^2}{2R}$$

代入(10-18)和(10-19)式得到

$$r=\sqrt{\frac{(2k-1)R\lambda}{2}} \qquad k=1,2,3,\cdots\text{明环半径} \tag{10-20}$$

$$r=\sqrt{kR\lambda} \qquad k=0,1,2,3,\cdots\text{暗环半径} \tag{10-21}$$

由上式可知，条纹半径 r 与条纹级数 k 的平方根成正比，所以条纹间距是非均匀的，越往外(k 越大)，条纹越密。

在实验室，常用牛顿环测量平凸透镜的曲率半径 R，在工业生产中常用牛顿环来检验透镜的质量。

七、迈克耳孙干涉仪

迈克耳孙(A. A. Michelson)干涉仪是用分振幅的方法产生双光束，实现光干涉的仪器。图10-7是它的构造简图。其中 M_1 和 M_2 是在相互垂直的两臂上放置的两个平面反射镜，且 M_1 可沿臂轴方向移动。在两臂相交处，有一与两臂轴均成45°角的平行平板 P_1，该板的第二表面(图中粗线)涂以半反射膜，由它将入射光分成振幅(或强度)近于相等的一束反射光1和透射光2。因此，称这样的板为分光板。光线1垂直射到 M_1 上，然后沿原路返回并且透过 P_1 到达眼睛或照相底片；光线2垂直射到 M_2 上，然后沿原路返回至 P_1，并由 P_1 上的半反射膜将光部分地反射向眼睛或照相机。由于光线1与2是相干光，所以在 E 处的眼睛或照相机能看到或拍摄到干涉条纹。为了在 M_1 和 M_2 到半反射膜中心的距离 M_1P_1 和 M_2P_1 相等时，使射到 E 处的光线1和2在仪器中的光程相等，加了一块与 P_1 平行放置的补偿板 P_2。P_2 与 P_1 大小相同、折射率相同，但未涂半反射膜。

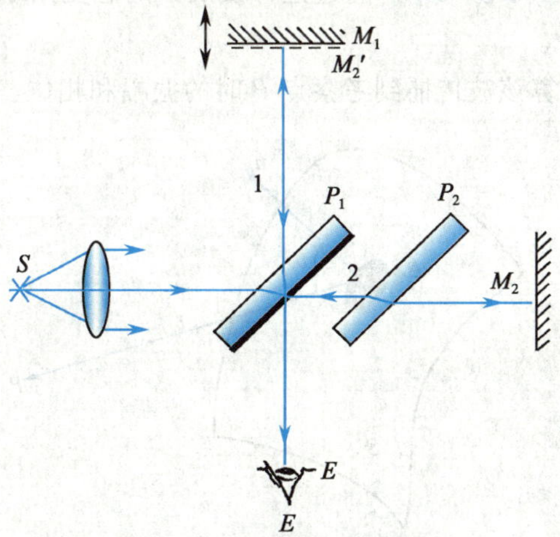

图 10-7 迈克耳孙干涉仪

M_2处的反射光，可以看成是从 M_2 经 P_1 的反射而产生的虚像 M_2' 处发出的。在 E 处看到的干涉图样就如同由 M_2' 和 M_1 之间的空气膜产生的一样。

当 M_1、M_2 相互严格垂直时，M_1、M_2' 之间形成平行平面空气膜，这时可以观察到等倾干涉

笔记

条纹；当 M_1、M_2 不严格垂直时，M_1、M_2' 之间形成空气劈尖，这时观察到的是等厚干涉条纹（在厚度不等的膜上，与等厚处相对应的干涉）。当移动时，空气厚度改变，可以方便地观察到条纹的变化。当移动 M_1 的距离为 $\lambda/2$ 时，观察者可以看到一条明条纹或一条暗条纹移过视场中某一参考标记，若数出条纹移动的数目 N，则可计算出 M_1 平移的距离为

$$\Delta d = N \cdot \frac{\lambda}{2}$$

迈克耳孙干涉仪的主要特点是：两条相干光完全分开，它们的光程差可由移动 M_1 的位置，或在一个光路中加入另一种介质来改变。利用它既可观察到干涉条纹，又可观察到条纹的各种变动情况，能方便地进行各种精密检测。迈克耳孙干涉仪和以它为原型发展起来的多种干涉仪有广泛的用途，如可精密测量长度、折射率、光谱线的波长和精细结构等。美国科学家迈克耳孙因发明干涉仪器和对计量学的研究而获得了 1907 年诺贝尔物理学奖。

第二节 光的衍射

光的衍射现象是光波动性的又一种表现。通过对光的衍射现象研究，可以在光的干涉现象以外，从另一个侧面认识光的波动本质。

一、惠更斯-菲涅耳原理

1. 光的衍射现象 当点（或线）光源发出的光波，通过小圆孔、单狭缝或其他障碍物到达屏幕上时，如果这些障碍物足够小，就可以发现屏上得不到这些物体清晰的几何投影，而是有光进入阴影区内；影外区域的光强分布也不再均匀，这种现象称为**光的衍射**（diffraction of light）。

例如，一个强的单色点光源，经过薄板中央的小孔，在适当距离的光屏上可以看到如图 10-8 所示的衍射图样：在与小孔形状相同亮斑的周围，围绕着明暗相间的同心圆状环纹，这些环纹称为**衍射条纹**（diffraction fringe）。

图 10-8 单缝衍射图样

2. 惠更斯-菲涅耳原理 惠更斯原理可以定性地解释光的衍射现象，但不能定量解释光的衍射图样中光强的分布。1815 年法国科学家菲涅耳（A. J. Fresnel）用光的干涉理论充实了惠更斯原理，为波的衍射理论奠定了基础。菲涅耳认为：从同一波面上各点发出的子波是相干波，经传播在空间某点相遇时，也将相干叠加而产生干涉现象。经过这样发展了的惠更斯原理称为**惠更斯-菲涅耳原理**（Huygens-Frenel principle）。

如果已知波动在某一时刻的波阵面 S，可以计算该波传播到考察点 P 时的振幅和相位。如图 10-9 所示，在波阵面上选取任一个小面元 ΔS，ΔS 的法线为 $\boldsymbol{n}$，ΔS 到 P 点的径矢为 $\boldsymbol{r}$，$\boldsymbol{n}$ 与 $\boldsymbol{r}$ 的夹角为 α。小面元所发出的子波在 P 点振动的振幅正比于 ΔS，反比于 r，而且与 α 角有关。该子波在 P 点振动的相位则取决于 ΔS 到 P 点的光程。求解各小面元在 P 点所产生振动的总和，即可以求出 P 点的合振动。

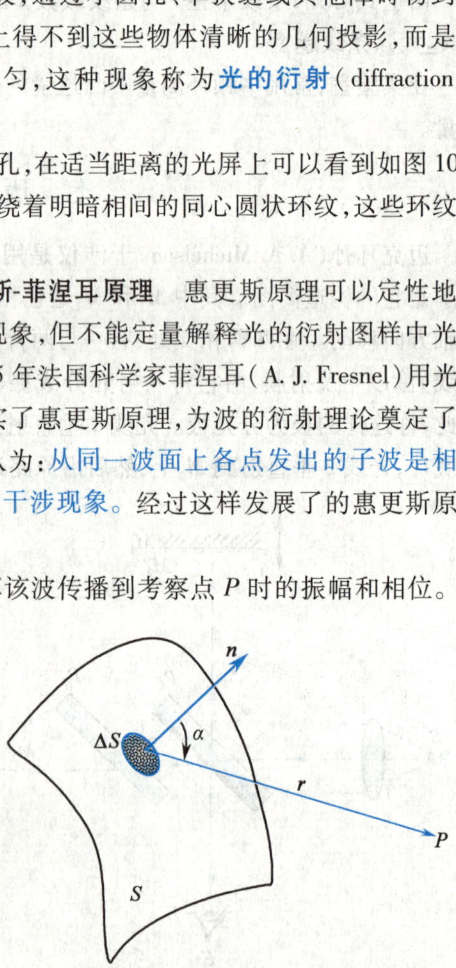

图 10-9 惠更斯-菲涅耳原理说明图

应用惠更斯-菲涅耳原理去解决具体问题，实际上是一个积分学的问题，一般情况下，计算很复杂。为避免复杂的计算，我们仅用菲涅耳提出的

笔记

半波带法来解释一些衍射现象。

二、单缝衍射

根据光源、障碍物和屏幕相对位置的距离，光学中的衍射现象可分为两类。一类为**菲涅耳衍射**：所用狭缝（或圆孔等）与光源和屏幕的距离为有限远（或有一个为有限远）时的衍射；另一类为**夫朗和费衍射**：所用狭缝（或圆孔等）与光源和屏幕的距离均为无限远时的衍射。本节主要介绍夫朗和费单缝衍射。

夫朗和费单缝衍射的装置如图 10-10 所示，凸透镜 L_1 的焦点上放置一个单色点光源 S，遮光屏 EF 沿垂直于纸面的方向上有一单缝（single slit）AB，凸透镜 L_2 的焦平面上放置屏幕 G。由 S 经过 L_1 得到的平行光垂直投射到单缝上，在屏幕上将看到明暗相间的衍射图样。若在 S 处放置一个与缝平行的单色线光源，则在屏幕上可看到与缝平行的明暗相间的衍射条纹。

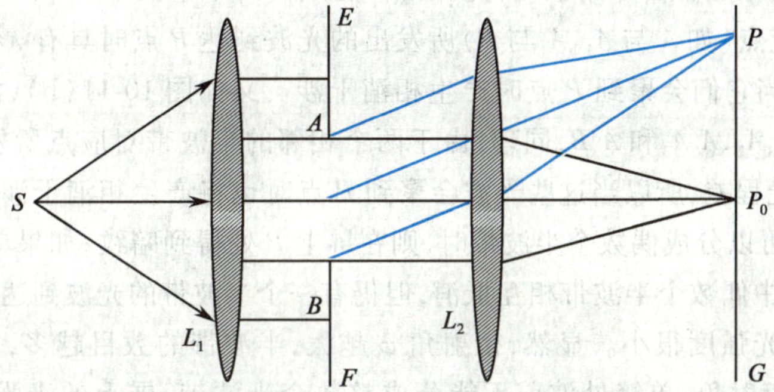

图 10-10 夫朗和费单缝衍射

如图 10-11 所示，波长为 λ 的单色平行光垂直入射到遮光屏 EF 上，缝宽为 a 的单缝 AB 处波阵面上各点都有相同的相位。根据惠更斯原理，它们作为子波波源而发射球面波，并向各个方向传播。

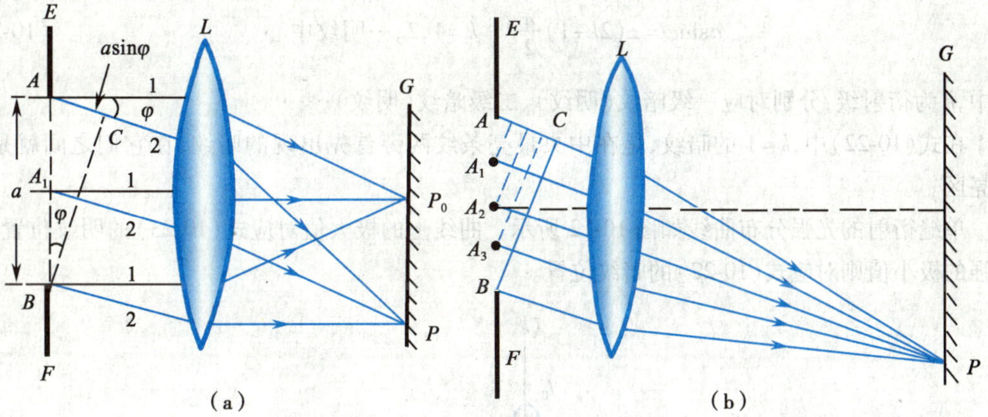

图 10-11 单缝衍射

考虑沿单缝平面法线方向传播的射线（图中用 1 表示）叠加的情况。这些射线在出发处的相位相同，并且形成与主光轴相垂直的波面，经透镜会聚到屏幕 G 上 P_0 点时的相位仍然相同（对于近轴光线，透镜并不引起附加的光程差，因而在计算光程差时可以不考虑透镜的作用，这里不再作证明），所以 P_0 点是一个完全亮点。如果光源是与缝平行的单色线光源时，则可观察到一条通过 P_0 点、与缝平行的明纹，称为中央明纹。

笔记

与单缝平面法线成任意角 φ 方向传播的子波射线（在图 10-11 中用 2 表示），经过透镜后会

聚于 P 点,在 P 点呈现明纹还是暗纹将由它们到达 P 点的光程差决定。φ 是子波射线与单缝平面法线的夹角,称为**衍射角**(diffraction angle)。若过 B 点作平面 BC 垂直于子波射线 2,根据透镜会聚光波的性质,这些射线到达 P 点的光程差出现在波面 AB 和 BC 面之间。由图 10-11(a)可以看出,衍射角为 φ 的这些子波射线间的最大光程差 $AC=a\sin\varphi$。

菲涅耳把位于狭缝处的波前分为若干个波带,每个波带相当于一个子波波源。在衍射角 φ 方向,若两相邻波带发出子波的光程差为 $\lambda/2$,这样的波带称为**半波带**。显然半波带的数目与衍射角 φ 有关

$$N=\frac{a\sin\varphi}{\dfrac{\lambda}{2}}$$

如果在某个衍射角 φ 方向,狭缝 AB 处的波前可以分割成偶数个半波带,比如两个半波带,如图 10-11(a),$AC=2(\lambda/2)$,就是将波面 AB 看成由两个半波带 AA_1 和 A_1B 组成。由于这两个半波带的对应点(如 A 与 A_1、A_1 与 B)所发出的光波到达 P 点时具有 $\lambda/2$ 的光程差,即有 π 的相位差,所以当它们会聚到 P 点时产生相消干涉。又如图 10-11(b),波前 AB 可分割成四个半波带 AA_1、A_1A_2、A_2A_3 和 A_3B,同理,由于两个相邻的半波带对应点所发出的光波到达 P 点时具有 $\lambda/2$ 的光程差,所以当这些光波会聚到 P 点时也将产生相消干涉。总之,对应于衍射角 φ,如果单缝可以分成偶数个半波带时,则在屏上 P 处得到暗纹;如果单缝可以分成奇数个半波带时,虽其中偶数个半波带相互抵消,但仍有一个半波带的光波到达 P 处,在 P 处得到明纹,只是条纹的光强度很小。显然,衍射角 φ 越大,半波带的数目越多,明纹的强度越小。如果对应于某些衍射角,单缝处波前不能分成整数个半波带,屏上的光强度则介于明纹与暗纹之间。利用这样的半波带来分析衍射图样的方法称为**半波带法**(half wave zone method)。

根据上述讨论,夫朗和费单缝衍射的明暗条纹条件为

$$a\sin\varphi=\pm2k\frac{\lambda}{2}=\pm k\lambda \quad k=1,2,\cdots\text{暗纹中心} \tag{10-22}$$

$$a\sin\varphi=\pm(2k+1)\frac{\lambda}{2} \quad k=1,2,\cdots\text{明纹中心} \tag{10-23}$$

式中,k 为衍射级,分别对应一级暗纹(明纹)、二级暗纹(明纹)……

在式(10-22)中,$k=1$ 的暗纹,是在中央最亮条纹两旁首先出现的暗纹,在它们之间就是中央亮区。

单缝衍射的光强分布曲线如图 10-12 所示。曲线上的极大值对应式(10-23)的明纹位置,而光强的极小值则对应式(10-22)的暗纹位置。

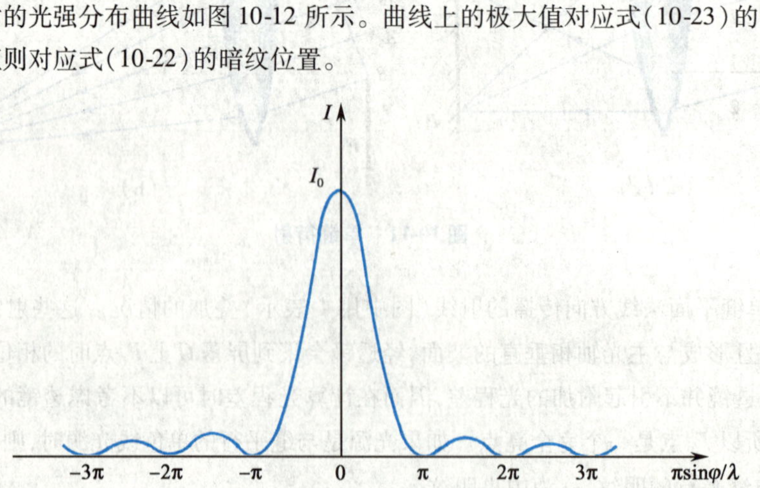

图 10-12 单缝衍射光强分布

笔记

分析式(10-22)和式(10-23),还可以得出以下结论:①对一定波长的光,如果已知单缝的宽度,并能测定第 k 级暗纹或明纹相对应的角度 φ,就可以计算出入射光的波长。②对一定波长的光,单缝的宽度越小,产生各级明暗纹所对应的 φ 角越大。因此在距离一定的光屏上,中央亮带的宽度和各明纹或暗纹间的距离也将增大,光的衍射现象越显著。反之,单缝如果很宽,则衍射现象很难观察出来,这时即可将光看作是沿直线进行。③如果单缝的宽度一定,则入射光的波长越短,各级明纹所对应的衍射角也越小,入射光的波长越长,各级明纹所对应的衍射角也越大。因此,当白光入射时,由于各种波长的光在 $\varphi=0$ 的 P_0 点都产生亮线,所以 P_0 点仍是白色最亮线。但是在 P_0 点两侧将对称地排列着各单色光的明纹。这些条纹将形成彩色带,同一级彩色带中,靠近 P_0 点的是紫色,外边的是红色。

例题 10-4　用波长 $\lambda=632.8\text{nm}$ 的平行光垂直入射于宽度 $a=1.5\times10^{-4}\text{m}$ 的单缝上,缝后用焦距 $f=0.40\text{m}$ 的凸透镜将衍射光会聚于屏幕上。求(1)屏上第一级暗纹中心与中心 O 的距离;(2)中央明纹的宽度;(3)其他各级明纹的宽度;(4)若换用另一种单色光,所得的两侧第三级暗中心纹间的距离为 $8.0\times10^{-3}\text{m}$。求该单色光的波长。

解　通常各级衍射条纹中心到中央明纹中心的距离 x 远小于透镜的焦距 f,即 $x\ll f$。因此,$\sin\varphi=\tan\varphi=x/f$,如图 10-13 所示。

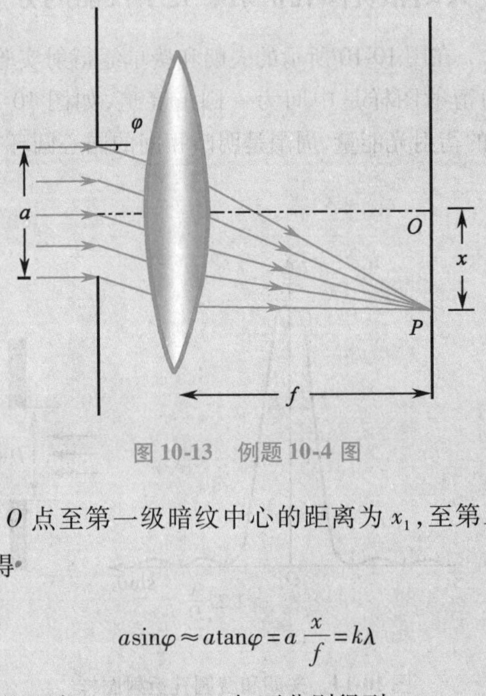

图 10-13　例题 10-4 图

设中央明条纹中心 O 点至第一级暗纹中心的距离为 x_1,至第二级暗纹中心的距离为 x_2,…。根据暗纹条件,得

$$a\sin\varphi\approx a\tan\varphi=a\frac{x}{f}=k\lambda$$

其中 k 为暗纹的级数。当 $k=1,2,3,\cdots$时,可分别得到

$$x_1=\frac{f\lambda}{a},x_2=\frac{2f\lambda}{a},x_3=\frac{3f\lambda}{a},\cdots$$

(1) 屏上第一级暗纹中心与中央明纹中心 O 点的距离即为 x_1

$$x_1=\frac{f\lambda}{a}=\frac{0.40\times632.8\times10^{-9}}{1.5\times10^{-4}}=1.7\times10^{-3}\text{m}$$

(2) 中央明纹的宽度 d 为两个第一级暗纹中心的距离,即

$$d=2x_1=3.4\times10^{-3}\text{m}$$

(3) 第一级明纹、第二级明纹……宽度 Δx 为相邻两暗纹中心之间的距离,即

笔记

$$\Delta x_{21}=x_2-x_1=\frac{2f\lambda}{a}-\frac{f\lambda}{a}=\frac{f\lambda}{a}$$

$$\Delta x_{32}=x_3-x_2=\frac{3f\lambda}{a}-\frac{2f\lambda}{a}=\frac{f\lambda}{a}$$

可见,其他各级明纹的宽度相同,且

$$\Delta x=\frac{f\lambda}{a}=1.7\times10^{-3}\text{m}$$

以上计算结果表明,平行光垂直入射到单缝时,在屏幕上得到的衍射图样,除中央明纹外,其他各级明纹的宽度均相等;中央明纹的宽度大约是其他各级明纹的宽度的两倍。

(4) 两个第三级暗纹中心间的距离

$$d_3=2x_3=\frac{6f\lambda'}{a}=8.0\times10^{-3}\text{m}$$

所以
$$\lambda'=\frac{ad_3}{6f}=\frac{1.5\times10^{-4}\times8.0\times10^{-3}}{6\times0.40}=5.0\times10^{-7}\text{m}$$

三、夫朗和费圆孔衍射、光学仪器的分辨率

1. **夫朗和费圆孔衍射** 在图 10-10 所示的夫朗和费单缝衍射实验装置中,若将狭缝换成圆孔,则在屏幕 G 上显现的衍射图样是中间为一圆形亮斑,如图 10-14(a),称为**艾里斑**(Airy disk),其上集中了约 84% 的衍射光能量,周围是明暗相间的同心圆环,光强较弱,这种衍射称为夫朗和费圆孔衍射。

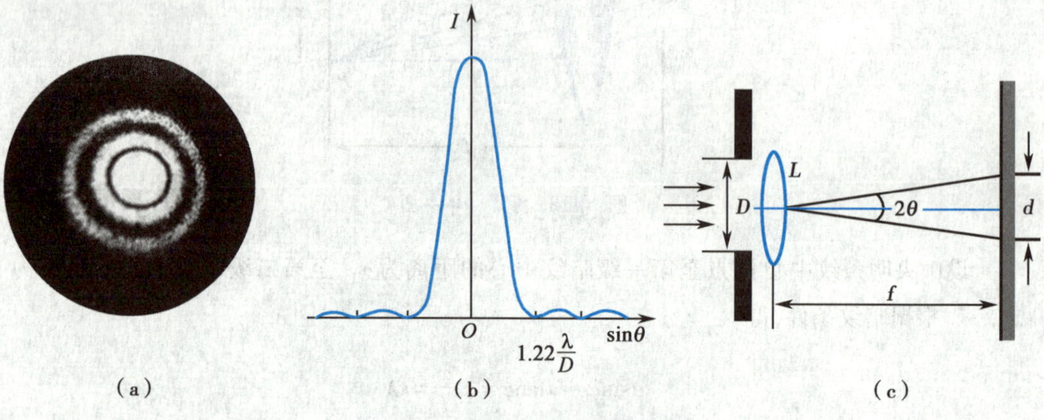

图 10-14 夫朗和费圆孔衍射图样

若入射单色光的波长为 λ,圆孔的直径为 D,艾里斑的直径为 d,透镜的焦距为 f,理论计算表明,**艾里斑的半角宽度**(衍射第一极小对透镜 L_2 光心的张角)

$$\theta=1.22\frac{\lambda}{D}$$

该式表明,圆孔直径 D 越小,艾里斑越大,衍射效果越明显。

2. **光学仪器的分辨率** 光学仪器中的透镜与光阑都相当于一个透光的圆孔,其衍射效应对仪器的成像质量有直接的影响。由于光的衍射作用,一个物点在屏上所成的不是一个点像,而是一个艾里斑。如果两个物点非常接近,以致相应的两个艾里斑重叠,这时就有可能无法分辨是两个物点所成的像,还是一个物点的像。两个物点衍射像的强度分布曲线如图 10-15 所示。

笔记

如果这两个像分得较开，强度的总和曲线（图中虚线）表明，两个最大强度之间存在着最小强度，无疑将能分辨这两个衍射像，如图 10-15（a）所示。随着两个物点逐渐靠近，其衍射像也逐渐靠近，强度总和曲线上最小值与最大值的差别会越来越小，直至消失，如图 10-15（c）所示，此时，两个衍射像实际上合二为一，将无法分辨。根据英国物理学家瑞利（J. W. S. Rayleigh）的研究，两个衍射像恰能分辨的条件，是它们强度总和曲线之间的最小强度是其最大强度的 80%，此时恰能感觉到两个亮点有间隔存在，如图 10-15（b）所示，这被称为**瑞利判据**（Rayleign's criterion for resolution）。从图 10-15（b）还可以看出，两个衍射像被分辨的位置，是一个衍射像的艾里斑中心恰好落在另一个像的第一级暗环上。此时，两物点对透镜光心的张角（等于艾里斑半径对透镜光心的张角）为

$$\theta_0 = 1.22\frac{\lambda}{D} \qquad (10\text{-}24)$$

式中，D 为透光孔径，θ_0 称为最小分辨角，其倒数称为光学仪器的**分辨率**（resolving power 或分辨本领）。由式可以看出，光学仪器的最小分辨角 θ_0 与波长成正比，与透光孔径 D 成反比。因此，光学仪器的分辨率与波长成反比，与透光孔径 D 成正比，D 越大，则光学仪器的分辨率也越大（图 10-16），天文观察采用直径很大的透镜，就是为了提高望远镜的分辨率。

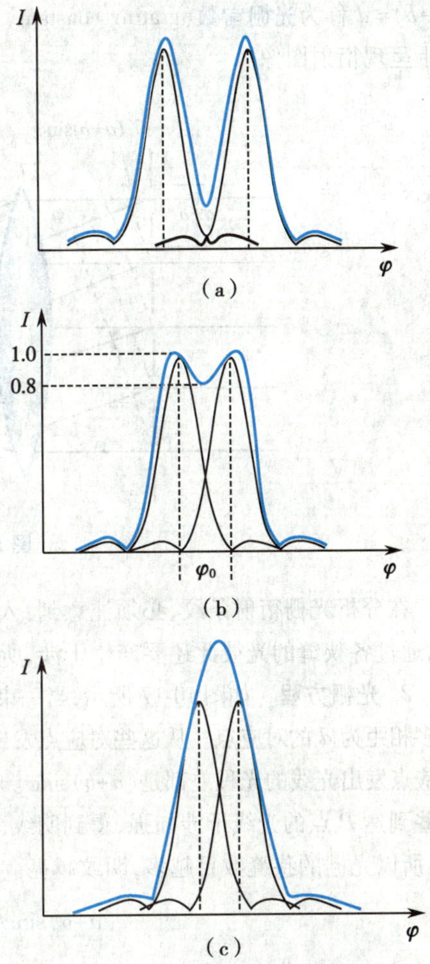

图 10-15　两个衍射像的叠合

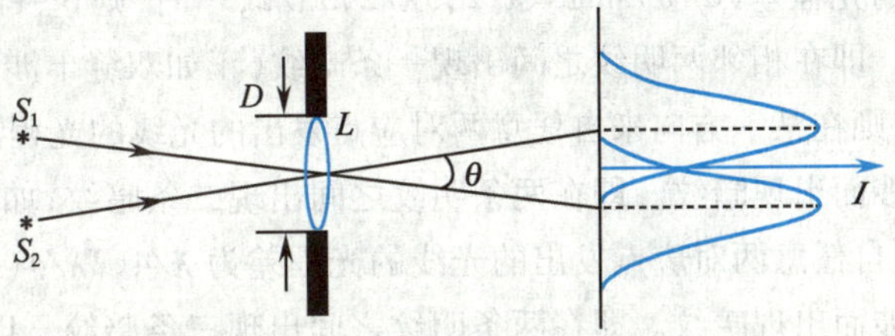

图 10-16　光学仪器的最小分辨角

四、衍射光栅、衍射光谱

1. **衍射光栅**　由许多等宽狭缝平行、等距排列起来组成的光学元件称为**光栅**（grating）。原刻的透射光栅是在一块玻璃片上刻有一系列等宽、等距的平行刻痕，刻痕处不易透光，两刻痕间的光滑部分相当于一条狭缝，可以透光。在 1cm 以内，刻痕数可以多达一万条以上。简易的光栅可用照相的方法制成。

将衍射光栅替换前述装置中的单缝，即可观察到光栅的衍射图样。当光源为单色光时，在屏幕上将看到与缝平行的明暗相间的衍射条纹。随光栅狭缝的增多，相邻的两条明纹间形成的黑暗背景区变大，而明纹会变窄、变亮。

图 10-17 表示光栅的一个截面，如果光栅每一狭缝的宽度为 a、不透光部分的宽度为 b，则

笔记

$(a+b)=d$ 称为**光栅常数**(grating constant)。当单色平行光垂直入射光栅后,经透镜 L 会聚于屏 G 上呈现衍射图像。

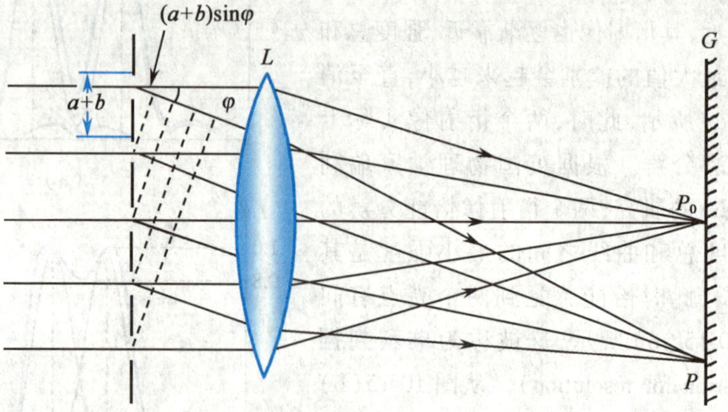

图 10-17 衍射光栅

在分析光栅衍射条纹,必须注意到:入射平行光通过每一条狭缝时都要产生衍射现象。同时,通过各狭缝的光彼此还要产生干涉,所以在屏幕上的图样应是衍射和干涉的总效果。

2. **光栅方程** 如图 10-17 所示,当一束单色平行光垂直照射到光栅上,在相邻的两狭缝上有许多相距为 d 的对应点。从这些对应点发出衍射角为 φ 的光,聚焦于屏幕上某点 P。其中任意两对应点发出光线的光程差都是 $(a+b)\sin\varphi$。若这一光程差为波长的整数倍,即当角 φ 满足条件时,这些到达 P 点的光线干涉加强,得到明纹。由于明纹是由所有狭缝上的对应点射出光线叠加而成,所以光栅的狭缝数目越多,明纹越亮。

$$(a+b)\sin\varphi=k\lambda \quad k=0,\pm1,\pm2,\cdots \tag{10-25}$$

式(10-25)称为**光栅方程**(grating equation),式中 k 表示条纹级数。$k=0$,对应着中央明纹。与 $k=\pm1,\pm2,\cdots$ 对应的条纹分别称为第一级明纹、第二级明纹……。

由式(10-25)所决定的两条相邻明纹间,还分布着暗纹。例如,开放两个狭缝时,如果任意两对应点发出的光线的光程差 $(a+b)\sin\varphi=\lambda/2,3\lambda/2,5\lambda/2,\cdots$ 时,则这一方向的光线在屏上因相消干涉而出现暗纹。即在相邻两明纹之间出现一条暗纹(正如双缝干涉看到的现象);如果在光栅上开放三个狭缝,则在某一方向来自任意两对应点发出的光线的光程差为 $\lambda/3,2\lambda/3,\cdots$ 时,在屏上也会因相消干涉而出现暗纹。即在两条明纹之间出现二条暗纹;如果在光栅上开放四个狭缝,则在某一方向来自任意两对应点发出的光线的光程差为 $\lambda/4,2\lambda/4$(即 $\lambda/2$),$3\lambda/4,\cdots$ 时,在屏上也会因相消干涉而出现暗纹。即在两条明纹之间出现三条暗纹。以此类推,光栅狭缝数目越多,则相邻两条明纹间分布的暗纹也越多,实际上就形成一片黑暗的背景,同时,明纹也越窄、越亮。如图 10-18 所示。

用波长一定的单色光作光源,光栅常数越小,相邻两明纹分得越开。比较光的双缝干涉、光的单缝衍射和光栅衍射,可以发现,测定光波波长最好的方法应是利用光栅产生的衍射现象。在一些光学仪器中,光栅还常被用作分光器件。

3. **缺级条件** 光栅方程给出了产生明纹的必要条件。实际上,由于衍射,每条缝发出的光在不同 φ 角的强度不同。因此,即使某一衍射角 φ 满足(10-25)式,应出现明条纹,但若该方向恰好也同时满足单缝衍射的暗纹条件,即

$$a\sin\varphi=\pm k'\lambda \quad k'=1,2,\cdots \tag{10-26}$$

笔记

则各缝相互"干涉"叠加的结果,仍为暗纹,k 级明纹将不出现,这种现象称为光栅衍射的**缺级现象**。将式(10-25)与(10-26)联立并消去 $\sin\varphi$,则得到光栅衍射产生缺级现象的明纹级次 k

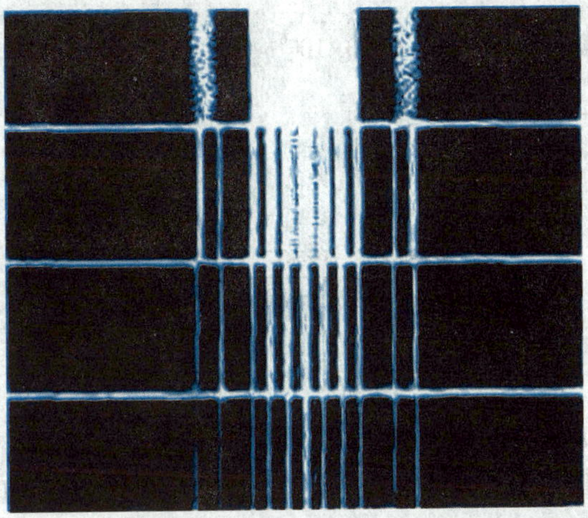

图 10-18 有 1、2、3、20 条狭缝的光栅的衍射图样

与单缝衍射暗纹级次 k' 之间的关系，即

$$k=\frac{a+b}{a}k' \tag{10-27}$$

上述的衍射光栅是透射光栅。除此之外还有反射光栅。反射光栅是在磨光金属表面上划出一些等距的平行刻痕制成，由未划过部分的反射光形成衍射条纹。

4. **光栅光谱** 由光栅方程 $(a+b)\sin\varphi=\pm k\lambda$ 可知，在给定光栅常数的情况下，衍射角 φ 的大小与入射光的波长有关。所以，当光源为白光时，可以发现其衍射图样中的中央亮线为白色，其他各级明条纹均是由各单色光按波长排列成谱（光谱），如图 10-19 所示（图中只画出了位于中央亮条纹一侧的光谱）。这种通过光栅形成的光谱称为衍射光谱或光栅光谱（grating spectrum）。同一级衍射光谱中，波长短的紫色靠近中央，外边为波长较长的红色。由于各级谱线的宽度随其级数的增加而增加，所以衍射光谱中高级数的光谱会彼此重叠起来，难以分辨清楚。

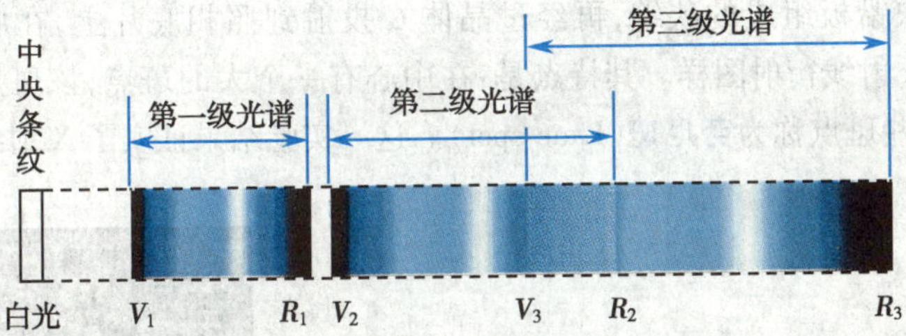

图 10-19 衍射光谱

光栅的衍射光谱有别于棱镜的色散光谱，它们有两点不同：①衍射光谱中，各个不同波长的谱线是按照式（10-25）有规律地分布的。实际上在较低级的光谱中衍射角 φ 很小，所以 φ 与波长成正比，因此光谱中各谱线到中央条纹的距离也与波长成正比。这样，光栅的衍射光谱是一匀排光谱，而棱镜的色散光谱则是非匀排光谱（波长越短，色散越显著，所以紫端展开比红端要宽）。②在光栅的衍射光谱中，波长越短的光波，衍射角 φ 越小；而在棱镜的色散光谱中，波长越短的光波，偏向角越大。因此，衍射光谱的各谱线的排列顺序是由紫到红，与棱镜光谱由红到紫恰好相反。

例题 10-5 用每厘米有 500 条栅纹的衍射光栅观察波长 $\lambda=589.3\text{nm}$ 的钠光谱线。问：(1) 光线垂直照射时，最多能看到第几级条纹？(2) 若光栅狭缝宽度 $a=1.0\mu\text{m}$，实际能看到多少条明纹？

笔记

解 (1) 光栅常数 $a+b=\frac{1}{500}\text{cm}=2.0\times10^{-6}\text{m}$

根据光栅方程 $(a+b)\sin\varphi=\pm k\lambda$ 有

$k=\frac{(a+b)\sin\varphi}{\lambda}$,当 $\sin\varphi=1$,级次 k 值最大。

$$k_{max}<\frac{a+b}{\lambda}=\frac{2.0\times10^{-6}}{589.3\times10^{-9}}\approx3.4,k_{max}=3$$

(2) 由缺级条件 $k=\frac{a+b}{a}k'=2k'$

得 $k'=1$ 时,$k=2$;$k'=2$ 时,$k=4$。即 $k=\pm2$、±4 为缺级。

根据(1)的结果,最多能看到的级次是 $k_{max}=3$,所以实际能看到的明纹是 $k=0,\pm1,\pm3$ 共 5 条。

五、X 射线的衍射

X 射线是德国物理学家伦琴(W. K. Rontgen)在 1895 年发现的。它是由高速电子流撞击金属板而产生的一种穿透性很强的射线。后来人们认识到,X 射线是波长在 0.01nm 到 10nm 之间的电磁波。

1. X 射线的波动性 因为 X 射线不受电场和磁场的影响,所以在 X 射线被发现以后被假定为波长比可见光要短的电磁波,但这一假定在当时很难得到证实。正如上一节所指出的,对于已知光栅常数的光栅,若入射光波长太小,则偏离角很小,无法观测到各级衍射条纹。减小光栅常数的数值又受到技术上的限制。1912 年德国科学家劳厄(M. Von Laue)想到并实现了利用天然光栅来观测 X 射线衍射的方法,同时也证实了它的波动性。

劳厄选用微粒间距离为 10^{-8} cm 的**晶体**,由于构成晶体的微粒在空间是按一定的点阵排列的,因此晶体就构成了光栅常数很小的三维空间光栅。图 10-20(a)所示为劳厄的实验装置。一束 X 射线穿过两块铅板组成的狭缝,再经过晶体 C 投射到照相底片上,在底片上得到了如图 10-20(b)所示的 X 射线衍射图样。其特点是:在中心有一个大的斑点,该斑点四周对称地排列着许多小斑点,这些斑点称为**劳厄斑**(Laue spot)。这一实验结果证实了 X 射线的波动性质。

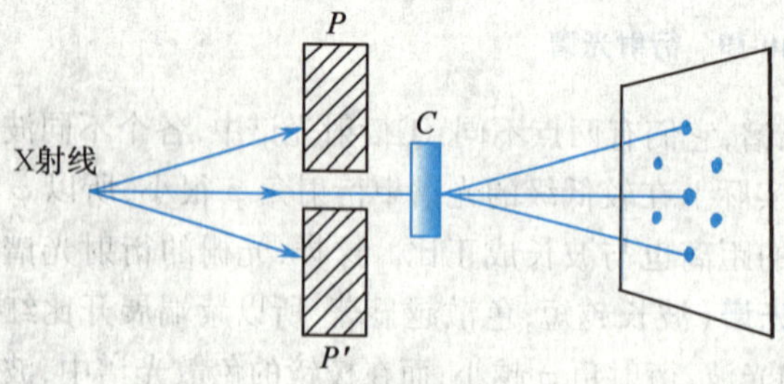

(a)

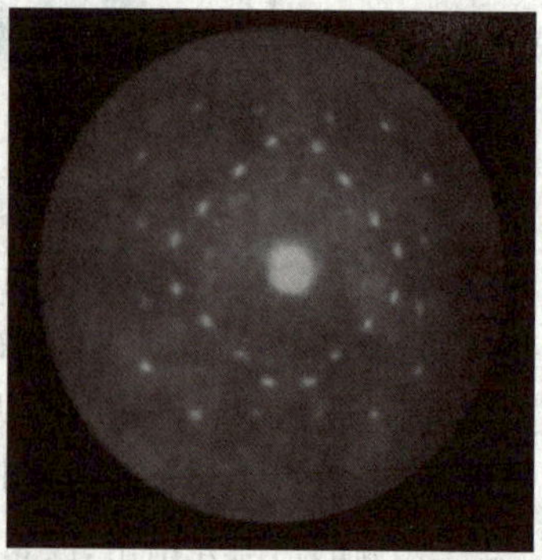

(b)

图 10-20 劳厄的晶体 X 射线衍射实验

2. 布拉格方程 1913 年,英国科学家布拉格父子(W. H. Bragg 和 W. L. Bragg)对 X 射线的衍射提出了定量的研究方法。他们认为,晶体是由一系列平行的原子层(称为晶面)构成的,当 X 射线照射到晶体上时,除在表面产生散射外,还会在物体内部的晶格点阵上散射。全部散射线相互干涉的结果产生衍射条纹。

笔记

在如图10-21所示的晶体内，一个黑点代表一个原子，每一个原子都是规则排列的。当X射线照射到晶体上时，原子中的电子产生受迫振动而成为子波波源。

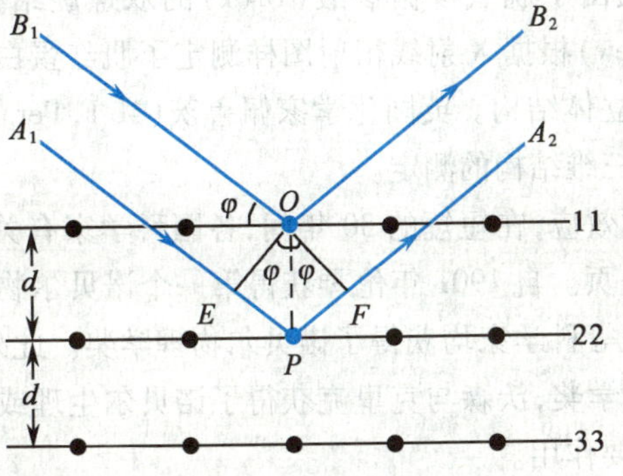

图10-21　布拉格方程的推导

如图10-21所示，OB_2和PA_2分别表示晶面(11)和与其相邻的平行晶面(22)上符合反射定律的反射线。当波长为λ的X射线，以掠射角(入射光线与晶体表面的夹角)φ投射到晶体上。在晶体内部，相邻两个平行晶面反射的两条光线之间存在光程差，现在选择(11)和(22)平面上的两点O、P来计算，OP与两平面垂直。B_1O和A_1P为入射线，OB_2和PA_2为与之相应的反射线。从O分别作A_1P、PA_2的垂线OE和OF。若已知两相邻平行晶面间的距离(亦称晶体的晶格常数)为d。则射线B_1OB_2和A_1PA_2的光程差为

$$EP+PF=2d\sin\varphi$$

这一结果，对于任何两个相邻的与(11)、(22)平行的晶面得到的反射线同样适用。这些反射线干涉加强的条件为

$$2d\sin\varphi=k\lambda \quad k=1,2,\cdots \tag{10-28}$$

此式称为**布拉格方程**(Bragg equation)。

图10-22为氯化钠晶体的原子排列的纵截面的示意图，黑色圆点代表钠原子，黑色圆圈代表氯原子。食盐晶体是立方晶格，这些原子等距离排列。从图可以看出，不同平行方向的晶面的晶格常数不同。若与aa平行的晶面的晶格常数为d_1，则它们构成了一个光栅。同理，分别与bb和cc等平行的晶面，它们的晶格常数分别为d_2、d_3…。当X射线入射到晶体上，对于这些不同的晶面，虽然掠射角不同，但只要满足布拉格方程式，在相应的反射方向就可以得到反射线。

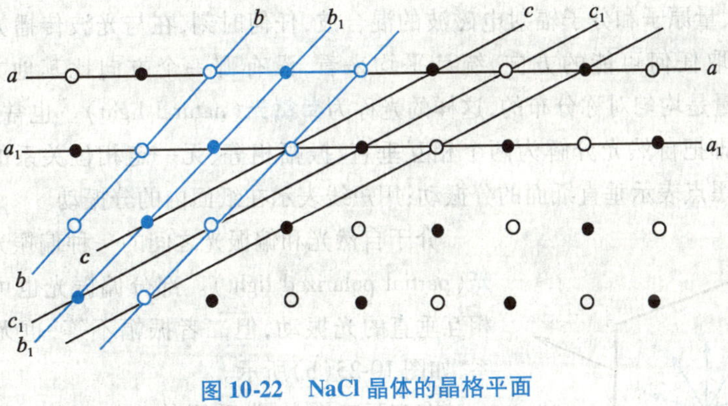

图10-22　NaCl晶体的晶格平面

1916年，荷兰物理学家德拜(P. J. W. Debye)发展了劳厄用晶体观测X射线衍射的方法，建立了用晶体粉末样品替代大块晶体的衍射法。用这种方法可得到同心圆状的衍射图样，用它同样可以鉴别样品的成分和分子结构。

从上面的分析可知，如果已知晶体的空间结构，应用X线衍射可以测定入射的X线的波长，进而获得X射线谱，研究X射线管的阳极靶材料的原子结构。

反之，如果已知X射线的波长和掠射角，则由布拉格方程即可求得晶体的晶格常数d，确定晶体的空间结构。现在应用X射线衍射来分析晶体的结构已发展为一个专门的学科——X射线结构分析。

笔记

X 射线衍射方法不仅可用于简单的无机晶体结构研究，而且已成功地被用于核酸和蛋白质之类的生物大分子的结构研究。以 X 射线衍射的研究为部分依据，1953 年生物学家沃森(J. D. Watson)和物理学家克里克(F. H. C. Crick)提出了脱氧核糖核酸(DNA)的双螺旋结构。1958 年，英国分子生物分子学家肯德鲁(J. C. Kendrew)根据 X 射线衍射图样测定了肌红蛋白的三维结构，使人们第一次看到了一个蛋白质分子的立体结构。英国化学家佩鲁茨(M. F. Perutz)在 1960 年根据 X 射线的衍射图样完成了血红蛋白三维结构的测定。

从 1895 年伦琴发现 X 射线到 1924 年的康普顿效应，在短短的 30 年间，各国科学家有关 X 射线的研究工作在物理学的发展史上占有光辉的一页。自 1901 年伦琴获得第一个诺贝尔物理学奖后，劳厄、布拉格父子、巴拉克、西格班和康普顿等科学家均获得了诺贝尔物理学奖。此外，前面提到的德拜、肯德鲁、佩鲁茨等获得了诺贝尔化学奖，沃森与克里克获得了诺贝尔生理或医学奖，这些都说明 X 射线在科学与技术发展上的重要作用。

第三节 光的偏振

光的干涉和衍射现象说明了光的波动性质。但是，无论是横波还是纵波均可以产生干涉和衍射。而光的偏振现象证实了光的横波性质。

麦克斯韦的电磁理论指出电磁波是横波，是电磁振荡的传播。其电场强度矢量 $\boldsymbol{E}$ 和磁场强度矢量 $\boldsymbol{H}$ 均与其传播方向垂直。由于光波中可以引起人的视觉和使照相底片感光作用的均是电场强度 $\boldsymbol{E}$，因此常用电场强度矢量 $\boldsymbol{E}$ 表示光振动矢量，称 $\boldsymbol{E}$ 振动为光振动。

一、自然光和偏振光

1. 光的偏振性 一束光中，如果光矢量只在一固定平面内的某一固定方向振动，这种光称为线偏振光或平面偏振光，简称偏振光(polarized light)。偏振光的光矢量振动方向与其传播方向构成的平面称为振动面。与光矢量振动方向相垂直而包含传播方向的面称为偏振面。

一个原子或分子在某一瞬间发出的波列是偏振的，光矢量具有一定的方向。但是普通光源辐射的光波是大量原子和分子辐射电磁波的混合波，任何时刻，在与光波传播方向垂直的平面上，光矢量可以取任何可能的方向，统计平均来看，没有哪一个方向比其他方向占优势(图 10-23)，即光矢量是均匀对称分布的，这样的光称为自然光(natural light)。也常用图 10-24 的方式表示自然光，即把自然光分解为两个相互垂直、振幅相等、无一定相位关系的光振动。在图 10-24(b)中，用黑点表示垂直纸面的分振动；用短线表示在纸面内的分振动。

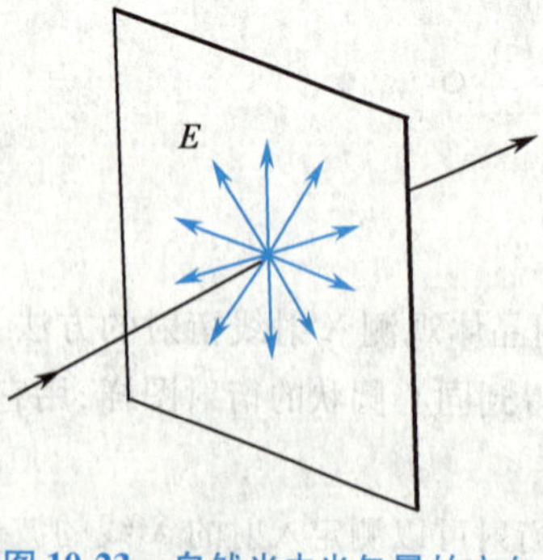

图 10-23 自然光中光矢量的方向

介于自然光和偏振光之间的一种偏振光称为部分偏振光(partial polarized light)。部分偏振光也可以分解为两个相互垂直的光振动，但二者振幅不等，也无固定的相位关系，如图 10-25(b)所示。

在实际工作中，常采用某些装置完全或部分地除去自然光的两个相互垂直的分振动之一，就可以获得线偏振光或部分偏振光。

2. 偏振片 用来从自然光获得偏振光的装置称为起偏器(polarizer)，用来检验某一光束是否偏振光的装置称为检偏器(analyzer)。利用偏振片获得偏振光和检验偏振光是最为简单的方法。

笔记

偏振片通常的做法是：以含有长碳氢链的透明塑料膜为基底，然后把膜浸入含碘的溶液中。将膜沿一定方向拉伸，膜分子在该方向上排列起来，含碘的晶粒附着在长碳氢链上。当电磁波

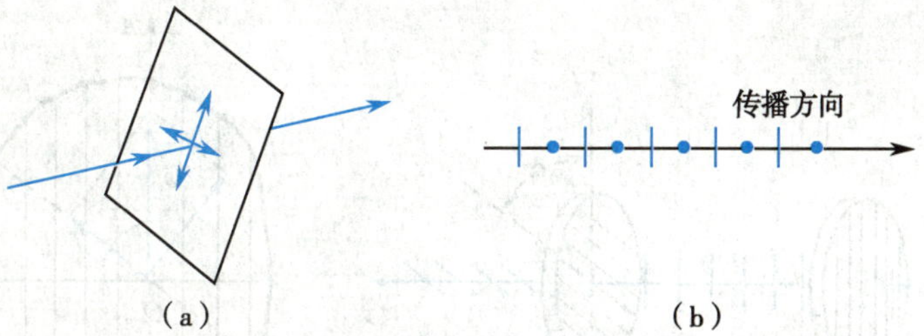

图 10-24　自然光的表示方法
(a)自然光分解为两个相互垂直而、振幅相等的光振动　(b)自然光的表示方法

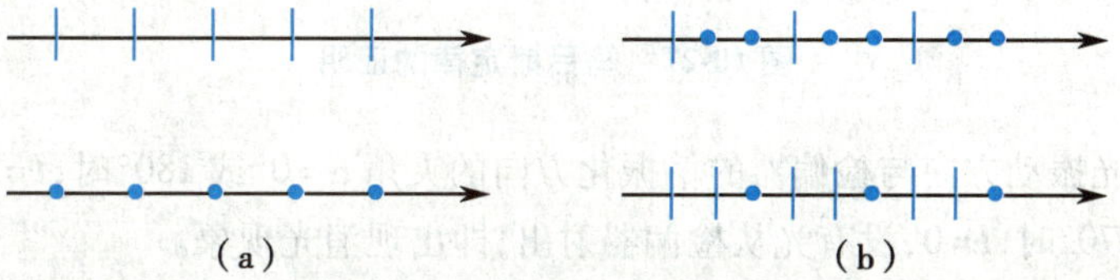

图 10-25　线偏振光和部分偏振光的表示方法
(a)线偏振光　(b)部分偏振光

入射时,电矢量平行于长链的方向,电场被吸收;电矢量垂直于长链的方向,电场被吸收的很少。这样,就做成了只允许某特定方向光矢量通过的偏振片,这一特定方向称为该偏振片的**偏振化方向**或**透振方向**,如图 10-26 中,该方向用偏振片上标出的"↕"表示。光强为 I 的自然光通过偏振片后成为光强为 $I/2$ 的线偏振光。

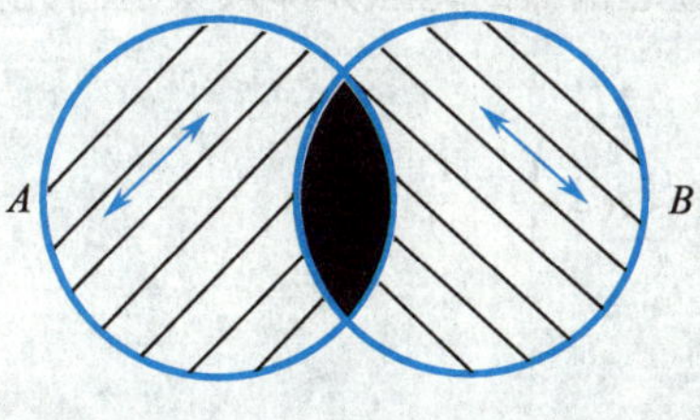

图 10-26　两偏振片的偏振化方向正交

如图 10-26 所示,偏振片 A 为起偏器,偏振片 B 为检偏器。当两个偏振片的偏振化方向相互垂直(正交)时,通过偏振片 A 的线偏振光,不能通过偏振片 B,它们的重叠部分应是暗的。显然,当两个偏振片的偏振化方向相同时,通过偏振片 A 的线偏振光,也可以通过偏振片 B,它们的重叠部分应是亮的。此后,若以入射光为轴,旋转检偏器,可以看到由亮变暗,再由暗变亮的过程。

3. **马吕斯定律**　法国物理学家马吕斯(E. J. Malus)由实验发现:强度为 I_0 的偏振光,透过检偏振器后,透射光强(不考虑吸收)为

$$I = I_0 \cos^2\alpha \tag{10-29}$$

此式称为**马吕斯定律**(Malus law)。式中,α 为偏振光的光振动方向与检偏器的偏振化方向的夹角。马吕斯定律的证明如下:

如图 10-27(a)所示,A 和 B 分别表示起偏器和检偏器,α 表示它们的偏振化方向的夹角。令 A_0 为通过起偏器后偏振光的振幅。线偏振光可沿两个相互垂直的方向分解,如图 10-27(b),将 A_0 可分解为 $A_0\cos\alpha$ 和 $A_0\sin\alpha$。其中只有平行于检偏器偏振化方向的分量可以通过检偏器,而垂直分量却被检偏器阻止。

由于光的强度正比于振幅的平方,即

$$\frac{I}{I_0} = \frac{A^2}{A_0^2}$$

将 $A = A_0\cos\alpha$ 代入上式,得

$$I = I_0\,\frac{A_0^2\cos^2\alpha}{A_0^2} = I_0\cos^2\alpha$$

笔记

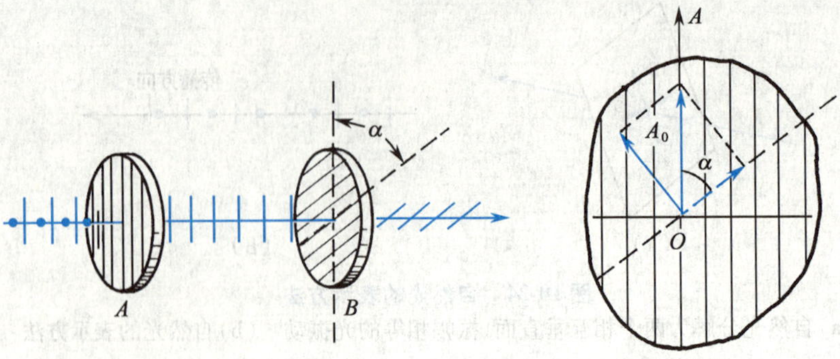

（a） （b）

图 10-27 马吕斯定律的证明

当偏振光的光振动方向与检偏器的偏振化方向的夹角 $\alpha=0°$ 或 $180°$ 时，$I=I_0$，透过的光强最大；当 $\alpha=90°$ 或 $270°$ 时，$I=0$，没有光从检偏器射出，即出现消光现象。

如上所述，根据马吕斯定律可以确定线偏振光经过检偏器后的光强。如果入射光是自然光或平面（线）偏振光或部分偏振光，那么，可用一个偏振片，并以入射光线为轴旋转偏振片，依据看到的光强变化即可以判断出入射光是三者之中的哪一种。

例题 10-6 自然光通过两个重叠的偏振片，若透射光强为：(1) 最大透射光强的四分之一；(2) 入射光强的四分之一。试求这两种情况下，两个偏振片的偏振化方向的夹角各是多少？

解 设入射自然光的光强为 I_0，透射光强为 I_0 则经过起偏器的光强亦即最大透射光强为 $I_0/2$。根据马吕斯定律：

(1) 透射光强为最大透射光强的四分之一，$I=\frac{I_0}{2}\cdot\cos^2\alpha=\frac{1}{4}\cdot\frac{I_0}{2}$

$$\cos^2\alpha=\frac{1}{4}\quad \alpha=\pm60°$$

(2) 透射光强为入射光强的四分之一，$I=\frac{I_0}{2}\cdot\cos^2\alpha=\frac{I_0}{4}$

$$\cos^2\alpha=\frac{1}{2}\quad \alpha=\pm45°$$

4. 反射光和折射光的偏振 实验发现，当自然光在两种各向同性介质的分界面上反射、折射时，反射光和折射光都将成为部分偏振光，如图 10-28 所示。MM' 是两种介质（如空气和玻璃）的分界面，SI 表示一束入射的自然光，IR 表示反射光，IR' 表示折射光。用 i 和 r 分别表示入射角和折射角。反射光为垂直入射面的分振动（用黑点表示）较强的部分偏振光；而折射光是平行入射面的分振动（用短线表示）较强的部分偏振光。

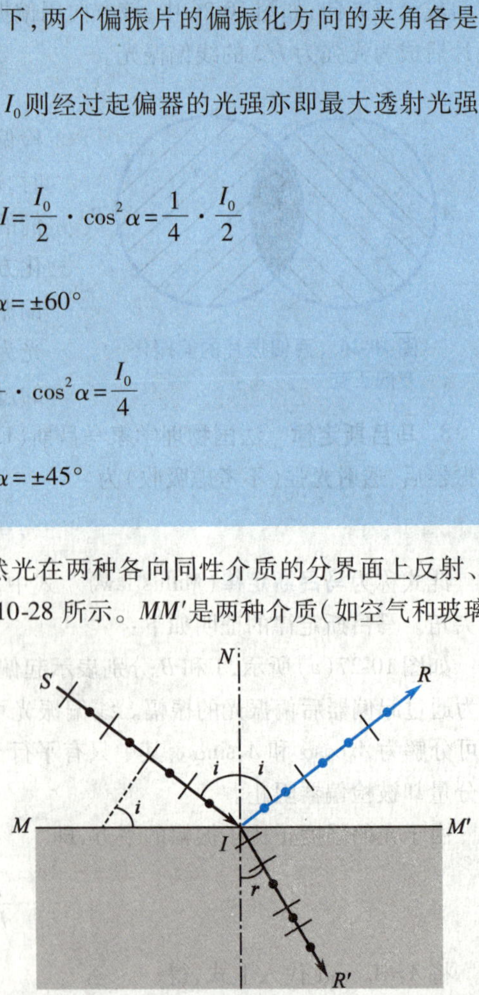

图 10-28 自然光反射和折射后产生的部分偏振光

实验中又发现：改变入射角 i 时，反射光的偏振化程度也随之改变。当入射角等于特定角 i_0 时，反射光成为光振动垂直入射面的偏振光，该特定角称为**起偏振角**，用 i_0 表示。

实验还发现，自然光以起偏振角 i_0 入射时，

笔记

反射光与折射光相互垂直(如图 10-29),即

$$i_0+r=90°$$

根据折射定律有

$$n_1\sin i_0=n_2\sin r$$

由上述两式可得

$$n_1\sin i_0=n_2\sin(90°-i_0)=n_2\cos i_0$$

即 $\tan i_0=n_2/n_1$

或 $\tan i_0=n_{21}$ (10-30)

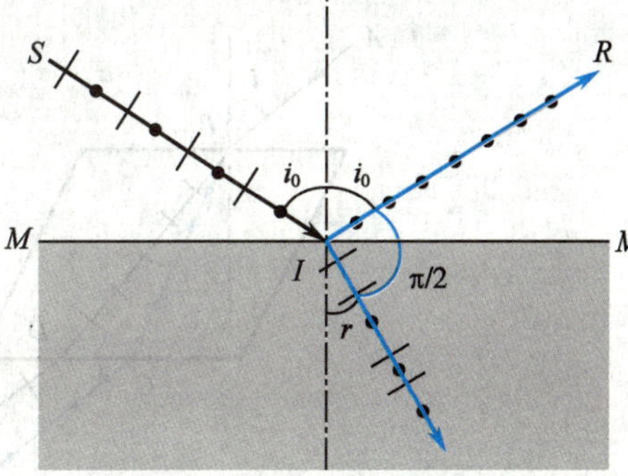

图 10-29 布儒斯特角

式中,n_{21}为介质 2 对介质 1 的相对折射率。式(10-30)是 1812 年英国物理学家布儒斯特(D. Brewster)由实验确定的,此式称为**布儒斯特定律**(Brewsterlaw)。起偏振角 i_0也称为**布儒斯特角**(Brewster angle)。例如,光在空气和玻璃的界面反射时,$n_{21}=1.50$,因此 $i_0=56.3°$;又如,光线自玻璃射向空气而反射时,$n_{21}=1/1.50$,$i_0=33.7°$。

还应指出,当自然光以布儒斯特角入射到空气和玻璃的界面上时,虽然反射光是完全偏振光,但经一次反射的光强很小,仅是入射光中垂直入射面振动的光能的很小的一部分。不足入射光强的 10%。折射光虽是部分偏振光,但它具有入射光中在入射面内振动的全部光能和垂直入射面振动的大部分光能。为了增加反射光强和折射光的偏振化程度,可以把玻璃片叠起来,组成玻璃片堆。当自然光连续通过各玻璃片时,在每片玻璃的上下表面的反射光均为线偏振光(光振动垂直入射面),这样不仅反射的偏振光的强度增大,而且折射光的偏振化程度也会增加。当玻璃片足够多时,透射出来的折射光就接近完全偏振光,其振动面就是入射面,而与反射光的振动面相互垂直。

由此可知,利用玻璃片、玻璃片堆或透明塑料片堆等,在起偏振角下的反射和折射,都可以获得偏振光。同样,利用它们也可检查偏振光。

在生活中,反射光的偏振现象随处可见,司机迎着太阳开车时,会因地面的反射光而感到眩目。拍照时,玻璃表面的反射光会使玻璃橱窗里内物品的影像变得模糊不清;水面的反射光使我们拍摄不到水中的鱼;树叶表面的反射光可使树叶变成白色。这些反射光都是部分偏振光,垂直入射面的分量较强,因此只要司机戴上偏振化方向垂直于地面的偏振眼镜,就可以有效地防止眩光的耀眼;在相机镜头上加一个偏光镜,使其的偏振化方向与入射面平行,便可有效地消除或减弱反射光,得到清晰、柔和、层次丰富的影像了。

二、光的双折射现象

1. **光的双折射现象** 实验发现,当一束光入射到各向异性的晶体(如石英)上时,将产生两束折射光,这种现象称为**双折射**(birefringence)现象。如图 10-30 为方解石晶体的双折射现象。实验证明,当入射角 i 改变时,两束折射光中的一束仍遵守光的折射定律,称这类光为**寻常光线**(ordinary ray),简称 o 光。另一束不遵守折射定律,它不一定在入射面内,对不同入射角 i,$\sin i/\sin r$ 也不是常数,称其为**非常光线**(extraordinary ray),简称 e 光,如图 10-31(a)。当自然光垂直入射,即入射角$i=0°$时,在晶体中的寻常光线仍沿原方向传播,折射角$r=0°$;而非常光线一般不再沿原方向传播,如图 10-31(b)所示。此时,如果将方解石以入射光为轴旋转,可以看到 o 光不动,e 光则随着晶体的旋转而绕着 o 光转动。

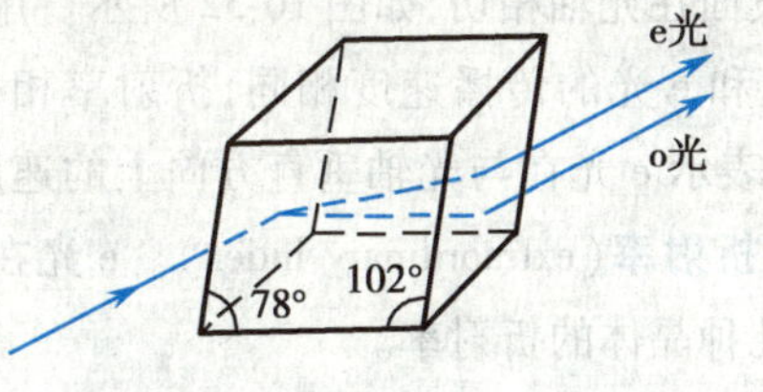

图 10-30 方解石的双折射现象

笔记

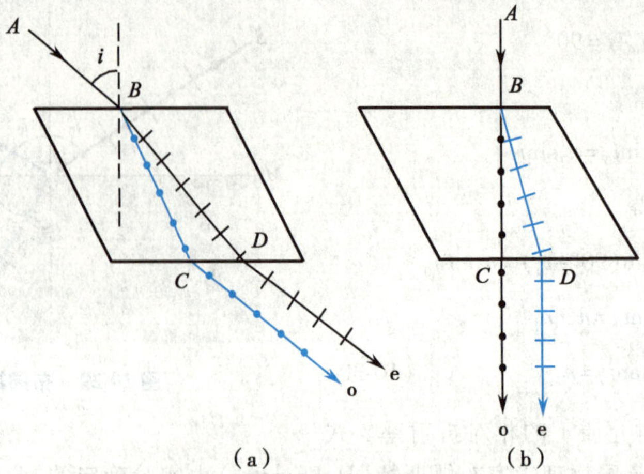

图 10-31 寻常光与非常光

产生双折射的原因是由于晶体对寻常光线和非常光线具有不同的折射率。寻常光线在晶体内各方向上的折射率是相等的，而非常光线在晶体内各方向上的折射率不相等。因为折射率决定于光的传播速度，所以，寻常光线在晶体内各方向上的传播速度是相同的，而非常光线在晶体内各方向上有不同的传播速度。

双折射晶体内存在着特殊方向，当光线沿这方向传播时不产生双折射现象，即在这个方向上，寻常光线和非常光线的折射率相等，或者说在这一方向上 o 光和 e 光的传播速度相等。晶体中的这个方向称为晶体的**光轴**(optical axis)。例如，图 10-30 所示的方解石晶体，是十二个棱边都相等的平行六面体。其中三个面角均为钝角(约 102°)的两个顶点的连线方向，就是它的光轴。只有一个光轴的晶体为**单轴晶体**(uniaxial crystal)，如石英、方解石。有二个光轴的晶体为**双轴晶体**(biaxial crystal)，如云母、硫磺等。要特别说明的是，光轴只标志一个方向，而不是某一条特定的直线。

由晶体表面的法线与晶体光轴构成的平面，称为**晶体的主截面**。在晶体中由 o 光和光轴构成的平面，称为**o 光的主平面**；由 e 光和光轴构成的平面，称为**e 光的主平面**。

寻常光线和非常光线均是线偏振光，寻常光线的振动面垂直于自己的主平面，而非常光线的振动面即是自己的主平面。一种典型的情况是，当入射光线在主截面内时，晶体的主截面即是寻常光线和非常光线的主平面，此时寻常光线和非常光线的振动方向相互垂直。

尼科尔棱镜(Nicol prism)就是利用晶体的双折射现象来获得(或检验)线偏振光的光学元件。当一束自然光进入该棱镜，分成寻常光和非常光，然后寻常光经全反射到棱镜的侧壁后被吸收，而非常光可以通过棱镜，从而得到线偏振光。

2. 惠更斯原理在双折射现象中的应用 应用惠更斯原理，可以用几何作图的方法确定双折射晶体中 o 光和 e 光的传播方向。下面以单轴晶体为例，就某些特殊情况加以说明。

设想在单轴晶体中有一个点光源，根据惠更斯原理，又知 o 光在各方向的传播速度相同，所以 o 光的子波波面为一球面；而 e 光在各方向的传播速度不同，所以其子波波面为一旋转椭球面。因两光线在光轴方向上速度相等，因此上述两子波波面在光轴相切，如图 10-32 所示。用 v_o 表示 o 光的速度，n_o 表示它的折射率，在光轴方向上 o 光和 e 光的传播速度相同、折射率相等。在与光轴垂直的方向上，两种光线的速度相差最大，用 v_e 表示 e 光在与光轴垂直方向上的速度，用 $n_e=c/v_e$ 表示 e 光这一方向上的折射率，称为 e 光的**主折射率**(extraordinary index)。e 光在其他方向上的折射率则介于 n_o 和 n_e 之间。表 10-1 列出了几种晶体的折射率。

比较晶体中 n_e 与 n_o 的大小，可将晶体分为**正晶体**(positive crystal)和**负晶体**(negative

笔记

crystal)。有些晶体 $v_o>v_e$，即 $n_o<n_e$，如图 10-32(a)所示，称这类晶体为正晶体，如石英晶体。若 $v_o<v_e$，即 $n_o>n_e$ 的晶体，如图 10-32(b)所示，这类晶体称为负晶体，如方解石晶体。

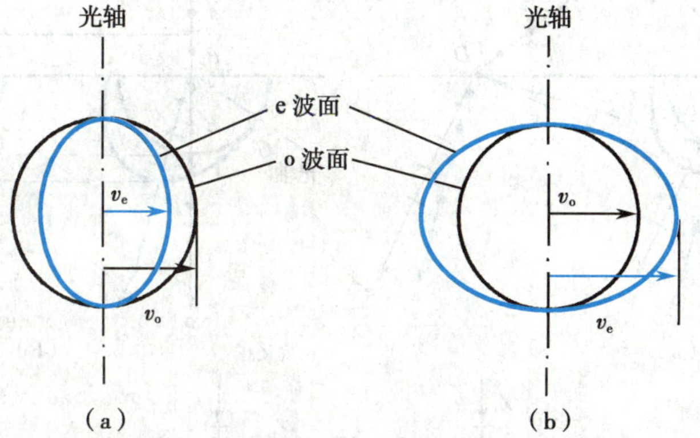

图 10-32　正晶体与负晶体中子波波阵面
(a)正晶体　(b)负晶体

表 10-1　几种双折射晶体的折射率(对波长为 589.3nm 的钠光)

晶体	n_o	n_e	n_e-n_o
方解石	1.658	1.486	-0.172
电气石	1.669	1.638	-0.031
白云石	1.681	1.500	-0.181
菱铁矿	1.875	1.635	-0.240
石英	1.544	1.533	+0.009
冰	1.309	1.313	+0.004

根据上述子波波面为球面或旋转椭球面的概念，在下述三种特殊情况(晶体的光轴均在入射面内)下，用作图的方法求出方解石晶体中 o 光和 e 光的传播方向。

(1) 光轴与晶面斜交，平面波倾斜入射：如图 10-33(a)所示，AC 是平面波的波阵面。经过时间 t 后，入射波由 C 传到晶面上的 D 点，由 A 向晶体内传播一段距离，其 o 光的波面是半径为 v_ot 的球面，其 e 光的波面是椭球面(短半轴为 v_ot、长半轴为 v_et)，两子波波面在光轴上的点 G 相切。从 D 点做这两子波波面的切面 DE 和 DF，E 和 F 为切点。由惠更斯原理可知，DE、DF 分别为 o 光和 e 光的新波面。射线 AE 和 AF 就是两条光线在晶体中的传播方向。

(2) 晶体的光轴与晶面斜交，平面波垂直入射：如图 10-33(b)所示，平面波垂直入射到晶体表面上，其波阵面与晶面平行。经过时间 t 后，光波由波面上的点 B 和 D 向晶体内传播。波源 B 得到的两子波波面在光轴上的点 G 相切。波源 D 得到的两子波波面在光轴上的点 G' 相切。作两球面的公切面，切点为 E、E'；作两椭球面的公切面，切点为 F、F'。EE' 和 FF' 分别为 o 光和 e 光的新波面。射线 BE 和 BF 就是两条光线在晶体中的传播方向。

(3) 晶体的光轴与晶面平行，平面波垂直入射：用上述同样的作图方法得到如图 10-33(c)所示的结果。两种光线都沿原入射方向传播。但要明确指出的是，尽管此种情况时观察不到双折射现象，但振动方向不同的两种光线的传播速度(或折射率)是不相等的，这与光线在晶体内沿光轴方向传播时的情况有着根本的区别。

笔记

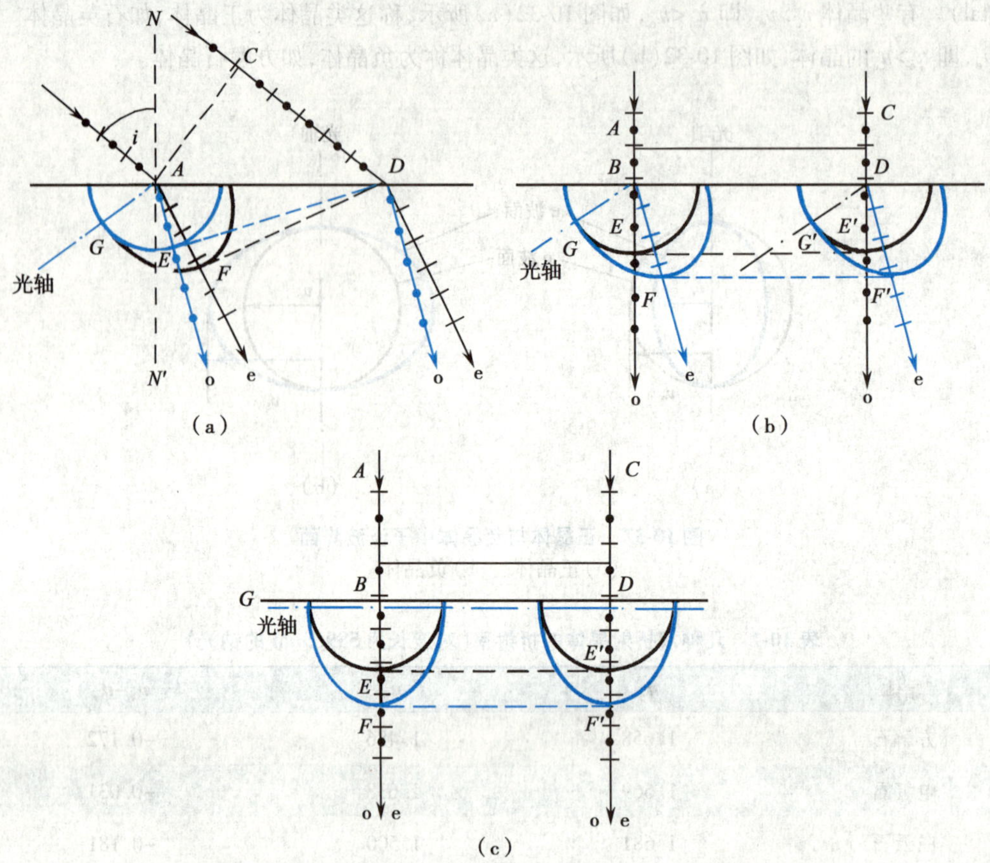

图 10-33 惠更斯原理解释双折射现象

(a)平面波倾斜入射方解石 (b)平面波垂直入射方解石 (c)平面波垂直入射方解石

三、椭圆偏振光和圆偏振光

第五章曾经讨论过“相互垂直简谐振动的合成”,两个频率相同、相互垂直的简谐振动的合成,合振动在一直线、椭圆或圆上进行。轨迹的形状和运动的方向由两个分振动决定,即由两者振幅的大小和相位差决定。在光的双折射现象中,各向异性晶体中产生的寻常光和非常光是同频率的偏振光、在其振动方向相互垂直时,如果能使它们之间存在一个固定的相位关系并沿同一直线传播,则它们在相遇点的合成光矢量末端的轨迹,可以是椭圆状,即在与光传播方向垂直的平面内,光矢量按一定频率旋转,其端点轨迹为椭圆时,称为**椭圆偏振光**(elliptically polarized light)。当合成光矢量末端的轨迹为一圆时,这种光称为**圆偏振光**(circularly polarized light),显然圆偏振光是椭圆偏振光的一种特殊情况。圆偏振光与自然光的区别在于,圆偏振光两相互垂直方向上的线偏振光是相位相关的。迎着光传播方向看去,若每一点光矢量都是右旋的,即顺时针方向旋转,称为**右旋椭圆偏振光**或**右旋圆偏振光**;若每一点光矢量都是左旋的,即逆时针方向旋转,称为**左旋椭圆偏振光**或**左旋圆偏振光**。

如图 10-34 所示的装置中,A 为起偏器,C 为光轴与晶面平行的晶体薄片(简称晶片),S 是波长为 λ 的单色光源。由 S 发出的单色光透过起偏器 A 后,成为线偏振光,该光垂直入射到晶片 C 上。α 为线偏振光的振动方向与晶片光轴的夹角。当 $\alpha\neq0°$ 或 $\alpha\neq90°$ 时,在晶片 C 内,线偏振光分成为振动面相互垂直的 o 光和 e 光。这两种光线仍沿同一方向传播,但具有不同的传播速度。因此,透过晶片 C 后,两种光线就有一定的光程差。若以 d 表示晶片的厚度,则光程差为 $n_o d-n_e d=(n_o-n_e)d$。此光程差相应的相位差 $\Delta\varphi$ 为

笔记

$$\Delta\varphi=(n_o-n_e)d\cdot\frac{2\pi}{\lambda}=\frac{2\pi d}{\lambda}(n_o-n_e) \tag{10-31}$$

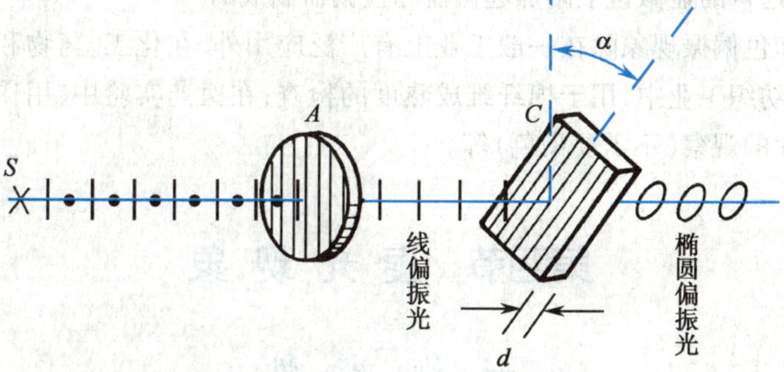

图 10-34　椭圆偏振光（圆偏振光）的产生

根据相互垂直振动的合成，适当选择晶片的厚度，使两种光线间的相位差 $\Delta\varphi=k\pi$（k 为整数），则两种光线合成的光振动为一直线，仍为线偏振光。若 $\Delta\varphi\neq k\pi$，则可得到椭圆偏振光。在以下特殊情况下，即当 $\Delta\varphi=(2k+1)\pi/2, k=0,1,2,\cdots$，并且 o 光和 e 光的振幅相等（即图中，线偏振光的振动方向与晶片光轴方向的夹角 $\alpha=45°$），即可以得到圆偏振光。

如上所述，将一束单色线偏振光垂直入射到光轴与晶体表面平行的晶片上，晶片的厚度不同，可分别得到线偏振光、椭圆偏振光或圆偏振光。所以，根据需要可将晶片加工成一定厚度。如果晶片的厚度，使 o 光和 e 光间的相位差 $\Delta\varphi=k\pi$（k 为整数），这种晶片称为二分之一波片或者 $\lambda/2$ 片。如果晶片的厚度，使 o 光和 e 光间的相位差 $\Delta\varphi=(2k+1)\pi/2, k=0,1,2,\cdots$，称这种晶片为四分之一波片或者 $\lambda/4$ 片。

四、偏振光的干涉、色偏振

在图 10-34 的实验装置中在晶片 C 后再加上偏振片 B 就可以观察偏振光的干涉。如图 10-35 所示，起偏器 A 和检偏器 B 相互正交。由晶片射出的是两束沿同一方向传播的、频率相同、振动方向相互垂直、有一定相位关系的偏振光。因此，在经过检偏器 B 后，两者在检偏器的偏振化方向上的分振动是相干的。若晶片的厚度使两分振动干涉加强，视场最亮；若晶片的厚度使两分振动干涉减弱，视场最暗。

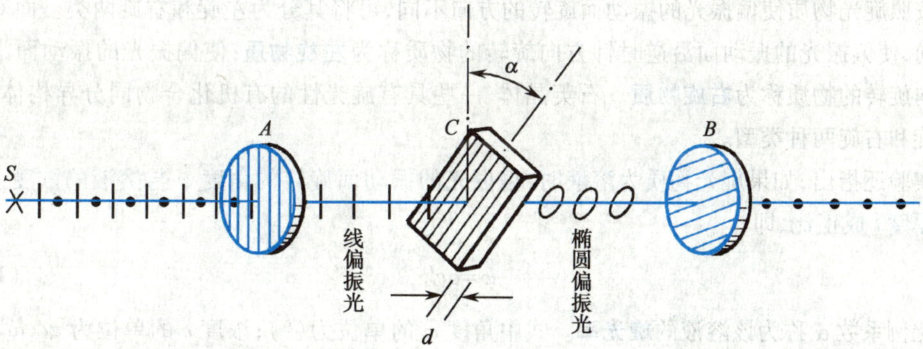

图 10-35　偏振光的干涉

如果 S 为白色光源，则由于各单色光波的波长不同，一定厚度的晶片只能使某一波长的光符合干涉加强的条件。因此，在视场中将会出现一定的色彩。这种现象称为**色偏振**（chromatic polarization）。

色偏振是检验双折射现象的极灵敏的方法。当 (n_e-n_o) 很小时，用直接观察 o 光和 e 光的方法，很难确定双折射的发生。但是，将具有双折射性质的物质制成薄片放在正交的偏振片之间，

笔记

如果用白色光源,通过视场变亮或显出颜色,即可确定双折射的存在。可观察双折射现象的偏光显微镜,就是在通常的显微镜上附加起偏器和检偏器制成的。

偏振光干涉和色偏振现象除在一般工业上有广泛应用外,在化工、药物和医学检验上也常常用到。例如,在纺织工业中,用于棉纤维成熟度的检查;在医药实验中,用作生药切片的检查以及某些生物切片的观察(不需要染色)等。

第四节 旋光现象

一、旋光性

将一束单色光连续通过两个偏振片,当两个偏振片的偏振化方向相互垂直时,检偏器后面的视场是黑暗的。此时,如果在两个正交的偏振片之间,在与入射光垂直的方向上,放置一片光轴与晶面垂直的薄的石英晶片,则视场将由黑暗变得明亮些。将检偏器旋转某一个角度,视场将再度变暗。由于在晶体中沿光轴方向的光不会产生双折射,上述实验表明,在石英晶片内传播的线偏振光的振动面旋转了一个角度。线偏振光通过某些物质发生振动面旋转的现象,称为**旋光现象**,这是法国物理学家阿喇果(D. F. J. Arago)在1811年发现的。能使偏振光振动面旋转的物质称为**旋光物质**。石英晶体、松节油、各种糖和酒石酸的溶液等都是**旋光性**(optical activity)较强的物质。

实验证明,旋光物质为晶体时,偏振光的振动面旋转的角度 φ 与晶体的厚度 l 成正比,即

$$\varphi=\alpha l \tag{10-32}$$

式中比例系数 α 称为该物质的旋光率(specific rotation),单位为°/mm(度/毫米)。α 与物质有关,并与入射光的波长有关。

不同波长的偏振光经过同一旋光物质时,其振动面旋转的角度不同,这种现象称为**旋光色散**(optical rotation dispersion)。例如,1mm厚的石英,可使红色偏振光的振动面旋转15°;可使钠黄光的振动面旋转21.7°;可使紫色的振动面旋转51°。这种偏振光的振动面旋转角度,随入射光波长的增加而减小的现象称为正常旋光色散。当用旋转检偏器来观察白色偏振光通过石英晶片时,就可以看到色彩变化的视场。

按照旋光物质使偏振光的振动面旋转的方向不同,可将其分为左旋和右旋两类。面对光入射方向,使偏振光的振动面沿逆时针方向旋转的物质称为**左旋物质**;使偏振光的振动面沿顺时针方向旋转的物质称为**右旋物质**。石英晶体、一些具有旋光性的有机化合物同分异构体,都具有左旋和右旋两种类型。

实验还指出,如果旋光物质为溶液时,偏振光的振动面旋转的角度 φ 与溶液的浓度 c 和溶液的厚度 l 成正比,即

$$\varphi=\alpha cl \tag{10-33}$$

比例系数 α 称为该溶液的**旋光率**。式中角度 φ 的单位为(°);浓度 c 的单位为 g/cm^3;溶液的厚度 l 的单位为dm。旋光率 α 的单位为 $°cm^3/(g\cdot dm)$。α 与溶质、溶剂以及溶液的温度有关,还与入射光的波长有关。对于旋光率已知的溶液,用旋光计测得旋光角,即可由式(10-33)得出该溶液的浓度。反之,已知溶液的浓度,通过测定旋光角,可以得到物质的旋光率。这些都是在药物分析中常用的方法。在药典中,旋光率一般用 $[\alpha]_D^t$ 表示,t 指温度,D 指光源波长为589.3nm的钠黄光。通常以"+"表示右旋,以"−"表示左旋。旋光性药物的旋光率(也称比旋度),在《中华人民共和国药典》中都有记载。一些药物的旋光率如表10-2所示,这是在使用钠黄光和20℃条件下的数值。

笔记

表 10-2　一些药物的旋光率

药　名	$[\alpha]_D^{20}$	药　名	$[\alpha]_D^{20}$
乳糖	+52.2°～+52.5°	维生素 C	+21°～+22°
葡萄糖	+52.5°～+53.0°	樟脑(乙醇溶液)	+41°～+44°
蔗糖	+66°	薄荷油	-17°～-24°
右旋糖酐	+190～+200	薄荷脑(乙醇溶液)	-49°～-50°

旋光现象,可用菲涅耳的旋光理论进行解释。由于在一条直线上的简谐振动,可以看作是由两个旋转方向相反的匀速圆周运动组合而成的。因此,线偏振光可以看作是由两个同频率、等电矢量、沿相反方向旋转的圆偏振光组成的。在旋光物质中,这两个圆偏振光的传播速度不同。在右旋物质中,顺时针方向旋转的圆偏振光传播速度比较快;在左旋物质中,逆时针方向旋转的圆偏振光传播速度比较快。

在旋光物质中左、右旋圆偏振光的传播速度不同,即对左、右旋圆偏振光的折射率不同,这种由于物质各向异性所表现出来的旋光现象,是双折射的一种特殊形式。这两个折射率的差称为**圆双折射率**。此外,同一旋光物质对不同波长的偏振光的圆双折射率也不同,即表现为旋光色散。

除了天然旋光物质外,利用人工的方法也可以使一些物质产生旋光现象。其中最重要的是**磁致旋光**。这种磁致旋光现象是英国物理学家和化学家法拉第(M. Faraday)在 1845 年首先发现的,故也称为法拉第磁旋效应。当线偏振光通过磁性物质时,若沿光的传播方向施加磁场,则线偏振光在通过磁性物质后,其振动面会发生偏转。利用磁致旋光效应可制成光隔离器,来控制光的传播。

二、圆 二 色 性

通常情况下,不仅要考虑旋光物质对各波长的光产生的旋光现象,而且要考虑旋光物质对光的吸收。即除产生旋光现象外,还有在光吸收性质的各向异性。其各向异性表现在对入射的线偏振光分解成左、右旋圆偏振光的吸收系数不相等。这种对于圆偏振光吸收上的各向异性称为**圆二色性**(circular dichroism)。

在研究有机分子和生物大分子构象的方法中,虽然 X 射线衍射法可以对蛋白质构象提供详细的资料,但它仅能研究晶体状态下的分子结构,有其局限性,需要有研究溶液中分子构象的方法来补充。圆二色性和旋光色散法是比较成熟的检测溶液中分子构象的方法。19 世纪一些旋光性的定律已经公式化了。但直到 1953 年在 Djerasi 实验室里建立起第一台普通的偏振光检测仪之后,旋光色散才广泛用来研究有机分子和生物大分子。20 世纪 60 年代,圆二色性方法开始发展,当仪器改进到能测出紫外区的信号时,圆二色性方法就逐步取代了旋光色散法,成为研究大分子溶液中的分子构象的有力工具。

第五节　光的吸收和散射

光的吸收和散射是光在传播过程中发生的普遍现象。光在任何介质中传播时,都会发生光束愈深入物质,光的强度愈弱的现象。这种现象主要是由于介质对光的**吸收**(absorption)与**散射**(scattering)造成的。

笔记

一、光的吸收、朗伯-比尔定律

当光通过介质时,要引起介质中偶极子的受迫振动。偶极子的振动需要一定的能量来维持,同时还要克服周围分子的阻尼作用(这些分子在电磁场的作用下也发生变化),因而消耗能量。在气体中由于分子间的碰撞,而使偶极子的振动能量转变为气体分子的不规则热运动,使介质发热。总之,光通过介质时,总要消耗一部分能量,使透射光的强度减弱,这是光吸收现象产生的主要原因。

下面定量讨论介质对光的吸收规律。如图 10-36 所示,一束光强为 I_0 的平行单色光通过厚度为 l 的均匀介质,透射光强为 I。在介质中取一厚度为 $\mathrm{d}l$ 的薄层,设光通过该薄层后强度由 I_1 减为 $I_1-\mathrm{d}I_1$,这减少量 $-\mathrm{d}I_1$ 与到达该吸收层的光强 I_1 和该吸收层的厚度 $\mathrm{d}l$ 成正比。即

$$-\mathrm{d}I_1=kI_1\mathrm{d}l$$

式中,比例系数 k 与吸收物质有关,也与入射光的波长有关。称为物质的**吸收系数**(absorption coefficient)。

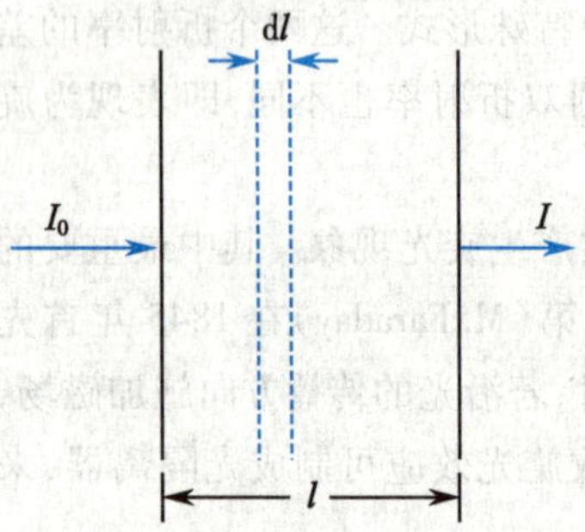

图 10-36 朗伯定律的推导

为了求出光通过厚度为 l 的介质后,其强度减少的规律,将上式分离变量并在 0 到 l 的范围内积分,得

$$\int_{I_0}^{I}\frac{\mathrm{d}I_l}{I_l}=-\int_0^l k\mathrm{d}l$$

积分后得 $\ln I-\ln I_0=-kl$

即 $$I=I_0e^{-kl} \quad (10\text{-}34)$$

上式称为**朗伯定律**(Lambert law)。式中吸收系数的大小反映物质对光吸收能力的强弱,k 越大,光被吸收得越强烈。

实验指出,各种不同物质的吸收系数相差很大。例如,对于可见光,玻璃的吸收系数约为 $10^{-2}\mathrm{cm}^{-1}$,而在常压下空气的 k 值只有 $10^{-5}\mathrm{cm}^{-1}$。对于所有物质,吸收系数 k 都随光的波长而变化。如果物质对某些波长范围的光吸收很少,且在此波段内吸收系数 k 几乎不变,这类吸收称为**一般吸收**,如石英对可见光和紫外线的吸收。如果物质对某些波长范围的光吸收强烈,且吸收系数 k 随波长而急剧变化,这类吸收称为**选择吸收**,如石英对红外光的吸收。"红"玻璃对红色和橙色是一般吸收,而对蓝色、绿色和紫色光是选择吸收。任何一种物质都存在这两种吸收。所有物质都是对某些波长范围内的光透明,而对另一些波长范围内的光不透明。例如,普通玻璃对可见光是透明的,对紫外线和红外线是不透明的,这是因为玻璃对可见光的吸收很小,而对紫外线和红外线有强烈的吸收。

比尔(Beer)在实验中发现光通过稀溶液(溶质分子间的作用可忽略)时,吸收系数 k 正比于溶液的浓度 c,即

$$k=\beta c$$

β 是由溶液的特性决定,且与入射光的波长有关,而与溶液浓度无关的比例系数。将 k 式代入式(10-34)得

$$I=I_0e^{-\beta cl} \quad (10\text{-}35)$$

上式称为**朗伯-比尔定律**(Lambert-Beer law)。这一定律只有在溶液浓度不很大、溶质分子间的作用可忽略不计,使用单色光的情况下才能成立。

笔记

朗伯-比尔定律是分析化学实验中经常使用的分光光度计理论基础。对式(10-35)取常用对数,可得

$$-\lg\frac{I}{I_0}=(\beta\lg e)cl \tag{10-36}$$

式中，$\frac{I}{I_0}=T$ 称为**透光率**。令 $A=-\lg\frac{I}{I_0}$，$E=\beta\lg e$，则式(10-36)可写成

$$A=Ecl \tag{10-37}$$

式中，A 称为**吸收度**，也称为**光密度**(以 D 表示)。E 称为溶液的**吸收系数**或**消光系数**。

朗伯-比尔定律的重要应用是测定溶液浓度。式(10-37)表明，对同一种溶液，吸收度的大小与光通过的溶液的浓度和厚度有关。根据这一关系，使同一强度的单色光分别通过等厚度的标准溶液和同种类的未知浓度溶液，由于溶液浓度不同，对光的吸收也就不同，从而透射光的强度不同，据此可以测出待测溶液的浓度，这种方法称为**比色法**，是药物分析中常用的方法。

在可见光范围内，对一般吸收来说，光通过物质后只是光强减小，而不改变颜色；而对选择吸收来说，白光通过物质后，将变为彩色光。在日光照射下物体所呈现的各种颜色，就是物体对可见光波段的光具有选择吸收的结果。选择性吸收是比色测量的物理基础。

二、光 的 散 射

以前曾讨论过光在均匀介质的表面会产生光的反射、折射或全反射等现象。上面又分析了光在通过均匀介质的吸收现象。下面要研究的是，光通过非均匀介质所发生的现象——**光的散射**(scattering of light)。

1. 光的散射 光在通过均匀介质(各向同性介质)时，介质中的原子或分子在入射光作用下形成的偶极子成为新波源，发射子波。它们振动频率相同，相位差相对固定，因此是相干的。这些相干光叠加的结果是，除沿折射方向外的其他方向上，相互抵消，即光只沿折射方向传播。此时只有面对光的传播方向才可以看到光，而在侧面是看不到光的。当光通过不均匀介质，或均匀介质中不规则地散布着比入射光波长 λ 还小的微粒时，光线除沿折射方向传播外，其他方向的子波由于不能相互抵消，也可以看到光。即此时出现了偏离几何光学的规律的现象，光向各个方向散射，即为光的散射。

光散射的生成及其特点与介质不均匀性的尺度密切相关。根据介质不均匀结构的性质，可分为**丁达尔散射**和**分子散射**。

在混浊介质中，存在着大量尺度在可见光波长(10^{-7}m)量级的不均匀杂质微粒，这些微粒就是一个个的衍射单元，其衍射作用十分显著，由于微粒间的距离远大于光的波长，并且布朗运动使微粒的位置呈现无规则分布，从而导致次级子波之间的叠加为非相干叠加，形成了射向四面八方的散射光。这种混浊介质中悬浮颗粒的无规则排布引起的散射就称为丁达尔散射。光在乳状液、悬浮液和胶体溶液以及含有烟、雾或灰尘的大气中的散射就是这种散射。这种特点的介质在药物制剂中也是经常遇到的。

有些介质表面看上去很均匀，例如空气，宏观上是均匀的，但由于分子的热运动，常常会有不均匀状态出现，非均匀区域无大量分子的位置随机分布，因此次级子波之间所产生的是非相干叠加，沿传播方向以外其他方向的光不能被完全抵消，从而形成了射向四面八方的散射光。这种宏观上看来均匀纯净的介质，由于分子局部密度的涨落而引起的散射称为**分子散射**。由于分子本身线度很小，其发射的次级子波强度小，所以分子散射十分微弱；分子热运动导致了分子密度的局部涨落，因此分子散射与温度有关。上述散射光频率与入射光频率相同的散射，称为**瑞利散射**。瑞利对光的散射现象进行理论研究后得出，散射光的强度与光波频率的四次方成正比，或散射光的强度与光波波长的四次方成反比。即

笔记

$$I \propto \nu^4 \propto \frac{1}{\lambda^4}$$

上式称为**瑞利定律**(Rayleigh law)。因为散射光的强度与其光振动的振幅的平方成正比。而根据电磁理论,光振动的振幅又正比于偶极子的振动频率(入射光的频率)的平方。所以散射光的强度与频率的四次方成正比。由此可见,波长越短的光越容易被散射。根据这一点很容易说明,晴朗的天空为什么是蓝色的?早晚的太阳为什么呈红色?等等。

分子散射的强度随温度的升高而增加,这是由于温度的升高,介质分子密度的不均匀性增大所致。用此现象可将分子散射与丁达尔散射(强度与温度无关)区别开来。

光通过介质后,由于物质对光的散射,透射光的强度也将减弱。如果只考虑光的散射,经过厚度为 l 的物质后,透射光强 I 与入射光强 I_0 的关系为

$$I = I_0 e^{-hl}$$

式中,h 为介质的**散射系数**。当介质对光的吸收和散射同时存在时,透射光强 I 与入射光强 I_0 的关系应为

$$I = I_0 e^{-(k+h)l} \tag{10-38}$$

其中 k 为真正的吸收系数,h 为散射系数。在很多情况下,k 和 h 二者中,会是一个可能比另一个小得多,可以忽略不计。

2. 拉曼散射 印度科学家拉曼于 1928 年在研究光通过液体和晶体的散射现象时发现:在其散射光中,除了有与入射光频率 ν_0 相同的散射光外,还伴有频率为 $\nu_0 \pm \nu_1$;$\nu_0 \pm \nu_2 \cdots$ 的散射线,因此将这种散射称为**拉曼散射**(Raman scattering)。拉曼散射的频率是由入射光的频率 ν_0 和散射物质分子的固有频率 ν_1,ν_2,联合而成的,因此又称为**联合散射**。由于分子的固有频率取决于分子的振动能级和转动能级的之间跃迁,因此可以通过对拉曼散射光谱的分析,判断、了解散射介质分子的能级结构、运动状态、跃迁性质等,是研究分子结构、化学组成的重要方法。

以前,因获得高强度的单色光源比较困难,限制了拉曼散射的应用。随着激光技术的出现,产生了强度高、单色性和方向性极好的激光光源,激光拉曼光谱得到了迅速发展。它不仅具有样品处理简单,液体、固体、气体都可直接测定,而且具有实验时间短、使用样品少、分辨率高等优点,因而使得激光拉曼光谱的应用日益广泛。拉曼被授予 1930 年诺贝尔物理学奖,以表彰他研究了光的散射和发现了以他的名字命名的定律。

拓展阅读

色盲及其物理矫正

色盲为一种先天遗传性疾病。它可分为全色盲和部分色盲两种,大多为部分色盲。最为常见的部分色盲是红色盲和绿色盲。目前尚无特效治疗手段,色盲唯一有效的矫正方法是使用矫正眼镜。

视锥细胞和视杆细胞是人类视网膜上的两种感光细胞,其中负责对色彩的进行识别的是视锥细胞,有感应红色、绿色、蓝色的三种视锥细胞。自然界中的任何彩色均可由红、绿、蓝三基色合成,而人眼的彩色色觉也是由红、绿、蓝三基色合成。因此,一旦视锥细胞对红色、绿色、蓝色的感应出现异常,就会导致红色色盲、绿色色盲及蓝色色盲等色盲症状。图 10-37 是正常眼三基色光谱曲线示,图 10-38 是蓝绿色盲眼三基色光谱曲线。

笔记

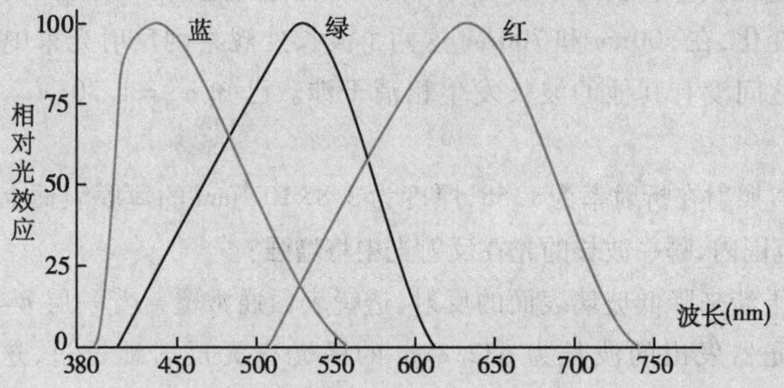

图 10-37　正常人眼三基色光谱曲线

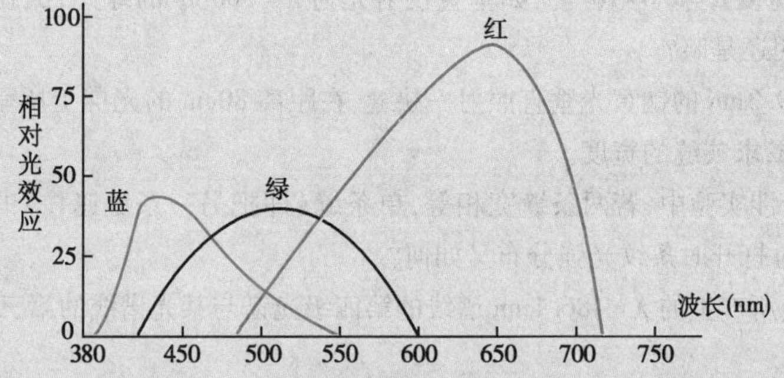

图 10-38　蓝绿色盲三基色光谱曲线

图中横坐标为波长，纵坐标表示相对光效应，(视锥细胞对可见光的相对吸收值)。若正常人眼三基色光谱曲线的相对光效应最大值为100%，那么，视锥细胞红要素相对光效应应在630nm处趋于100%，视锥细胞绿要素相对光效应应在535nm处趋于100%，视锥细胞蓝要素约相对光效应应在440nm处趋于100%，三基色趋于平衡。而蓝绿色盲(色弱)者，红要素的相对光效应在630nm处趋于1，而蓝要素在440nm处的相对光效应远小于1，绿要素535nm在处的相对光效应也远小于1，由于三基色不平衡，所以出现患眼色觉异常。

起到色盲矫正作用的唯一器械，色盲矫正眼镜，就是根据色盲眼对三基色的不同光谱曲线特征研制的。首先要测出色盲眼对三基色的感光光谱，据此绘出三基色光谱曲线，然后依照补色原理，设计一条与色盲眼三基色曲线完全相反的矫正光谱曲线，最后以这条矫正曲线为标准，把相关参数输入到真空镀膜机中，在镜片上进行特殊镀膜，完成色盲矫正眼镜制作。患者戴上矫正眼镜后，使三基色达到平衡，由此，眼睛观察彩色变得正常，实现了色盲矫正目的。

习题

1. 将杨氏双缝实验的全套装置，且相对位置不变地放在充有折射率为 n 的介质中，对干涉条纹有无影响？

2. 在杨氏双缝实验中，如其中的一条缝用一块透明玻璃遮住，对实验结果有无影响？

3. 波长为690nm的光波垂直投射到一双缝上，距双缝1.0m处置一屏幕。如果屏幕上21个明条纹之间共宽 2.3×10^{-2}m，试求两缝间的距离。

4. 在杨氏双缝实验装置中，若光源与两个缝的距离不等，对实验结果有无影响？

笔记

5. 一平面单色光波垂直投射在厚度均匀的薄油膜上，这油膜覆盖在玻璃板上，所用光源的波长可以连续变化，在500nm和700nm这两个波长处观察到反射光束中的完全相消干涉，而在这两个波长之间没有其他的波长发生相消干涉。已知 $n_{油}=1.30$、$n_{玻璃}=1.50$，求油膜的厚度。

6. 用白光垂直照射在折射率为1.58，厚度为 3.8×10^{-4}mm 的薄膜表面上，薄膜两侧均为空气。问在可见光范围内，哪一波长的光在反射光中将增强？

7. 为了利用干涉来降低玻璃表面的反射，透镜表面通常覆盖着一层 $n=1.38$ 的氟化镁薄膜。若使氦氖激光器发出的波长为632.8nm的激光毫无反射地透过，这覆盖层至少须有多厚？

8. 单缝宽度若小于入射光的波长时，能否得到衍射条纹？

9. 有一单缝宽度 $a=2.0\times10^{-4}$m，如垂直投射光为 $\lambda=500$nm 的绿光，试确定 $\varphi=1°$时，在屏幕上所得条纹是明还是暗？

10. 以 $\lambda=589.3$nm 的钠黄光垂直照射一狭缝，在距离80cm的光屏上所呈现的中央亮带的宽度为 2.0×10^{-3}m，求狭缝的宽度。

11. 在双缝干涉实验中，若两条缝宽相等，单条缝（即把另一条缝遮住）的衍射条纹光强分布如何？双缝同时打开时条纹光强分布又如何？

12. 衍射光栅所产生的 $\lambda=486.1$nm 谱线的第四级光谱与某光谱线的第三级光谱相重合，求该谱线的波长。

13. 有两条平行狭缝，中心相距 6.0×10^{-4}m，每条狭缝宽为 2.0×10^{-4}m。如以单色光垂直入射，问由双缝干涉所产生的哪些级明条纹因单缝衍射而消失？

14. 用单色光照射光栅，为了得到较多级条纹，应采用垂直入射还是倾斜入射？

15. 在X射线的衍射实验中，射线以30°的掠射角射在晶格常数为 2.52×10^{-10}m 的晶体上，出现第三级反射极大，试求X射线的波长？

16. 自然光通过两个相交60°的偏振片，求透射光与入射光的强度之比。设每个偏振片因吸收使光的强度减少10%。

17. 三个偏振片叠置起来，第一与第三片偏振化方向正交，第二片偏振化方向与其他两片的夹角都是45°，以自然光投射其上，如不考虑吸收，求最后透出的光强与入射光强的百分比。

18. 一束线偏振光垂直入射到一块光轴平行于表面的双折射芯片上，光的振动面与芯片主截面的夹角为30°角。试求：透射出的“o”与“e”的强度之比。

19. 线偏振光通过方解石能否产生双折射现象？为什么？

20. 有一束光，只知道它可能是线偏振光、圆偏振光或椭圆偏振光，问应如何去鉴别？

21. 石英芯片对不同波长光的旋光率是不同的，如波长为546.1nm单色光的旋光率为25.7°/mm；而波长为589.0nm单色光的旋光率为21.7°/mm。如使前一光线完全消除，后一种光线部分通过，则在两正交的偏振片间放置的石英芯片的厚度是多少？

22. 某蔗糖溶液在20℃时对钠光的旋光率是 $66.4°\,cm^3/(g\cdot dm)$。现将其装满在长为0.20m的玻璃管中，用糖量计测得旋光角为8.3°，求溶液的浓度。

23. 将光轴垂直于表面的石英片放在两偏振片之间，通过偏振片观察白色光源，问旋转其中的检偏器时将看到什么现象？

24. 光线通过一定厚度的溶液，测得透射光强度 I_1 与入射光强度 I_0 之比是1/2。若溶液的浓度改变而厚度不变，测得透射光强度 I_2 与入射光强度 I_0 之比是1/8。问溶液的浓度是如何改变的？

笔记

25. 光线通过厚度为 l，浓度为 c 的某种溶液，其透射光强度 I 与入射光强度 I_0 之比是 1/3。如使溶液的浓度和厚度各增加一倍，这个比值将是多少？

26. 实验测得某介质的表观吸收系数为 $20m^{-1}$，已知这种表观吸收系数中实际上有 1/4 是由散射引起的。问如果消除了散射效应，光在这介质中经过 3cm，光强将减弱到入射光强的百分之几？

（武　宏）

笔记

第十一章 光的粒子性

学习要求

1. 掌握 普朗克量子假设以及它与经典理论的区别，光电效应的基本规律，爱因斯坦的光子理论。

2. 熟悉 基尔霍夫辐射定律，绝对黑体的辐射定律，康普顿效应的实验规律，光的波粒二象性。

3. 了解 热辐射和光度学的几个基本概念，光电效应的应用。

19世纪末，经典物理学理论已发展到相当成熟，几乎一切低速宏观物理现象都可以得到圆满的解释，对物理现象与本质的认识似乎已经完成。正当物理学家们为经典物理学所取得的辉煌成就而踌躇满志之际，人们又发现了一些新的物理现象，这些现象涉及物质内部的微观过程如黑体辐射、光电效应等。在解释这些现象时，经典物理理论遇到了不可克服的困难，因而迫使人们跳出传统的物理学框架去进行新的探索，提出新的物理学概念和理论。正是这些概念和理论，构成了现代物理学的基石。在本章中，我们将讨论这些新的物理现象，学习解释这些现象的新概念、新思想，理解光除了具有波动性外，还具有量子性（粒子性），这就是光的波粒二象性。

第一节 热 辐 射

一、热辐射现象

在任何温度下（$T>0$）物体内部的分子、原子和电子都在不停地做无规则的热运动，在相互碰撞中这些粒子不断地吸收能量进入激发状态，然后又将获得的多余能量以电磁波形式向外辐射各种波长的电磁波，所辐射波谱的能量称为**辐射能**（radiant energy）。

辐射能的大小及辐射能按波长（或频率）的分布情况与物体的温度有关。在室温下大多数物体的辐射能分布在电磁波谱的红外部分，随着温度的升高，辐射能量也随之上升，同时，辐射能的分布逐渐向高频方向移动。例如，铁块在700K左右时发出樱桃红色的可见光，而在1800K时发出白光。这种与温度有关的电磁辐射现象称为**热辐射**（thermal radiation）或**温度辐射**。一切有温度的物体都有热辐射。如果在任一时间间隔内，物体向外辐射的电磁能量正好等于它从外界吸收的能量，则物体的热辐射达到动态平衡，此时物体的状态可用一定的温度 T 来描写，这种状态的热辐射称为**平衡热辐射**。下面将要讨论的问题均属平衡热辐射问题。

二、基尔霍夫定律

如果用实验来观察热辐射现象，可以发现热辐射的光谱是连续光谱，而且辐射谱的性质与温度有关。处于热平衡态下的辐射体，在一定的温度一定的时间间隔内，从物体表面的一定面积上所发射的，在任何一段波长范围内的辐射能量，都有确定的量值。如果在单位时间内，从物体表面单位面积上所辐射的、波长在 λ 到 $\lambda+d\lambda$ 范围内的辐射能为 dE_λ，那么 dE_λ 与波长间隔 $d\lambda$ 的比值称为**单色辐射出射度**，简称**单色辐出度**，用 M_λ 表示，即

笔记

$$M_\lambda = \frac{dE_\lambda}{d\lambda}$$

显然，单色辐出度反映了不同温度下辐射能按波长的分布情况，与温度 T 和波长 λ 有关，可表示为 $M_\lambda(T)$ 或 $M(\lambda,T)$，$M_\lambda(T)$ 单位为 W/m^2。

单位时间内，从物体单位表面积上所辐射的各种波长的辐射能总和，称为物体的**辐射出射度**（radiant excitance），用 $M(T)$ 表示，单位为 W/m^2。在温度 T 一定时，$M(T)$ 与 $M_\lambda(T)$ 之间的关系为

$$M(T) = \int_0^\infty M_\lambda(T)\,d\lambda \tag{11-1}$$

实验表明，$M(T)$ 的量值随不同物体而异。特别是表面情况（如颜色、粗糙程度）不同时，$M_\lambda(T)$ 的量值不同，相应地 $M(T)$ 的量值也是不同的。

当辐射能入射到物体表面时，一部分能量被物体反射或透射，另一部分能量被物体吸收。吸收的能量和入射总能量的比值，称为这一物体的**吸收率**（absorptance），用 $a(T)$ 表示。物体的吸收率也是随物体温度和入射波长而变化的，所以引进 a_λ 或 $a(\lambda,T)$ 表示物体在温度 T 时，波长在 λ 到 $\lambda+d\lambda$ 范围内辐射能的吸收率，称为**单色吸收率**（monochromatic absorptance）。就一般物体而言，a_λ 总是小于 1 的，而且往往随温度升高而增大。如果在任何温度下，对任何波长的辐射能都能全部吸收，这种物体称为**绝对黑体**，简称**黑体**（black body）。

不同物体，无论是辐射出射度还是吸收率都可能存在着很大差异，但如果将若干个不同的物体放在一个真空容器中，各物体之间以及各物体与容器壁之间只能通过辐射能的发射与吸收来交换能量。实验指出，经过一段时间之后这个系统将达到热平衡。这时对某一物体而言，其比值 $\dfrac{M_\lambda(\lambda,T)}{a_\lambda(\lambda,T)}$ 之间存在着简单的关系，即单色辐出度较大的物体，其单色吸收率也一定较大。1859 年，德国物理学家基尔霍夫（Kirchhoff）将这个关系用定律的形式表达出来：**物体的单色辐出度和单色吸收率的比值与物体本身的性质无关，对于所有物体，这个比值是波长和温度的普适函数**。如果用 $\phi(\lambda,T)$ 表示此普适函数，则**基尔霍夫辐射定律**（Kirchhoff law of radiation）的数学表达式如下

$$\frac{M(\lambda,T)}{a(\lambda,T)} = \phi(\lambda,T) \tag{11-2}$$

当物体的单色吸收系数 $a(\lambda,T)=1$ 时，$\phi(\lambda,T)$ 就是该物体的单色辐出度。基尔霍夫把 $a(\lambda,T)=1$ 的理想物体定义为“绝对黑体”。绝对黑体的单色辐出度用 $M_0(\lambda,T)$ 表示，从而有 $M_0(\lambda,T)=\phi(\lambda,T)$。由此可知，**任何物体对任何波长的辐射，等于黑体单色辐出度与该物体在此温度的单色吸收率的乘积**，即 $M(\lambda,T)=M_0(\lambda,T)a(\lambda,T)$。如果知道了绝对黑体的单色辐出度 $M_0(\lambda,T)$，也就知道了一般物体的辐射性质。因此，对黑体辐射的理论探索，成为热辐射研究的中心问题。

三、黑体辐射定律

在自然界中绝对黑体是不存在的，绝对黑体像质点、刚体、理想气体一样，也是理想化模型，如煤烟、黑色珐琅质对太阳光的吸收率也不会超过 99%。因此，研究黑体辐射的实验规律首先要建立黑体的实验模型。

在实验室人们常用耐高温不透明材料制成如图 11-1 所示的开有小孔的等温空腔模型来研究绝对黑体。

笔记

当一束强度为I_0的任意波长的光波入射空腔中的小孔后，将在空腔内壁经多次反射后才有可能从小孔射出，每反射一次空腔内壁将吸收部分能量。设空腔内壁的吸收率为a，经n次反射后，辐射强度就变为$(1-a)^n I_0$，当n足够大时，$(1-a)^n I_0$数值很小，入射的能量几乎100%被吸收，最后从小孔出射的能量可忽略。

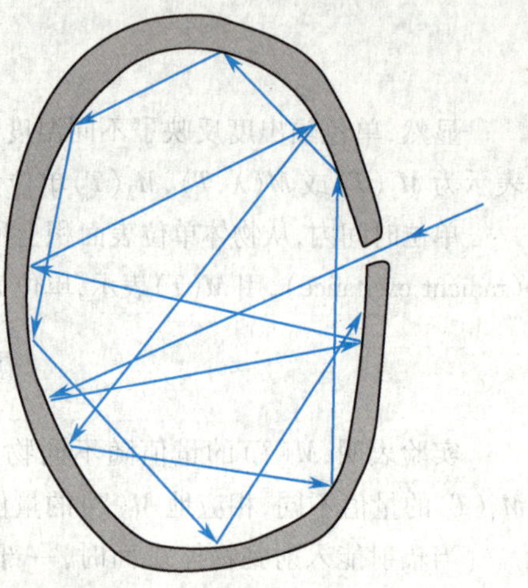

图 11-1 等温空腔模型

从基尔霍夫辐射定律可知，好的吸收体也是好的辐射体。在等温空腔模型中，小孔的吸收与绝对黑体等效，因而把开有小孔的空腔看作绝对黑体模型，而空腔中的电磁辐射称为**黑体辐射**(black-body radiation)。利用上述模型，可用实验方法测定绝对黑体的单色出射度$M_0(\lambda,T)$。在如图11-2所示的实验装置中，从绝对黑体A的小孔上所发出的辐射能，经过透镜L_1及平行光管B_1后成为平行光束入射在棱镜P上。不同波长的射线将在棱镜内发生不同的偏转。如果平行光管B_2对准某一方向，在此方向上的，具有一定波长的射线将聚焦在热电偶C上，从单位时间内入射到热电偶上的能量，可算出这一波长的射线的功率。调节B_2的方向，可相应地测出不同波长的功率。图11-3为所测得的$M_0(\lambda,T)$随λ和T变化的实验曲线。

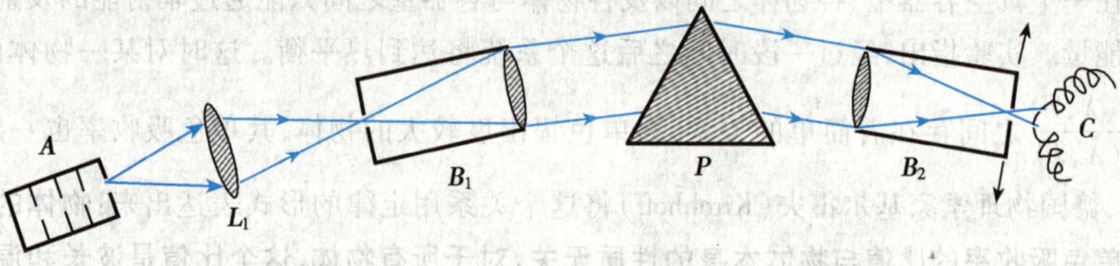

图 11-2 测定绝对黑体辐射出射度的实验简图

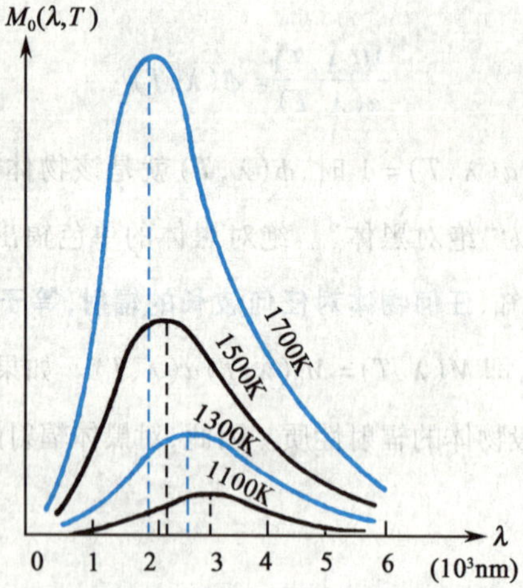

图 11-3 绝对黑体的单色辐出度按波长分布曲线

基于图11-3的实验曲线，可得出下述两条有关黑体辐射的实验定律：

1. 斯特藩-玻尔兹曼定律 每一条曲线反映了在一定温度下，黑体的单色辐出度随波长分布的情况。而每条曲线与代表波长的坐标轴之间的面积等于黑体在该温度下的辐射出射度，即

$$M_0(T)=\int_0^\infty M_0(\lambda,T)\,d\lambda \tag{11-3}$$

笔记

$M_0(T)$随温度升高而迅速增加，斯特藩（J. Stefan）于1879年从实验数据的分析中发现，$M_0(T)$和绝对温度T的关系为

$$M_0(T)=\sigma T^4 \tag{11-4}$$

式中，$\sigma=5.67\times10^{-8}$ J/(s · m^2 · K^4)称为**斯特藩常量**（Stefan constant）。1884年，玻尔兹曼（L. Boltzman）用热力学理论也导出同样的结果，即**黑体的总辐射出射度与绝对温度的4次方成正比**，因而式(11-4)称为**斯特藩-玻尔兹曼定律**（Stefan-Boltzman law）。

2. **维恩位移定律** 每一条曲线都存在着$M_0(\lambda,T)$的一个最大值（即峰值），就是最大的单色辐出度。对应于这一最大值的波长用λ_m表示，称为**峰值波长**。随着温度T的增高，λ_m向短波方向移动，两者间的关系经实验确定为

$$T\lambda_m=b \tag{11-5}$$

式中常量$b=2.898\times10^{-3}$m · K。这一结果维恩（W. Wien）在1893年用热力学理论导出，即**在任何温度下，黑体的辐射出射度的峰值波长与绝对温度成反比**，称为**维恩位移定律**（Wien displacement law）。

热辐射的规律在现代科学技术上得到了广泛的应用，它是遥感、红外跟踪、红外热像等技术的物理基础。例如，根据维恩位移定律制成的光测高温计，可从恒星发光的颜色来判断星体的表面温度，因而在天体物理中得到了广泛的应用。

例题 11-1 设恒星表面的行为和绝对黑体相同，现测得太阳和北极星辐射波谱的峰值波长λ_m分别为510nm和350nm，试估计这两个恒星的表面温度及单位面积上所发射的功率。

解 根据维恩位移定律，可得

对于太阳

$$T=\frac{b}{\lambda_m}=\frac{2.898\times10^{-3}}{510\times10^{-9}}\approx5700\text{K}$$

对于北极星

$$T=\frac{b}{\lambda_m}=\frac{2.898\times10^{-3}}{350\times10^{-9}}\approx8300\text{K}$$

在5700K时，太阳表面辐射的能量大部分分布在可见光区域，这提示在漫长的岁月中，人类的眼睛进化成适应于太阳，而变得对太阳辐射最强的峰值波长最为灵敏。

由斯特藩-玻尔兹曼定律可求出恒星的辐出度，即单位表面积上的发射功率。

对于太阳

$$M_0(T)=\sigma T^4=5.67\times10^{-8}\times5700^4\approx6.0\times10^7\text{W/m}^2$$

对于北极星

$$M_0(T)=\sigma T^4=5.67\times10^{-8}\times8300^4\approx2.7\times10^8\text{W/m}^2$$

热辐射现象并不局限于高温物体，其实凡是温度高于绝对零度的一切宏观物体都以电磁波的形式持续向外辐射能量。只是温度高的物体辐射峰值波长较短的电磁波，温度低的物体辐射峰值波长较长的电磁波。例如，太阳表面温度5000多摄氏度，辐射的为可见光。而人体表面温度为三十几摄氏度，辐射的为远红外光。目前在医学上得到广泛应用的热像仪的工作范围就在远红外波段。因而称为红外热像仪。红外热像仪的工作原理是以斯特藩-玻尔兹曼定律为依据的。其工作过程是：以光敏元件为主的扫描器（测温探头），将接受到的来自探测目标如人体表面的红外辐射能量转换为电信号，再经放大后传输到显示单元上。最后显示器将人体温度分布

笔记

以图像形式显示出来。目前，热像技术发展相当迅速，最新的热像仪的温度分辨率达到0.01℃，因而它在临床诊断上应用非常广泛。如由于生理或病理的原因，人体体表温度并不一致，浅表静脉上面的温度是35℃，外侧胸动脉上面的温度是34℃，内乳动脉上面的温度是32℃，可利用灵敏的红外线探测器扫描相应体表。现已确认的各种适应病症包括：血液循环障碍、新陈代谢障碍、慢性疼痛、自主神经障碍、炎症、肿瘤等各类疾病。此外，在宇航、工业、军事等方面热像技术的应用前景也很好。

四、普朗克量子假设

如何从理论上导出黑体辐射的单色辐出度 $M_0(\lambda,T)$ 的数学表达式，使它能与实验曲线相符，这曾经是19世纪末物理学研究的热点问题之一。许多物理学家作了大量的工作，他们从经典物理学的理论出发，利用数学推导方法，但导出的公式均与实验曲线不符，由此暴露出经典物理学的局限性。其中最典型的是维恩公式和瑞利-金斯公式。

1896年，维恩根据经典热力学理论，用类似于麦克斯韦的分子速率分布的方法来处理辐射能，导出了黑体单色辐出度的理论公式

$$M_0(\lambda,T)=C_1\lambda^{-5}e^{-C_2/\lambda T}$$

上式称为**维恩公式**，式中 C_1、C_2 为需要用实验来确定的经验参量。此式与实验曲线比较接近（见图11-4），尤其是在短波波段，但是在长波波段却与实验曲线相差较大。

1900年，瑞利根据经典电动力学和统计物理学理论，把分子物理学中能量按自由度均分原理应用于辐射情况，得到黑体单色辐出度的理论公式。1905年，金斯（J. H. Jeans）修正了一个数值，称为**瑞利-金斯公式**，即

$$M_0(\lambda,T)=2\pi ckT\lambda^{-4}$$

式中，c 为光速，k 为玻尔兹曼常量。此式在长波波段与实验曲线相符（见图11-4），但在短波紫外光区域，$M_0(\lambda,T)$ 将趋向无穷大，辐射出射度为

$$M_0(T)=\int_{-\infty}^{\infty}2\pi ckT\lambda^{-4}\mathrm{d}\lambda=\infty$$

此结果显然与事实不符，任何物体的辐射出射度不可能为无限大。这就是物理学发展历史上的**“紫外灾难”**。

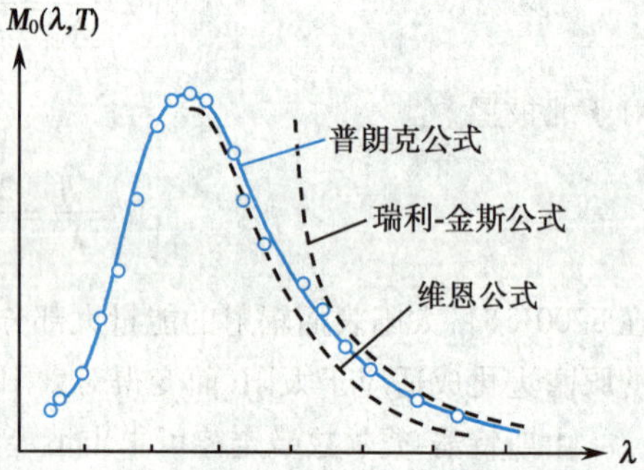

图11-4 黑体辐射理论公式与实验结果的比较

维恩公式和瑞利-金斯公式都是用经典物理学的理论和方法推导出来的，所得结果与实验有一定的差距，但它们在近代物理学上占有重要的地位，因为它们明显地暴露了经典物理学的不足，预示黑体辐射问题的解决需变革经典物理学的传统观点。

1900年，德国物理学家普朗克（M. planck）利用内插法将适应短波的维恩公式和适应长波的瑞利-金斯公式结合起来，提出了一个和实验完全相符合的黑体辐射公式，称为**普朗克公式**（planck formula）

$$M_0(\lambda,T)=2\pi hc^2\lambda^{-5}(e^{hc/\lambda kT}-1)^{-1} \tag{11-6}$$

式中，c 是光速，k 为玻尔兹曼常量，e 是自然对数的底，h 为普适恒量，称为**普朗克常量**（planck constant），其值为 $h=6.626\times10^{-34}\,\mathrm{J\cdot s}$。

为了从理论上推导出式(11-6)，普朗克提出了与经典物理学格格不入的假设，称为**普朗克**

笔记

量子假设：

(1) 辐射体是由带电的谐振子(如振动的分子、原子都可看成是带电谐振子)组成，它们振动时向外辐射电磁波并与周围电磁场交换能量。

(2) 谐振子的能量只能处于某些特殊能量状态，即它们的能量是某一最小能量 ε(ε 称为能量子)的整数倍，即

$$E=n\varepsilon \quad (n=1,2,3,\cdots)$$

n 为正整数，称为量子数。当谐振子辐射或吸收能量时，振子从某一状态跃迁到其他的一个状态，即谐振子在与外界发生能量交换时，只能以能量子的形式进行。

(3) 能量子 ε 与振子的频率 ν 成正比

$$\varepsilon=h\nu$$

从式(11-6)可以导出维恩公式和瑞利-金斯公式。当 λT 足够小时，式(11-6)中 $e^{hc/\lambda kT}\gg 1$，故略去式中 1 即得维恩公式。当 T 足够大时，把式中的($e^{hc/\lambda kT}-1$)级数展开

$$(e^{hc/\lambda kT}-1)=\frac{hc}{\lambda kT}+\frac{1}{2}\left(\frac{hc}{\lambda kT}\right)^2+\cdots$$

取一级近似代入式(11-6)即可得到瑞利-金斯公式。

对式(11-6)进行变量置换，令 $x=hc/\lambda kT$ 并进行积分，可得斯特藩-玻尔兹曼定律，对式(11-6)求极值即可得到维恩位移定律。

普朗克的量子假设，不仅完满地解释了热辐射现象，而且对近代物理的发展产生了深远的影响，在普朗克量子假设的推动下，很多微观现象逐步得到了正确的解释，并建立了量子力学理论体系。普朗克是在 1900 年首次提出此假设的，因而 1900 年也就被认为是近代物理发展的开端。

五、光度学基础

对可见光能量的计量研究称为光度学(photometry)，它是以人的视觉习惯为基础建立的。而辐射学则适用于整个电磁波谱的能量计算，主要用于 X 光、紫外光、红外光以及其他非可见光的电磁辐射。光度学是辐射学的一部分或特例，下面简要介绍与视觉有关的光度学基本知识。

1. 辐射通量 Φ_e　发光体在单位时间内辐射出来的所有波长的光的能量称为辐射通量(radiant flux)，又称辐射功率，单位为瓦特(W)。辐射通量是物体能量辐射能力的量度，是辐射学中一个最基本的量。

辐射通量虽然是一个反映光辐射强弱程度的客观物理量，但并不能完整地反映出光能量所引起人们的主观感觉——视觉的强度(即明亮程度)。因为人的眼睛对于不同波长的光波具有不同的敏感度。例如，一个红色光源和一个绿色光源，若它们的辐射通量相同，则绿色光看上去要比红色光明亮些，原因是人眼对黄绿光最敏感。

2. 视见函数 $\nu(\lambda)$　表征人眼对光的敏感程度随波长变化的函数称为视见函数(visibility function)，用 $\nu(\lambda)$ 表示，它是一个无量纲的数值函数。平均来说，人眼对黄绿光最灵敏，对红光和紫光较不敏感，而对红外光和紫外光则无视觉反应。视见函数曲线如图 11-5 所示，最敏感的波长是 555nm，取该波长的视见函数值 $\nu(\lambda)$ 为 1，其他波长的 $\nu(\lambda)$ 值都小于 1，在可见光范围以外的视光函数为零，如红外光和紫外光的视见函数为零。

3. 光通量 Φ_V　光源的辐射通量在人眼引起的视觉强度称为光通量(luminous flux)，单位为流明(lumen，lm)。对于单一波长的光源，光通量与辐射通量的关系为

$$\Phi_V=K_m\nu(\lambda)\Phi_e \tag{11-7}$$

笔记

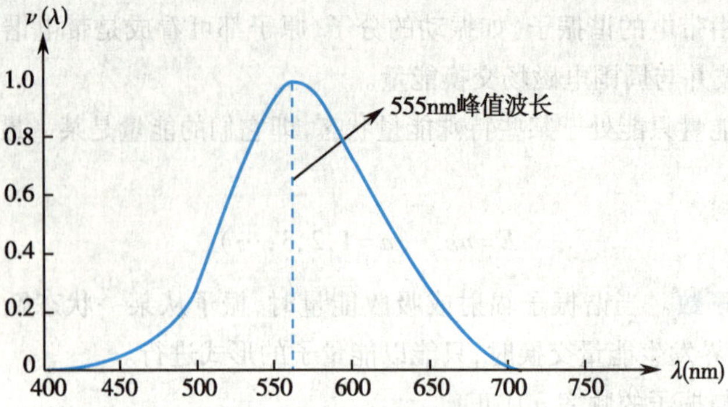

图 11-5 视见函数曲线

式中，$K_m=683\text{lm/W}$ 为最大流明效率。同样的辐射通量，$\nu(\lambda)$ 越大，光通量越大，对人眼来说，光的感觉越强烈。

复色光的光通量则需对所有波长的光通量求和，一个 40W 炽热灯泡发出的总光通量约为 500lm，一个同瓦数的日光灯发出的总光通量约为 2000lm。

4. **发光强度** I_V　点光源在某方向上单位立体角内的光通量称为光源在该方向上的**发光强度**（luminous intensity），它表征光源在一定方向范围内发出的光通量的空间分布。如图 11-6 所示，以 r 为轴取一微小的立体角 Ω，设立体角内的光通量为 Φ_V，则光源 S 沿 r 方向的发光强度 I_V 为

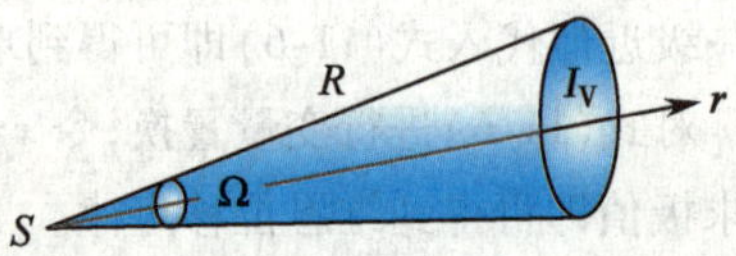

图 11-6 点光源在立体角内的光通量

$$I_V=\frac{\Phi_V}{\Omega} \tag{11-8}$$

发光强度的单位为坎德拉（candela，cd），1cd＝1lm/sr。坎德拉是国际单位制中七个基本单位之一，光度学中的其他单位均为导出单位。

5. **照度** E_V　单位受照面积上接收到的光通量称为**照度**（illuminance）。设某点光源 S 照射到物体表面面积 S 的光通量为 Φ_V，则光的照度为

$$E_V=\frac{\Phi_V}{S} \tag{11-9}$$

照度的单位为勒克斯（lux，lx）。1 勒克斯相当于 1lm 的光通量均匀分布在 1m^2 的表面上所产生的光照度。光照度是衡量拍摄环境的一个重要指标。

再来讨论照度与远近的关系。设点光源到面元 dS 的距离为 r，dS 的法线与 r 的夹角为 θ，如图 11-7 所示，则面元 dS 对点光源所张的立体角为

$$\Omega=\frac{\mathrm{d}S\cos\theta}{r^2}$$

若点光源的发光强度为 I_V，则在 Ω 内的光通量为

$$\Phi_V=I_V\Omega=\frac{I_V\mathrm{d}S}{r^2}\cos\theta$$

此光通量全部照射在面元 dS 上，所以其照度为

$$E_V=\frac{\Phi_V}{\mathrm{d}S}=\frac{I_V}{r^2}\cos\theta$$

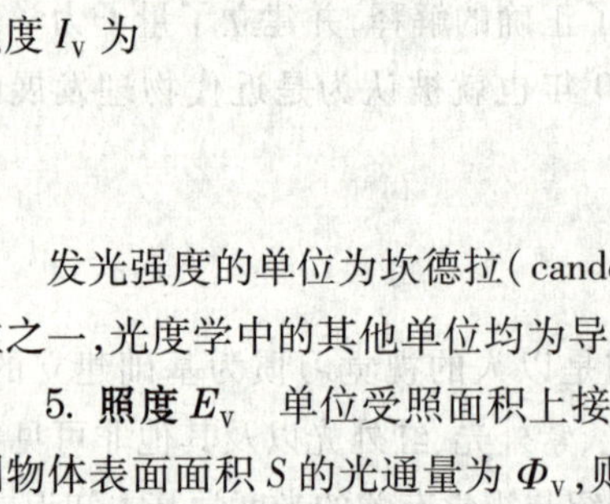

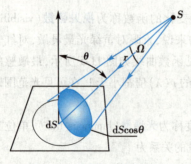

图 11-7 照度与距离的关系

笔记

当面元 dS 与光的入射方向垂直时，$\cos\theta=1$，则

$$E_V=\frac{I_V}{r^2} \tag{11-10}$$

式(11-10)表明，**对点光源(均匀发光体)来说，物体表面的照度与光源的发光强度成正比，与光源到面元的距离的平方成反比，称为照度的平方反比定律。**当物体表面同时受到几个光源照射时，总的照度就是每个光源产生的照度之和。

第二节　光电效应

一、光电效应的基本规律

物质(例如金属)表面在电磁辐射照射下释放出电子的现象称为**光电效应**(photoelectric effect)，所释放的电子称为**光电子**(photoelectron)。光电子在电场作用下所形成的电流称为**光电流**。研究光电效应的实验装置如图11-8所示。图中阴极 K 和阳极 A 封闭在高真空容器内，电势差 U 的正负极性及大小均可调节。光经石英小窗 D 照射到阴极 K 上，在阴极 K 受光照射时，将有光电子发射并受电场加速后向阳极 A 运动形成光电流。现将光电效应的有关实验规律归纳如下：

1. 光电子与入射光强之间的关系　图11-9为光电效应的伏安特性曲线，在一定频率的入射光照射下，光电流 I 随电势差 U 的增大而增大，当电势差 U 足够大时，光电流 I 趋于一定的饱和值 I_m，表明当此时从金属电极 K 发射出的光电子全部为阳极 A 收集。在相同的 U 值下，增加入射光强度，光电流增加，相应的 I_m 也增大。这表明**单位时间从金属电极 K 发射的光电子数目与入射光强成正比。**

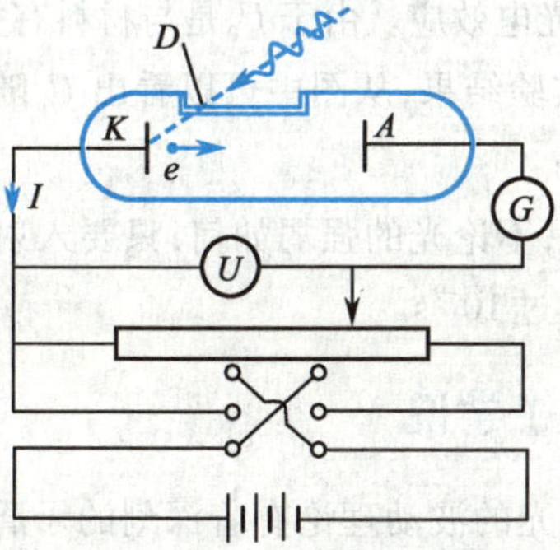

图11-8　光电效应的实验简图

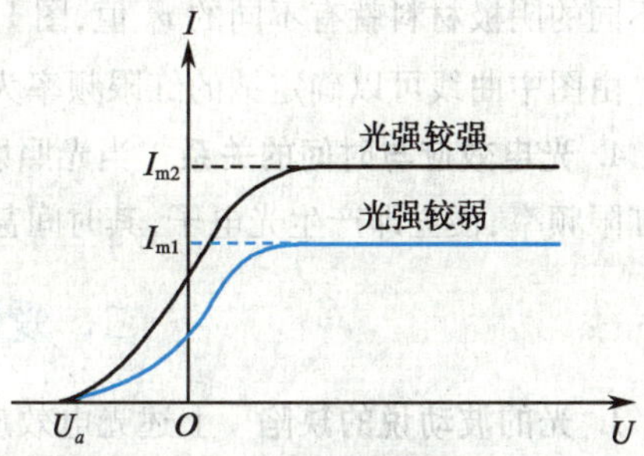

图11-9　光电效应的伏安特性曲线

2. 光电子的初动能与入射光频率之间的关系　由图11-9可见，当电势差 U 减小至零时，光电流 I 并不为零，这表明虽然两极间没有加速电场，但由金属电极 K 发射的光子仍具有一定的初动能从阴极飞到阳极。只有改变 U 的极性，使 $U<0$，并逐渐增大该反向电压，当其电势差的绝对值为 U_a 时，光电流才降至零，U_a 称为**遏止电势差**(cutoff voltage)。

实验表明(见图11-10)，U_a 的绝对值与入射光的频率 ν 有如下关系

$$|U_a|=K\nu-U_0 \tag{11-11}$$

式中，K 是与金属材料无关的光电效应普适恒量，对不同种类金属，U_0 的量值不同，对同一种金属，U_0 为恒量。

由于 U_a 与电子电量 e 的乘积应等于反抗遏止电场所做的功，因此电子的初动能为

$$\frac{1}{2}mv^2=e|U_a|=eK\nu-eU_0 \tag{11-12}$$

笔记

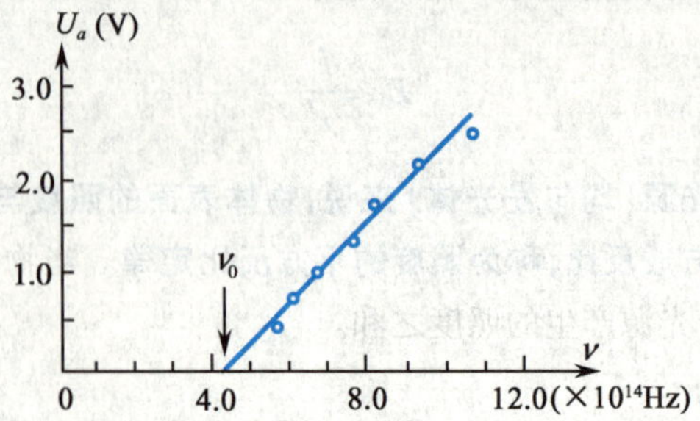

图 11-10 金属钠的遏止电势差与频率的关系曲线

式中，m、e、v 分别为光电子的质量、电量、初速度。此式表明，**光电子的初动能随入射光的频率线性地改变，而与入射光的强度无关。**

3. **红限频率** 实验发现改变入射光的频率 ν，遏止电势差 U_a 也随之改变。从式(11-12)中可知光电子的初动能必须是正值，即

$$\frac{1}{2}mv^2 = e\left|U_a\right| = eK\nu - eU_0 \geqslant 0$$

由此可得

$$\nu \geqslant \frac{U_0}{K} \tag{11-13}$$

$\nu_0 = \dfrac{U_0}{K}$时的频率称为**红限频率**(threshold frequency)，或称为**截止频率**，相应的波长称为**红限波长**。当入射光的频率小于红限频率时，无论入射光的强度多大，照射时间多长，都不会有光电子逸出；只有入射光的频率大于红限频率时，才会发生光电效应。由于 U_0是与材料有关的量，所以不同的阴极材料就有不同的 ν_0 值，图 11-10 为钠的实验结果，从图中可以看出 U_a随 ν 线性变化。由图中曲线可以确定钠的红限频率为 4.39×10^{14} Hz。

4. **光电效应与时间的关系** 当光照射到金属上时，不论光的强弱如何，只要入射光频率大于红限频率，便立即产生光电子，其时间甚短，一般不超过 10^{-9}s。

二、爱因斯坦的光子学说

1. **光的波动说的缺陷** 上述光电效应实验结果与光的波动理论有着深刻的矛盾。按照光的波动说，金属受光照时，其电子将吸收光能，从而逸出金属表面，逸出时的初动能取决于光振动的振幅，即决定于光强。因此，入射光强度增加时，光电子的初动能也应增加。而实验结果是，任何金属所释出的光电子的初动能都随入射光的频率线性地增加，而与入射光的强度无关。

按照波动说，如果光强足够提供从金属表面释出光电子所需的能量，那么对任何频率的光波，光电效应都会发生。而实验事实是每种金属都存在一个红限频率 ν_0，对于频率小于 ν_0 的入射光，不管入射光强多大，都不能发生光电效应。

按照波动说，金属中的电子从入射光中吸收的能量必须积累到一定的量值(至少等于电子从金属表面逸出时所需的功——称为**逸出功**)，才能脱离金属表面。显然入射光愈弱，能量积累时间就越长。而实验结果是只要入射光的频率高于红限，光电子几乎立即飞出。

2. **爱因斯坦光电效应方程** 1905 年，爱因斯坦受普朗克的能量量子化概念的启发，提出了著名的光量子学说，成功解释了光电效应。爱因斯坦认为，光不仅像普朗克已经指出的那样，在发射或吸收时具有粒子性，而且在空间传播时也具有粒子性，光是一束以光速 c 运动着的粒子流。这些粒子称为**光子**(photon)。每一个光子的能量为 $\varepsilon = h\nu$，不同频率的光子具有不同的能

笔记

量。光的能流密度 I(单位时间内通过单位面积的光能即光强)决定于单位时间内通过该单位面积的光子数 N,频率为 ν 的单色光的能流密度为 $I=Nh\nu$。

按照光子假说,光电效应可做如下解释:金属中的自由电子从入射光中吸收一个光子能量 $h\nu$,电子从金属表面逸出时需克服的逸出功为 A,电子获得的初动能为$\frac{1}{2}mv^2$,根据能量守恒定律,应有

$$h\nu=\frac{1}{2}mv^2+A \tag{11-14}$$

这个方程称为爱因斯坦光电效应方程(Einstein' s photoelectric equation)。式(11-14)表明了光电子的初动能与入射光频率之间的线性关系。入射光强增加时,光子数目增多,因而单位时间内产生的光电子数目也随之增加,这就很自然的解释了饱和光电流即光电子数与光强之间的正比关系。假定$\frac{1}{2}mv^2=0$,由式(11-14)可得

$$h\nu_0=A$$

对照式(11-12)和式(11-14)可得

$$A=eU_0$$

$$h=eK \tag{11-15}$$

式(11-15)表明普朗克常量与光电效应常量的关系。此式中电子电量 e 值是已知的,常量 K 的值可由测定遏止电势差计算得出。将这些数值代入上式,求出的普朗克常量 h 的值,与用其他方法(例如热辐射)所确定的值相当准确地符合。另外,如果我们测定了频率为 ν 的入射光照射在金属表面时的遏止电势差,就可确定 U_0,从而计算出金属的电子逸出功 A。这与用其他方法(例如热电子发射)所得到的结果也非常一致。所有这些事实都说明了爱因斯坦的光子假设是正确的。

例题 11-2 波长为 200nm 的光照射到金属铝的表面上,已知铝的逸出功是 4.2eV。试求(1)由此产生的光电子的最大动能是多少?(2)遏止电压是多少?(3)铝的红限波长是多少?(4)若入射光强为 2.0W/m²,则单位时间内射到铝板单位面积上的光子数是多少?

解 (1) 根据光子理论,波长为 200nm 的光子的能量为

$$\varepsilon=h\nu=h\frac{c}{\lambda}=6.626\times10^{-34}\times\frac{3.0\times10^8}{200\times10^{-9}}=9.94\times10^{-19}\text{J}=6.2\text{eV}$$

应用光电效应方程 $h\nu=\frac{1}{2}mv^2+A$,得光电子的最大动能为

$$\frac{1}{2}mv_{\max}^2=h\nu-A=6.2-4.2=2.0\text{eV}$$

(2) 由 $e|U_a|=\frac{1}{2}mv_{\max}^2$,得铝的遏止电压为

$$U_a=\frac{1}{2}mv^2/e=2.0\text{V}$$

(3) 当两极间反向电压为遏止电势时,光电子初动能为零,此时 $h\nu_0=A$,又 $\nu_0=\frac{c}{\lambda_0}$得铝的红限波长为

$$\lambda_0=\frac{hc}{A}=\frac{6.626\times10^{-34}\times3.0\times10^8}{4.2\times1.6\times10^{-19}}=2.96\times10^{-7}\text{m}$$

笔记

（4）光强 $I=Nh\nu$，单位时间内射到铝板单位面积上的光子数为

$$N=\frac{I}{h\nu}=\frac{2.0}{6.2\times1.6\times10^{-19}}=2.0\times10^{18}/(\text{m}^2\cdot\text{s})$$

例题 11-3 功率 $P=1.0\text{W}$ 的点光源照射到与其相距为 $R=3.0\text{m}$ 的钾片上。设钾片内电子可在半径 $r=0.50\times10^{-10}\text{m}$ 的圆面积范围内收集能量。已知钾的逸出功 $A=1.8\text{eV}$。(1)按照经典电磁理论，计算电子从光开始照射至逸出所需的时间？(2)若点光源发出589nm波长的单色光，根据光子理论，求单位时间照射到钾片单位面积上的光子数。

解 （1）已知钾片内电子集能面积 $S=\pi r^2=\pi\times(0.50\times10^{-10})^2=0.25\pi\times10^{-20}\text{m}^2$。按照经典电磁理论，点光源发射的辐射能均匀分布在以光源为中心的球形波阵面上，离点光源3.0m处的波阵面面积 $S_0=4\pi R^2=4\pi\times3.0^2=36\pi\text{m}^2$，所以单位时间内照射到半径为 r 的圆面积内的能量是

$$E=\frac{S}{S_0}P=\frac{0.25\pi\times10^{-20}}{36\pi}\times1.0=6.9\times10^{-23}\text{J/s}$$

若 E 全部被电子吸收，则电子从光开始照射直至逸出所需的时间为

$$t=\frac{A}{E}=\frac{1.8\times1.6\times10^{-19}}{6.9\times10^{-23}}=4.2\times10^{3}\text{s}$$

光电效应实验表明，在任何情况下，都没有测得如此长的滞后时间。据现代实验测得，滞后时间在 10^{-9}s 量级。

（2）根据光子理论，波长为589nm的光子的能量为

$$\varepsilon=h\nu=h\frac{c}{\lambda}=6.626\times10^{-34}\times\frac{3.0\times10^{8}}{589\times10^{-9}}=3.34\times10^{-19}\text{J}=2.1\text{eV}$$

单位时间内照射在离光源3.0m的钾片单位面积上的能量为

$$E=\frac{P}{S_0}=\frac{1.0}{36\pi}=8.8\times10^{-3}\text{J}/(\text{m}^2\cdot\text{s})=5.5\times10^{16}\text{eV}/(\text{m}^2\cdot\text{s})$$

故单位时间照射到钾片单位面积上的光子数为

$$n=\frac{E}{\varepsilon}=\frac{5.5\times10^{16}}{2.1}=2.6\times10^{16}/(\text{m}^2\cdot\text{s})$$

从上述计算结果看出，光子能量大于钾的逸出功，光电效应能瞬时发生。同时看到，即使照射面上光强很弱，光束中仍包含着大量光子。每个光子能量很小，以致人们很难用仪器测到单个光子的能量。

三、光电效应的应用

光电效应不仅在理论研究上有重大意义，而且在科学技术的一些领域中得到了广泛应用。根据光电效应原理制成的**光电管**和**光电倍增管**，可用于光功率的测量和记录，以及用于光信号、电视、电影、自动控制等许多方面。

在一些高灵敏度和高精确度的光探测仪器中，为了放大光电流，常采用光电倍增管，其结构如图11-11所示。当光照射在阴极上时，发出的电子在外电场的加速下，以高速轰击相邻的金属表面。这些表面涂有很灵敏的、可以发射次级电子的物质，被轰击后产生若干次级电子，如此继续下去，通常用10～15个金属表面作为阴极，可使光电流放大数百万倍。

笔记

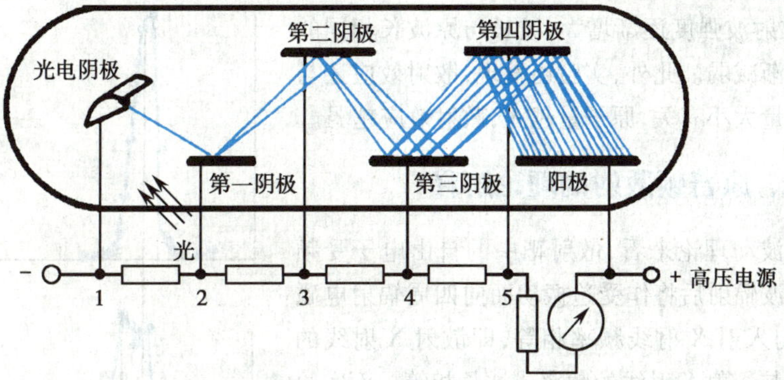

图 11-11　光电倍增管示意图

应用光电效应的另一种元件是硒光电池。如图 11-12 所示，硒光电池是在铝片上面涂硒，再用溅射方法，在硒层上覆盖半透明的氧化镉薄层，在正、反两面喷上低融合金作为电极。氧化镉中的电子向硒扩散，最后达到平衡。硒有很强的吸收光的能力。当入射光透过氧化镉照射到硒上，硒中处在束缚态的电子吸收光子后成为自由电子。这些电子到达硒与氧化镉界面时，电场使之进入氧化镉层，再经外电路回到硒中，形成光电流，其值可以用微安计测定。上述硒光电池所表现出来的光电特性称为**内光电效应**。硒光电池运用于可见光，其光谱特性对黄绿色(555nm)最敏感。在外电阻不高和光强度不太大时，光电流与光照强度成正比，这是光电比色法测透光率或吸收度的依据。

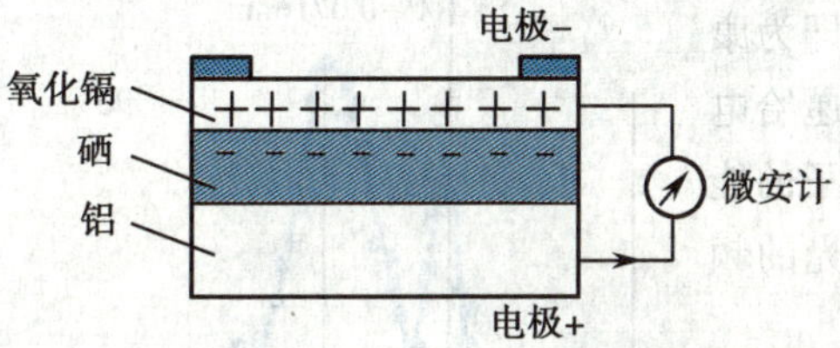

图 11-12　硒光电池结构图

在医学上根据光电效应原理制成的影像增强管被用于 X 线机的透视显示，可大大提高 X 线机的透视条件和效果。根据内光电效应原理制成的光电池、光电二极管等器件在光电比色、CT 图像检测等方面得到了广泛的应用。

第三节　康普顿效应

入射光线通过不均匀物质时，会在各方向上产生散射光。1922 ~ 1923 年，康普顿(A. H. Compton)首先观察到 X 射线被物质散射后，除了有与入射波长 λ 相同的射线外，还有波长变长的射线出现。康普顿对此现象做出了理论解释，因而这一现象后来被称为**康普顿效应**(Compton effect)，它继光电效应后对光的粒子性提供了进一步的证明。

一、康普顿散射实验

图 11-13 是康普顿效应实验装置示意图，图中 X 射线入射到作为散射体的石墨上，探测器在不同散射角上测量散射波的强度按波长的分布。由实验测得的散射波强度按波长的分布如图 11-14 所示。从图中可看出虽然入射波为单色的，只有一种波长 λ，但散射波在两个波长上出现强度峰，一个为原波长 λ，另一个为 λ'，后者较大，两者之差 $\Delta\lambda=\lambda'-\lambda$，

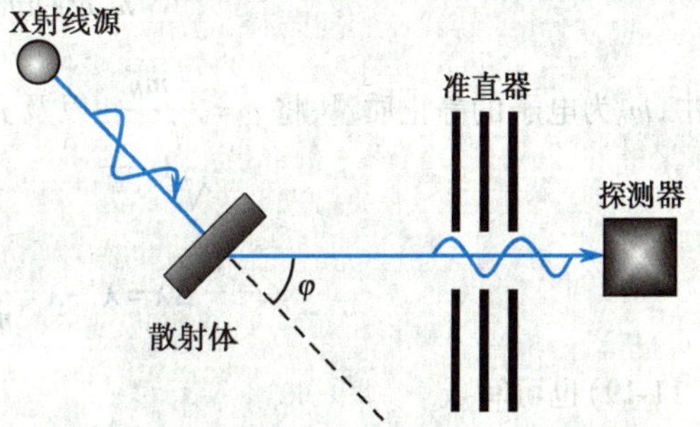

图 11-13　康普顿效应实验装置

笔记

称为**康普顿偏移**。其值随散射角的增大而增大。同时，波长为 λ' 的散射波强度逐渐增大，波长与原波长相同的散射波强度逐渐减弱。此外，实验还发现，散射效应还与散射体的原子量大小有关，原子量越大，散射效应越弱。

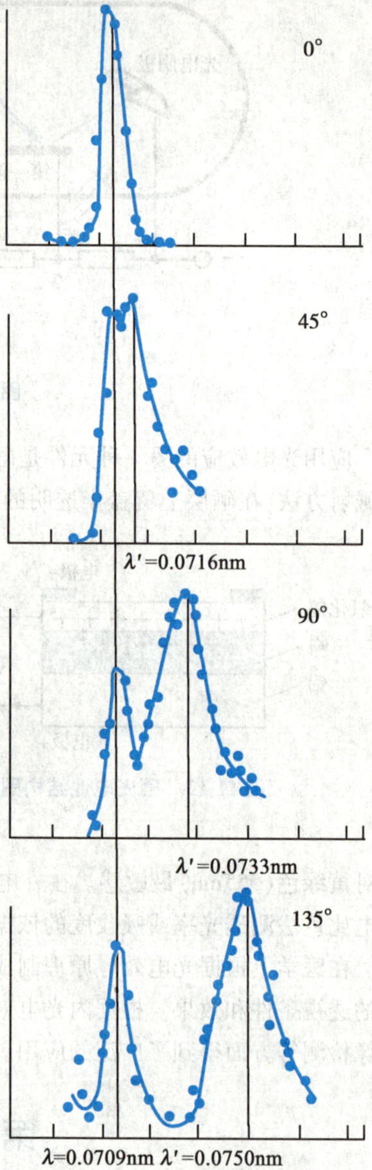

图 11-14 不同散射角下的散射光强分布

二、康普顿散射的理论解释

从经典的波动理论来看，散射靶中的自由电子受频率为 ν 的入射波辐射后将作受迫振动而向四周辐射电磁波，其频率应与入射 X 射线频率相等，即散射 X 射线的频率或波长应与入射 X 射线的频率或波长相等。而实验结果却出现了不同波长的散射峰。这是经典理论所无法解释的。

康普顿用光子理论成功地解释了他自己的实验结果。设光子和实物粒子一样能与实物粒子发生弹性碰撞，那么碰撞后光子将沿某一方向散射，这一方向即为康普顿散射方向。碰撞时，入射光子将部分能量传递给电子，这样散射光的能量就比入射光的能量低，而光子的能量与频率有关，$\varepsilon=h\nu$，因此散射光的频率比入射光的频率小，即波长 $\lambda'>\lambda$。

现在定量地来分析单个光子与电子的碰撞过程，如图 11-15 所示。以 $\boldsymbol{n}_0$（MN 方向）和 $\boldsymbol{n}$（MJ 方向）分别表示碰撞前后光子运动方向上的单位矢量，则入射光子的动量为 $\left(\frac{h\nu}{c}\right)\boldsymbol{n}_0$，散射光子的动量为 $\left(\frac{h\nu'}{c}\right)\boldsymbol{n}$，碰撞后电子获得的动量为 $m\boldsymbol{v}$（MK 方向），根据动量守恒定律

$$\frac{h\nu}{c}\boldsymbol{n}_0=m\boldsymbol{v}+\frac{h\nu'}{c}\boldsymbol{n}$$

其分量式为

$$\frac{h\nu}{c}=mv\cos\theta+\frac{h\nu'}{c}\cos\varphi \tag{11-16}$$

$$0=mv\sin\theta-\frac{h\nu'}{c}\sin\varphi \tag{11-17}$$

又由能量守恒定律得

$$m_0c^2+h\nu=h\nu+mc^2 \tag{11-18}$$

式中，m_0 为电子的静止质量，将 $m=\dfrac{m_0}{\sqrt{1-\dfrac{v^2}{c^2}}}$ 以及 $\nu=\dfrac{c}{\lambda}$、$\nu'=\dfrac{c}{\lambda'}$ 代入以上三式求解得

$$\Delta\lambda=\lambda'-\lambda=\frac{h}{m_0c}(1-\cos\varphi) \tag{11-19}$$

式(11-19)也可写成

$$\Delta\lambda=2\frac{h}{m_0c}\sin^2\frac{\varphi}{2} \tag{11-20}$$

笔记

上式表明：**康普顿偏移 $\Delta\lambda$ 与散射物质及入射光的波长无关，仅决定于散射方向，当散射角 φ 增大时，$\Delta\lambda$ 也随之增大**。计算结果和实验结果符合得很好。

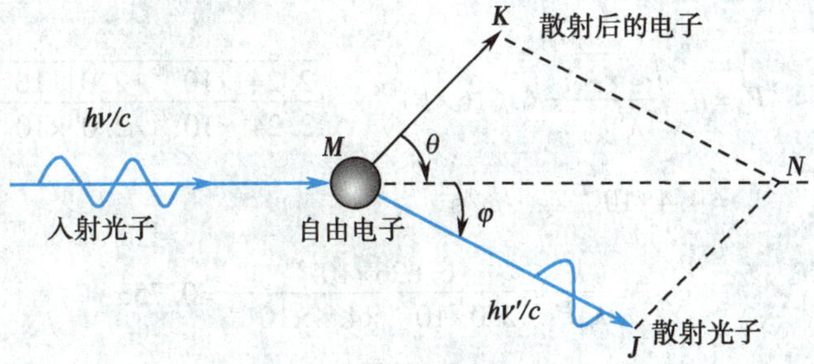

图 11-15　康普顿散射时光子与电子的碰撞示意图

康普顿散射现象在理论和实验上的一致性，不仅有力地证实了光子理论，说明光子具有一定的质量、能量和动能。在康普顿散射中单个光子和单个电子发生碰撞，充分显示了光的粒子性。同时也证实了能量守恒定律和动量守恒定律在微观领域里的正确性。

例题 11-4　波长 $\lambda_0=2.0\times10^{-11}$ m 的 X 射线与自由电子碰撞，现从和入射方向成 90° 角的方向去观察散射效应（如图 11-16 所示）。求：(1) 散射 X 射线的波长；(2) 反冲电子的能量；(3) 反冲电子的动量。

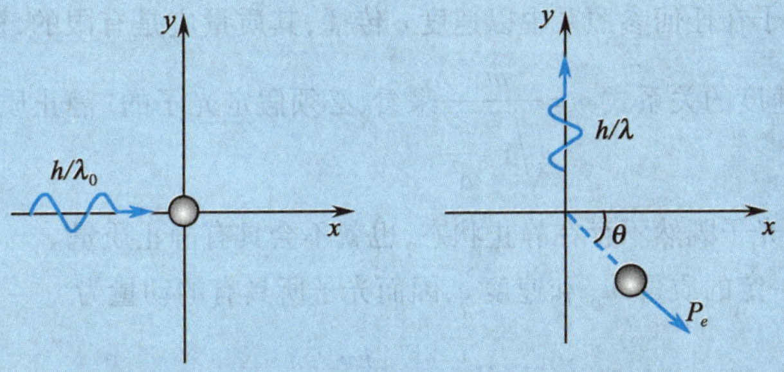

图 11-16　散射动量改变示意图

解　(1) 散射后 X 射线波长的改变量为

$$\Delta\lambda=2\frac{h}{m_0c}\sin^2\frac{\varphi}{2}=\frac{2\times6.626\times10^{-34}}{9.11\times10^{-31}\times3.0\times10^{8}}\sin^2\frac{\pi}{4}$$

$$=2.4\times10^{-12}\text{m}=0.0024\text{mm}$$

所以散射 X 射线的波长为

$$\lambda=\lambda_0+\Delta\lambda=0.020+0.0024=0.0224\text{nm}$$

(2) 根据能量守恒，反冲电子获得的能量就是入射光子损失的能量，所以

$$\Delta\varepsilon=\frac{hc}{\lambda_0}-\frac{hc}{\lambda}=\frac{hc\Delta\lambda}{\lambda\lambda_0}=\frac{6.626\times10^{-34}\times3.0\times10^{8}\times2.4\times10^{-12}}{2.0\times10^{-11}\times2.24\times10^{-11}}$$

$$=1.06\times10^{-15}\text{J}=6.7\times10^{3}\text{eV}$$

(3) 根据动量守恒，有

$$\frac{h}{\lambda_0}=P_e\cos\theta$$

笔记

$$\frac{h}{\lambda}=P_e\sin\theta$$

所以

$$P_e=h\sqrt{\frac{\lambda^2+\lambda_0^2}{\lambda^2\lambda_0^2}}=6.626\times10^{-34}\times\sqrt{\frac{2.24^2\times10^{-22}+2.0^2\times10^{-22}}{2.24^2\times10^{-22}\times2.0^2\times10^{-22}}}$$

$$=4.4\times10^{-23}\text{kg}\cdot\text{m/s}$$

又

$$\cos\theta=\frac{h}{\lambda_0P_e}=\frac{6.626\times10^{-34}}{2.0\times10^{-11}\times4.4\times10^{-23}}=0.753$$

$$\theta=41°9'$$

第四节 光的波粒二象性

康普顿效应进一步证实了光子假说的正确性，并说明光子也具有一定的质量、能量和动量。

每个光子既然具有能量 $\varepsilon=h\nu$，则根据相对论质能关系，可计算出光子的质量

$$m_\varphi=\frac{h\nu}{c^2} \tag{11-21}$$

由上式可知，光子在任何参照系中以速度 c 传播，其质量应是有限的，视其能量而确定。但根据相对论质量和速度的关系式 $m=\dfrac{m_0}{\sqrt{1-\dfrac{v^2}{c^2}}}$来看，必须假定光子的“静止质量”为零。这一结论并不自相矛盾，因为光子既然不存在静止状态，也就不会具有静止质量。

光子既然具有一定的质量 m_φ 和速度 c，因而光子所具有的动量为

$$P=m_\varphi c=\frac{h\nu}{c}=\frac{h}{\lambda} \tag{11-22}$$

根据光子具有动量这一特征，可解释在实验中观察和测量到的光作用于物体表面的压强（光压）。

光子具有一定的质量、能量和动量，说明了光子本身也是一种特殊形式的物质。它和电子、原子等实物粒子的不同处在于，光子永远以光速运动，因此没有静止质量；而电子和原子的质量则是随着速度的增加而增加。

总结以上关于光的各种现象，可以看到当光被物质吸收（如光电效应）或与实物粒子相互作用（如康普顿效应）时，必须用光的粒子性来加以解释；而在光传播过程中产生的一些现象（如光的干涉、衍射、偏振等）则要用光的波动性质才能解释。所以可以说，光是一种具有电磁本质的特殊物质，它具有粒子性和波动性这两重性质，即具有波粒二象性（wave-particle duality）。表达式 $\varepsilon=h\nu$ 和 $P=\dfrac{h}{\lambda}$中，等号左边是表示微粒性质的能量 ε 和动量 P，等号右边是表示波动性质的频率 ν 和波长 λ，这两种性质通过普朗克常量 h 定量地联系起来了。显然，这种联系不是偶然的，表达了这两种性质的内在联系。

笔记

拓展阅读

分光光度计

分光光度计是理化分析中最常用的仪器，无论在物理学、化学、生物、医学、材料学等科学研究领域，还是在化工、医药生产及药物质量控制、环境检测、冶金等现代生产与管理部门等都有广泛而重要的应用。1852 年，比尔（Beer）参考了布给尔（Bouguer）1729 年和朗伯（Lambert）在 1760 年所发表的文章，提出了著名的朗伯-比尔定律，从而奠定了分光光度法的理论基础。

分光光度计就是利用分光光度法对物质进行定量定性分析的仪器。它的基本原理是建立在光与物质相互作用的基础上，光辐射穿过被测物质溶液时，光子被溶液中吸收辐射的物质分子吸收，通过测定被测物质的吸收光谱，可对被测物质进行定性分析；而测定被测物质在特定波长处或一定波长范围内光的吸收度，可对该物质定量分析。常用光辐射的波长范围为：①200～400nm 的紫外光区；②400～760nm 的可见光区；③2.5～25μm 的红外光区，相应的分光光度计称为紫外分光光度计、可见光分光光度计（或比色计）、红外分光光度计或原子吸收分光光度计。

无论哪一类分光光度计都由下列几部分组成，即光源、分光系统（单色器）、样品室、检测器、信号处理器和显示与存储系统组成。光源要求能提供所需波长范围的连续光谱，稳定而有足够的强度；分光系统（单色器）是能从混合光波中分解出所需单一波长光的装置，由棱镜或光栅构成；狭缝通常是由一对隔板在光通路上形成的缝隙，用来调节入射单色光的纯度和强度，也直接影响分辨率；样品室也称比色皿，用来盛溶液；检测器的用途是接受光照射而产生的电流（光电流），信号处理器可将光电流以某种方式转变成模拟的或数字的结果，并进行显示与存储。

习题

1. 测量星球表面温度的方法之一是将星球看成绝对黑体，利用维恩位移定律，由 λ_m 来测定 T。如测得太阳 $\lambda_m=510\text{nm}$，北极星 $\lambda_m=350\text{nm}$，天狼星 $\lambda_m=290\text{nm}$，试求这些星球的表面温度。

2. 某黑体的辐射服从斯特藩-玻耳兹曼定律，在 $\lambda_m=600\text{nm}$ 处辐射为最强。假如该物体被加热使其 λ_m 移到 500nm，求前后两种情况下辐射能之比。

3. 黑体在某一温度时辐射出射度为 5.67W/cm^2，试求这时辐射出射度具有最大值的波长 λ_m。

4. 设某黑体的表面温度为 6000K，此时辐射最强的波长 $\lambda_m=483\text{nm}$，问：(1) 为了使 λ_m 增加 5.0nm，该黑体的温度需改变多少？(2) 当 λ_m 增加 5.0nm 时，总辐射能的变化与原总辐射能之比是多少？

5. 已知铂的电子逸出功是 6.3eV，求使它产生光电效应的最长波长。

6. 钾的红限波长为 577.0nm，问光子的能量至少为多少，才能使钾中释放出电子？

7. 用波长为 200nm 的光照射一铜球，铜球放出电子，而使铜球充电。问铜球至少充到多大电势时，再用这种光照射，铜球将不再放射电子？设铜的电子逸出功为 4.47eV。

8. 用钙作光电效应实验。当入射光波长 $\lambda=253.6\text{nm}$ 时，遏止电势差 $|U_a|=1.95\text{V}$；$\lambda=313.2\text{nm}$ 时，$|U_a|=0.98\text{V}$；$\lambda=365.0\text{nm}$ 时，$|U_a|=0.50\text{V}$；$\lambda=404.7\text{nm}$ 时，$|U_a|=0.14\text{V}$。作 $|U_a|\sim\nu$ 曲线图，并求出普朗克常量 h。

笔记

9. 使锂产生光电效应的最长波长 $\lambda_0=520\text{nm}$。设以波长 $\lambda=\lambda_0/2$ 的光照在锂上，它所放出的光电子的动能是多少？

10. 试求波长为下列数值的光子的动量、能量和质量：(1) $\lambda=600\text{nm}$ 的红光；(2) $\lambda=400\text{nm}$ 的紫光；(3) $\lambda=1.0\times10^{-2}\text{nm}$ 的 X 射线；(4) $\lambda=1.0\times10^{-3}\text{nm}$ 的 γ 射线。并计算在什么温度下分子运动的平均平动动能等于上述光子的能量。

11. X 射线的光子射到受微弱束缚的电子上作直角散射，求其波长改变量。

（张 燕）

笔记

第十二章 量子力学基础

学习要求

1. 掌握 氢原子光谱的规律，玻尔氢原子理论的三个假设，物质波、不确定关系、波函数等基本概念和规律。

2. 熟悉 薛定谔方程及意义，量子力学对氢原子的三个量子化描述。

3. 了解 薛定谔方程的应用，电子自旋。

在普朗克、爱因斯坦阐明了辐射和光的量子性之后，玻尔提出了氢原子的量子理论，此理论能较好地解释一些实验现象，取得了一定的成就，但有很大的局限性。这就促使人们去建立一种能够反映微观粒子运动规律的新理论，因而导致了量子力学的诞生。量子力学不但是描述微观粒子运动规律的理论，而且是深入了解物质结构及其各种特性的基础，它和相对论是近代物理学的两大支柱。

量子力学的建立，是人们认识自然的进一步深化，尤其是非相对论量子力学的某些概念与基本原理，从建立到现在的 70 多年中，经历了无数实践的检验，是我们认识和改造自然界所不可缺少的工具。由于量子力学所涉及的规律极为普遍，它已深入到物理学的各个领域。在化学、药学、生物学和生命科学的研究中也有着越来越广泛的应用。

本章学习的主要内容是从半经典的理论入手过渡到原子结构的量子理论。原子结构的量子理论是物质结构理论的基础。本章首先以氢原子光谱的实验结果为依据，介绍玻尔的氢原子结构理论假设，继之，在理解德布罗意物质波假设和测不准原理的基础上，介绍量子力学的一种形式——波动力学的基本知识和基本方程（薛定谔方程），并讨论它的使用方法，介绍它处理氢原子时得出的一些结果，应用它去说明一些有关原子结构的主要概念和规律。薛定谔方程是描述微观粒子运动状态变化规律的微分方程，它为现代量子力学理论体系的建立奠定了基础。

第一节 玻尔的氢原子结构理论

原子发光是原子内部所发出的信号。通过对原子光谱规律性的实验研究，可以帮助我们进一步认识原子的内部结构。早在 19 世纪，人们就知道了原子光谱是明线光谱。经过长期测量，积累了大量实验数据，发现一切元素的灼热蒸汽所发的光谱都是明线光谱，形成一个个谱线系，这些光谱线的数目和波长都是一定的。下面我们先以氢原子为例来说明原子光谱的规律性。

一、氢原子光谱的规律性

图 12-1 表示氢原子光谱中可见光区域内的一组光谱线，这些光谱线的命名和波长如图所示。1885 年，巴耳末（J. Balmer）通过运算指出，这一组光谱的波长可由下式来概括。

$$\tilde{\nu}=\frac{1}{\lambda}=R\left(\frac{1}{2^2}-\frac{1}{n^2}\right),n=3,4,5\cdots \qquad (12\text{-}1)$$

式中，波长 λ 的倒数 $\tilde{\nu}$ 称为**波数**（wave number），它表示单位长度内所含波的数目，R 称为**里德伯常量**（Rydberg constant），其实验值 $R=1.0967758\times10^7\,\mathrm{m}^{-1}$。式（12-1）所示的这一组光谱线称为**巴耳末系**（Balmer series）。

笔记

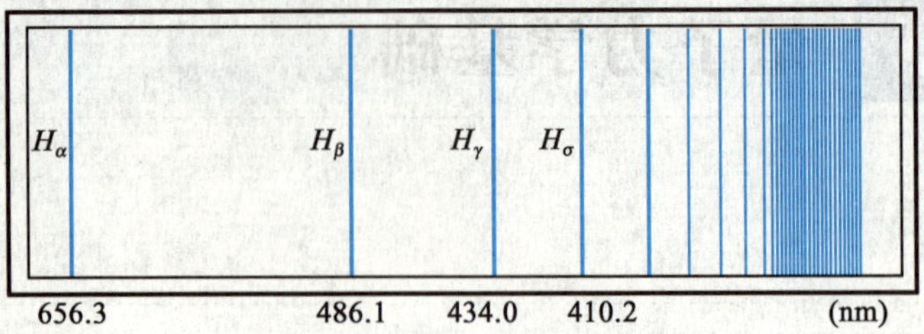

图 12-1 氢光谱中的巴耳末系谱系

除此之外，在氢光谱的紫外部分和红外部分还有称为莱曼系（Lyman series）和帕邢系（Paschen series）的主要光谱线系，它们的波数分别由

$$\tilde{\nu}=\frac{1}{\lambda}=R\left(\frac{1}{1^2}-\frac{1}{n^2}\right),n=2,3,4\cdots \tag{12-2}$$

$$\tilde{\nu}=\frac{1}{\lambda}=R\left(\frac{1}{3^2}-\frac{1}{n^2}\right),n=4,5,6\cdots \tag{12-3}$$

来表示。

氢原子光谱的各个光谱系的波数还可进一步概括成如下的简单公式

$$\tilde{\nu}=T(k)-T(n) \tag{12-4}$$

式中，两项 $T(k)$ 和 $T(n)$ 称为光谱项（spectral term），参数 k 指示各个光谱系，而参数 n 指示光谱系中的各个光谱线。式（12-4）称为氢原子光谱的并合原则或组合原理（combination principle），它表示：把对应于任意两个不同整数的光谱项合并起来，组成它们的差，就能得到一条氢原子光谱线的波数，进而算出其波长和频率。

对以上氢原子光谱的情况，可以总结出如下三条结论：

1. 光谱是线状的，谱线有一定位置，这就是说，有确定的波长值，而且是彼此分立的。

2. 谱线间有一定的关系，例如谱线构成一个谱线系，它们的波长可以用一个公式表达出来，不同系的谱线有些也有其关系，例如有共同的光谱项。

3. 每一谱线的波数都可以表达为二光谱项之差，即 $\tilde{\nu}=T(k)-T(n)$。

这里总结出来的三条结论也是所有原子光谱的普遍情况，所不同的只是各原子的光谱项的具体形式各有不同罢了。

二、玻尔的氢原子理论

既然原子光谱的规律性反映了原子的内在运动，那么原子内部的结构是怎样的呢？如何由此来说明原子光谱的规律性呢？

关于原子结构问题，卢瑟福（E. Rutherford）在实验的基础上，在 1911 年提出了核模型结构。用核模型虽可以成功地说明一些实验事实，但在用来解释原子光谱时却遇到明显的矛盾。根据经典电磁理论，可知绕核运动的电子必然具有加速度，应向外辐射电磁波；由于能量逐渐减少，使电子逐渐接近原子核，旋转频率也随着改变，最后电子将碰到原子核上。因此，原子是一个不稳定的系统，原子所发射的光谱应当是连续光谱。但是事实表明，原子是一个稳定系统，原子光谱是线光谱。

1913 年，玻尔（N. Bohr）在原子的核模型基础上，考虑到原子光谱的规律性，抛弃了部分经典理论的概念，发展了普朗克的量子概念，提出了三条假设，使原子光谱得到了初步的解释。

笔记

1. **玻尔理论的基本假设**

（1）原子中的电子以速度 v 在半径为 r 的圆周上绕核运动时，只有电子的角动量 $\boldsymbol{L}$ 等于$\frac{h}{2\pi}$整数倍的那些轨道才是稳定的，即

$$L=mvr=n\frac{h}{2\pi} \tag{12-5}$$

式中，m 为电子的质量，h 为普朗克常量，$n=1,2,3,\cdots$（整数值）称为量子数（quantum number），式(12-5)称为量子化条件。

（2）电子在上述假设许可的任一轨道上运动时，虽有加速度，但原子具有一定的能量 E_n 而不会发生辐射，这时原子处于稳定的运动状态，简称定态（stationary state），这称为定态假设。

（3）原子从一个具有较大能量 E_n 的定态，跃迁到一个具有较小能量 E_k 的定态时，原子才进行一定频率的电磁辐射，其频率由下式决定

$$\nu=\frac{E_n-E_k}{h} \tag{12-6}$$

式(12-6)称为频率条件。

2. **玻尔理论在氢原子的应用**　玻尔在上述假设的基础上，进一步定量地计算了氢原子定态的轨道半径和能量，成功地解释了氢原子光谱的规律性。

在氢原子中，设质量为 m 的电子在半径为 r 的圆形轨道上以速度 v 运动，则根据库仑定律，电子受原子核的吸引力的大小为$\frac{e^2}{4\pi\varepsilon_0 r^2}$。这一吸引力就是电子作圆周运动所必须的向心力，因此

$$m\frac{v^2}{r}=\frac{e^2}{4\pi\varepsilon_0 r^2}$$

由玻尔的第一个假设，即式(12-5)和上式联立而消去 v，并以 r_n 代替 r，即得

$$r_n=\frac{\varepsilon_0 h^2}{\pi m e^2}n^2,\qquad n=1,2,3\cdots \tag{12-7}$$

这就是氢原子量子数为 n 的电子圆形轨道的半径。由此可见，电子轨道不能是任意的，而整数 n 的函数。当 $n=1$ 时，就得到离原子核最近的轨道半径

$$r_1=a_0=\frac{\varepsilon_0 h^2}{\pi m e^2}=0.529\times10^{-10}\,\text{m}$$

a_0 通常称为玻尔半径（Bohr radius），它是描述轨道半径大小的一个物理量。

在量子数为 n 的轨道上，原子的总能量 E_n 应为电子的动能和电子与原子核间的势能的代数和，即

$$E_n=E_k+E_p=\frac{1}{2}mv^2+\left(-\frac{e^2}{4\pi\varepsilon_0 r_n}\right)$$

由式

$$m\frac{v^2}{r_n}=\frac{e^2}{4\pi\varepsilon_0 r_n^2}$$

得

$$\frac{1}{2}mv^2=\frac{e^2}{8\pi\varepsilon_0 r_n}$$

笔记

所以量子数为 n 时，原子的能量

$$E_n=-\frac{e^2}{8\pi\varepsilon_0 r_n}=-\frac{me^4}{8\varepsilon_0^2 n^2 h^2} \tag{12-8}$$

原子总能量 E_n 为负值，这与势能零点的选择有关，这里选择电子与原子核相距为无限远（即 $n=\infty$）时的势能为零，因此电子处于束缚状态时，总能量就一定是负值。

式(12-8)表示氢原子的能量只能取一些不连续的量子性数值。电子在半径为 r_n 的轨道运动时，原子具有相应的能量值 E_n，称为**能级**(energy level)。相应于 $n=1$ 的能级，能量最低，原子最稳定。这一原子状态称为**正常状态**或**基态**(ground state)；相应于 $n=2,3,4\cdots$ 的能级，能量较大，原子的状态称为**激发态**(excitation state)。根据式(12-8)，可以算出基态的能量为 -2.176×10^{-18}J 或 -13.6eV。如果给氢原子提供这样大小的能量，就可以使它由基态跃迁到能级 $E_\infty=0$ 的状态。这时，电子不再受原子核的束缚而原子被电离。所以，13.6eV 称为氢原子的**电离能**(ionization energy)。

原子吸收一定的能量时，电子可以从量子数较小的轨道跃迁到量子数较大的轨道，这时原子就从低能级跃迁到高能级。在受激状态下的原子，能自发地跃迁到能量较小的状态，从而以一定频率进行电磁辐射。

根据玻尔的第三个假设，原子从能量为 E_n 的高能级跃迁到能量为 E_k 的低能级时，电磁辐射的频率为

$$\nu_{kn}=\frac{E_n-E_k}{h}=\frac{me^4}{8\varepsilon_0^2 h^3}\left(\frac{1}{k^2}-\frac{1}{n^2}\right)$$

如果用波数表示，则有

$$\tilde{\nu}_{kn}=\frac{1}{\lambda_{kn}}=\frac{\nu_{kn}}{c}=\frac{me^4}{8\varepsilon_0^2 ch^3}\left(\frac{1}{k^2}-\frac{1}{n^2}\right)$$

或

$$\tilde{\nu}_{kn}=R\left(\frac{1}{k^2}-\frac{1}{n^2}\right) \tag{12-9}$$

式中，$R=\dfrac{me^4}{8\varepsilon_0^2 ch^3}=1.0973730\times10^7\text{m}^{-1}$ 这个数值与实验中得到的 R 值能很好地符合，因而为里德伯常量找到了理论根据。

玻尔理论能很好地解释氢原子光谱中各线系的发生过程。当电子从外层轨道跃迁到第一轨道时，产生莱曼系($k=1$)；从外层轨道跃迁到第二轨道时，产生巴耳末系($k=2$)；从外层轨道跃迁到第三轨道时，产生帕邢系($k=3$)。

在氢原子光谱中，除上述各系外，还在红外部分发现了**布拉开系**(Brackett series)和**普丰德系**(Pfund series)，其波数的实验值与用理论公式(12-9)，并令 $k=4$ 和 $k=5$ 所得的计算值相符合。

图 12-2 表示氢原子中的电子，从量子数较大的轨道跃迁到量子数较小的轨道的情况。图中每一条矢线表示一种跃迁，相应地发射(或吸收)一条谱线。

用图 12-2 所示的状态过渡图来表示氢原子在各定态时的电子轨道，以及电子在这些轨道间跃迁而产生的谱线系，是很不方便的。因为它不能直接地表示出各状态的能量大小，而且 n 较大的轨道，以及电子在这些轨道间跃迁而产生的谱线系，很难在图上表示出来，为此，在光谱学上常用图 12-3 所示的能级图来表示原子光谱的各个光谱线系。在能级图中，整数 n 表示各量子能级的顺序。根据能级公式 $E_n=-\dfrac{Rhc}{n^2}$，可以计算各能级的能量值，并在能量坐标上表示出来。图中任意两个不同能级跃迁的一根矢线表示一条谱线，该谱线的频率可由两量

笔记

能级差算出。

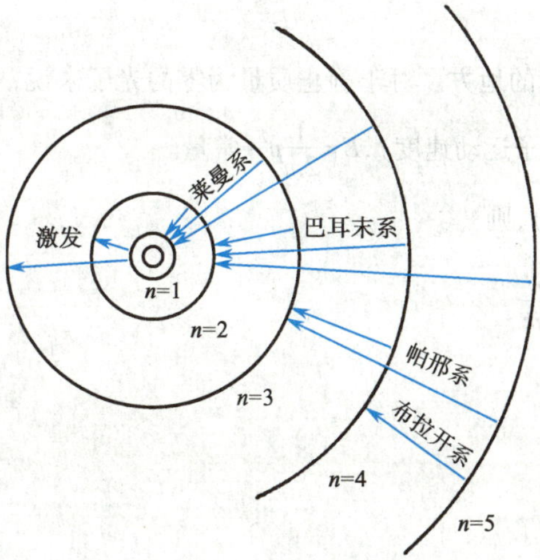

图 12-2　氢原子状态的过渡图

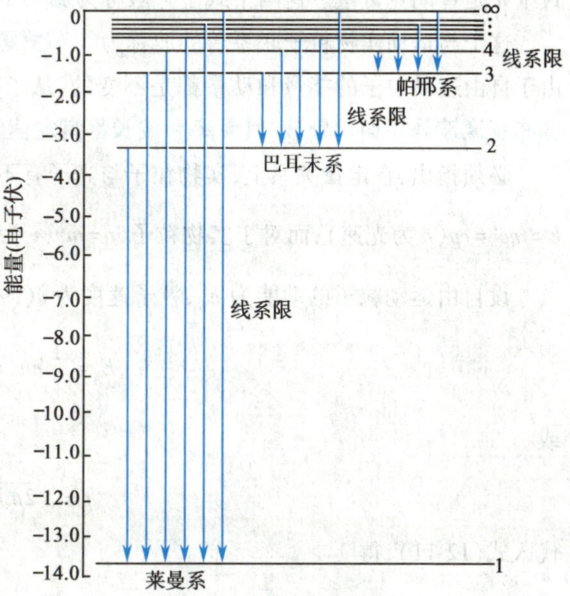

图 12-3　氢原子的能级图

应当注意，在某一瞬时，一个氢原子只能发出一个光子，许多氢原子才能同时发生不同的谱线。由于受激原子的数目是巨大的，所以我们能同时观测到全部谱线。从实际测量中所得各谱线的强度不同，说明在某一瞬时发射各种光子的原子数目不同。

玻尔理论在解决氢原子光谱问题上，获得了相当满意的结果，但是对氢光谱的精细结构，谱线较复杂的碱金属元素光谱和光谱在磁场中要分裂的现象则完全不能解释。只有量子力学才能完整地描述微观粒子的运动规律。

第二节　实物粒子的波动性

为了能够说明全部的光学现象，我们不得不承认光既具有波动性又具有粒子性，即具有波粒二象性。波动性和粒子性如何统一？应如何理解波粒二象性呢？正当物理学家们对上述问题以及玻尔原子结构理论中的量子假设感到困惑不解的时候，1924 年英国自然哲学杂志发表了法国青年物理学家路易 · 德布罗意(Louis de Broglie)的一篇文章。在这篇文章中他说：整个世纪以来，在光学上，比起波动的研究方法来，是过于忽略了粒子的研究方法，在物质理论上，是否发生了相反的错误呢？是不是我们把关于“粒子”的图像想得太多，而过分地忽视了波的图像？因此他提出了微观粒子也具有波动性的假说，从而为解决上述难题成功地迈出了第一步。

一、德布罗意假设

德布罗意在研究微观粒子运动规律时，受到光的二象性启发，提出了微观粒子，如电子、质子、中子等也具有波粒二象性，也就是说运动着的粒子也具有波动性，按照德布罗意假设，以速度 v 匀速运动时，具有动量 $\boldsymbol{p}$ 的运动的实物粒子与之相联系在一起的波的频率 ν 和波长 λ 服从以下的定量关系，即

$$\nu = E/h \tag{12-10}$$

笔记

$$\lambda = h/p \tag{12-11}$$

式中 h 是普朗克常量。这两个式子一般称为**德布罗意关系式**(de Broglie relation)。

这个与运动实物粒子联系着的波称为**德布罗意波**(de Broglie wave)或**物质波**(matter wave)。由于自由运动粒子的能量和动量都是不变的,从上面两个公式可知,**与自由运动粒子相联系的德布罗意波是平面单色波,其频率和波长都有定值**。

必须指出,在定量关系上,实物粒子与光子有不同的地方。对于静止质量为零的光子来说,$E=mc^2=cp$(c 为光速);而对于实物粒子,$p=mv$(v 为粒子运动速度),$E=\frac{1}{2m}p^2+$常量。

设自由运动粒子的动能为 E_k,粒子速度为 $v(v\ll c)$,则

$$E_k=\frac{1}{2}mv^2=\frac{p^2}{2m}$$

或

$$p=\sqrt{2mE_k}$$

代入式(12-11),得

$$\lambda=\frac{h}{p}=\frac{h}{\sqrt{2mE_k}} \tag{12-12}$$

如果该粒子为电子,在电压为 U 的加速电场的作用下,则电子得到的动能是 $E_k=eU$(e 为电子的电量)。将 h、m 和 e 的数值代入上式后,得

$$\lambda=\frac{h}{\sqrt{2meU}}\approx\sqrt{\frac{1.50}{U}}=\frac{1.225}{\sqrt{U}}\text{nm} \tag{12-13}$$

式中,加速电压 U 的单位为伏特。由此可见,用 150V 的电压加速电子,其波长为 0.1nm;而电压为 10kV 时,电子波长为 0.0122nm。可见**德布罗意波的波长是很短的。电子波的德布罗意波长与加速电压的平方根成反比**。

德布罗意首先用物质波的概念对玻尔氢原子理论中轨道角动量量子化的关系式(12-5)作了成功的解释,氢原子的轨道角动量为什么是量子化的?经典理论无法解释,德布罗意认为,当电子在某个圆形轨道上绕核运动时,如果圆周轨道长度恰好是电子的德布罗意波长 λ 的整数倍,如图 12-4(a)所示,则可形成稳定的驻波,此时电子的运动状态是稳定的,这对应于原子的定态。反之,若轨道长度不是电子波长 λ 的整数倍,则不可能形成稳定的驻波,如图 12-4(b)所示,此时电子的运动是不稳定的,电子不可能长时间处于这种状态。所以**稳定轨道的条件是:圆周轨道的周长必定是电子波长的整数倍**。即

$$2\pi r=n\lambda \qquad n=1,2,3\cdots \tag{12-14}$$

电子的德布罗意波长为 $\lambda=h/p=h/m_ev$,代入上式,得

$$2\pi r=n\frac{h}{m_ev}$$

或

$$m_evr=n\frac{h}{2\pi}$$

上式正好就是玻尔理论中角动量量子化条件式(12-5),可见,从电子具有波动性的假定出发,就能对角动量量子化作出很好的说明。

笔记

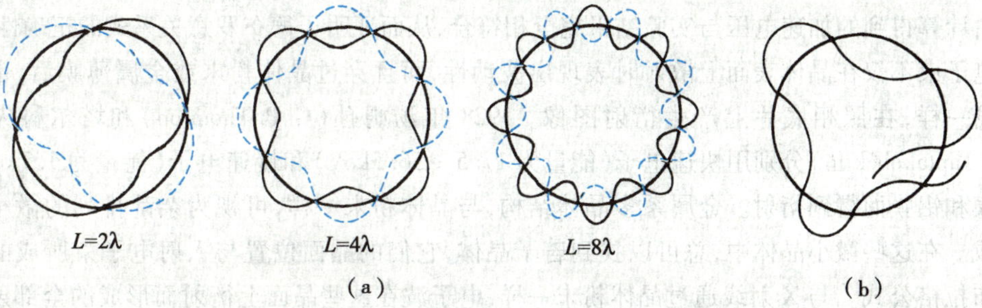

图 12-4　电子驻波轨道示意图

二、电 子 衍 射

德布罗意关于粒子具有波动性的假设，究竟有无实际意义，关键在于能否得到实验验证，运动的电子流是否有波动性，就要用实验去检验电子流是否存在波动的基本特征——干涉，衍射等等。

这种德布罗意波很快就在实验上被证实了，从 1927 年起陆续用不同的方法证实了电子流是具有波动性，并符合德布罗意公式。最著名的实验是 1927 年戴维逊（C. J. Davisson）和革末（L. S. Germer）的实验，实验结果首次显示了电子波在晶体面上的散射而形成的衍射，衍射的极大值符合 X 射线衍射的布拉格公式。

实验可以用图 12-5 来说明，电子从灼热的金属丝 K 发射，经过电压为 U 的加速电场作用，通过一组阑缝 S_1、S_2，成为很细的电子束。电子束射到单晶体 C 的表面上，象 X 射线一样，反射到集电器 B，由电流计 G 的示数，可测得电子流的强度。在实验过程中，保持 φ 角不变，而逐渐增大电压 U，使电子的速度逐渐增大，量度对应的电子流强度 I，可以得到 U 与 I 之间的关系（如图 12-6）的曲线。曲线具有一系列的极大值表明，只有在某一些加速电压（图中 I 为极大值时的各个电压）作用下，也就是电子具有某些特定的速度时，被晶体散射的电子波叠加起来才能在符合反射定律的方向形成衍射（波动的）极大值。这个实验与 X 射线被晶体表面散射的情况相同，因此，只有认为电子也具有波动特性，才能予以解释。

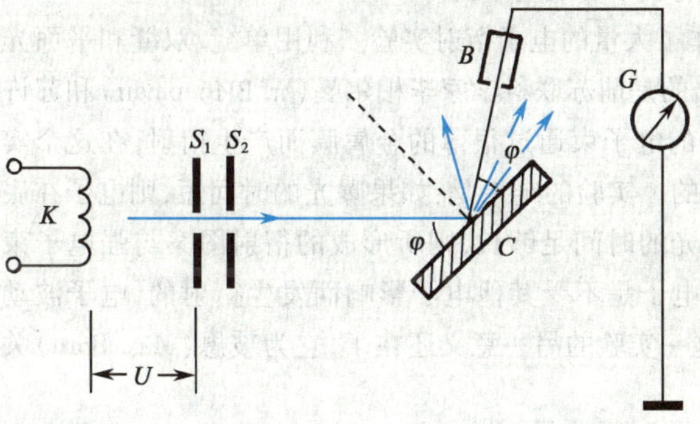

图 12-5　电子在晶体面上衍射的实验装置图

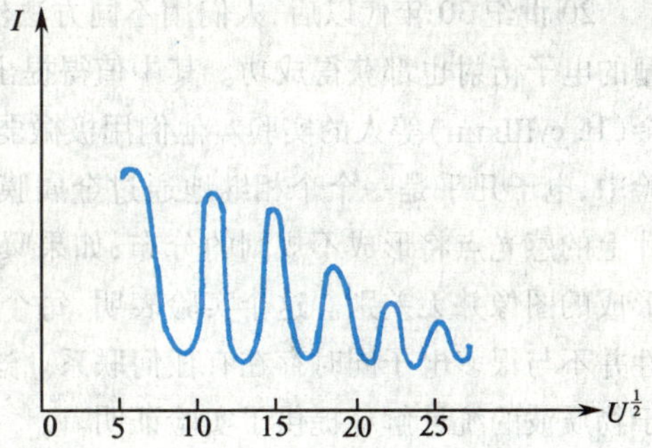

图 12-6　电子在晶体面上衍射的实验结果

设电子波具有的波长为 λ，则只有在满足布拉格公式

$$2d\sin\varphi = k\lambda \qquad k=1,2,3\cdots$$

时才能得到最大强度的散射。式中，d 为晶体的晶格常数，k 为各级极大的序数。将式（12-13）代入上式即得

$$2d\sin\varphi = k\frac{1.225}{\sqrt{U}} \tag{12-15}$$

笔 记

由于实验中 d 和 φ 都是定数，所以根据上式可以求出各级极大值所对应的加速电压的数值。由计算得到的加速电压与实验结果完全相符合，从而证明了德布罗意关系式的正确性。

电子束不仅在晶体表面上散射时表现出波动性，而且穿过晶体粉末或金属薄膜后，也会如X射线一样，在照相底片上产生衍射图像。1928 年汤姆孙（G. P. Thomson）和塔尔科夫斯基（Л. С. Тарtакоbскuй）分别用快速电子（能量为 17.5～56.5keV）和慢速电子（能量为 1.7keV）通过金膜和铝膜而得到衍射。金属系多晶体结构，与晶体粉末一样，可视为杂乱排列的微小晶体所组成。在这些微小晶体中，总可以找到若干晶体，它们的晶面位置与入射电子束所成的角度适合布拉格公式。与 X 射线通过晶体粉末一样，电子波在这些晶面上衍射而形成的全部射线将沿着与入射方向夹定角的圆锥面进行，从而在垂直于入射方向的照相板上显示出一系列的同心衍射环（如图 12-7）。

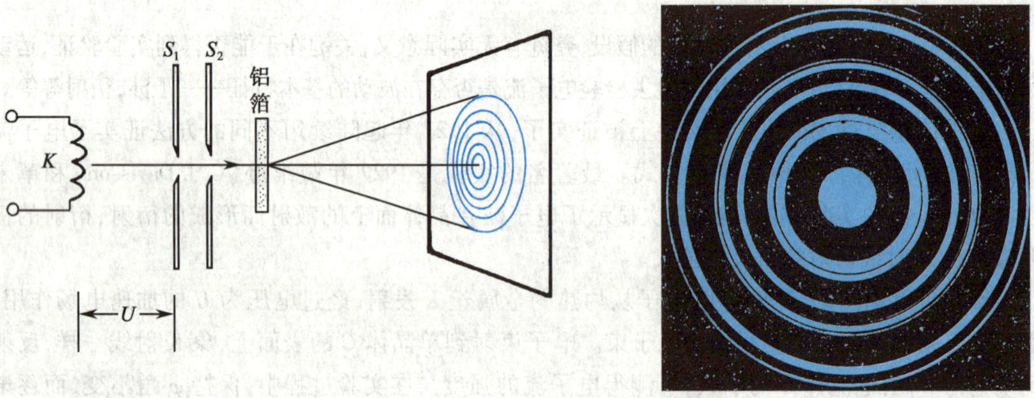

（a） （b）

图 12-7 衍射图像

（a）电子衍射图像 （b）X 射线衍射图像

汤姆孙的实验比起戴维逊的实验更为直观，而且在加上磁场时，可以很方便地证明，这些环是由散射电子本身而不是由金属靶被电子轰击后产生的次级 X 线所形成的。因为加上磁场后，电子衍射环的位置和形状要受到影响，而 X 射线不受磁场干扰。

20 世纪 30 年代以后，人们用不同方法作了大量的电子衍射实验。利用单缝、双缝和平面光栅的电子衍射也都获得成功。其中值得提出的是前苏联科学家毕柏尔曼（π. ВИберман）和苏许金（Н. суЩкин）等人的实验。他们用极微弱的电子束通过很薄的金属膜而产生衍射，在这个实验中，电子几乎是一个个相继地通过金属膜的。实验的结果是：如果曝光的时间短，则电子在底片上的感光点将形成不规则的分布；如果曝光的时间足够长，则所形成的衍射图案与强电子束形成的图像并无差别。这个实验表明，每个电子是不受其他电子影响而发生衍射的，电子波动性并不与很多电子同时存在有任何联系。这一实验的另一意义还在于，它为玻恩（Max. Born）关于物质波的统计解释提供了实验证明。

不仅电子具有波动性质，实验证明**各种粒子，如原子、分子和中子等等微观粒子也都同样具有波动性，因为它们都能产生衍射现象。德布罗意公式是表征所有实物粒子的波动性和粒子性内在联系的关系式。**

三、物质波的统计解释

应该如何解释德布罗意波（即物质波）和它所描述的粒子之间的关系呢？对这个问题曾有过不同的见解，而正确的解释是玻恩首先提出的，即所谓玻恩对物质波的统计解释。

笔记

让我们再次考察上节所描述的电子衍射实验。用照相底片记录穿过薄金属片衍射出来的电子，如果入射电子流的强度很大，即单位时间内有许多电子被衍射，则照相底片上很快就出现了如图 12-7 的衍射图样。如果入射电子流的强度很小，电子一个一个地被衍射，这时底片上就出现了一个一个的点子，显示出电子的粒子性。这些点在底片上的位置并不都是重合在一起的。起初它们毫无规则地散布着；随着时间的延长，点子数目逐渐增多而形成了衍射图样，显示出电子的波动性。由此可见，通过实验所揭示的电子波动性质，是许多电子在同一个实验中的统计结果，或者是一个电子在条件相同的许多实验中的统计结果。波函数正是为了描述粒子的这种行为而引入的。

在光的衍射图样中，各处的强度不同。从波动观点来看，衍射图样最明亮之处，光波的振幅最大，因为光的强度和振幅绝对值的平方成正比。从粒子观点来看，光的强度最大处，光子的密度（单位体积中的光子数）也最大。统一这两种观点，可以得出结论：**空间某点光子的密度与该点光波振幅或强度平方成正比**。这是对光的衍射图像的统计解释，如果光子换成其他基本粒子，这种解释就是对物质波的统计解释。

根据物质波的统计解释，我们来说明电子在照相底片上的衍射图样。在衍射极大的地方（衍射环纹最亮处），波的强度大，每个电子投射到这里的概率大，因而投射到这里的电子多；在衍射极小的地方（衍射环纹的暗纹处），波在这里相互抵消，由于相互抵消的程度不同，使得波的强度很小或等于零，所以电子投射到这里的概率很小或等于零，因而投射到这里的电子很少或者没有。

因此，**德布罗意波（物质波）既不是机械波，也不是电磁波，而是具有统计分布规律的概率波**（probability wave）。

第三节　不确定原理

我们知道，在经典力学中，宏观物体的运动状态可用位置和动量（或速度）来描述，若已知一物体在某时刻的坐标和速度以及该物体的受力情况，就可由牛顿第二定律 $\boldsymbol{f}=m\boldsymbol{a}$ 求出物体在任一时刻的运动状态，亦即在物体运动轨道上的任一点，应有其确定的位置和速度，或者说，物体的坐标和动量同时都具有确定的值。但是，对微观粒子来说，由于它具有波粒二象性，轨道的概念已失去了意义。那么，是否仍可用上述的经典概念和方法去描述微观粒子的运动状态呢？其适用程度和准确性又是如何呢？判断这一问题的依据，就是不确定关系，又称为**不确定性原理**（uncertainty principle），下面分别从坐标和动量、能量和时间两种情况介绍其不确定关系式。

一、坐标和动量的不确定关系式

在经典力学中，运动的质点（或物体）具有确定的轨道。在任何时刻，描述质点运动状态的位置和速度（或动量）都可以通过实验手段来精确的测定。然而在微观世界中，我们却不能通过实验来同时确定微观粒子的位置和动量。1927 年海森伯（W. K. Heisenberg）提出了同时测量一个物体的位置和动量时测量精度的自然极限。现在以电子单缝衍射实验为例来说明这一极限。设有一束电子，以速度 v 沿 OY 轴射向狭缝（如图 12-8），狭缝宽度为 d，这些电子的动量 p 接近相同，因此与这些电子相联系的电子波就应是近似的平面单色波（图中缝左边的实线表示电子波的波阵面，虚线表示波射线或电子动量的方向）。在进入单狭缝的瞬时，根据惠更斯原理，缝内波阵面上的每一点（图中只标出 O、A、B 三点）都可作为子波波源而发射球面波，向缝右边的各个方向传播（带有箭头的虚线表示子波波射线）。这些子波在屏上的叠加和干涉就形成了如图的单缝衍射图像。

用玻恩的观点，在进入单缝时，电子在空间位置的概率受到狭缝宽度的限制。即电子的坐标位置的最大不确定量为 d，如果用坐标 x 来描述，那么

$$\Delta x=d$$

笔记

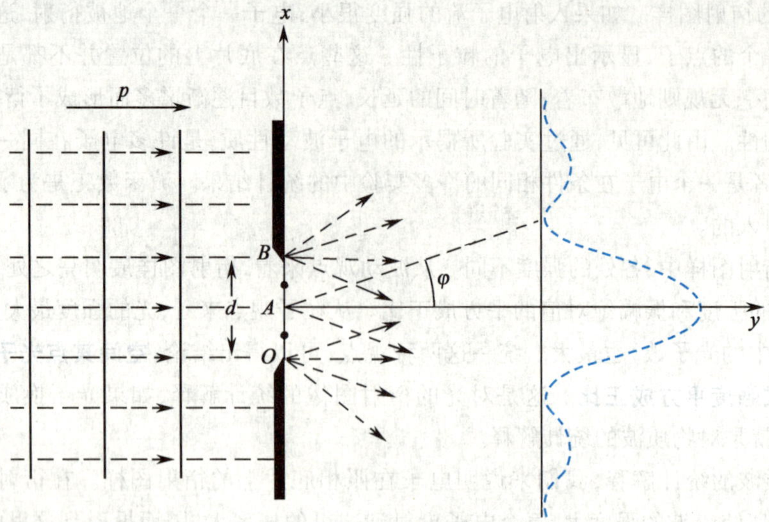

图 12-8 不确定关系式推导说明图

根据惠更斯原理，虽然电子波在进入狭缝之前的各个方向传播都是可能的，但是进入单缝时的电子的动量方向就具有概率性，它们与入射方向的夹角0到$\pm\frac{\pi}{2}$的范围内都是可能的。设中央极大值对应的半角宽为φ，则落入中央极大的那些电子的动量在x轴上的分量的最大不确定量为

$$\Delta p_x = |\pm p\sin\varphi| = p\sin\varphi$$

令入射电子波的波长为λ，则根据单缝衍射公式$\sin\varphi=\frac{\lambda}{d}$和德布罗意公式$p=\frac{h}{\lambda}$，可以得到

$$\Delta x \cdot \Delta p_x = d \cdot p \cdot \sin\varphi = d \cdot \frac{h}{\lambda} \cdot \frac{\lambda}{d} = h$$

如果把次级极大全部都考虑在内，则$\Delta x \cdot \Delta p_x > h$，于是有

$$\Delta x \cdot \Delta p_x \geqslant h \tag{12-16a}$$

选择坐标y和z，同样可得到

$$\Delta y \cdot \Delta p_y \geqslant h \tag{12-16b}$$

和

$$\Delta z \cdot \Delta p_z \geqslant h \tag{12-16c}$$

这就是存在于坐标和动量之间的**不确定关系式**(uncertainty relation)。它表明，**坐标的不确定量和坐标方向上的动量不确定量的乘积不能小于h**。

下面应用不确定关系式讨论两个例子。

(1) 在高能物理实验中，常用威耳孙云室来观察粒子。在带电粒子经过的地方由于电离作用产生一串凝结的小露珠，从而显示粒子运动的径迹。设观察的粒子为电子(例如β粒子)，显微镜测出小露珠直径的数量级为10^{-5}m，并作为电子位置的最大不确定量，则根据不确定关系式可求得电子速度的不确定量约为

$$\Delta v_x \geqslant \frac{h}{m \cdot \Delta x} = \frac{6.6\times10^{-34}}{9.1\times10^{-31}\times10^{-5}} \approx 73\text{m/s}$$

与电子速度(如β粒子速度可达$10^7 \sim 10^8$m/s)相比，可见Δv_x是很微小的。

笔记

(2) 根据经典理论，原子内电子在其轨道上运动的速度约为10^6m/s，电子属于原子这一事实要求电子的位置坐标的最大不确定量不能大于原子的线度，即$\Delta x \leqslant 10^{-10}$m。由不确定关系式

可以求得电子速度分量的不确定量约为

$$\Delta v_x \geqslant \frac{h}{m \cdot \Delta x}=\frac{6.6\times10^{-34}}{9.1\times10^{-31}\times10^{-10}}\approx 73\times10^{6}\text{m/s}$$

可见速度分量的不确定量为速度本身的几倍。因此，不能用坐标、速度和轨道描述电子在原子中的运动。

二、能量和时间的不确定关系式

物质粒子的总能量是其动能、势能和固有能量之和。动能是速度的函数，而势能是坐标的函数。由于微观粒子的坐标和动量都具有不确定性，因此粒子的能量也就具有不确定性。原子被激发发光的光谱线不是几何线而都具有一定的宽度就证明了这一点。光谱学指出，被激发电子的能量的不确定量与电子在该能量状态停留的时间有关。下面来推导它们之间的关系式。根据相对论，粒子的总能量可表示为

$$E=m_0c^2+E_k+E_p$$

如果只考虑其一维的状态情况，那么

$$E=m_0c^2+\frac{p_x^2}{2m}+E_p(x)$$

由于 m_0c^2 是常量，而 E_p 又仅是坐标的函数，与粒子的动量 p_x 和速度 v_x 无关，因此对上式求导，得

$$\frac{\mathrm{d}E}{\mathrm{d}p_x}=\frac{p_x}{m}=\frac{mv_x}{m}=v_x$$

即
$$\mathrm{d}E=v_x\cdot\mathrm{d}p_x$$

或
$$\Delta E=v_x\cdot\Delta p_x$$

以 Δt 分别乘上式两边，即得能量和时间的不确定关系式

$$\Delta E\cdot\Delta t=\Delta p_x\cdot v_x\cdot\Delta t=\Delta p_x\cdot\Delta x\geqslant h \tag{12-17}$$

应用上式可以计算可见光范围内光谱线的相对频宽。设原子在激发态能级的能量不确定量为 ΔE，则原子被激发发光的光谱线的相对宽度为

$$\frac{\Delta\nu}{\nu}=\frac{h\Delta\nu}{h\nu}=\frac{\Delta E}{h\nu}$$

根据式(12-15)，有 $\Delta E\geqslant h/\Delta t$，于是得

$$\frac{\Delta\nu}{\nu}\geqslant\frac{1}{\nu\cdot\Delta t}$$

在发射可见光($\nu\sim10^{15}$Hz)范围内，原子在激发态停留的平均时间一般约为 10^{-8}s，于是得到

$$\frac{\Delta\nu}{\nu}\geqslant10^{-7}$$

可见，光谱线的频宽不小于频率的千万分之一。有些原子存在长寿命的激发态，称为**亚稳态**。激光就是处于亚稳态的原子受激发辐射的光，所以激光的单色性好。

测不准原理是应用经典力学来描述微观粒子的适用性的量度，它使我们进一步认识微观粒子的运动规律。但是有一些物理学家，包括玻尔和海森伯在内，对测不准原理却作了错误的解释。他们认为，测不准原理限制了我们对于微观粒子的精确认识，电子有自由意志，世界是不可知的等。实际上测不准关系并不能限制我们认识微观世界的客观性质，而只是反映了

笔记

经典力学对微观粒子的描述有一定范围。微观现象具有根本区别于宏观现象的特殊性，而量子力学正是阐述微观现象的普遍理论，反映了微观世界的规律。量子力学理论的发展，已得到许多实验结果的证明，说明了微观世界是完全可以认识的，而人们对自然的认识，可以逐步深入而不受任何限制。如果局限于经典力学的范围来认识微观世界，就会得出错误的结论来。

综上所述，可以得出以下结论：①**根据微观粒子的波粒二象性，如果用力学量来描述它的运动，则这些力学量都具有概率性，故而是不确定的量。粒子所处环境的变化并不改变粒子的概率本性，所改变的只是其不确定程度的大小**。例如，在上述单缝衍射实验中，在进入狭缝之时，环境改变，电子的位置坐标的不确定程度受到缝宽的限制而减小，于是，与之相应的动量的不确定性增大。不确定关系式表明，两个相关力学量的不确定程度存在着相互联系、相互制约的关系，它们的不确定范围共同由普朗克常量 h 所制约。②**如果从测量的角度去理解描述微观粒子运动的力学量的不确定程度，则不确定关系式中的 p_x 和 x 可以被看成多次测量动量和位置坐标的最大偏差（误差）**。这样，当测量粒子坐标越准确（误差小），则动量就越测不准（误差大）；反之，把动量测得越准确，则坐标就越测不准。于是，不确定原理又称为**测不准原理**。根据经典力学，固定轨道的概念是建立在质点的位置坐标和动量都能同时被准确测定的条件上的。对于微观粒子，由于二者不能同时被准确测定，因此固定轨道的概念必须抛弃，这就规定了经典力学量用以描述微观粒子运动的可能性和限度。

应用不确定关系式，还可能区分宏观粒子和微观粒子，划分经典力学和量子力学的界限。在前面所举的例子中，处于原子中的电子是微观粒子。由于其坐标和动量不能同时准确测定，因此不能用经典力学的轨道来描述其运动，而必须用量子力学方法去处理。对于云雾室中的快速电子（速度接近光速）来说，其速度的不确定量与速度本身相比，可以忽略不计。由于坐标和动量都能有效地确定，所以云雾室中的电子可以看成宏观粒子而用经典力学的概念去描述它的运动。

第四节 波函数、薛定谔方程

在经典力学中，对于宏观物体，只要知道其初始的位置坐标和速度（动量），应用运动方程 $\boldsymbol{r}=\boldsymbol{r}(t)$ 和 $\boldsymbol{f}=m\dfrac{\mathrm{d}^2\boldsymbol{r}}{\mathrm{d}t^2}$ 即可推算任何时刻物体的运动状态和运动的轨迹，从而对物体的运动有一全面了解。对于微观粒子，由于它具有描述其运动状态的波动态和粒子态两种模型，不可能同时精确地描述它的波动性（如波长、频率）和粒子性（如能量、动量），而且固定轨道的概念又失去了意义。那么应如何描述其运动状态呢？微观粒子运动状态变化的规律又是怎样的呢？

正当人们困惑不解和深思熟虑的时候，1926 年薛定谔（Erwin Schrödinger）根据微观粒子二象性以及玻恩对物质波的统计解释，提出了研究微观粒子运动的新的力学体系——**波动力学**。波动力学是用波函数来描述微观粒子的运动状态，并且应用光学和力学相对比建立起描述微观粒子运动状态变化的基本规律——**波动方程（薛定谔方程）**，它为现代量子力学体系的建立奠定了基础。

一、波函数的意义和性质

在量子力学中用波函数描述微观粒子的运动状态，空间某处波的强度表示该处粒子出现的概率密度，这是玻恩对德布罗意波的统计解释。这是量子力学理论中的一条基本假设，或者说是一条公理。

笔记

我们知道，在经典力学中，机械波的**波函数**（wave function）是机械振动的位移对空间和时间的依从关系式。现在，我们用光波和物质波对比的方法来阐明波函数的物理意义。根据对光的衍射图样的分析，衍射图样最亮的地方，从波动观点看，该处光振动的振幅最大，光强度与振幅的平方成正比；但从微粒观点看，入射到该处的光子数最多，光强度与光子数成正比。因为这两种看法是等效的，所以结论是：**入射到空间某处的光子数与该处光振动的振幅的平方成正比。**

由于电子和其他微观粒子的衍射图样与光的衍射图样相类似，因此物质波的强度也应与波函数的振幅的平方成正比。电子波强度较大的地方，也就是电子分布较多的地方。电子在空间某处分布数目的多少，与单个电子在该处出现的概率成正比，因此得到类似的结论：**某一时刻，在空间某处，粒子出现的概率正比于该时刻该处波函数振幅的平方**。这是玻恩对波函数的统计解释。由此可见，**物质波既不是机械波，也不是电磁波，而是一种概率波**。波函数本身既不是位移，也不是场强，不能直接测量。波函数所反映出来的只是微观粒子运动的统计规律。这与宏观物体的运动有着本质的差别。

在一般情况下，波函数是复数，用 $\psi(x,y,z,t)$ 来表示波函数，而概率却必须是实正数，所以波函数的振幅的平方（复数的模的平方）应等于波函数与其共轭复数的乘积，即 $|\psi|^2=\psi\cdot\psi^*$。又因为在空间某点 (x,y,z) 附近找到粒子的概率与该区域的大小 dV 有关，假设在一个很小的区域 $dV(=dx\ dy\ dz)$ 中，ψ 可以认为不变，则粒子在该区域内出现的概率为

$$|\psi|^2 dV=\psi\cdot\psi^* dV$$

式中 $|\psi|^2=\psi\cdot\psi^*$ 表示在该点处单位体积内粒子出现的概率，称为**概率密度**。按照对波函数的统计解释，正确的波函数必须具备三个条件：

（1）波函数必须是单值函数，因为在空间某处发现电子的概率密度只能是单值的。

（2）波函数必须是连续函数，因为概率分布是不能突变的。

（3）波函数必须是有限的，因为在全部空间发现一个电子的总概率应该等于1，波函数要服从下列归一化条件：

$$\int_V \psi\cdot\psi^* dV = 1$$

要使积分值为1，ψ 必须有限。

二、薛定谔方程

薛定谔(E. Schrodinger)方程是量子力学中的基本方程，象经典力学中的牛顿运动方程一样，薛定谔方程不能由其他基本原理推导出来，它的正确性只能靠实践来检验，这里介绍建立薛定谔方程的主要思路，而不是方程的理论推导。

一个沿着 x 轴运动，具有确定的动量 $p=mv_x$ 和动能 $E_k=\frac{1}{2}mv_x^2=\frac{1}{2m}p^2$ 的粒子的运动，相当于一个频率 $\nu=\frac{E}{h}$，波长 $\lambda=\frac{h}{p}$ 的单色平面波。这是量子力学中的一个基本假设。我们知道，沿 x 轴正方向传播的单色平面波的波函数是

$$\psi=A\cos2\pi\left(\nu t-\frac{x}{\lambda}\right)$$

但物质波的波函数既不是位移，也不是场强。根据数学中的欧拉公式，物质波的波函数应该用复数形式，即

$$\psi=\psi_0 e^{-i2\pi\left(\nu t-\frac{x}{\lambda}\right)}=\psi_0 e^{-i\frac{2\pi}{h}(Et-px)} \tag{12-18}$$

上式也可写成

$$\psi=\psi(x)e^{-i\frac{2\pi}{h}Et}$$

笔记

式中

$$\psi(x)=\psi_0 e^{i\frac{2\pi}{h}px} \tag{12-19}$$

称为**振幅函数**,它是波函数中只与坐标有关,而与时间无关的部分,它也是与微观粒子在空间的定态分布概率直接相关的部分,因而也称为**波函数**。现将波函数 $\psi(x)$ 对 x 取二阶导数得

$$\frac{d^2\psi}{dx^2}+\left(i\frac{2\pi}{h}p\right)^2\psi_0 e^{i\frac{2\pi}{h}px}=-\frac{4\pi^2}{h^2}p^2\psi$$

又因 $p^2=2mE_k$,代入上式并整理得

$$\frac{d^2\psi}{dx^2}+\frac{8\pi^2 mE_k}{h^2}\psi=0$$

上式称为一维空间自由粒子的振幅方程。如果粒子不是自由的而是在势场中运动时,则总能量 E 等于动能 E_k 与势能 U 之和,即 $E=E_k+U$,代入上式得

$$\frac{d^2\psi}{dx^2}+\frac{8\pi^2 m}{h^2}(E-U)\psi=0 \tag{12-20}$$

因为 ψ 只是坐标的函数,而与时间无关。上式就是一维空间中粒子运动的定态薛定谔方程。ψ 所描述的是粒子在空间的一种稳定分布。如果粒子在三维空间中运动,则上式可推广为

$$\frac{\partial^2\psi}{\partial x^2}+\frac{\partial^2\psi}{\partial y^2}+\frac{\partial^2\psi}{\partial z^2}+\frac{8\pi^2 m}{h^2}(E-U)\psi=0 \tag{12-21a}$$

若令

$$\nabla^2=\frac{\partial^2}{\partial x^2}+\frac{\partial^2}{\partial y^2}+\frac{\partial^2}{\partial z^2}$$

则

$$\nabla^2\psi+\frac{8\pi^2 m}{h^2}(E-U)\psi=0 \tag{12-21b}$$

式中 ∇^2 称为**拉普拉斯算符**。

式(12-21a)或(12-21b)就是一般的**定态薛定谔方程**。薛定谔方程也是量子力学中的一个基本假设。**薛定谔方程的意义在于:对于质量为 m(在此不考虑相对论效应)并在势能为 U 的势场中运动的一个粒子来说,有一个波函数 $\psi(x,y,z)$ 与这粒子运动的稳定状态相联系,这个波函数满足薛定谔方程式(12-21a)**。只要给出粒子在系统中的势能 U 去解薛定谔方程,就可以求出稳定状态的波函数和相应的能量。必须指出,在上述必须条件的限制下,只有当总能量具有某些特定值的薛定谔方程才有解。即是说能量是量子化的,这一量子化条件是在解薛定谔方程时自然而然引起的,不是人为的。我们将通过实例说明这一问题。

三、一维势阱中运动的粒子

现在以一维势阱中运动的粒子为例,说明如何求解薛定谔方程而得到能量的本征值和本征函数。

设粒子在一方匣中沿 x 方向往复运动,其势能不随时间变化,而且在 $x=0$ 和 $x=a$ 两处,势能变为无限大,这有如粒子处于一个无限深的凹谷中运动一样,其势能曲线称为**无限势阱**(infinite potential well)(如图 12-9)。由于势能仅随坐标而变化,因此粒子在势阱中的运动是定态运动。对于一维运动,定态薛定谔方程可简化为常微分方程

$$\frac{d^2\psi}{dx^2}+\frac{8\pi^2 m}{h^2}[E-E_p(x)]\psi=0$$

笔记

如果粒子在匣内势能可以忽略不计,则波动方程可进一步简化为

$$\frac{d^2\psi}{dx^2}+\frac{8\pi^2 m}{h^2}E\psi=0 \qquad 0<x<a$$

上式与一个谐振子的振动方程形式相同,其通解为

$$\psi(x)=A\sin kx+B\cos kx \qquad k=\sqrt{\frac{8\pi^2 mE}{h^2}}$$

式中,待定系数 A 和 B 由边界条件决定。当 $x=0$ 时,$\psi=0$,故 $B=0$,于是

$$\psi(x)=A\sin kx$$

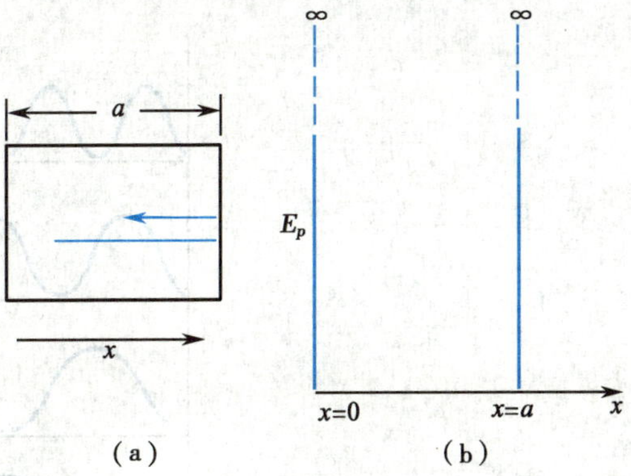

图 12-9　粒子在一维方阱中运动

又当 $x=a$,$\psi=0$,得

$$ka=n\pi \qquad k=\frac{n\pi}{a} \qquad n=1,2,3\cdots$$

波函数必须满足归一化条件,因此

$$\int_0^a A^2\sin^2\frac{n\pi}{a}x\mathrm{d}x=\frac{A^2a}{n\pi}\int_0^{n\pi}\sin^2\frac{n\pi}{a}x\mathrm{d}\left(\frac{n\pi}{a}x\right)=A^2\cdot\frac{a}{2}=1$$

故

$$A=\sqrt{\frac{2}{a}}$$

从而得到粒子的定态波函数为

$$\psi_a(x)=\sqrt{\frac{2}{a}}\sin\frac{n\pi}{a}x \qquad 0<x<a \tag{12-22a}$$

而粒子的能量可由公式 $ka=n\pi$ 求得为

$$E_n=\frac{h^2}{8ma^2}\cdot n^2 \qquad n=1,2,3\cdots \tag{12-22b}$$

金属中电子在忽略晶体点阵的作用条件下,可作为上述一维势阱中粒子运动的一个例子。联系金属中电子的运动,应用式(12-22a)和式(12-22b)可以说明以下两点。

1. **电子能量的量子化(quantization)**　将式(12-22b)对 n 求微分,得 $\mathrm{d}E=\frac{h^2}{8ma^2}\cdot 2n\mathrm{d}n$。令 $dn=1$,则 $\mathrm{d}E=\frac{h^2}{8ma^2}\cdot 2n$。与式(12-22b)相比较,可见,**当 n 较小($n=1,2,3\cdots$)时,E 和 $\mathrm{d}E$ 的差别很小,这时可认为电子能量的变化是不连续的。**但是根据电子理论,金属中电子气在常温下,其动能大约是$\frac{h^2}{8ma^2}$的 10^{14} 倍,($a=0.1$m),换句话说,电子气是处于 n 为 10^7 数量级的量子态。在此情形下,$\mathrm{d}E$ 比起 E 来是可以忽略不计,这时电子能量的变化可视为连续的。

2. **电子的概率分布(probability distribution)**　能量为 E_n 的电子的概率分布为

$$P=|\psi_n(x)^2|=\frac{2}{a}\sin^2\frac{n\pi}{a}x$$

以 x 为横坐标,P 为纵坐标可以画出电子在 $x=0$ 和 $x=a$ 之间,当 $n=1,2,3\cdots$时的概率分布曲线(如图 12-10)。由图可见,当 $n=1$ 时,电子的概率分布是起伏的,随着 n 的增大,起伏的次数也增加;当 n 增至于 10^7 数量级时,概率高峰之间靠得非常近而可以看成均匀的分布。

笔记

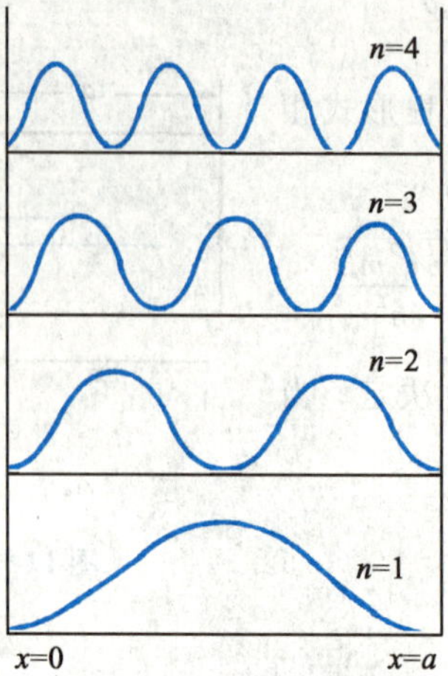

图 12-10 势阱中粒子的几率分布

第五节 氢原子及类氢原子的量子力学描述

量子力学(波动力学)应用于氢原子结构的计算指出:①电子的定态运动不能用轨道而需要用电子的空间概率分布来描述,在定态运动下,电子的空间概率分布图像都是一个不随时间改变的稳定图像;只有当原子(电子)受到激发或扰动时,分布图像才发生变化,经典理论把原子受到激发而进行电磁辐射看作是电子在高、低能量轨道之间跃迁的结果。现在,从量子力学来看,则是原子被激发后,电子的空间概率分布以频率 $\nu=\frac{E_n-E_k}{h}$ 进行振荡,这就为跃迁时电磁辐射的量子假设找到了理论上的依据。②原子中电子绕核运动有许多不同的定态,而每一定态都具有相应的能量和角动量。应用波动力学来求解氢原子的结果证明,电子各个定态运动的能量和角动量以及角动量的空间方位的变化都是不连续的,是具有量子性的,并遵从一定的量子条件。

应用薛定谔方程,可以精确求解氢及类氢原子等简单体系中电子运动的能级和波函数。对于较复杂的体系则必须用近似的方法求解。在求解氢及类氢原子的波函数的过程中,根据波函数所必须满足的条件,很自然地得出类氢原子的一些量子化特性,不需要任何人为的假设。用薛定谔方程求解类氢原子的能级和波函数所用的数学运算比较繁杂,由于超出了本书的范围,这里只讲思路和引出结果。

由于氢和类氢原子中只有一个电子绕核运动。而且核的质量远大于电子的质量,因此可以把核看作静止不动,仅电子绕核运动。由静电学可知电子在核的电场中的势能为

$$E_p=-\frac{Ze^2}{4\pi\varepsilon_0 r}$$

式中 r 为电子离核的距离,Z 是原子序数。因 E_p 与时间无关,故属于定态问题,将 E_p 代入式(12-24),得到定态薛定谔方程:

$$\frac{\partial^2\psi}{\partial x^2}+\frac{\partial^2\psi}{\partial y^2}+\frac{\partial^2\psi}{\partial z^2}+\frac{8\pi^2 m}{h^2}\left(E+\frac{Ze^2}{4\pi\varepsilon_0 r}\right)\psi=0$$

对上面方程的求解,通常采用球坐标(r,θ,φ)代替直角坐标(x,y,z),然后用分离变量法得到 r、θ 和 φ 各自满足的三个常微分方程。**对这三个方程求解时,根据波函数标准条件与归一化条件就自然地得出了分立的能级和如下的三个量子化条件。**

笔记

一、能量量子化——主量子数 n

类氢原子的总能量只能取一系列分立值,这一特性称为**能量量子化**,这些分立值是

$$E_n=-\frac{me^4}{8\varepsilon_0^2h^2}\cdot\frac{Z^2}{n^2}=-13.6\frac{Z^2}{n_2}(\text{eV}),\quad n=1,2,3\cdots \tag{12-23}$$

式中,n 是**主量子数**(erincipal quantum number),n 越大,电子离核距离越远,其能级越高。取 $Z=1$ 时,这公式与玻尔的氢原子理论的结果完全一致。但这是求解薛定谔方程的必然结果,而不是人为的假设。

二、角动量量子化——角量子数 l

类氢原子中电子的轨道角动量 L 的数值只能取一系列分立值,这一特性称为**角动量量子化**,这些分立值是

$$L=\sqrt{l(l+1)}\frac{h}{2\pi},l=0,1,2\cdots,(n-1) \tag{12-24}$$

式中,l 是**角量子数**(angular quantum number),它决定角动量数值的大小。显然,角动量数值不同,电子就处于不同的运动状态。类氢原子中,在同一能级,可以有几类角动量大小不同的运动状态。$l=0,1,2,3\cdots$的运动状态分别称为 s,p,d,f 状态。

三、空间量子化——磁量数 m

电子的角动量在空间某一特殊方向(通常取外磁场的方向)的分量 L_x 只能取一系列分立值,这一特性称为**空间量子化**。这些分立值是

$$L_x=m_l\frac{h}{2\pi},m_l=0,\pm1,\pm2,\cdots\pm l \tag{12-25}$$

式中 m_l 是**磁量子数**(magnetic quantum number)。L_x 的数量不同,电子角动量在空间的取向也不同,电子处于不同的运动状态。角动量 L 的数值相同的电子,可以有 $2l+1$ 个不同的空间取向,对应着 $2l+1$ 种不同的运动状态。

必须指出,在量子力学中没有轨道的概念,代之以空间概率分布的概念。但由于玻尔理论中的轨道和量子力学中的概率分布有着若干对应关系,所以在量子力学中,轨道的名词有时仍然保留。不过这里的"轨道"概念与经典物理中的"轨道"概念已有完全不同意义了。

最后,提醒注意的是:以上三个量子化条件是在求解薛定谔方程的过程中很自然地得出的,而不是像玻尔-索末菲理论假设那样,是人为引入的,同时实验证明了:无论是前者的方法和结果都要比后者科学和准确。

第六节 电 子 自 旋

20 世纪 30 年代,人们发现许多现象仅用 n、l、m_l 三个量子数描述原子中电子的量子态是不能得到解释的,其中之一是光谱的精细结构。为了说明这些现象,提出了电子自旋及其量子化的假设。这一假设得到了直接的实验验证,从而丰富了量子力学关于原子结构的理论,为建立原子的电子壳层理论奠定了基础。

一、施特恩-格拉赫实验

1921 年施特恩(O. Stern)和格拉赫(W. Gerlach)进行了直接观察原子磁矩的实验。实验装

笔记

置如图 12-11 所示，图中 N 和 S 为一对特殊形状的磁极，能够在极间形成非均匀程度达到原子线度的磁场，K 为原子射线发射源，G 为狭缝，P 为照相板，整个装置放在真空容器中。实验时，加热发射源中的金属银，银蒸气通过阑缝将形成一束很细的银原子射线而进入磁场中。如果原子具有磁矩，则根据电磁学原理，这些银原子通过非均匀磁场时将受到力的作用，受力的大小正比于磁场的非均匀程度（磁场的空间变化率）和磁场与原子磁矩之间夹角的余弦。假如原子射线中各个原子的磁矩可以取任何方向（即其与磁场夹角的余弦可取+1 到-1 之间的任何值），则在照相板上出现的将是连续分布在一定范围之间的带（例如 P_1P_2）。但是，实验结果并非如此，而是处于极端位置 P_1 和 P_2 的两条分立的线迹。用锂、钠以及其他金属元素作实验也得到相同的结果。实验结果证明，**原子具有磁矩，原子磁矩的大小和空间取向都不能是任意的而是量子化的**。因此在磁场中，其磁矩在磁场方向的分量只能取平行或反平行于磁场的两个方向。

施特恩-格拉赫还根据原子射线的偏转，仔细地计算出银原子磁矩在磁场方向分量的大小为一个玻尔磁子 μ_B。但是实验结果却与当时的原子结构理论有矛盾。按当时的经典理论，银原子磁矩是银原子价电子的轨道磁矩。对于角量子数为 n_φ 的原子来说，其轨道磁矩的空间取向数为 $2n_\varphi+1$，即取向数为奇数，因而原子射线分裂的线迹也应是奇数而不应是偶数。另外，实验中的原子射线是处于基态的银原子，而事实上基态原子是不具有轨道角动量和磁矩的，那么实验所证明的磁矩又是什么磁矩呢？

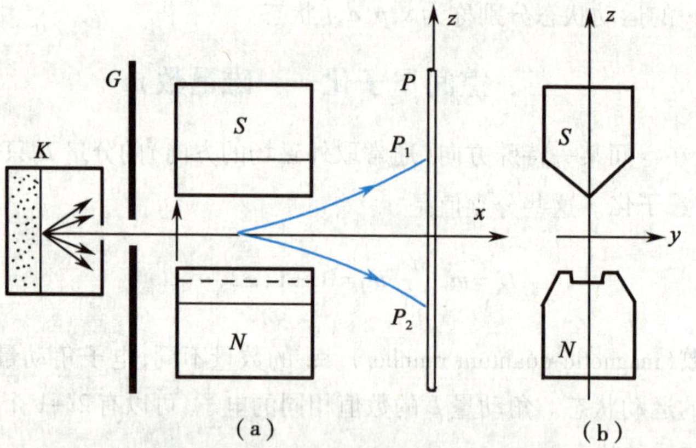

图 12-11 观察原子磁矩的实验装置

(a)施特恩-格拉赫实验示意图 (b)极部的截面

二、碱金属元素光谱的双线结构

科学技术的发展为物理学家提供了精细分光仪。用此仪器去观察碱金属原子光谱，发现他们的光谱线大都有精细结构。碱金属元素光谱图指出，碱金属元素各激发态能级（例如价电子量子态 $l=1,2,3\cdots$ 的原子能级）与 s 能级（价电子量子态 $l=0$ 的能级）之间跃迁而产生的光谱线都具有双线结构。以钠为例，由 $3p$ 和 $3s$ 二能级跃迁而产生的 589.3nm 标志谱线，就是 589.0nm 和 589.6nm 两根非常靠近的光谱线所组成。如果认为基态能级（例如 $3s$）不分裂而激发态能级（例如 $3p$）一分为二，则在遵守跃迁选择定则（$\Delta l=\pm1$）的条件下，可以圆满地解释这个现象（如图 12-12）。

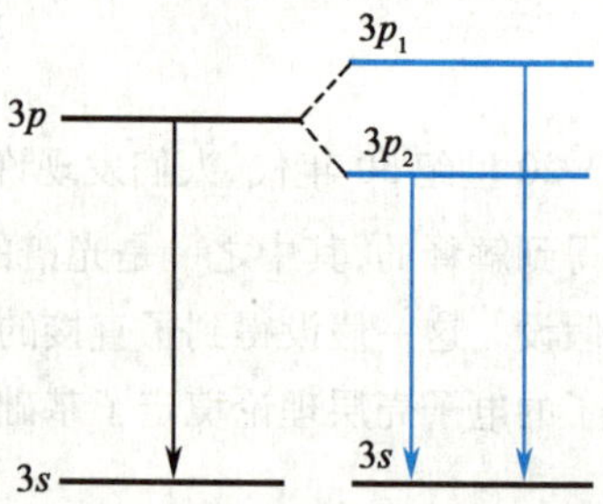

图 12-12 钠光谱线 589.3nm 的双线结构

原子系统在一定的量子态下具有确定的能量。只有当它受到外来作用（例如塞曼效应中的外磁场）的扰动时，才发生能量变化而引起能级的分裂。现在，这里并没有外来力场的

笔记

作用，显然能级的分裂是由于某种内在原因引起的。是什么内在因素引起激发能级的分裂呢？为什么 s 能级又是单一的而不分裂呢？

三、电子自旋假设

为了解释碱金属元素光谱的精细结构，1925 年乌仑比克（G. E. Uhlenbeck）和哥德斯密特（S. A. Goudsimit）提出电子自旋假设。他们认为，电子除了绕核作“公转”运动外，还具有绕自身某一定轴线的“自转”运动。有自转就有自旋角动量（以下简称自旋）L_s 和相应自旋磁矩 μ_s（如图 12-13a）。与轨道角动量相对比，他们提出自旋的量子化和量子条件 $L_s=s\dfrac{h}{2\pi}$，s 称为**自旋量子数**（spin quantum number）。自旋的空间量子化和量子条件 $L_{sm}=m_s\dfrac{h}{2\pi}$，$L_{sm}$ 是 L_s 在某给定方向上的分量，m_s 称为**自旋磁量子数**（spin magnetic quantum number）。由于所观察能级的分裂是双重的，因此自旋的空间取向只有两种，所以自旋量子数 s 的取值由式 $2s+1=2$ 得 $s=\dfrac{1}{2}$，即自旋的大小为 $\dfrac{h}{4\pi}$。但由量子力学所得自旋大小为 $\dfrac{\sqrt{3}}{2}\cdot\dfrac{h}{2\pi}$［见式(12-26)］。

在碱金属原子中，价电子绕原子实运动。根据运动的相对性原理，也可看成是原子实相对于电子以同样速度绕电子而运动。由于原子实带正电，它的运动将产生磁场。图 12-13 中的 $\boldsymbol{B}$ 就是这磁场在电子在位置的值。在这磁场作用下，具有自旋磁矩 $\boldsymbol{\mu}_s$ 的电子将得到附加能量。根据电磁学原理，这一附加能量的大小决定 $\boldsymbol{B}$、$\boldsymbol{\mu}_s$ 以及它们方向间夹角的余弦。由于电子自旋的空间量子化，它的磁矩在磁场中的分量只可能取平行于磁场和反平行于磁场（如图 12-13b）的两个方向。显然这两种情况（$m_s=\pm1$）附加能量不同，它们叠加在未考虑自旋时的原子能级上就形成激发态的双重能级。

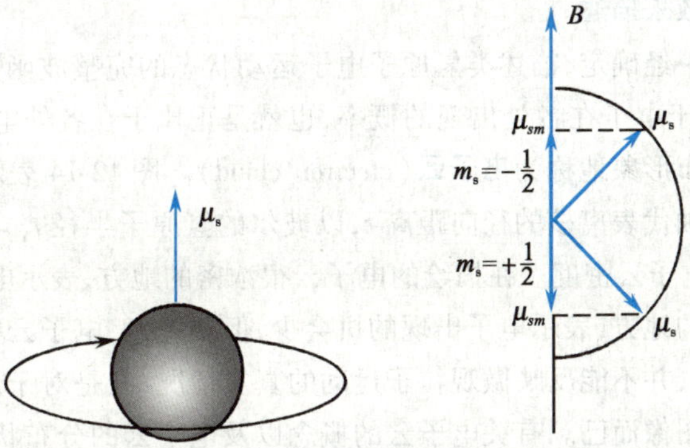

（a）　　（b）

图 12-13　电子自旋磁矩及其在磁场方向的分量

s 能级为什么是单一的而不分裂呢？这只能用量子力学来说明。量子力学关于角动量的量子化条件指出，s 态电子的辅量子数为 0，因此轨道角动量和磁矩都是 0，由于电子不受上述磁场的作用，不存在附加能量，所以能级不发生分裂。

应用量子力学的结果和电子自旋假设，完全可以说明碱金属元素的光谱双线结构，同时也明确了**施特恩-格拉赫实验所证明的磁矩不是轨道磁矩，而应是电子的自旋磁矩**。这样，施特恩-格拉赫实验就被认为是电子自旋的客观存在的直接证明。

最后我们对电子自旋作以下几点小结：

（1）**自旋和自旋磁矩是电子的固有属性，而且是具有量子性的**。对比量子力学关于角动量量子化的公式，自旋量子化条件就应改写成

$$L_s=\sqrt{s(s+1)}\frac{h}{2\pi}\qquad s=\frac{1}{2}\tag{12-26}$$

笔记

自旋空间量子化条件可以写成

$$L_{sm}=m_s\frac{h}{2\pi}\qquad m_s=\pm\frac{1}{2}\tag{12-27}$$

（2）**施特恩等人的实验得出电子自旋磁矩在磁场方向的分量** $\mu_{sm}=\mu_B=\frac{eh}{4\pi m}$。因此

$$\mu_s/L_s=\mu_{sm}/L_{sm}=\frac{eh/4\pi m}{\frac{1}{2}h/2\pi}=\frac{e}{m}$$

所以

$$\mu_s=\frac{e}{m}L_s=\frac{e}{m}\sqrt{s(s+1)}\frac{h}{2\pi}=\sqrt{s(s+1)}\frac{eh}{2\pi m}$$

写成矢量式

$$\boldsymbol{\mu}_s=-\frac{e}{m}\boldsymbol{L}_s\tag{12-28}$$

式中，负号表示磁矩和角动量的方向相反。

（3）**由于电子有自旋，而且电子自旋的取向具有量子性，它在空间任一方向的分量可能取正负相反的两个数值**，相应的磁量子数为$\pm\frac{1}{2}$。这样，就为量子力学关于原子结构理论添加了新的内容。原子中电子的量子态就将由 n、l、m_l 和 m_s 四个量子数来决定（自旋量子数 s 对所有电子都是一样的，因此就不成其为区别电子量子态的参数）。

综上所述，**根据量子力学的理论，类氢原子的电子的运动状态，要由四个量子条件来确定，或者说要由四个量子数来描述**。

以上四个量子数一经确定，描述类氢原子电子运动状态的完整波函数也就确定了。由于波函数 ψ 的平方值正比于电子在各处出现的概率，也就是正比于在各处电子可能出现的密度，因此常常把这种概率分布形象地称为**电子云**（electron cloud）。图 12-14 表示氢原子几种状态的电子密度分布曲线。横轴代表离核的径向距离 r，以玻尔的氢原子半径 $r_1=0.529\times10^{-10}$m 为单位，纵轴表示离核 r 处的电子云密度。在描绘的电子云很浓密的地方，表示电子出现的机会多；而在描绘的电子云较稀疏的地方，表示电子出现的机会少，但要注意，电子云并不表示电子的运动状态，是一个经典的概念，并不能反映微观粒子运动的真实情况，只是对于形象地认识微观电子的运动有所帮助的一种图像而已。有关电子云的概念以及电子云的分布状况，在化学教材中已有

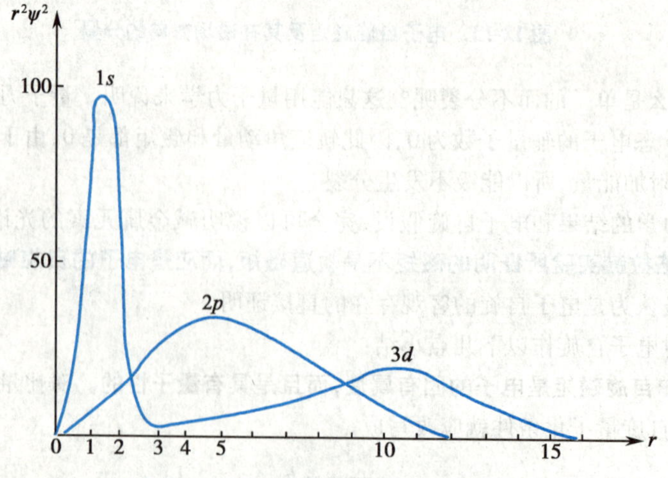

图 12-14 氢原子的电子密度分布曲线

笔记

介绍，这里不再赘述。

拓展阅读

量子力学的一些应用简介

通过以上量子力学最基础的一些知识学习，对量子力学有了一些简单了解。知道了量子力学是一门描述微观粒子运动的基础学科。它的出现，使人类对自然界的认识开始从宏观推进到微观领域，为进一步探索微观世界的奥秘打开了大门。它已成功地应用于原子、分子、固体和原子核等许多方面，为大量实验结果所证实，是人们理解这些现象的理论基础。几十年来，与量子力学理论有联系的一些新兴学科，如量子电子学、量子化学、量子生物学等，不断出现。同时，现代许多新技术，像半导体技术、激光技术、核磁共振等的应用，也是以量子力学理论为指导，或是为它所预言的。

量子化学是现代化学的一个重要分支。它主要是研究原子和分子中电子的结构、分布和运动规律，以及物质构造、性能和反应特性的关系，并利用这些解决化工、冶金、半导体和药物等多方面的课题，应用日趋广泛。

量子化学中的配位场理论，已是今天无机化学理论和结构分析的有力工具。分子轨道理论，则对有机化学的结构和分子反应的活性等方面的研究，发挥了很大的作用。

1965 年，由伍德沃德和霍夫曼提出的分子轨道对称守恒原理，推动了有机合成化学的发展，推动了量子化学在化学反应性能方面的研究工作，已成为考察化学反应机理的主要理论方法。这个原理指出，在“周环反应”（这类反应是分子各反应点同时逐渐变化，经过环状过渡态，一步完成的反应）中，分子总是按照保持其轨道对称性不变的方式发生反应。因此，对一个设想的化学反应式，只要研究反应物和产物的分子轨道对称性质，就可以判断通过反应能否得到某种产物，这对理论和实践都有巨大意义。在分子轨道对称守恒原理的指导下，伍德沃德先后合成了叶绿素、番木鳖碱和金鸡纳碱，以及结构复杂的维生素 B_{12}。

我国化学家唐敖庆等对于分子轨道对称守恒原理，提出了新的理论解释，并提出了自己的计算方法和计算公式，使这个原理从定性讨论阶段提高到半定量阶段。接着又建立了简单分子轨道的图形理论，为分子轨道理论应用于实践创造了条件，能起到普及量子化学理论的作用。

由于量子化学的发展和电子计算机的使用，利用量子化学理论计算和预测未知的化学现象，已逐渐成为可能，为找寻新药物、新材料和新流程的研究方法开拓了广阔的前景。这种称为“分子设计”的新方法，是以量子化学理论为指导，来设计指定性能的新药物、新材料和新催化剂等。

近些年以来，生物学已发展到分子水平，即分子生物学，但有人主张从电子水平来研究生命过程，所以导致量子生物学的产生。量子生物学已经得到一些初步的结论。化学物质致癌的病理研究指出，致癌物质大多数是具有亲电子性基团的化合物，它容易和人体中的核酸和蛋白质这类具有斥电子性基团的化合物起反应，使核酸或蛋白质烷基化，以致分子发生畸变。这种分子会在繁殖的时候，复制出往往成为癌细胞基础的异性蛋白。一旦人们把全过程的细节弄清楚，就可以设计一个生物化学的环节来中断这个过程，阻止和消除癌变的发生。

笔记

习题

1. 根据氢原子谱线公式，试求巴耳末系中最短和最长的谱线的波长。

2. 氢原子被某外来单色光激发后，发出的光仅有三条谱线，问外来光的频率是多少？能量是多少？

3. 如有一电子，远离质子时的速度为 1.875×10^6m/s，它为质子所俘获，放出一光子而形成氢原子。若该电子在氢原子中处于第一玻尔轨道，求放出光子的频率。

4. 依照玻尔理论，在氢原子基态中，电子的下列各量有多大？(1)量子数；(2)轨道半径；(3)角动量；(4)动量；(5)线速度；(6)角速度；(7)作用于电子的力；(8)加速度；(9)动能；(10)势能；(11)总能量。

5. 在氢原子中的电子由量子数 $n=5$ 的轨道跃迁到 $n=2$ 的轨道时，求氢原子辐射光子的波长。

6. 如图 12-15 所示，试求处于基态原子中，电子运动的等效电流为 1.06×10^{-3} A。在氢原子核处，这个电流所产生的磁场的磁感应强度为多大？

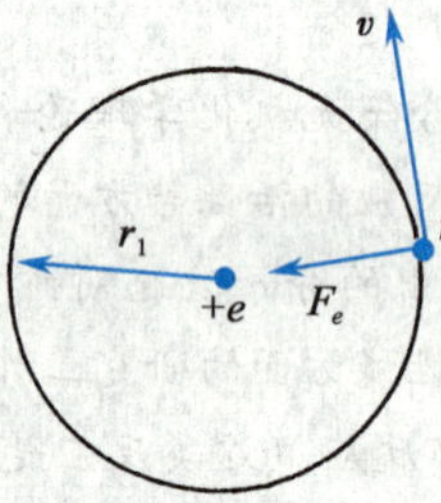

图 12-15 习题 6 图

7. 根据玻尔的理论轨道角动量的量子条件，证明电子在第 n 个玻尔轨道上运动时，伴随着运动电子的电子波波长恰等于轨道周长的 $\frac{1}{n}$。

8. 求与下列各粒子相关的物质波的波长：(1)能量为 100eV 的自由电子；(2)能量为 0.1eV 的自由中子；(3)能量为 0.1eV、质量为 1g 的质点；(4)温度 $T=1$K，具有动能 $E_k=\frac{3}{2}kT$ 的氦原子，式中 k 为玻耳兹曼常量。

9. 电子束在铝箔上反射时，第一级反射线的偏转角(2φ)为 4°。已知铝的晶格常数为 0.405nm，求电子速度。计算时忽略电子质量的改变。

10. 光子和电子的波长都是 0.20nm，它们的动量和总能量是否相等？

11. 当电子的动能为多大时，其德布罗意波长等于钠原子所发出的黄光的波长($\lambda=589.3$nm)。

12. 对如图 12-16 所示平行平板电场(电势差 100V，磁场的磁感应强度为 0.010T)中运动且能够保持速度方向不变的电子，试计算与之相联系的电子波波长。

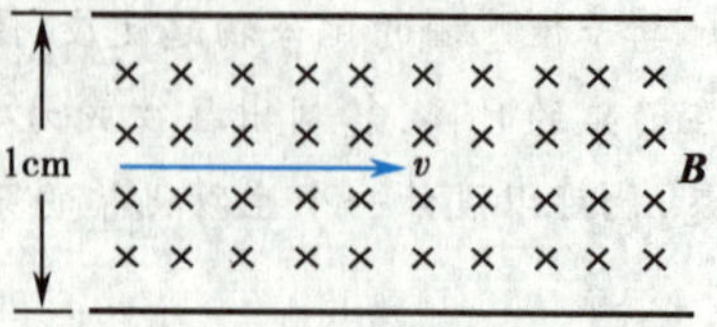

图 12-16 习题 12 图

笔记

13. α 粒子在均匀磁场中沿半径 $r=0.83\text{cm}$ 的圆周作圆周运动，磁感应强度 $B=0.25\text{T}$，求该 α 粒子的物质波波长。

14. 求温度为27℃时，对应于方均根速率的氧气分子的德布罗意波的波长。

15. 若 H_α 光谱线的宽度 $\Delta\lambda=6.56\times10^{-5}\text{nm}$，试估算氢原子中电子在该激发态能级上平均停留时间。

16. 如果 α 粒子以20 000km/s的速度穿过物质，在确定它的轨迹时，要求准确到 10^{-9}cm（比原子半径的数量级 10^{-8}cm 要小），问是否可能？

17. 一个电子沿 x 方向运动，速度 $v_x=500\text{m/s}$，已知其准确度为0.01%，求测定电子坐标位置能达到的最大精确度。

18. 被电压 $U=100\text{V}$ 的电场加速的一束很细的电子射线，分别通过 $d=0.10\text{mm}$ 和 $d=1.0\text{nm}$ 的缝，问电子在哪种情况下属于微观粒子，哪种情况下属于宏观粒子？

19. 电子被150V电压加速后，通过1.0nm的缝，试求其衍射图样的中央亮带的角宽度。

20. 一维势阱中粒子的波函数 $\psi_x(x)=\sqrt{\dfrac{2}{a}}\sin\dfrac{n\pi}{a}x$，试求其概率分布的极大值和极小值。

21. 计算线度 $\alpha=10\text{cm}$，温度为15℃的金属中电子气的能量，并与电子的最低量子能量 $\dfrac{h^2}{8ma^2}$ 相比较，证明电子气是相当于量子数 n 具有数量级为 10^7 的状态。

22. 一维势阱问题的解也可以写在 $e^{\pm ikx}$ 的形式。试把它们分别乘上振幅 A 和 B 而叠加起来，然后代入势阱的边界条件和波函数归一化条件，求出粒子的能级和波函数，并讨论这种波函数的意义。

23. 试用电子自旋的概念来解释碱金属元素光谱的双线结构。

（石继飞）

笔记

第十三章　光谱的物理基础

学习要求

1. 掌握　光谱的类型及特点，原子、分子光谱的类型和特点，X射线强度和硬度的概念、X射线的吸收规律以及应用，光辐射的三种基本形式和激光特性。

2. 熟悉　光谱分析原理，X射线的基本性质、X射线谱及X射线产生的微观机制、激光的发射原理和激光的生物效应。

3. 了解　X射线在医学上的应用、激光器的基本结构和激光在医学上的应用。

原子光谱提供了原子内部结构的丰富信息，原子光谱的研究对于分子结构、固体结构也有重要意义。原子或离子的运动状态发生变化时，发射或吸收特定频率的电磁波。原子光谱的覆盖范围很宽，从射频段一直延伸到X射线频段。原子光谱的研究对激光器的诞生和发展起着重要作用，对原子光谱的深入研究将进一步促进激光技术的发展；反过来激光技术也为光谱学研究提供了极为有效的手段。光谱中的X射线和激光技术在医学诊断和治疗中发挥着巨大的作用，特别是X-CT技术问世以来，组织与各器官肿瘤疾病的确诊率大大提高。本章将介绍原子光谱、分子光谱、光谱分析原理、X射线和激光。

第一节　光　　谱

一、光谱的分类

早在17世纪，牛顿就发现了日光通过三棱镜后的色散现象，并把实验中得到的彩色光带称为**光谱**(spectrum)。光谱是电磁辐射(不论在可见区或在可见区以外)的波长成分和强度分布的记录，有时只是波长成分的记录。根据波长的不同，电磁辐射可以分成**无线电波**(radio wave)、**微波**(microwave)、**红外**(infrared)、**可见**(visible)、**紫外**(ultraviolet)及**X射线**(X-ray)几个区域，如图13-1所示。

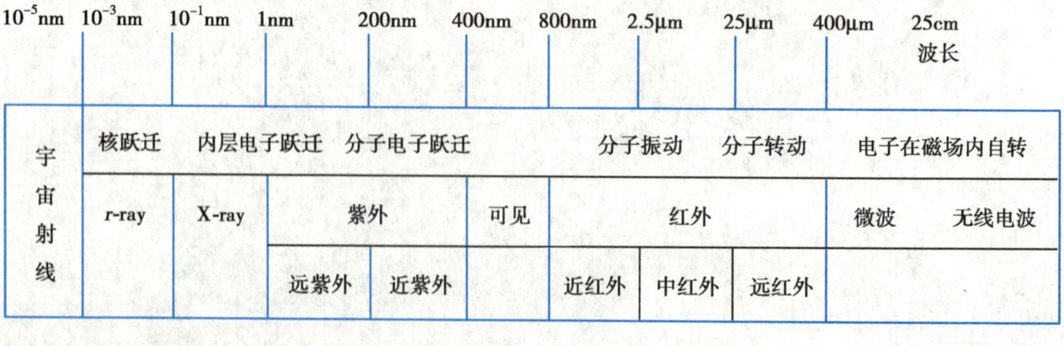

图13-1　电磁波波长分布

光谱的类别从形状区分可分为线状光谱、带状光谱、连续光谱三类。

(1) 线状光谱：光谱相片上的谱线是分明、清楚的。这表示波长的数值有一定的间隔，这类光谱是由原子所发，故线状光谱又称为原子光谱。

（2）带状光谱：有些光源的光谱中，谱线是分段密集的。这表示每段中含有很多不同的波长成分，且差别很小。如果用分辨本领不高的摄谱仪摄取这类光谱，密集的谱线看起来并在一起，整个光谱好像由许多片连续的带组成，称为带状光谱。这类光谱是由分子所发，故带状光谱又称为分子光谱。

（3）连续光谱：有些光源发出的光具有各种波长成分，而且相近的波长差别极其微小，甚至可以说是连续变化的，这类谱线称为连续光谱。固体加热所发的光谱是连续光谱，如白炽灯丝发出的光、烛焰、炽热的钢水所发出的光形成连续光谱。原子和分子在某些情况下也会发连续光谱。

按照光源的性质划分，光谱有发射光谱和吸收光谱。

（1）发射光谱：物体发光直接产生的光谱。发射光谱包括连续光谱和明线光谱，光源通常是放电管或电弧。

（2）吸收光谱：把要研究的样品放在发射连续光谱的光源与摄谱仪之间，使来自光源的光通过样品后再进入光谱仪。这样一部分的光被样品吸收，得到的光谱上会看到连续的背景上有被吸收的情况，这就是吸收光谱。

二、光谱与能级跃迁

1. 锂的光谱线系　第十二章讨论了氢原子的光谱和能级分布，把建立起来的方法推广到碱金属原子。碱金属原子的光谱线也明显构成几个线系。一般观察到四个线系称为：主线系、第一辅线系（又称漫线系）、第二辅线系（又称锐线系）和柏格曼线系（又称基线系）。图 13-2 显示锂的这四个线系，这是按波数的均匀标尺作图的。从图中可以看到主线系的波长范围最广，第一条线是红色的，其余诸线在紫外。主线系的系限的波长为 229.97nm，第一辅线系在可见部分，第二辅线系的第一条线在红外，其余在可见部分。这二线系有同一系限。柏格曼线系全在红外。

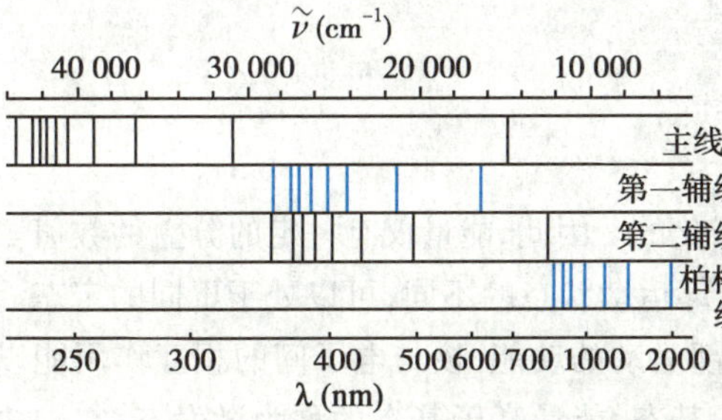

图 13-2　锂的光谱线系

用摄谱仪把光谱摄成相片时，不同线系会同时出现。例如采用对可见光和紫外光灵敏的相片，可以把主线系和两个辅线系一次摄在一张相片上，他们重迭在一起。从谱线的粗细和强弱并参考它们的间隔，可以把属于不同线系的谱线分辨出来。

正如第十二章氢光谱的情形，里德伯研究出碱金属原子光谱线的波数（波长的倒数）也可以表达为二项差，同氢原子光谱的公式相近：

$$\tilde{\nu}_n = \tilde{\nu}_\infty - \frac{R}{n^{*2}} \tag{13-1}$$

式中，$\tilde{\nu}_n$ 是光谱线的波数，对不同的量子数 n^*，$\tilde{\nu}_n$ 有不同的值。R 是里德伯常数。当 n^* 无限大时，$\tilde{\nu}_n = \tilde{\nu}_\infty$，所以 $\tilde{\nu}_n$ 是线系限的波数。表 13-1 列出了锂的各线系的第二光谱项值。

$$n^* = \sqrt{\frac{R_{\text{Li}}}{T}} = \sqrt{\frac{109\ 729}{T}} \tag{13-2}$$

表 13-1 中有效量子数有些接近整数，有些离整数远一些。从主线系、第一辅线系和柏格曼线系的数据可以看出，n^* 都比 n 略下或相等，所以 n^* 可以写成 $n^* = n - \Delta$，Δ 为表中最后一列的数值，称为修正项。T 为光谱项，它与氢原子光谱项差别在于有效量子数不是整数。s、p、d、f 为不同线系有关谱项的标记，也是相应的能级和电子态的标记。表 13-1 中锂的数据可以画成能级图。

笔记

表 13-1 锂的光谱项值和有效量子数

数据来源	电子态		$n=2$	3	4	5	6	7	Δ
第二辅线系	s, $l=0$	T	43484.4	16280.5	8474.1	5186.9	3499.6	2535.3	0.40
		n^*	1.589	2.596	3.598	4.599	5.599	6.579	
主线系	p, $l=1$	T	28581.4	12559.9	7017.0	4472.8	3094.4	2268.9	0.05
		n^*	1.960	2.956	3.954	4.954	5.955	6.954	
第一辅线系	d, $l=2$	T		12202.5	6862.5	4389.2	3046.9	2239.4	0.001
		n^*		2.999	3.999	5.00	6.001	7.000	
柏格曼线系	f, $l=3$	T			6855.5	4881.2	3031.0		0.000
		n^*			4.000	5.004			
氢		T	27419.4	12186.4	6854.8	4387.1	3046.6	2238.3	

在这些光谱线系的研究中发现每一个线系的线系限的波数恰好是另外一个线系的第二谱项值中最大的。以锂为例子，两个辅线系的 $\tilde{\nu}_\infty$ 等于表中主线系的第二谱项值中最大那一个，即 28581.4(cm^{-1})。柏格曼线系的 $\tilde{\nu}_\infty$ 等于表中第一辅线系的第二谱项值中最大那一个，即 12202.5(cm^{-1})。从这些讨论，可以把锂的四个光谱线系的数值关系总结为公式 13-3：

$$\begin{aligned}
&\text{主线系} \quad {}_{\mathrm{p}}\tilde{\nu}_n=\frac{R}{(2-\Delta_{\mathrm{s}})^2}-\frac{R}{(2-\Delta_{\mathrm{p}})^2}, n=2,3,\cdots \\
&\text{第二辅线系} \quad {}_{\mathrm{s}}\tilde{\nu}_n=\frac{R}{(2-\Delta_{\mathrm{p}})^2}-\frac{R}{(2-\Delta_{\mathrm{s}})^2}, n=3,4,\cdots \\
&\text{第一辅线系} \quad {}_{\mathrm{d}}\tilde{\nu}_n=\frac{R}{(2-\Delta_{\mathrm{p}})^2}-\frac{R}{(2-\Delta_{\mathrm{d}})^2}, n=3,4,\cdots \\
&\text{柏格曼线系} \quad {}_{\mathrm{f}}\tilde{\nu}_n=\frac{R}{(2-\Delta_{\mathrm{d}})^2}-\frac{R}{(2-\Delta_{\mathrm{f}})^2}, n=4,5,\cdots
\end{aligned} \tag{13-3}$$

2. **能级跃迁** 原子或分子具有的能量是量子化的。因此，能量仅有一定的分立的数值。允许有的能量称为原子或分子的能级。原子按其内部运动状态的不同，可以处于不同的定态。每一定态具有一定的能量，它主要包括原子体系内部运动的动能、核与电子间的相互作用能以及电子间的相互作用能。能量最低的能量状态称为基态，能量高于基态的称为激发态，它们构成原子的各能级(详见第十二章)。高能量激发态可以跃迁到较低能态而发射光子，反之，较低能态吸收光子可以跃迁到较高激发态。如图 13-3 所示，E_1、E_2、E_3、E_4是由低到高的四个能级。

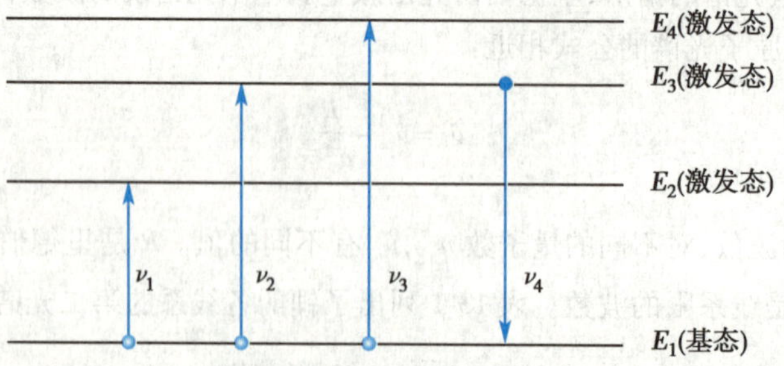

图 13-3 能级跃迁图

原子从一个定态跃迁到另一定态时，要辐射或吸收光子的能量等于两个定态的能量之差 ΔE，光子的频率 ν、速度 c 和波长 λ 满足如下关系

$$\Delta E=h\nu=\frac{hc}{\lambda} \tag{13-4}$$

笔记

由式 13-4 可知，原子和分子由低能态向高能态跃迁时，能量变化都是量子化的。原子或分子由低能态（基态）跃迁到高能态（激发态）就产生相应的吸收光谱。反之，由高能态跃迁到较低能态时就产生发射光谱。

第二节　原子光谱

一、原子光谱的特征和原子发射光谱的轮廓

1. **原子光谱的特征**　阐明原子光谱的基本理论是量子力学。**原子光谱**（atomic spectrum）是原子中的电子受激发在不同能级间跃迁所产生的光谱。氢原子的巴尔末系和系线外的连续谱如图 13-4 所示（详见第十二章），原子光谱的不连续表明了电子的能量是量子化的，对原子光谱的研究是探索原子核外电子排布的重要手段之一。原子的电子运动状态发生变化时发射或吸收特定频率的电磁频谱。原子光谱的特征是分立的**线状光谱**（line spectrum），发射谱是一些明亮的细线，吸收谱是一些暗线。原子的发射谱线与吸收谱线位置精确重合。用色散率和分辨率较大的摄谱仪拍摄的原子光谱还显示光谱线有精细结构和超精细结构，所有这些原子光谱的特征，反映了原子内部电子运动的规律性。

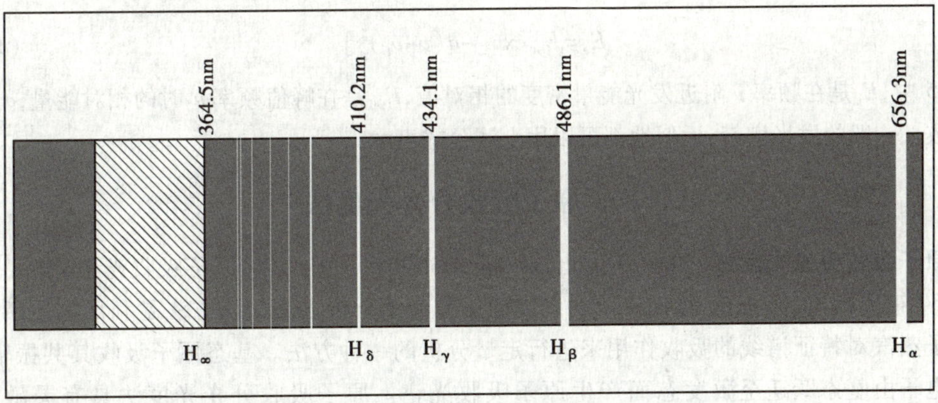

图 13-4　氢原子光谱的巴尔末系和系线外的连续谱

每种原子光谱都有它自己的特殊线条，故可利用原子光谱鉴定某一元素的存在。太阳光谱是一个典型的吸收光谱，由大量的暗线组成，这些暗线是由于光线穿透大气层时被灼热的蒸汽和气体所吸收而产生的。氦元素就是利用这种光谱分析方法找到的；许多复杂的分子如青霉素和维生素 C、B_1 的结构式就是根据它们的紫外光谱分析研究才弄清楚的。在临床检验和法医鉴定中用吸收光谱来鉴定血液的存在是一种极为灵敏的方法，如利用人体血和尿作吸收体而获得的吸收光谱，可以检查铅中毒。

2. **原子发射光谱的轮廓**　根据玻尔频率条件和能级的不连续性，电子在原子能级之间跃迁产生电磁辐射，谱线的能量理论上应该是单一的。事实上，无论是发射谱线或吸收谱线均非单一频率，而是具有一定的频率范围，即谱线具有一定的宽度与外形轮廓。如图 13-5 所示。谱线强度 I 是频率 ν 的函数。谱线轮廓通常以中心频率 ν_0 和谱线半

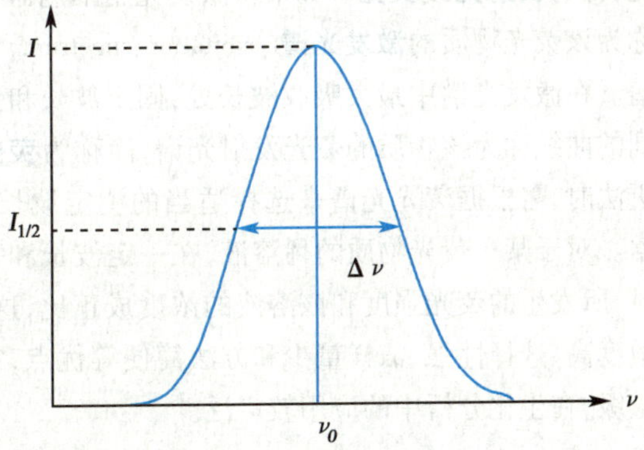

图 13-5　谱线的轮廓

笔记

宽度 $\Delta\nu$ 表示。当以波长表示时，分别记为 λ_0 和 $\Delta\lambda$。谱线的半宽度越小，则越接近单色光。普通分辨率的光谱仪不足以观察到谱线的物理轮廓，只有在高分辨率的仪器上才能显示出谱线固有的物理轮廓。

二、原子发射光谱分析

在正常状态下原子处于基态，原子在受到热（火焰）或电（电火花）的激发时，原子获得足够的能量，外层电子由基态跃迁到不同的激发态，处于激发态的原子跃迁回基态或较低激发态时发出不同波长的特征光谱（线状光谱）。通过测定原子特征谱线的波长和强度进行定性和定量分析的方法称为**原子发射光谱法**（atomic emission spectrometry，AES）。每种元素都有特征谱线，根据特征谱线可进行定性分析。AES 法能够用微量的试样同时进行数十种元素的定性和定量分析。直接分析固体试样时，多数元素的灵敏度接近 1mg/g。对液体试样能检出浓度为 1ng/ml 的待测元素。谱线的强度与基态原子数成正比，亦即与试样中元素的浓度成正比，当元素浓度降低时，有些谱线将消失，最后消失的谱线为最灵敏线。

光致发光光谱（Photoluminescence，PL）是发光材料吸收光子（或电磁波）后重新辐射出光（或电磁波）的过程（发射光谱）。发光材料的发射光谱，指的是发出光的能量按波长或频率的分布，许多发光材料的发射光谱是连续的宽带谱，光谱的形状可以用高斯函数来表示，即：

$$E_\nu = E_{\nu 0}\exp[-a(\nu-\nu_0)^2] \tag{13-5}$$

式 13-5 中，E_ν是在频率 ν 附近发光能量密度的相对值，$E_{\nu 0}$是在峰值频率 ν_0时的相对能量，a 是正的常数。一般的发光谱带，近似地都可以用上述公式表示。

三、原子吸收分光光度法

原子吸收分光光度法（atomic absorption spectrometry，AAS）又称原子吸收光谱分析，是 20 世纪 50 年代提出，但在 60 年代有较大发展的一种光学分析方法。该方法是利用物质所产生的原子蒸汽对特征谱线的吸收作用来进行定量分析的一种方法。基态原子吸收其共振辐射，外层电子由基态跃迁至激发态而产生原子吸收光谱。原子吸收分光光度法具有灵敏度高 $10^{-8}\sim10^{-10}$g/ml，准确性高，重现性好；用途广；样品量少；选择性好，操作简便，分析速度快等优点。

四、荧光分析法

荧光分析法（fluorescence analysis）是通过测量待测元素的原子蒸汽在辐射能作用下所产生荧光的发射强度，来测定元素含量的方法。物质吸收的光，称为激发光；物质受激后所发射的光，称为**发射光**或**荧光**。如果将激发光用单色器分光后，连续测定相应荧光强度所得到的曲线，称为该荧光物质的**激发光谱**（excitation spectrum）。实际上荧光物质的激发光谱就是它的吸收光谱。在激发光谱中最大吸收波长处，固定波长和强度，检测物质所发射荧光的波长和强度，所得到的曲线称为该物质的荧光发射光谱，简称为**荧光光谱**（fluorescence spectrum）。在建立荧光分析法时，需根据荧光光谱来选择适当的测定波长。激发光谱和荧光光谱是荧光物质定性的依据。对于某一荧光物质的稀溶液，在一定波长和一定强度的入射光照射下，当液层的厚度不变时，所发生的荧光强度和该溶液的浓度成正比，这是荧光定量分析的基础。荧光分析法具有灵敏度高、选择性强、需样量少和方法简便等优点，它的测定下限通常比分光光度法低 2～4 个数量级，在生化分析中的应用较广泛。

笔记

第三节　分子光谱

一、分子光谱的特点和分类

分子的内部结构和运动形式比原子要复杂得多，因此，**分子光谱**（molecular spectrum）比原子光谱也复杂得多。分子能级之间跃迁形成发射光谱和吸收光谱。分子光谱的特征是**带状光谱**（band spectrum），它是许多谱线密集而成的光谱带，若干个带组成一组，分子光谱中可以有若干个组（由谱线组合成谱带，由谱带结合成带组）。

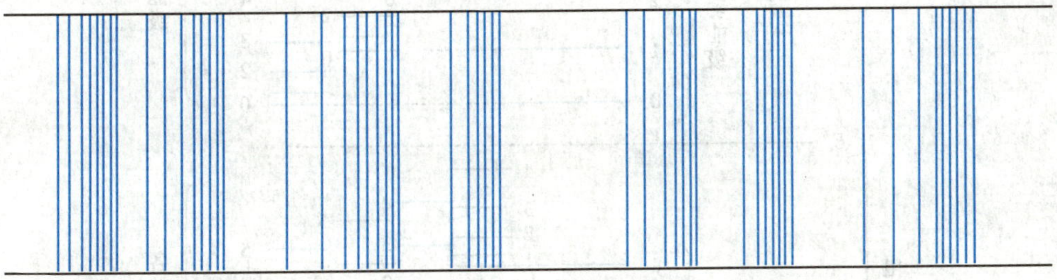

图 13-6　分子光谱示意图

分子内部的运动状态发生变化就会产生吸收或发射光谱（从紫外到远红外直至微波谱）。分子运动包括整个分子绕质心的转动，分子中原子在平衡位置的微小振动以及分子内电子的运动，因此分子光谱一般有三种类型：转动光谱、振动光谱和电子光谱。分子内部结构和运动也遵循量子力学规律。

二、分子的转动、振动和电子光谱

分子的转动能级是分子的整体转动形成的。对双原子分子主要考虑的转动是转动轴通过分子质心并垂直于分子轴（原子核间的联线）的转动。分子的纯转动光谱由分子转动能级之间的跃迁产生，分布在远红外波段，波长是毫米或厘米的数量级，通常主要观测吸收光谱。

构成分子的诸原子之间的振动，形成振动能级。如双原子分子沿着轴线振动。多原子分子的振动比较复杂，是多种振动方式的叠加，振动的能量是量子化的。振动能级的间隔比电子能级的间隔小。振动转动光谱带由不同振动能级上的各转动能级之间跃迁产生，是一些密集的谱线，分布在近红外波段，波长是几个微米的数量级，通常主要观测吸收光谱。

在分子中有两个或两个以上的原子核，电子在这样一个电场中运动。分子中电子的运动，正如原子中电子的运动一样也形成不同的电子态，每一状态具有一定的能量，即电子能级。分子的电子能级间同原子能级间一样也存在能量差，当分子的电子能级之间有跃迁时，总要伴随着振动能级的跃迁。而振动能级跃迁时，也总要伴随着转动能级的跃迁。因此，分子光谱是电子能级、振动能级和转动能级的跃迁共同形成的，可分成许多带，它是带状光谱，分布在可见或紫外波段，可观测发射光谱。整个光谱中的每个谱带都是由一种电子能级跃迁形成的，电子能级间隔大小，决定谱带组在紫外区或可见光谱区。振动能级间隔大小决定一个谱带在谱带组中的位置，转动能级间隔的大小决定谱带中的精细结构。

如果用 E_e 表示电子的运动能量、用 E_v 表示分子的振动能量、用 E_r 表示分子的转动能量。则分子的能量 E 可以表示为：

$$E=E_e+E_v+E_r\text{，且有：}\Delta E_e>\Delta E_v>\Delta E_r \tag{13-6}$$

这三种运动的能量是不能被严格地划分开的，因为分子内部的电子运动、振动和转动是相互有

笔记

关的。首先，不同的电子运动态，化学键的强弱不同，因而影响束缚原子的力和它们的振动频率就有所不同；其次，振动的振幅大小影响转动惯量，从而影响转动能量，反之，转动的快慢影响振动；最后，当原子振动时，核与核间的距离发生变化，因而又会影响电子的运动。因此，在电子能级之上可以有较小间隔的振动能级；在振动能级之上又可以有更小间隔的转动能级。图 13-7 给出了双原子分子的能级示意图。

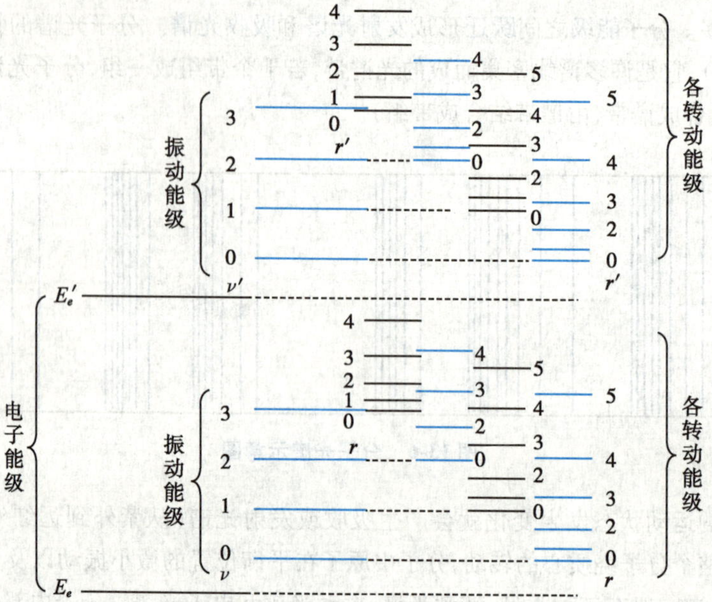

图 13-7 双原子分子能级示意图

由上可知，分子的远红外光谱是只有转动能量改变所产生的光谱，又称纯转动光谱。分子的近红外光谱是既有振动又有转动能量改变所产生的光谱。振动能级间跃迁产生的光谱，由于有转动能级的跃迁，是一个光谱带。分子的电子能级如果有改变，所发的光谱一般落在可见光谱区或紫外区。而每一个电子能级上还有振动、转动能级的跃迁，因而会产生很多光谱带，形成一个光谱带系。

三、红外吸收光谱

红外光谱法（infrared spectrometry）又称为“红外分光光度分析法”，简称“IR”，分子吸收光谱的一种，主要利用分子的振动和转动光谱。被测物质的分子在红外线照射下，只吸收与其分子振动、转动频率相一致的红外光谱。对红外光谱进行剖析，可对物质进行定性分析。化合物分子中存在着许多原子团，各原子团被激发后，都会产生特征振动，其振动频率也必然反映在红外吸收光谱上。由于红外线和可见光一样，它被物质吸收服从朗伯-比尔定律，因此利用红外吸收光谱可以分析生物高分子和有机化合物分子的结构，鉴定化合物中各种原子团，也可进行定量分析。红外光谱主要分为三类：近红外 0.78～2.5μm，中红外 2.5～50μm（2.5～25μm 最广泛），远红外 50～1000μm。

四、紫外光谱法

紫外光谱法就是紫外可见分光光度法，是分子吸收光谱的一部分。它是分子中电子能级跃迁产生的一种波长最短的分子吸收光谱，它是以紫外或可见单色光照射吸光物质的溶液，用仪器测量入射光被吸收的程度（常用吸收度表示），记录吸光度随波长变化的曲线，或波长一定时，用吸收度和吸光物质浓度之间的关系来进行定性或定量分析。紫外可见分光光度法具有以下

笔记

特点:灵敏度较高;精密度和准确度较高;应用范围广;仪器操作简便、快速,价格较低,测定方法易于推广。

五、拉曼散射光谱

红外光谱和拉曼光谱都是研究和反映分子振动和转动特征的。但红外光谱是吸收光谱,照射分子的部分入射能量被吸收了;而拉曼光谱(Raman spectrum)是一种散射光谱。两者产生的机制完全不一样。拉曼光谱分析法是基于印度科学家拉曼(Raman)所发现的拉曼散射效应,对与入射光频率不同的散射光谱进行分析得到分子振动、转动方面信息,并应用于分子结构研究的一种分析方法。

拉曼光谱的理论解释是,入射光子与分子发生非弹性散射,分子吸收频率为 ν_0 的光子,发射 $\nu_0-\nu_1$ 的光子,同时分子从低能态跃迁到高能态(斯托克斯线);分子吸收频率为 ν_0 的光子,发射 $\nu_0+\nu_1$ 的光子,同时分子从高能态跃迁到低能态(反斯托克斯线)。分子能级的跃迁仅涉及转动能级,发射的是小拉曼光谱;涉及到振动-转动能级,发射的是大拉曼光谱。与分子红外光谱不同,极性分子和非极性分子都能产生拉曼光谱。激光器的问世,提供了优质高强度单色光,有力推动了拉曼散射的研究及其应用。

第四节　X 射线

一、X 射线的基本性质

X 射线的频率约在 $3\times10^{16}\sim3\times10^{20}$ Hz 之间,波长约在 0.001 ~ 10nm 之间。在 X 射线和从原子核中发射出来的 γ 射线一样,都是波长很短的电磁波,也是能量很大的光子流,所以,X 射线不仅具有光的一系列性质,如反射、折射、干涉、衍射、光电效应等,还具有下面几个重要特性。

1. **贯穿本领**　X 射线对各种物质都具有一定程度的穿透作用。物质对 X 射线的吸收程度与物质的原子序数或密度有关。X 射线波长越短,物质对它的吸收越小,它的贯穿本领就越大。如空气、木材、纸张、肌肉和水都是由原子序数低的元素组成,对 X 射线的吸收较弱。而铁、铜、铅、骨骼等都是由原子序数较高的元素组成,对 X 射线的吸收较强。此外,物质对 X 射线的吸收程度还与 X 射线的波长有关,波长愈短,穿透本领愈强。医学上利用 X 射线的贯穿本领和不同物质对它吸收程度的不同可以进行 X 射线透视、摄影和防护。

2. **电离作用**　X 射线能使原子和分子电离,因此对有机体可诱发各种生物效应。在 X 射线照射下气体将变成导体,X 射线愈强,电离作用愈大。利用 X 射线的电离作用可制作测量 X 射线强度的仪器,常用于辐射剂量的测量。

3. **荧光作用**　X 射线照射某些物质,如磷、铂、氰化钡、硫化锌等,能使它们的原子或分子处于激发态,当它们重新回到基态时,将多余的能量释放出来而发出荧光。有些激发态是亚稳态,在停止照射后,能在一段时间内继续发出磷光。医疗上的 X 射线透视,就是利用 X 射线对屏上物质的荧光作用显示 X 射线透过人体后所成的影像。

4. **光化学作用**　X 射线能使多种物质发生光化学反应,例如,X 射线能使照相胶片感光。医学上利用这一特性来进行 X 射线摄影。

5. **生物效应**　X 射线照射生物体能够在体内产生电离和激发并诱发各种生物效应,如能够破坏机体内组织细胞或抑制细胞生长,尤其对分裂活动旺盛或正在分裂癌细胞的破坏力更强。由于人体各种组织细胞对 X 射线的敏感性不同,受到的损伤程度也就有差异。利用 X 射线的这种性质来杀死某些敏感性强、分裂旺盛的癌细胞,以达到治疗的目的。X 射线对正常生物组织也有损害作用,所以射线工作者要特别注意防护。

笔记

二、X射线的产生

1. **X射线的产生** 实验证实,当高速运动的带电粒子受到障碍物阻挡时,能够发生韧致辐射,产生X射线。此方法产生X射线的基本条件是:①有高速运动的电子流;②有适当的障碍物(或称为靶)来阻止电子的运动,把电子的动能转变为X射线的能量。此外,加速的高能带电粒子可直接辐射X射线,**同步辐射**(synchronous radiation)即属此方法。用受激辐射产生激光的方法也能产生X射线。下面主要介绍高速电子受阻辐射产生X射线的基本装置。

2. **X射线产生装置** 一般情况下,X射线的产生装置主要包括三部分:X射线管、高压电源及低压电源。X射线发生装置示意图如图13-8所示。

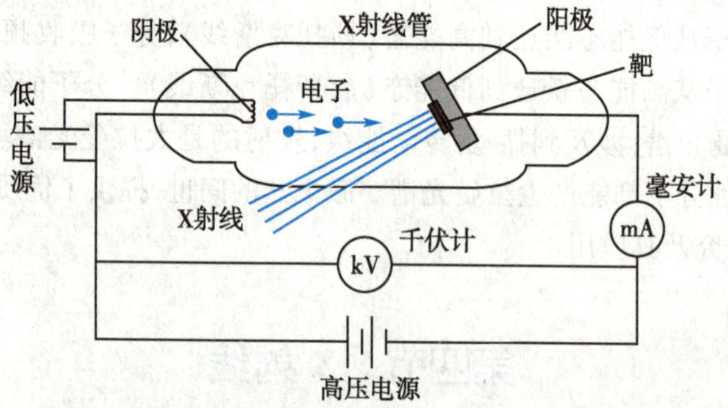

图13-8 X射线发生装置

X射线管是X射线发生装置的核心部件。目前生产的X射线管一般为热阴极式:把硬质玻璃管内部抽成高度真空,管内封有两个电极,其一是**阴极**(cathode),通常选高熔点的钨丝制成,也称为灯丝;其二是**阳极**(anode),通常选用铜制的圆柱体,柱端斜面上嵌有一小块钨板作为接收高速电子流轰击的靶。阴极单独由低压电源提供电流,使其炽热而发射电子。X射线管的阴极和阳极间接入几万到几十万伏的直流高压,由高压电源提供。当阴极有电流流过时,灯丝温度升高,电子因受热而从阴极发射出来。阴极电流愈大,温度就愈高,单位时间从阴极表面而发射的电子也愈多。发射出来的电子受到两极间高压电场的加速作用,以很大的速度飞向阳极并连续不断地轰击阳极靶。当这些高速电子突然受到靶的阻止时,动能的一部分转化为光能向外辐射,辐射出来的射线就是X射线,同时产生大量的热。

加在两极间的直流高压称为**管电压**(tube voltage),可以用千伏表测量。X射线管内两极间形成的电流称为**管电流**(tube current),可以用毫安表测量。

当高速电子轰击阳极靶而突然受阻时,只有不到1%的能量转换为X光子的能量,其余都转变为热能,靶温度升高。因此,靶材料需要用熔点高、导热性好的材料制作。此外,理论和实验都表明,在同样速度和数目的电子轰击下,原子序数Z不同的各种物质制成的靶辐射X射线的光子总数或光子总能量是不同的,光子总能量近似与Z^2成正比,所以Z愈大则发生X射线的效率愈高。因此,在兼顾熔点高、原子序数大和其他一些技术要求时,钨($Z=74$)和它的合金是最适合的材料。在需要波长较长的X射线的情况下,采用的管电压较低,这时选用钼($Z=42$)靶更好。由于靶的发热量很大,所以阳极整体用导热系数较大的铜制成,受电子轰击的钨或钼靶则镶嵌在阳极上,以便更好地导出和散发热量。按照X射线管的功率大小,采用不同的散热方法以降低阳极的温度。

除此之外,还有许多方法来降低阳极温度,提高靶面的使用寿命。大功率X射线管的阳极常做成中空形状,用流动的水或油来冷却,也可以做成旋转式阳极,以利于散热。

笔记

另外,发射X射线光子总数N和光子的总能量近似地与原子序数Z的平方成正比($N \propto Z^2$),所以Z愈大,发生X射线的效率就越高。

三、X 射线的强度和硬度

1. X 射线的强度　X 射线的强度是指单位时间内通过与射线方向垂直的单位面积的辐射能量,单位为 W/m^2。若用 I 表示 X 射线的强度,则有

$$I=\sum_{i=1}^{n}N_i h\nu_i=N_1 h\nu_1+N_2 h\nu_2+\cdots+N_n h\nu_n \qquad (13\text{-}7)$$

ν_i 表示 X 射线光子的频率,N_i 为频率为 ν_i 的 X 射线的光子数。由式(13-7)可知有两种办法可使 X 射线强度增加:①增加管电流,使单位时间内轰击阳极靶的高速电子数目增多,从而增加所产生的光子数目 N;②增加管电压,使单个光子的能量 $h\nu$ 增加。由于光子数不易测出,故通常采用管电流的毫安数(mA)来间接表示 X 射线的强度大小,称为毫安率。在管电压一定的情况下,X 射线管灯丝电流越大,灯丝温度越高,则发射的热电子数目越多,管电流就越大。因此,常用调节灯丝电流的方法改变管电流,以达到控制 X 射线强度的目的。

由于 X 射线通过任一截面积的总辐射能量不仅与管电流成正比,而且还与照射时间成正比,因此常用管电流的毫安数(mA)与辐射时间(s)的乘积表示 X 射线的总辐射能量,其单位为(mA · s)。它等于 X 射线管中电子流的总电荷量。人体进行 X 射线诊断和治疗时,必须严格考虑照射量的电荷量。

2. X 射线的硬度　X 射线的硬度是指 X 射线的贯穿本领,它只决定于 X 射线的频率(即单个光子的能量),而与光子数目无关。对于一定的吸收物质,X 射线被吸收愈少则贯穿的量愈多,X 射线就愈硬,或者说硬度愈大。X 射线管的管电压愈高,则轰击靶面的电子动能愈大,发射光子的能量也愈大,而光子能量愈大愈不易被物质吸收,即管电压愈高产生的 X 射线愈硬。实际上单个 X 光子的能量不易测出,所以,在医学上通常用管电压的千伏数(kV)来表示 X 射线的硬度,称为千伏率,并通过调节管电压来控制 X 射线的硬度。在医学上,根据用途把 X 射线按硬度分为极软、软、硬和极硬四类,它们的管电压、波长及用途见表 13-2。

表 13-2　X 射线按硬度的分类

名称	管电压(kV)	最短波长(nm)	主要用途
极软 X 射线	5 ~ 20	0.25 ~ 0.062	软组织摄影,表皮治疗
软 X 射线	20 ~ 100	0.062 ~ 0.012	透视和摄影
硬 X 射线	100 ~ 250	0.012 ~ 0.005	较深组织治疗
极硬 X 射线	250 以上	0.005 以下	深部组织治疗

四、X 射线谱

X 射线管发出的 X 射线,包含各种不同的波长成分,将其强度按照波长的顺序排列开来的图谱,称为**X 射线谱**(X-ray spectrum)。钨靶 X 射线管发射的 X 射线谱如图 13-9 所示,上部是谱线强度与波长的关系曲线,下部是照在胶片上的射线谱。从图可以看出,X 射线谱由两部分组成:曲线下面网格线的部分对应于照片上的背景,它包括各种不同波长的射线,称为**连续 X 射线**(continuous X-rays)或连续谱;另一部分是曲线上凸出的尖峰,具有较大的强度,对应于照片上的明显谱线,相当于可见光中的明线光谱,称为**标识 X 射线**(characteristic X-rays)或标识谱。连续谱与靶物质无关,但不同的靶物质有不同的标识谱。下面分别讨论这两部分谱线。

1. 连续 X 射线谱的产生机制　连续 X 射线的发生是**轫致辐射**(bremsstrahlung)过程,轫致辐射一词来自德语制动辐射。当 X 射线管内的高速电子流撞击阳极靶而受到制动时,电子在原子核的强电场作用下,速度的量值和方向都发生急剧变化,一部分动能转化为光子的能量 $h\nu$ 而

笔记

辐射出去，这就是韧致辐射。由于高速电子流中每个电子和靶撞击时，所受靶原子核强电场的作用不同，速度变化的情况也千差万别，所以每个电子损失的动能将不同，辐射出来的光子能量具有各种各样的数值，从而形成具有各种频率的连续 X 射线谱。

实验指出，当 X 射线管在管电压较低时只发射连续 X 射线谱。图 13-10 是钨靶 X 射线管在四种较低管电压下得到的连续 X 射线谱。由图可见，在不同管电压作用下连续谱的位置并不一样，谱线的强度从长波开始随着波长向短波方向变化强度逐渐上升，达到最大值后很快下降为零。强度为零的相应波长是连续谱中的最短波长，称为短波极限。在图中还可以看到，当管电压增大时，各波长的强度都增大，各条曲线均上移，而且强度最大值所对应的波长和短波极限都向短波方向移动。

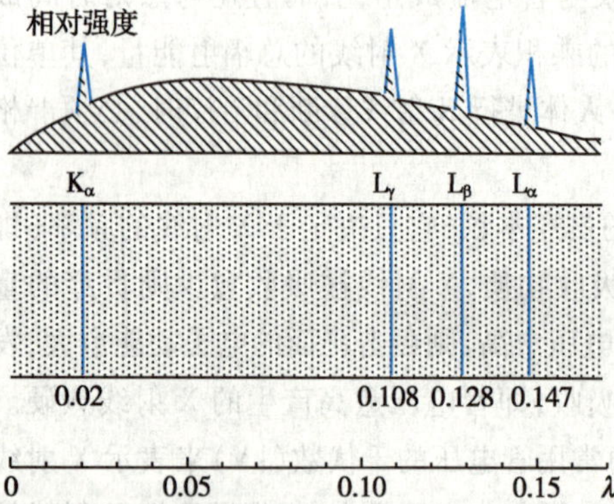

图 13-9 X 射线谱示意图

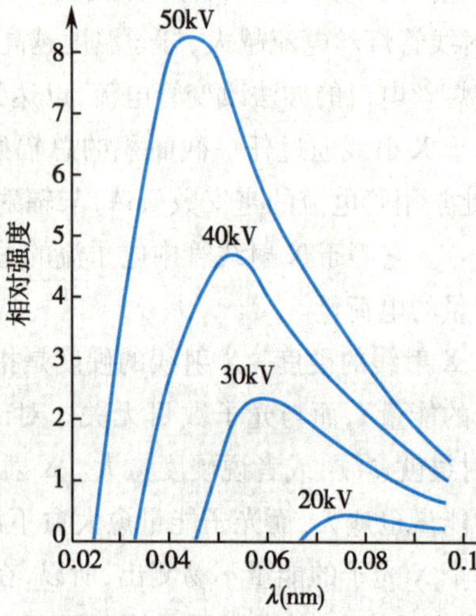

图 13-10 钨靶的连续 X 射线谱

设管电压为 U，电子电量为 e，则电子具有的动能为 eU，这也是光子可能具有的最大能量 $h\nu_{max}$，ν_{max} 是与短波极限 λ_{min} 对应的最高频率，由此得到

$$h\nu_{max}=h\frac{c}{\lambda_{min}}=eU$$

$$\lambda_{min}=\frac{hc}{e}\cdot\frac{1}{U} \qquad (13\text{-}8)$$

式(13-8)表明，连续 X 射线谱的最短波长与管电压成反比。管电压愈高，则 λ_{min} 愈短。这个结论与图 13-10 的实验结果相符。把普朗克常量 h、真空中的光速 c、基本电荷 e 的值代入上式，并取千伏(kV)为电压单位，纳米(nm)为波长单位，可得

$$\lambda_{min}=\frac{1.242}{U(\text{kV})}\text{nm} \qquad (13\text{-}9)$$

2. **标识 X 射线谱** 钨靶 X 射线管在 50kV 以下工作时波长在 0.025nm 以上，只出现连续 X 射线。当管电压升高到 70kV 以上时，连续谱在 0.02nm 附近叠加了 4 条谱线，在曲线上出现了 4 个高峰。当电压继续升高时，连续谱发生很大改变，但这 4 条标识谱线的位置却始终不变，即它们的波长不变，如图 13-11 所示，图中的 4 条谱线就是 K 线。

标识 X 射线的产生和原子光谱的产生相类似，二者的区别在于原子光谱是原子外层电子跃迁产生的，而标识 X 射线是由较高能级的电子跃迁到内壳层的空位产生的。由于壳层间能量差较大，因而发出的光子频率较高，波长较短。当高速电子进入靶内时，如果它与某个原子的内层电子发生强烈相互作用，把一部分动能传递给这个电子，使它从原子内层中脱出，从而在原子的内层电子中出现一个空位。如果被打出去的是 K 层电子，则空出来的位置就会被 L、M 或更外

笔记

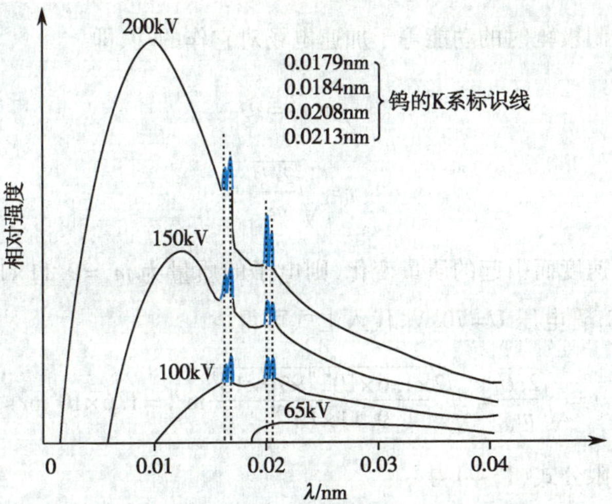

图 13-11　钨在较高管电压下的 X 射线谱

层的电子填补，并在跃迁过程中发出一个光子，而光子能量等于两个能级的能量差。这样发出的几条谱线，通常以符号 K_α、K_β、K_γ、…表示，称为 K 线系。如果空位出现在 L 层（这个空位可能是由于高速电子直接把一个 L 层电子击出去，也可能是由于 L 层电子跃迁到了 K 层留下的空位），那么这个空位就可能由 M、N、O 层的电子来填补，并在跃迁过程中发出一个 X 光子，形成 L 线系。由于距离核愈远的线系，能级差愈小，所以 L 线系各谱线的波长比 K 系的大些。同理，M 系的波长则更大些。图 13-12 中的谱线是钨靶的 K 系标识 X 射线。图中没有出现 L 线系，因为它的波长超出了图中的范围。图 13-12 给出了这种跃迁的示意图，当然这些跃迁并不是同时在同一个原子中发生的。

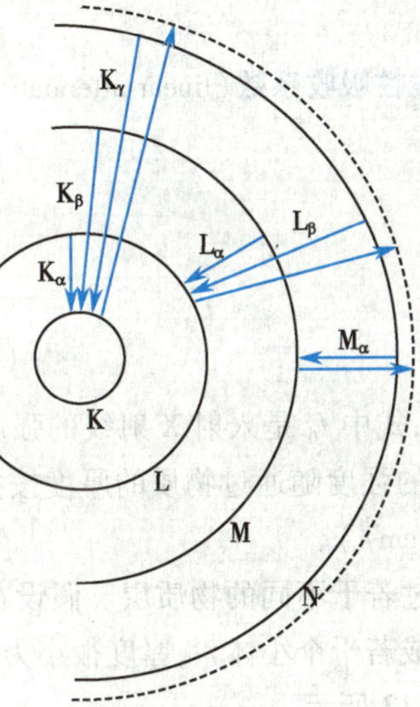

图 13-12　标识 X 射线产生原理示意图

标识 X 射线谱是原子内层电子跃迁所产生的，不同原子的内层电子壳层结构是相似的，因此各元素的标识谱有相似的结构。只是各壳层轨道能量随着原子序数增大而增多，从而形成不同原子的相同壳层之间不同的能级差，原子序数愈高，这个能级差愈大，辐射的各条标识 X 射线系的波长也愈短。在标识 X 射线谱中，每个线系都有一个最短波长边界，这就是一个自由电子（或近似地认为最外层价电子）进入这个线系的空位时发出的光子的波长。标识谱线的波长决定于阳极靶的材料，不同元素制成的靶具有不同的线状 X 射线谱，并可以作为这些元素的标识，这就是"标识 X 射线"名称的由来。通常 X 射线管需要加几十千伏的电压才能激发出某些标识 X 射线系。

医用 X 射线管发出的主要是连续 X 射线，标识 X 射线在全部 X 射线中所占的比例很小。但是，标识 X 射线的研究，对于认识原子的壳层结构和化学元素分析非常有用。如 X 射线微区分析技术就是利用很细的电子束打在样品上，再根据样品发出的标识 X 射线来鉴定各个微区中的元素成分，该方法也可用于医学和生物学方面的超微观察和超微分析。

例题 13-1　若 X 射线管两极间的管电压为 70kV，求从阴极射线管发射的电子（初速度为零）到达阳极靶时的速度及连续谱中的最短波长。

笔记

解 电子到达阳极靶时的动能等于加速电场对它作的功，即

$$\frac{1}{2}m_e v^2 = eU$$

$$v=\sqrt{\frac{2eU}{m_e}}$$

若忽略电子因速度而引起的质量变化，则电子的质量为 $m_e = 9.11\times10^{-31}$ kg，又已知电子电量 $e=1.6\times10^{-19}$ C，管电压 $U=70$ kV，代入上式可得

$$v=\sqrt{\frac{2eU}{m_e}}=\sqrt{\frac{2\times1.6\times10^{-19}\times70\times10^3}{9.11\times10^{-31}}}\text{m/s}=1.6\times10^8\text{m/s}$$

再根据短波极限公式(13-9)得

$$\lambda_{min}=\frac{1.242}{U}=\frac{1.242}{70}\text{nm}=0.018\text{nm}$$

五、物质对 X 射线的吸收

当 X 射线通过物质时，X 光子能与物质中的原子发生多种相互作用。在作用过程中，一部分光子被吸收并转化为其他形式的能量，一部分光子被物质散射而改变方向，因此在 X 射线原来方向上的强度衰减了，这种现象称为物质对 X 射线的吸收。本节仅讨论单色 X 射线的吸收衰减规律。

1. **单色 X 射线的吸收规律** 实验指出，当单色平行 X 射线束通过物质时，如果物质层的厚度为 Δx，则被物质吸收的强度 ΔI 与 X 射线强度及物质厚度之间有如下关系

$$-\Delta I=\mu I\Delta x$$

上式中 ΔI 前的负号表示 X 射线的强度在减弱，μ 称为**线性吸收系数**(linear attenuation coefficient)。当 $\Delta x\to0$，上式变为

$$dI=-\mu I dx$$

对上式积分得

$$I=I_0 e^{-\mu x} \tag{13-10}$$

式(13-10)即为单色平行 X 射线通过物质时的吸收规律，式中 I_0 是入射 X 射线的强度，I 是通过厚度为 x 的物质层后的 X 射线强度。可以看出，X 射线的强度随通过物质的厚度按指数规律衰减。一般情况下，厚度 x 的单位为(cm)，则 μ 的单位为(cm^{-1})。

人体由不同成分的物质组成。X 射线透射人体时，要通过若干不同的物质层。假设在 X 射线扫描通过人体的路径上介质是不均匀的，且将路径均匀分成若干个小体素，厚度很小为 Δx，每个小体素内的吸收系数可以认为是均匀的，吸收过程如图 13-13 所示。

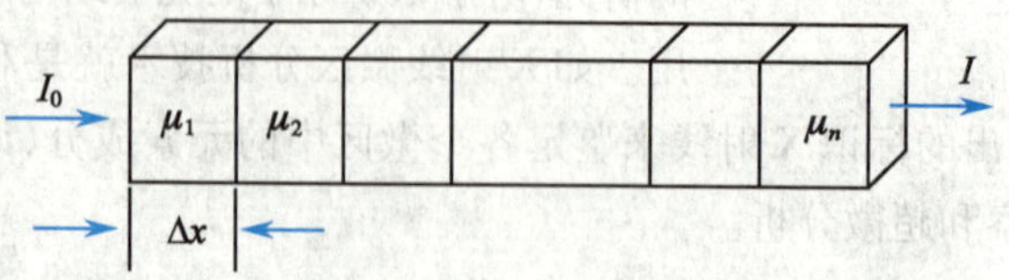

图 13-13 X 射线通过非均匀介质时的吸收

笔记

根据朗伯吸收规律，可得第一个体素的出射强度为 $I_1=I_0 e^{-\mu_1\Delta x}$

对第二个体素有 $I_2=I_1e^{-\mu_2\Delta x}=I_0e^{-\mu_1\Delta x}e^{-\mu_2\Delta x}=I_0e^{-(\mu_1+\mu_2)\Delta x}$

对第 n 个体素有 $I_n=I=I_0e^{-(\mu_1+\mu_2+\cdots+\mu_n)\Delta x}$

整理可得 $\mu_1+\mu_2+\cdots+\mu_n=\dfrac{1}{\Delta x}\ln\dfrac{I_0}{I}=p$

式(13-8)中,μ_1、$\mu_2\cdots\mu_n$ 代表各个体元的吸收系数,Δx 为每个体素的厚度,I_0 为入射 X 射线的强度,I 为出射 X 射线的强度,p 通常代表投影值。若衰减系数连续变化,则投影值用积分形式表示

$$p=\int_{-\infty}^{\infty}\mu(x)\mathrm{d}x \tag{13-11}$$

X-CT 成像的数据采集就是利用 X 射线管和检测器等的同步扫描来获得 X 射线穿过物体时的投影值而实现的。

2. **质量吸收系数和质量厚度** 对于同一种均匀物质而言,线性衰减系数 μ 与物质密度 ρ 成正比,因为吸收体的密度愈大,单位体积中可能与光子发生作用的原子就愈多,光子在单位路程中被吸收或散射的概率也就愈大。线性吸收系数 μ 与密度 ρ 的比值称为**质量吸收系数**(mass-attenuation coefficient),记作 μ_m,单位为 m^2/kg。即:

$$\mu_m=\frac{\mu}{\rho} \tag{13-12}$$

质量吸收系数用来比较各种物质对 X 射线的吸收本领。一种物质由液态或固态转变为气态时,密度变化很大,但 μ_m 值都是相同的。引入质量吸收系数后,式(13-10)改写成

$$I=I_0\mathrm{e}^{-\mu_m x_m} \tag{13-13}$$

式(13-13)中,$x_m=x\rho$ 即称为**质量厚度**(mass thickness),它等于单位面积、厚度为 x 的吸收层的质量。x_m 的常用单位为(g/cm^2),μ_m 的相应单位为(cm^2/g)。

X 射线的衰减规律还常用半价层来表示。X 射线在物质中强度被衰减一半时的厚度(或质量厚度),称为该种物质的**半价层**(half value layer)。由式(13-10)和式(13-13)可以得到半价层与吸收系数之间的关系式

$$x_{1/2}=\frac{\ln 2}{\mu}=\frac{0.693}{\mu} \tag{13-14}$$

$$x_{m1/2}=\frac{\ln 2}{\mu_m}=\frac{0.693}{\mu_m} \tag{13-15}$$

式(13-10)和(13-13)可改为

$$I=I_0\left(\frac{1}{2}\right)^{\frac{x}{x_{1/2}}},I=I_0\left(\frac{1}{2}\right)^{\frac{x_m}{x_{m1/2}}}$$

例题 13-2 某种物质对 X 射线的质量衰减系数为 $5.0m^2/kg$,要使透射出的 X 射线强度为入射强度的 10%,试求物质的厚度与半价层。(设该物质的密度为 $3.0\times10^3 kg/m^3$)

解 根据式 $I=I_0\mathrm{e}^{-\mu_m x_m}$ 和 $x_m=x\rho$,可得

$$x=\frac{x_m}{\rho}=\frac{\ln(I_0/I)}{\mu_m\cdot\rho}=\frac{\ln 10}{5.0\times3.0\times10^3}m=1.5\times10^{-4}m$$

$$x_{1/2}=\frac{\ln 2}{\mu}=\frac{\ln 2}{\mu_m\cdot\rho}=\frac{0.693}{5.0\times3.0\times10^3}m=4.6\times10^{-5}m$$

笔记

3. 吸收系数与波长和原子序数的关系 各种物质的吸收系数都与射线波长有关,因此上面各式只适用于单色射线束。X射线主要是连续谱,所以射线的总强度并不是严格地按照指数规律衰减的。在实际问题中,我们经常近似地运用指数规律,这时的吸收系数应当用各种波长的吸收系数的一个适当平均值来代替。

对于医学上常用的低能X射线,光子能量在数十(keV)到数百(keV)之间,各种元素的质量吸收系数近似地适合下式

$$\mu_m = KZ^{\alpha}\lambda^3 \tag{13-16}$$

式(13-16)中,K大致是一个常数,Z是吸收物质的原子序数,λ是射线的波长,指数α的数值通常在3与4之间,与吸收物质和射线波长有关。吸收物质为水、空气和人体组织时,对于医学上常用的X射线,α可取3.5。吸收物质中含有多种元素时,它的质量吸收系数大约等于其中各种元素的质量吸收系数按照物体中所含质量比例计算的平均值。从式(13-16),我们得出两个有实际意义的结论:

(1) 原子序数越高,对X射线的吸收本领愈大。当均匀X射线照射到人体时,由于人体各组织、器官的密度、厚度、有效原子序数不同,故对X射线的衰减不同,投射出的X射线便携带了人体组织器官的信息,投射到荧光屏上或胶片上会形成不同的影像。如人体肌肉组织的主要成分是H、O、C等,而骨骼的主要成分是$Ca_3(PO_4)_2$,其中Ca和P的原子序数比肌肉组织中任何主要成分的原子序数都高,因此骨骼的质量吸收系数比肌肉组织的大,在X射线照片或透视荧光屏上显示出明显的阴影。

对于密度差很小的软组织,可引入与背景组织的有效原子序数差别较大的造影剂,进行人工造影,改善影像的对比度。还可选用原子序数较大的物质制品(铅制品)作为X射线防护用品。

(2) X射线的波长愈长,愈容易被吸收衰减。即X射线的波长愈短,贯穿本领愈大,即硬度愈大。因此,在浅部治疗时应使用波长较长的软X射线,在深部治疗时则使用波长较短的硬X射线。

由上可知,当X射线管发出的含有各种波长的射线进入吸收体后,长波成分比短波成分衰减得快,故此,短波成分所占的比例越来越大,平均吸收系数则越来越小。即X射线进入物体后硬度越来越大,这称为它的硬化。根据这一原理,让X射线通过铜板或铝板,使软线成分被强烈吸收,这样得到的X射线不仅硬度较高,而且射线谱的范围也较窄,这种装置称为滤线板。滤线板通常由铜板和铝板合并组成。在使用时,铝板应当放在X射线最后出射的一侧。这是由于各种物质在吸收X射线时都发出它自己的标识X射线,铝板可以吸收铜板发出的标识X射线,而铝板发出的标识X射线波长约在0.8nm以上,容易在空气中被吸收。

第五节 激 光

激光(Laser)是**受激辐射光放大**(light amplification by stimulated emission radiation)的简称,1964年经钱学森教授建议而得此名。爱因斯坦在1917年提出基本原理,预言受激辐射的存在和光放大的可能。汤斯于1954年制成受激辐射微波放大器,梅曼于1960年制成世界上第一台激光器——红宝石激光器。激光以其特殊的发光机制与激光器结构而具有普通光源发出的光所无可比拟的优点。在工业、农业、军事、医学、科学技术等各个领域得到了广泛的应用和快速的发展,成为20世纪最重大的科技成就之一。

笔记

一、激光的基本原理

1. 粒子的能级分布 粒子总是处于一定的能态或能级。当原子接受外界能量后,原子可以

由基态(低能级)跃迁到较高的能量状态(高能级),转入激发态。粒子处于基态最稳定,而处于激发态则不稳定,寿命较短,大约为 10^{-11}s ~ 10^{-3}s。若激发态的寿命较长,大于 10^{-3}s 或更长,这种激发态称为**亚稳态**(metastable state)。

2. 玻尔兹曼分布　在一个系统中,大量的粒子相互碰撞并相互交换能量,有些粒子由低能级向高能级跃迁,而有些粒子则由高能级向低能级返回。在达到热平衡(温度恒定或变化极慢)时,单位体积中同类粒子在各能级上是按照一定的统计规律分布的,这个规律称为**玻尔兹曼定律**(Boltzmann law)。该定律可表示为

$$n = n_0 e^{-\frac{E}{kT}} \tag{13-17}$$

式(13-17)中,n 是处于能量为 E 的能级上的粒子数,n_0 为系统的总粒子数,T 为热平衡时的绝对温度,$k = 1.381\times10^{-23}$ J/K 为玻尔兹曼常数。

玻尔兹曼定律反映了在热平衡条件下的物质系统中,能级上的粒子数随着能级能量的增高按指数规律减少。在热平衡条件下,低能级上的粒子数总比高能级上的粒子数多,这是系统**粒子数的正常分布**(population normal distribution)。如果系统的温度升高,高低能级间的相对差额将会减少,但高能级的粒子数决不会比低能级的粒子数多,即决不会使**粒子数反转分布**(population inversion distribution)。在常温的热平衡状态下,系统中粒子几乎全部处于基态,粒子处于基态最稳定。当处于基态的粒子相互交换能量或者接受外界能量,粒子由低能级跃迁到高能级。根据能量最小原理,处在高能级上的粒子总试图向低能级跃迁,并向外辐射能量,称为**光辐射**(ray radiation)。

3. 光辐射的三种形式

(1) 自发辐射:在没有任何外界作用下,粒子完全自发地从高能级向低能级跃迁同时释放出光子的过程,称为**自发辐射**(spontaneous emission),如图 13-14(a)所示。自发辐射光子的能量为 $\Delta E = h\nu_{21} = E_2 - E_1$,自发辐射的光子频率为

$$\nu_{21} = \frac{E_2 - E_1}{h}$$

如果 $E_2 - E_1$ 的能量转化为系统的热运动,不向外辐射光子,则这种粒子跃迁称为自发无辐射跃迁。自发辐射完全是一种随机的自发过程。对于不同粒子或同一粒子在不同时刻所发出光子的特性,即频率、相位、行进方向、偏振状态等都各不相同,这完全是一种随机过程,发出的是非相干的、在空间所有方向上传播的自然光。这也正是普通光源的发光机制。

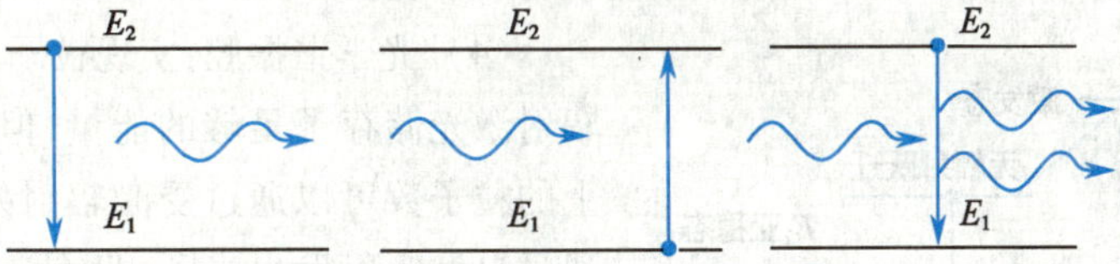

图 13-14　光辐射的三种基本过程

(2) 受激吸收:如果处于低能级上的粒子吸收外来光子的能量,被激发到高能级上去,这个过程称为**受激吸收**(stimulated absorption),如图 13-14(b)所示。受激吸收的过程不是自发产生的,必须有外来光子的作用才会发生。能引起吸收的外来光子称激发光子,它对粒子起激励作用。在受激吸收过程中,外来光子数不断减少,处于低能级的粒子数越多,受激吸收就越强。因此,光通过正常状态下的物质后光的强度总是减弱的。

(3) 受激辐射:如果粒子处于高能级 E_2 上,当频率为 ν_{21} 的外来光子趋近它时,就可能受该光子的诱发作用(感应、刺激、原子共振),使粒子从高能级 E_2 跃迁到低能级 E_1,同时发射一个与

笔记

之特性完全相同的光子的过程，称为**受激辐射**(stimulated radiation)，如图 13-14(c)所示。受激辐射完全不同于自发辐射和受激吸收，其特点是，外来光子的能量必须等于两个能级间的能量差，才有一定几率的受激辐射。受激辐射的光子与外来入射光子的发射方向、偏振、频率、速度是相同的(相干光)，而且受激辐射的出射光强等于 2 倍的入射光强。所谓激光就是受激辐射发光。对于一个由大量粒子组成的系统，在外界能量作用下，光的自发辐射、受激吸收和受激辐射三个过程是同时存在的。要得到能量大、方向集中、单色性好、相干性好的激光，除要求物质系统受激辐射占优势外，还必须有一定的条件和物质基础。

4. 激光产生条件

(1) 受激辐射多于受激吸收：受激辐射多于受激吸收是激光发射的必要条件之一。但受激辐射和受激吸收互为逆过程，就单个粒子而言，两者的辐射跃迁几率相同。由于在热平衡状态下，处于低能级的粒子数多于高能级的粒子数。因此，在总体上受激吸收比受激辐射占优势，光通过受激吸收的物质时其强度总是减弱的。要使受激辐射的几率大于受激吸收，处于高能级的粒子数必须多于低能级的粒子数，即要实现粒子数反转分布。

(2) 实现粒子数反转分布：在外界能量的作用下，使系统中某一高能级的粒子数多于某一低能级的粒子数，称为**粒子数反转**(population inversion)。实现粒子数反转的物质称为激光工作物质。各种物质并非都能实现粒子数反转，能实现粒子数反转的物质也不是在构成该物质粒子的任意两个能级间都能实现粒子数反转，首先必须具有合适的能级结构；其次是有必要的激励能源，不断提供能量将工作物质中低能级的粒子"激励"(抽运)到高能级上。激励的方法一般有光激励、气体放电激励、化学激励、核能激励等。但处在激发态(高能级)上粒子不稳定，粒子很快会自发无辐射跃迁到亚稳态，亚稳态上的粒子有较长的寿命，在亚稳态上就能集聚较多的粒子，从而实现亚稳态对某一低能级间的粒子数反转。因此，产生激光的工作物质必须是具有亚稳态能级结构的物质。

(3) 具有亚稳态能级结构的工作物质：三、四能级工作物质就是具有亚稳态能级结构的工作物质，如图 13-15 所示。在足够外界能量的激励下，大量粒子从基态 E_1 被抽运到激发态 E_3 上。粒子处于激发态的寿命一般为 10^{-11}s ~ 10^{-8}s，它们将通过相互碰撞很快地以无辐射跃迁的方式转移到亚稳态 E_2 上，由于粒子在亚稳态的寿命是激发态的 10^5 倍以上，在这一能级上就能聚集大量粒子，即亚稳态上的粒子数不断增加，而基态上粒子因大量被抽运而减少，致使亚稳态上的粒子数多于低能级上的粒子数，即可实现亚稳态 E_2 与基态 E_1 间的粒子数反转。四能级系统与三能级系统不同的是在亚态 E_2 与基态 E_1 之间还有一个能级 E_1'，它通常是空能级。因此，E_2 与 E_1' 之间更容易实现粒子数反转，其效率也高于三能级物质系统。

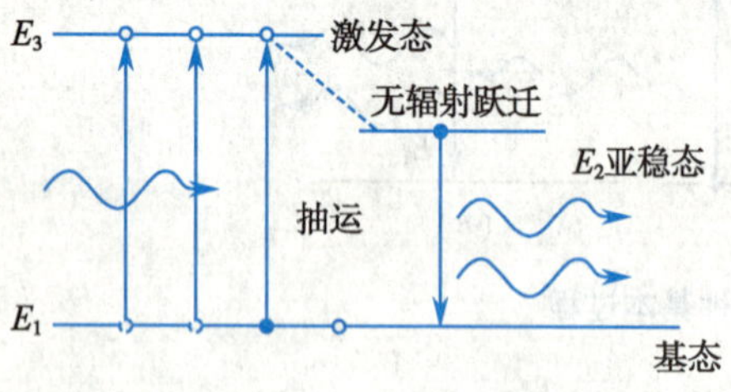

图 13-15 三能级系统

(4) 光学谐振腔：实现粒子数反转后，虽然为辐射激光储存了足够的能量，但因为处于高能级上的粒子数可以通过受激辐射发出光子，也可以通过自发辐射发出光子，只有让受激辐射成为工作物质的主要发光过程，才能形成激光。但在常温下，系统中自发辐射几率是受激辐射几率的 10^{35} 倍，受激辐射发光被湮灭在自发辐射中。所以，要产生激光还必须使受激辐射压倒自发辐射。通常采用**光学谐振腔**(optical resonant cavity)装置，让频率为 ν_{21} 的光子保持足够高的密度，使受激辐射发光抑制自发辐射，克服受激辐射的随机性，确保激光的定向性、单色性和相干性。光学谐振腔由一对互相平行且垂直于工作物质轴线的反射镜(平面、凹球面或一平一凹)构成。如图 13-16 所示，其中一端为全反射镜，反射率接近 100%，另一端为部分反射镜，反射率一般为 90%。光学谐振腔可提供正反馈，使光放大形成稳定的光振荡，为产生高密度的同种受激辐射光子提供保证，

笔记

并将腔内部分激光由部分反射镜输出。

光学谐振腔的工作原理是，当激励源使工作物质在 E_2、E_1 能级间造成粒子数反转时，亚稳态 E_2 的粒子在 10^{-3}s ~ 1s 后会自发地跃迁到 E_1，并自发辐射光子。这些光子射向四面八方。如图 13-16(a)，凡是偏离谐振腔轴线的光子很快从腔的侧面逸出。而沿轴线方向的同种光子，将在腔内两个反射镜之间来回反射形成光振荡，如图 13-16(b)、(c)所示。来回反射的光子在前进过程中与其他受激粒子作用，形成受激辐射。受激辐射光子密度像雪崩式地猛增，从而压倒自发辐射的本底噪音，由部分反射镜输出单色性和方向性好的激光(即所有光子的频率、相位、偏振方向和传播方向都相同)。但是，粒子数反转的工作物质，加上光学谐振腔也不一定出射激光。因为光在谐振腔内来回振荡，光的能量存在着“增益”和“损耗”两个对抗的因素。要产生激光还必须使谐振腔内的光增益大于或等于光损耗。

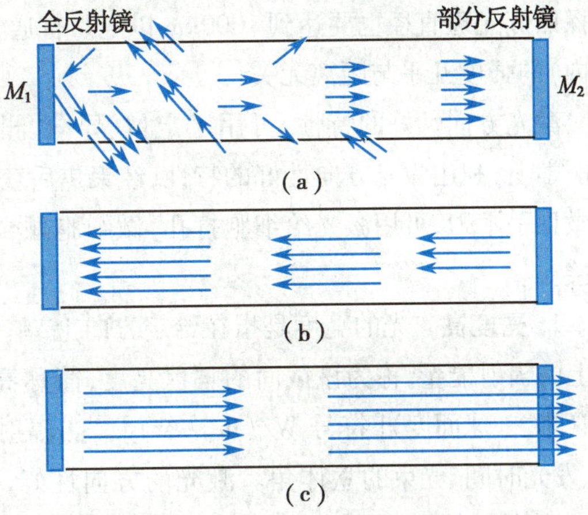

图 13-16　光学谐振腔内激光产生原理

(5) 增益大于损耗：光的增益来自于光学谐振腔内雪崩式的受激辐射，使光的强度按指数规律递增。损耗分为两种，其一是两个反射镜对光的衍射、吸收及透射，使光强减弱，称之为镜损耗；其二是工作物质本身对光有吸收作用以及工作物质的光学不均匀性要造成光的散射和折射，因为这是工作物质本身所造成的损耗，故称为内损耗。所以，要使受激辐射形成光振荡，谐振腔中介质的增益应等于或大于介质的内损耗及反射镜的损耗之和。

二、激 光 特 点

由于激光的发光机制与普通光源发光不同。因此，激光除具有普通光所具有的性质外，还有普通光所不具有的特性。

1. **单色性好**　是衡量光波单色性好坏的标志，即谱线宽度越窄，光波的单色性越好。单色性表明光能量在频谱分布上的集中性。普通光源发出自然光的光子频率各异，含有各种颜色。产生激光的工作物质具有特殊的能级结构，是来自亚稳态上的受激辐射，受激辐射的光子频率(或波长)相同，加上谐振腔的选频作用使其具有很好的单色性。激光的谱线宽度要比普通光的谱线宽度小得多。从普通光源得到的单色光的谱线宽度约为 10^{-2}nm，单色性最好的氪灯，谱线宽度为 4.7×10^{-3}nm，而氦氖激光器发射的 632.8nm 激光的谱线宽度只有 10^{-9}nm，两者相差数万倍。故激光器是目前世界上最好的单色光源。激光的单色性，以气体最好，固体次之，半导体激光最差。

2. **相干性好**　普通光源自发辐射产生的是非相干光，而受激辐射产生的激光具有良好的时间和空间相干性。这是因为激光是来自粒子从亚稳态向基态跃迁辐射的光，粒子亚稳态寿命即粒子的发光时间较长，激光的相干长度可达数百米；还有由于激光在光学谐振腔内有稳定的振动模式，光波的振幅和相位在空间的分布上不随时间变化，频率也是确定的，所以激光的相干性比普通光源要好得多。激光的相干性，使全息照相得以实现。利用激光的相干性制造的激光衍射仪，可用来观察和分析细胞及生物组织的形态。

3. **方向性好**　光束发散角的大小标志着光束方向性的好坏。由于受激辐射的光放大机制和光学谐振腔的方向限制作用所决定，激光光束的**发散角**(angle of divergence)很小。若将 He-Ne 激光射到与地球相距 380 000km 以上，其光斑的直径也只有不过 2000m 左右，但是，即使最好

笔记

的探照灯光斑直径也要达到1000km以上。普通光的强度与距离的平方成反比，而激光（医用范围内）的强度几乎与距离无关。

激光方向性好的特性，可用于定位、导向、测距等，并使远距离和天体之间通讯成为可能。在医学上，利用激光方向性好的特性，经聚焦后获得不同尺寸的光斑，可作为普通手术刀（光刀）和微型手术刀，可用激光给细胞打孔，做细胞融合，甚至直接对DNA等生物大分子进行切割或对接。

4. **亮度高** 光的亮度是指在给定方向上，单位时间通过某一截面单位立体角、单位投影面积上的辐射能量，称为该截面的辐射亮度，简称**亮度**（brightness），用Le表示。亮度的单位为瓦特/（米^2·球面度）[符号 W/(m^2·sr)]。当辐射能量一定时，影响亮度的因素有3个：发光面积、发光时间、光束的立体角。激光的方向性好，其发光立体角也比普通光源发光立体角小得多，激光输出端的面积比普通光源发光面积小很多，所以激光的能量在空间上高度集中，因此激光的亮度远高于普通光，若再用透镜聚焦，使光在空间上进一步集中，亮度会更亮。脉冲激光器可把激光的能量集中在很短的时间内，以脉冲的形式发出，所以激光的能量在时间上高度集中，输出的功率远大于普通光。例如太阳表面的亮度约为10^3W/(cm^2·sr)数量级，而目前大功率激光器的输出亮度可达到10^{10}～10^{17}W/(cm^2·sr)的数量级。医学上常用中等功率的激光切割生物组织和骨质，炭化和汽化肿瘤、痣、扁平疣等。

三、激光的生物效应

激光和生物组织相互作用后所引起的生物组织发生形态或功能的改变，称为**激光生物效应**（biological effect of laser）。激光的生物效应是激光应用于医学的理论基础。同一性能的激光对不同的生物组织有不同的生物效应，不同性能的激光对相同性质的生物组织作用也有差异。激光对生物组织的作用和普通光与物质的作用一样，有时表现为粒子性，有时表现为波动性。激光生物效应通常包括热效应、压强效应、光化效应、强电场效应和生物刺激效应。

1. **热作用** 光能被生物组织吸收后，转化成热能，使组织的温度升高，性质发生变化，即产生热效应。可用于热敷、光灸、汽化治疗。激光的生热机制因光子能量不同而不同。低能量光子可致生物组织直接生热，高能量光子则再经过一些中间过程后才生热。激光照射生物组织使组织温度升高的机制有两种，一种是碰撞生热，另一种是吸收生热。

2. **机械作用** 激光照射生物组织时，可直接或间接产生对组织的压强称为激光的机械作用。激光照射对生物组织的压强分为两种。激光本身的辐射压强，称为对组织的一次压强。光照射到物体上时，光子把它的动量传给物体，而对物体产生光压，形成一次压强。激光束聚焦后，可以使压强增大。医用激光的一次压强很小，可忽略不计。当激光照射生物组织产生热致沸腾时，组织中的液体被气化，被照射处有气流喷出，该处组织受到的反冲压力，其产生的压强称为反冲压强。若足够强的激光作用到生物组织内部，瞬间引起组织变化，组织内产生气泡，体积膨胀，对周围组织产生很大的类似冲击压的瞬时压强，这种压强称为内部汽化压强。它可使其内部爆炸，造成的损伤是定域的。另外，当生物组织吸收强激光而出现瞬时高热，急剧升温时，组织本身发生体膨胀，对周围组织产生热致膨胀压强。在强激光作用下生物体被极化而出现形变，即电致伸缩压。气流反冲压强、内部汽化压强、热致膨胀压强，以及电致伸缩压强，称为激光对组织的二次压强。

笔记

3. **光化作用** 激光与生物组织相互作用时生物大分子吸收光子的能量而发生化学反应，引起生物组织发生变化，称为光化效应。激光照射直接引起机体发生光化反应的作用称为光化作用。光化学反应可分为两个阶段，即初级过程和次级过程。处于激发态的分子能自身发生化学变化或与其他物质分子发生化学变化而消耗多余的能量，这种化学过程称为初级过程。初级过程有光参与，产物不稳定，可进一步触发化学反应即次级过程，生成最终的稳定产物。次级过程一般不需要光的参与。另外，初级过程的反应是激发态分子的反应，次级过程的反应是基态分子的反应。

4. **强电场作用** 激光是电磁波，它是在时间和空间上变化着的电磁场。在强激光电磁场作用下产生的生物效应主要有电致伸缩和光学谐波。

晶片在交变电场的作用下，其厚度会以电场的频率作相应变化，迫使晶片表面作机械振动，这种现象称为电致伸缩。生物组织在激光的作用下，会发生电致伸缩，电致伸缩时产生的压强称为电致伸缩压。激光对生物组织的电致伸缩压主要取决于激光的电场强度和生物组织的性质。对于一定的组织，电致伸缩压正比于激光的功率密度。激光引起的电致伸缩有可能产生超声波，超声波的空化作用可使细胞破裂或发生水肿。

5. **生物刺激作用** 生物刺激作用主要是弱激光的作用。弱激光对生物过程的合成，糜蛋白酶的活性，细菌的生长，白细胞的噬菌作用，肠绒毛的运动，毛发的生长，皮肤、黏膜的再生，创伤、溃疡的愈合，烧伤皮片的长合，骨折再生、机体免疫功能等都有刺激作用。剂量小时起兴奋作用，剂量大时起抑制作用。

拓展阅读

氦氖激光器能级对比

如图13-17所示把氦原子的能级和氖原子的能级画在一起，用同一标尺表示两套能级的高低。图中把基态的能量作为零。纵坐标用波数表示基态以上各能级的高度。氦的亚稳态是1s2s的$^1S_0$和$^3S_1$，同这两个能级的高度接近的氖能级是两组由它的$2p^54s$和$2p^55s$电子态分别组成的。下面讨论这种激光器中氖原子的有关能级。

激光器中氖原子有10个电子，其基态的电子组态是$1s^22s^22p^6$，组成原子态$^1S_0$。基态以上的激发态是由一个2p电子受激发形成的。在原壳层留下五个2p电子。这样，氖原子就有下列几个可能的电子激发态：$1s^22s^22p^53s$，$1s^22s^22p^53p$，$1s^22s^22p^54s$，$1s^22s^22p^55s$等。同氦氖激光器有关的就是这几个较低的激发态，这些电子组态的内部满壳层$1s^22s^2$不影响原子态的形成。我们只需考虑外面的不满壳层。上述四个电子组态中有三个是同类型的，即$2p^5ns(n=3,4,5)$。p^5是满壳层失去了1个电子。5个同科p电子只组成一个2p态，相当于1个电子所形成的。这个P态又和外面的s电子耦合；那么$l_1=1,l_2=0,s_1=s_2=\frac{1}{2}$；合成L=1，S=0，1；即组成$^1P_1$和$^3P_{0,1,2}$这四个原子态。三个同类型组态都是这样。同氦的亚稳态高度接近的是$2p^54s$和$2p^55s$两个组态。每个组成四个能级，能级的次序如上面所写的，^1P最高。

氖的另一个电子组态$2p^53p$中，p^5构成的^2P同一个p电子耦合，那么$l_1=l_2=1,s_1=s_2=\frac{1}{2}$；合成L=0，1，2；S=0，1。这样就组成共10个原子态$^1S_0$，$^1P_1$，$^1D_2$，$^3S_1$，$^3P_{0,1,2}$，$^3D_{1,2,3}$。能级的次序就如这里列的，$^1S_0$最高。可能有交叉情况。

氖原子受氦原子的亚稳态能量激发，到达$2p^54s$和$2p^55s$两个组态的数目很多，以致在这两个组态的原子数超过下面一个组态$2p^53p$的原子数，形成原子数的反转。这样就会发生很多原子向下跃迁所发的强辐射。我们可以按选择定则查看一下有哪些可能的跃

笔记

迁。氦氖激光器发出的可见红光，波长 682.8nm，是从 $2p^55s^1P_1$ 跃迁到 $2p^53p$ 那一组中某一能级所发的。从另一组态 $2p^54s$ 那一组到 $2p^53p$ 那一组的跃迁中，在不同气压和混合比例下，观察到共计 14 条谱线，波长分布在 0.6～1.5μm 之间，这是近红外区。其中 1.1523μm 那一条最强。

从以上的叙述可知，光是从氖原子发出的，氦原子起着传递能量，使氖原子被激发，造成它的能级的原子数反转的作用。激光管两端装有反射镜，调整到互相平行，并垂直于管轴，这使发射出的光在管中往返多次被反射，造成一个强度很高的平行光区域。在激发态的氖原子在强光区就会发出受激辐射。上述两个反射镜中有一个可使光部分透过。透过的光就是输出的激光，是很强的一束平行光。既然有能量输出，就需要补充才能维持连续输出，氦传递的能量，供给氖作始发的激发，也连续作补充的激发，再加上在放电过程中，基态氖原子也会受电子碰撞得到激发，氖的激发态就能维持足够的原子数量，这样，激光就能够稳定地连续输出。

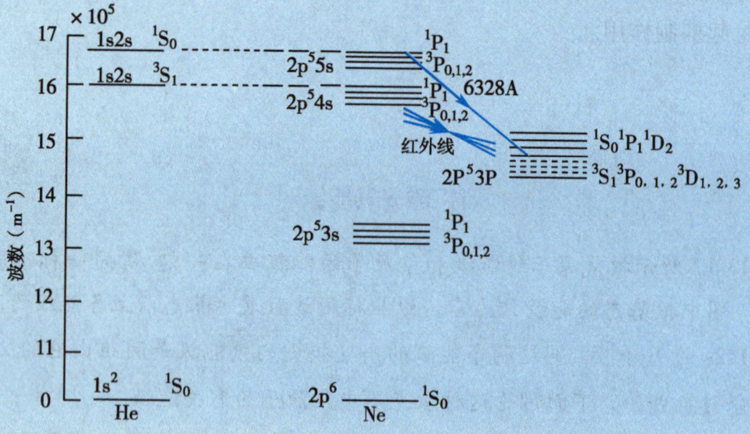

图 13-17 氦氖激光器能级对比

习题

1. 光谱的类型和原子光谱的特点。
2. 分子光谱的特点和分类。
3. 拉曼散射原理。
4. 光谱分析基本类型。
5. 解释下列名词：轫致辐射，短波极限，半价层。
6. 什么是 X 射线的强度？什么是 X 射线的硬度？如何调节？
7. X 射线有哪些基本性质？
8. 设 X 射线机的管电压为 80kV，计算光子的最大能量和 X 射线的最短波长。
9. 设密度为 $3.0g/cm^3$ 的物质对于某单色 X 射线束的质量吸收系数为 $0.030cm^2/g$，求该射线束分别穿过厚度为 1.0mm、5.0mm 和 1.0cm 的吸收层后的强度为原来强度的百分比。
10. 对波长为 0.154nm 的 X 射线，铝的吸收系数为 $132cm^{-1}$，铅的吸收系数为 $2610cm^{-1}$。要和 1.0mm 厚的铅层得到相同的防护效果，铝板的厚度应为多大？
11. 一厚为 $2.0×10^{-3}$m 的铜片能使单色 X 射线的强度减弱至原来的 1/5，试求铜的线性吸收系数和半价层。

笔记

12. 什么是激光?
13. 简述激光的产生过程。
14. 激光有何特性、在临床医学中有哪些主要应用?
15. 激光的生物效应有哪些?

(盖立平)

笔记

第十四章　原　子　核

学习要求

1. 掌握　原子核的基本性质，原子核的质量亏损与结合能，原子核的衰变类型和衰变规律。
2. 熟悉　原子核的自旋与磁矩、核磁共振与核磁共振谱。
3. 了解　人工核反应、放射线的剂量以及放射性核素在医药方面的应用。

原子核物理学(nuclear physics)是研究原子核特性、结构和变化等问题的一门科学。19 世纪末，天然放射性的发现，显示出原子核是一个复杂的系统，导致人类对物质结构的探讨深入到原子核的内部。核理论与核技术的发展，把人类社会推进到原子能时代。原子核物理学研究的内容涉及两个方面：一方面是对原子核的结构、核力及核反应等物质结构的研究；另一方面是原子能和放射性的应用。原子核物理学首先从放射性研究开始的；原子核所放射的射线是原子核发出的信号，在绝大多数场合下，可以通过它来探索原子核的性质和原子核间的作用，也是原子核技术应用的基础。

本章首先介绍有关原子核的的结构和基本性质；其次，介绍放射性核素的衰变规律与人工核反应；最后，简单讨论原子核的磁矩和核磁共振的基本原理。

第一节　原子核的结构和基本性质

一、原子核的组成与质量

1. 原子核的组成　1919 年，卢瑟福(E. Rutherford)用 α 粒子轰击氮时发现有氢核产生，因而断定氢核是组成各种原子核的基本粒子，并命名为**质子**(proton)，用符号 p 表示。既然通过核反应获得了质子，1901 年，法国科学家贝可勒尔(Becquerel)又发现了从铀原子中放射出的 β 粒子(即电子)，有人假设原子核是由质子和电子组成的，电子的质量很小，并不影响整个核的质量。这种假设乍看起来似乎是合理的，但与原子核的自旋和磁矩(自旋和磁矩将在第三节作详细介绍)等实验事实不符。再根据理论计算，电子如果存在于核中，应该具有约 124MeV 的动能，事实上，放射性物质放出的 β 粒子根本没有这么大的能量，而且如果具有这么大动能的电子足以把原子核打碎。此外，卢瑟福通过 α 粒子散射实验，提出了原子核式结构模型，虽然核的体积只有原子体积的 $\frac{1}{10^{15}}$，但核中却集中了原子的全部正电荷和几乎全部质量。因此，把电子禁闭在原子核内是完全不可能的。

1932 年，查德威克(J. Chadwick)在实验中发现了**中子**(neutron)，用符号 n 表示。中子一经发现，海森伯(W. Heisenberg)和伊凡宁柯(Д. Д. Иваненко)随即创立了原子核的质子-中子结构学说。这一学说指出，**原子核**(atonic nucleus)是由质子和中子所组成的，作为核的组成部分的这两种粒子，统称为**核子**(nucleon)。中子不带电，质子带正电，其电荷量与电子的电荷量的绝对值相等。由于一切原子都是电中性的，因此，原子核中包含的质子数等于核外电子数，即**原子序数**(atonic number)Z。这样，原子核所带电荷量为 $q=+Ze$。Z 也称为该元素**原子核的电荷数**

笔记

(nuclear charge number)。原子核的**质量数**(mass number)A 就是核子的总数,如果以 N 表示中子数,那么 $A=Z+N$。

核内既然没有电子,那么放射性物质放出 β 粒子的事实应该怎样解释呢?近代基本粒子物理学指出,质子和中子可以相互转变:中子可以放出电子、反中微子而转变成质子;质子可放出正电子、中微子而转变成中子。

由于原子核的质子-中子结构学说为大量实验事实所证实,从而使原子核的组成问题基本上得到解决。按照近代粒子理论的夸克模型,质子和中子还都有内部结构,它们都是由三个夸克组成的,有关内容在后面章节中进一步学习。

2. **原子核的质量** 原子核的质量和整个原子的质量相差极小,这是因为核外电子质量极小的缘故。原子质量的单位按国际规定:将自然界中最丰富的碳 ${}^{12}_{6}C$ 原子质量的 $\frac{1}{12}$ 称为**原子质量单位**(atomic mass unit),符号 u,由此计算得

$$1\,u=\frac{1}{12}m_{^{12}C}=\frac{1}{12}\times\frac{12\times10^{-3}}{N_A}kg=1.6605402\times10^{-27}kg \tag{14-1}$$

式中,$N_A=6.0221367\times10^{23}mol^{-1}$ 为阿伏伽德罗常量(Avogadro constant)。

实际上,质子和中子的质量相差很小,它们分别为:$m_p=1.007277u$,$m_n=1.008665u$。用原子质量单位来量度原子核时,其质量的数值都接近某一整数,因此质量数为 A 的原子核的质量近似等于 Au。

3. **核素、同位素、同量异位素、同质异能素** **核素**(nuclide)是指一类具有确定质子数和核子数的中性原子。核素用符号 ${}^{A}_{Z}X$ 或 ${}^{A}X$ 表示,其中 X 为元素符号,Z 为原子序数,即质子数,A 为质量数,即核子数。**同位素**(isotope)是指质子数相同而质量数不同的一类核素,它们在周期表中处于相同的位置。如氢有三种同位素,即氢 ${}^{1}_{1}H$、氘 ${}^{2}_{1}H$、氚 ${}^{3}_{1}H$。**同量异位素**(isobar)是指质量数相同,质子数不同的一类核素,如钾 ${}^{40}_{19}L$ 和钙 ${}^{40}_{20}Ca$。**同质异能素**(isomer)是指核的质子数和质量数都相同而处于不同能量状态的一类核素,如锝 ${}^{99}_{43}Tc$ 和 ${}^{99m}_{43}Tc$,右(或左)上角加"m",表示处于较高能级的激发态。

表 14-1 中列出了四种元素的同位素的原子质量。应当强调的是,表中给出都是整个原子质量,需要用原子核的质量时应把电子质量减去。为什么对原子核描述或进行某些计算时,通常可以用整个原子的质量呢?这是因为对于核的变化过程,电荷数是守恒的,变化前后的电子数目不变,电子质量在计算过程中可以自动消去。

表 14-1 十种核素的原子质量

核素	质量数	原子质量(u)	核素	质量数	原子质量(u)
${}^{1}_{1}H$	1	1.007825	${}^{13}_{6}C$	13	13.003351
${}^{2}_{1}H$	2	2.014102	${}^{14}_{7}N$	14	14.003074
${}^{3}_{1}H$	3	3.016050	${}^{15}_{7}N$	15	15.000108
${}^{4}_{2}He$	4	4.002603	${}^{16}_{8}O$	16	15.994915
${}^{12}_{6}C$	12	12.000000	${}^{17}_{8}O$	17	16.999133

二、原子核的质量亏损与结合能

1. **质量亏损** 原子核既然由质子和中子所组成,似乎原子核的质量应该等于所有质子和中子质量的总和。但实验测定,原子核的质量总是小于组成它的质子和中子的质量总和。若以

笔记

m_X、m_p 和 m_n 分别表示原子核^A_ZX、质子和中子的质量，则这一差额

$$\Delta m = Zm_p + (A-Z)m_n - m_X \tag{14-2}$$

称为**质量亏损**(mass defect)。

2. **结合能** 相对论指出，当系统有质量改变时，一定伴有能量改变，即 $\Delta E=\Delta mc^2$。显然有

$$\Delta E = [Zm_p + (A-Z)m_n - m_X]c^2 \tag{14-3}$$

由此可知，质子和中子组成原子核的过程中必然有大量能量放出，此能量称为原子核的**结合能**(binding energy)。

在质能关系公式中，如果 Δm 以 u 为单位，ΔE 以 MeV 为单位，通过计算得

$$\Delta E = 931.5\Delta m \text{MeV} \tag{14-4}$$

3. **原子核的稳定性与平均结合能** 如果要使原子核分裂为单个的质子和中子，就必须供给与结合能等值的能量。例如，氘核的结合能为 2.23MeV，要使氘核分裂为自由中子和自由质子，必须供给 2.23MeV 能量。由于结合能非常大，所以一般原子核是非常稳定的系统。然而不同的原子核，其稳定程度并不一样。这可用原子核的结合能 ΔE 除以质量数 A，即

$$\varepsilon = \frac{\Delta E}{A} \tag{14-5}$$

来表示。ε 称为每个核子的**平均结合能**(binding energy per nucleon)，又称为**比结合能**(specific binding energy)。平均结合能越大，原子核越稳定。天然存在的原子核中，质量数较小的轻核和质量数较大的重核，其平均结合能比质量数中等的核小。因此，使重核分裂为中等质量的核，它就会进一步放出能量，这种能量称为**裂变能**(fission energy)，原子弹、原子能反应堆的能量就是这样产生的；同样，使很轻核聚变为较重质量的核，也会放出大量的能量来，这种能量称为**聚变能**(fusion energy)，氢弹的能量就是通过聚变产生的。中等质量的各种原子核的平均结合能近似相等，都在 8.6MeV 左右。表 14-2 列出了某些原子核的结合能和核子的平均结合能。

表 14-2 原子核的结合能和核子的平均结合能

核	结合能 ΔE (MeV)	核子的平均结合能 $\Delta E/A$ (MeV)	核	结合能 ΔE (MeV)	核子的平均结合能 $\Delta E/A$ (MeV)
^2_1H	2.23	1.11	$^{14}_7N$	104.63	7.47
^3_1H	8.47	2.82	$^{15}_7N$	115.47	7.70
^3_2He	7.72	2.57	$^{16}_8O$	127.50	7.97
^4_2He	28.30	7.07	$^{19}_9F$	147.75	7.78
^6_3Li	31.98	5.33	$^{20}_{10}Ne$	160.60	8.03
^7_3Li	39.23	5.60	$^{23}_{11}Na$	186.49	8.11
^9_4Be	58.00	6.45	$^{24}_{12}Mg$	198.21	8.26
$^{10}_5B$	64.73	6.47	$^{56}_{26}Fe$	492.20	8.79
$^{11}_5B$	76.19	6.93	$^{63}_{29}Cu$	552	8.76
$^{12}_6C$	92.20	7.68	$^{120}_{50}Sn$	1020	8.50
$^{13}_6C$	97.11	7.47	$^{238}_{92}U$	1803	7.58

笔记

例题 14-1 计算氘核及氦核的结合能和平均结合能。

解 （1）氘核：$A=2, Z=1$。氘^2_1H 的原子质量为 2.014102u

$$\begin{aligned}\Delta E_D &= \Delta mc^2 = [Zm_p+(A-Z)m_n-m_D]c^2 \\ &= (m_p+m_n-m_D)c^2 \\ &= (1.007825+1.008665-2.014102)\times 931.5\text{MeV} \\ &= 2.23\text{MeV}\end{aligned}$$

$$\varepsilon=\frac{\Delta E_D}{A}=\frac{2.23}{2}=1.11\text{MeV}$$

式中，m_p 和 m_D 分别为质子和氘核的质量，计算中分别代之以^1_1H 及^2_1H 的原子质量，所差电子质量抵消了，这样计算方便。

（2）氦核：$A=4, Z=2$，氦^4_2He 的原子质量为 4.002603u

$$\begin{aligned}\Delta E_{He} &= \Delta mc^2 = [Zm_p+(A-Z)m_n-m_{He}]c^2 \\ &= (2\times 1.007825+2\times 1.008665-4.002603)\times 931.5\text{MeV} \\ &= 28.30\text{MeV}\end{aligned}$$

$$\varepsilon=\frac{\Delta E_{He}}{A}=\frac{28.30}{4}=7.07\text{MeV}$$

聚合 1mol 氦核时，放出的能量为 $\Delta E=6.022\times 10^{23}\times 28.30=1.70\times 10^{25}$ MeV，这相当于燃烧 10^5kg 煤所放出的能量。

三、原子核的性质

1. **原子核的大小** 原子核的大小可由实验测定。原子核近似为密度均匀的球体，由各种散射实验测得原子核的半径与质量数 A 有如下关系

$$R=r_0A^{\frac{1}{3}} \tag{14-6}$$

式中，r_0 为比例常量，由精密测定其值为 1.20×10^{-15}m。

如以 m 表示原子核的质量，V 表示它的体积，则原子核的密度为

$$\begin{aligned}\rho &= \frac{m}{V}=\frac{m}{\frac{4}{3}\pi R^3}=\frac{m}{\frac{4}{3}\pi r_0^3A} \\ &= \frac{1.66\times 10^{-27}A}{\frac{4}{3}\pi\times(1.20\times 10^{-15})^3A}=2.3\times 10^{17}\text{kg/m}^3\end{aligned}$$

可见，原子核的密度是水的密度的 2.3×10^{14} 倍。体积为 1cm^3 的核物质，其质量可达 2.3 亿吨。

2. **核力** 从结合能的计算，由质子和中子组成原子核的能量比它们各自独立时的总能量为低，这就从能量观点上说明原子核是一个较稳定的系统。但原子核内部，质子之间有静电斥力，中子又不带电，所以不可能是电性力使质子、中子聚成原子核。也不可能是万有引力，因为它比电磁力还小 10^{39} 倍。显然，要使原子核成为稳定系统，必须在核子之间存在着一种更强的相互吸引力，这种力称为**核力**（nuclear force）。正是依靠核力的强烈吸引作用才使核子结合成一个紧密的整体——原子核。原子核的质量、大小、结合能等很多性质都和核力有关。

笔记

理论和实验证明，核力有如下主要性质：

（1）核力是短程力：实验表明，核力虽然很强，但作用距离只有 10^{-15} m 的数量级，大于这一数量级时，核力很快减小到零。所以这种力称为**短程力**（short range force）。

（2）核力与电荷无关：实验还表明，不管核子带电与否，在原子核中，质子和质子之间、中子和中子之间、质子和中子之间都具有相同的核力。

（3）核力是具有饱和性的交换力：一个核子只同紧邻的核子有作用，而不是和原子核中所有核子起作用，这种性质称为**核力的饱和性**（saturation of nuclear force）。

带电粒子之间的电磁力是通过光子的交换来实现的。与此类似，在核子之间的相互作用是通过一种特殊粒子的交换而实现的，这种粒子称为 π 介子（meson）。π 介子有三种荷电状态，即 π^+ 介子（带正电）、π^0 介子（中性）、π^- 介子（带负电），因此，核子交换 π 介子可以有以下形式

$$\left.\begin{aligned} p &\Leftrightarrow p+\pi^0 \\ n &\Leftrightarrow n+\pi^0 \\ n &\Leftrightarrow p+\pi^- \\ p &\Leftrightarrow n+\pi^+ \end{aligned}\right\} \tag{14-7}$$

质子之间或中子之间交换的是 π^0 介子，交换的结果核子不变。质子和中子之间交换的是 $\pi^{\pm}$ 介子：质子放出一个 π^+ 介子为中子所吸收，这时质子转化为中子，中子转化为质子；中子放出一个 π^- 介子为质子吸收，这时中子转化为质子，质子转化为中子。这种交换 $\pi^{\pm}$ 介子的过程，使质子和中子发生相互转化。相邻的核子间频繁地交换 π 介子是产生核力的根源。

第二节 放射性核素的衰变定律与核反应

1896～1898 年，人们发现自然界中有些重金属，例如铀、钋、镭等，能够放出一种人眼看不见的射线。这种射线具有能使气体电离、照相底片感光和荧光物质发光等一系列的性质。

物质的放射性还有一个特点，就是与周围环境的物理条件和本身的化学条件无关。不论放射性物质是处于化合状态，还是以单质存在，也不论它们是否处于高温、高压的环境中，它们的放射性都一样。这些事实说明，放射性过程与原子核外电子云的重新分布无关，而是在原子核内部发生的。因此，对放射性的研究是获悉原子核内部信息的重要途径之一。

自然界中不稳定的原子核，能自发地放出某种射线而转变成另一种原子核，这种现象称为**放射性衰变**（radioactive decay）。对于具有放射性的各种原子形式，都称为**放射性核素**（radioactive nuclide）。天然元素和人造元素共有 110 余种，而核素已有 2600 多种，其中大部分是人造的。而人造核素中，大多数都具有放射性，又称为**人工放射性核素**（artificial radioactive nuclide）。

一、原子核的衰变类型

放射性物质放射的射线有三种，即 α 射线、β 射线和 γ 射线。α 射线是由带正电的氦核 ${}_2^4He$ 组成的高速离子流，它的电离作用很强，但贯穿物体的本领很小。β 射线是高速运动的电子流，电离作用较弱，贯穿本领较强。γ 射线是波长比 X 射线更短的电磁波，即光子流，电离作用很弱，但贯穿本领最强。

放射性衰变是原子核的变化过程，与自然界其他变化过程一样，严格遵守电荷守恒、质量与能量守恒、动量守恒、角动量守恒等普遍定律。放射性物质衰变时，形成的新原子核（子核）加上放出粒子的总电荷数和总质量数，应等于衰变前原子核（母核）的电荷数和质量数。按照质能关系，核衰变前后的静质量的差值，转变为核衰变时释放的能量，这一能量称为**衰变能**（decay energy），用

笔记

符号 Q 表示。

1. **α 衰变** 放射性核素的原子核,放射出 α 粒子而衰变为另一种原子核的过程,称为 **α 衰变**。例如:镭 ${}^{226}_{88}Ra$ 放出一个 α 粒子衰变成氡 ${}^{222}_{86}Rn$,其衰变式为

$$ {}^{226}_{88}Ra \to {}^{222}_{86}Rn + {}^{4}_{2}He + Q $$

如果用 X 和 Y 分别表示衰变前后母核和子核的符号,则 α 衰变一般表达式为

$$ {}^{A}_{Z}X \to {}^{A-4}_{Z-2}Y + {}^{4}_{2}He + Q \qquad (14\text{-}8) $$

从式(14-8)中可以看出,子核 ${}^{A-4}_{Z-2}Y$ 的电荷数比母核 ${}^{A}_{Z}X$ 少 2,质量数少 4,子核在周期表中比母核向前移两个位置,这就是 **α 衰变的位移定则**。

衰变能 Q 主要表现为子核和 α 粒子所获得的动能 E_Y、E_α。根据能量守恒和动量守恒,衰变能在 Y 和 α 之间的分配很容易计算出来,即

$$ E_\alpha = \frac{A-4}{A}Q $$

$$ E_Y = \frac{4}{A}Q $$

在天然放射性核素中,作 α 衰变的绝大多数是质量数 A 大于 209 的重原子核,例如镭 ${}^{226}_{88}Ra$、钋 ${}^{210}_{84}Po$ 等。质量数小于 209 的核素,只有少数几种是放射 α 粒子,例如钐 ${}^{147}_{62}Sm$、钕 ${}^{144}_{60}Nd$ 等,但半衰期都很长(分别为 6.7×10^{11} a 和 5×10^{15} a),基本上可以看成是稳定核素。至于人工放射性核素中,作 α 衰变的是少数。

当某种放射性核素放射 α 粒子的同时,还常常伴有 γ 射线的放射。如图 14-1 所示,镭 ${}^{226}_{88}Ra$ 作 α 衰变时,放出的 α 粒子有两种能量值:4.777MeV(约占 α 粒子总数的 94.3%)和 4.589MeV(约占 α 粒子总数的 5.7%)。可以估计到,激发态的氡 ${}^{222}_{88}Rn$ 能放射出能量为 0.188MeV 的 γ 射线,这已被实验所证实。

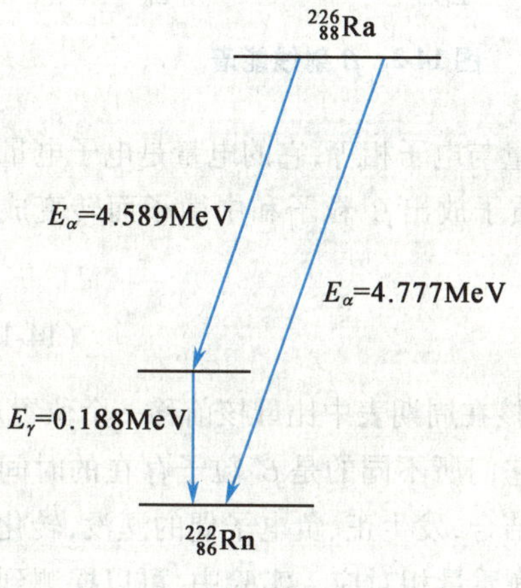

图 14-1 ${}^{226}_{88}Ra$ 的 α 衰变

2. **β 衰变** 放射性核素自发地放射出 β 射线(高速电子)或俘获轨道电子而变成另一个核素的现象称为 β 衰变。它主要包括 β^- 衰变、β^+ 衰变和电子俘获三种类型。

(1) β^- 衰变:放射性核素放出电子(${}^{0}_{-1}e$)而变成另一种核的过程,称为 **β^- 衰变**。例如,磷 ${}^{32}_{15}P$ 放出一个电子衰变为硫 ${}^{32}_{16}S$,其衰变式为

$$ {}^{32}_{15}P \to {}^{32}_{16}S + {}^{0}_{-1}e + \tilde{\nu}_e + Q $$

式中,$\tilde{\nu}_e$ 是反中微子,是一种质量比电子质量小得多的中性粒子。${}^{32}_{16}S$ 同 ${}^{32}_{15}P$ 质量数相同,但电荷数不同,因此,它们是同量异位素。在衰变时,${}^{32}_{16}S$、${}^{0}_{-1}e$ 和 $\tilde{\nu}_e$ 都获得了动能,这由衰变能 Q 供给。

β 衰变一般表达式为

$$ {}^{A}_{Z}X \to {}^{A}_{Z+1}Y + {}^{0}_{-1}e + \tilde{\nu}_e + Q \qquad (14\text{-}9) $$

式(14-9)指出,子核同母核质量数相同,但电荷数多 1,子核在周期表中比母核往后移一个位置,这就是 **β^- 衰变的位移定则**。

原子核中不存在电子,β^- 衰变时发出的电子是原子核中的一个中子转变为质子时放出的,同时放出一个反中微子,即

笔记

$$ {}_{0}^{1}n \rightarrow {}_{1}^{1}\mathrm{H} + {}_{-1}^{0}e + \tilde{\nu}_e + Q \tag{14-10} $$

就电荷数相同的核素而言,中子数过多的原子核通常会发生这种衰变。

当发生β衰变时,也常常伴有γ射线。如图 14-2 所示,铯${}_{55}^{137}$Cs 作β衰变时,一小部分(约占总数 6.5%)可直接转变为钡${}_{56}^{137}$Ba 的基态,放出的β粒子的最大能量为 1.176MeV;而大部分(占总数 93.5%)则转变为${}_{56}^{137}$Ba 的激发态,放出的β粒子的能量为 0.514MeV,而后再跃迁到${}_{56}^{137}$Ba 的基态,同时放出的能量为 0.662MeV 的γ射线。

实验发现,β粒子的能量是连续分布的。图 14-3 是β射线的能谱,它表示β粒子的能量E_β有一确定的最大值E_0,能量为$\frac{E_0}{3}$的β粒子数量最多,表示这种能量的β射线强度最大。由于${}_{55}^{137}$Cs 的衰变产生两组β粒子,所以与最大射线强度相对应的能量值也有两个。

在β衰变时,衰变能主要分配在β粒子和反中微子上。因为子核的质量比β粒子和反中微子大得多,所分配到的能量极小(即可忽略不计)。能量在这两种粒子之间的分配是可以任意的,因此β粒子得到的能量可以从零变化到最大值。这个最大值几乎等于衰变能Q。

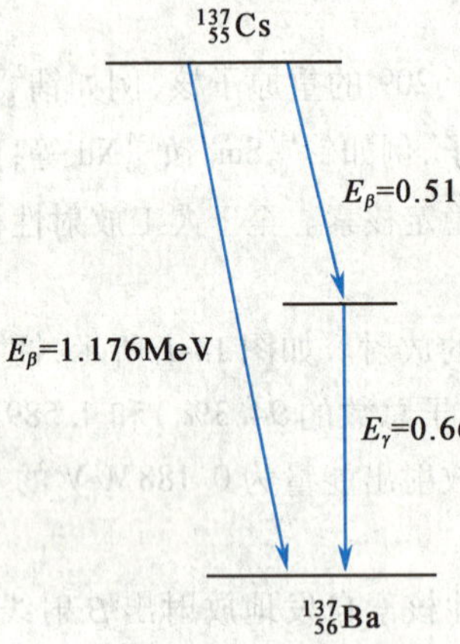

图 14-2 ${}_{55}^{137}$Cs 的β衰变

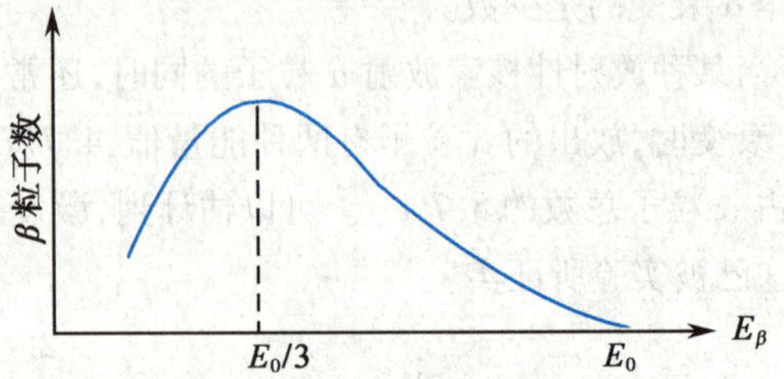

图 14-3 β射线能谱

(2) β^+衰变:β^+粒子又称为**正电子**(positron),它的质量与电子相等,它的电量是电子电量的绝对值。放射性核素作β^+衰变,是由于原子核中的一个质子放出β^+粒子和中微子而转变成中子。其衰变式为

$$ {}_{1}^{1}\mathrm{H} \rightarrow {}_{0}^{1}n + {}_{1}^{0}e + \nu_e + Q \tag{14-11} $$

通常中子过少的原子核就会发生这种衰变。β^+衰变后,子核在周期表中比母核前移一个位置。

β^+粒子的能量同β^-粒子一样,也是连续分布的。但它们所不同的是β^+粒子存在的时间极短,当它被物质阻碍而失去动能时,就和物质中的电子相结合,发生正、负电子偶的湮没,转化为一对光子。每个光子的能量为 0.511MeV,正好与电子的静质量相对应。实验中,可以探测到这种能量的γ粒子来判β^+粒子的存在。

β^+衰变只有在少数人工放射性核素中发现。在天然放射性核素中,尚未发现。

(3) 电子俘获:某些核素的原子核从核外的电子壳层中俘获一个电子,使核中的一个质子转变成中子,并放出中微子,从而形成子核,其衰变式为

$$ {}_{1}^{1}\mathrm{H} + {}_{-1}^{0}e \rightarrow {}_{0}^{1}n + \nu_e + Q \tag{14-12} $$

这种过程称为**电子俘获**(electron capture)。由于原子核最容易从最近的K壳层俘获电子,所以又称为***K* 俘获**。但也可能存在***L* 俘获**和***M* 俘获**。这种衰变的结果和β^+衰变一样,即子核在周期表中比母核前移一个位置。电子俘获也是发生在中子过少的核素中。

笔记

3. **γ 衰变** γ 射线是一种电磁辐射，波长在 0.01nm 以下。前面已经说明过，γ 射线通常是和 α 衰变、β 衰变同时发生的。电子俘获产生的核衰变，有的也放出 γ 射线。当母核作 α 衰变或 β 衰变时，其子核处于激发态的时间极短（约 10^{-13}s ~ 10^{-11}s），就跃迁到基态而放出 γ 射线。由于 γ 衰变对子核的电荷数和质量数都无影响，所以上述的跃迁，就称为**同质异能跃迁**（isomeric transition）。

α 衰变或 β 衰变产生的子核从激发态跃迁到基态，有时并不放出 γ 射线，而是将能量交给核外电子壳层中的电子。电子获得能量后就脱离原子而成为自由电子。这种过程称为**内转换**（internal conversion）。由内转换所发射的电子，主要是 K 层电子，但也有 L 层电子或其他壳层电子。

二、放射性核素的衰变定律

放射性现象是原子核从不稳定状态趋于稳定状态的过程。由于放射性核素能自发地进行衰变，使原来的核素减少，新生的核素不断增加。新生的核素有的是稳定核素，有的仍是放射性核素并继续进行衰变，直到变成稳定核素为止。对于任何一种放射性核素，虽然所有的核都要发生衰变，但它们并不是同时进行的，而是有先有后。对于某一个核在什么时刻衰变，完全具有偶然性，无法事先预知，但对于由大量相同的原子核组成的某种放射性核素而言，则遵守具有统计意义的衰变规律。

1. **衰变定律** 任何放射性核素在时间 $\mathrm{d}t$ 内衰变的原子核数 $-\mathrm{d}N$，与当时存在的母核总数 N 成正比，即

$$-\frac{\mathrm{d}N}{\mathrm{d}t}=\lambda N \tag{14-13}$$

式中，λ 称为**衰变常数**（decay constant），是表征放射性核素变化快慢的物理量，其数值与核素的种类有关，如果一种核素能够进行几种类型的衰变，或者子核可能处于几种不同的状态，则对应于每种衰变类型和子核状态，各自都有一个衰变常数 λ_1、λ_2、…、λ_n，总的衰变常数 λ 等于各衰变常数之和，即

$$\lambda=\lambda_1+\lambda_2+\cdots+\lambda_n \tag{14-14}$$

对式(14-13)积分，并利用初始条件 $t=0$ 时，$N=N_0$，得

$$N=N_0\mathrm{e}^{-\lambda t} \tag{14-15}$$

上式表明，未衰变的母核数随时间按指数规律减少，式(14-13)称为**放射性衰变定律的微分形式**，式(14-15)称为**放射性衰变定律的积分形式**。

2. **半衰期** 原有的母核总数 N_0 衰变一半所需的时间，称为**半衰期**（half life period），用 T 表示。当 $t=T$，将 $N=\frac{N_0}{2}$ 代入式(14-15)，得

$$\frac{N_0}{2}=N_0\mathrm{e}^{-\lambda T}$$

$$T=\frac{\ln 2}{\lambda}=\frac{0.693}{\lambda} \tag{14-16}$$

上式表明，半衰期 T 与衰变常数 λ 成反比，衰变常数越小，半衰期越长，即放射性核素衰变得越慢。所以，半衰期也是用来表示放射性核素变化快慢的物理量。从式(14-16)还看出，原子核的半衰期和原子核数量的多少以及什么时间开始计时是没有关系的。

经过一个 T 后，其放射性核素衰减到原来的 $\frac{1}{2}$，经过两个 T 后衰减到原来的 $\frac{1}{4}$，依此类推，经过 n 个 T 后，将衰减到原来的 $\left(\frac{1}{2}\right)^n$。将式(14-16)代入式(14-15)整理得到

笔记

$$N=N_0\left(\frac{1}{2}\right)^{\frac{t}{T}} \tag{14-17}$$

表 14-3 列出了几种放射性核素的半衰期。

表 14-3 几种放射性核素的半衰期

核素	射线	半衰期	核素	射线	半衰期
$^{11}_{6}C$	β^+	20.4min	$^{131}_{53}I$	β^-、γ	8.04d
$^{13}_{6}C$	β^-	5700a	$^{212}_{84}Po$	α、γ	3×10^{-7}s
$^{24}_{11}Na$	β^-、γ	14.8h	$^{222}_{86}Rn$	α	3.82d
$^{32}_{15}P$	β^-	14.3d	$^{226}_{88}Ra$	α	1600a
$^{60}_{27}Co$	β^-、γ	5.27a	$^{238}_{92}U$	α	4.5×10^{9}a

3. **有效半衰期** 当放射性核素引入生物体内时,其原子核的数量一方面按自身的规律衰变递减,另一方面还由于生物代谢而排出体外,使体内的放射性原子核数量减少比单纯的衰变要快。若用上述的 λ 代表的物理衰变常数,λ_b 代表单位时间内从体内排出的原子核数与当时存在的原子核数之比,则放射性核素的排出率,称为**生物衰变常数**(biological decay constant),于是 $\lambda_e=\lambda+\lambda_b$,$\lambda_e$ 称为**有效衰变常数**(effective decay constant)。三种衰变常数对应的半衰期分别为**有效半衰期** T_e、**物理半衰期** T 和**生物半衰期** T_b,三者的关系为

$$\frac{1}{T_e}=\frac{1}{T}+\frac{1}{T_b} \text{或} T_e=\frac{TT_b}{T+T_b} \tag{14-18}$$

可见 T_e 比 T 和 T_b 都短。

4. **平均寿命** 在某种放射性核素中,核衰变有早有迟,也就是说,有的核寿命短,有的核寿命长。因此用平均寿命 τ 来表示某种放射性核素衰变的快慢。每个核在衰变前平均能存在的时间,称为**平均寿命**(mean life time)。设在 $t\sim t+\mathrm{d}t$ 时间间隔内有 $-\mathrm{d}N$ 个原子核衰变,在 $-\mathrm{d}N$ 个核中的每个核的寿命为 t,则总寿命为 $t(-\mathrm{d}N)$。因此,N_0 个母核的平均寿命为

$$\tau=\frac{\int_{N_0}^{0}t(-\mathrm{d}N)}{N_0}$$

将式(14-15)微分后代入上式得

$$\tau=\frac{1}{N_0}\int_0^{\infty}\lambda N_0 t\mathrm{e}^{-\lambda t}\mathrm{d}t=\frac{1}{\lambda} \tag{14-19}$$

将上式代入(14-16),得

$$T=\tau\ln2=0.693\tau \tag{14-20}$$

式(14-16)、(14-19)、(14-20)给出了 T、λ、τ 三者间的关系。每一种核素都有它特有的 T、λ、τ,所以,它们可以作为放射性核素的特征量。这三者中,知道了 T、λ、τ 任意一个,就可以推算出其他两个,也基本上可判断它是哪一种核素。

5. **放射性活度** 放射性核素在衰变过程中,单位时间内衰变的原子核数目越多,从放射源发出的射线越强。因此以单位时间内衰变的母核数来表示**放射性活度**(radioactivity),用 A 表示,即

$$A=-\frac{\mathrm{d}N}{\mathrm{d}t}=\lambda N \tag{14-21}$$

笔记

将式(14-15)代入上式,得

$$A=A_0e^{-\lambda t} \tag{14-22}$$

式中，$A_0=\lambda N_0$表示在$t=0$时刻的放射性活度。放射性活度也随时间按指数规律减少。

在国际单位制中，放射性活度的是贝可勒尔（Becquerel），简称贝可（符号 Bq）。1 贝可表示放射性核素每秒钟发生一次核衰变，即 $1Bq=1s^{-1}$。贝可单位太小，常用千贝可（符号 kBq）或兆贝可（符号 MBq）来表示。

历史上放射性活度的单位还有居里（curie），符号 Ci，$1Ci=3.7\times10^{10}Bq$。

例题 14-2 已知镭的半衰期为 1600 年，求它的衰变常数和 1g 纯镭的放射性活度。

解 由 $T=\frac{0.693}{\lambda}$，得镭的衰变常数为

$$\lambda=\frac{0.693}{T}=\frac{0.693}{1600\times365\times24\times3600}s^{-1}=1.37\times10^{-11}s^{-1}$$

镭的质量数为 $A=226$，1g 纯镭的原子核数为

$$N=\frac{m}{A}N_A=\frac{1}{226}\times6.022\times10^{23}\text{个}=2.66\times10^{21}\text{个}$$

1g 纯镭的放射性活度为

$$A=-\frac{dN}{dt}=\lambda N=1.37\times10^{-11}\times2.66\times10^{21}Bq=3.65\times10^{10}Bq$$

三、人工核反应

人为地利用某种高速粒子（如质子、中子、氘核、α 粒子、γ 粒子等）去轰击原子核，以引起核转变，称为**人工核反应**（artificial nuclear reaction）。这是研究原子核的一种重要方法。α 粒子和 γ 粒子可以来源于天然放射物；快速的质子和氘核需要由加速器产生；中子则是由天然放射线或加速器产生的粒子间接产生的。

与核衰变一样，人工核反应也严格遵守电荷守恒、质量与能量守恒、动量守恒等普遍规律。

核反应可以用下式表示

$$^{A}_{Z}X+a\rightarrow^{A'}_{Z'}Y+b \tag{14-23a}$$

式中，a 是入射粒子，b 是反应后放出的粒子，X 是被轰击的核，称为**靶核**（nuclear target），Y 是反应后形成的新核，称为**反冲核**（recoil nucleus）。核反应也可以用

$$^{A}_{Z}X(a,b)^{A'}_{Z'}Y \tag{14-23b}$$

来表示。1919 年，卢瑟福用天然放射的 α 粒子轰击氮核引起的 $^{14}_{7}N(\alpha,p)^{17}_{8}O$ 反应，即

$$^{14}_{7}N+^{4}_{2}He\rightarrow^{17}_{8}O+^{1}_{1}H$$

是历史上第一个人工核反应，它导致质子的发现。

在核反应过程中，同时伴有能量的放出或吸收。反应前、后粒子和核的动能之差称为**反应能**（reactive energy），用 Q 表示，即

$$Q=E_Y+E_b-E_a \tag{14-24}$$

式中，E_a、E_b、E_Y分别为入射粒子、放出粒子、反冲核的动能。Q 为正，表示放出能量；Q 为负，表示吸收能量。反应能可由质能关系式来确定。设 m_a 和 m_X 为入射粒子和靶核的质量，m_b 和 m_Y 为反应产生的粒子和反冲核的质量，反应后质量亏损为

$$\Delta m=(m_a+m_X)-(m_b+m_Y)$$

笔记

质量亏损伴有的能量为

$$\Delta E=\Delta mc^2$$

式中，$\Delta E=Q$ 即为反应能。$\Delta m>0$ 时，放出能量，$\Delta m<0$ 时，吸收能量。

人工核反应产生的核素，大部分具有放射性，这类放射性核素在自然界是不存在的，也称为**人工放射物**。

现在已知的人工核反应已有1000多种，可归纳成以下几种类型：

1. **中子核反应** (n,γ)、(n,p)、(n,α)、$(n,2n)$。

例如，${}_1^1H(n,\gamma){}_1^2H$、${}_7^{14}N(n,p){}_6^{14}C$、${}_5^{10}B(n,\alpha){}_3^7Li$、${}_4^9Be(n,2n){}_4^8Be$ 等。

中子不产生电离，所以只有利用它的间接作用来进行探测。利用 ${}_5^{10}B(n,\alpha){}_3^7Li$ 反应可以对中子进行探测。当中子入射到充以 BF_2 气体的探测器中时，就能引起上述反应，由于射出的 α 粒子具有电离作用，从而间接推证中子的存在。

${}_{92}^{235}U$ 的裂变反应也是一种中子核反应，反应式为

$${}_{92}^{235}U+{}_0^1n\rightarrow{}_{54}^{139}Xe+{}_{38}^{95}Sr+2{}_0^1n$$

2. **质子核反应** (p,γ)、(p,n)、(p,α)。

例如，${}_6^{14}C(p,n){}_7^{14}N$、${}_5^{10}B(p,\alpha){}_4^7Be$ 等。

3. **氘核的核反应** (d,p)、(d,n)、(d,α)、$(d,{}^3H)$、$(d,2n)$。

例如，${}_{29}^{63}Cu(d,p){}_{29}^{64}Cu$、${}_4^9Be(d,n){}_5^{10}B$ 等。

4. **α粒子的核反应** (α,p)、(d,n)。

例如，${}_4^9Be(\alpha,n){}_6^{12}C$，这是1932年发现中子的核反应。

1934年约里奥·居里(Joliot Curie)夫妇发现以下三个反应中的人工放射物，从而导致人工放射性的发现。

$${}_5^{10}B(\alpha,n){}_7^{13}N,\ {}_7^{13}N\rightarrow{}_6^{13}C+{}_1^0e,\ T=14\text{min}$$

$${}_{13}^{27}Al(\alpha,n){}_{15}^{30}P,\ {}_{15}^{30}P\rightarrow{}_{14}^{30}Si+{}_1^0e,\ T=2.5\text{min}$$

$${}_{12}^{24}Mg(\alpha,n){}_{14}^{27}Si,\ {}_{14}^{27}Si\rightarrow{}_{13}^{27}Al+{}_1^0e,\ T=3.25\text{min}$$

5. **光致核反应** (γ,n)

例如，${}_1^2H(\gamma,n){}_1^1H$，这是最简单的光致核反应，由于氘核的结合能较小，所以容易分裂。

天然元素中，利用人工核反应已能制出锝、砹、钷和钫四种元素以及电荷数大于92的超铀元素，每种人造元素一般都有几个同位素。获得超铀元素的方法是用高能加速器，使一种原子核(弹核)加速后轰击另一种原子核(靶核)，而聚合成一种新原子核。由于这些新元素的半衰期极短，必须根据它们衰变时放出的 α 粒子或自发核衰变的产物去确认它们。1982年8月，达姆施塔德重离子加速器研究所发现第109号元素。他们是用铁 ${}_{26}^{56}Fe$ 作弹核去轰击靶核铋 ${}_{83}^{209}Bi$，在核反应产物形成后的5ms时，测得有11.1MeV的 α 粒子放出，从而确认了新元素的存在。

四、放射线的剂量

天然存在的核素中大部分是稳定核素，而通过人工核反应得到的人造核素中，大部分具有放射性，并且绝大多数的元素都有放射性同位素。由于核反应堆和高能加速器的利用，各种放射性核素可以大量地生产，其中一些放射性核素放出的射线强度比天然放射性更强。在近代科学技术以及工、农业和医、药等方面，放射性核素得到广泛的应用。为了合理、安全地使用放射性核素，对放射性的剂量有所了解十分必要。

笔记

放射性活度只表示单位时间内核衰变的数量，并不表示放射性物质放出的粒子种类和数目，更不能表示粒子的能量。核的衰变数与放出的射线数成正比，但不一定相等，例如，钴 ${}_{27}^{60}Co$

衰变时，除了放射一个β^-粒子外，还放射出两个γ光子；氯$^{32}_{17}Cl$衰变时，放射一个β^+和一个γ光子；而磷$^{32}_{16}P$衰变时，仅放射一个β^-粒子，不放射γ光子，两个任意射线源的活度相同并不表示它们放出的射线数也一定相同。而射线对物质的作用是与粒子的种类、数目和能量有关的，因此就要用其他物理量来表示射线对物质的作用。

射线对物质的作用虽是各种各样，但都可以归结为电离（ionization）这种最基本的作用，而射线对物质产生的电离作用，又与物质从射线中吸收的能量有关。因此，就有必要引入放射线剂量（dose）这一概念和它的单位。

1. 照射剂量（exposure）　就是单位体积或单位质量被照物质所吸收的能量，用符号X表示。照射剂量的国际单位是在标准状态下每千克干燥空气产生1库仑电量的正或负离子，所需X射线或γ射线的照射量，其单位为库仑/千克（符号C/kg）。由于这种单位是根据空气的电离来定义的，因此不宜用来量度人体某一部分所吸收的辐射能量。

2. 吸收剂量（absorbed dose）　任何电离辐射照射物体时，都将全部或部分能量传递给被照射物体。射线在物体内引起的效应，特别是对生物体的效应，是个很复杂的过程，但归根结底是由于物体吸收了射线能量引起的。因此，吸收剂量就是物体内各处所吸收的射线能量程度，用符号D表示。在国际单位制中，吸收剂量的为戈瑞（Gray），符号Gy，它表示每千克质量被照射物体从射线吸收1焦耳的能量，即1Gy=1J/kg，对于同种类、同能量的射线和同一种被照射物质来说，吸收剂量与照射剂量成正比。在空气中1mC/kg X射线或γ射线的吸收剂量约为3.25×10^{-2}Gy，而软组织中的吸收剂量约为3.61×10^{-2}Gy。

3. 生物相对有效倍数和生物等效剂量　生物体内单位质量的软组织从各种射线中吸收了同样多的能量，而产生的生物效应有很大差别，这是因为射线对有机体的破坏能力不但与它吸收的能量和产生的离子有关，还与电离比值有关。所谓电离比值（specific ionization）是指每厘米路径上所产生的离子对数。有机体在射线路径电离比值大（即密集电离）时受到破坏要比电离比值小（即稀疏电离）时受到破坏大得多。例如，α射线和质子射线径迹上电离比值比β射线大20倍之多。因此，同样的吸收剂量所产生的生物效应，前者要强得多。在放射生物学中，用相对生物效应倍数（relative biological effectiveness，RBE）来表示不同辐射对有机体的破坏程度。RBE越大，则对有机体的破坏也越大。表14-4是以X射线或γ射线作为比较标准的各种类型辐射的相对生物效应倍数。

表14-4　各种类型辐射的相对生物效应倍数（RBE）

辐射类型	RBE
能量>0.03MeV的X射线、γ射线、β^-和β^+射线	1
能量<0.03MeV的β^-和β^+射线	1
能量<1keV的中子	1
能量>1keV的中子	10
快质子	10
α粒子	20
衰变碎块、反冲核	20

根据射线的RBE还规定吸收剂量的等效剂量（equivalent dose），用符号H表示，它的量值等于吸收剂量（Gy）与RBE的乘积。在国际单位制中，等效剂量的单位为希沃特（Sievert），简称希（符号Sv）。

最大允许剂量（maximum permissible dose，MPD）是指国际上规定经过长期积累或一次照射对机体既无损害又不发生遗传危害的最大允许剂量。放射工作人员每年不得超过50mSv，放射

笔记

性工作地区附近居民每年不得超过5mSv。

例题 14-3 有甲、乙两人，甲的肺组织受α粒子照射，吸收剂量为2mGy。乙的肺组织受α粒子照射，吸收剂量为1mGy，同时还受到β粒子照射，吸收剂量也为1mGy。试比较这两人所受射线影响的大小。

解 从吸收剂量来看两人一样，但受射线影响的大小从吸收剂量无法判断。因此必须从等效剂量上来衡量。

由表14-4可知，α粒子的RBE=20，β粒子的RBE=1，所以甲的肺组织受到的等效剂量为

$$H_{甲}=2\times10^{-3}\times20\text{Sv}=4.0\times10^{-2}\text{Sv}$$

同理，乙的肺组织受到的等效剂量为

$$H_{乙}=1\times10^{-3}\times20+1\times10^{-3}\times1\text{Sv}=2.1\times10^{-2}\text{Sv}$$

相比之下，甲受到的辐射影响比乙大。

第三节 核磁共振

1924年泡利就已指出，有些原子核具有自旋和磁矩，在外磁场中它们的能级会发生分裂。在以后的10年中，这些设想都为实验所证实。1946年，美国哈佛大学的珀塞尔（E. Purcell）和斯坦福大学的布洛赫（F. Bloch）分别发现了核磁共振现象，为此，他们二人分享了1952年的诺贝尔物理学奖。通过研究，人们认识到这一现象与分子结构有关。经过50多年的发展，核磁共振不仅是物理学的一种重要新技术，而且广泛地应用于有机化学、无机化学和生物化学中，已成为研究结构化学、反应过程、分子药理学和分子病理的有效工具，形成了一门新的学科——核磁共振波谱学。特别是在20世纪八十年代，已逐步开始应用于医学诊断影像领域中，普遍称为**核磁共振成像**（nuclear magnetic resonance imaging，NMRI）。核磁共振成像技术不仅能获得人体组织和器官的解剖图像，而且能显示他们的功能图像，从而提供对疾病诊断极为有价值的生理、生化和病理信息。核磁共振成像技术的开拓者美国科学家保罗·劳特伯（P. C. Lauterbur）和英国科学家彼得·曼斯菲尔德（P. Mansfield）在该领域的突破性成就而获得2003年诺贝尔医学和生理学奖。

一、核子的自旋与磁矩

原子核是由质子和中子这两种核子组成。与电子一样，质子和中子也都具有自旋，它们的自旋角动量为

$$L_I=\sqrt{I(I+1)}\frac{h}{2\pi} \tag{14-25}$$

式中，自旋量子数$I=\frac{1}{2}$，h为普朗克常量。

由于质子带正电，作自旋运动必然会产生磁矩。磁矩的大小和空间取向都不能是任意的，而是量子化的。因此在磁场中，其磁矩在磁场方向的分量只能取平行或反平行于磁场的两个方向。实验测得质子磁矩在外磁场方向的分量为

$$\mu_p=2.79268\mu_N$$

μ_N称为**核磁子**（nuclear magneton），其量值为

笔记

$$\mu_N=\frac{eh}{4\pi m_p}=5.0508\times10^{-27}\ \mathrm{J/T}$$

式中，e 是电子电量的绝对值，m_p 是质子的质量。

中子虽不带电，但也有磁矩。实验测得中子磁矩在外磁场方向的分量为

$$\mu_n=-1.91315\mu_N$$

负号表示中子磁矩的方向和自旋角动量的方向相反。

质子和中子磁矩都不等于核磁子 μ_N，这表示它们都不是几何上的点，而是各有其复杂的内部结构。根据核力的介子理论，认为核子之间有一种强相互作用使质子和中子组成较为稳定的原子核。在相互作用过程中，质子放出 π^+ 介子为中子所吸收，同时质子转化为中子，中子转化为质子，即 $p\Leftrightarrow n+\pi^+$。由此式可知质子可能处于两种状态：当处于左方的状态时，其磁矩等于核磁子 μ_N；当处于右方的状态时，由于在这种情况下中子的磁矩为零，质子的磁矩由大于核磁子的 π^+ 介子磁矩所决定（π^+ 介子的质量小于 m_p，故其磁矩大于核磁子）。实验测得质子的磁矩为 $2.79268\mu_N$，正是这两种状态下质子磁矩的平均值。

同样，由 $n\Leftrightarrow p+\pi^-$ 可知，中子放出 π^- 介子转化为质子时，中子也可能处于两种状态：当处于左方状态时，其磁矩为零；当处于右方状态时，中子磁矩等于 π^- 介子的磁矩与质子磁矩 μ_N 的矢量和。因此，实验测得中子磁矩的平均值为 $-1.91315\mu_N$，而不为零。

二、原子核的自旋与磁矩

原子核的总角动量，是组成核的各个核子的轨道角动量和自旋角动量的矢量和。原子核的总角动量亦用式(14-25)的形式表示，即

$$L_I=\sqrt{I(I+1)}\frac{h}{2\pi}$$

式中，I 称为**原子核的自旋量子数**，它等于整数或半整数。原子核的总角动量也称为**原子核的自旋**。

由于质子和中子都具有磁矩，所以原子核也具有磁矩。与核外电子的磁矩表达方式一样，原子核的总磁矩也可表示为

$$\mu=g\frac{e}{2m_p}L_I=g\sqrt{I(I+1)}\frac{eh}{4\pi m_p}$$

即

$$\mu=g\sqrt{I(I+1)}\mu_N \tag{14-26}$$

式中，g 称为**朗德 g 因子**（Landeg-factor），它决定于核的内部结构与特点，且是一个无量纲的量，其值只能由实验测得。对于不同种类的核，g 因子的值不同，而且有正有负。实验测得，质子的 g 因子值等于 5.585694772，中子的 g 因子值等于 −3.8260875。

实验证明，原子核的自旋量子数 I 的取值有以下三种情况。

1. $I=0$　核中的质子和中子数都是偶数（即偶-偶核），例如，${}^{14}_{6}C$、${}^{16}_{8}O$、${}^{28}_{14}Si$ 等，这类核没有自旋。

2. $I=\frac{2n+1}{2}$　$n=0,1,2\cdots$。核中的质子数或中子数中一个是奇数（即奇-偶核），例如${}^{1}_{1}H$，$I=\frac{1}{2}$；${}^{13}_{6}C$，$I=\frac{1}{2}$；${}^{35}_{17}Cl$，$I=\frac{3}{2}$；${}^{17}_{8}O$，$I=\frac{5}{2}$等。

3. $I=n$　$n=1,2,3\cdots$。核中的质子和中子都是奇数（即奇-奇核），例如，${}^{2}_{1}H$，$I=1$；${}^{14}_{7}N$，$I=1$；${}^{10}_{5}B$，$I=3$ 等。

笔记

总之，**质量数为偶数的核，其自旋量子数等于整数或零；质量数为奇数的核，其自旋量子数等于半整数**。表 14-5 是几种原子核的自旋量子数和磁矩的最大值μ_m。

表 14-5 原子核的自旋量子数和磁矩

原子核	自旋量子数	磁矩(μ_N)	原子核	自旋量子数	磁矩(μ_N)
${}_0^1n$	$\frac{1}{2}$	-1.91315	${}_7^{14}N$	1	+0.4047
${}_1^1H$	$\frac{1}{2}$	+2.79268	${}_8^{16}O$	0	0
${}_1^2H$	1	+0.857387	${}_{11}^{23}Na$	$\frac{3}{2}$	+2.2161
${}_2^4He$	0	0	${}_{19}^{39}K$	$\frac{3}{2}$	+0.39097
${}_3^6Li$	1	+0.821921	${}_{19}^{40}K$	4	-1.291
${}_3^7Li$	$\frac{3}{2}$	+3.256	${}_{49}^{115}In$	$\frac{9}{2}$	+5.4960

原子核的总角动量和总磁矩在外磁场方向上的分量分别为

$$L_m = m\frac{h}{2\pi} \tag{14-27}$$

和

$$\mu_m = g\mu_N m \tag{14-28}$$

式中，$m=I, I-1, \cdots, 1-I, -I$。$m$ 称为**磁量子数**，为整数或半整数，共取 $2I+1$ 个值，表示**原子核的总角动量，总磁矩在外磁场中分别有 $2I+1$ 个取向。因此，它们沿外磁场方向分别有 $2I+1$ 个分量**。

原子核的总磁矩μ的绝对值在实验中不能直接测得，而能测得的是总磁矩沿外磁场方向的最大分量 $g\mu_N I$，表 14-5 中所列的磁矩就是以 μ_N 为单位的这个最大分量的数值 gI，其符号与磁矩相同。各种原子核的磁矩μ的数值介于-2.13～+6.17 的范围内，磁矩为正值则表示总磁矩μ的方向与总角动量 L_I的方向相同，磁矩为负值则表示两者方向相反。将表中给出的磁矩值除以自旋量子数I，即得该原子核的朗德g因子。对于不同核的g值介于-4.26～+5.96 范围内，其符号与磁矩相同。

如果将总磁矩μ与总角动量 L_I相除，即

$$\gamma = \frac{\mu}{L_I} = \frac{2\pi g\mu_N}{h} = g\frac{e}{2m_P} \tag{14-29}$$

式中，γ 称为**原子核的磁旋比**(magnetogyric ratio)又称为**旋磁比**或**回磁比**。对于每一种 $I\neq 0$ 的核。正象朗德g因子有一特征值一样，磁旋比γ也有一个特征值，也决定于原子核的内部结构与特性，其符号与g相同。

三、核磁共振

学习电磁学我们知道，当有外磁场存在时，磁矩μ与磁场B相互作用能为

$$E = -\mu B\cos(\boldsymbol{\mu}\cdot\boldsymbol{B}) = -\mu_m B \tag{14-30}$$

式中，μ_m 是磁矩在磁场方向的分量，$\boldsymbol{B}$ 是外磁场的磁感应强度。对于原子核，由于其磁矩对于外磁场的取向具有量子化的特征，仅限于几个可能的值。将式(14-28)中的μ_m代入上式，得

笔记

$$E = -g\mu_N mB \tag{14-31}$$

由于 m 共取 $2I+1$ 个值，因此原子核中原来的一个能级，在外磁场中将分裂为 $2I+1$ 个能级，而其中各相邻能级之间间隔相等，且正比于磁感应强度 B。

对于质子，$I=\frac{1}{2}$，故 $m=+\frac{1}{2},-\frac{1}{2}$。将 m 值分别代入式(14-31)中，得

$$m=+\frac{1}{2} \qquad E=-\frac{1}{2}g\mu_N B$$

$$m=-\frac{1}{2} \qquad E=+\frac{1}{2}g\mu_N B$$

这两个能级分别对应质子磁矩在外磁场中的可能取向。如图 14-4 所示，在质子处于低能级 $\left(m=+\frac{1}{2}\right)$ 时，其磁矩沿外磁场方向的分量 μ_p 的方向与外磁场方向一致；处于高能级 $\left(m=-\frac{1}{2}\right)$ 时，μ_p 的方向与外磁场方向相反。两能级的差值为

$$\Delta E=g\mu_N B \tag{14-32}$$

这也是任何一种核在外磁场中能级分裂后，两个相邻能级间能量差的表达式。

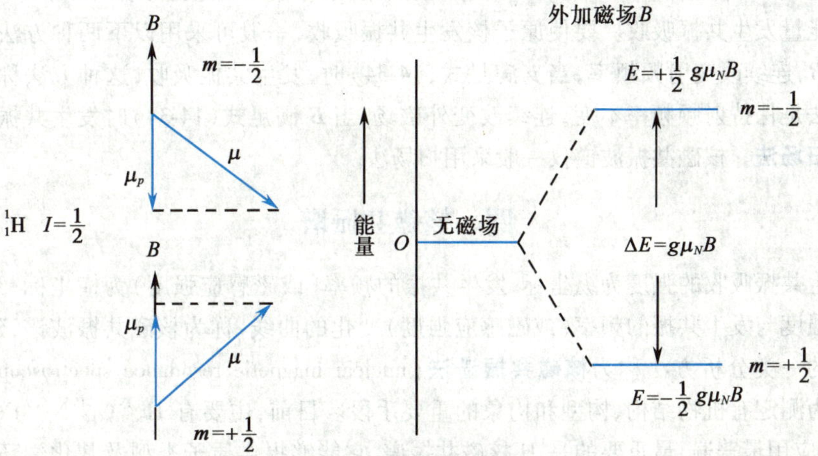

图 14-4 质子在外磁场中磁矩的取向和能级

对于氮核 $^{14}_{7}N$，$I=1$，故 $m=+1,0,-1$，共有三个能级。当 $m=0$ 时，其磁矩在外磁场方向的分量为零；当 $m=+1$ 或 -1 时，其磁矩沿外磁场方向的分量 μ_m 与外磁场方向一致或相反，如图 14-5

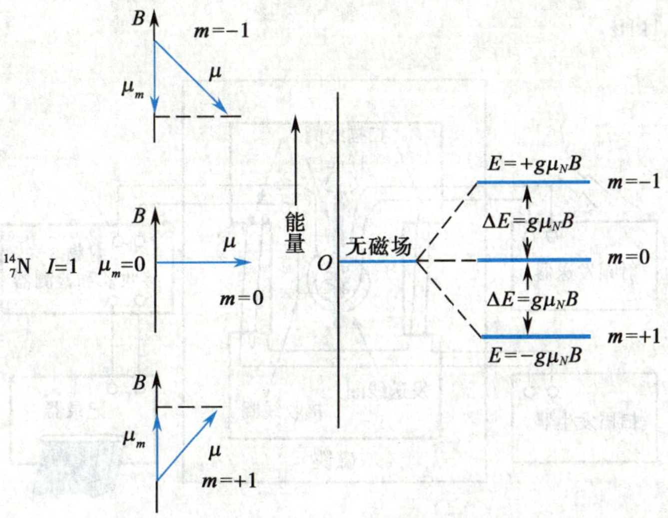

图 14-5 $^{14}_{7}N$ 在外磁场中磁矩的取向和能级

笔记

所示。而相邻能级间能量差仍为 $g\mu_N B$。

对于 $I\neq 0$ 的自旋核在磁场 $\boldsymbol{B}$ 中,如同陀螺的进动一样,在自身旋转的同时又以 $\boldsymbol{B}$ 方向为轴线产生进动,进动的角频率 ω_0 由拉莫尔(Larmor)关系式决定

$$\omega_0=\gamma B \text{ 或 } \nu_0=\frac{\gamma}{2\pi}B \tag{14-33}$$

式中,γ 为磁旋比,ω_0 称为**拉莫尔进动角频率**。ω_0 除了与 B 有关外,还与原子核种类有关。在磁感应强度 B 为定值的外磁场中,各种原子核由于有不同的 γ 值,所以进动的频率也不同。

如果在与恒定磁场 $\boldsymbol{B}$ 垂直方向上加一个交变的射频($\boldsymbol{RF}$)磁场,当其频率恰好符合 $h\nu=\Delta E$ 时,则核就能从射频磁场中吸收大量能量,从较低的磁量子能级跃迁到相邻的较高的磁量子能级。这一现象称为**核磁共振**(nuclear magnetic resonance,NMR)。因此,式(14-32)可写成

$$h\nu=g\mu_N B$$

$$\nu=\frac{g\mu_N}{h}B=\frac{\gamma}{2\pi}B \text{ 或 } \omega=\gamma B \tag{14-34}$$

式中,γ 就是原子核的磁旋比,ω 就是射频的角频率。

比较式(14-33)和式(14-34)可知,当射频频率恰好等于拉莫尔进动频率,即 $\omega=\omega_0$ 时,原子核对射频能量发生共振吸收。要使原子核发生共振吸收,一般可采用以下两种方法:一种是固定外磁场 $\boldsymbol{B}$,连续改变射频频率,当 ν 满足式(14-34)时,发生共振吸收,这种方法称为**扫频法**。另一种方法是保持射频频率不变,连续改变外磁场,当 $\boldsymbol{B}$ 满足式(14-34)时发生共振吸收,这种方法称为**扫场法**。核磁共振波谱仪一般采用扫场法。

四、核磁共振谱

以发生共振吸收的强度为纵坐标,发生共振的频率(或磁感应强度)为横坐标,绘出一条共振吸收的强度与发生共振的频率(或磁感应强度)变化的曲线,称为核磁共振波谱,建立在此原理基础上的一类分析方法称为**核磁共振谱法**(nuclear magnetic resonance spectroscopy,NMRS)。它已经成为测定有机物结构、构型和构象的重要手段。目前,主要有 ^{1}H、^{13}C、^{15}N、^{19}F、^{31}P 等核磁共振谱,但应用最普遍、最重要的是 ^{1}H 核磁共振谱,它能够提供质子类型及其化学环境、氢分布和核间关系等信息。

图 14-6 是连续波核磁共振波谱仪的示意图。供给样品的外磁场是具有两个凸状磁极的磁铁,改变通入两个扫描线圈的直流电流,可以调节磁场的大小。通常磁场是自动地随时间作线性改变,与记录器的线性驱动装置同步。对于射频为 60MHz 的波谱仪,扫描范围是 1kHz (23.5μT)或小于 1kHz。

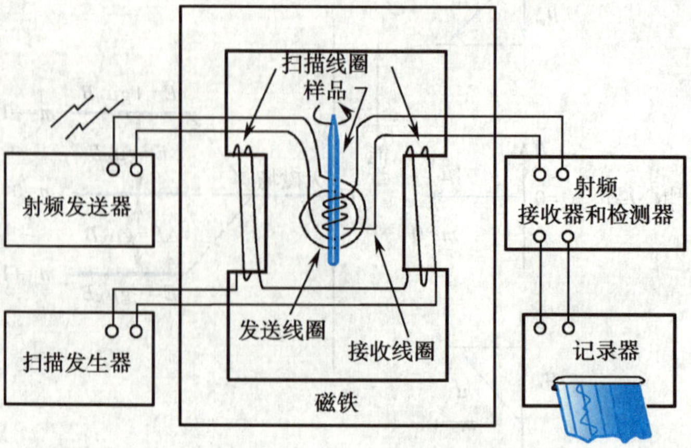

图 14-6 核磁共振波谱仪示意图

笔记

样品池为外径 5mm 的玻璃管，内盛约 0.4cm^3的液体（内含样品 20～30mg，并加有微量的标准物质），外面绕着的线圈与射频接收器、检测器以及记录器相连接。测量时，样品池以每分钟几百转的转速旋转，以避免局部磁场不均匀的影响。

除上述**连续波法**外，1970 年又产生了一种称为**脉冲傅里叶变换**（pulse Fourier transform，PFT）核磁共振技术的新方法。这种方法是把交变电磁场以脉冲的方式作用到样品上，采集时域共振信号后再进行傅里叶变换来观测核磁共振现象。这种方法具有灵敏度高、分析速度快、精确度好等特点，特别适用于天然丰度低的核的磁共振现象的观测。

具有线偏振性质的射频磁场由射频振荡器产生，常用频率是 60MHz 和 100MHz。作为辐射源的发送线圈和扫描线圈及接收线圈三者是相互垂直，避免相互干扰。对于孤立的质子在 60MHz 的射频磁场作用下，产生共振的磁感应强度由式（14-34）算得为

$$B=\frac{h\nu}{g\mu_N}=\frac{6.626\times10^{-34}\times60\times10^6}{5.5857\times5.0508\times10^{-27}}\mathrm{T}=1.4092\mathrm{T}$$

因此，当发送线圈发射出 60MHz 的射频时，将磁场调节到 1.4092T，孤立质子就发生能级的跃迁。由于射频磁场的能量部分地被质子吸收，在接收线圈中就感应出几个毫伏的电压，经过放大 10^5倍以后，被记录器记录下来，就得到质子的核磁共振波谱（如图 14-7）。对于不同的磁核，波谱共振峰（又称为吸收峰）的 B 值是不同的，由实验结果可以算出磁旋比 γ 或朗德 g 因子，从而测出它是哪一种原子核。

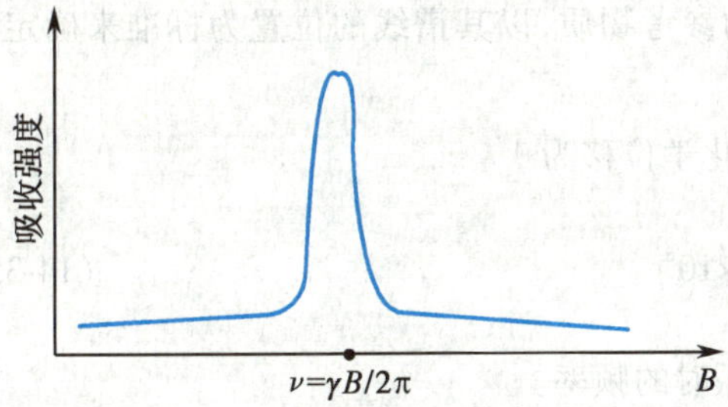

图 14-7　调节磁场 B 所得到的孤立质子波谱

事实上，由于原子核被核外电子壳层包所围，电子的轨道运动和自旋产生的磁场会影响原子核系统，而且周围的原子核的磁矩产生的磁场也会对被测原子核产生影响。因此需要讨论几个同核磁共振波谱有关的问题。

1. 弛豫过程和弛豫时间　原子核在射频磁场的作用下，一部分质子要发生能级跃迁。由于高能级的质子通过自发辐射回到低能级的概率非常小，所以需要通过各种非辐射的途径自高能级返回低能级。这个过程称为**弛豫过程**（relaxation process），弛豫过程的时间常数称为**弛豫时间**（relaxation time）。弛豫过程有以下两种类型：

（1）自旋-晶格弛豫：磁核周围的分子产生瞬息万变的小磁场，这些小磁场中有的频率与磁核的拉莫尔进动的频率相同，这样的磁场与磁核相互作用，就使得一些磁核从高能级回到低能级。就全体磁核来说，总的能量下降，而放出的能量转移到周围的分子（如固体的晶格，液体的同类分子或溶剂分子），转化为热运动的能量。这个过程称为**自旋-晶格弛豫或纵向弛豫**（spin-lattice or longitudinal relaxation）。通过纵向弛豫使系统达到平衡态时的时间常数，称为**纵向弛豫时间**（longitudinal relaxation time），以 T_1表示，用以量度处于高能级磁核的平均寿命。

（2）自旋-自旋弛豫：两个相邻的同种磁核处于不同的能级时，由于进动频率相同，核的磁场就相互作用而导致这两个核的自旋态发生交换。即一个核从激发态回到低能级的同时，另一核从低能级跃迁到激发态。这种交换的结果并未使任何一种自旋态的核的总数发生变化，因此磁核的总能量未变。这个过程称为**自旋-自旋弛豫**或**横向弛豫**（spin-spin or transverse relaxation）。通过横向弛豫使系统达到平衡态时的时间常数，称为**横向弛豫时间**（transverse relaxation time），以 T_2表示。

弛豫时间的大小会影响谱线的宽度。弛豫时间越小，谱线就越宽，分辨率就越低。

2. 化学位移　核磁共振的频率，不仅是由外加磁场及核磁矩来确定的，还要受到磁核所处的分子环境的影响。例如质子在给定的外磁场中，因所处的分子环境不同，就有不同的共振频

笔记

率，这个效应称为**化学位移**(chemical shift)。当质子以不同的化合态处于同一分子中时，得到的不是像图 14-7 的孤立质子的吸收谱线，而是与不同化合态相对应的几条谱线。对这些谱线进行测量，就可以对分子结构进行分析。

从拉莫尔公式人们可以认为对同一种核，因其 γ 和 g 相同，它就只能在一个与 ω 相对应的 B_0 值处发生共振吸收。但实际情况要复杂得多，因为对某一个核来说，样品中其他核和电子云在外磁场 B_0 的作用下，在这个核周围将产生微弱的局部磁场，即附加磁场，对 B_0 起到屏蔽作用。所以这个核实际所处的磁场应是 $B=(1-\sigma)B_0$，式中 σ 称为**屏蔽系数**(shielding constant)，它的值取决于外磁场的强度和具有这些磁矩的核和电子的空间位置。磁共振之所以能在实验中观测，并能广泛应用于物质结构的分析，都是与这种错综复杂的多粒子空间结构的存在分不开的。如图 14-8 是乙基苯的质子共振谱。乙基苯有 C_6H_5—、—CH_2—、—CH_3 三个原子团，属于这三个原子团中的氢核，由于它们的结合状态不同，其谱线位移的程度也不相同，结果产生了与这三种氢核相对应的三条吸收谱线。在共振谱中，化学环境不同的各个不同类核，发生共振的频率或场强还随外磁感应强度而改变(因为化学位移是由外磁场所感生的)。另外，还随着其他测量条件和每套设备而有所不同，因此很难用频率或场强的绝对值来表示化学位移的大小。为了消除这种影响，通常选择适当的参考物质，以其谱线的位置为标准来确定化学位移的相对大小。

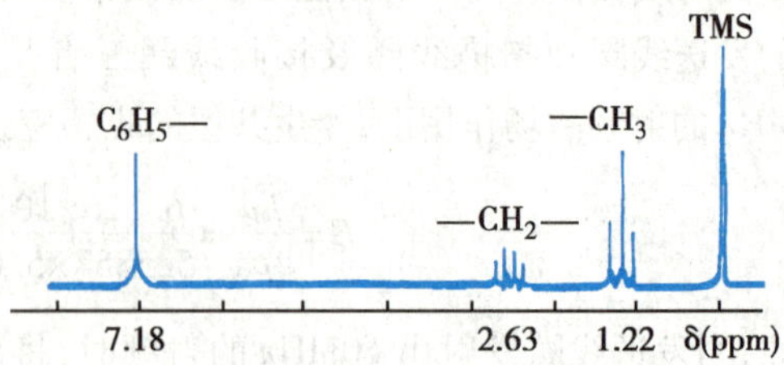

图 14-8 乙基苯的¹H 核磁共振谱

若固定磁场的磁感应强度 B_0，采用扫频法，则化学位移为

$$\delta=\frac{\nu_x-\nu_S}{\nu_S}\times10^6 \tag{14-35}$$

式中，ν_S、ν_x 分别表示参考物质和测试样品发生共振时的频率。

若固定照射频率 ν_0，采用扫场法，则上式可以改写为

$$\delta=\frac{B_S-B_x}{B_S}\times10^6 \tag{14-36}$$

式中 B_S、B_x 分别表示参考物质和样品发生共振时的外加磁场。化学位移的单位是百万分之一(part of per million，ppm)，对于^{1}H 谱，常用四甲基硅$(CH_3)_4Si$(tetramethylsilane，TMS)作为参考物质，因为它只有一个峰，屏蔽作用强，而且一般化合物的峰大都出现在它的左边，所以用它的信号作化学位移的零点，在它左边为正，在它右边为负。这样，氢原子核处于不同化合物中，发生磁共振的频率不同，相差范围约 0ppm～10ppm。

化学位移可反映分子结构，如某未知样品的磁共振谱，如果在某一化学位移处出现谱线，就说明可能有某一化学基团存在，图 14-8 中—CH_3 基团的谱线出现在 1.22ppm 处，—CH_2—基团的谱线出现在 2.63ppm 处，C_6H_5—基团的谱线出现在 7.18ppm 处，于是可推知是 $C_6H_5CH_2CH_3$(乙基苯)的磁共振谱。

3. **自旋耦合与自旋分裂** 用高分辨本领的核磁共振仪测量质子共振波谱时，可以发现吸收波谱还有精细结构(即多重峰)。产生谱线分裂的原因是：一组质子的自旋通过成键电子作为媒介，与另一组质子间接的相互作用，这种作用称为**自旋耦合**(spin coupling)。

图 14-9 是硝基丙烷的磁共振谱，从图中可看到 CH_3—基团有三条谱线，—CH_2—基团有 6 条谱线，而靠近—NO_2 基团的次甲基则有三条谱线。这种吸收峰分裂为多重线是由基团间核自旋磁矩的相互作用引起的，这种作用称为**自旋-自旋劈裂**(spin-spin splitting)。这种分裂与化学位

笔记

移不同，它与外磁感应强度无关。图中 CH_3—基团通过结合电子与—CH_2—中的两个氢核发生相互作用，使由于化学位移已经分裂的谱线又进一步裂分成三条谱线，—CH_2—基团则受到 CH_3—和—CH_2—基团中五个氢核的作用而裂分成六条谱线，靠近—NO_2 基团的—CH_2—则只受到左边—CH_2—基团中两个氢核的作用而分裂成三条线。所以对自旋量子数 $I=\frac{1}{2}$ 的氢核，分裂的谱线的条数有一个简单的规律，即某一原子核集团的等价核数为 n，则另一集团的原子核的谱线受到这 n 个等价核的作用就裂分为 n+1 条谱线。按照这个规律，很容易解释图 14-8 中乙基苯的吸收谱线进一步裂分的谱线数目。从谱线裂分可以了解分子中基团间彼此关系，确定相对排列位置，提供分子结构的信息。

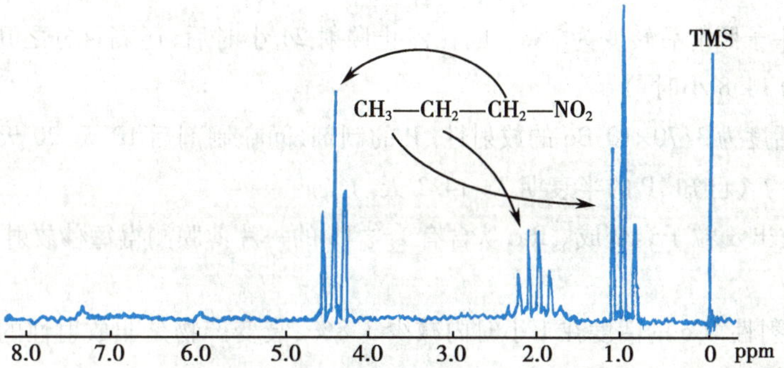

图 14-9 硝基丙烷的磁共振谱

拓展阅读

放射性核素在医药方面的应用

放射性核素生产的数量越来越大，种类越来越多，应用也越来越广泛。由于同位素的化学性质是完全相同的，如果在参与变化(包括化学的、生物的和生理的等)的某种原子中，掺有适量的放射性同位素，测量它放出的射线，就能观察到它参与变化过程的踪迹，因此，这种放射性同位素的原子就具有"示踪"作用，示踪原子法常用于诊断某些疾病。

放射性核素在治疗上的应用，是利用射线对生物组织的破坏作用。由于射线对正在分裂增殖的细胞破坏作用很显著，因此对癌细胞的作用比对正常细胞的作用大，有外部照射和内部照射两种治疗方式。

放射性核素除用于诊断、治疗疾病以外，还可作为示踪工具来研究药物在人体内的作用机制，用以筛选药物。新药在用于临床之前，可以用放射性同位素来代替同种元素来进行标记。此外，人工放射性核素得以大量生产，并可以应用于医药的科研和诊治疾病等方面。在应用放射性核素时，必须根据射线的种类、能量和半衰期等特性加以选择，以适合工作要求。利用各种防护设备对射线进行防护，以及避免放射物对人的沾染等，杜绝放射事故。

习题

1. 在 ${}^{12}_{6}C$、${}^{13}_{6}C$、${}^{14}_{7}N$、${}^{16}_{7}N$、${}^{16}_{8}O$、${}^{17}_{8}O$ 这几种核素中，哪些核素的原子核包含相同的(1)质子数；(2)中子数；(3)核子数？(4)哪些核素有相同的核外电子数？

2. 已知核半径可按公式 $R=1.2\times10^{-15}A^{\frac{1}{3}}$ m 来确定，其中 A 为核的质量数。试求单位体积

笔记

(m^3)核物质内的核子数。

3. 试计算两个氘核$_1^2H$结合成一个氦核$_2^4He$时释放的能量。(已知$_1^2H$的质量m_D=2.014102u,$_2^4He$的质量m_{He}=4.002603u。)

4. 由$_{92}^{238}U$衰变成$_{82}^{206}Pb$,须经过几次α衰变和几次β衰变?

5. 由$_{84}^{210}Po$放出的α粒子速度为1.6×10^7m/s,求反冲核的反冲速度。

6. 试证明,在非相对论情形下,发生α衰变时,α粒子所获得的动能为$E_\alpha=\frac{A-4}{A}Q$,式中Q为衰变能,A为母核质量数。

7. 试计算1μg的同位素$_{15}^{32}P$衰变时,在一昼夜中放出的粒子数。(已知$_{15}^{32}P$的半衰期T=14.3天。)

8. $_{11}^{23}Na$被中子照射后转变为$_{11}^{24}Na$。问在停止照射24小时后,还剩百分之几的$_{11}^{24}Na$?(已知$_{11}^{24}Na$的半衰期为14.8小时。)

9. 放射性活度为3.70×10^9Bq的放射性$_{15}^{32}P$的制剂,问在制剂后10天、20天和30天的放射性活度各是多少?(已知$_{15}^{32}P$的半衰期T=14.3天。)

10. $_{90}^{232}Th$放出α粒子衰变成$_{88}^{228}Ra$,从含有1g $_{90}^{232}Th$的一片薄膜测得每秒放射4100个粒子,求其半衰期。

11. 已知放射性$_{27}^{55}Co$的活度在1小时内减少3.8%,衰变产物是非放射性的,求这核素的衰变常量和半衰期。

12. 利用$_{53}^{131}I$的溶液作甲状腺扫描,在溶液出厂时只需注射1.0ml就够了,如果溶液出厂后贮存了15天,作同样要求的扫描需要注射多少ml?(已知$_{53}^{131}I$的平均寿命为11.6天。)

13. 一放射性物质含有两种放射性核素,其中一种的半衰期为1天,另一种的半衰期为8天,在开始时短寿命核素的活度是长寿命核素的128倍。问经过多长时间两者的活度相等?

14. 以一定强度的中子流照射$_{53}^{127}I$的样品,使它每秒产生10^7个放射性原子核$_{53}^{128}I$。已知$_{53}^{128}I$的半衰期为25min。求在照射1min、10min、25min、50min后,$_{53}^{128}I$的原子核数及其放射性活度。又在长期照射达到饱和后,$_{53}^{128}I$原子核的最大数目和最大放射性活度各为多少?

[提示:开始时$_{53}^{128}I$核数为0,衰变核数为0;随其核数也增大,衰变核数也增大;经长期照射后达到饱和。因此经照射时间t后,生成的放射性原子核数$N=N_{饱和}(1-e^{-\lambda t})$。因照射达到饱和后,每秒内衰变的原子核数$\lambda N_{饱和}$应等于每秒内产生的原子核数$10^7$,因此有$N_{饱和}=10^7/\lambda$]。

15. 一种用于器官扫描的放射性核素的物理半衰期为9天,若有效半衰期为2天,求其在器官内的生物半衰期为多少?

16. 一病人内服600mg的Na_2HPO_4,其中含有放射性活度为5.55×10^7Bq的$_{15}^{32}P$。在第一昼夜排出的放射性物质活度有2.00×10^7Bq,而在第二昼夜排出2.66×10^6Bq(测量是在收集放射性物质后立即进行的)。试计算病人服用两昼夜后,尚存留在体内的$_{15}^{32}P$的百分数和Na_2HPO_4的克数。(已知$_{15}^{32}P$的半衰期T=14.3天。)

17. 完成下列反应式:

$_3^7Li(\alpha,n)$;$_{12}^{25}Mg(\alpha,p)$;$_5^{10}B(p,\alpha)$;$_6^{12}C(p,\gamma)$;$_{11}^{23}Na(n,\gamma)$;$_{13}^{27}Al(n,p)$。

18. 以能量2.5MeV的光子打击氘核,结果把质子和中子分开,这时质子、中子所具有的动能各是多少?(已知$m_{^2H}$=2.014102u,m_n=1.008665u,$m_{^1H}$=1.007825u。)

19. 以质子轰击锂核时引起的反应为

$$_1^1H+_3^7Li\rightarrow{}_4^8Be\rightarrow2{}_2^4He$$

笔记

实验指出,这个反应中有时出现两个背向射出的α粒子。问由这一事实可以推出什么结论?α粒子的速度的多大?(已知m_{Li}=7.02678u。)

20. 一个含有镭的微粒，与荧光屏的距离为 $d=1.2\text{cm}$，荧光屏的面积 $S=0.02\text{cm}^2$，从含镭微粒到屏的中心的直线和屏垂直，如在1min内从屏上看到闪光47次，问微粒中含有多少个镭原子？镭的质量是多少？镭的半衰期为1600年（约 $5\times10^{10}\text{s}$）。假设镭衰变的产物迅速被抽气机抽去。

21. 放射性活度、照射剂量、吸收剂量和生物等效剂量各是什么意义？

22. 假设在距放射源为10cm处的 γ 射线剂量率为 $1.29\times10^{-3}\text{C}/(\text{kg}\cdot\text{min})$，且剂量率与距放射源的距离平方成反比。如果容许照射剂量为 $3.225\times10^{-6}\text{C}/(\text{kg}\cdot\text{h})$，那么在距离放射源多远的地方，可以逗留在那里而不用防护？

23. ${}^{35}_{17}\text{Cl}$ 核的 $I=\dfrac{3}{2}$，在外磁场中分裂成多少能级？写出两相邻能级之差的表达式。已知它的磁矩为 $0.8209\mu_N$，求朗德 g 因子。

24. 计算表14-5中原子核 ${}^{1}_{1}\text{H}$、${}^{7}_{3}\text{Li}$、${}^{14}_{7}\text{N}$、${}^{23}_{11}\text{Na}$ 及 ${}^{115}_{49}\text{In}$ 的朗德 g 因子和磁旋比 γ。

25. 质子与反质子湮没时产生四个具同样能量的 π^0 介子，试求每个 π^0 介子的动能。（已知 π^0 介子的质量则是电子质量的264.2倍。）

（王章金）

笔记

附录一 矢量分析

一、矢量定义

物理量可以按它们与空间方向有无关系进行分类。把与空间方向无关的物理量,叫做**标量**。如温度、密度、体积等只有大小的量。把既有大小、又带有方向的物理量,叫做**矢量**。如速度、加速度、力等。

自空间一点 O,画一条指向另一点 P 的线段,这线段就是**矢量**,以 $\boldsymbol{r}$ 表示。用坐标的方法,通过确定线段起点、终点的坐标,就可以确定矢量的大小和方向。为方便起见,我们以起点 O 为原点选取一个直角(笛卡儿)坐标系。设 P 点的坐标是(x,y,z),则矢量 $\boldsymbol{r}$ 就由坐标(x,y,z)所确定(附图1)。这里 x、y、z 是矢量 $\boldsymbol{r}$ 在3个坐标轴上的投影,叫做 $\boldsymbol{r}$ 的3个分量。矢量 $\boldsymbol{r}$ 的长度,也叫做矢量的**模**,写作 r 或 $|\boldsymbol{r}|$,它的平方等于3个分量的平方和

$$r^2=x^2+y^2+z^2 \tag{1}$$

矢量 $\boldsymbol{r}$ 的方向由它与3个坐标轴的夹角 α、β、γ 完全确定。α、β、γ 的余弦叫做矢量 $\boldsymbol{r}$ 的方向余弦,由图1可以看出,它们满足

$$\cos\alpha=\frac{x}{r} \qquad \cos\beta=\frac{y}{r} \qquad \cos\gamma=\frac{z}{r} \tag{2}$$

如果把坐标轴绕 O 点转动一下,坐标系改变了,相应的矢量的3个分量也要发生变化。但是,坐标只是我们用来描述线段的一种数学手段,因此坐标的任何变换不影响矢量的本身,即在坐标变换中,矢量的大小、方向不改变。

两个矢量如果大小、方向均相同,则这两矢量相等。矢量 $\boldsymbol{A}$ 和矢量 $\boldsymbol{A}'$虽然处于空间不同的位置上,但是其大小相等,指向相同,所以它们是相等的,即

$$\boldsymbol{A}=\boldsymbol{A}'$$

这就是说,把代表矢量的线段在空间作平行移动,对矢量没有影响。

大小为1的矢量,叫做**单位矢量**。通常用单位矢量表示一个方向,矢量 $\boldsymbol{A}$ 的单位矢量可记为 $\boldsymbol{A}_0$,于是矢量 $\boldsymbol{A}$ 可表示为 $\boldsymbol{A}=A\boldsymbol{A}_0$,可得

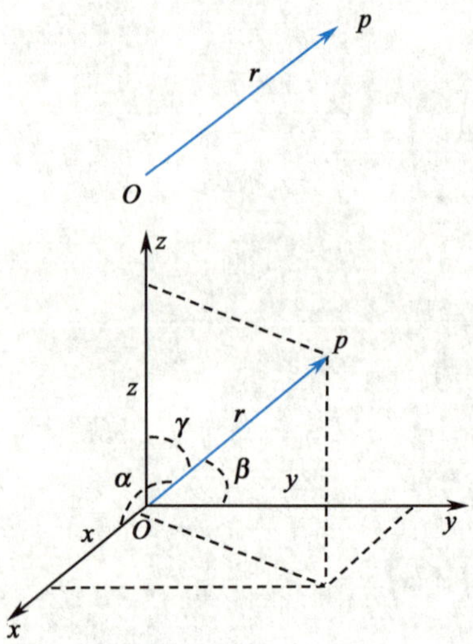

附图1 矢量及其在坐标系中的投影

$$\boldsymbol{A}_0=\frac{\boldsymbol{A}}{A} \qquad 或 \qquad \boldsymbol{A}_0=\frac{\boldsymbol{A}}{|\boldsymbol{A}|}$$

二、矢量的合成和分解

矢量 $\boldsymbol{A}$ 与 $\boldsymbol{B}$ 之和(或叫做矢量 $\boldsymbol{A}$ 与矢量 $\boldsymbol{B}$ 的合成矢量)$\boldsymbol{A}+\boldsymbol{B}=\boldsymbol{C}$,$\boldsymbol{C}$ 是一个新矢量,它是把矢量 $\boldsymbol{B}$ 平移到矢量 $\boldsymbol{A}$ 的末端,连结 $\boldsymbol{A}$ 的起点和 $\boldsymbol{B}$ 的末端,所形成的矢量(附图2)。这叫做**矢量加法(合成)的三角形法则**。

矢量合成的另一种方式是把 $\boldsymbol{B}$ 平移到 $\boldsymbol{A}$ 的起点,再从 $\boldsymbol{A}$ 与 $\boldsymbol{B}$ 的末端作两条线段分别平行于 $\boldsymbol{A}$ 和 $\boldsymbol{B}$,它们同 $\boldsymbol{A}$、$\boldsymbol{B}$ 一起组成一平行四边形,从 $\boldsymbol{A}$ 的起点出发作平行四边形的对角线,就是 $\boldsymbol{A}+\boldsymbol{B}$(附图3)。这叫做**平行四边形法则**。

在多个矢量合成时，上述法则可推广运用，附图 4 是三角形法则的推广，叫做**多边形法则**。

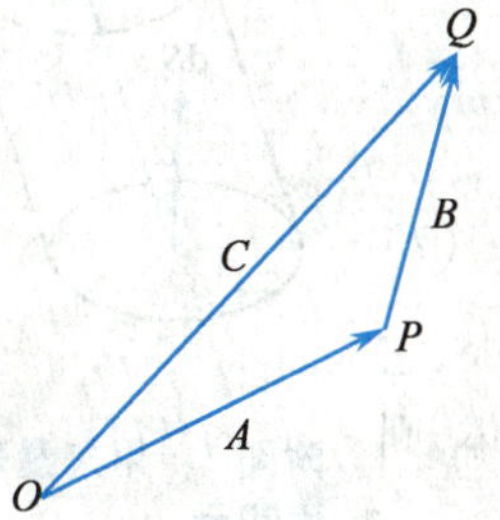

附图 2 矢量合成的三角形法则

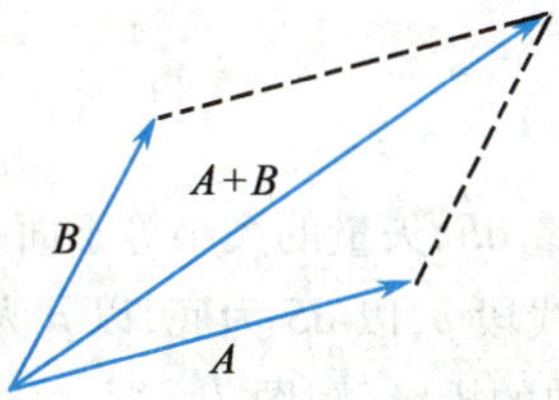

附图 3 矢量合成的平行四边形法则

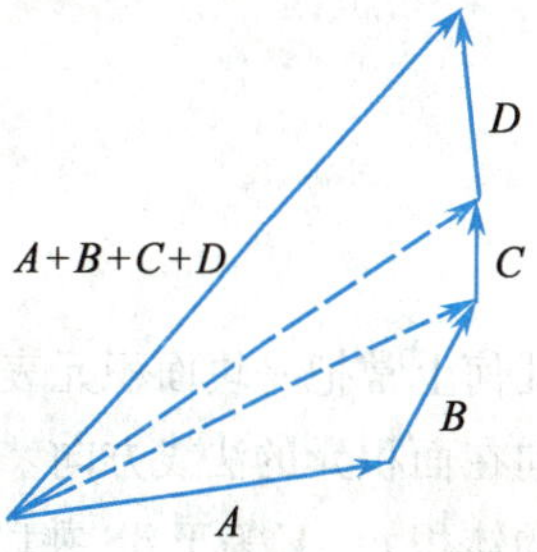

附图 4 矢量合成的多边形法则

矢量求和满足加法的“对易律”和“结合律”，即

$$\boldsymbol{A}+\boldsymbol{B}=\boldsymbol{B}+\boldsymbol{A} \tag{3a}$$

$$\boldsymbol{A}+\boldsymbol{B}+\boldsymbol{C}=\boldsymbol{A}+(\boldsymbol{B}+\boldsymbol{C})=(\boldsymbol{A}+\boldsymbol{B})+\boldsymbol{C} \tag{3b}$$

几个矢量可以合成为一个合矢量。反之，一个矢量也可以分解成几个分矢量。最常用的方法是把一个矢量沿着坐标轴的方向分解。首先，选取坐标轴方向的单位矢量，对直角坐标系，通常分别用 $\boldsymbol{i}$、$\boldsymbol{j}$、$\boldsymbol{k}$ 表示 x、y、z 轴方向的单位矢量。若矢量 $\boldsymbol{A}$ 在 x、y、z 轴上的投影分别是单位矢量 $\boldsymbol{i}$、$\boldsymbol{j}$、$\boldsymbol{k}$ 的 A_x、A_y、A_z 倍（附图 5），则矢量 $\boldsymbol{A}$ 就可写成

$$\boldsymbol{A}=A_x\boldsymbol{i}+A_y\boldsymbol{j}+A_z\boldsymbol{k} \tag{4}$$

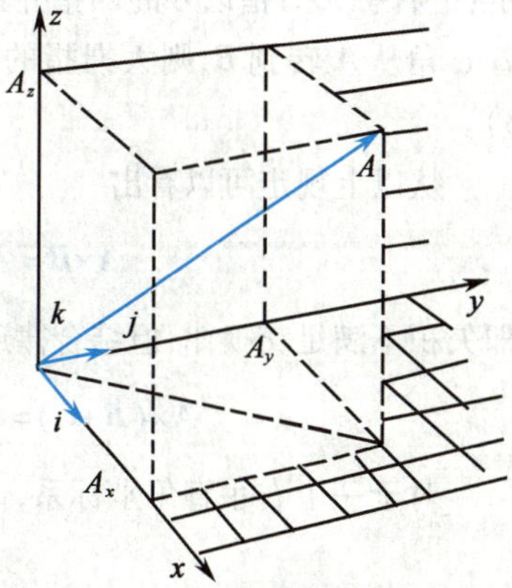

附图 5 矢量分解

矢量的相加也可以用分量形式计算

$$\boldsymbol{A}=A_x\boldsymbol{i}+A_y\boldsymbol{j}+A_z\boldsymbol{k}$$

$$\boldsymbol{B}=B_x\boldsymbol{i}+B_y\boldsymbol{j}+A_z\boldsymbol{k}$$

则有

$$\boldsymbol{A}+\boldsymbol{B}=(A_x+B_x)\boldsymbol{i}+(A_y+B_y)\boldsymbol{j}+(A_z+B_z)\boldsymbol{k} \tag{5}$$

则 $\boldsymbol{A}+\boldsymbol{B}$ 在 x、y、z 轴方向的分量分别等于 $\boldsymbol{A}$ 和 $\boldsymbol{B}$ 在 x、y、z 轴方向的分量之和。

三、矢量的标积

矢量的运算不仅有加减，还可以相乘。如果两个矢量相乘，乘积是一个标量，叫做矢量的**标积**。物理上常常需要计算一个矢量的模和另一矢量在它的方向上的投影乘积，例如：功是位移矢量（$\mathrm{d}\boldsymbol{r}$）的大小和力（$\boldsymbol{F}$）在位移方向投影的乘积。这种运算就叫做矢量的标积，其结果是个标量。两个矢量 $\boldsymbol{A}$ 和 $\boldsymbol{B}$ 的标积常写作 $\boldsymbol{A}\cdot\boldsymbol{B}$，可读作 $\boldsymbol{A}$ 点乘 $\boldsymbol{B}$。

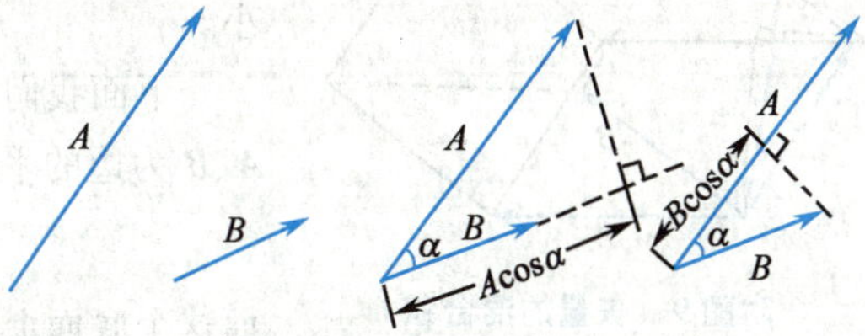

附图 6 矢量的标积

如附图 6 所示，把两个矢量的起点移到一点，设它们之间的夹角是 α，由 $\boldsymbol{B}$ 在 $\boldsymbol{A}$ 方向的投影。

$$B_A=B\cos\alpha$$

按上述定义，$\boldsymbol{A}$ 与 $\boldsymbol{B}$ 的标积

$$\boldsymbol{A}\cdot\boldsymbol{B}=AB_A=AB\cos\alpha \tag{6}$$

这个表达形式对于$\boldsymbol{A}$和$\boldsymbol{B}$是完全对称的。也可以把它写成$\boldsymbol{B}$与$\boldsymbol{A}$在$\boldsymbol{B}$上的投影的乘积，即

$$\boldsymbol{B}\cdot\boldsymbol{A}=BA_B=B(A\cos\alpha)$$

因此

$$\boldsymbol{A}\cdot\boldsymbol{B}=\boldsymbol{B}\cdot\boldsymbol{A} \tag{7}$$

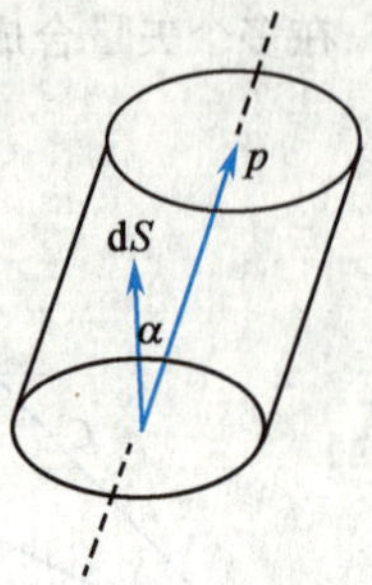

附图7 用矢量表示面积元

几何上常把一块面积元表示为一个矢量$\mathrm{d}\boldsymbol{S}$，矢量的大小等于面积元的大小$\mathrm{d}S$，它的方向在面积元的法线方向。如果取某一线段p，以$\mathrm{d}S$为底，以p为棱，作一柱体，则柱体的体积元$\mathrm{d}V$等于$\mathrm{d}S$乘以p在$\mathrm{d}\boldsymbol{S}$方向的投影（附图7），即：

$$\mathrm{d}V=\boldsymbol{P}\cdot\mathrm{d}\boldsymbol{S} \tag{8}$$

四、矢量的矢积

两个矢量的另一种乘法运算是两个矢量相乘，乘积是一个矢量，这叫做矢量的**矢积**。矢量$\boldsymbol{A}$和$\boldsymbol{B}$的矢积$\boldsymbol{A}\times\boldsymbol{B}$（读作$\boldsymbol{A}$叉乘$\boldsymbol{B}$）也是矢量，它的大小等于$AB\sin\alpha$，$\alpha$是$\boldsymbol{A}$、$\boldsymbol{B}$之间小于180°的夹角，方向则垂直于$\boldsymbol{A}$和$\boldsymbol{B}$，也垂直于$\boldsymbol{A}$和$\boldsymbol{B}$所组成的平面。而$\boldsymbol{A}\times\boldsymbol{B}$的指向可以按图8所示的法则来规定：把右手大拇指以外的四指并拢并指向$\boldsymbol{A}$的方向，令它们顺着α角从$\boldsymbol{A}$转到$\boldsymbol{B}$，则大拇指的指向即是$\boldsymbol{A}\times\boldsymbol{B}$的方向（附图8）。

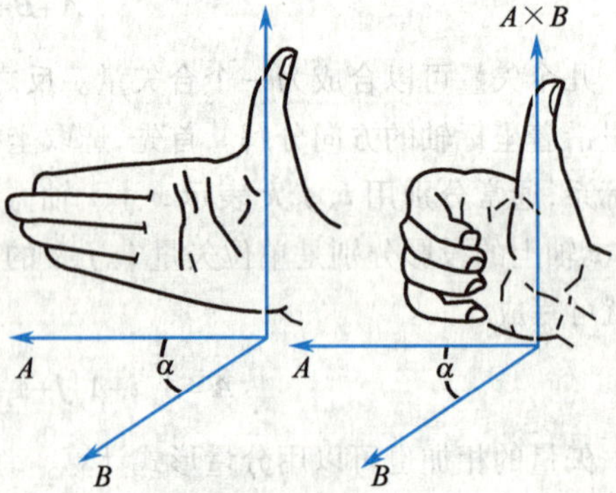

附图8 矢量的右手法则

从以上规定可以看出

$$\boldsymbol{A}\times\boldsymbol{B}=-\boldsymbol{B}\times\boldsymbol{A} \tag{9}$$

即矢积不满足交换律，但结合律还是成立的，

$$\boldsymbol{A}\times(\boldsymbol{B}+\boldsymbol{C})=\boldsymbol{A}\times\boldsymbol{B}+\boldsymbol{A}\times\boldsymbol{C} \tag{10}$$

对于一个右手直角坐标系，x、y、z三个轴方向的单位矢量$\boldsymbol{i}$、$\boldsymbol{j}$、$\boldsymbol{k}$之间的关系，可以用矢积表示为

$$\boldsymbol{i}\times\boldsymbol{j}=\boldsymbol{k} \qquad \boldsymbol{j}\times\boldsymbol{k}=\boldsymbol{i} \qquad \boldsymbol{k}\times\boldsymbol{i}=\boldsymbol{j}$$

五、矢量的混合积

上面我们讨论了矢量的标积和矢积，现在来研究矢量积的混合运算，通常把$(\boldsymbol{A}\times\boldsymbol{B})\cdot\boldsymbol{C}$叫做三个矢量的**混合积**，或记为$[\boldsymbol{ABC}]$。附图9是一个平行六面体，它可以由在同一顶点的三条边完全确定，这三条边又可以用这三个顶点为起点的三个矢量来表示，因而这三个矢量就完全确定了平行六面体的形状和体积的大小。

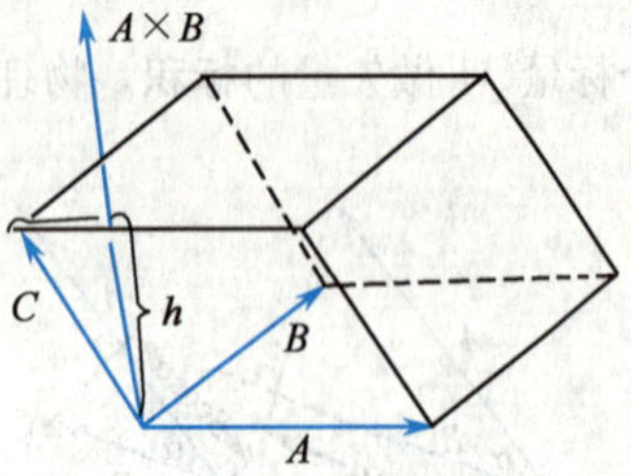

附图9 矢量的混合积

下面我们来计算以矢量$\boldsymbol{A}$、$\boldsymbol{B}$、$\boldsymbol{C}$为边的平行六面体的体积V，把以$\boldsymbol{A}$、$\boldsymbol{B}$为边的平行四边形作为底面，则底面积为：

$$S=|\boldsymbol{A}\times\boldsymbol{B}| \tag{11}$$

而这个底面上的高h是

$$h=|\boldsymbol{C}|\cos(\boldsymbol{A}\times\boldsymbol{B},\boldsymbol{C}) \tag{12}$$

于是平行六面体的体积$V=Sh$，即

$$V=|\boldsymbol{A}\times\boldsymbol{B}||\boldsymbol{C}|\cos(\boldsymbol{A}\times\boldsymbol{B},\boldsymbol{C})=(\boldsymbol{A}\times\boldsymbol{B})\cdot\boldsymbol{C} \tag{13}$$

由此可见，$(\boldsymbol{A}\times\boldsymbol{B})\cdot\boldsymbol{C}$这三个矢量混合积的几何意义为一平行六面体的体积。从上面的讨论还可以看出，$(\boldsymbol{A}\times\boldsymbol{B})\cdot\boldsymbol{C}$的正负，取决于$(\boldsymbol{A}\times\boldsymbol{B})$与$\boldsymbol{C}$的夹角是锐角还是钝角，也就是$(\boldsymbol{A}\times\boldsymbol{B})$和$\boldsymbol{C}$是在底面同侧，还是在异

侧，即 $\boldsymbol{A}$、$\boldsymbol{B}$、$\boldsymbol{C}$ 符合右手法则。

由三个矢量混合积的几何意义，我们立即可得到三个矢量 $\boldsymbol{A}$、$\boldsymbol{B}$、$\boldsymbol{C}$ 共面（即在同一平面上或在平行平面上）的充要条件是 $(\boldsymbol{A}\times\boldsymbol{B})\cdot\boldsymbol{C}=0$。事实上，如果三个矢量 $\boldsymbol{A}$、$\boldsymbol{B}$、$\boldsymbol{C}$ 共面，则以此三个矢量为棱的平行六面体的体积等于零。反之，若 $(\boldsymbol{A}\times\boldsymbol{B})\cdot\boldsymbol{C}=0$，则三个矢量中至少有一个为零的矢量，或有两个平行矢量，或矢量 $\boldsymbol{A}\times\boldsymbol{B}$ 与矢量 $\boldsymbol{C}$ 垂直，但在这三种场合下，矢量 $\boldsymbol{A}$、$\boldsymbol{B}$、$\boldsymbol{C}$ 都是共面的。

六、矢量的微分

要研究物理量的变化率，就经常要对矢量求导数。若一个矢量 $\boldsymbol{A}$ 随着时间而变化（它的大小和方向都可以随着时间而变化），则 $\boldsymbol{A}$ 就是时间 t 的函数。设在 t 和 $t+\Delta t$ 时刻，$\boldsymbol{A}$ 分别是 $\boldsymbol{A}(t)$ 和 $\boldsymbol{A}(t+\Delta t)$，其矢量差 $\boldsymbol{A}(t+\Delta t)-\boldsymbol{A}(t)$ 就是 $\boldsymbol{A}$ 的增量 $\Delta\boldsymbol{A}$，如附图 10(a) 所示。矢量 $\Delta\boldsymbol{A}/\Delta t$ 是 $\boldsymbol{A}$ 在 Δt 时间的平均变化率，它在 $\Delta t\to 0$ 时的极限是 $\boldsymbol{A}$ 对 t 的导数，也就是 $\boldsymbol{A}$ 的瞬时变化率

$$\frac{\mathrm{d}\boldsymbol{A}}{\mathrm{d}t}=\lim_{\Delta t\to 0}\frac{\Delta\boldsymbol{A}}{\Delta t} \tag{14}$$

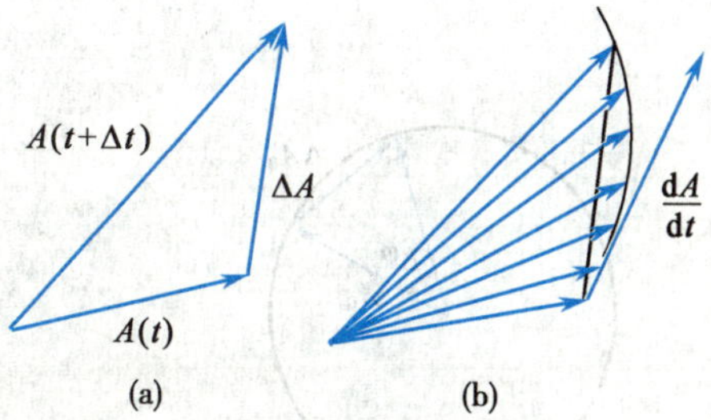

附图 10 矢量的微分

在附图 10(b) 中，$\Delta\boldsymbol{A}$ 是在曲线的割线方向。当 $\Delta\boldsymbol{A}\to 0$ 时，$\Delta\boldsymbol{A}\to\mathrm{d}\boldsymbol{A}$，$\mathrm{d}\boldsymbol{A}$ 在曲线的切线方向。

既然矢量的变化包括其大小和方向两方面的变化，矢量的变化率也可分为由它的大小变化和方向变化所引起的，因为

$$\boldsymbol{A}=A\boldsymbol{A}_0$$

故

$$\frac{\mathrm{d}\boldsymbol{A}}{\mathrm{d}t}=\frac{\mathrm{d}A}{\mathrm{d}t}\boldsymbol{A}_0+A\frac{\mathrm{d}\boldsymbol{A}_0}{\mathrm{d}t} \tag{15}$$

下面分两种特殊情况讨论这个矢量的变化率。

(1) $\boldsymbol{A}$ 的方向不变，则上式第二项为零，$\boldsymbol{A}$ 的变化率与 $\boldsymbol{A}$ 的方向相同，其值等于 $\boldsymbol{A}$ 的模的变化率，即

$$\frac{\mathrm{d}\boldsymbol{A}}{\mathrm{d}t}=\frac{\mathrm{d}A}{\mathrm{d}t}\boldsymbol{A}_0$$

因为在直角坐标系中矢量 $\boldsymbol{A}=A_x\boldsymbol{i}+A_y\boldsymbol{j}+A_z\boldsymbol{k}$，直角坐标系中三个单位矢量 $\boldsymbol{i}$、$\boldsymbol{j}$、$\boldsymbol{k}$ 的方向不变，所以 $\boldsymbol{A}$ 的变化率（不论 $\boldsymbol{A}$ 的方向是否变化）可表示为

$$\frac{\mathrm{d}\boldsymbol{A}}{\mathrm{d}t}=\frac{\mathrm{d}A_x}{\mathrm{d}t}\boldsymbol{i}+\frac{\mathrm{d}A_y}{\mathrm{d}t}\boldsymbol{j}+\frac{\mathrm{d}A_z}{\mathrm{d}t}\boldsymbol{k} \tag{16}$$

(2) $\boldsymbol{A}$ 的大小不变而方向改变，则式(15)中的第一项为零。

$$\frac{\mathrm{d}\boldsymbol{A}}{\mathrm{d}t}=A\frac{\mathrm{d}\boldsymbol{A}_0}{\mathrm{d}t}$$

从图 11 中可以看出，单位矢量 $\boldsymbol{A}_0$ 的变化量 $\Delta\boldsymbol{A}_0$ 是以 $\boldsymbol{A}_0$ 为半径的单位圆上的弦，$\Delta\boldsymbol{A}_0$ 的模即弦长。当 $\Delta t\to 0$ 时，$\Delta\boldsymbol{A}_0\to\mathrm{d}\boldsymbol{A}_0$，这时，弦和弧将趋于重合，弧长等于单位圆的半径（即等于 1）乘以转角 $\Delta\varphi$，因此

$$\lim_{\Delta t\to 0}|\Delta\boldsymbol{A}_0|=\mathrm{d}\varphi$$

$$\left|\frac{\Delta\boldsymbol{A}_0}{\mathrm{d}t}\right|=\left|\frac{\mathrm{d}\varphi}{\mathrm{d}t}\right| \tag{17}$$

式中，$\dfrac{\mathrm{d}\boldsymbol{A}_0}{\mathrm{d}t}$ 的方向即单位圆的切线方向，它垂直于 $\boldsymbol{A}_0$，并指向使 φ 增加的方向；$\dfrac{\mathrm{d}\varphi}{\mathrm{d}t}$ 表示 $\boldsymbol{A}_0$ 变化时 $\boldsymbol{A}_0$ 的方位角

的变化率，也就是它的角速度(附图 11)。通常都把角速度规定为一个矢量 $\boldsymbol{\omega}$，$\omega=\dfrac{\mathrm{d}\varphi}{\mathrm{d}t}$，它的方向垂直于 $\mathrm{d}\varphi$ 所在的平面，指向规定如下：当右手四指从 $\boldsymbol{A}_0$ 转向 $\boldsymbol{A}_0+\mathrm{d}\boldsymbol{A}_0$ 时，拇指的指向即为 $\boldsymbol{\omega}$ 的方向(附图 12)。这样，由附图 13 不难看出，$\boldsymbol{\omega}$、$\boldsymbol{A}_0$ 和 $\dfrac{\mathrm{d}\boldsymbol{A}_0}{\mathrm{d}t}$ 三者满足

$$\frac{\mathrm{d}\boldsymbol{A}_0}{\mathrm{d}t}=\boldsymbol{\omega}\times\boldsymbol{A}_0 \tag{18}$$

即一个单位矢量 $\boldsymbol{A}_0$ 对时间的导数，等于其方向变化的角速度 $\boldsymbol{\omega}$ 与它自己的矢积 $\boldsymbol{\omega}\times\boldsymbol{A}_0$。

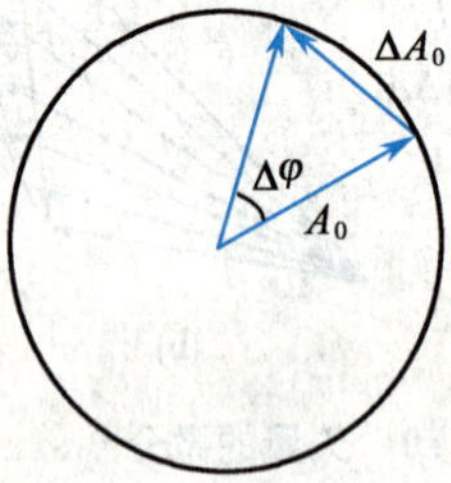

附图 11 $\boldsymbol{A}_0$ 与 $\Delta\varphi$

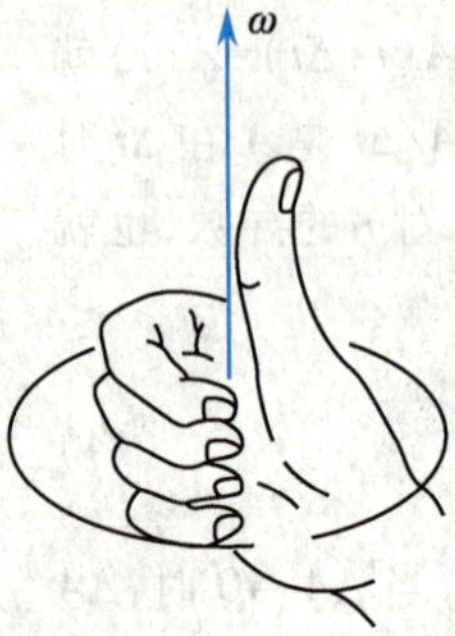

附图 12 $\boldsymbol{\omega}$ 的指向

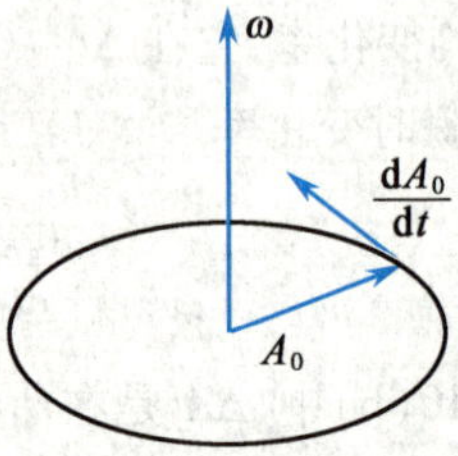

附图 13 $\dfrac{\mathrm{d}\boldsymbol{A}_0}{\mathrm{d}t}=\boldsymbol{\omega}\times\boldsymbol{A}_0$

再看式(15)时，在矢量 $\boldsymbol{A}$ 的模 A 不变的情况下，有

$$\frac{\mathrm{d}\boldsymbol{A}}{\mathrm{d}t}=A\frac{\mathrm{d}\boldsymbol{A}_0}{\mathrm{d}t}=A(\boldsymbol{\omega}\times\boldsymbol{A}_0)=\boldsymbol{\omega}\times\boldsymbol{A} \tag{19}$$

这就是任何常模矢量对时间变化率的一般表达形式。

(章新友)

常用物理学常数　附录二

1. 国际单位制（SI）的基本单位

量	名称	符号
长度	米	m
质量	千克	kg
时间	秒	s
电流	安培	A
热力学温度	开尔文	K
物质的量	摩尔	mol
发光强度	坎德拉	cd

2. 国际单位制（SI）的辅助单位

量	名称	符号
平面角	弧度	rad
立体角	球面度	sr

3. 国际单位制（SI）的导出单位

量	名称	符号		量	名称	符号	
		中文	英文			中文	英文
速度	米每秒	米/秒	m/s	重度	牛顿每立方米	牛/米^3	N/m^3
加速度	米每秒平方	米/秒^2	m/s^2	黏度	帕斯卡秒	帕·秒	Pas
角速度	弧度每秒	弧度/秒	rad/s	能、功		焦	J
角加速度	弧度每秒平方	弧度/秒^2	rad/s^2	功率	瓦特	瓦	W
频率	赫兹	赫	Hz	体积流量	立方米每秒	米^3/秒	m^3/s
密度	千克每立方米	千克/米^3	kg/m^3	质量流量	千克每秒	千克/秒	kg/s
力、重量	牛顿	牛	N	表面张力	牛顿每米	牛/米	N/m
动量	千克米每秒	千克·米/秒	kg·m/s	摄氏温度	摄氏度	摄氏度	℃
力矩	牛顿米	牛·米	N·m	熵	焦耳每开尔文	焦/开	J/K
角动量	千克米平方每秒	千克·米^2/秒	kg·m^2/s	放射性强度	贝可勒尔	贝可	Bq
转动惯量	千克米平方	千克·米^2	kg·m^2	吸收剂量	戈瑞	戈	Gy
压强	帕斯卡	帕	Pa	等效剂量	希沃特	希	Sv

4. 与国际单位制并用的单位

名称	符号	相当国际单位的值	名称	符号	相当国际单位的值
分	min	1 分 = 60 秒	原子质量单位	U	1 原子质量单位 = 1.6605855×10^{-27} 千克
时	h	1 时 = 3600 秒	居里	Ci	1 居里 = 37 吉贝可
升	L	1 升 = 1 分米^3 = 10^{-3} 米^3	伦琴	R	1 伦 = 0.258 毫库/千克
吨	t	1 吨 = 10^3 千克	拉德	rad	1 拉德 = 0.01 戈
电子伏特	eV	1 电子伏 = 1.6021892×10^{-10} 焦	雷姆	rem	1 雷姆 = 0.01 希

5. 国际单位制词冠

倍数与分数	词冠名称	中文符号	国际符号	倍数与分数	词冠名称	中文符号	国际符号
10^{12}	太拉	太	T(tera)	10^{-2}	厘	厘	c(centi)
10^{9}	吉咖(千兆)	吉(千兆)	G(giga)	10^{-3}	毫	毫	m(milli)
10^{6}	兆	兆	M(mega)	10^{-6}	微	微	μ(micro)
10^{3}	千	千	k(kilo)	10^{-9}	纳诺(毫微)	纳(毫微)	n(nano)
10^{-1}	分	分	d(deci)	10^{-12}	皮可(微微)	皮(微微)	p(pico)

6. 电磁学国际单位

量	名称	符号		量	名称	符号	
		中文	英文			中文	英文
电荷面密度	库仑每平方米	库仑/米^2	C/m^2	电导	西门子	西	S
电荷体密度	库仑每立方米	库仑/米^3	C/m^3	电导率	西门子/每米	西/米	S/m
电场强度	伏特每米	伏特/米	V/m	电偶极矩		库·米	C·m
电压、电势(位)、电动势	伏特	伏特	V	电流密度	安培每平方米	安培/米^2	A/m^2
电位移	库仑每平方米	库仑/米^2	C/m^2	磁场强度	安培每米	安培/米	A/m
电量、电通量	库仑	库	C	磁通量	韦伯	韦	Wb
电容	法拉	法	F	磁感应强度、磁通密度	特斯拉	特	T
介电常数(电容率)	法拉每米	法/米	F/m	自感、电感、互感	亨利	亨	H
电阻	欧姆	欧	Ω	磁导率	亨利每米	亨/米	H/m
电阻率	欧姆米	欧·米	Ω·m	磁矩	安培米平方	安培·米^2	A·m^2

7. 物理基本常数表

物理量	符号	数值
真空中光速	c	2.99792458×10^{8} m/s
引力常量	G	6.67259×10^{-11} N · m²/kg²
阿伏加德罗常量	N_A	6.0221367×10^{23}/mol
摩尔气体常量	R	8.314510J/(mol · K)
玻耳兹曼恒量	$k(=R/N_A)$	1.3807×10^{-23} J/K
理想气体在标准情况下的摩尔体积	V_m	22.414×10^{-3} m³/mol
基本电荷	e	1.602177×10^{-19} C
原子质量单位	u	1.660540×10^{-27} kg
电子静止质量	m_e	9.109390×10^{-31} kg
电子荷质比	e/m_e	1.758819×10^{11} C/kg
质子静止质量	m_p	1.672623×10^{-27} kg
中子静止质量	m_o	1.674929×10^{-27} kg
法拉第常数	$F(=eN_A)$	9.648531×10^{4} C/mol
真空电容率	$\varepsilon_0(=1/\mu_0c^2)$	8.854188×10^{-12} F/m
真空磁导率	μ_0	$4\pi\times10^{-7}$ H/m
普朗克常量	h	6.6260755×10^{-34} J · s
电子磁矩	μ_e	9.284770×10^{-24} A · m²
质子磁矩	μ_p	1.410608×10^{-26} A · m²
玻尔半径	$a_0\left(=\frac{\varepsilon_0 h^2}{\pi m_e e^2}\right)$	5.291772×10^{-11} m
玻尔磁子	$\mu_B\left(=\frac{eh}{4\pi m_e}\right)$	9.274015×10^{-24} A · m²
核磁子	$\mu_N\left(=\frac{eh}{4\pi m_p}\right)$	5.050787×10^{-27} A · m²

8. 希腊字母表

字母	名称	字母	名称
Α α	alpha	Ν ν	nu
Β β	beta	Ξ ξ	xi
Γ γ	gamma	Ο ο	omicron
Δ δ	delta	Π π	pi
Ε ε	epsilon	Ρ ρ	rho
Ζ ζ	zeta	Σ σ	sigma
Η η	eta	Τ τ	tau
Θ θ	theta	Υ υ	upsilon
Ι ι	iota	Φ φ	phi
Κ κ	kappa	Χ χ	chi
Λ λ	lambda	Ψ ψ	psi
Μ μ	mu	Ω ω	omega

参考文献

1. 王铭. 物理学. 第 5 版. 北京:人民卫生出版社,2007
2. 舒辰慧. 物理学. 第 4 版. 北京:人民卫生出版社,2003
3. 易小林. 医学物理学. 北京:科学出版社,2008
4. 武宏. 医用物理学. 第 3 版. 北京:科学出版社,2009
5. 张三慧. 大学物理学. 第 3 版. 北京:清华大学出版社,2008
6. 胡新珉. 医学物理学. 第 7 版. 北京:人民卫生出版社,2008
7. 马文蔚,周雨青,解希顺. 物理学教程. 第 2 版. 北京:高等教育出版社,2006
8. 吉强,洪洋. 医学影像物理学. 第 3 版. 北京:人民卫生出版社,2010
9. 胡盘新,汤毓骏. 普通物理学简明教程. 北京:高等教育出版社,2004
10. 杨福家. 原子物理学. 第 3 版. 北京:高等教育出版社,2000
11. 洪洋. 医用物理学. 第 2 版. 北京:高等教育出版社,2008

索引

A

阿伏伽德罗常量 Avogadro constant 339
艾里斑 Airy disk 254
爱因斯坦光电效应方程 Einstein's photoelectric equation 285
安培定律 Ampere law 203
安培环路定理 Ampere circuital theorem 195
安培力 Ampere force 203

B

巴耳末系 Balmer series 293
靶核 nuclear target 347
半波带法 half wave zone method 252
半波损失 half wave loss 125
半价层 half value layer 329
半衰期 half life period 345
保守力 conservative force 9
保守内力 conservative internal force 10
比尔-朗伯定律 Beer-Lambert law 122
比结合能 specific binding energy 340
标识 X 射线 characteristic X-rays 325
表观黏度 apparent viscosity 70
表面活性物质 surfactant 104
表面能 surface energy 100
表面张力 surface tension 98
波长 wave length 118
波的干涉 interference of wave 123
波的衰减 the wave attenuation 121
波动 wave motion 108
波腹 loop 124
波函数 wave function 304
波节 node 124
波粒二象性 wave-particle duality 290
波前 wave front 118
波数 wave number 293
波速 wave velocity 118
波阵面 wave surface 118
玻尔半径 Bohr radius 295
玻尔兹曼常量 Boltzmann constant 88
玻尔兹曼定律 Boltzmann law 331

伯努利方程 Bernoulli equation 64
不确定关系式 uncertainty relation 302
不确定性原理 uncertainty principle 301
布拉格方程 Bragg equation 259
布拉开系 Brackett series 296
布朗运动 Brown motion 84
布儒斯特定律 Brewsterlaw 263
布儒斯特角 Brewster angle 263
部分偏振光 partial polarized light 260

C

参考系 reference frame 5
层流 laminar flow 71
长度收缩 length contraction 48
场强叠加原理 superposition principle of electric field strength 132
超导电性 superconductivity 234
超导量子干涉器 superconducting quantum interference device 236
超导态 superconducting state 234
超导体 superconductor 234
超导转变温度 superconducting transition temperature 234
超声波 supersonic wave 126
沉降速度 sedimentary velocity 76
弛豫过程 relaxation process 355
弛豫时间 relaxation time 225,355
充电 charging 180
传导电流 conduction current 167
磁场 magnetic field 189
磁场强度 magnetic field intensity 210
磁畴 magnetic domain 211
磁感应强度 magnetic induction 189
磁感应线 magnetic induction line) 190
磁化 magnetization 207
磁化电流 magnetization current 209
磁极 magnetic pole 189
磁介质 magnetic medium 207
磁矩 magnetic moment 206
磁力 magnetic force 189
磁链 magnetic flux linkage 219
磁量子数 magnetic quantum number 309

D

E

F

O

P

Q

R

S

T

Z